大学数学学习辅导丛书

高等数学典型题解答指南
（第2版）

主　编　李汉龙　　王金宝　　缪淑贤

副主编　艾　瑛　　闫红梅　　律淑珍

参　编　隋　英　　孙丽华　　孙艳玲

国防工业出版社

·北京·

内 容 简 介

  本书是在 2011 年出版第 1 版的基础上修订的,对全书的内容作了全新的修订,修正了第 1 版中出现的一些错误,替换了第 12 章全部测试题.内容包括函数与极限、导数与微分、微分中值定理与导数的应用、不定积分、定积分、常微分方程、向量代数与空间解析几何、多元函数微分法及其应用、重积分、曲线积分与曲面积分、无穷级数、自测试题及解答,共 12 章.前 11 章配备了较多的典型例题和同步习题,并对典型例题给出了详细的分析、解答和评注. 第 12 章是自测试题及解答.

  本书可作为理工科院校本科各专业学生的高等数学课程学习指导书或考研参考书,也可以作为相关课程教学人员的教学参考资料.

图书在版编目(CIP)数据

高等数学典型题解答指南／李汉龙,王金宝,缪淑贤
主编. —2 版. —北京:国防工业出版社,2017.4 重印
(大学数学学习辅导丛书)
ISBN 978-7-118-09372-8

Ⅰ.①高… Ⅱ.①李… ②王… ③缪… Ⅲ.①高
等数学 – 高等学校 – 题解 Ⅳ.①O13 – 44

中国版本图书馆 CIP 数据核字(2014)第 075541 号

※

国防工业出版社出版发行

(北京市海淀区紫竹院南路 23 号 邮政编码 100048)
三河市众誉天成印务有限公司印刷
新华书店经售

*

开本 787×1092 1/16 印张 23 字数 531 千字
2017 年 4 月第 2 版第 2 次印刷 印数 4001—6500 册 定价 39.90 元

(本书如有印装错误,我社负责调换)

国防书店: (010)88540777 发行邮购: (010)88540776
发行传真: (010)88540755 发行业务: (010)88540717

第 2 版前言

本书是在 2011 年出版的第 1 版的基础上修订的,对全书的内容作了全新的修订.

高等数学是理工科高等院校的一门最重要的基础课,它对学生综合素质的培养及后续课程的学习起着极其重要的作用.因此,学好高等数学至关重要,而高等数学题海茫茫,变化万千.许多学生上课能听懂,解题却不知道从何下手,或自己想不到,别人一点就明白.究其原因,其中主要一条是高等数学内容多、学时少、速度快、班级大.许多学生在学习过程中囫囵吞枣,课堂上没有理解,课后又缺少归纳总结,结果事倍功半.我们编写这本参考书,旨在帮助高等数学的读者较好地解决学习中的困难,其特点是针对不同的问题,对分析、解决问题的思路、方法和技巧加以指导.编者一方面汇总了国内同类教材的主要优点,另一方面融合了沈阳建筑大学理学院众多教师长期讲授该门课程的经验体会,力求思路清晰、推证简洁且可读性强,从而满足广大师生的教学及学习需求.

本书是高等院校理工科类各专业学生学习高等数学课程必备的辅导书,是有志考研学生的精品之选,是授课教师极为有益的教学参考书,是无师自通的自学指导书.与国内通用的各类优秀的《高等数学》教材相匹配,可同步使用,同时也可以作为考研辅导书;全书共分 12 章,内容包括函数与极限、导数与微分、微分中值定理与导数的应用、不定积分、定积分、常微分方程、向量代数与空间解析几何、多元函数微分法及其应用、重积分、曲线积分与曲面积分、无穷级数、自测试题及解答等.

本书以高等数学课程教材的内容为准,按题型归类,进行分析、解答与评注,归纳总结具有共性题目的解题方法,解题简捷、新颖,具有技巧性而又道理显然,可使读者思路畅达,所学知识融会贯通,灵活运用,达到事半功倍之效.它将成为学生学习《高等数学》的良师益友.

本书全书前 11 章每章内容分为四部分:①内容概要可以使读者了解课程内容;②典型例题分析、解答与评注通过对例题的详细剖析,细致解答,指导读者掌握解题思路和解题方法;③本章小结可帮助读者更清楚明了地把握学习要点,更深刻地理解该章的主要学习内容;④同步习题及解答对本章重点习题进行梳理,帮助读者检验掌握程度.第 12 章中给出自测试题及解答,供读者自测.

本书第 1 章由隋英重新修订;第 2 章、第 3 章由李汉龙重新修订;第 4 章由孙艳玲重新修订;第 5 章由缪淑贤重新修订;第 6 章由孙丽华重新修订;第 7 章由闫红梅重新修订;第 8 章由艾瑛重新修订;第 9 章、第 10 章、第 11 章、第 12 章由王金宝重新修订.

全书由李汉龙统稿,王金宝、李汉龙、缪淑贤审稿.另外,本书的编写和再版得到了国防工业出版社的大力支持,在此表示衷心的感谢!

　　本书参考了国内出版的一些教材,见本书所附参考文献.由于水平所限,书中不足之处在所难免,恳请读者、同行和专家批评指正.

编者

2014 年 1 月

目　录

第1章 函数与极限

1.1 内 容 概 要

1.1.1 基本概念

1. 函数

设数集 $D \subset \mathbf{R}$,称映射 $f:D \to \mathbf{R}$ 为定义在 D 上的函数,记为 $y = f(x)$,$x \in D$,数集 D 叫做函数的定义域,x 叫做自变量,y 叫做因变量.y 的取值范围叫做函数的值域.

2. 数列极限

设有数列 $\{x_n\}$ 和常数 a,若对 $\forall \varepsilon > 0$,$\exists$ 正整数 N,当 $n > N$ 时,总有 $|x_n - a| < \varepsilon$,则称 a 是数列当 $n \to \infty$ 时的极限,记为 $\lim\limits_{n \to \infty} x_n = a$.

3. 函数极限

设函数 $f(x)$ 在某 $\overset{\circ}{U}(x_0)$ 内有定义,若对 $\forall \varepsilon > 0$,$\exists \delta > 0$,对 $\forall x \in \overset{\circ}{U}(x_0)$,总有 $|f(x) - A| < \varepsilon$ 成立,A 就叫做函数 $f(x)$ 当 $x \to x_0$ 时的极限,记为 $\lim\limits_{x \to x_0} f(x) = A$.

左极限:$f(x_0 - 0) = \lim\limits_{x \to x_0 - 0} f(x) = A \Leftrightarrow \forall \varepsilon > 0$,$\exists \delta > 0$,当 $x_0 - \delta < x < x_0$ 时,总有 $|f(x) - A| < \varepsilon$.

右极限:$f(x_0 + 0) = \lim\limits_{x \to x_0 + 0} f(x) = A \Leftrightarrow \forall \varepsilon > 0$,$\exists \delta > 0$,当 $x_0 < x < x_0 + \delta$ 时,总有 $|f(x) - A| < \varepsilon$.

函数 $f(x)$ 当 $x \to \infty$ 时有极限 A,即 $\lim\limits_{x \to \infty} f(x) = A \Leftrightarrow \forall \varepsilon > 0$,$\exists X > 0$,当 $|x| > X$ 时,总有 $|f(x) - A| < \varepsilon$.

4. 无穷小

若 $\lim\limits_{x \to x_0} \alpha(x) = 0$,则 $\alpha(x)$ 是当 $x \to x_0$ 时的无穷小.

若 $\lim \dfrac{\beta}{\alpha} = 0$,则 β 是 α 的高阶无穷小,记为 $\beta = o(\alpha)$.

若 $\lim \dfrac{\beta}{\alpha} = 1$,则 β 与 α 是等价无穷小,记为 $\beta \sim \alpha$.

若 $\lim \dfrac{\beta}{\alpha} = c \neq 0$,则 β 与 α 是同阶无穷小.

若 $\lim \dfrac{\beta}{\alpha^k} = c \neq 0$,则 β 是 α 的 k 阶无穷小.

5. 无穷大

设函数 $f(x)$ 在某 $\overset{\circ}{U}(x_0)$ 内有定义,对 $\forall M > 0$,$\exists \delta > 0$,当 $0 < |x - x_0| < \delta$ 时,总有 $|f(x)| > M$,则称 $f(x)$ 当 $x \to x_0$ 时为无穷大量,记为 $\lim\limits_{x \to x_0} f(x) = \infty$.

6. 连续

设函数 $f(x)$ 在某 $U(x_0)$ 内有定义,如果 $\lim\limits_{x \to x_0} f(x) = f(x_0)$,那么就称函数 $f(x)$ 在点 x_0 连续.

7. 间断

函数 $f(x)$ 在点 x_0 处不连续,则称 $y = f(x)$ 在点 x_0 处间断,称 x_0 为间断点.

若 $f(x)$ 在点 x_0 出现如下情况之一,那么 x_0 是间断点:

(1) $y = f(x)$ 在点 x_0 处无定义.

(2) $\lim\limits_{x \to x_0} f(x)$ 不存在.

(3) $\lim\limits_{x \to x_0} f(x)$ 存在,但不等于 $f(x_0)$.

间断点有以下几种常见类型:

设 x_0 是函数 $f(x)$ 的间断点,左极限 $f(x_0 - 0)$ 和右极限 $f(x_0 + 0)$ 都存在,则 x_0 为函数 $f(x)$ 的第一类间断点,其中左极限 $f(x_0 - 0)$、右极限 $f(x_0 + 0)$ 存在并相等时,称 x_0 为可去间断点;左、右极限存在但不相等时,称 x_0 为跳跃间断点.

不是第一类间断点的任何间断点都是第二类的间断点,其中当左极限 $f(x_0 - 0)$ 和右极限 $f(x_0 + 0)$ 至少有一个为无穷时,称 x_0 为无穷型间断点;当 $x \to x_0$ 时,函数值 $f(x)$ 无限地在两个不同数之间变动,称 x_0 为振荡型间断点.

1.1.2 基本理论

1. 函数的性质

(1) 有界性:设函数 $f(x)$ 的定义域是 D,若 $\exists M > 0$,使得 $\forall x \in X \subset D$,总有 $|f(x)| \leqslant M$,则称 $f(x)$ 在 X 上有界. 若不存在这样的 M,则称 $f(x)$ 在 X 上无界.

(2) 单调性:设函数 $f(x)$ 的定义域是 D,区间 $I \subset D$,如果对 I 中任意两点 x_1 及 x_2,当 $x_1 < x_2$ 时,恒有 $f(x_1) < f(x_2)$(或 $f(x_1) > f(x_2)$),则称 $f(x)$ 在 I 上单调增加(或单调减少).

(3) 奇偶性:设函数 $f(x)$ 的定义域 D 关于原点对称,若 $\forall x \in D$,恒有 $f(-x) = f(x)$,则称 $f(x)$ 是偶函数;若 $\forall x \in D$,恒有 $f(-x) = -f(x)$,则称 $f(x)$ 是奇函数.

偶函数的图形关于 y 轴对称;奇函数的图形关于原点对称.

(4) 周期性:设函数 $f(x)$ 的定义域是 D,若存在一个不为零的数 l,使得 $\forall x \in D$,有 $x \pm l \in D$ 且 $f(x + l) = f(x)$ 恒成立,则称 $f(x)$ 为周期函数,l 为 $f(x)$ 的周期,一般指最小正周期.

若 l 是 $f(x)$ 的周期,则 $\dfrac{l}{a}$ 是 $f(ax + b)$ 的周期,$a \neq 0$,b 为任意实数.

2. 数列极限性质

(1)(唯一性)若数列 $\{x_n\}$ 收敛,则极限必唯一.

(2)(有界性)若数列 $\{x_n\}$ 收敛,则必有界.

(3)(局部保号性)如果 $\lim\limits_{x \to \infty} x_n = a$ 且 $a > 0 (a < 0)$,那么存在正整数 N,当 $n > N$ 时,有 $x_n > 0 (x_n < 0)$.

(4)(收敛数列与其子数列间的关系)若数列 $\{x_n\}$ 收敛于 a,则其任一子数列也收敛于 a.

（5）（数列极限的四则运算法则）设有数列 $\{x_n\}$ 和 $\{y_n\}$. 如果 $\lim\limits_{n\to\infty}x_n=A$，$\lim\limits_{n\to\infty}y_n=B$，则 $\lim\limits_{n\to\infty}(x_n+y_n)=A+B$，$\lim\limits_{n\to\infty}x_n\cdot y_n=A\cdot B$，$\lim\limits_{n\to\infty}\dfrac{x_n}{y_n}=\dfrac{A}{B}$（当 $y_n\neq0$，$B\neq0$ 时）.

（6）（夹逼准则）若 $\lim\limits_{n\to\infty}y_n=a$，$\lim\limits_{n\to\infty}z_n=a$，且 $y_n\leqslant x_n\leqslant z_n$，则 $\lim\limits_{n\to\infty}x_n=a$.

（7）（单调有界数列的收敛性）单调有界数列必收敛.

3. 函数极限性质

（1）（唯一性）若 $\lim\limits_{x\to x_0}f(x)$ 存在，则此极限唯一.

（2）（局部有界性）若 $\lim\limits_{x\to x_0}f(x)$ 存在，则 $f(x)$ 在的某 $\overset{\circ}{U}(x_0)$ 内有界.

（3）（局部保号性）如果 $\lim\limits_{x\to x_0}f(x)=A$，而且 $A>0$（或 $A<0$），那么 $\exists\ \overset{\circ}{U}(x_0)$，当 $x\in\overset{\circ}{U}(x_0)$ 时，有 $f(x)>0$（或 $f(x)<0$）.

（4）（函数极限与数列极限的关系）设函数 $f(x)$ 在某 $\overset{\circ}{U}(x_0)$ 内有定义. 则极限 $\lim\limits_{x\to x_0}f(x)$ 存在 $\Leftrightarrow$ 对任何 $x_n\in\overset{\circ}{U}(x_0)$ 且 $x_n\to x_0$，$\lim\limits_{n\to\infty}f(x_n)$ 都存在且与 $\lim\limits_{x\to x_0}f(x)$ 相等.

（5）（极限存在的充要条件）$\lim\limits_{x\to x_0}f(x)=A\Leftrightarrow\lim\limits_{x\to x_0-0}f(x)=A=\lim\limits_{x\to x_0+0}f(x)$

$$\lim\limits_{x\to\infty}f(x)=A\Leftrightarrow\lim\limits_{x\to+\infty}f(x)=A=\lim\limits_{x\to-\infty}f(x)$$

$\lim f(x)=A\Leftrightarrow f(x)=A+\alpha$（其中 α 是当 x 某个变化趋势的无穷小）

（6）（极限的四则运算法则）若 $\lim f(x)$ 和 $\lim g(x)$ 都存在，则

$$\lim[f(x)\pm g(x)]=\lim f(x)\pm\lim g(x)$$
$$\lim[f(x)\cdot g(x)]=\lim f(x)\cdot\lim g(x)$$
$$\lim\frac{f(x)}{g(x)}=\frac{\lim f(x)}{\lim g(x)},\ \lim g(x)\neq0$$

【注意】 上述法则成立的条件是各自的极限都存在，否则不可以进行极限的四则运算.

（7）（夹逼准则）设 $\lim\limits_{x\to x_0}f(x)=\lim\limits_{x\to x_0}g(x)=A$，且在某 $\overset{\circ}{U}(x_0)$ 内有 $f(x)\leqslant h(x)\leqslant g(x)$，则 $\lim\limits_{x\to x_0}h(x)=A$.

4. 无穷小的性质

（1）在自变量的同一变化过程中，如果 $f(x)$ 为无穷大，则 $\dfrac{1}{f(x)}$ 为无穷小；反之，如果 $f(x)$ 为无穷小，且 $f(x)\neq0$，则 $\dfrac{1}{f(x)}$ 为无穷大.

（2）有限个无穷小的和也是无穷小.

（3）有界函数与无穷小的乘积是无穷小.

（4）常数与无穷小的乘积是无穷小.

（5）有限个无穷小的乘积也是无穷小.

【注意】（1）无穷多个无穷小量之和不一定是无穷小量.

（2）无穷多个无穷小量之积也不一定是无穷小量.

5. 函数连续性的性质

（1）一切基本初等函数在其定义域内都是连续的，因此，若 $f(x)$ 是基本初等函数，x_0 属于它的定义域，则 $\lim\limits_{x \to x_0} f(x) = f(x_0)$.

（2）设 $g(x)$ 在 x_0 连续，$g(x_0) = u_0$，又 $y = f(u)$ 在 u_0 连续，则由复合函数的连续性得：$\lim\limits_{x \to x_0} f[g(x)] = f[\lim\limits_{x \to x_0} g(x)] = f[g(x_0)] = f(u_0)$；一切初等函数在其定义区间内是连续的.

（3）幂指数极限运算法则：设 $\lim\limits_{x \to x_0} f(x) = A > 0$，$\lim\limits_{x \to x_0} g(x) = B$，则 $\lim\limits_{x \to x_0} f(x)^{g(x)} = A^B$.

6. 闭区间连续函数性质

（1）（最大和最小值定理）若 $f(x)$ 在闭区间 $[a,b]$ 上连续，则 $f(x)$ 在 $[a,b]$ 上必有最大值和最小值.

（2）（有界性定理）若 $f(x)$ 在闭区间 $[a,b]$ 上连续，$f(x)$ 在 $[a,b]$ 上有界.

（3）（零点定理）若 $f(x)$ 在闭区间 $[a,b]$ 上连续，且 $f(a)$ 与 $f(b)$ 异号，那么在开区间 (a,b) 内至少存在一点 ξ，使 $f(\xi) = 0$.

（4）（介值定理）若 $f(x)$ 在闭区间 $[a,b]$ 上连续，且 $f(x)$ 在 $[a,b]$ 端点处函数值不同，即 $f(a) = A$，$f(b) = B$，且 $A \neq B$，则对介于 A，B 之间的任意一个数 C，在开区间 (a,b) 内至少存在一点 ξ，使 $f(\xi) = C$.

7. 重要结论

（1）$\lim\limits_{x \to 0} \dfrac{\sin x}{x} = 1 \Leftrightarrow \lim\limits_{x \to \infty} x \sin \dfrac{1}{x} = 1$.

（2）$\lim\limits_{\varphi(x) \to 0} \dfrac{\sin \varphi(x)}{\varphi(x)} = 1$.

（3）$\lim\limits_{x \to \infty} \left(1 + \dfrac{1}{x}\right)^x = \mathrm{e} \Leftrightarrow \lim\limits_{x \to 0} (1+x)^{\frac{1}{x}} = \mathrm{e}$.

（4）$\lim\limits_{\varphi(x) \to 0} [1 + \varphi(x)]^{\frac{1}{\varphi(x)}} = \mathrm{e}$.

（5）$\lim\limits_{\varphi(x) \to \infty} \left[1 + \dfrac{1}{\varphi(x)}\right]^{\varphi(x)} = \mathrm{e}$.

（6）$\lim\limits_{x \to \infty} \left[\dfrac{ax+b}{ax+c}\right]^{hx+k} = \mathrm{e}^{\frac{(b-c)h}{a}}$.

（7）当 $x \to 0$ 时，有下面常用的的等价无穷小公式：

$\sin x \sim x$；$\tan x \sim x$；$\arcsin x \sim x$；$\arctan x \sim x$；$1 - \cos x \sim \dfrac{1}{2}x^2$；$\ln(1+x) \sim x$；$\mathrm{e}^x - 1 \sim x$；

$a^x - 1 \sim x \ln a$；$\sqrt{1+x} - 1 \sim \dfrac{1}{2}x$；$(1+x)^\alpha - 1 \sim \alpha x$.

（8）$\lim\limits_{x \to \infty} \dfrac{a_0 x^m + a_1 x^{m-1} + \cdots + a_m}{b_0 x^n + b_1 x^{n-1} + \cdots + b_n} = \begin{cases} \dfrac{a_0}{b_0}, & n = m \\ 0, & n > m \\ \infty, & n < m \end{cases}$，$a_0 \neq 0$，$b_0 \neq 0$，$m$、$n$ 为非负整数.

1.1.3 基本方法

（1）求函数的定义域和函数的表达式.

（2）极限的计算.

① 利用定义；

② 利用代数的方法求极限；

③ 利用两个重要极限；

④ 利用极限存在准则；

⑤ 利用等价无穷小代换；

⑥ 利用函数的连续性和四则运算法则；

⑦ 分段函数在分段点处的极限；

⑧ 利用导数定义求极限（见第 2 章）；

⑨ 利用罗比达法则（见第 2 章）；

⑩ 利用拉格朗日中值定理（见第 3 章）；

⑪ 利用泰勒公式（见第 3 章）；

⑫ 利用定积分求极限（见第 5 章）

⑬ 利用级数的收敛性（见第 12 章）.

（3）根据函数的极限和连续性,确定函数中的待定系数.

（4）无穷小的比较.

（5）函数连续性判断.

（6）闭区间上连续函数性质的应用.

1.2　典型例题分析、解答与评注

1.2.1　函数的概念

函数的基本要素是定义域和对应法则. 因此,函数部分的主要题型是求函数的定义域和函数的表达式等. 难点是求两个函数的复合. 注意两个函数复合是有条件的,尤其要注意两个分段函数的复合.

例 1.1　设函数 $f(x)$ 的定义域是 $[0,1]$,求函数 $f(x+a)+f(x-a)(a>0)$ 的定义域.

分析　对于函数 $f(x+a)+f(x-a)$ 来说,其定义域内的变量既要满足函数关系 $f(x+a)$,又要满足函数关系 $f(x-a)$,因此,可从 $f(x)$ 的定义域入手,找满足上述关系的两个集合的交集.

解答　由函数 $f(x)$ 的定义域是 $[0,1]$,得

$$\begin{cases} 0 \leq x+a \leq 1 \\ 0 \leq x-a \leq 1 \end{cases}$$

即

$$\begin{cases} -a \leq x \leq 1-a \\ a \leq x \leq 1+a \end{cases}$$

故 $a \leq x \leq 1-a$,所以,当 $a=\dfrac{1}{2}$ 时,函数在 $x=\dfrac{1}{2}$ 点有定义；当 $0<a<\dfrac{1}{2}$ 时,函数的定义域为 $[a,1-a]$；当 $a>\dfrac{1}{2}$ 时无解,即定义域为空集.

评注 求复合函数的定义域,要注意函数关系 f 的定义域是相同的.

例1.2 已知 $f(x+2) = 2^{x^2+4x} - x$,求 $f(x-2)$.

分析 求复合函数的关键是先求出函数的对应法则 $f(x)$.

解答

〈方法一〉由于 $f(x+2) = 2^{(x+2)^2-4} - (x+2) + 2$,所以 $f(x) = 2^{x^2-4} - x + 2$,于是 $f(x-2) = 2^{x^2-4x} - x + 4$.

〈方法二〉令 $t = x+2$,代入函数表达式中,得 $f(t) = 2^{t^2-4} - t + 2$,因此,$f(x) = 2^{x^2-4} - x + 2$,于是 $f(x-2) = 2^{x^2-4x} - x + 4$.

评注 此题用了两种方法,第一种方法是凑类型法,将给出的表达式凑成对应符号 $f(\ )$ 内中间变量的表达形式,然后得出 $f(x)$ 的表达式;第二种方法是变量替换法.两种方法各有优劣,不能一概而论,要根据题目的具体情况作出选择.

1.2.2 求极限的方法

1. 利用极限的定义求极限

例1.3 用极限定义证明:$\lim\limits_{n\to\infty} \dfrac{\sqrt{n^2+a^2}}{n} = 1$.

分析 用极限定义证 $\lim\limits_{n\to\infty} \dfrac{\sqrt{n^2+a^2}}{n} = 1$,只需对 $\forall \varepsilon > 0$,能找到一个 N,当 $\forall n > N$ 时,使 $\left| \dfrac{\sqrt{n^2+a^2}}{n} - 1 \right| < \varepsilon$ 恒成立,由于 $\left| \dfrac{\sqrt{n^2+a^2}}{n} - 1 \right| = \dfrac{\sqrt{n^2+a^2} - n}{n} = \dfrac{a^2}{n(\sqrt{n^2+a^2}+n)} < \dfrac{a^2}{n} < \varepsilon$,只需 $n > \dfrac{a^2}{\varepsilon}$. 由 N 正整数,可取 $N = \left[\dfrac{a^2}{\varepsilon} \right]$.

证明 对 $\forall \varepsilon > 0$,要使 $\left| \dfrac{\sqrt{n^2+a^2}}{n} - 1 \right| = \dfrac{\sqrt{n^2+a^2} - n}{n} = \dfrac{a^2}{n(\sqrt{n^2+a^2}+n)} < \dfrac{a^2}{n} < \varepsilon$ 成立,只需 $n > \dfrac{a^2}{\varepsilon}$.

故取 $N = \left[\dfrac{a^2}{\varepsilon} \right]$,则对 $\forall \varepsilon > 0$,$\exists N > 0$,当 $n > N$ 时,恒有

$$\left| \dfrac{\sqrt{n^2+a^2}}{n} - 1 \right| < \varepsilon$$

即 $\lim\limits_{n\to\infty} \dfrac{\sqrt{n^2+a^2}}{n} = 1$.

评注 用"$\varepsilon - N$"语言来证明数列极限的存在性,关键是从不等式 $|x_n - a| < \varepsilon$ 出发,找到正整数 N. 求 N 时,可以利用适当放大的方法.

例1.4 用极限定义证明:$\lim\limits_{x\to 2} \dfrac{x^2-3x+2}{x-2} = 1$.

分析 要证 $\lim\limits_{x\to 2} \dfrac{x^2-3x+2}{x-2} = 1$,需对 $\forall \varepsilon > 0$,能找到一个正数 δ,当 $0 < |x-2| < \delta$ 时,使 $\left| \dfrac{x^2-3x+2}{x-2} - 1 \right| < \varepsilon$ 恒成立. 由于 $\left| \dfrac{x^2-3x+2}{x-2} - 1 \right| = |x-2| < \varepsilon$,只需取 $\delta = \varepsilon$.

证明 对 $\forall \varepsilon > 0$,要使 $\left| \dfrac{x^2-3x+2}{x-2} - 1 \right| = \left| \dfrac{x^2-4x+4}{x-2} \right| = \left| \dfrac{(x-2)^2}{x-2} \right| = |x-2| < \varepsilon$ 成

立,只需取 $\delta = \varepsilon$,则对 $\forall \varepsilon > 0$,$\exists \delta = \varepsilon > 0$,当 $0 < |x - 2| < \delta$ 时,恒有

$$\left| \frac{x^2 - 3x + 2}{x - 2} - 1 \right| < \varepsilon$$

由函数极限 $\varepsilon - \delta$ 定义,有

$$\lim_{x \to 2} \frac{x^2 - 3x + 2}{x - 2} = 1$$

评注 用"$\varepsilon - \delta$"语言来证明当 $x \to x_0$ 时函数极限的存在性,关键是从不等式 $|f(x) - A| < \varepsilon$ 出发,找到正数 δ.

2. 利用代数的方法求极限

例 1.5 求极限:$\lim\limits_{n \to \infty} \dfrac{1}{n^2} + \dfrac{2}{n^2} + \cdots + \dfrac{n}{n^2}$.

分析 先求和 $\dfrac{1}{n^2} + \dfrac{2}{n^2} + \cdots + \dfrac{n}{n^2} = \dfrac{1 + 2 + \cdots n}{n^2} = \dfrac{n(1+n)}{2n^2} = \dfrac{1+n}{2n}$,然后再求极限.

解答 $\lim\limits_{n \to \infty} \dfrac{1}{n^2} + \dfrac{2}{n^2} + \cdots + \dfrac{n}{n^2} = \lim\limits_{n \to \infty} \dfrac{1 + 2 + \cdots n}{n^2} = \lim\limits_{n \to \infty} \dfrac{n(1+n)}{2n^2} = \lim\limits_{n \to \infty} \dfrac{1+n}{2n} = \dfrac{1}{2}$

评注 此题说明无穷多个无穷小的和不一定是无穷小.

例 1.6 求极限:$\lim\limits_{x \to 1} \dfrac{x^3 - 3x + 2}{x^4 - 4x + 3}$.

分析 当 $x \to 1$ 时,为 $\dfrac{0}{0}$ 型的不定式,可用分解因式的方法,约去零因式 $(x - 1)$,然后根据极限四则运算法则计算.

解答 $\lim\limits_{x \to 1} \dfrac{x^3 - 3x + 2}{x^4 - 4x + 3} = \lim\limits_{x \to 1} \dfrac{(x-1)^2 (x+2)}{(x-1)^2 (x^2 + 2x + 3)} = \lim\limits_{x \to 1} \dfrac{x + 2}{x^2 + 2x + 3} = \dfrac{1}{2}$

评注 对于含有零因式的 $\dfrac{0}{0}$ 型的未定式,在后续课程中用洛必达法则求解也可.

例 1.7 求极限:$\lim\limits_{x \to 2} \left(\dfrac{4}{4 - x^2} - \dfrac{1}{2 - x} \right)$.

分析 当 $x \to 2$ 时,两个分式均趋于 ∞,可先通分,转换为 $\dfrac{0}{0}$ 型的不定式,然后再用分解因式的方法,约去零因式 $(2 - x)$.

解答 $\lim\limits_{x \to 2} \left(\dfrac{4}{4 - x^2} - \dfrac{1}{2 - x} \right) = \lim\limits_{x \to 2} \dfrac{4 - (2 + x)}{(2 + x) \cdot (2 - x)} = \lim\limits_{x \to 2} \dfrac{(2 - x)}{(2 + x)(2 - x)} = \lim\limits_{x \to 2} \dfrac{1}{2 + x} = \dfrac{1}{4}$

评注 $\infty - \infty$ 型的不定式,一般要转换为 $\dfrac{0}{0}$ 型或 $\dfrac{\infty}{\infty}$ 的不定式来计算.

例 1.8 求极限:(1) $\lim\limits_{x \to \infty} \dfrac{(2x - 3)^{20}(3x + 2)^{30}}{(2x + 1)^{50}}$;(2) $\lim\limits_{n \to \infty} \dfrac{2^n - 5^n}{3^n + 5^n}$ $(n \in \mathbf{N})$.

分析 两题均为 $\dfrac{\infty}{\infty}$ 型的分式,可用最大项同除以分子和分母.

解答 (1) 分子、分母的最高次方相同均为 x^{50},故分子和分母同除以 x^{50},即

$$\lim\limits_{x \to \infty} \dfrac{(2x - 3)^{20}(3x + 2)^{30}}{(2x + 1)^{50}} \lim\limits_{x \to \infty} \dfrac{\left(2 - \dfrac{3}{x} \right)^{20} \left(3 + \dfrac{2}{x} \right)^{30}}{\left(2 + \dfrac{1}{x} \right)^{50}} = \dfrac{2^{20} \cdot 3^{30}}{2^{50}} = \left(\dfrac{3}{2} \right)^{30}$$

(2) 分子、分母同除 5^n,即

$$\lim_{n\to\infty}\frac{2^n-5^n}{3^n+5^n}=\lim_{n\to\infty}\frac{\left(\frac{2}{5}\right)^n-1}{\left(\frac{3}{5}\right)^n+1}=-1.$$

评注 上述两题在用最大项同除以分子和分母的同时,还利用了无穷大的倒数是无穷小和公比绝对值小于 1 的等比数列的极限为零的结论. 可见在求解极限的过程中,可以多种方法相结合使用.

例 1.9 求极限:(1) $\lim\limits_{x\to+\infty}\left(\sqrt{x+\sqrt{x+\sqrt{x}}}-\sqrt{x}\right)$;(2) $\lim\limits_{x\to2}\dfrac{\sqrt{x^2+5}-3}{\sqrt{2x+1}-\sqrt{5}}$.

分析 所求极限中含有根式,可将分子和分母同时有理化.

解答 (1) $\lim\limits_{x\to+\infty}\left(\sqrt{x+\sqrt{x+\sqrt{x}}}-\sqrt{x}\right)=\lim\limits_{x\to+\infty}\dfrac{x+\sqrt{x+\sqrt{x}}-x}{\sqrt{x+\sqrt{x+\sqrt{x}}}+\sqrt{x}}$

$$=\lim_{x\to+\infty}\frac{\sqrt{x+\sqrt{x}}}{\sqrt{x+\sqrt{x+\sqrt{x}}}+\sqrt{x}}=\lim_{x\to+\infty}\frac{\sqrt{1+\sqrt{\dfrac{1}{x}}}}{\sqrt{1+\sqrt{\dfrac{1}{x}+\sqrt{\dfrac{1}{x^3}}}}+1}=\frac{1}{2}.$$

(2) $\lim\limits_{x\to2}\dfrac{\sqrt{x^2+5}-3}{\sqrt{2x+1}-\sqrt{5}}=\lim\limits_{x\to2}\dfrac{\left(\sqrt{x^2+5}-3\right)\left(\sqrt{x^2+5}+3\right)\left(\sqrt{2x+1}+\sqrt{5}\right)}{\left(\sqrt{2x+1}-\sqrt{5}\right)\left(\sqrt{2x+1}+\sqrt{5}\right)\left(\sqrt{x^2+5}+3\right)}$

$$=\frac{\sqrt{5}}{3}\cdot\lim_{x\to2}\frac{x^2-4}{2x-4}=\frac{\sqrt{5}}{3}\cdot\lim_{x\to2}\frac{(x+2)(x-2)}{2(x-2)}=\frac{2\sqrt{5}}{3}.$$

评注 分子和分母同时有理化后:① 由 $\infty-\infty$ 型的无理式转化成 $\dfrac{\infty}{\infty}$ 型的有理式,然后分子、分母同除最高次幂 $\sqrt{x}$;② 由 $\dfrac{0}{0}$ 的无理式转化成 $\dfrac{0}{0}$ 型的有理式,然后利用因式分解消去零因式 $(x-2)$.

例 1.10 求极限: $\lim\limits_{x\to1}\dfrac{1-\sqrt[n]{x}}{1-\sqrt[m]{x}}$ $(m,n\in\mathbf{N})$.

分析 所求极限中含有根式,但分子、分母的根指数不相同,无法将分子和分母同时有理化,因此考虑变量替换法.

解答 令 $t=\sqrt[mn]{x}$ 则当 $x\to1$ 时,$t\to1$,于是

$$\lim_{x\to1}\frac{1-\sqrt[n]{x}}{1-\sqrt[m]{x}}=\lim_{t\to1}\frac{1-t^m}{1-t^n}=\lim_{t\to1}\frac{(1-t)(1+t+t^2+\cdots+t^{m-1})}{(1-t)(1+t+t^2+\cdots+t^{n-1})}=\frac{m}{n}.$$

评注 本题中变量替换的主要目的是去掉根式,将无理式转化成有理式,然后根据有理式中消去零因子的方法求之.

3. 利用两个重要极限

例 1.11 求极限: $\lim\limits_{x\to0}\dfrac{\sin(\sin x)}{x}$.

分析 当 $x \to 0$ 时,$\sin x \to 0$,$\sin(\sin x) \to 0$,$\dfrac{\sin(\sin x)}{x} = \dfrac{\sin(\sin x)}{\sin x} \cdot \dfrac{\sin x}{x}$. 可考虑使用两次重要极限 $\lim\limits_{x \to 0} \dfrac{\sin x}{x} = 1$.

解答 $\lim\limits_{x \to 0} \dfrac{\sin(\sin x)}{x} = \lim\limits_{x \to 0} \dfrac{\sin(\sin x)}{\sin x} \cdot \dfrac{\sin x}{x} = \lim\limits_{x \to 0} \dfrac{\sin(\sin x)}{\sin x} \cdot \lim\limits_{x \to 0} \dfrac{\sin x}{x} = 1 \cdot 1 = 1$

评注 当 $x \to 0$ 时,若所求极限为 $\dfrac{0}{0}$ 型的不定式,并且分子是含有 $\sin(\cdot)$ 的无穷小,可考虑使用重要极限 $\lim\limits_{x \to 0} \dfrac{\sin x}{x} = 1$.

例 1.12 求极限: $\lim\limits_{x \to -1} (2+x)^{\frac{2}{x+1}}$.

分析 当 $x \to -1$ 时, 所求极限为 1^{∞} 型的不定式. 且 $(2+x)^{\frac{2}{x+1}} = [1 + (1+x)]^{\frac{2}{1+x}}$,可考虑使用重要极限 $\lim\limits_{x \to 0} (1+x)^{\frac{1}{x}} = e$.

解答 $\lim\limits_{x \to -1} (2+x)^{\frac{2}{x+1}} = \lim\limits_{x \to -1} \{[1 + (x+1)]^{\frac{1}{x+1}}\}^2 = e^2$

评注 当所求极限为 1^{∞} 型的不定式时,可考虑将极限凑成重要极限 $\lim\limits_{x \to 0} (1+x)^{\frac{1}{x}} = e$ 的形式,以便借助其求出极限.

4. 利用极限存在准则求极限

例 1.13 证明: $\lim\limits_{n \to \infty} \left(\dfrac{1}{\sqrt{n^2+1}} + \dfrac{1}{\sqrt{n^2+2}} + \cdots + \dfrac{1}{\sqrt{n^2+n}} \right) = 1$.

分析 该题为无穷项之和的极限问题,其和无法通过计算求得,因此考虑使用夹逼准则.

解答 $\dfrac{n}{\sqrt{n^2+n}} \leqslant \dfrac{1}{\sqrt{n^2+1}} + \dfrac{1}{\sqrt{n^2+2}} + \cdots + \dfrac{1}{\sqrt{n^2+n}} \leqslant \dfrac{n}{n} = 1$

而且

$$\lim\limits_{x \to \infty} \dfrac{n}{\sqrt{n^2+n}} = \lim\limits_{x \to \infty} \dfrac{1}{\sqrt{1 + \dfrac{1}{n}}} = 1, \lim\limits_{n \to \infty} 1 = 1$$

所以由夹逼准则得

$$\lim\limits_{n \to \infty} \left(\dfrac{1}{\sqrt{n^2+1}} + \dfrac{1}{\sqrt{n^2+2}} + \cdots + \dfrac{1}{\sqrt{n^2+n}} \right) = 1$$

评注 对无穷项之和的极限常利用夹逼准则,该法则关键是要对通项做适当的放缩,而且放缩后的极限都要存在且相等.

例 1.14 已知 $x_0 = 1$,$x_{n+1} = 1 + \dfrac{x_n}{1 + x_n} (n \geqslant 0)$,证明 $\{x_n\}$ 极限存在,并求 $\lim\limits_{n \to \infty} x_n$.

分析 该题为递推公式给出的数列极限问题,其通式无法通过计算求得,因此考虑其单调性和有界性,从而确定其是否可以使用单调有界数列必有极限准则.

解答 由条件知 $x_n > 0 (n = 1, 2, \cdots)$,且 $x_2 - x_1 > 0$,即 $x_2 > x_1$.

设 $x_n > x_{n-1}$,则

$$x_{n+1} - x_n = \left(1 + \dfrac{x_n}{1 + x_n} \right) - \left(1 + \dfrac{x_{n-1}}{1 + x_{n-1}} \right) = \dfrac{x_n - x_{n-1}}{(1 + x_n)(1 + x_{n-1})} > 0$$

由数学归纳法可知:数列$\{x_n\}$单调递增.

又$x_n = 1 + \dfrac{x_{n-1}}{1 + x_{n-1}} = 2 - \dfrac{1}{1 + x_{n-1}} < 2$,从而数列$\{x_n\}$有上界,所以数列$\{x_n\}$极限存在,

设$\lim\limits_{n\to\infty} x_n = a$,由保号性知$a > 0$,则有$a = 1 + \dfrac{a}{1+a} \Rightarrow a = \dfrac{1 \pm \sqrt{5}}{2}$,所以$\lim\limits_{n\to\infty} x_n = \dfrac{1 + \sqrt{5}}{2}$.

评注 对于递推公式给出的数列求极限常利用单调有界准则,方法很灵活.

5. 利用等价无穷小代换

例1.15 求极限:$\lim\limits_{x\to 0} \dfrac{\tan x - \sin x}{x \sin x^2}$.

分析 当$x \to 0$时,所求极限为$\dfrac{0}{0}$型的不定式,因此考虑是否可以使用等价无穷小来进行替换.

解答 当$x \to 0$时,$\sin x^2 \sim x^2$,$1 - \cos x \sim \dfrac{x^2}{2}$,$\tan x \sim x$,故

$$\lim_{x\to 0} \frac{\tan x - \sin x}{x \sin x^2} = \lim_{x\to 0} \frac{\tan x (1 - \cos x)}{x \sin x^2} = \lim_{x\to 0} \frac{x \dfrac{x^2}{2}}{x x^2} = \frac{1}{2}$$

评注 在利用等价无穷小做代换时,一般只在以乘积形式出现时可以互换,若以和、差出现时,不要轻易代换,因为此时经过代换后,往往改变了它的无穷小量之比的"阶数".因此,在利用等价无穷小做代换时,一定要注意条件.

6. 利用函数的连续性和极限四则运算法则

例1.16 求极限:$\lim\limits_{x\to 0} \dfrac{\mathrm{e}^x \cos x + 5}{1 + x^2 + \ln(1-x)}$.

分析 当$x = 0$时,$f(x) = \dfrac{\mathrm{e}^x \cos x + 5}{1 + x^2 + \ln(1-x)}$有意义,因此可由连续的定义求得极限.

解答 设$f(x) = \dfrac{\mathrm{e}^x \cos x + 5}{1 + x^2 + \ln(1-x)}$,则$f(x)$在$x = 0$处连续,则由连续定义,得

$$\lim_{x\to 0} \frac{\mathrm{e}^x \cos x + 5}{1 + x^2 + \ln(1-x)} = f(0) = 6$$

评注 该函数在$x = 0$处连续,分母的极限$\lim\limits_{x\to 0} 1 + x^2 + \ln(1-x) = 1 \neq 0$,分子的极限为$\lim\limits_{x\to 0} \mathrm{e}^x \cos x + 5 = 6$,也可直接用极限四则运算法则进行运算.

7. 分段函数分段点处的极限

例1.17 设$f(x) = \begin{cases} 1 - 2\mathrm{e}^{-x}, & x \leqslant 0 \\ \dfrac{x - \sqrt{x}}{\sqrt{x}}, & 0 < x < 1 \\ x^2, & x \geqslant 1 \end{cases}$,求$\lim\limits_{x\to 0} f(x)$及$\lim\limits_{x\to 1} f(x)$.

分析 该题为分段函数的极限问题,在分段点处的极限需考察$f(x)$在分段点处的左极限和右极限是否相等.

解答 由

$$\lim_{x\to 0^-} f(x) = \lim_{x\to 0^-} (1 - 2\mathrm{e}^{-x}) = -1$$

$$\lim_{x \to 0^+} f(x) = \lim_{x \to 0^+} \left(\frac{x - \sqrt{x}}{\sqrt{x}} \right) = \lim_{x \to 0^+} (\sqrt{x} - 1) = -1$$

得 $\lim\limits_{x \to 0} f(x) = -1$.

又

$$\lim_{x \to 1^-} f(x) = \lim_{x \to 1^-} \frac{x - \sqrt{x}}{\sqrt{x}} = \lim_{x \to 1^-} (\sqrt{x} - 1) = 0$$

$$\lim_{x \to 1^+} f(x) = \lim_{x \to 1^+} x^2 = 1, f(1 - 0) \neq f(1 + 0)$$

故 $\lim\limits_{x \to 1} f(x)$ 不存在.

评注 用左右极限与极限关系来判定极限的存在适用于分段函数求分段点处的极限.

1.2.3 根据函数的极限和连续性,确定函数中的待定系数

例1.18 已知 $\lim\limits_{x \to 1} \dfrac{x^2 + ax + 6}{1 - x} = 5$,求常数 a 的值.

分析 极限在 $x = 1$ 处存在,且 $\lim\limits_{x \to 1} 1 - x = 0$,故此极限为 $\dfrac{0}{0}$ 型的,可由无穷小的比较来求得常数 a.

解答 $\lim\limits_{x \to 1} 1 - x = 0$,且 $\lim\limits_{x \to 1} \dfrac{x^2 + ax + 6}{1 - x} = 5$,则当 $x \to 1$ 时,$x^2 + ax + 6$ 是 $(1 - x)$ 的同阶无穷小,故 $\lim\limits_{x \to 1} x^2 + ax + 6 = 1 + a + 6 = 0$,得 $a = -7$.

评注 求极限式中的常数值,主要根据极限存在这一前提,可利用重要极限、等价无穷小等求极限的各种方法分离出待定常数来求解.

例1.19 若函数 $f(x) = \begin{cases} x\sin\dfrac{1}{x}, & x < 0 \\ \mathrm{e}^x + a, & x \geq 0 \end{cases}$ 在 $x = 0$ 处连续,求 a 的值.

分析 函数在 $x = 0$ 处连续,则有 $f(0^+) = f(0^-) = f(0)$,可得到含 a 的方程,通过解方程求出 a.

解答 由

$$\lim_{x \to 0^+} f(x) = \lim_{x \to 0^+} (\mathrm{e}^x + a) = a + 1 = f(0^+)$$

$$\lim_{x \to 0^-} f(x) = \lim_{x \to 0^-} x\sin x = 0 = f(0^-), f(0) = a + 1$$

因 $f(x)$ 在 $x = 0$ 处连续,则 $f(0^+) = f(0^-) = f(0)$,故 $a = -1$.

评注 利用分段函数在分段点连续,则在分段点处的左极限和右极限相等,且等于该点的函数值,建立以待定系数为未知数的方程,解出即可. 对于分段函数在分段点极限存在求待定系数的问题,也可类似解决.

1.2.4 无穷小的比较

例1.20 当 $x \to 0$ 时,比较下面四个无穷小,哪个是比其他三个更高阶的无穷小?

(1) x^2;(2) $1 - \cos x$;(3) $\sqrt{1 - x^2} - 1$;(4) $\tan x - \sin x$.

分析 该问题可从基本定义出发,通过求 $\dfrac{0}{0}$ 型不定式的极限或利用等价无穷小,来确定哪个是比其他三个更高阶的无穷小.

解答 当 $x \to 0$ 时,有 $1 - \cos x \sim \dfrac{x^2}{2}$, $\sqrt{1 - x^2} - 1 \sim -\dfrac{x^2}{2}$, $\tan x - \sin x \sim \dfrac{x^3}{2}$,因此,$\tan x - \sin x$ 是比其他三个更高阶的无穷小.

评注 无穷小的比较问题基本上是从定义出发来解决的.

1.2.5 函数连续性判断

例 1.21 设 $f(x) = \begin{cases} \dfrac{\ln(1+x)}{x}, & x > 0 \\ 0, & x = 0 \\ \dfrac{\sqrt{1+x} - \sqrt{1-x}}{x}, & -1 \le x < 0 \end{cases}$,试讨论 $f(x)$ 在 $x = 0$ 点的连续性.

分析 判断分段函数在分段点处的连续性,需要讨论它在分段点处的左极限和右极限是否相等且是否等于该点的函数值.

解答 由

$$\lim_{x \to 0^+} f(x) = \lim_{x \to 0^+} \frac{\ln(1+x)}{x} = 1 = f(0^+)$$

$$\lim_{x \to 0^-} f(x) = \lim_{x \to 0^-} \frac{\sqrt{1+x} - \sqrt{1-x}}{x} = 1 = f(0^-)$$

且 $f(0^+) = f(0^-) = 1$,但 $f(0) = 0$,因此 $f(x)$ 在 $x = 0$ 处不连续,根据间断点的定义可得:$x = 0$ 是 $f(x)$ 的一个可去间断点.

评注 由于初等函数在其定义区间总是连续的,故讨论函数的连续性主要是看构成函数的基本初等函数的无定义点和分段函数分界点处的连续性.

1.2.6 闭区间上连续函数性质的应用

例 1.22 证明:方程 $x^n + x^{n-1} + \cdots + x^2 + x = 1$ 在 $(0,1)$ 内至少有一实根.

分析 该题的证明主要是应用闭区间上连续函数的零点定理.

证明 设 $f(x) = x^n + x^{n-1} + \cdots + x^2 + x - 1$,则 $f(x)$ 在 $[0,1]$ 上连续,$f(1) = n - 1 > 0$,$f(0) = -1 < 0$,由零点定理,至少存在一点 $\xi \in (0,1)$,使

$$f(\xi) = \xi^n + \xi^{n-1} + \cdots + \xi - 1 = 0$$

即方程 $x^n + x^{n-1} + \cdots + x^2 + x = 1$ 在 $(0,1)$ 内有至少有一个实根.

评注 证明方程根的存在性需要从已知方程出发,将所有项移到等号的左边构造辅助函数,使得该函数在区间端点处的函数值异号,根据零点定理,得出区间内一点处的函数值为零,从而证明方程根的存在性.

例 1.23 设 $f(x)$ 在 $[a,b]$ 上连续,且 $f(a) < a$,$f(b) > b$,试证在 (a,b) 内至少存在一点 ξ,使得 $f(\xi) = \xi$.

分析 本题的关键是构造辅助函数,将所有项移到等号的左边,把 ξ 改为 x,令函数 $F(x) = f(x) - x$,这就是要构造的辅助函数. 然后利用零点定理进行证明.

证明 令 $F(x) = f(x) - x$，则 $F(x)$ 在 $[a,b]$ 上连续，并且 $F(a) = f(a) - a < 0$，$F(b) = f(b) - b > 0$，由零点定理，至少存在一点 $\xi \in (a,b)$，使得 $F(\xi) = 0$，即 $f(\xi) = \xi$.

评注 本题的关键是构造辅助函数，在证明 ξ 的存在性时，对于不同的具体问题，要构造不同的辅助函数. 在后续的学习中，构造辅助函数将会有更多的应用.

1.3 本 章 小 结

函数、极限、连续等基本概念及其运算是学习高等数学的基础. 函数是高等数学研究的主要对象，极限是高等数学研究的重要工具，几乎高等数学中所有的主要内容都是通过极限的思想来刻画的. 因此，正确理解函数的概念，熟练掌握极限的计算，是学习高等数学的基本.

微积分学的研究对象是函数，函数概念的实质是变量之间存在一种对应关系，要理解函数的概念，了解函数的有界性、单调性、周期性和奇偶性，理解复合函数和初等函数的概念，熟悉基本初等函数的性质及其图形，会建立简单实际问题的函数关系式；要会画基本初等函数的图形，掌握常用曲线及其方程；要会求函数的定义域，会利用函数的概念求函数表达式.

极限理论是微积分的基础，要了解极限的"$\varepsilon - N$"、"$\varepsilon - \delta$"定义；并能在学习过程中逐步加深对极限思想的理解；会用"$\varepsilon - N$"、"$\varepsilon - \delta$"定义验证简单极限. 理解极限的性质和极限存在准则；熟练掌握极限四则运算法则和两个重要极限. 而极限问题都可归为无穷小量的问题，所以无穷小的比较和分析是极限方法的重要部分. 要理解无穷小、无穷大的概念，了解无穷小阶的概念；要会判断函数的极限的存在，熟练地用极限存在准则、两个重要极限以及极限的四则运算等各种方法求极限.

由于函数的连续性是通过极限定义的，所以判断函数的连续及函数的间断点类型等问题本质上还是求极限. 要能指出所给函数的连续区间，间断点及其所属类型，会讨论分段函数在分点处的连续性；会用闭区间上连续函数的性质判定方程的根的存在，会证明有关的证明题.

1.4 同步习题及解答

1.4.1 同步习题

1. 填空题

（1）函数 $f(x) = \sqrt{\dfrac{3-x}{x+2}}$ 的定义域为 _____.

（2）函数 $f(x) = \begin{cases} x^2 - 1, & 0 \leqslant x \leqslant 1 \\ x^2, & -1 \leqslant x < 0 \end{cases}$ 的反函数 $y = \phi(x) = $ _____.

（3）$\lim\limits_{n \to \infty} \left(1 - \dfrac{1}{2^2}\right)\left(1 - \dfrac{1}{3^2}\right) \cdots \left(1 - \dfrac{1}{n^2}\right) = $ _____.

（4）若 $f(x) = \begin{cases} \dfrac{\sin 3x}{\tan ax}, & x > 0 \\ 7e^x - \cos x, & x \leqslant 0 \end{cases}$ 在 $x = 0$ 处极限存在，则 $a = $ _____.

(5) 当 $x \to 0$ 时，$\sin x(1 - \cos x)$ 是 x^3 的_____阶无穷小.

(6) 设函数 $f(x) = \dfrac{2^{\frac{1}{x}} - 1}{2^{\frac{1}{x}} + 1}$，$x = 0$ 是函数的第_____类间断点.

2. 单项选择题

(1) 设 $f(x) = \begin{cases} x^3, & -3 \leqslant x \leqslant 0 \\ -x^3, & 0 < x \leqslant 2 \end{cases}$，则此函数是(　　).

    A. 有界函数　　　　B. 奇函数　　　　C. 偶函数　　　　D. 周期函数

(2) 当 $x \to 1$ 时，函数 $f(x) = \dfrac{x^2 - 1}{x - 1} e^{\frac{1}{x-1}}$ 的极限(　　).

    A. 等于 2 　　　　　　　　　　　B. 等于 0

    C. 为 ∞ 　　　　　　　　　　　D. 不存在但不是无穷大

(3) 若 $f(x) = \begin{cases} x + \dfrac{\sin x}{x}, & x < 0 \\ 0, & x = 0 \\ x\cos\dfrac{1}{x}, & x > 0 \end{cases}$，则 $x = 0$ 是 $f(x)$ 的(　　).

    A. 连续点　　　　　　　　　　　B. 可去间断点

    C. 跳跃间断点　　　　　　　　　D. 振荡间断点

(4) 函数 $f(x) = \begin{cases} x\arctan\dfrac{1}{x^2}, & x < 0 \\ \dfrac{\sin x}{x + 1}, & x \geqslant 0 \end{cases}$，则关于 $f(x)$ 连续性的正确结论是(　　).

    A. $f(x)$ 在 $(-\infty, +\infty)$ 上处处连续　　B. 只有一个间断点 $x = 0$

    C. 只有一个间断点 $x = -1$ 　　　　　　D. 有两个间断点

(5) 方程 $x^3 - 3x + 1 = 0$ 在区间 $(0,1)$ 内(　　).

    A. 无实根　　　　　　　　　　　B. 有唯一实根

    C. 有两个实根　　　　　　　　　D. 有三个实根

3. 求下列各数列的极限：

(1) 设 $x_n = \left(1 - \dfrac{1}{2}\right)\left(1 - \dfrac{1}{3}\right)\cdots\left(1 - \dfrac{1}{n}\right)$，求 $\lim\limits_{n \to \infty} x_n$.

(2) $\lim\limits_{n \to \infty}\left(\dfrac{n}{1 + n}\right)^n$.

(3) $\lim\limits_{n \to \infty}\dfrac{1}{n}\left[\left(x + \dfrac{2}{n}\right) + \left(x + \dfrac{4}{n}\right) + \cdots + \left(x + \dfrac{2n}{n}\right)\right]$.

(4) 求 $\lim\limits_{n \to \infty}\dfrac{\sqrt[3]{n^2}\sin n!}{n + 1}$.

4. 求解下列函数的极限：

(1) $\lim\limits_{x \to \pi}\dfrac{\sin x}{x - \pi}$.

(2) $\lim\limits_{x \to 0}\dfrac{x^2\sin\dfrac{1}{x}}{|\sin x|}$.

(3) $\lim\limits_{x\to 0}\left(\dfrac{a^x+b^x}{2}\right)^{\frac{1}{x}}(a>0,a\neq 1,b>0,b\neq 1)$.

(4) 已知$\lim\limits_{x\to 0}\dfrac{\sqrt{1+f(x)\sin 2x}-1}{e^{3x}-1}=2$,求$\lim\limits_{x\to 0}f(x)$.

5. 利用极限存在准则求解下面各题:

(1) 求$\lim\limits_{x\to 0}x\left[\dfrac{1}{x}\right]$.

(2) 设数列$\{x_n\}$由下式给出$x_0>0,x_{n+1}=\dfrac{1}{2}\left(x_n+\dfrac{1}{x_n}\right)(n=0,1,2,\cdots)$,证明$\lim\limits_{n\to\infty}x_n$存在,并求其值.

6. 设$f(x)=\begin{cases}\dfrac{\ln(1+2x)}{\sqrt{1+x}-\sqrt{1-x}}, & -1\leqslant x<0\\ a, & x=0\\ x^2+b, & 0<x\leqslant 1\end{cases}$,求$a$、$b$,使$f(x)$在$x=0$连续.

7. 求解下面各题:

(1) 设$f(x)=\begin{cases}0, & x=\dfrac{\pi}{2}\\ |2x-\pi|\tan x, & x\neq\dfrac{\pi}{2}\end{cases}$,讨论$f(x)$在$x=\dfrac{\pi}{2}$处的连续性.

(2) 判定函数$y=\dfrac{x}{\sin x}$的间断点的类型.

8. 证明方程$x^5-3x=1$至少有一个根介于1和2之间.

9. 设$f(x)$在(a,b)连续,又设$x_i\in(a_i,b_i),i=1,2,\cdots,n$,试证:$\exists\xi\in(a,b)$使$f(\xi)=\dfrac{1}{n}\sum\limits_{i=1}^{n}f(x_i)$.

1.4.2 同步习题解答

1. (1) $(-2,3]$;(2) $y=\begin{cases}\sqrt{1+x} & (-1\leqslant x\leqslant 0)\\ -\sqrt{x} & (0<x\leqslant 1)\end{cases}$;(3) $\dfrac{1}{2}$;(4) $\dfrac{1}{2}$;(5)同;(6)一.

2. (1) A;(2) D;(3)C;(4) A;(5) B.

3. (1) 由于$x_n=\dfrac{2-1}{2}\times\dfrac{3-1}{3}\times\cdots\dfrac{n-1}{n}=\dfrac{1}{n}$, 所以 $\lim\limits_{n\to\infty}x_n=\lim\limits_{n\to\infty}\dfrac{1}{n}=0$

(2) $\lim\limits_{n\to\infty}\left(\dfrac{n}{1+n}\right)^n=\lim\limits_{n\to\infty}\dfrac{1}{\left(1+\dfrac{1}{n}\right)^n}=\dfrac{1}{e}$

(3) $\lim\limits_{n\to\infty}\dfrac{1}{n}\left[\left(x+\dfrac{2}{n}\right)+\left(x+\dfrac{4}{n}\right)+\cdots+\left(x+\dfrac{2n}{n}\right)\right]=\lim\limits_{n\to\infty}\dfrac{1}{n}\left[nx+\dfrac{2(1+n)}{2}\right]=x+1$

(4) $\lim\limits_{n\to\infty}\dfrac{\sqrt[3]{n^2}\sin n!}{n+1}=\lim\limits_{n\to\infty}\dfrac{\sqrt[3]{n^2}}{n+1}\cdot\sin n!\quad=0$(有界量乘无穷小量)

或$0\leqslant\left|\dfrac{\sqrt[3]{n^2}\sin n!}{n+1}\right|\leqslant\dfrac{\sqrt[3]{n^2}}{n+1}<\dfrac{1}{\sqrt[3]{n}}$,即$-\dfrac{1}{\sqrt[3]{n}}<\left|\dfrac{\sqrt[3]{n^2}\sin n!}{n+1}\right|<\dfrac{1}{\sqrt[3]{n}}$

而 $\lim\limits_{n\to\infty}\left(-\dfrac{1}{\sqrt[3]{n}}\right)=0,\lim\limits_{n\to\infty}\dfrac{1}{\sqrt[3]{n}}=0$，因此 $\lim\limits_{n\to\infty}\dfrac{\sqrt[3]{n^2}\sin n!}{n+1}=0.$

4. （1）令 $t=x-\pi,\sin x=\sin(\pi+t)=-\sin t,x\to\pi$ 时，$t\to0$，则

$$\lim_{x\to\pi}\frac{\sin x}{x-\pi}=\lim_{t\to0}\frac{-\sin t}{t}=-1$$

（2）〈方法一〉$\lim\limits_{x\to0}\dfrac{x^2\sin\dfrac{1}{x}}{|\sin x|}=\lim\limits_{x\to0}\dfrac{|x|}{|\sin x|}\cdot|x|\sin\dfrac{1}{x}=\lim\limits_{x\to0}\dfrac{|x|}{|\sin x|}\cdot\lim\limits_{x\to0}|x|\cdot\sin\dfrac{1}{x}$

$\lim\limits_{x\to0}\dfrac{|x|}{|\sin x|}=\lim\limits_{x\to0}\left|\dfrac{x}{\sin x}\right|=1$，$\lim\limits_{x\to0}|x|\cdot\sin\dfrac{1}{x}=0$，因此，$\lim\limits_{x\to0}\dfrac{x^2\sin\dfrac{1}{x}}{|\sin x|}=0$

〈方法二〉$\lim\limits_{x\to0^+}\dfrac{x^2\sin\dfrac{1}{x}}{|\sin x|}=\lim\limits_{x\to0^+}\dfrac{x^2\sin\dfrac{1}{x}}{\sin x}=\lim\limits_{x\to0^+}\dfrac{x}{\sin x}x\sin\dfrac{1}{x}=0$

$\lim\limits_{x\to0^-}\dfrac{x^2\sin\dfrac{1}{x}}{|\sin x|}=\lim\limits_{x\to0^-}-\dfrac{x^2\sin\dfrac{1}{x}}{\sin x}=\lim\limits_{x\to0^-}-\dfrac{x}{\sin x}x\sin\dfrac{1}{x}=0$

因 $f(0-)=f(0+)=0$，故 $\lim\limits_{x\to0}\dfrac{x^2\sin\dfrac{1}{x}}{|\sin x|}=0.$

（3）$\lim\limits_{x\to0}\left[1+\dfrac{a^x+b^x-2}{2}\right]^{\frac{2}{a^x+b^x-2}\cdot\frac{a^x-1+b^x-1}{2x}}=e^{\frac{1}{2}(\ln a+\ln b)}=\sqrt{ab}\left(利用\lim\limits_{x\to0}\dfrac{a^x-1}{x}=\ln a\right)$

（4）$\lim\limits_{x\to0}\dfrac{\sqrt{1+f(x)\sin2x}-1}{e^{3x}-1}=2$，又 $\lim\limits_{x\to0}(e^{3x}-1)=0$，故

$$\lim_{x\to0}\sqrt{1+f(x)\sin2x}-1=0,\lim_{x\to0}f(x)\sin2x=0$$

$$\lim_{x\to0}\frac{\sqrt{1+f(x)\sin2x}-1}{e^{3x}-1}=\lim_{x\to0}\frac{\dfrac{1}{2}f(x)\sin2x}{3x}$$

且 $\lim\limits_{x\to0}\dfrac{\sin2x}{2x}=1$，所以 $\lim\limits_{x\to0}f(x)$ 存在，且 $\lim\limits_{x\to0}f(x)=6.$

5. （1）当 $x>0$ 时，有 $1-x<x\left[\dfrac{1}{x}\right]\leqslant1$，而 $\lim\limits_{x\to0^+}1-x=1$，故由夹逼准则，得 $\lim\limits_{x\to0^+}x\left[\dfrac{1}{x}\right]=1.$

当 $x<0$，有 $1\leqslant x\left[\dfrac{1}{x}\right]<1-x$，而 $\lim\limits_{x\to0^-}1-x=1$，故由夹逼准则得 $\lim\limits_{x\to0^-}x\left[\dfrac{1}{x}\right]=1.$

综上，求得 $\lim\limits_{x\to0}x\left[\dfrac{1}{x}\right]=1.$

（2）因为 $x_{n+1}=\dfrac{1}{2}\left(x_n+\dfrac{1}{x_n}\right)\geqslant\sqrt{x_n}\cdot\sqrt{\dfrac{1}{x_n}}=1(n=1,2,\cdots)$，所以 $\{x_n\}$ 有下界；而

$x_{n+1}=\dfrac{1}{2}\left(x_n+\dfrac{1}{x_n}\right)=\dfrac{x_n^2+1}{2x_n}\leqslant\dfrac{2x_n^2}{2x_n}=x_n$，所以 $\{x_n\}$ 单调下降；故 $\lim\limits_{n\to\infty}x_n$ 的极限存在，令 $l=\lim\limits_{n\to\infty}$

x_n,则 $l = \dfrac{1}{2}\left(l + \dfrac{1}{l}\right)$,解得 $l = 1$(-1 舍去).

6. 因为
$$\lim_{x \to 0^-} f(x) = \lim_{x \to 0^-} \frac{\ln(1 + 2x)}{\sqrt{1 + x} - \sqrt{1 - x}} = \lim_{x \to 0^-} \frac{2x(\sqrt{1 + x} + \sqrt{1 - x})}{2x} = 2$$
$$\lim_{x \to 0^+} f(x) = \lim_{x \to 0^+} (x^2 + b) = b$$

要使 $f(x)$ 在 $x = 0$ 连续,则应有 $\lim\limits_{x \to 0^-} f(x) = \lim\limits_{x \to 0^+} f(x) = f(0)$,得 $a = b = 2$.

故当 $a = b = 2$ 时,$f(x)$ 在 $x = 0$ 连续.

7.（1）由已知,得
$$f(x) = \begin{cases} (2x - \pi)\tan x, & x > \dfrac{\pi}{2} \\ 0, & x = \dfrac{\pi}{2} \\ (\pi - 2x)\tan x, & x < \dfrac{\pi}{2} \end{cases}$$

因为
$$f\left(\frac{\pi}{2} + 0\right) = \lim_{x \to \frac{\pi}{2} + 0} \frac{2\left(x - \dfrac{\pi}{2}\right)}{\sin\left(\dfrac{\pi}{2} - x\right)} \cdot \cos\left(\frac{\pi}{2} - x\right) = -2$$

$$f\left(\frac{\pi}{2} - 0\right) = \lim_{x \to \frac{\pi}{2} - 0} \frac{2\left(\dfrac{\pi}{2} - x\right)}{\sin\left(\dfrac{\pi}{2} - x\right)} \cos\left(\frac{\pi}{2} - x\right) = 2$$

所以 $f\left(\dfrac{\pi}{2} - 0\right) \neq f(0) \neq f\left(\dfrac{\pi}{2} + 0\right)$,故 $f(x)$ 在 $x = \dfrac{\pi}{2}$ 处不连续.

（2）函数 $f(x)$ 的间断点 $x = k\pi, k \in \mathbf{Z}$.

由于 $\lim\limits_{x \to 0} y = \lim\limits_{x \to 0} \dfrac{x}{\sin x} = 1$,所以 $x = 0$ 是 $f(x)$ 的可去间断点;因为 $\lim\limits_{x \to k\pi} y = \lim\limits_{x \to k\pi} \dfrac{x}{\sin x} = \infty$ $(k = \pm 1, \pm 2, \cdots)$,所以 $x = k\pi(k = \pm 1, \pm 2, \cdots)$ 是 $f(x)$ 的无穷间断点.

8. 设 $f(x) = x^5 - 3x - 1$ 在 $[1, 2]$ 上连续,且 $f(1) = -3 < 0, f(2) = 25 > 0$,由零点定理知,在 $(1, 2)$ 内至少有一点 ξ,使得 $f(\xi) = 0$,即至少有一个根介于 1 和 2 之间.

9. 设
$$M = \max\{f(x_1), f(x_2), \cdots, f(x_n)\} = f(x_k)$$
$$m = \min\{f(x_1), f(x_2), \cdots, f(x_n)\} = f(x_l)$$

不妨假设 $x_k < x_l$,则 $m \leqslant f(x_i) \leqslant M (i = 1, 2, \cdots, n)$,于是有 $nm \leqslant \sum\limits_{i=1}^{n} f(x_i) \leqslant nM$,从而有 $m \leqslant \dfrac{1}{n} \sum\limits_{i=1}^{n} f(x_i) \leqslant M$,由介值定理 $\exists \xi \in [x_k, x_l] \subset (a, b)$,使 $f(\xi) = \dfrac{1}{n} \sum\limits_{i=1}^{n} f(x_i)$.

第 2 章 导数与微分

2.1 内 容 概 要

2.1.1 基本概念

1. 导数的定义

$$f'(x_0) = \lim_{\Delta x \to 0} \frac{f(x_0 + \Delta x) - f(x_0)}{\Delta x} = \lim_{h \to 0} \frac{f(x_0 + h) - f(x_0)}{h} = \lim_{x \to x_0} \frac{f(x) - f(x_0)}{x - x_0}$$

2. 左导数,右导数定义

$$f'_-(x_0) = \lim_{\Delta x \to 0^-} \frac{f(x_0 + \Delta x) - f(x_0)}{\Delta x}, f'_+(x_0) = \lim_{\Delta x \to 0^+} \frac{f(x_0 + \Delta x) - f(x_0)}{\Delta x}$$

3. 导函数的定义

$$y' = \lim_{\Delta x \to 0} \frac{f(x + \Delta x) - f(x)}{\Delta x} \quad \text{或} \quad f'(x) = \lim_{h \to 0} \frac{f(x + h) - f(x)}{h}$$

4. 导数的几何意义

导数 $f'(x_0)$ 在几何上表示曲线 $y = f(x)$ 在点 $M(x_0, f(x_0))$ 处的切线的斜率.

5. 高阶导的定义

导数 $y' = f'(x)$ 的导数叫做函数 $y = f(x)$ 的二阶导数,记为 y'' 或 $\frac{\mathrm{d}^2 y}{\mathrm{d} x^2}$. 二阶导数的导数叫三阶导数,$\cdots\cdots$,$(n-1)$ 阶导数的导数叫做函数 $y = f(x)$ 的 n 阶导数,分别记为 y''',$\cdots$,$y^{(n)}$ 或 $\frac{\mathrm{d}^3 y}{\mathrm{d} x^3}$,$\cdots$,$\frac{\mathrm{d}^n y}{\mathrm{d} x^n}$. 二阶及二阶以上的导数统称高阶导数.

6. 微分的定义

若函数 $y = f(x)$ 的改变量 $\Delta y = f(x_0 + \Delta x) - f(x_0)$ 可以表示为

$$\Delta y = A\Delta x + o(\Delta x) \text{ (其中 } A \text{ 与 } \Delta x \text{ 无关,} o(\Delta x) \text{ 是较 } \Delta x \text{ 高阶无穷小)}$$

则称函数 $y = f(x)$ 在点 x_0 处可微,并称 $A\Delta x$ 为函数 $y = f(x)$ 在点 x_0 处的微分,记为 $\mathrm{d}y = \mathrm{d}f(x) = A\Delta x$.

2.1.2 基本理论

1. 导数存在的充要条件

$y = f(x)$ 在点 x_0 处可导的充分必要条件是 $f'_-(x_0)$ 与 $f'_+(x_0)$ 存在且相等,即 $f'_+(x_0) = f'_-(x_0) = f'(x_0)$.

2. 可导与连续关系

可导必连续,即连续是可导的必要条件,而非充分条件,故连续不一定可导,由其逆否命题知不连续一定不可导.

3. 函数和、差、积、商的求导法则

（1）$(u \pm v)' = u' \pm v'$.　　　　　　（2）$(Cu)' = Cu'$（C 是常数）.

（3）$(uv)' = u'v + uv'$.　　　　　　（4）$\left(\dfrac{u}{v}\right)' = \dfrac{u'v - uv'}{v^2}$（$v \neq 0$）.

4. 复合函数求导法

设 $y = f(u)$，$u = g(x)$，且 $f(u)$ 及 $g(x)$ 都可导，则复合函数

$y = f[g(x)]$ 的导数为 $\dfrac{\mathrm{d}y}{\mathrm{d}x} = \dfrac{\mathrm{d}y}{\mathrm{d}u} \cdot \dfrac{\mathrm{d}u}{\mathrm{d}x} = f'(u) \cdot g'(x) = f'[g(x)] \cdot g'(x)$.

5. 反函数求导法则

设 $x = \varphi(y)$ 在点 y 的某邻域内单调连续，在点 y 处可导且 $\varphi'(y) \neq 0$，则其反函数 $y = f(x)$ 在相应的点 x 也可导，并且有 $\dfrac{\mathrm{d}y}{\mathrm{d}x} = \dfrac{1}{\dfrac{\mathrm{d}x}{\mathrm{d}y}} = \dfrac{1}{\varphi'(y)}$.

6. 基本初等函数求导公式

（1）$(C)' = 0$.　　　　（2）$(x^\mu)' = \mu x^{\mu-1}$.　　　　（3）$(\sin x)' = \cos x$.

（4）$(a^x)' = a^x \ln a$.　　　（5）$(\log_a x)' = \dfrac{1}{x \ln a}$.　　　（6）其他.

7. 可微与可导关系

函数 $y = f(x)$ 在点 x 处可微的充要条件是函数 $y = f(x)$ 在点 x 处可导，且 $A = f'(x)$，即 $\mathrm{d}y = f'(x)\mathrm{d}x$.

8. 微分运算法则

（1）$\mathrm{d}(u \pm v) = \mathrm{d}u \pm \mathrm{d}v$.　　　　　　（2）$\mathrm{d}(Cu) = C\mathrm{d}u$（$C$ 是常数）.

（3）$\mathrm{d}(uv) = v\mathrm{d}u + u\mathrm{d}v$.　　　　　　（4）$\mathrm{d}\left(\dfrac{u}{v}\right) = \dfrac{v\mathrm{d}u - u\mathrm{d}v}{v^2}$（$v \neq 0$）.

9. 一阶微分形式不变性

设 $y = f(u)$ 及 $u = g(x)$ 都可导，则复合函数 $y = f[g(x)]$ 的微分为

$$\mathrm{d}y = y'_x \mathrm{d}x = f'(u) \cdot g'(x)\mathrm{d}x = f'(u)\mathrm{d}u$$

上式表明函数微分具有形式不变性.

10. 微分近似公式

（1）计算函数的增量的近似公式：$\Delta y = f(x_0 + \Delta x) - f(x_0) \approx f'(x_0) \cdot \Delta x$.

（2）计算函数在某点的函数值的近似公式：$f(x_0 + \Delta x) \approx f(x_0) + f'(x_0) \cdot \Delta x$ 或 $f(x) \approx f(x_0) + f'(x_0) \cdot (x - x_0)$. 特别地，若 $x_0 = 0$，有 $f(x) \approx f(0) + f'(0) \cdot x$. 当 $|x|$ 很小时，有下列近似计算公式：

① $\sqrt[n]{1+x} \approx 1 + \dfrac{1}{n}x$；② $\sin x \approx x$；③ $\tan x \approx x$；④ $\mathrm{e}^x \approx 1 + x$；⑤ $\ln(1+x) \approx x$.

2.1.3　基本方法

（1）利用定义求导数（此法常用于判断分段函数在分界点处是否可导）.

（2）利用求导的四则运算法则求导数.

（3）反函数求导法.

（4）复合函数求导数.

（5）隐函数求导法.

（6）取对数求导法.

（7）参数方程确定的函数求导法.

（8）求高阶导数的方法.

（9）求微分的方法.

2.2 典型例题分析、解答与评注

2.2.1 函数导数的计算

1. 利用导数的定义求导

例2.1 求下列函数在 $x=0$ 处的导数.

$$(1)\ f(x)=\begin{cases}3\sin x+x^2\cos\dfrac{1}{x}, & x\neq0\\[2mm] 0, & x=0\end{cases}. \qquad (2)\ f(x)=\begin{cases}\dfrac{x}{1+\mathrm{e}^{\frac{1}{x}}}, & x\neq0\\[2mm] 0, & x=0\end{cases}$$

分析 分段函数在分段点处的导数,常用导数的定义求导数.

解答 （1） $\lim\limits_{x\to0}\dfrac{f(x)-f(0)}{x-0}=\lim\limits_{x\to0}\dfrac{3\sin x+x^2\cos\dfrac{1}{x}-0}{x}=\lim\limits_{x\to0}\left(3\cdot\dfrac{\sin x}{x}+x\cos\dfrac{1}{x}\right)$

$=3+0=3$,所以 $f'(0)=3$.

（2）因为当 $x\to0^-$ 时, $\mathrm{e}^{\frac{1}{x}}\to0$,当 $x\to0^+$ 时, $\mathrm{e}^{\frac{1}{x}}\to\infty$,所以 $f'_-(0)=\lim\limits_{x\to0^-}\dfrac{f(x)-f(0)}{x}=$

$\lim\limits_{x\to0^-}\dfrac{\dfrac{x}{1+\mathrm{e}^{\frac{1}{x}}}-0}{x}=\lim\limits_{x\to0^-}\dfrac{1}{1+\mathrm{e}^{\frac{1}{x}}}=1,\ f'_+(0)=\lim\limits_{x\to0^+}\dfrac{f(x)-f(0)}{x}=\lim\limits_{x\to0^+}\dfrac{\dfrac{x}{1+\mathrm{e}^{\frac{1}{x}}}-0}{x}=\lim\limits_{x\to0^+}\dfrac{1}{1+\mathrm{e}^{\frac{1}{x}}}=0$

由于 $f'_-(0)\neq f'_+(0)$,故 $f'(0)$ 不存在.

评注 用导数定义求分段函数在分段点处的导数,特别是讨论了左导数和右导数,使问题得到解决.

例2.2 求下列函数在指定点处的导数:

（1）设 $f(x)=x(x+1)(x+2)\cdots(x+n)(n\geqslant2)$,求 $f'(0)$.

（2）已知函数 $f(x)=\arcsin x\cdot\sqrt{\dfrac{1-\sin x}{1+\sin x}}$,求 $f'(0)$.

分析 有些特殊的函数,用定义求导能简化运算.

解答 （1） $f'(0)=\lim\limits_{x\to0}\dfrac{f(x)-f(0)}{x-0}=\lim\limits_{x\to0}\dfrac{x(x+1)(x+2)\cdots(x+n)-0}{x}$

$=\lim\limits_{x\to0}(x+1)(x+2)\cdots(x+n)=n!$

（2）由于 $f(0)=0$,所以

$$f'(0)=\lim\limits_{x\to0}\dfrac{f(x)-f(0)}{x-0}=\lim\limits_{x\to0}\dfrac{\arcsin x\cdot\sqrt{\dfrac{1-\sin x}{1+\sin x}}}{x}=\lim\limits_{x\to0}\sqrt{\dfrac{1-\sin x}{1+\sin x}}=1$$

评注 此题如果使用乘积的求导法则先求 $f'(x)$，再求 $f'(0)$ 是比较复杂的. 所以求极限应注意观察题目，选取恰当的方法计算，可简化运算.

例2.3 (1) 设 $f(x) = (x - a)\varphi(x)$，其中 $\varphi(x)$ 在 $x = a$ 连续，求 $f'(a)$.

(2) 设 $f(x) = |x - a|\varphi(x)$，其中 $\varphi(x)$ 为连续函数，且 $\varphi(a) \neq 0$，求 $f'_-(a)$，$f'_+(a)$.

分析 抽象函数必须用定义求导数.

解答 (1) $f'(a) = \lim\limits_{x \to a} \dfrac{f(x) - f(a)}{x - a} = \lim\limits_{x \to a} \dfrac{(x - a)\varphi(x)}{x - a} = \lim\limits_{x \to a} \varphi(x)$.

由 $\varphi(x)$ 在 $x = a$ 连续，即有 $\lim\limits_{x \to a} \varphi(x) = \varphi(a)$，故 $f'(a) = \varphi(a)$.

(2) $f'_-(a) = \lim\limits_{\Delta x \to 0^-} \dfrac{|(a + \Delta x) - a|\varphi(a + \Delta x) - |a - a|\varphi(a)}{\Delta x} = \lim\limits_{\Delta x \to 0^-} \dfrac{|\Delta x|\varphi(a + \Delta x)}{\Delta x}$

$\qquad = -\lim\limits_{\Delta x \to 0^-} \varphi(a + \Delta x) = -\varphi(a)$

$f'_+(a) = \lim\limits_{\Delta x \to 0^+} \dfrac{|(a + \Delta x) - a|\varphi(a + \Delta x) - |a - a|\varphi(a)}{\Delta x} = \lim\limits_{\Delta x \to 0^+} \dfrac{|\Delta x|\varphi(a + \Delta x)}{\Delta x}$

$\qquad = \lim\limits_{\Delta x \to 0^+} \varphi(a + \Delta x) = \varphi(a)$

评注 求含有抽象函数的导数时，一定要注意题目中所给的关于抽象函数的条件，否则就会出错. 如本例(1)中仅告知 $\varphi(x)$ 在 $x = a$ 连续，如果采用下述方法：

$f'(x) = \varphi(x) + (x - a)\varphi'(x)$，所以 $f'(a) = \varphi(a)$，这个结果虽然正确，但运算过程中用到的 $\varphi'(x)$ 未知，因而是错误的.

例2.4 设 $f(x) = \varphi(a + bx) - \varphi(a - bx)$，其中 $\varphi(x)$ 在 $(-\infty, +\infty)$ 上有定义且在点 a 处可导. 试求 $f'(0)$.

分析 求含有抽象函数的导数时，必须用定义求导数

解答 当 $b \neq 0$ 时，有

$$\begin{aligned} \lim\limits_{x \to 0} \dfrac{f(x) - f(0)}{x - 0} &= \lim\limits_{x \to 0} \dfrac{\varphi(a + bx) - \varphi(a - bx)}{x} \\ &= \lim\limits_{x \to 0} \dfrac{[\varphi(a + bx) - \varphi(a)] - [\varphi(a - bx) - \varphi(a)]}{x} \\ &= b\lim\limits_{x \to 0} \dfrac{\varphi(a + bx) - \varphi(a)}{bx} + b\lim\limits_{x \to 0} \dfrac{\varphi(a - bx) - \varphi(a)}{-bx} \\ &= b\varphi'(a) + b\varphi'(a) = 2b\varphi'(a) \end{aligned}$$

所以 $f'(0) = 2b\varphi'(a)$.

当 $b = 0$ 时，$f(x) = 0$，$f'(0) = 0$.

综上所述，$f'(0) = 2b\varphi'(a)$.

评注 求函数在某一点的导数可以用导数的定义来求；也可先求导函数，然后求导函数在该点的函数值，但在本题中函数 $f(x)$ 的可导性未知，故只能用定义来求.

例2.5 设函数 $f(x) = (x - a)^2\varphi(x)$，其中 $\varphi(x)$ 的一阶导函数有界，求 $f''(a)$.

分析 求函数在某一点的二阶导数可以用导数的定义来求，但必须先求出一阶导数；也可先求出二阶导函数，然后求二阶导函数在该点的函数值，但在本题中函数 $f'(x)$ 的可导性未知，故只能用定义来求.

解答 由于 $f'(x) = 2(x - a)\varphi(x) + (x - a)^2\varphi'(x)$，则有 $f'(a) = 0$. 又

$$\lim_{x \to a} \frac{f'(x) - f'(a)}{x - a} = \lim_{x \to a} \frac{2(x-a)\varphi(x) + (x-a)^2\varphi'(x)}{x - a}$$

$$= \lim_{x \to a} [2\varphi(x) + (x-a)\varphi'(x)] = 2\varphi(a)$$

所以 $f''(a) = 2\varphi(a)$.

评注 此题用到如下结论: ① 有界量与无穷小的乘积仍为无穷小; ② 可导必连续. 常见错误如下:因为

$$f'(x) = 2(x-a)\varphi(x) + (x-a)^2\varphi'(x)$$

$$f''(x) = 2\varphi(x) + 2(x-a)\varphi'(x) + 2(x-a)\varphi'(x) + (x-a)^2\varphi''(x)$$

所以 $f''(a) = 2\varphi(a)$.

此解法错误的根源在于 $\varphi(x)$ 的一阶导函数有界并不能保证 $\varphi(x)$ 二阶可导,而上述求解却要用到 $\varphi''(x)$.

例 2.6 设 $f(x) = (x^{2011} - 1)g(x)$,$\lim_{x \to 1} g(x) = 1$,求 $f'(1)$.

分析 由于表达式中含有抽象函数,因此可用导数的定义求导.

解答 $f'(1) = \lim_{x \to 1} \frac{f(x) - f(1)}{x - 1} = \lim_{x \to 1} \frac{(x^{2011} - 1)g(x) - 0}{x - 1}$

$$= \lim_{x \to 1}(x^{2010} + x^{2009} + \cdots + x + 1) \cdot g(x)$$

$$= \lim_{x \to 1}(x^{2010} + x^{2009} + \cdots + x + 1) \cdot \lim_{x \to 1}g(x)$$

$$= 2011 \times 1 = 2011$$

评注 按照导数的定义求导数,就是求一种特殊形式的极限. 需要注意的是题目中并没有给出 $g(x)$ 的可导性,因此不能直接按照求导法则求导数.

例 2.7 设 $f(x) = \begin{cases} e^{\sin 2x} - 1, & x \neq 0 \\ 0, & x = 0 \end{cases}$,求 $f'(0)$.

分析 这是分段函数在分段点处的导数,用导数的定义求导数.

解答 $f'(0) = \lim_{x \to 1} \frac{f(x) - f(0)}{x - 0} = \lim_{x \to 1} \frac{e^{\sin 2x} - 1 - 0}{x - 0}$

$$= \lim_{x \to 0} \frac{\sin 2x}{x} \quad (x \to 0 \text{ 时},\sin 2x \to 0,\text{故 } e^{\sin 2x} - 1 \sim \sin 2x)$$

$$= \lim_{x \to 0} \frac{2x}{x} = 2.$$

评注 按照导数的定义求导数,就是求一种特殊形式的极限,求极限过程中又进一步使用了等价无穷小代换,使问题迎刃而解.

例 2.8 求分段函数 $f(x) = \begin{cases} x^3, & x < 0 \\ x^2, & 0 \leq x \leq 1 \\ 2 - x, & x > 1 \end{cases}$ 的导数 $f'(x)$.

分析 求分段函数的导数时,要区别可导的开区间和作为分段点的开区间端点. 在可导的开区间内可用公式求导,而在分段点处则需要用导数定义来判断导数是否存在.

解答 在各段开区间内用求导公式分别求导,得

$$f'(x) = \begin{cases} 3x^2, & x < 0 \\ 2x, & 0 < x < 1 \\ -1, & x > 1 \end{cases}$$

在分段点 $x=0$ 处，$f'_+(0) = \lim\limits_{x \to 0^+} \dfrac{x^2 - 0}{x - 0} = \lim\limits_{x \to 0^+} x = 0$，$f'_-(0) = \lim\limits_{x \to 0^-} \dfrac{x^3 - 0}{x - 0} = \lim\limits_{x \to 0^-} x^2 = 0$，所以 $f'(0)$ 存在，且 $f'(0) = 0$. 在分段点 $x = 1$ 处，有

$$f'_-(1) = \lim_{x \to 1^-} \frac{x^2 - 1^2}{x - 1} = \lim_{x \to 1^-}(x + 1) = 2,$$

$$f'_+(1) = \lim_{x \to 1^+} \frac{2 - x - 1^2}{x - 1} = \lim_{x \to 1^+} \frac{1 - x}{x - 1} = -1$$

因为 $f'_+(1) \neq f'_-(1)$，所以 $f'(1)$ 不存在. 所以得

$$f'(x) = \begin{cases} 3x^2, & x < 0 \\ 2x, & 0 \leqslant x < 1 \\ -1, & x > 1 \end{cases}$$

评注 求分段函数的导数时，关键是要讨论分界点是否可导，这时常常要用到左导数和右导数的定义.

2. 利用求导的四则运算法则求导

例 2.9 求解下列各题：

（1）$f(x) = \dfrac{(x-2)^3}{\sqrt[3]{x}} + x\ln x^2$，求 $f'(x)$.

（2）$f(x) = \dfrac{x\cos x}{1 - \sin x}$，求 $f'(x)$.

（3）设 $\rho = \theta\sin\theta + \dfrac{1}{2}\cos\theta$，求 $\dfrac{d\rho}{d\theta}\Big|_{\theta = \frac{\pi}{4}}$.

分析 一般初等函数的求导问题可直接使用求导的四则运算法则求导.

解答 （1）$f(x) = x^{\frac{8}{3}} - 6x^{\frac{5}{3}} + 12x^{\frac{2}{3}} - 8x^{-\frac{1}{3}} + 2x\ln|x|$

$$f'(x) = \frac{8}{3}x^{\frac{5}{3}} - 10x^{\frac{2}{3}} + 8x^{-\frac{1}{3}} + \frac{8}{3}x^{-\frac{4}{3}} + 2(\ln|x| + 1)$$

（2）$f'(x) = \dfrac{(x\cos x)'(1 - \sin x) - x(\cos x)(1 - \sin x)'}{(1 - \sin x)^2}$

$$= \frac{(1 \cdot \cos x - x\sin x)(1 - \sin x) + x\cos^2 x}{(1 - \sin x)^2} = \frac{x + \cos x}{1 - \sin x}$$

（3）$\dfrac{d\rho}{d\theta} = 1 \cdot \sin\theta + \theta\cos\theta + \dfrac{1}{2} \cdot (-\sin\theta) = \dfrac{1}{2}\sin\theta + \theta\cos\theta$

$$\frac{d\rho}{d\theta}\Big|_{\theta = \frac{\pi}{4}} = \frac{1}{2}\sin\frac{\pi}{4} + \frac{\pi}{4}\cos\frac{\pi}{4} = \frac{\sqrt{2}(2 + \pi)}{8}$$

评注 初等函数的求导问题可直接使用求导的四则运算法则求导，但必须熟练掌握基本求导公式和各种求导法则.

3. 利用反函数的求导法则求导

例 2.10 设 $x = a\ln\sqrt{a^2 - y^2}$，其中 a 为常数，求 $\dfrac{dy}{dx}$.

分析 由于 $x = a\ln\sqrt{a^2 - y^2}$，因此可以将 x 看成 y 的函数，y 看成自变量.

解答 〈方法一〉由 $x = a\ln\sqrt{a^2 - y^2}$ 可以推出 $\mathrm{e}^{\frac{2x}{a}} = a^2 - y^2$，于是有 $y = \pm\sqrt{a^2 - \mathrm{e}^{\frac{2x}{a}}}$

求导得 $\dfrac{\mathrm{d}y}{\mathrm{d}x} = \dfrac{1}{\pm 2\sqrt{a^2 - \mathrm{e}^{\frac{2x}{a}}}} \cdot \left(0 - \mathrm{e}^{\frac{2x}{a}} \cdot \dfrac{2}{a}\right) = \dfrac{1}{\pm\sqrt{a^2 - \mathrm{e}^{\frac{2x}{a}}}} \cdot \left(-\dfrac{1}{a}\mathrm{e}^{\frac{2x}{a}}\right)$，进一步整理可

得 $\dfrac{\mathrm{d}y}{\mathrm{d}x} = -\dfrac{a^2 - y^2}{ay}$.

〈方法二〉$\dfrac{\mathrm{d}x}{\mathrm{d}y} = a \cdot \dfrac{1}{\sqrt{a^2 - y^2}} \cdot \dfrac{1}{2\sqrt{a^2 - y^2}} \cdot (0 - 2y) = -\dfrac{ay}{a^2 - y^2}$，故 $\dfrac{\mathrm{d}y}{\mathrm{d}x} = -\dfrac{a^2 - y^2}{ay}$.

评注 比较两种求法，显然方法二更简洁.

4. 复合函数求导

例 2.11 求下列函数的导数：

(1) $y = 2^{\sin\frac{1}{x}}$； (2) $y = \sqrt{1 + \ln^2\tan x}$； (3) $y = (\arctan x^2)^2$；

(4) $y = \arcsin\sqrt{\dfrac{1-x}{1+x}}$；(5) $y = \sin(\cos^2 x) \cdot \cos(\sin^2 x)$；(6) $y = x^{a^a} + a^{x^a} + a^{a^x}$ $(a > 0)$；

(7) $y = \sqrt{x + \sqrt{x + \sqrt{x}}}$；(8) $y = x(\cos\ln x + \sin\ln x)$；(9) $y = \dfrac{\sin^2 x}{1 + \cot x} + \dfrac{\cos^2 x}{1 + \tan x} + \dfrac{\sin 2x}{2}$.

分析 对复合函数求导，关键是要弄清楚该函数是由哪些基本初等函数复合而成的. 然后逐层向里层层求导，直到对自变量求导为止，注意不要将复合步骤遗漏.

解答 (1) 函数是由 $y = 2^u, u = \sin v, v = \dfrac{1}{x}$ 复合的，于是

$$\frac{\mathrm{d}y}{\mathrm{d}x} = \frac{\mathrm{d}y}{\mathrm{d}u} \cdot \frac{\mathrm{d}u}{\mathrm{d}v} \cdot \frac{\mathrm{d}v}{\mathrm{d}x} = 2^u\ln 2 \cdot \cos v \cdot \left(-\frac{1}{x^2}\right) = -\frac{\ln 2}{x^2}2^{\sin\frac{1}{x}}\cos\frac{1}{x}$$

(2) $y' = \dfrac{1}{2\sqrt{1 + \ln^2\tan x}} \cdot [1 + \ln^2\tan x]'_x = \dfrac{1}{2\sqrt{1 + \ln^2\tan x}} \cdot 2\ln\tan x \cdot [\ln\tan x]'_x$

$\quad = \dfrac{\ln\tan x}{\sqrt{1 + \ln^2\tan x}} \cdot \dfrac{1}{\tan x} \cdot (\tan x)' = \dfrac{\sec^2 x \cdot \ln\tan x}{\tan x \cdot \sqrt{1 + \ln^2\tan x}}$

(3) $y' = 2\arctan x^2 \cdot (\arctan x^2)'_x = 2\arctan x^2 \cdot \dfrac{1}{1 + (x^2)^2} \cdot (x^2)' = \dfrac{4x\arctan x^2}{1 + x^4}$

(4) $y' = \dfrac{1}{\sqrt{1 - \left(\sqrt{\dfrac{1-x}{1+x}}\right)^2}} \cdot \dfrac{1}{2\sqrt{\dfrac{1-x}{1+x}}} \cdot \left(\dfrac{1-x}{1+x}\right)'$

$\quad = \dfrac{1}{\sqrt{1 - \left(\sqrt{\dfrac{1-x}{1+x}}\right)^2}} \cdot \dfrac{1}{2\sqrt{\dfrac{1-x}{1+x}}} \cdot \dfrac{-(1+x) - (1-x)}{(1+x)^2}$

$\quad = -\dfrac{1}{(1+x)\sqrt{2x(1-x)}}$

(5) $y' = [\sin(\cos^2 x) \cdot \cos(\sin^2 x)]'$

$\quad = [\sin(\cos^2 x)]' \cdot \cos(\sin^2 x) + \sin(\cos^2 x) \cdot [\cos(\sin^2 x)]'$

$\quad = \cos(\cos^2 x) \cdot 2\cos x \cdot (-\sin x) \cdot \cos(\sin^2 x) +$

$\quad\quad \sin(\cos^2 x) \cdot [-\sin(\sin^2 x) \cdot 2\sin x \cdot \cos x]$

$\quad = -\sin 2x[\cos(\cos^2 x - \sin^2 x)]$

$\quad = -\sin 2x \cdot \cos(\cos 2x)$

24

(6) $y' = a^a \cdot x^{a^a-1} + a^{x^a} \cdot \ln a \cdot (x^a)' + a^{a^x} \cdot \ln a \cdot (a^x)'$

$= a^a x^{a^a-1} + a^{x^a+1} \cdot x^{a-1}\ln a + a^{a^x+x}\ln^2 a$

(7) $y' = \left(\sqrt{x + \sqrt{x + \sqrt{x}}} \right)' = \dfrac{1}{2\sqrt{x + \sqrt{x + \sqrt{x}}}}\left(x + \sqrt{x + \sqrt{x}} \right)'$

$= \dfrac{1}{2\sqrt{x + \sqrt{x + \sqrt{x}}}}\left[1 + \dfrac{1}{2\sqrt{x + \sqrt{x}}}(x + \sqrt{x})' \right]$

$= \dfrac{1}{2\sqrt{x + \sqrt{x + \sqrt{x}}}}\left(1 + \dfrac{1 + \dfrac{1}{2\sqrt{x}}}{2\sqrt{x + \sqrt{x}}} \right)$

$= \dfrac{1 + 2\sqrt{x} + 4\sqrt{x^2 + x\sqrt{x}}}{8\sqrt{x + \sqrt{x + \sqrt{x}}}\sqrt{x^2 + x\sqrt{x}}}$

(8) $y' = [x(\cos\ln x + \sin\ln x)]' = (\cos\ln x + \sin\ln x) + x[(\cos\ln x)' + (\sin\ln x)']$

$= \cos\ln x + \sin\ln x + x\left[-(\sin\ln x) \cdot \dfrac{1}{x} + (\cos\ln x) \cdot \dfrac{1}{x} \right]$

$= 2\cos\ln x$

(9) $y = \dfrac{\sin^3 x}{\sin x + \cos x} + \dfrac{\cos^3 x}{\sin x + \cos x} + \dfrac{\sin 2x}{2} = \dfrac{\sin^3 x + \cos^3 x}{\sin x + \cos x} + \sin x\cos x$

$= \sin^2 x + \cos^2 x - \sin x\cos x + \sin x\cos x = \sin^2 x + \cos^2 x = 1$

因此，$y' = (1)' = 0$.

评注 当所给函数既有四则运算，又有复合运算时，应根据所给函数表达式的结构，决定先用四则求导法则，还是先用复合函数求导法则.

例 2.12 设 $f(u)$ 为可导函数，求 $y = f(e^x) \cdot e^{f(x)}$ 的导数.

分析 函数 y 是函数 $f(e^x)$ 与 $e^{f(x)}$ 的乘积，而 $f(e^x)$ 是由 $f(u)$ 与 $u = e^x$ 复合而成，$e^{f(x)}$ 是由 e^v 与 $v = f(x)$ 复合而成. 所以结合乘积的求导法则和复合函数的求导法则求导数.

解答 $\dfrac{dy}{dx} = e^{f(x)} \cdot \dfrac{d}{dx}f(e^x) + f(e^x) \cdot \dfrac{d}{dx}e^{f(x)} = e^{f(x)} \cdot f'(e^x) \cdot e^x + f(e^x) \cdot e^{f(x)} \cdot f'(x)$

评注 当所给函数既有乘积运算，又有复合运算时，应根据所给函数表达式的结构，结合乘积的求导法则和复合函数的求导法则，使问题得到解决.

例 2.13 试从 $\dfrac{dx}{dy} = \dfrac{1}{y'}$ 导出以下结果.

(1) $\dfrac{d^2 x}{dy^2} = -\dfrac{y''}{(y')^3}$.   (2) $\dfrac{d^3 x}{dy^3} = \dfrac{3(y'')^2 - y'y'''}{(y')^5}$.

分析 要从已知条件导出所要的结论，求解过程中一定要注意 x 是 y 的函数，从而 $\dfrac{1}{y'}$ 是一个复合函数 $\dfrac{1}{y'[x(y)]}$.

解答 (1) $\dfrac{d^2 x}{dy^2} = \dfrac{d}{dy}\left(\dfrac{dx}{dy}\right) = \dfrac{d}{dy}\left(\dfrac{1}{y'}\right) = \dfrac{\dfrac{d}{dx}\left(\dfrac{1}{y'}\right)}{\dfrac{dy}{dx}} = \dfrac{\dfrac{-y''}{(y')^2}}{y'} = \dfrac{-y''}{(y')^3}$

$$(2)\frac{\mathrm{d}^3x}{\mathrm{d}y^3} = \frac{\mathrm{d}}{\mathrm{d}y}\left(\frac{\mathrm{d}^2x}{\mathrm{d}y^2}\right) = \frac{\dfrac{\mathrm{d}}{\mathrm{d}x}\left(\dfrac{\mathrm{d}^2x}{\mathrm{d}y^2}\right)}{\dfrac{\mathrm{d}y}{\mathrm{d}x}} = \frac{\dfrac{\mathrm{d}}{\mathrm{d}x}\left(-\dfrac{y''}{(y')^3}\right)}{\dfrac{\mathrm{d}y}{\mathrm{d}x}} = \frac{\dfrac{-y'''(y')^3+3y''(y')^2y''}{(y')^6}}{y'}$$

$$= \frac{3(y'')^2 - y'y'''}{(y')^5}$$

评注 在解答过程中易犯这样的错误:在求$\dfrac{\mathrm{d}}{\mathrm{d}y}\left(\dfrac{1}{y'}\right)$时,想不到应关于$\dfrac{1}{y'}$对$x$求导,再乘上$\dfrac{\mathrm{d}x}{\mathrm{d}y}$,实际上$\dfrac{1}{y'}$直观上是$x$的函数,但要求出$\dfrac{\mathrm{d}}{\mathrm{d}y}\left(\dfrac{1}{y'}\right)$,故应认为$\dfrac{1}{y'}$是一个复合函数$\dfrac{1}{y'[x(y)]}$.

5. 隐函数求导

例 2. 14 设$y = y(x)$是由方程$\sin(xy) - \ln\dfrac{x+1}{y} = 1$确定的隐函数,求$y'$和$y'|_{x=0}$.

分析 这是隐函数求导问题,按照隐函数求导方法解决即可.

解答 方程两边关于x分别求导,得

$$\cos xy \cdot (y + xy') - \frac{1}{x+1} + \frac{1}{y}y' = 0$$

解得

$$y' = \frac{\dfrac{1}{x+1} - y\cos xy}{\dfrac{1}{y} + x\cos xy}$$

当$x = 0$时,代入原方程可得$y = \mathrm{e}$,将$x = 0$,$y = \mathrm{e}$代入上式得$y'|_{x=0} = \mathrm{e} - \mathrm{e}^2$.

评注 隐函数求导的关键是在方程中关于自变量求导,同时注意分清因变量和自变量及其他们的关系.

例 2. 15 求由方程$\sqrt{x^2+y^2} = a\mathrm{e}^{\arctan\frac{y}{x}}$确定的隐函数$y$的二阶导数. 其中$a > 0$是常数.

分析 要求隐函数的二阶导数,必须先求出隐函数的一阶导数.

解答 先取对数再求导,得

$$\frac{1}{2}\ln(x^2+y^2) = \ln a + \arctan\frac{y}{x}$$

两边关于x求导数,得

$$\frac{1}{2}\frac{2x+2yy'}{x^2+y^2} = \frac{1}{1+\left(\dfrac{y}{x}\right)^2} \cdot \frac{xy'-y}{x^2}$$

化简,得

$$x + yy' = xy' - y$$

解得

$$y' = \frac{x+y}{x-y}$$

对式$x + yy' = xy' - y$两边同时关于x求导数,得$1 + (y')^2 + yy'' = y' + xy'' - y'$,即$1 +$

26

$(y')^2 + yy'' = xy''$，将 $y' = \dfrac{x+y}{x-y}$ 代入并化简，得 $y'' = \dfrac{2(x^2+y^2)}{(x-y)^3}$.

评注 本题也可对式 $y' = \dfrac{x+y}{x-y}$ 关于 x 再求导得到 y''，但较为繁琐.

例 2.16 求由方程 $(\cos x)^y = (\sin y)^x$ 所确定的函数 $y = y(x)$ 的导数 $\dfrac{\mathrm{d}y}{\mathrm{d}x}$.

分析 此题为幂指函数和隐函数求导数的综合问题.

解答 〈方法一〉对方程 $(\cos x)^y = (\sin y)^x$ 两边取自然对数，得

$$y\ln\cos x = x\ln\sin y$$

两端对 x 求导，则

$$y' \cdot \ln\cos x + y \cdot \dfrac{-\sin x}{\cos x} = \ln\sin y + x \cdot \dfrac{\cos y}{\sin y} \cdot y'$$

解得

$$\dfrac{\mathrm{d}y}{\mathrm{d}x} = \dfrac{\ln\sin y + y\tan x}{\ln\cos x - x\cot y}$$

〈方法二〉原方程可变为 $\mathrm{e}^{y\ln\cos x} = \mathrm{e}^{x\ln\sin y}$，即

$$y\ln\cos x = x\ln\sin y$$

对上式两边微分，得

$$\mathrm{d}(y\ln\cos x) = \mathrm{d}(x\ln\sin y)$$

即

$$\ln\cos x \mathrm{d}y + y\mathrm{d}\ln\cos x = \ln\sin y \mathrm{d}x + x\mathrm{d}\ln\sin y$$

于是有

$$\ln\cos x \mathrm{d}y - \dfrac{y\sin x}{\cos x}\mathrm{d}x = \ln\sin y \mathrm{d}x + \dfrac{x\cos y}{\sin y}\mathrm{d}y$$

由此解得

$$\dfrac{\mathrm{d}y}{\mathrm{d}x} = \dfrac{\ln\sin y + y\tan x}{\ln\cos x - x\cot y}$$

评注 对幂指函数求导数，通常做法是将幂指函数化为复合函数和隐函数来求导.

6. 对数求导法

例 2.17 设 $y = (\cos x)^{x^2}$，求 y'.

分析 幂指函数的求导，一般采用对数求导法较为简便.

解答 〈方法一〉对数求导法.

对原式 $y = (\cos x)^{x^2}$ 两边取对数得 $\ln y = x^2\ln\cos x$.

此时，y 是上述方程确定的隐函数，故使用隐函数求导法，得

$$\dfrac{1}{y}y' = 2x \cdot \ln\cos x + x^2 \cdot \dfrac{1}{\cos x}(-\sin x)$$

最后有 $y' = y \cdot (2x\ln\cos x - x^2\tan x) = (\cos x)^{x^2}(2x\ln\cos x - x^2\tan x)$.

〈方法二〉将函数 $y = (\cos x)^{x^2}$ 化为指数函数的形式 $y = \mathrm{e}^{x^2\ln\cos x}$，由复合函数的求导法

则，得 $y' = \mathrm{e}^{x^2\ln\cos x}\left[2x\ln\cos x + x^2 \cdot \dfrac{-\sin x}{\cos x}\right]$，即

$$y' = (\cos x)^{x^2}(2x\ln\cos x - x^2\tan x)$$

评注 方法二用对数恒等式将幂指函数化成指数函数形式来求导,也是一种行之有效的方法.

例 2.18 求函数 $y = \sqrt{x\sin x\sqrt{1-e^x}}$ 的导数.

分析 多重根式函数求导,用对数求导法较简便.

解答 原式两边取对数,得 $\ln y = \frac{1}{2}\left[\ln x + \ln\sin x + \frac{1}{2}\ln(1-e^x)\right]$. 两边求导,得

$\frac{1}{y}y' = \frac{1}{2}\left[\frac{1}{x} + \cot x + \frac{-e^x}{2(1-e^x)}\right]$,所以,$y' = \frac{1}{2}\sqrt{x\sin x\sqrt{1-e^x}}\left[\frac{1}{x} + \cot x - \frac{e^x}{2(1-e^x)}\right]$.

评注 此题若按照复合函数直接求导,将会变得很麻烦.

例 2.19 设函数 $y = y(x)$ 是由方程 $x \cdot e^{f(y)} = e^y$ 所确定,其中 $f(x)$ 具有二阶导数且 $f'(x) \neq 1$. 求 $\frac{d^2y}{dx^2}$.

分析 此题可按照隐函数求导法解决,也可以用对数求导法求导.

解答 〈方法一〉对方程 $x \cdot e^{f(y)} = e^y$ 两边关于 x 求导,得

$$e^{f(y)} + x \cdot e^{f(y)} \cdot f'(y) \cdot y' = e^y \cdot y'$$

即 $y' = \frac{e^{f(y)}}{e^y - xe^{f(y)} \cdot f'(y)} = \frac{\frac{1}{x} \cdot e^y}{e^y - e^y \cdot f'(y)} = \frac{1}{x[1-f'(y)]}$,上式两端再对 x 求导,得

$y'' = -\frac{1}{x^2[1-f'(y)]^2} \cdot \{1 - f'(y) + x[-f''(y) \cdot y']\} = \frac{f''(y) - [1-f'(y)]^2}{x^2[1-f'(y)]^3}$

〈方法二〉方程 $x \cdot e^{f(y)} = e^y$ 两端取对数,得

$$\ln x + f(y) = y$$

对其两端关于 x 求导则有

$$\frac{1}{x} + f'(y) \cdot y' = y'$$

解得 $y' = \frac{1}{x[1-f'(y)]}$. 以下同方法一.

评注 利用原方程简化导数表达式是隐函数求导常用的方法之一,在求隐函数的高阶导数时尤其显得重要.

例 2.20 求函数 $y = \left(\frac{x}{1+x}\right)^x$ 的导数 $\frac{dy}{dx}$.

分析 所给函数为幂指函数,无求导公式可套用. 求导方法一般有两种:对数求导法和利用恒等式 $x = e^{\ln x}(x > 0)$,将幂指函数化为指数函数.

解答 〈方法一〉对数求导法.

对等式 $y = \left(\frac{x}{1+x}\right)^x$ 两边取自然对数,得

$$\ln y = x[\ln x - \ln(1+x)]$$

两边对 x 求导,得

$$\frac{1}{y} \cdot y' = [\ln x - \ln(1+x)] + x\left(\frac{1}{x} - \frac{1}{1+x}\right)$$

解得

$$y' = \left(\frac{x}{1+x}\right)^x \cdot \left(\ln\frac{x}{1+x} + \frac{1}{1+x}\right)$$

〈方法二〉利用恒等式 $x = e^{\ln x}\,(x>0)$，得

$$y = \left(\frac{x}{1+x}\right)^x = e^{\ln\left(\frac{x}{1+x}\right)^x} = e^{x\cdot[\ln x - \ln(1+x)]}$$

于是有

$$y' = e^{x\cdot[\ln x - \ln(1+x)]} \cdot \{x \cdot [\ln x - \ln(1+x)]\}' = \left(\frac{x}{1+x}\right)^x \cdot \left(\ln\frac{x}{1+x} + \frac{1}{1+x}\right)$$

评注　一般的可导幂指函数 $y = u(x)^{v(x)}$ 均可采用上述两种方法求导.

例 2.21　求函数 $y = \dfrac{\sqrt{x+2}\cdot(3-x)^4}{(1+x)^5}$ 的导数.

分析　该题属于求多个函数的乘积或幂的导数,用对数求导法较好.

解答　〈方法一〉两端先取绝对值,再取对数,得

$$\ln|y| = \frac{1}{2}\ln(x+2) + 4\ln|3-x| - 5\ln|x+1|$$

两边对 x 求导,得

$$\frac{1}{y} \cdot y' = \frac{1}{2(x+2)} - \frac{4}{3-x} - \frac{5}{x+1}$$

所以,有 $y' = \dfrac{\sqrt{x+2}\cdot(3-x)^4}{(1+x)^5} \cdot \left(\dfrac{1}{2(x+2)} - \dfrac{4}{3-x} - \dfrac{5}{x+1}\right)$.

〈方法二〉$y = \dfrac{\sqrt{x+2}\cdot(3-x)^4}{(1+x)^5} = (x+2)^{\frac{1}{2}} \cdot (3-x)^4 (1+x)^{-5}$

$$y' = \frac{1}{2}(x+2)^{-\frac{1}{2}} \cdot (3-x)^4 (1+x)^{-5} - 4(x+2)^{\frac{1}{2}} \cdot (3-x)^3 (1+x)^{-5} -$$

$$5(x+2)^{\frac{1}{2}}(3-x)^4(1+x)^{-6}$$

$$= \frac{\sqrt{x+2}\cdot(3-x)^4}{(1+x)^5} \cdot \left(\frac{1}{2(x+2)} - \frac{4}{3-x} - \frac{5}{x+1}\right).$$

评注　显然,方法一比方法二简单.

7. 参数方程所确定的函数求导

例 2.22　求解下列各题:

(1) $\begin{cases} x = 2\ln\cot t \\ y = \tan t \end{cases}$,求 $\dfrac{\mathrm{d}y}{\mathrm{d}x}\Big|_{x=0}$;　　(2) $\begin{cases} x = e^t - x\cos t - 1 \\ y = t^2 + t \end{cases}$,求 $\dfrac{\mathrm{d}y}{\mathrm{d}x}$;

(3) $\begin{cases} x = f'(t) \\ y = tf'(t) - f(t) \end{cases}$,设 $f''(t)$ 存在且不为零,求二阶导数 $\dfrac{\mathrm{d}^2 y}{\mathrm{d}x^2}$.

分析　y 与 x 的关系是: y 是由参数方程确定的 x 的函数,故 $\dfrac{\mathrm{d}y}{\mathrm{d}x} = \dfrac{\dfrac{\mathrm{d}y}{\mathrm{d}t}}{\dfrac{\mathrm{d}x}{\mathrm{d}t}}$.

解答 （1）$\dfrac{\mathrm{d}y}{\mathrm{d}x}=\dfrac{y'_t}{x'_t}=\dfrac{\sec^2t}{2\cdot\dfrac{1}{\cot t}\cdot(-\csc^2t)}=-\dfrac{1}{2}\tan t$，当 $x=0$ 时，$t=\dfrac{\pi}{4}$，于是有 $\dfrac{\mathrm{d}y}{\mathrm{d}x}\Big|_{x=0}=$

$-\dfrac{1}{2}\tan t\Big|_{t=\frac{\pi}{4}}=-\dfrac{1}{2}$.

（2）方程 $x=\mathrm{e}^t-x\cos t-1$ 的两边同时关于 t 求导得 $\dfrac{\mathrm{d}x}{\mathrm{d}t}=\mathrm{e}^t-\cos t\cdot\dfrac{\mathrm{d}x}{\mathrm{d}t}-x(-\sin t)$，

解得 $\dfrac{\mathrm{d}x}{\mathrm{d}t}=\dfrac{\mathrm{e}^x+x\sin t}{1+\cos t}$，从而 $\dfrac{\mathrm{d}y}{\mathrm{d}x}=\dfrac{\dfrac{\mathrm{d}y}{\mathrm{d}t}}{\dfrac{\mathrm{d}x}{\mathrm{d}t}}=\dfrac{(2t+1)(1+\cos t)}{\mathrm{e}^x+x\sin t}$.

（3）$\dfrac{\mathrm{d}y}{\mathrm{d}x}=\dfrac{y'(t)\mathrm{d}t}{x'(t)\mathrm{d}t}=\dfrac{(tf'(t)-f(t))'}{(f'(t))'}=\dfrac{f'(t)+tf''(t)-f'(t)}{f''(t)}=t$

$\dfrac{\mathrm{d}^2y}{\mathrm{d}x^2}=\dfrac{\mathrm{d}\left(\dfrac{\mathrm{d}y}{\mathrm{d}x}\right)}{\mathrm{d}x}=\dfrac{\mathrm{d}t}{\mathrm{d}x}=\dfrac{\mathrm{d}t}{x'(t)\mathrm{d}t}=\dfrac{1}{f''(t)}$.

评注 在求由参数方程确定的函数的二阶导数时，必须注意：$\dfrac{\mathrm{d}^2y}{\mathrm{d}x^2}\neq\dfrac{\psi''(t)}{\varphi''(t)}$.

例 2.23 设 $\begin{cases}x=1+t^2\\y=\cos t\end{cases}$，求 $\dfrac{\mathrm{d}^2y}{\mathrm{d}x^2}$.

分析 这是要求由参数方程确定函数的二阶导数，需要先求一阶导数.

解答 $\dfrac{\mathrm{d}y}{\mathrm{d}x}=\dfrac{\dfrac{\mathrm{d}y}{\mathrm{d}t}}{\dfrac{\mathrm{d}x}{\mathrm{d}t}}=\dfrac{-\sin t}{2t}$

$\dfrac{\mathrm{d}^2y}{\mathrm{d}x^2}=\dfrac{\mathrm{d}}{\mathrm{d}x}\left(\dfrac{\mathrm{d}y}{\mathrm{d}x}\right)=\dfrac{\mathrm{d}}{\mathrm{d}x}\left(\dfrac{-\sin t}{2t}\right)=\dfrac{\mathrm{d}}{\mathrm{d}t}\left(\dfrac{-\sin t}{2t}\right)\cdot\dfrac{\mathrm{d}t}{\mathrm{d}x}=\dfrac{\sin t-t\cos t}{4t^3}$

评注 求由参数方程确定函数的二阶导数易犯的错误：$\dfrac{\mathrm{d}y}{\mathrm{d}x}=\dfrac{\dfrac{\mathrm{d}y}{\mathrm{d}t}}{\dfrac{\mathrm{d}x}{\mathrm{d}t}}=\dfrac{-\sin t}{2t}$，$\dfrac{\mathrm{d}^2y}{\mathrm{d}x^2}=$

$\left(\dfrac{-\sin t}{2t}\right)'=\dfrac{\sin t-t\cos t}{2t^2}$. 出错的原因在于忽视了 $\dfrac{\mathrm{d}y}{\mathrm{d}x}=\dfrac{-\sin t}{2t}$ 是 t 的函数，t 为参数且是中间变量，而题目的要求是求 $\dfrac{\mathrm{d}}{\mathrm{d}x}\left(\dfrac{\mathrm{d}y}{\mathrm{d}x}\right)$. 因此，在求这类函数的二阶或三阶导数时要注意避免这类错误发生.

例 2.24 设 $y=y(x)$ 是由 $\begin{cases}x=3t^2+2t+3\\\mathrm{e}^y\sin t-y+1=0\end{cases}$ 所确定. 求 $\dfrac{\mathrm{d}^2y}{\mathrm{d}x^2}\Big|_{t=0}$.

分析 此题为隐函数求导与由参数方程所确定函数的求导的综合问题.

解答 〈方法一〉在 $x=3t^2+2t+3$ 两边对 t 求导，得

$$\dfrac{\mathrm{d}x}{\mathrm{d}t}=6t+2$$

由 $\mathrm{e}^y\sin t-y+1=0$ 得 $y|_{t=0}=1$，对方程两边关于 t 求导，得

$$\frac{dy}{dt} = \frac{e^y \cos t}{1 - e^y \sin t} = \frac{e^y \cos t}{2 - y}$$

则有 $\dfrac{dy}{dt}\Big|_{t=0} = e, \dfrac{dy}{dx} = \dfrac{\frac{dy}{dt}}{\frac{dx}{dt}} = \dfrac{e^y \cos t}{(2-y)(6t+2)}.$ 故

$$\frac{d^2y}{dx^2} = \frac{d}{dt}\left(\frac{dy}{dx}\right) \cdot \frac{dt}{dx}$$

$$= \frac{\left(\dfrac{dy}{dt} \cdot e^y \cos t - e^y \sin t\right)(2-y)(6t+2) - e^y \cos t\left[6(2-y) - \dfrac{dy}{dt} \cdot (6t+2)\right]}{(2-y)^2(6t+2)^3}$$

所以

$$\frac{d^2y}{dx^2}\Big|_{t=0} = \frac{2e^2 - 3e}{4}$$

〈方法二〉由 $t=0$ 得 $x=3, y=1.$ 又

$$\frac{dx}{dt} = 6t+2, \frac{dy}{dt} = \frac{e^y \cos t}{1 - e^y \sin t} = \frac{e^y \cos t}{2 - y}$$

故

$$\frac{dy}{dx} = \frac{\frac{dy}{dt}}{\frac{dx}{dt}} = \frac{e^y \cos t}{(2-y)(6t+2)}, \frac{dy}{dx}\Big|_{t=0} = \frac{e}{2}$$

$$\frac{d^2y}{dx^2} = \frac{d}{dx}\left(\frac{e^y}{2-y} \cdot \frac{\cos t}{6t+2}\right) = \frac{\cos t}{6t+2} \cdot \frac{d}{dx}\left(\frac{e^y}{2-y}\right) + \frac{e^y}{2-y} \cdot \frac{d}{dt}\left(\frac{\cos t}{6t+2}\right) \cdot \frac{dt}{dx}$$

$$= \frac{\cos t}{6t+2} \cdot \frac{(2-y)e^y + e^y}{(2-y)^2} \cdot \frac{dy}{dx} + \frac{e^y}{2-y} \cdot \frac{-(6t+2)\sin t - 6\cos t}{(6t+2)^3}$$

所以

$$\frac{d^2y}{dx^2}\Big|_{t=0} = \frac{2e^2 - 3e}{4}.$$

〈方法三〉运用公式 $\dfrac{d^2y}{dx^2} = \dfrac{\dfrac{d^2y}{dt^2} \cdot \dfrac{dx}{dt} - \dfrac{dy}{dt} \cdot \dfrac{d^2x}{dt^2}}{\left(\dfrac{dx}{dt}\right)^3}$, 容易求出 $\dfrac{dx}{dt}\Big|_{t=0} = (6t+2)|_{t=0} = 2,$

$\dfrac{d^2x}{dt^2} = 6, y|_{t=0} = 1,$ 对 $e^y \sin t - y + 1 = 0$ 两边分别关于 t 求一阶导数,得

$$\frac{dy}{dt} \cdot e^y \sin t - \frac{dy}{dt} + e^y \cos t = 0$$

从而 $\dfrac{dy}{dt}|_{t=0} = e,$ 对 $\dfrac{dy}{dt} \cdot e^y \sin t - \dfrac{dy}{dt} + e^y \cos t = 0$ 两边分别关于 t 求一阶导数,得

$$\frac{d^2y}{dt^2} \cdot e^y \sin t + \left(\frac{dy}{dt}\right)^2 \cdot e^y \sin t + 2\frac{dy}{dt} \cdot e^y \cos t - \frac{d^2y}{dt^2} - e^y \sin t = 0$$

由此可得 $\dfrac{d^2y}{dt^2}\Big|_{t=0} = 2e^2.$ 于是将 $\dfrac{dx}{dt}\Big|_{t=0} = 2, \dfrac{d^2x}{dt^2} = 6, \dfrac{dy}{dt}\Big|_{t=0} = e, \dfrac{d^2y}{dt^2}\Big|_{t=0} = 2e^2$ 代入公式

$$\frac{\mathrm{d}^2 y}{\mathrm{d}x^2} = \frac{\dfrac{\mathrm{d}^2 y}{\mathrm{d}t^2} \cdot \dfrac{\mathrm{d}x}{\mathrm{d}t} - \dfrac{\mathrm{d}y}{\mathrm{d}t} \cdot \dfrac{\mathrm{d}^2 x}{\mathrm{d}t^2}}{\left(\dfrac{\mathrm{d}x}{\mathrm{d}t}\right)^3}, 得 \left.\frac{\mathrm{d}^2 y}{\mathrm{d}x^2}\right|_{t=0} = \frac{2\mathrm{e}^2 - 3\mathrm{e}}{4}.$$

评注 同一个问题,往往有多种不同的解法,有的方法简单,有的方法麻烦,勤于思考,一定会找到简便方法.

8. 函数的高阶导数

例 2.25 设 $y = \sin[f(x^2)]$,其中 f 具有二阶导数,求 $\dfrac{\mathrm{d}^2 y}{\mathrm{d}x^2}$.

分析 复合函数与抽象函数混在一起,求导时一定要注意复合过程,做到"不重不漏".

解答 $\dfrac{\mathrm{d}y}{\mathrm{d}x} = \cos[f(x^2)] f'(x^2) 2x$

$$\frac{\mathrm{d}^2 y}{\mathrm{d}x^2} = -\sin[f(x^2)][f'(x^2)2x]^2 + \cos[f(x^2)]f''(x^2)(2x)^2 + 2\cos[f(x^2)]f'(x^2)$$

评注 对一阶导函数再求导时,一阶导函数仍然是复合函数,仍然要按照复合函数求导法则求导.

例 2.26 设 $y = x^2 \sin 2x$,求 $y^{(50)}$.

分析 令 $u = \sin 2x, v = x^2$,则 $y = u \cdot v$. 由于 $v = x^2$ 是一个二次多项式,故 $v^{(n)} = (x^2)^{(n)}$,当 $n \geq 3$ 时为零. 此时,使用莱布尼茨公式求 $(uv)^{(50)}$,求导的结果中仅有 3 项不为零,故宜使用莱布尼茨公式求导.

解答 因为

$$(uv)^{(n)} = u^{(n)}v + C_n^1 u^{(n-1)}v' + C_n^{n-2}u^{(n-2)}v'' + \cdots + C_n^k u^{(n-k)}v^{(k)} + \cdots + uv^{(n)}$$

取 $u = \sin 2x, v = x^2$,于是 $u^{(n)} = 2^n \sin\left(2x + n \cdot \dfrac{\pi}{2}\right)$

其中,$v' = 2x, v'' = 2, v''' = v^{(4)} = \cdots = v^{(50)} = 0$,所以

$$y^{(50)} = (u \cdot v)^{(50)} = u^{(50)}v + C_{50}^1 u^{(49)}v' + C_{50}^2 u^{(48)}v'' + C_{50}^3 u^{(47)}v''' + \cdots + uv^{(50)}$$

$$= 2^{50}\sin\left(2x + 50 \cdot \frac{\pi}{2}\right) \cdot x^2 + 50 \cdot 2^{49}\sin\left(2x + 49 \cdot \frac{\pi}{2}\right) \cdot$$

$$2x + \frac{50 \cdot 49}{2} \cdot 2^{48}\sin\left(2x + 48 \cdot \frac{\pi}{2}\right) \cdot 2$$

$$= 2^{50}\left(-x^2 \sin 2x + 50x\cos 2x + \frac{1225}{2}\sin 2x\right)$$

评注 求两个函数乘积的高阶导数,一般使用莱布尼茨公式,求导时要注意求导结果中为零的项和不为零的项.

例 2.27 设 $y = \sin^2 x$. 求 $y^{(100)}(0)$.

分析 求函数的高阶导数一般先求一阶导数,再求二阶,三阶……找出 n 阶导数的规律,然后用数学归纳法加以证明. 或者是通过恒等变形或者变量代换,将要求高阶导数的函数转换成一些高阶导数公式已知的函数或者是一些容易求高阶导数的形式. 用这种方法要求记住内容提要中所给出的一些常见函数的高阶导数公式.

解答 〈方法一〉由 $y = \sin^2 x = \dfrac{1}{2} - \dfrac{1}{2}\cos 2x$,得

$$y' = \sin 2x, \quad y'' = 2\cos 2x$$
$$y^{(3)} = -2^2 \cdot \sin 2x, \quad y^{(4)} = -2^3 \cdot \cos 2x$$
$$y^{(5)} = 2^4 \cdot \sin 2x, \cdots, \quad y^{(100)} = -2^{99} \cdot \cos 2x$$

故 $y^{(100)}(0) = -2^{99}$.

〈方法二〉利用公式 $(\sin kx)^{(n)} = k^n \cdot \sin\left(kx + \dfrac{k\pi}{2}\right)$. 由 $y' = 2\sin x\cos x = \sin 2x$, 得

$$y^{(100)}(x) = 2^{99} \cdot \sin\left(2x + \frac{99\pi}{2}\right)$$

故 $y^{(100)}(0) = -2^{99}$.

〈方法三〉利用幂级数展开式 $f^{(n)}(x_0) = a_n \cdot n!$.

$$y = \sin^2 x = \frac{1}{2} - \frac{1}{2}\cos 2x$$

$$= \frac{1}{2} - \frac{1}{2}\left[1 - \frac{1}{2!}2x + \frac{1}{4!}(2x)^2 - \cdots + \frac{1}{100!}(2x)^{100} - \cdots + \cdots\right],$$

故 $y^{(100)}(0) = -2^{99}$.

评注 方法三用到了幂级数展开式, 这是第 11 章无穷级数的内容.

例 2.28 设 $y = \ln(x^2 - 3x + 2)$. 求 $y^{(50)}$.

分析 先求出 $y' = \dfrac{2x - 3}{x^2 - 3x + 2}$, 此类有理分式函数, 常常是将其分解为部分分式之和, 再使用已有的公式.

解答 由于 $y' = \dfrac{2x - 3}{x^2 - 3x + 2} = \dfrac{1}{x - 1} + \dfrac{1}{x - 2}$, 则

$$y^{(50)} = \left(\frac{1}{x - 1}\right)^{(49)} + \left(\frac{1}{x - 2}\right)^{(49)}$$

$$= \frac{(-1)^{49} \cdot 49!}{(x - 1)^{50}} + \frac{(-1)^{49} \cdot 49!}{(x - 2)^{50}} = -\frac{49!}{(x - 1)^{50}} - \frac{49!}{(x - 2)^{50}}$$

评注 求出 $y' = \dfrac{2x - 3}{x^2 - 3x + 2}$ 后, 若继续求导, 将很难归纳出 n 阶导数的表达式.

9. 利用微分形式不变性求导

例 2.29 设函数 $y = y(x)$ 由方程 $\mathrm{e}^{x+y} + \cos(xy) = 0$ 确定, 求 $\dfrac{\mathrm{d}y}{\mathrm{d}x}$.

分析 由方程 $F(x, y) = 0$ 确定的隐函数的求导通常有两种方法: ①只需将方程中的 y 看作中间变量, 在 $F(x, y) = 0$ 两边同时对 x 求导, 然后将 y' 解出即可; ②利用微分形式不变性, 方程两边对变量求微分, 解出 $\mathrm{d}y$, 则 $\mathrm{d}x$ 前的函数即为所求.

解答 〈方法一〉在方程两边同时对 x 求导, 有

$$\mathrm{e}^{x+y}(1 + y') - \sin(xy) \cdot (y + xy') = 0$$

所以
$$y' = \frac{y\sin xy - \mathrm{e}^{x+y}}{\mathrm{e}^{x+y} - x\sin xy}$$

〈方法二〉在方程 $\mathrm{e}^{x+y} + \cos xy = 0$ 两边求微分, 得

$$\mathrm{d}\mathrm{e}^{x+y} + \mathrm{d}\cos xy = 0$$

即 $e^{x+y}(dx+dy) - \sin xy(xdy+ydx) = 0$，从而 $dy = \dfrac{y\sin xy - e^{x+y}}{e^{x+y} - x\sin xy}dx$

所以
$$y' = \frac{y\sin xy - e^{x+y}}{e^{x+y} - x\sin xy}$$

评注 利用微分形式不变性的方法二比方法一更好.

例 2.30 求下列函数的导数：

（1）设 $y = \arcsin e^{\sqrt{x}}$，求 $\dfrac{dy}{dx}$.

（2）设 $\begin{cases} x = \ln\sqrt{1+t^2} \\ y = \arctan t \end{cases}$，求 $\dfrac{dy}{dx}, \dfrac{d^2y}{dx^2}, \dfrac{d^3y}{dx^3}$.

分析 直接按照相应的求导法则求导也能解决问题，下面利用微分形式不变性求导.

解答 （1）$dy = d(\arcsin e^{\sqrt{x}}) = \dfrac{1}{\sqrt{1-(e^{\sqrt{x}})^2}}de^{\sqrt{x}} = \dfrac{1}{\sqrt{1-e^{2\sqrt{x}}}}e^{\sqrt{x}}d\sqrt{x}$

$= \dfrac{e^{\sqrt{x}}}{\sqrt{1-e^{2\sqrt{x}}}} \cdot \dfrac{1}{2\sqrt{x}}dx = \dfrac{e^{\sqrt{x}}}{2\sqrt{x(1-e^{2\sqrt{x}})}}dx$，从而 $\dfrac{dy}{dx} = \dfrac{e^{\sqrt{x}}}{2\sqrt{x(1-e^{2\sqrt{x}})}}$.

（2）注意到 $x = \ln\sqrt{1+t^2} = \dfrac{1}{2}\ln(1+t^2)$，于是

$$\frac{dy}{dx} = \frac{d\arctan t}{d\ln\sqrt{1+t^2}} = \frac{\dfrac{1}{1+t^2}dt}{\dfrac{1}{2} \cdot \dfrac{1}{1+t^2} \cdot 2tdt} = \frac{1}{t}$$

$$\frac{d^2y}{dx^2} = \frac{d\left(\dfrac{1}{t}\right)}{dx} = \frac{-\dfrac{1}{t^2}dt}{\dfrac{t}{1+t^2}dt} = -\frac{1+t^2}{t^3}$$

$$\frac{d^3y}{dx^3} = \frac{d\left(-\dfrac{1+t^2}{t^3}\right)}{dx} = \frac{\dfrac{3+t^2}{t^4}dt}{\dfrac{t}{1+t^2}dt} = \frac{t^4+4t^2+3}{t^5}$$

评注 利用微分形式不变性计算导数也是一种较好的方法.

2.2.2 利用导数定义求极限

函数在一点的导数是由极限定义的，因此当一个极限表达式恰好可以整理成一函数增量比的极限且此函数可导时，此极限就等于函数在指定点 x_0 处的导数 $f'(x_0)$.

例 2.31 设 $f(x)$ 在 x_0 处可导，求 $\lim\limits_{x\to 0}\dfrac{f(x_0+x) - f(x_0-3x)}{x}$.

分析 所求极限与 $f'(x_0)$ 的定义式很相似，则可由 $f'(x_0)$ 的定义求解.

解答 $\lim\limits_{x\to 0}\dfrac{f(x_0+x) - f(x_0-3x)}{x} = \lim\limits_{x\to 0}\dfrac{[f(x_0+x) - f(x_0)] + [f(x_0) - f(x_0-3x)]}{x}$

$= \lim\limits_{x\to 0}\dfrac{f(x_0+x) - f(x_0)}{x} + 3\lim\limits_{x\to 0}\dfrac{f(x_0-3x) - f(x_0)}{-3x}$

$$= f'(x_0) + 3f'(x_0) = 4f'(x_0)$$

评注 本题巧妙运用导数定义来求极限,使问题得到解决.常见错误:令 $x_0 - 3x = t$,则 $x_0 = 3x + t$,于是有

$$\lim_{x \to 0} \frac{f(x_0 + x) - f(x_0 - 3x)}{x} = \lim_{x \to 0} \frac{f(t + 4x) - f(t)}{x} = 4\lim_{x \to 0} f'(t)$$
$$= 4\lim_{x \to 0} f'(x_0 - 3x) = 4f'(x_0)$$

错解原因:解答中用到 $f(x)$ 在点 t 的导数及 $f'(x)$ 在点 x_0 连续.但是题目只是给出 $f(x)$ 在 x_0 处可导的条件,而 $f(x)$ 在 x_0 的邻域内是否可导以及 $f'(x)$ 在 x_0 处是否连续都未知.

例 2.32 下列各题中均假定 $f'(x_0)$ 存在,求下列极限:

(1) $\lim\limits_{h \to 0} \dfrac{f(x_0 - 3h) - f(x_0)}{h}$.

(2) $\lim\limits_{h \to 0} \dfrac{f(x_0 + mh) - f(x_0 - nh)}{h}$,$m$、$n$ 为常数.

(3) $\lim\limits_{n \to \infty} n\left[f\left(x_0 + \dfrac{1}{n}\right) - f\left(x_0 - \dfrac{1}{2n}\right)\right]$.

分析 既然题中均假定 $f'(x_0)$ 存在,因此可以考虑用导数的定义式求极限.
解答 (1) 由导数的定义,得

$$\lim_{h \to 0} \frac{f(x_0 - 3h) - f(x_0)}{h} = \lim_{h \to 0} \frac{f(x_0 - 3h) - f(x_0)}{(-3)h} \cdot (-3) = -3f'(x_0)$$

(2) $\lim\limits_{h \to 0} \dfrac{f(x_0 + mh) - f(x_0 - nh)}{h} = \lim\limits_{h \to 0} \dfrac{f(x_0 + mh) - f(x_0) + f(x_0) - f(x_0 - nh)}{h}$

$$= \lim_{h \to 0} \frac{f(x_0 + mh) - f(x_0)}{h} + \lim_{h \to 0} \frac{f(x_0) - f(x_0 - nh)}{h}$$

$$= \lim_{h \to 0} \frac{f(x_0 + mh) - f(x_0)}{mh} \cdot m + \lim_{h \to 0} \frac{f(x_0 - nh) - f(x_0)}{-nh} \cdot n$$

$$= mf'(x_0) + nf'(x_0) = (m + n)f'(x_0)$$

(3) $\lim\limits_{n \to \infty} n\left[f\left(x_0 + \dfrac{1}{n}\right) - f\left(x_0 - \dfrac{1}{2n}\right)\right] = \lim\limits_{n \to \infty} \dfrac{f\left(x_0 + \dfrac{1}{n}\right) - f\left(x_0 - \dfrac{1}{2n}\right)}{\dfrac{1}{n}} = \dfrac{3}{2}f'(x_0)$

评注 巧妙运用导数定义来求极限,有时需要进行恒等变形,凑出极限定义式,使问题得到解决.

2.2.3 讨论函数的可导性

例 2.33 讨论下列函数在 $x = 0$ 处的连续性和可导性:

(1) $f(x) = \begin{cases} \sin x, & x \geqslant 0 \\ x - 1, & x < 0 \end{cases}$;(2) $y = |\tan x|$;(3) $f(x) = \begin{cases} x^2 \arctan \dfrac{1}{x}, & x \neq 0 \\ 0, & x = 0 \end{cases}$

分析 讨论分段函数的连续性和可导性,主要是讨论分界点处的连续性和可导性.
解答 (1) $f(0^+) = \lim\limits_{x \to 0^+} \sin x = 0$,$f(0^-) = \lim\limits_{x \to 0^-} (x - 1) = -1$,所以,$\lim\limits_{x \to 0} f(x)$ 不存在,故

$f(x)$ 在 $x=0$ 处不连续,故 $f(x)$ 在 $x=0$ 处不可导.

(2) $y=|\tan x|=\begin{cases} \tan x, x\geqslant 0 \\ -\tan x, x<0 \end{cases}$, $\lim\limits_{x\to 0^-}|\tan x|=\lim\limits_{x\to 0^-}(-\tan x)=0$, $\lim\limits_{x\to 0^+}|\tan x|=\lim\limits_{x\to 0^+}\tan x=$

0,即 $\lim\limits_{x\to 0}|\tan x|=y|_{x=0}=0$,所以 $y=|\tan x|$ 在 $x=0$ 处连续.

$y'_+(0)=\lim\limits_{x\to 0^+}\dfrac{|\tan x|-0}{x-0}=\lim\limits_{x\to 0^+}\dfrac{\tan x}{x}=1$, $y'_-(0)=\lim\limits_{x\to 0^-}\dfrac{|\tan x|-0}{x-0}=\lim\limits_{x\to 0^-}\dfrac{-\tan x}{x}=-1$,即 $y'_+(0)\neq y'_-(0)$,所以 $y=|\tan x|$ 在 $x=0$ 处不可导.

(3) 函数在点 $x=0$ 的邻域有定义,且因为 $\left|\arctan\dfrac{1}{x}\right|\leqslant\dfrac{\pi}{2}$, $\lim\limits_{x\to 0}x^2=0$,故 $\lim\limits_{x\to 0}x^2\arctan$

$\dfrac{1}{x}=0=f(0)$. 所以,函数在点 $x=0$ 处连续. 又 $\lim\limits_{x\to 0}\dfrac{f(x)-f(0)}{x}=\lim\limits_{x\to 0}\dfrac{x^2\arctan\dfrac{1}{x}}{x}=$

$\lim\limits_{x\to 0}x\arctan\dfrac{1}{x}=0$,故函数在点 $x=0$ 处亦可导.

评注 讨论函数在一点是否可导,首先要讨论其是否连续. 若函数在该点不连续,则一定在该点不可导;若函数在该点连续,则函数在该点可能可导、也可能不可导,故还需进一步讨论其可导性.

2.2.4 通过函数的连续性和可导性,确定函数中的常数

例 2.34 求 a、b 的值,使函数 $f(x)=\begin{cases} x^2+2x+3, x\leqslant 0 \\ ax+b, x>0 \end{cases}$ 在内 $(-\infty,+\infty)$ 连续、可导.

分析 通过函数的连续性和可导性,找出所求常数之间的关系式,最终求出常数.

解答 由题设可知,$f(x)$ 均为多项式,因此 $f(x)$ 在 $(-\infty,0)$、$(0,+\infty)$ 上连续、可导. 要使 $f(x)$ 在 $(-\infty,+\infty)$ 内连续、可导,只要 $f(x)$ 在 $x=0$ 处连续、可导即可.

由 $f(0)=\lim\limits_{x\to 0^-}f(x)=\lim\limits_{x\to 0^+}f(x)=\lim\limits_{x\to 0^+}(ax+b)=b$,而 $f(0)=3$,从而得 $b=3$.

要使 $f(x)$ 在 $x=0$ 处可导,则 $f'_-(0)=f'_+(0)$,而 $f'_-(0)=\lim\limits_{x\to 0^-}\dfrac{(x^2+2x+3)-3}{x}=$

2, $f'_+(0)=\lim\limits_{x\to 0^+}\dfrac{f(x)-f(0)}{x-0}=\lim\limits_{x\to 0^+}\dfrac{ax+b-3}{x}=a$,从而 $a=2$. 故当 $a=2$,$b=3$ 时,$f(x)$ 在 $(-\infty,+\infty)$ 内连续、可导.

评注 通过函数的连续性和可导性确定函数中的常数,常常要用到左连续与右连续,左导数与右导数.

2.2.5 导数的应用

1. 切线方程与法线方程

例 2.35 设曲线方程为 $\begin{cases} x=t+2+\sin t \\ y=t+\cos t \end{cases}$,求此曲线在 $x=2$ 处的切线方程和法线方程.

分析 曲线方程由参数式方程给出,可利用参数式方程确定函数的求导方法,求出曲线在切点处的切线斜率,从而求出切线方程和法线方程.

解答 当 $x = 2$ 时,对应的参数 $t = 0$,此时 $y = 1$,所以切点为 $(2,1)$,由于 $\dfrac{dy}{dx} =$ $\dfrac{(t + \cos t)'_t}{(t + 2 + \sin t)'_t} = \dfrac{1 - \sin t}{1 + \cos t}$,则切线斜率 $k = \dfrac{dy}{dx}\Big|_{t=0} = \dfrac{1 - \sin t}{1 + \cos t}\Big|_{t=0} = \dfrac{1}{2}$,从而切线方程为 $y - 1 = \dfrac{1}{2}(x - 2)$,即 $x - 2y = 0$. 法线方程为 $y - 1 = -2(x - 2)$,即 $2x + y - 5 = 0$.

评注 曲线方程由参数式方程给出,可利用参数式方程确定函数的求导方法,求出曲线在切点处的切线斜率,若曲线方程由隐式方程给出,可利用隐函数求导方法求出曲线在切点处的切线斜率.

2. 相关变化率

例 2.36 溶液自深 18cm,顶直径 12cm 的正圆锥形漏斗中漏入一直径为 10cm 的圆柱形筒中,开始时漏斗中盛满了溶液,已知当溶液在漏斗中深为 12cm 时,其表面下降的速率为 1cm/min,问此时圆柱形筒中溶液表面上升的速率为多少?

分析 这是相关变化率的问题,首先必须理解题意,然后再解决问题.

解答 设在时刻 t 漏斗中的液面高度为 $h = h(t)$,圆柱形筒中的液面高度为 $H = H(t)$,漏斗中的液体体积与圆柱形筒中的液体体积之和为常数 V,即有等式

$$\frac{\pi}{3} \cdot r^2 \cdot h + \pi \cdot 5^2 \cdot H = V$$

利用相似三角形的性质知 $\dfrac{r}{6} = \dfrac{h}{18}, r = \dfrac{h}{3}$,于是有

$$\frac{\pi}{3} \cdot \left(\frac{h}{3}\right)^2 \cdot h + \pi \cdot 5^2 \cdot H = V$$

上式两端关于 t 分别求导,得

$$\frac{\pi h^2}{9} h'(t) + 25\pi H'(t) = 0$$

当 $h = 12$ 时,$h'(t) = -1$,代入上式,得 $H'(t) = 0.64$ cm/min.

评注 求相关变化率问题的步骤:①分析题意,建立相关变量之间的等量关系;②关系式两边同时对 t 求导;③代入指定时刻的已知变量及变化率,求出未知变化率.

2.2.6 函数的微分

例 2.37 设 $e^{xy} + y\ln x = \cos 2x$,求 dy.

分析 求函数的微分可以利用微分公式,也可以利用微分四则运算法则及一阶微分形式不变性直接求函数微分.

解答 〈方法一〉对方程 $e^{xy} + y\ln x = \cos 2x$ 两边同时对 x 求导,得

$$e^{xy}(y + xy') + y' \cdot \ln x + y \cdot \frac{1}{x} = -2\sin 2x$$

整理得 $y' = -\dfrac{ye^{xy} + \dfrac{y}{x} + 2\sin 2x}{xe^{xy} + \ln x}$,故 $dy = -\dfrac{ye^{xy} + \dfrac{y}{x} + 2\sin 2x}{xe^{xy} + \ln x} dx$.

〈方法二〉对方程 $e^{xy} + y\ln x = \cos 2x$ 两边同时求微分,得

$$d(e^{xy}) + d(y\ln x) = d(\cos 2x), e^{xy}d(xy) + \ln x \cdot dy + y \cdot d(\ln x) = -\sin 2x d(2x)$$

$$e^{xy}(ydx + xdy) + \ln x \cdot dy + y \cdot \frac{1}{x}dx = -\sin 2x \cdot 2dx$$

整理,得

$$dy = -\frac{ye^{xy} + \dfrac{y}{x} + 2\sin 2x}{xe^{xy} + \ln x}dx$$

评注 〈方法二〉利用了微分形式不变性,直接在等式两边求微分,解决问题更简单、更有效.

例 2.38 设 $f(x) = \sin x, \varphi(x) = x^2$. 求 $f[\varphi'(x)]$, $f'[\varphi(x)]$, $[f(\varphi(x))]'$.

分析 三个函数中都有导数记号,其中 $f[\varphi'(x)]$ 表示函数 $\varphi(x)$ 对 x 求导,求得 $\varphi'(x)$ 后再与 f 复合;$f'[\varphi(x)]$ 表示函数 f 对 $\varphi(x)$ 求导,即 $f(u)$ 对 u 求导,而 $u = \varphi(x)$;$[f(\varphi(x))]'$ 表示复合函数 $f[\varphi(x)]$ 关于自变量 x 求导.

解答 $f'(x) = \cos x, \varphi'(x) = 2x$. 则

$$f[\varphi'(x)] = f(2x) = \sin 2x, \quad f'[\varphi(x)] = \cos x^2$$

以及

$$[f(\varphi(x))]' = f'[\varphi(x)] \cdot \varphi'(x) = 2x\cos x^2$$

评注 在求 $[f(\varphi(x))]'$ 时也可以使用微分形式不变性来求.

例 2.39 设 $y = \sin^2\left(\dfrac{1 - \ln x}{x}\right)$. 求 $\dfrac{dy}{dx}$.

分析 本题既可直接由复合函数求导法则求导,也可利用微分的形式不变性先求出 dy,然后可得 $\dfrac{dy}{dx}$.

解答 〈方法一〉直接由复合函数求导法则,令 $u = \sin v, v = \dfrac{1 - \ln x}{x}$,则

$$\frac{dy}{dx} = \frac{dy}{du} \cdot \frac{du}{dv} \cdot \frac{dv}{dx} = 2u \cdot \cos v \cdot \frac{\ln x - 2}{x^2} = \frac{\ln x - 2}{x^2} \cdot \sin 2\left(\frac{1 - \ln x}{x}\right)$$

〈方法二〉利用一阶微分的形式不变性

$$dy = d\sin^2\left(\frac{1 - \ln x}{x}\right) = 2\sin\left(\frac{1 - \ln x}{x}\right)d\sin\left(\frac{1 - \ln x}{x}\right)$$

$$= 2\sin\left(\frac{1 - \ln x}{x}\right)\cos\left(\frac{1 - \ln x}{x}\right)d\left(\frac{1 - \ln x}{x}\right) = \frac{\ln x - 2}{x^2} \cdot \sin 2\left(\frac{1 - \ln x}{x}\right)dx$$

故

$$\frac{dy}{dx} = \frac{\ln x - 2}{x^2} \cdot \sin 2\left(\frac{1 - \ln x}{x}\right)$$

评注 〈方法二〉利用了一阶微分的形式不变性.

例 2.40 若 $\varphi'(x)$ 存在,$y = \varphi(\sec^2 x) + \arcsin x$. 求 dy.

分析 可以先求出 $\dfrac{dy}{dx}$,也可利用微分的形式不变性求一阶微分.

解答 〈方法一〉$\dfrac{dy}{dx} = \varphi'(\sec^2 x)(\sec^2 x)' + \dfrac{1}{\sqrt{1 - x^2}} = 2\varphi'(\sec^2 x) \cdot \sec^2 x\tan x$

$$+ \frac{1}{\sqrt{1-x^2}}$$

所以
$$\mathrm{d}y = \left[2\varphi'(\sec^2 x) \cdot \sec^2 x\tan x + \frac{1}{\sqrt{1-x^2}}\right]\mathrm{d}x$$

〈方法二〉$\mathrm{d}y = \mathrm{d}\left[\varphi(\sec^2 x) + \arcsin x\right] = \mathrm{d}\varphi(\sec^2 x) + \mathrm{d}\arcsin x = \varphi'(\sec^2 x)\mathrm{d}\sec^2 x + \dfrac{\mathrm{d}x}{\sqrt{1-x^2}}$

$$= \left[2\varphi'(\sec^2 x) \cdot \sec^2 x\tan x + \frac{1}{\sqrt{1-x^2}}\right]\mathrm{d}x$$

评注 〈方法二〉利用了一阶微分的形式不变性,比方法一更方便.

例 2.41 求解下列各题:

(1) 设 $y = \sin f(x^2)$ 且 f 有二阶导数. 求 $\dfrac{\mathrm{d}^2 y}{\mathrm{d}x^2}$.

(2) 设 $f'(\cos x) = \cos 2x$,求 $f''(x)$.

分析 这是复合函数二阶导数的问题.

解答 (1) $y' = \cos f(x^2) \cdot f'(x^2) \cdot 2x = 2x \cdot f'(x^2) \cdot \cos f(x^2)$

$y'' = 2f'(x^2) \cdot \cos f(x^2) + 2x \cdot f''(x^2) \cdot 2x \cdot \cos f(x^2) + 2x \cdot f'(x^2) \cdot \left[-\sin f(x^2)\right] \cdot f'(x^2) \cdot 2x$

$$= 2f'(x^2) \cdot \cos f(x^2) + 4x^2 \cdot f''(x^2) \cdot \cos f(x^2) - 4x^2 \cdot \left[f'(x^2)\right]^2 \cdot \sin f(x^2)$$

(2) 〈方法一〉在 $f'(\cos x) = \cos 2x$ 的两边微分,得
$$f''(\cos x)\mathrm{d}\cos x = -2\sin 2x\mathrm{d}x$$

即
$$f''(\cos x) \cdot (-\sin x)\mathrm{d}x = -4\sin x\cos x\mathrm{d}x$$

化简,得
$$f''(\cos x) = 4\cos x$$

令 $\cos x = t$,则 $f''(t) = 4t$. 于是得
$$f''(x) = 4x, \ |x| \leqslant 1$$

〈方法二〉由于
$$f'(\cos x) = \cos 2x = 2\cos^2 x - 1$$

于是
$$f'(x) = 2x^2 - 1$$

其中,$|x| \leqslant 1$,所以 $f''(x) = 4x, |x| \leqslant 1$.

评注 本题作变换 $t = \cos x$,则要求 $|t| \leqslant 1$. 故在最后需指明 $\{x \mid -1 \leqslant x \leqslant 1\}$ 是 $f''(x)$ 的定义域.

2.3 本章小结

导数和微分是微分学的重要组成部分,也是高等数学课程的重要内容. 在学习本章时,要深刻理解导数与微分的定义及其几何意义,要明确可导性与可微性、连续性的关系. 导数研究的是函数的变化率问题,导数定义是对"函数变化率"的精确描述,即函数增量

与自变量增量之比当自变量增量趋于零时的极限,简言之,导数是增量比的极限,它反映了因变量随自变量的变化而变化的快慢程度. 微分研究的是函数增量的线性主部,当自变量增量很小时,可以利用微分来近似计算函数改变量. 虽然导数与微分的定义形式不同,但是在讨论函数的可导性与可微性时,可导与可微是等价的,即可导⇔可微,同时可导必连续,连续不一定可导. 在几何上导数表示曲线的切线斜率,要会利用导数求平面曲线的切线方程和法线方程.

导数与微分的运算是本章的重点. 由于导数也是"微商",所以对函数求导数与求微分可以互相转化. 要熟练掌握导数的四则运算法则及各种求导法则,复合函数求导是个难点,要深刻理解复合函数求导法则,注意复合函数的导函数仍然是复合函数,其复合关系与原来的函数相同. 利用一阶微分形式不变性也可以求复合函数的导数. 要学会求隐函数和由参数方程所确定的函数的导数,隐函数求导实质上是利用复合函数求导法,对于由参数方程确定的函数的求导公式要深刻理解、正确使用.

在讨论分段函数的连续性及可导性时,要特别注意在分段点处的判断一定要用导数定义来讨论. 求函数的高阶导数就是反复求导,因此,熟练计算函数的一阶导数是至关重要的. 常用的求导方法有:

(1) 利用定义求导数(此法常用于判断分段函数在分界点处是否可导);

(2) 利用求导的四则运算法则求导数;

(3) 函数求导法;

(4) 复合函数求导数;

(5) 隐函数求导法;

(6) 取对数求导法;

(7) 参数方程确定的函数求导法;

(8) 求高阶导数的方法;

(9) 求微分的方法.

对于这些方法,要灵活应用,不同的问题可能要选用不同的解决方法,不能生搬硬套。

2.4 同步习题及解答

2.4.1 同步习题

1. 填空题

(1) 曲线 $y = \ln x$ 上与直线 $x + y = 1$ 垂直的切线方程为_____.

(2) 若 $f(x) = \begin{cases} x^{\alpha} \sin \dfrac{1}{x}, & x \neq 0 \\ 0, & x = 0 \end{cases}$ (其中 α 为整数),在 $x = 0$ 处连续但不可导,则 $\alpha = $ _____.

(3) 设 $y = \cos 2^x$,则 $y' = $ _____.

(4) $y = \sqrt{x + \sqrt{x^2 + a^2}}$,则 $y' = $ _____.

(5) $d(\underline{\hspace{3cm}}) = \sec^2 3x \, dx$.

(6) 设 $y = \ln \sqrt{\dfrac{1-x}{1+x^2}}$,则 $y''|_{x=0} = $ _____.

(7) 设$f(x)$在$x = x_0$处可导,且$f'(x_0) = -2$,则$\lim\limits_{h \to 0}\dfrac{f(x_0 - h) - f(x_0)}{h} = $ _____.

(8) 设$f(x) = (x-1)(x-2)^2(x-3)^3(x-4)^4$,则$f'(1) = $ _____.

(9) 已知$f'(3) = 2$,则$\lim\limits_{h \to 0}\dfrac{f(3-h) - f(3)}{2h} = $ _____.

(10) $f'(0)$存在,有$f(0) = 0$,则$\lim\limits_{x \to 0}\dfrac{f(x)}{x} = $ _____.

(11) $y = \pi^x + x^\pi + \arctan\dfrac{1}{\pi}$,则$y'|_{x=1} = $ _____.

(12) $f(x)$二阶可导,$y = f(1 + \sin x)$,则$y' = $ _____,$y'' = $ _____.

(13) 曲线$y = \mathrm{e}^x$在点_____处切线与连接曲线上两点$(0,1)$,$(1,\mathrm{e})$的弦平行.

(14) $y = \ln[\arctan(1-x)]$,则$\mathrm{d}y = $ _____.

(15) $y = \sin^2 x^4$,则$\dfrac{\mathrm{d}y}{\mathrm{d}x} = $ _____,$\dfrac{\mathrm{d}y}{\mathrm{d}x^2} = $ _____.

(16) 若$f(t) = \lim\limits_{x \to \infty} t\left(1 + \dfrac{1}{x}\right)^{2tx}$,则$f'(t) = $ _____.

(17) 曲线$y = x^2 + 1$于点_____处的切线斜率为2.

(18) 设$y = x\mathrm{e}^x$,则$y''(0) = $ _____.

(19) 设函数$y = y(x)$由方程$\mathrm{e}^{x+y} + \cos xy = 0$确定,则$\dfrac{\mathrm{d}y}{\mathrm{d}x} = $ _____.

(20) 设$\begin{cases} x = 1 + t^2 \\ y = \cos t \end{cases}$,则$\dfrac{\mathrm{d}^2 y}{\mathrm{d}x^2} = $ _____.

2. 单项选择题

(1) 设$f(x)$的一阶导数在$x = a$处连续且$\lim\limits_{x \to 0}\dfrac{f'(x+a)}{x} = 1$,则( ).

    A.$f(x)$在$x = a$处的二阶导数不存在   B.$\lim\limits_{x \to 0} f''(x+a)$一定存在

    C.$f''(a) = 1$ D. $f'(a) = 2$

(2) 设函数$f(x)$连续,且$f'(0) > 0$,则存在$\delta > 0$,使得( ).

    A.$f(x)$在$(0,\delta)$内单调增加   B.$f(x)$在$(-\delta,0)$内单调减少

    C. 对任意的$x \in (0,\delta)$有$f(x) > f(0)$ D. 对任意的$x \in (-\delta,0)$有$f(x) > f(0)$

(3) 设函数$f(x)$可导,$F(x) = f(x)(1 + |\sin x|)$,则$f(0) = 0$是$F(x)$在$x = 0$处可导的( ).

    A. 充分必要条件   B. 充分条件但非必要条件

    C. 必要条件但非充分条件   D. 既非充分条件又非必要条件

(4) 设$f(0) = 0$,则$f(x)$在点$x = 0$可导的充要条件为( ).

    A. $\lim\limits_{h \to 0}\dfrac{1}{h^2}f(1 - \cos h)$存在   B. $\lim\limits_{h \to 0}\dfrac{1}{h}f(1 - \mathrm{e}^h)$存在

    C. $\lim\limits_{h \to 0}\dfrac{1}{h^2}f(h - \sin h)$存在   D. $\lim\limits_{h \to 0}\dfrac{1}{h}[f(2h) - f(h)]$存在

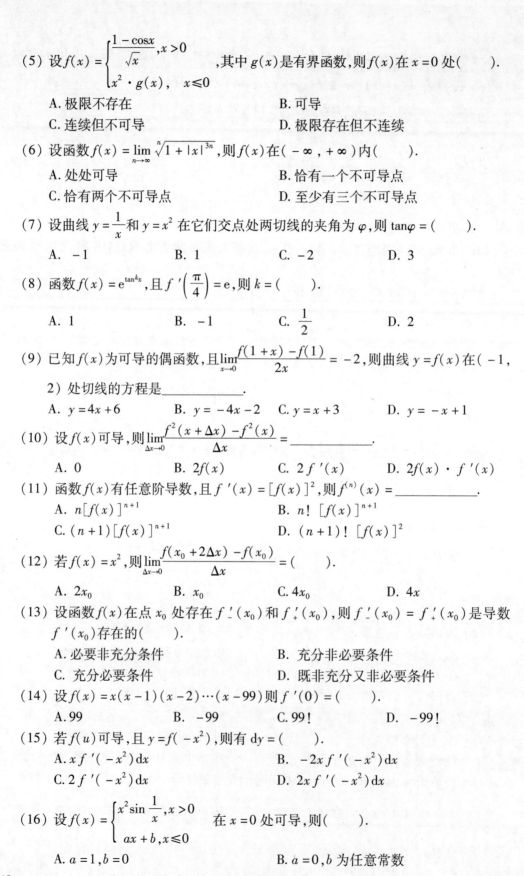

(5) 设 $f(x) = \begin{cases} \dfrac{1-\cos x}{\sqrt{x}}, & x > 0 \\ x^2 \cdot g(x), & x \leqslant 0 \end{cases}$ ，其中 $g(x)$ 是有界函数，则 $f(x)$ 在 $x=0$ 处（　　　）.

  A. 极限不存在   B. 可导

  C. 连续但不可导   D. 极限存在但不连续

(6) 设函数 $f(x) = \lim\limits_{n \to \infty} \sqrt[n]{1 + |x|^{3n}}$ ，则 $f(x)$ 在 $(-\infty, +\infty)$ 内（　　　）.

  A. 处处可导   B. 恰有一个不可导点

  C. 恰有两个不可导点   D. 至少有三个不可导点

(7) 设曲线 $y = \dfrac{1}{x}$ 和 $y = x^2$ 在它们交点处两切线的夹角为 φ ，则 $\tan\varphi = ($　　　$)$.

  A. -1 B. 1 C. -2 D. 3

(8) 函数 $f(x) = e^{\tan^k x}$ ，且 $f'\left(\dfrac{\pi}{4}\right) = e$ ，则 $k = ($　　　$)$.

  A. 1 B. -1 C. $\dfrac{1}{2}$ D. 2

(9) 已知 $f(x)$ 为可导的偶函数，且 $\lim\limits_{x \to 0} \dfrac{f(1+x)-f(1)}{2x} = -2$ ，则曲线 $y = f(x)$ 在 $(-1, 2)$ 处切线的方程是＿＿＿＿＿＿＿＿＿＿.

  A. $y = 4x + 6$ B. $y = -4x - 2$ C. $y = x + 3$ D. $y = -x + 1$

(10) 设 $f(x)$ 可导，则 $\lim\limits_{\Delta x \to 0} \dfrac{f^2(x+\Delta x) - f^2(x)}{\Delta x} = $＿＿＿＿＿＿＿＿＿＿.

  A. 0 B. $2f(x)$ C. $2f'(x)$ D. $2f(x) \cdot f'(x)$

(11) 函数 $f(x)$ 有任意阶导数，且 $f'(x) = [f(x)]^2$ ，则 $f^{(n)}(x) = $＿＿＿＿＿＿＿＿＿＿.

  A. $n[f(x)]^{n+1}$ B. $n![f(x)]^{n+1}$

  C. $(n+1)[f(x)]^{n+1}$ D. $(n+1)![f(x)]^2$

(12) 若 $f(x) = x^2$ ，则 $\lim\limits_{\Delta x \to 0} \dfrac{f(x_0 + 2\Delta x) - f(x_0)}{\Delta x} = ($　　　$)$.

  A. $2x_0$ B. x_0 C. $4x_0$ D. $4x$

(13) 设函数 $f(x)$ 在点 x_0 处存在 $f'_-(x_0)$ 和 $f'_+(x_0)$ ，则 $f'_-(x_0) = f'_+(x_0)$ 是导数 $f'(x_0)$ 存在的（　　　）.

  A. 必要非充分条件   B. 充分非必要条件

  C. 充分必要条件   D. 既非充分又非必要条件

(14) 设 $f(x) = x(x-1)(x-2)\cdots(x-99)$ 则 $f'(0) = ($　　　$)$.

  A. 99 B. -99 C. $99!$ D. $-99!$

(15) 若 $f(u)$ 可导，且 $y = f(-x^2)$ ，则有 $\mathrm{d}y = ($　　　$)$.

  A. $xf'(-x^2)\,\mathrm{d}x$ B. $-2xf'(-x^2)\,\mathrm{d}x$

  C. $2f'(-x^2)\,\mathrm{d}x$ D. $2xf'(-x^2)\,\mathrm{d}x$

(16) 设 $f(x) = \begin{cases} x^2 \sin\dfrac{1}{x}, & x > 0 \\ ax + b, & x \leqslant 0 \end{cases}$ 在 $x=0$ 处可导，则（　　　）.

  A. $a=1, b=0$ B. $a=0, b$ 为任意常数

42

  C. $a=0,b=0$ D. $a=1,b$ 为任意常数

 3. 试解下列各题:

 （1）设不恒为零的奇函数 $f(x)$ 在 $x=0$ 处可导. 试说明 $x=0$ 为函数 $\dfrac{f(x)}{x}$ 的哪一类间断点.

 （2）已知 $f(x)$ 在 $x=a$ 处可导且 $f(a)>0$. 求 $\lim\limits_{n\to\infty}\left[\dfrac{f\left(a+\dfrac{1}{n}\right)}{f(a)}\right]^{n}$.

 （3）讨论函数 $f(x)=x|x(x-1)|$ 的可导性.

 （4）设 $f(x)=\lim\limits_{t\to+\infty}\dfrac{x}{2+x^2-\mathrm{e}^{tx}}$，讨论 $f(x)$ 的可导性.

 （5）$y=\mathrm{e}^{\sin^2\frac{1}{x}}$，求 $\mathrm{d}y$.

 （6）$\begin{cases}x=\ln t,\\ y=t^3\end{cases}$，求 $\dfrac{\mathrm{d}^2 y}{\mathrm{d}x^2}\bigg|_{t=1}$.

 （7）$x+\arctan y=y,\dfrac{\mathrm{d}^2 y}{\mathrm{d}x^2}$.

 （8）$y=\sin x\cos x$，求 $y^{(50)}$.

 （9）$y=\left(\dfrac{x}{1+x}\right)^{x}$，求 y'.

 （10）$f(x)=x(x+1)(x+2)\cdots(x+2005)$，求 $f'(0)$.

 （11）$f(x)=(x-a)\varphi(x),\varphi(x)$ 在 $x=a$ 处有连续的一阶导数，求 $f'(a)$、$f''(a)$.

 （12）设 $f(x)$ 在 $x=1$ 处有连续的一阶导数，且 $f'(1)=2$，求 $\lim\limits_{x\to 1^+}\dfrac{\mathrm{d}}{\mathrm{d}x}f(\cos\sqrt{x-1})$.

 4. 试确定常数 a、b 之值，使函数 $f(x)=\begin{cases}b(1+\sin x)+a+2,&x\geqslant 0\\ \mathrm{e}^{ax}-1,&x<0\end{cases}$ 处处可导.

 5. 证明曲线 $x^2-y^2=a$ 与 $xy=b(a、b$ 为常数$)$ 在交点处切线相互垂直.

 6. 一气球从距离观察员 500m 处离地匀速铅直上升，其速率为 140m/min，当此气球上升到 500m 空中时，问观察员视角的倾角增加率为多少？

 7. 若函数 $f(x)$ 对任意实数 x_1、x_2 有 $f(x_1+x_2)=f(x_1)f(x_2)$，且 $f'(0)=1$，证明 $f'(x)=f(x)$.

 8. 求曲线 $y=x^3+3x^2-5$ 上过点 $(-1,-3)$ 处的切线方程和法线方程.

2.4.2 同步习题解答

1. （1）$y=x-1$；（2）1；（3）$-\sin 2^{x}\cdot 2^{x}\cdot\ln 2$；（4）$y'=\dfrac{1}{2}\sqrt{\dfrac{x+\sqrt{x^2+a^2}}{x^2+a^2}}$；

 （5）$\dfrac{1}{3}\tan 3x+C$；（6）$-\dfrac{3}{2}$；（7）2；（8）-648；

 （9）$-1\left(\text{因为}\lim\limits_{h\to 0}\dfrac{f(3-h)-f(3)}{2h}=\lim\limits_{h\to 0}\dfrac{f(3-h)-f(3)}{-h}\cdot\left(-\dfrac{1}{2}\right)=-\dfrac{1}{2}f'(3)=-1\right)$；

 （10）$f'(0)\left(\text{因为}\lim\limits_{x\to 0}\dfrac{f(x)}{x}=\lim\limits_{x\to 0}\dfrac{f(x)-f(0)}{x-0}=f'(0)\right)$；

(11) $\pi\ln\pi+\pi\left($因为 $y'=\pi^x\ln\pi+\pi x^{\pi-1}$, $y'|_{x=1}=\pi\ln x+\pi\right)$;

(12) $f'(1+\sin x)\cdot\cos x$, $f''(1+\sin x)\cdot\cos^2 x-f'(1+\sin x)\cdot\sin x$;

(13) $(\ln(e-1),e-1)\left($弦的斜率 $k=\dfrac{e-1}{1-0}=e-1$, 因为 $y'=(e^x)'=e^x=e-1\Rightarrow x=\right.$ $\ln(e-1)$, 当 $x=\ln(e-1)$ 时, $y=e-1\Big)$;

(14) $-\dfrac{\mathrm{d}x}{\arctan(1-x)\cdot[1+(1-x)^2]}\left($因为 $\mathrm{d}y=\dfrac{1}{\arctan(1-x)}\mathrm{d}[\arctan(1-x)]=\right.$ $\dfrac{1}{\arctan(1-x)}\cdot\dfrac{1}{1+(1-x)^2}\mathrm{d}(1-x)=-\dfrac{\mathrm{d}x}{\arctan(1-x)\cdot[1+(1-x)^2]}\Big)$;

(15) $4x^3\sin 2x^4$, $2x^2\sin 2x^4\left($因为 $\dfrac{\mathrm{d}y}{\mathrm{d}x}=2\sin x^4\cdot\cos x^4\cdot 4x^3=4x^3\sin 2x^4$, $\dfrac{\mathrm{d}y}{\mathrm{d}x^2}=\dfrac{\mathrm{d}y}{2x\mathrm{d}x}=\right.$ $2x^2\sin 2x^4\Big)$;

(16) $e^{2t}+2te^{2t}\left($因为 $f(t)=\lim\limits_{x\to\infty}t\left(1+\dfrac{1}{x}\right)^{2tx}=te^{2t}$, 则 $f'(t)=e^{2t}+2te^{2t}\right)$;

(17) $(1,2)$(因为 $y'=2x$, 由 $2x_0=2\Rightarrow x_0=1$, $y_0=1^2+1=2$, 则 $y=x^2+1$ 在点 $(1,2)$ 处的切线斜率为 2);

(18) 2(因为 $y'=e^x+xe^x$, $y''=e^x+e^x+xe^x$, $y''(0)=e^0+e^0=2$);

(19) $-\dfrac{e^{x+y}-y\sin xy}{e^{x+y}-x\sin xy}\left($因为方程两边对 x 求导, 得 $e^{x+y}(1+y')-\sin xy(y+xy')=0$, 解得 $y'=-\dfrac{e^{x+y}-y\sin xy}{e^{x+y}-x\sin xy}\right)$;

(20) $\dfrac{\sin t-t\cos t}{4t^3}\left($因为由参数式求导公式得 $\dfrac{\mathrm{d}y}{\mathrm{d}x}=\dfrac{y_t'}{x_t'}=\dfrac{-\sin t}{2t}$, 再对 x 求导, 由复合函数求导法, 得 $\dfrac{\mathrm{d}^2y}{\mathrm{d}x^2}=\dfrac{\mathrm{d}}{\mathrm{d}x}(y_x')=\dfrac{(y_x')_t'}{x_t'}=-\dfrac{1}{2}\dfrac{t\cos t-\sin t}{t^2}\cdot\dfrac{1}{2t}=\dfrac{\sin t-t\cos t}{4t^3}\right)$.

2. (1) C.

解 因为 $\lim\limits_{x\to 0}\dfrac{f'(x+a)}{x}=1$, 所以 $\lim\limits_{x\to 0}f'(x+a)=0$, 由于 $f'(x)$ 在 $x=a$ 处连续, 故

$$f'(a)=0$$

又因为 $\lim\limits_{x\to 0}\dfrac{f'(x+a)-f'(a)}{(x+a)-a}=\lim\limits_{x\to 0}\dfrac{f'(x+a)}{x}=1$, 所以 $f''(a)=1$. 故选 C.

(2) C.

解 由导数定义知 $\qquad f'(0)=\lim\limits_{x\to 0}\dfrac{f(x)-f(0)}{x-0}>0$

根据极限的保号性, 知存在 $\delta>0$, 当 $x\in(-\delta,0)\cup(0,\delta)$ 时, 有

$$\dfrac{f(x)-f(0)}{x}>0$$

因此, 当 $x\in(-\delta,0)$ 时, 有 $f(x)<f(0)$; 当 $x\in(0,\delta)$ 时, 有 $f(x)>f(0)$. 故选 C.

注 函数 $f(x)$ 只在一点的导数大于零, 一般不能推导出单调性, 题设告诉函数在一点可导时, 一般应联想到用导数的定义进行讨论.

（3）A.

解 由导数定义

$$F'(0) = \lim_{x \to 0} \frac{F(x) - F(0)}{x - 0}$$

知

$$F'_-(0) = \lim_{x \to 0^-} \frac{F(x) - F(0)}{x - 0} = \lim_{x \to 0^-} \frac{f(x)(1 - \sin x) - f(0)}{x}$$

$$= \lim_{x \to 0^-} \frac{f(x) - f(0)}{x - 0} - \lim_{x \to 0^-} \frac{f(x) \sin x}{x} = f'_-(0) - f(0) = f'(0) - f(0),$$

$$F'_+(0) = \lim_{x \to 0^+} \frac{F(x) - F(0)}{x - 0} = \lim_{x \to 0^+} \frac{f(x)(1 + \sin x) - f(0)}{x}$$

$$= f'_+(0) + f(0) = f'(0) + f(0)$$

可见 $F'(0)$ 存在 $\Leftrightarrow F'_-(0) = F'_+(0)$，即 $f(0) = 0$. 故选 A.

（4）B.

解 注意到 $1 - \cos h \geqslant 0$，且 $\lim_{h \to 0}(1 - \cos h) = 0$. 如果 $\lim_{h \to 0} \frac{1}{h^2} f(1 - \cos h)$ 存在，则

$$\lim_{h \to 0} \frac{1}{h^2} f(1 - \cos h) = \lim_{h \to 0} \left[\frac{f(1 - \cos h) - f(0)}{1 - \cos h - 0} \cdot \frac{1 - \cos h}{h^2} \right]$$

$$= \lim_{h \to 0} \frac{f(1 - \cos h) - f(0)}{1 - \cos h - 0} \cdot \lim_{h \to 0} \frac{1 - \cos h}{h^2}$$

$$= \frac{1}{2} \lim_{h \to 0} \frac{f(1 - \cos h) - f(0)}{1 - \cos h - 0} = \frac{1}{2} \lim_{u \to 0^+} \frac{f(u) - f(0)}{u - 0} = \frac{1}{2} f'_+(0)$$

所以 A 成立只保证 $f'_+(0)$ 存在，而不是 $f'(0)$ 存在的充分条件.

如果 $\lim_{h \to 0} \frac{1}{h} f(1 - e^h)$ 存在，则

$$\lim_{h \to 0} \frac{1}{h} f(1 - e^h) = \lim_{h \to 0} \left(\frac{f(1 - e^h) - f(0)}{1 - e^h - 0} \cdot \frac{1 - e^h}{h} \right)$$

$$= \lim_{h \to 0} \frac{f(1 - e^h) - f(0)}{1 - e^h - 0} \cdot \lim_{h \to 0} \frac{1 - e^h}{h}$$

$$= (-1) \lim_{u \to 0} \frac{f(u) - f(0)}{u - 0} = -f'(0)$$

故 B 是 $f'(0)$ 存在的充要条件.

对于 C，有

$$\frac{1}{h^2} f(h - \sin h) = \frac{f(h - \sin h) - f(0)}{h - \sin h - 0} \cdot \frac{h - \sin h}{h^2}$$

注意到 $\lim_{h \to 0} \frac{h - \sin h}{h^2} = 0$，所以若 $f'(0)$ 存在，则由右边推知左边极限存在且为零. 若左边极限存在，则由

$$\frac{\frac{1}{h^2}f(h - \sin h)}{\frac{h - \sin h}{h^2}} = \frac{f(h - \sin h) - f(0)}{h - \sin h}$$

知上式左边极限可能不存在,故 $f'(0)$ 可能不存在.

对于 D,有

$$\lim_{h \to 0} \frac{1}{h}[f(2h) - f(h)] = \lim_{h \to 0}\left[\frac{1}{h}(f(2h) - f(0)) - \frac{1}{h}(f(h) - f(0))\right]$$

若 $f'(0)$ 存在,上述右边拆项分别求极限均存在,保证了左边存在. 而左边存在,不能保证右边拆项后极限也分别存在. 故选 B.

(5) B.

解 由于

$$\lim_{x \to 0^-} \frac{f(x) - f(0)}{x - 0} = \lim_{x \to 0^-} \frac{x^2 \cdot g(x)}{x} = 0 = f'_-(0),$$

$$\lim_{x \to 0^+} \frac{f(x) - f(0)}{x - 0} = \lim_{x \to 0^+} \frac{1 - \cos x}{x\sqrt{x}} = 0 = f'_+(0),$$

故选 B.

(6) C.

解 由于

$$f(x) = \lim_{n \to \infty} \sqrt[n]{1 + |x|^{3n}} = \lim_{n \to \infty}\left[|x|^{3n}(1 + |x|^{-3n})\right]^{\frac{1}{n}} = \lim_{n \to \infty} |x|^3 (1 + |x|^{-3n})^{\frac{1}{n}}$$

易求得

$$f(x) = \begin{cases} x^3, & x > 1 \\ 1, & -1 \leqslant x \leqslant 1 \\ -x^3, & x < -1 \end{cases}$$

则

$$f'_+(1) = \lim_{x \to 1^+} \frac{f(x) - f(1)}{x - 1} = \lim_{x \to 0^+} \frac{x^3 - 1}{x - 1} = 3$$

$$f'_-(1) = \lim_{x \to 1^-} \frac{f(x) - f(1)}{x - 1} = \lim_{x \to 1^-} \frac{1 - 1}{x - 1} = 0$$

故 $x = 1$ 为不可导点. 同理 $x = -1$ 也为不可导点. 故选 C.

(7) D.

解 由 $\begin{cases} y = \dfrac{1}{x} \\ y = x^2 \end{cases}$,得交点为 $(1,1)$,$k_1 = \left(\dfrac{1}{x}\right)'\Big|_{x=1} = -1$,$k_2(x^2)'|_{x=1} = 2$,因此,

$$\tan\varphi = |\tan(\varphi_2 - \varphi_1)| = \left|\frac{k_2 - k_1}{1 + k_1 k_2}\right| = 3.$$ 故选 D.

(8) C.

解 $f'(x) = e^{\tan^k x} \cdot k\tan^{k-1} x \cdot \sec^2 x$

由 $f'\left(\dfrac{\pi}{4}\right) = e$ 得 $e \cdot k \cdot 2 = e$,因此 $k = \dfrac{1}{2}$. 故选 C.

(9) A.

解　$\lim\limits_{x \to 0} \dfrac{f(1+x) - f(1)}{2x} = \lim\limits_{x \to 0} \dfrac{f(-1-x) - f(-1)}{2x}$

$\qquad = \lim\limits_{x \to 0} \dfrac{f(-1-x) - f(-1)}{-x} \cdot \left(-\dfrac{1}{2}\right) = f'(-1) \cdot \left(-\dfrac{1}{2}\right) = -2 \Rightarrow f'(-1) = 4$

切线方程为 $y - 2 = 4(x+1)$,即 $y = 4x + 6$. 故选 A.

(10) D.

解　$\lim\limits_{\Delta x \to 0} \dfrac{f^2(x + \Delta x) - f^2(x)}{\Delta x} = [f^2(x)]' = 2f(x) \cdot f'(x)$,故选 D.

(11) B.

解　$f''(x) = \{[f(x)]^2\}' = 2f(x) \cdot f'(x) = 2f^3(x)$

$\qquad f'''(x) = [2f^3(x)]' = 2 \times 3f^2(x) \cdot f'(x) = 2 \times 3f^4(x)$

设 $f^{(n)}(x) = n! \, f^{n+1}(x)$,则 $f^{(n+1)}(x) = (n+1)! \, f^n(x) \cdot f'(x) = (n+1)! \, f^{n+2}(x)$,
因此 $f^{(n)}(x) = n! \, f^{n+1}(x)$. 故选 B.

(12) C.

解　$\lim\limits_{\Delta x \to 0} \dfrac{f(x_0 + 2\Delta x) - f(x_0)}{\Delta x} = \lim\limits_{\Delta x \to 0} 2 \cdot \dfrac{f(x_0 + 2\Delta x) - f(x_0)}{2\Delta x} = 2f'(x_0)$

又 $f'(x) = (x^2)' = 2x$,因此 $2f'(x_0) = 4x_0$. 故选 C.

(13) C.

解　$f(x)$ 在 x_0 处可导的充分必要条件是 $f(x)$ 在 x_0 点的左导数 $f'_-(x_0)$ 和右导数
$f'_+(x_0)$ 都存在且相等. 故选 C.

(14) D.

解　〈方法一〉$f'(x) = (x-1)(x-2)\cdots(x-99) + x(x-2)\cdots(x-99) + x(x-1)$
$(x-3)\cdots(x-99) + \cdots + x(x-1)(x-2)\cdots(x-98)$

$f'(0) = (0-1)(0-2)\cdots(0-99) = (-1)^{99} \cdot 99! = -99!$

〈方法二〉由定义,得

$$f'(0) = \lim\limits_{x \to 0} \dfrac{f(x) - f(0)}{x - 0} = \lim\limits_{x \to 0} (x-1)(x-2)\cdots(x-99) = (-1)^{99} \cdot 99! = -99!$$

故选 C.

(15) B.

解　$[f(-x^2)]' = f'(-x^2) \cdot (-x^2)' = -2f'(-x^2)$

$\qquad \mathrm{d}y = -2xf'(-x^2)\mathrm{d}x$

(16) C.

解　由函数 $f(x)$ 在 $x = 0$ 处可导,知函数在 $x = 0$ 处连续,即

$$\lim\limits_{x \to 0^+} f(x) = \lim\limits_{x \to 0^+} x^2 \sin\dfrac{1}{x} = 0, \lim\limits_{x \to 0^-} f(x) = \lim\limits_{x \to 0^-} (ax + b) = b$$

所以 $b = 0$.

又 $f_+(0) = \lim\limits_{x \to 0^+} \dfrac{f(x) - f(0)}{x - 0} = \lim\limits_{x \to 0^+} \dfrac{x^2 \sin\dfrac{1}{x}}{x} = 0, f_-(0) = \lim\limits_{x \to 0^-} \dfrac{f(x) - f(0)}{x - 0} = \dfrac{ax}{x} = a$,所以

$a = 0$. 故选 C.

3. (1)**解**　由题设知 $f(-x) = -f(x)$，令 $x = 0$ 可得 $f(0) = 0$. 则

$$\lim_{x \to 0} \frac{f(x)}{x} = \lim_{x \to 0} \frac{f(x) - 0}{x - 0} = f'(0)$$

于是 $\frac{f(x)}{x}$ 在 $x = 0$ 处有极限. 从而 $x = 0$ 是 $\frac{f(x)}{x}$ 的可去间断点.

(2) **解**　$f(x)$ 在 $x = a$ 处可导. 则

$$\lim_{n \to \infty} \frac{f\left(a + \dfrac{1}{n}\right) - f(a)}{\dfrac{1}{n}} = f'(a)$$

且当 n 充分大时 $f\left(a + \dfrac{1}{n}\right) > 0$. 故

$$\lim_{n \to \infty} \left[\frac{f\left(a + \dfrac{1}{n}\right)}{f(a)} \right]^n = \exp\left\{ \lim_{n \to \infty} n \cdot \ln \frac{f\left(a + \dfrac{1}{n}\right)}{f(a)} \right\}$$

$$= \exp\left\{ \lim_{n \to \infty} n \cdot \ln\left[1 + \frac{f\left(a + \dfrac{1}{n}\right) - f(a)}{f(a)} \right] \right\}$$

$$= \exp\left\{ \lim_{n \to \infty} n \cdot \frac{f\left(a + \dfrac{1}{n}\right) - f(a)}{f(a)} \right\} = \exp\left\{ \lim_{n \to \infty} \frac{f\left(a + \dfrac{1}{n}\right) - f(a)}{\dfrac{1}{n}} \cdot \frac{1}{f(a)} \right\}$$

$$= \exp\left\{ \frac{f'(a)}{f(a)} \right\}$$

注　此题用到当 $x \to 0$ 时，$\ln(1 + x) \sim x$.

(3) **解**　〈方法一〉由 $x(x-1) \geqslant 0$ 可得 $x \geqslant 1$ 或 $x \leqslant 0$. 由 $x(x-1) < 0$ 得 $0 < x < 1$. 于是

$$f(x) = \begin{cases} x^3 - x^2, & x \geqslant 1 \text{ 或 } x \leqslant 0 \\ x^2 - x^3, & 0 < x < 1 \end{cases}$$

可求得

$$f'(x) = \begin{cases} 3x^2 - 2x, & x > 1 \text{ 或 } x < 0 \\ 2x - 3x^2, & 0 < x < 1 \end{cases}$$

因为

$$\lim_{x \to 0^+} \frac{f(x) - f(0)}{x - 0} = \lim_{x \to 0^+} \frac{x^2 - x^3}{x} = 0$$

$$\lim_{x \to 0^-} \frac{f(x) - f(0)}{x - 0} = \lim_{x \to 0^-} \frac{x^3 - x^2}{x} = 0$$

所以 $f'(0) = 0$，即 $f(x)$ 在 $x = 0$ 处可导. 而

$$\lim_{x \to 1^+} \frac{f(x) - f(1)}{x - 1} = \lim_{x \to 1^+} \frac{x^3 - x^2}{x - 1} = 1$$

$$\lim_{x\to 1^-}\frac{f(x)-f(1)}{x-1}=\lim_{x\to 1^-}\frac{x^2-x^3}{x-1}=-1$$

则 $f(x)$ 在 $x=1$ 处不可导.

综上所述 $f(x)$ 在 $x=1$ 处不可导, $f(x)$ 在 $(-\infty,1)\cup(1,+\infty)$ 上均可导.

〈方法二〉依题意, $f(x)=x\cdot\sqrt{x^2}\cdot\sqrt{(x-1)^2}$ 是初等函数, 且仅在 $x=0$ 和 $x=1$ 处可能不可导. 故只需讨论在这两点的情形.

$x=0$ 时, 由于

$$\lim_{x\to 0}\frac{x\cdot|x|\cdot|x-1|}{x-0}=0$$

故 $f'(0)=0$.

$x=1$ 时, 由于 $\lim\limits_{x\to 1}\dfrac{x\cdot|x|\cdot|x-1|}{x-1}$ 不存在, 故 $f(x)$ 只在 $x=1$ 处不可导, 在 $(-\infty,1)\cup(1,+\infty)$ 上均可导.

〈方法三〉由于

$$f(x)=x|x(x-1)|=x|x|\cdot|x-1|$$

由导数定义可知, $|x|$ 在 $x=0$ 处不可导, 而 $x|x|$ 在 $x=0$ 处一阶可导, 因此, $x|x|$ 在任意点处均可导, 再只需考查 $|x-1|$ 的可导性. 由导数定义可知, $|x-1|$ 仅仅在 $x=1$ 处不可导, 故 $f(x)$ 仅在 $x=1$ 处不可导, 在 $(-\infty,1)\cup(1,+\infty)$ 上均可导.

(4) **解** 由于

$$\lim_{t\to+\infty}e^{tx}=\begin{cases}+\infty,&x>0\\1,&x=0\\0,&x<0\end{cases}$$

则

$$f(x)=\begin{cases}0,&x\geqslant 0\\\dfrac{x}{2+x^2},&x<0\end{cases}$$

显然当 $x>0$ 或 $x<0$ 时, 函数 $f(x)$ 可导. 下面讨论 $x=0$ 时 $f(x)$ 的可导性. 由于

$$f'_+(0)=\lim_{x\to 0^+}\frac{f(x)-f(0)}{x-0}=\lim_{x\to 0^+}\frac{0-0}{x}=0$$

$$f'_-(0)=\lim_{x\to 0^-}\frac{f(x)-f(0)}{x-0}=\lim_{x\to 0^-}\frac{\dfrac{x}{2+x^2}-0}{x}=\frac{1}{2}$$

于是 $f'_+(0)\neq f'_-(0)$, 从而可知 $f(x)$ 仅在 $x=0$ 处不可导.

(5) **解** $dy=e^{\sin^2\frac{1}{x}}d\left(\sin^2\dfrac{1}{x}\right)=e^{\sin^2\frac{1}{x}}\cdot 2\sin\dfrac{1}{x}\cos\dfrac{1}{x}\cdot\left(-\dfrac{1}{x^2}\right)dx=-\dfrac{1}{x^2}\sin\dfrac{2}{x}e^{\sin^2\frac{1}{x}}dx$

(6) **解** $\dfrac{dy}{dx}=\dfrac{3t^2}{\dfrac{1}{t}}=3t^3,\dfrac{d^2y}{dx^2}=\dfrac{9t^2}{\dfrac{1}{t}}=9t^3$

所以

$$\frac{\mathrm{d}^2 y}{\mathrm{d}x^2}\Big|_{t=1} = 9$$

(7) **解** 两边对 x 求导,得

$$1 + \frac{1}{1+y^2} \cdot y' = y' \Rightarrow y' = y^{-2} + 1$$

$$y'' = -2y^{-3} \cdot y' = -2y^{-3} \cdot (y^{-2} + 1) = -\frac{2}{y^3}\left(\frac{1}{y^2} + 1\right)$$

(8) **解** $y = \sin x \cos x = \frac{1}{2}\sin 2x$

$$y' = \cos 2x = \sin\left(2x + \frac{\pi}{2}\right), \quad y'' = 2\cos\left(2x + \frac{\pi}{2}\right) = 2\sin\left(2x + 2 \cdot \frac{\pi}{2}\right)$$

设

$$y^{(n)} = 2^{n-1}\sin\left(2x + n \cdot \frac{\pi}{2}\right)$$

则

$$y^{(n+1)} = 2^n\cos\left(2x + n \cdot \frac{\pi}{2}\right) = 2^n\sin\left(2x + (n+1)\frac{\pi}{2}\right)$$

$$y^{(50)} = 2^{49}\sin\left(2x + 50 \cdot \frac{\pi}{2}\right) = -2^{49}\sin 2x$$

(9) **解** 两边取对数,得

$$\ln y = x[\ln x - \ln(1+x)]$$

两边求导,得

$$\frac{1}{y} \cdot y' = \ln x - \ln(1+x) + 1 - \frac{x}{1+x}$$

$$y' = \left(\frac{x}{1+x}\right)^x\left[\ln x - \ln(1+x) + 1 - \frac{x}{1+x}\right]$$

(10) **解** 利用定义

$$f'(0) = \lim_{x \to 0}\frac{f(x) - f(0)}{x} = \lim_{x \to 0}(x+1)(x+2)(x+3)\cdots(x+2005) = 2005!$$

(11) **解** $f'(x) = \varphi(x) + (x-a)\varphi'(x)$

$$f'(a) = \varphi(a)$$

又

$$f''(a) = \lim_{x \to a}\frac{f'(x) - f'(a)}{x-a} = \lim_{x \to a}\frac{\varphi(x) + (x-a)\varphi'(x) - \varphi(a)}{x-a}$$

$$= \lim_{x \to a}\left[\frac{\varphi(x) - \varphi(a)}{x-a} + \varphi'(x)\right] = \varphi'(a) + \varphi'(a) = 2\varphi'(a)$$

注 因 $\varphi(x)$ 在 $x=a$ 处是否二阶可导不知,故只能用定义求.

(12) **解** $\displaystyle\lim_{x \to 1^+}\frac{\mathrm{d}}{\mathrm{d}x}f(\cos\sqrt{x-1}) = \lim_{x \to 1^+}\left[f'(\cos\sqrt{x-1}) \cdot (-\sin\sqrt{x-1}) \cdot \frac{1}{2\sqrt{x-1}}\right]$

$$= \lim_{x \to 1^+}f'(\cos\sqrt{x-1}) \cdot \lim_{x \to 1^+}\frac{-\sin\sqrt{x-1}}{2\sqrt{x-1}} = f'(1) \cdot \left(-\frac{1}{2}\right) = -1$$

4. **解** 易知当 $x \neq 0$ 时,$f(x)$ 均可导. 要使 $f(x)$ 在 $x=0$ 处可导,

则 $f'_+(0)=f'_-(0)$，且 $f(x)$ 在 $x=0$ 处连续. 即 $\lim\limits_{x\to0^-}f(x)=\lim\limits_{x\to0^+}f(x)=f(0)$.

而 $\begin{cases}\lim\limits_{x\to0^-}f(x)=b+a+2\\[2mm]\lim\limits_{x\to0^+}f(x)=0\end{cases}$，因此有 $a+b+2=0$.

又 $\qquad f'_+(0)=\lim\limits_{x\to0^+}\dfrac{f(x)-f(0)}{x-0}=\lim\limits_{x\to0^+}\dfrac{(1+\sin x)+a+2-b-a-2}{x}=b$

$\qquad f'_-(0)=\lim\limits_{x\to0^-}\dfrac{e^{ax}-1-b-a-2}{x}=\lim\limits_{x\to0^-}\dfrac{e^{ax}-1}{x}=\lim\limits_{x\to0^-}\dfrac{ax}{x}=a$

由 $\begin{cases}a=b\\a+b+2=0\end{cases}$，得 $\begin{cases}a=-1\\b=-1\end{cases}$.

5. 证明 设交点坐标为 (x_0,y_0)，则 $x_0^2-y_0^2=a$，$x_0y_0=b$.

对 $x^2-y^2=a$ 两边求导，得 $2x-2y\cdot y'=0\Rightarrow y'=\dfrac{x}{y}$.

曲线 $x^2-y^2=a$ 在 (x_0,y_0) 处切线斜率 $k_1=y'|_{x=x_0}=\dfrac{x_0}{y_0}$.

又由 $xy=b\Rightarrow y=\dfrac{b}{x}\Rightarrow y'=-\dfrac{b}{x^2}$，可知曲线 $xy=b$ 在 (x_0,y_0) 处切线斜率 $k_2=y'|_{x=x_0}=$

$-\dfrac{b}{x_0^2}$.

又 $\qquad\qquad k_1k_2=\dfrac{x_0}{y_0}\cdot\left(-\dfrac{b}{x_0^2}\right)=-\dfrac{b}{x_0y_0}=-1$

所以，两切线相互垂直.

6. 解 设 $t\min$ 后气球上升了 $x\mathrm{m}$，则

$$\tan\alpha=\dfrac{x}{500}$$

两边对 t 求导，得

$$\sec^2\alpha\cdot\dfrac{\mathrm{d}\alpha}{\mathrm{d}t}=\dfrac{1}{500}\cdot\dfrac{\mathrm{d}x}{\mathrm{d}t}=\dfrac{140}{500}=\dfrac{7}{25}$$

$$\dfrac{\mathrm{d}\alpha}{\mathrm{d}t}=\dfrac{7}{25}\cdot\cos^2\alpha$$

当 $x=500\mathrm{m}$ 时，$\alpha=\dfrac{\pi}{4}$，因此，当 $x=500\mathrm{m}$ 时，$\dfrac{\mathrm{d}\alpha}{\mathrm{d}t}=\dfrac{7}{25}\cdot\dfrac{1}{2}=\dfrac{7}{50}(\mathrm{rad/min})$.

7. 证明 $f'(x)=\lim\limits_{h\to0}\dfrac{f(x+h)-f(x)}{h}=\lim\limits_{h\to0}\dfrac{f(x)\cdot f(h)-f(x+0)}{h}$

$\qquad\qquad=\lim\limits_{h\to0}\dfrac{f(x)\cdot f(h)-f(x)\cdot f(0)}{h}=\lim\limits_{h\to0}f(x)\dfrac{f(h)-f(0)}{h}$

$\qquad\qquad=f(x)\cdot f'(0)=f(x)$

8. 解 由于 $y'=3x^2+6x$，于是所求切线斜率为

$$k_1=3x^2+6x\,|_{x=-1}=-3$$

从而所求切线方程为 $y+3=-3(x+1)$，即 $3x+y+6=0$.

又法线斜率为

$$k_2 = -\frac{1}{k_1} = \frac{1}{3}$$

所以所求法线方程为 $y + 3 = \frac{1}{3}(x+1)$,即 $3y - x + 8 = 0$.

第3章 微分中值定理与导数的应用

3.1 内容概要

3.1.1 基本概念

1. 函数极值的定义

设函数 $f(x)$ 在 (a,b) 内有定义,$x_0 \in (a,b)$,若存在 $U(x_0)$,使得 $f(x) < f(x_0)$(或 $f(x) > f(x_0)$),那么就称 $f(x_0)$ 是函数 $f(x)$ 的一个极大值(或极小值). 函数的极大值与极小值统称为函数的极值,使函数取得极值的点称为极值点.

2. 曲线的凹凸性定义

设函数 $f(x)$ 在区间 I 上连续,对 $\forall x_1, x_2 \in I$ 有:

(1) 若恒有 $f\left(\dfrac{x_1 + x_2}{2}\right) < \dfrac{f(x_1) + f(x_2)}{2}$,则称 $f(x)$ 的图形是凹的;

(2) 若恒有 $f\left(\dfrac{x_1 + x_2}{2}\right) > \dfrac{f(x_1) + f(x_2)}{2}$,则称 $f(x)$ 的图形是凸的.

3. 曲线的拐点定义

连续曲线上凹弧与凸弧的分界点称为拐点.

4. 曲线渐近线

(1) 水平渐近线. 一般来说,如果 $\lim\limits_{x \to \infty} f(x) = a$(或 $\lim\limits_{x \to +\infty} f(x) = a$,$\lim\limits_{x \to -\infty} f(x) = a$),则直线 $y = a$ 是函数 $y = f(x)$ 的图形的水平渐近线.

(2) 铅直渐近线. 一般来说,如果 $\lim\limits_{x \to x_0} f(x) = \infty$(或 $\lim\limits_{x \to x_0^+} f(x) = \infty$,$\lim\limits_{x \to x_0^-} f(x) = \infty$),则直线 $x = x_0$ 是函数 $y = f(x)$ 的图形的铅直渐近线.

(3) 斜渐近线. 一般来说,如果 $\lim\limits_{x \to \infty} \dfrac{f(x)}{x} = a$,$\lim\limits_{x \to \infty} [f(x) - ax] = b$,则直线 $y = ax + b$ 是曲线 $y = f(x)$ 的斜渐近线.

3.1.2 基本理论

1. 罗尔中值定理

如果函数 $f(x)$ 满足:①在闭区间 $[a,b]$ 上连续;②在开区间 (a,b) 内可导;③$f(a) = f(b)$,那么在 (a,b) 内至少存在一点 ξ,使 $f'(\xi) = 0$.

2. 拉格朗日中值定理

如果函数 $f(x)$ 满足:①在闭区间 $[a,b]$ 上连续;②在开区间 (a,b) 内可导,那么在 (a,b) 内至少存在一点 ξ,使 $f(b) - f(a) = f'(\xi)(b - a)$ 成立.

53

3. 柯西中值定理

如果函数 $f(x)$ 及 $F(x)$ 满足:①在闭区间 $[a,b]$ 上连续;②在开区间 (a,b) 内可导;③在开区间 (a,b) 内 $F'(x) \neq 0$,则在 (a,b) 内至少有一点 ξ,使 $\dfrac{f(b)-f(a)}{F(b)-F(a)} = \dfrac{f'(\xi)}{F'(\xi)}$ 成立.

4. 泰勒中值定理

如果函数 $f(x)$ 在含有点 x_0 的某个开区间 (a,b) 内具有直到 $(n+1)$ 阶的导数,则对任一 $x \in (a,b)$,有

$$f(x) = f(x_0) + f'(x_0)(x-x_0) + \frac{f''(x_0)}{2!}(x-x_0)^2 + \cdots + \frac{f^{(n)}(x_0)}{n!}(x-x_0)^n + R_n(x)$$

其中 $R_n(x) = \dfrac{f^{(n+1)}(\xi)}{(n+1)!}(x-x_0)^{n+1}$,这里 ξ 是 x_0 与 x 之间的某个值.

5. 洛必达法则

假设:①当 $x \to a$(或 $x \to \infty$)时,函数 $f(x)$ 及 $F(x)$ 都趋于零;②当 $x \in U(a)$(或 $|x| > N$)时,$f(x)$ 及 $F(x)$ 的导数都存在,且 $F'(x) \neq 0$;③当 $x \to a$(或 $x \to \infty$)时,$\dfrac{f'(x)}{F'(x)}$ 的极限存在(或为无穷大),则

$$\lim \frac{f(x)}{F(x)} = \lim \frac{f'(x)}{F'(x)}$$

6. 函数单调性的判定法

设函数 $y = f(x)$ 在 $[a,b]$ 上连续,在 (a,b) 内可导.

(1) 如果在 (a,b) 内 $f'(x) > 0$,那么函数 $y = f(x)$ 在 $[a,b]$ 上单调增加.

(2) 如果在 (a,b) 内 $f'(x) < 0$,那么函数 $y = f(x)$ 在 $[a,b]$ 上单调减少.

7. 函数极值判定

(1)(必要条件)设函数 $f(x)$ 在点 x_0 处可导,且在点 x_0 处取得极值,那么 $f'(x_0) = 0$.

(2)(第一充分条件)设函数 $f(x)$ 在点 x_0 的某邻域内连续,且在点 x_0 的某去心邻域 $\overset{\circ}{U}(x_0,\delta)$ 内可导,则:①当 $f'(x)$ 在点 x_0 "左正右负"时,$f(x)$ 在点 x_0 取得极大值;②当 $f'(x)$ 在点 x_0 "左负右正"时,$f(x)$ 在点 x_0 取得极小值;③当 $f'(x)$ 在点 x_0 两侧"符号不变"时,$f(x)$ 在 x_0 处不取得极值.

(3)(第二充分条件)设函数 $f(x)$ 在点 x_0 处具有二阶导数,且 $f'(x_0) = 0$,$f''(x_0) \neq 0$,则有:①若 $f''(x_0) < 0$,则 $f(x)$ 在点 x_0 处取得极大值;②若 $f''(x_0) > 0$,则 $f(x)$ 在点 x_0 处取得极小值.

8. 曲线凹凸性的判定

设 $f(x)$ 在 $[a,b]$ 上连续,在 (a,b) 内具有一阶和二阶导数,那么:

(1) 若在 (a,b) 内 $f''(x) > 0$,则 $f(x)$ 在 $[a,b]$ 上的图形是凹的.

(2) 若在 (a,b) 内 $f''(x) < 0$,则 $f(x)$ 在 $[a,b]$ 上的图形是凸的.

9. 曲线拐点的判定

(1) 第一判别法. 设 $y = f(x)$ 在点 x_0 处的二阶导数为零或不存在,那么:

① 若 $f''(x)$ 在 $(x_0 - \delta, x_0)$ 与 $(x_0, x_0 + \delta)$ 内异号,则点 $(x_0, f(x_0))$ 是曲线 $y = f(x)$ 的

拐点;

　　② 若 $f''(x)$ 在 $(x_0 - \delta, x_0)$ 与 $(x_0, x_0 + \delta)$ 内同号,则点 $(x_0, f(x_0))$ 不是曲线 $y = f(x)$ 的拐点.

　　(2) 第二判别法. 若函数 $y = f(x)$ 在点 x_0 某邻域内存在三阶连续导数,且 $f''(x_0) = 0, f'''(x_0) \neq 0$,则点 $(x_0, f(x_0))$ 是曲线 $y = f(x)$ 的拐点.

10. 闭区间上连续函数的最大值、最小值求法

　　(1) 求出 $f(x)$ 在 (a, b) 内的驻点 $x_1, x_2, \cdots, x_m$ 及不可导点 $x'_1, x'_2, \cdots, x'_n$.

　　(2) 计算 $f(x_i)(i = 1, 2, \cdots, m), f(x'_j)(j = 1, 2, \cdots, n)$ 及 $f(a), f(b)$.

　　(3) 比较(2)中诸值大小,其中最大的就是 $f(x)$ 在 $[a, b]$ 上的最大值,最小的就是 $f(x)$ 在 $[a, b]$ 上的最小值. 特别地,若 $f(x)$ 在 $[a, b]$ 上连续、可导,那么此时最大值、最小值必在驻点和端点 a, b 中取得.

11. 弧微分公式、曲率计算公式、曲率半径计算公式

　　(1) 弧微分公式. 设 $s(x)$ 是曲线 L 的弧长函数.

　　① 若曲线方程为 $y = y(x)$,则弧微分 $ds = \sqrt{1 + y'^2(x)}\, dx$.

　　② 若曲线方程为 $x = x(y)$,则弧微分 $ds = \sqrt{1 + x'^2(y)}\, dy$.

　　③ 若曲线方程为 $\begin{cases} x = \varphi(t) \\ y = \psi(t) \end{cases}$,则弧微分 $ds = \sqrt{\varphi'^2(t) + \psi'^2(t)}\, dt$.

　　④ 若曲线方程为 $r = r(\theta)$,则弧微分 $ds = \sqrt{r^2(\theta) + r'^2(\theta)}\, d\theta$.

　　(2) 曲率计算公式.

　　① 设曲线的直角坐标方程为 $y = f(x)$,且 $f(x)$ 具有二阶导数,则 $K = \dfrac{|y''|}{(1 + y'^2)^{\frac{3}{2}}}$.

　　② 设曲线由参数方程 $\begin{cases} x = \varphi(x) \\ y = \psi(x) \end{cases}$ 给出,则 $K = \dfrac{|\varphi'(x)\psi''(x) - \varphi''(x)\psi'(x)|}{[\varphi'^2(x) + \psi'^2(x)]^{\frac{3}{2}}}$.

　　(3) 曲率半径计算公式 $\rho = \dfrac{1}{K}$.

3.1.3　基本方法

　　(1) 验证中值定理的正确性;

　　(2) 用中值定理证明等式;

　　(3) 利用中值定理求极限;

　　(4) 求函数的麦克劳林展开式;

　　(5) 用洛必达法则求未定式的极限;

　　(6) 已知未定式的极限值,确定未定式中的常数;

　　(7) 利用中值定理证明不等式;

　　(8) 利用单调性证明不等式;

　　(9) 利用最值证明不等式;

　　(10) 判断函数的单调性、求单调区间;

　　(11) 求函数的极值和最值;

　　(12) 用图形的对称性确定函数(曲线)的性态;

　　(13) 用导数讨论方程的根.

3.2 典型例题分析、解答与评注

3.2.1 中值定理问题

1. 验证中值定理的正确性

例 3.1 (1)验证函数 $f(x) = x - x^3$ 在 $[-1,0]$ 和 $[0,1]$ 上满足罗尔中值定理的条件,并求相应的 ξ 值.

(2)验证函数 $f(x) = \sqrt[3]{x^2(1-x^2)}$ 在 $[0,1]$ 上满足罗尔定理的条件.

分析 验证函数满足罗尔中值定理的条件,即验证函数在所给闭区间上连续,在对应的开区间内可导,且在区间端点处函数值相等.

验证 (1)函数 $f(x) = x - x^3$ 在 $[-1,0]$ 和 $[0,1]$ 上连续、可导,且 $f(-1) = f(0) = f(1) = 0$,所以,函数 $f(x)$ 分别在 $[-1,0]$ 和 $[0,1]$ 上满足罗尔中值定理的条件. 为求 ξ,可解方程 $f'(\xi) = 1 - 3\xi^2 = 0$,得 $\xi_1 = -\sqrt{\dfrac{1}{3}}$, $\xi_2 = \sqrt{\dfrac{1}{3}}$,并有 $\xi_1 \in (-1,0)$, $\xi_2 \in (0,1)$.

(2)因 $f(x)$ 是在 $[0,1]$ 上有定义的初等函数,所以 $f(x)$ 在 $[0,1]$ 上连续,且

$$f'(x) = \frac{2}{3} \cdot \frac{1 - 2x^2}{x^{\frac{1}{3}}(1-x^2)^{\frac{2}{3}}}$$

在 $(0,1)$ 内存在;$f(0) = f(1) = 0$. 故 $f(x)$ 在 $[0,1]$ 上满足罗尔定理的条件,由定理知至少存在一点 $\xi \in (0,1)$ 使 $f'(\xi) = 0$. 即 $1 - 2\xi^2 = 0$,于是解得 $\xi = \dfrac{1}{\sqrt{2}} \in (0,1)$

评注 在求相应的 ξ 值时,实际上是解一个关于变量 ξ 的方程,最后求出 ξ 的值.

例 3.2 验证函数 $f(x) = \begin{cases} e^x, & x \leq 0 \\ 1 + x, & x > 0 \end{cases}$ 在 $\left[-1, \dfrac{1}{e}\right]$ 上拉格朗日中值定理的正确性.

分析 验证函数在所给区间上满足拉格朗日中值定理,即是验证函数在所给闭区间上连续,在对应的开区间内可导.

验证 因为 $\lim\limits_{x \to 0^-} f(x) = \lim\limits_{x \to 0^-} e^x = 1$, $\lim\limits_{x \to 0^+} f(x) = \lim\limits_{x \to 0^+} (1+x) = 1$,则

$$f(0^-) = f(0^+) = f(0)$$

故 $f(x)$ 在 $x = 0$ 处连续,故 $f(x)$ 在 $\left[-1, \dfrac{1}{e}\right]$ 上连续. 又因为

$$f'_-(0) = \lim_{\Delta x \to 0^-} \frac{f(0 + \Delta x) - f(0)}{\Delta x} = \lim_{\Delta x \to 0^-} \frac{e^{\Delta x} - 1}{\Delta x} = 1$$

$$f'_+(0) = \lim_{\Delta x \to 0^+} \frac{f(0 + \Delta x) - f(0)}{\Delta x} = \lim_{\Delta x \to 0^+} \frac{(1 + \Delta x) - 1}{\Delta x} = 1$$

故 $f'(0) = 1$ 从而 $f(x)$ 在 $\left(-1, \dfrac{1}{e}\right)$ 内可导. 则由拉格朗日中值定理知存在 $\xi \in \left(-1, \dfrac{1}{e}\right)$ 使

$$f\left(\frac{1}{e}\right) - f(-1) = f'(\xi)\left(\frac{1}{e} + 1\right)$$

即 $f'(\xi) = \dfrac{e}{1+e}$,而 $f'(x) = \begin{cases} e^x, x \leq 0 \\ 1, x > 0 \end{cases}$,所以 $e^\xi = \dfrac{e}{1+e}$,解得 $\xi = 1 - \ln(1+e)$.

评注　分段函数连续与可导的讨论主要讨论分界点. 在求相应的 ξ 值时,实际上是解一个关于变量 ξ 的方程,最后求出 ξ 的值.

例 3.3　试在抛物线 $y=x^2$ 上的两点 $A(1,1)$ 和 $B(3,9)$ 之间的弧段上求一点,使过此点的切线平行于弦 AB.

分析　这是关于拉格朗日中值定理的应用问题.

解答　函数 $f(x)=x^2$ 在 $[1,3]$ 上连续,在 $(1,3)$ 内可导,且 $f'(x)=2x$,由拉格朗日中值定理的几何意义知,在曲线弧上至少有一点 $(\xi,f'(\xi))$,在该点处的切线平行于弦 AB,即有 $\dfrac{f(3)-f(1)}{3-1}=2\xi$,解得 $\xi=2$,故所求点为 $(2,4)$.

评注　解题的关键是根据拉格朗日中值定理的几何意义来找出平行弦.

例 3.4　验证函数 $f(x)=\sin x$ 和 $F(x)=\cos x$ 在区间 $\left[0,\dfrac{\pi}{2}\right]$ 上满足柯西中值定理的条件,并求 ξ.

分析　验证函数在所给区间上满足柯西中值定理,即是验证函数在所给闭区间上连续,在对应的开区间内可导,同时注意柯西中值定理涉及两个函数.

验证　因为函数 $f(x)=\sin x$ 和 $F(x)=\cos x$ 满足:① 在区间 $\left[0,\dfrac{\pi}{2}\right]$ 上连续;② 在 $\left(0,\dfrac{\pi}{2}\right)$ 内可导,且 $(\sin x)'=\cos x,(\cos x)'=-\sin x$;③ 在 $\left(0,\dfrac{\pi}{2}\right)$ 内 $F'(x)=-\sin x\neq 0$,因此,函数 $f(x)=\sin x$ 和 $F(x)=\cos x$ 在区间 $\left[0,\dfrac{\pi}{2}\right]$ 上满足柯西中值定理的条件. 在 $\left(0,\dfrac{\pi}{2}\right)$ 内至少存在一点 ξ 使得 $\dfrac{\sin\dfrac{\pi}{2}-\sin 0}{\cos\dfrac{\pi}{2}-\cos 0}=\dfrac{\cos\xi}{-\sin\xi}$,于是得 $\xi=\dfrac{\pi}{4}$.

评注　在求相应的 ξ 值时,实际上是解一个关于变量 ξ 的方程,最后求出 ξ 的值.

2. 利用中值定理证明等式

例 3.5　设 $f(x)$、$g(x)$ 在 $[a,b]$ 上连续,在 (a,b) 内可导,$g'(x)\neq 0$. 证明存在 $c\in(a,b)$,使得 $\dfrac{f(c)-f(a)}{g(b)-g(c)}=\dfrac{f'(c)}{g'(c)}$.

分析　将要证等式写成

$$f(c)g'(c)+f'(c)g(c)-f(a)g'(c)-f'(c)g(b)$$
$$=[f(x)g(x)-f(a)g(x)-f(x)g(b)]'_{x=c}=0$$

然后构造辅助函数.

证明　作辅助函数 $F(x)=f(x)g(x)-f(a)g(x)-f(x)g(b)$,由题设条件知:①$F(x)$ 在 $[a,b]$ 上连续;②$F(x)$ 在 (a,b) 内可导;③$F(a)=-f(a)g(b)=F(b)$. 从而由罗尔中值定理的结论知,存在 $c\in(a,b)$,使得 $F'(c)=0$,即 $\dfrac{f(c)-f(a)}{g(b)-g(c)}=\dfrac{f'(c)}{g'(c)}$.

评注　利用罗尔中值定理证明等式的关键是构造相应的辅助函数.

例 3.6　已知函数 $f(x)$ 在 $[0,1]$ 上连续,在 $(0,1)$ 内可导,且 $f(0)=0,f(1)=1$. 证明:

(1) 存在 $\xi\in(0,1)$,使得 $f(\xi)=1-\xi$.

(2) 存在两个不同的点 $\eta,\zeta\in(0,1)$,使得 $f'(\eta)f'(\zeta)=1$.

分析 第(1)题未涉及求导数,因此可以考虑利用零点定理证明. 第(2)题可以考虑利用拉格朗日中值定理证明.

证明 (1) 令 $g(x)=f(x)+x-1$,则 $g(x)$ 在 $[0,1]$ 上连续,且 $g(0)=-1<0$, $g(1)=1>0$,故由零点定理知存在 $\xi\in(0,1)$,使得 $g(\xi)=f(\xi)+\xi-1=0$, 即 $f(\xi)=1-\xi$.

(2) 由题设及拉格朗日中值定理知,存在 $\eta\in(0,\xi),\zeta\in(\xi,1)$,使得

$$f'(\eta)=\frac{f(\xi)-f(0)}{\xi-0}=\frac{1-\xi}{\xi}$$

$$f'(\zeta)=\frac{f(1)-f(\xi)}{1-\xi}=\frac{1-(1-\xi)}{1-\xi}=\frac{\xi}{1-\xi}$$

从而 $f'(\eta)f'(\zeta)=\dfrac{1-\xi}{\xi}\dfrac{\xi}{1-\xi}=1$. 证毕.

评注 要证在 (a,b) 内存在 ξ、η,使某种关系式成立的命题,常利用两次拉格朗日中值定理,或两次柯西中值定理,或者柯西中值定理与拉格朗日中值定理并用.

例3.7 已知函数 $f(x)$ 在 $[0,1]$ 上连续,在 $(0,1)$ 内可导,且 $f(1)=0$,求证在 $(0,1)$ 内至少存在一点 ξ 使等式 $f'(\xi)=-\dfrac{f(\xi)}{\xi}$ 成立.

分析 要证 $f'(\xi)=-\dfrac{f(\xi)}{\xi}$ 成立,即证 $\xi f'(\xi)+f(\xi)=0$,即 $[xf(x)]'_{x=\xi}=0$,作辅助函数 $F(x)=xf(x)$,对 $F(x)$ 在区间 $[0,1]$ 上应用罗尔定理.

证明 设 $F(x)=xf(x)$,则它在 $[0,1]$ 上连续,在 $(0,1)$ 内可导,且 $F(0)=F(1)=0$. 由罗尔定理知至少存在一点 $\xi\in(0,1)$ 使得 $F'(\xi)=0$,即 $f'(\xi)=-\dfrac{f(\xi)}{\xi}$.

评注 应用罗尔定理证明等式的关键是作出相应的辅助函数.

例3.8 设 $f(x)$ 在 $[a,b]$ 上连续,在 (a,b) 内可导,且 $f(a)=f(b)=0$,证明对于任意实数 λ,在 (a,b) 内至少存在一点 ξ,使得 $f'(\xi)=-\lambda f(\xi)$.

分析 要证 $f'(\xi)+\lambda f(\xi)=0$,即证 $e^{\lambda\xi}[f'(\xi)+\lambda f(\xi)]=0$,则

$$[e^{\lambda x}(f'(x)+\lambda f(x))]|_{x=\xi}=0$$

即证 $[e^{\lambda x}f(x)]'|_{x=\xi}=0$,作辅助函数 $F(x)=e^{\lambda x}f(x)$,并对 $F(x)$ 在区间 $[a,b]$ 上应用罗尔定理.

证明 令 $F(x)=e^{\lambda x}f(x)$,易知 $F(x)$ 在 $[a,b]$ 上连续,在 (a,b) 内可导,且

$$F(a)=F(b)=0$$

由罗尔定理知,至少存在一点 $\xi\in(a,b)$,使 $F'(\xi)=0$,即 $e^{\lambda\xi}[f'(\xi)+\lambda f(\xi)]=0$,而 $e^{\lambda\xi}\ne0$,故 $f'(\xi)+\lambda f(\xi)=0$,即 $f'(\xi)=-\lambda f(\xi),\xi\in(a,b)$.

评注 应用罗尔定理证明等式的关键是作出相应的辅助函数.

例3.9 设 $f(x)$ 在 $[a,b]$ 上可微 $(0<a<b)$,证明:存在 $\xi\in(a,b)$,使得

$$(b^2-a^2)f'(\xi)=2\xi[f(b)-f(a)]$$

分析 考虑将要证明的等式变为 $\dfrac{f(b)-f(a)}{b^2-a^2}=\dfrac{f'(\xi)}{2\xi}$，则用柯西中值定理证明；也可将要证明的等式变形为

$$\left[(b^2-a^2)f(x)-x^2(f(b)-f(a))\right]'_{x=\xi}=0$$

则可用罗尔定理来证明.

证明 〈方法一〉只要证明 $\dfrac{f(b)-f(a)}{b^2-a^2}=\dfrac{f'(\xi)}{2\xi}$.

易知 $f(x)$ 和 $g(x)=x^2$ 在 $[a,b]$ 上满足柯西中值定理的条件，故存在 $\xi\in(a,b)$，使

$$\frac{f(b)-f(a)}{b^2-a^2}=\frac{f'(\xi)}{2\xi}$$

〈方法二〉只要证明 $\left[(b^2-a^2)f(x)-x^2(f(b)-f(a))\right]'_{x=\xi}=0$. 令 $F(x)=(b^2-a^2)f(x)-x^2(f(b)-f(a))$，$F(x)$ 在 $[a,b]$ 可导，且

$$F(a)=b^2f(a)-a^2f(b)=F(b)$$

由罗尔定理知，至少存在一点 $\xi\in(a,b)$，使 $F'(\xi)=0$，即

$$(b^2-a^2)f'(\xi)=2\xi[f(b)-f(a)]$$

评注 证明至少存在一点满足函数一阶或二阶导数的关系式，且题中没有给出函数关系式的命题时，用罗尔定理证明的方法和步骤：

(1) 把要证的中值等式改写成右端为零的等式，改写后常见的等式有

$$f(\xi)+\xi f'(\xi)=0,\ f'(\xi)g(\xi)+f(\xi)g'(\xi)=0$$

$$\xi f'(\xi)-f(\xi)=0,\ \xi f'(\xi)-kf(\xi)=0$$

$$f'(\xi)g(\xi)-f(\xi)g'(\xi)=0,\ f''(\xi)g(\xi)-f(\xi)g''(\xi)=0$$

$$f'(\xi)\pm\lambda f(\xi)=0,\ f'(\xi)\pm f(\xi)g'(\xi)=0$$

(2) 作辅助函数 $F(x)$，使 $F'(\xi)$ 等于上述等式的左端. 对于 (1) 中所述等式，对应的辅助函数分别为

$$F(x)=xf(x),\ F(x)=f(x)g(x)$$

$$F(x)=\frac{f(x)}{x},\ F(x)=\frac{f(x)}{x^k}$$

$$F(x)=\frac{f(x)}{g(x)},\ F(x)=f'(x)g(x)-f(x)g'(x)$$

$$F(x)=e^{\pm\lambda x}f(x),\ F(x)=e^{\pm g(x)}f(x)$$

(3) 在指定区间上对 $F(x)$ 应用罗尔定理证明.

例 3.10 设 $a_0,a_1,\cdots,a_n$ 为满足 $a_0+\dfrac{a_1}{2}+\dfrac{a_2}{3}+\cdots+\dfrac{a_n}{n+1}=0$ 的实数，证明：方程 $a_0+a_1x+a_2x^2+a_3x^3+\cdots+a_nx^n=0$ 在 $(0,1)$ 内至少有一个实根.

分析 函数 $f(x)=a_0+a_1x+a_2x^2+a_3x^3+\cdots+a_nx^n$ 虽然在 $[0,1]$ 上连续，但是难以验证 $f(x)$ 在 $[0,1]$ 的某个子区间的端点处的函数值是否异号，所以不能用闭区间上连续函数的零点定理，但发现函数 $F(x)=a_0x+\dfrac{a_1}{2}x^2+\dfrac{a_3}{3}x^3+\cdots+\dfrac{a_n}{n+1}x^{n+1}$ 在 $x=1$ 处的值为

$$F(1) = a_0 + \frac{a_1}{2} + \frac{a_2}{3} + \cdots + \frac{a_n}{n+1} = 0$$

且 $F(0) = 0$, 所以该命题可以用罗尔定理来证.

证明 作辅助函数 $F(x) = a_0 x + \frac{a_1}{2} x^2 + \frac{a_2}{3} x^3 + \cdots + \frac{a_n}{n+1} x^{n+1}$, 显然 $F(x)$ 在 $[0,1]$ 上连续, 在 $(0,1)$ 内可导且 $F(0) = 0$, $F(1) = a_0 + \frac{a_1}{2} + \frac{a_2}{3} + \cdots + \frac{a_n}{n+1} = 0$. 对 $F(x)$ 在区间 $[0,1]$ 上应用罗尔定理, 则至少存在一点 $\xi \in (0,1)$, 使得 $F'(\xi) = 0$, 即

$$a_0 + a_1 \xi + a_2 \xi^2 + a_3 \xi^3 + \cdots + a_n \xi^n = 0$$

即方程 $a_0 + a_1 x + a_2 x^2 + a_3 x^3 + \cdots + a_n x^n = 0$ 在 $(0,1)$ 内至少有一个实根 ξ.

评注 关于 $f(x) = 0$ 的根(或 $f(x)$ 的零点)的存在性的两种常用证明方法: ①如果只知 $f(x)$ 在 $[a,b]$ 或 (a,b) 上连续, 而没有说明 $f(x)$ 是否可导, 则一般用闭区间上连续函数的零点定理证明; ②先根据题目结论构造辅助函数 $F(x)$, 使得 $F'(x) = f(x)$, 然后在指定区间上验证 $F(x)$ 满足罗尔定理的条件, 从而得出 $f(x)$ 的零点存在性的证明.

例 3.11 设函数 $f(x)$ 在 $[0,1]$ 上可导, 且 $0 < f(x) < 1$, $f'(x) \neq -1$, 证明: 方程 $f(x) = 1 - x$ 在 $(0,1)$ 内有唯一的实根.

分析 要证方程 $f(x) = 1 - x$ 在 $(0,1)$ 内有唯一的实根, 实际上相当于证明函数

$$F(x) = f(x) + x - 1$$

有唯一的零点, 零点的存在可以根据已知用零点定理或者罗尔定理证明, 唯一性可以利用反证法或函数的单调性来证明.

证明 (1) 先证存在性. 令 $F(x) = f(x) + x - 1$, 则 $F(x)$ 在 $[0,1]$ 内连续, 且

$$F(0) = f(0) - 1 < 0, F(1) = f(1) > 0$$

由闭区间上连续函数的零点定理知, 存在 $\xi \in (0,1)$, 使 $F(\xi) = 0$, 即 ξ 为方程 $f(x) = 1 - x$ 的实根.

(2) 唯一性(用反证法证). 若 $f(x) = 1 - x$ 在 $(0,1)$ 内有两个不等实根 $x_1, x_2 (0 < x_1 < x_2 < 1)$, 即

$$f(x_1) = 1 - x_1, f(x_2) = 1 - x_2$$

对 $f(x)$ 在 $[x_1, x_2]$ 上利用拉格朗日中值定理, 至少存在一点 $\xi \in (x_1, x_2) \subset (0,1)$, 使得

$$f'(\xi) = \frac{f(x_2) - f(x_1)}{x_2 - x_1} = \frac{(1 - x_2) - (1 - x_1)}{x_2 - x_1} = -1$$

这与题设条件 $f'(x) \neq -1$ 矛盾. 唯一性得证.

评注 此题与例 3.10 类似.

例 3.12 若 $f(x)$ 在 $[-1,1]$ 上有二阶导数, 且 $f(0) = f(1) = 0$, 设 $F(x) = x^2 f(x)$, 则在 $(0,1)$ 内至少存在一点 ξ, 使得 $F''(\xi) = 0$.

分析 要证 $F''(\xi) = 0$, 只要证在 $F'(x)$ 区间 $[0,1]$ 上满足罗尔定理, 关键是找到两个使 $F'(x)$ 相等的点. 此外, 该题还可以用泰勒公式证明.

证明 〈方法一〉(用罗尔定理证)因为 $F(x) = x^2 f(x)$, 则 $F'(x) = 2x f(x) + x^2 f'(x)$. 因为 $f(0) = f(1) = 0$, 所以 $F(0) = F(1) = 0$. $F(x)$ 在 $[0,1]$ 上满足罗尔定理的条件, 则至少存在一点 $\xi_1 \in (0,1)$ 使得 $F'(\xi_1) = 0$, 而 $F'(0) = 0$, 即 $F'(0) = F'(\xi_1) = 0$. 对 $F'(x)$ 在

$[0,\xi_1]$ 上用罗尔定理,则至少存在一点 $\xi\in(0,\xi_1)$ 使得 $F''(\xi)=0$,而 $\xi\in(0,\xi_1)\subset(0,1)$,即在 $(0,1)$ 内至少存在一点 ξ,使得 $F''(\xi)=0$. 证毕.

〈方法二〉(用泰勒公式证)$F(x)$ 的带有拉格朗日型余项的一阶麦克劳林公式为

$$F(x)=F(0)+F'(0)x+\frac{F''(\xi)}{2!}x^2$$

其中 $\xi\in(0,x)$. 令 $x=1$,注意到 $F(0)=F(1)=0,F'(0)=0$,可得 $F''(\xi)=0,\xi\in(0,1)$. 证毕.

评注 结论为 $f^{(n)}(\xi)=0(n\geq2)$ 的命题的证明常见方法有两种:(1)对 $f^{(n-1)}(x)$ 应用罗尔定理;(2)利用 $f(x)$ 的 $n-1$ 阶泰勒公式.

例 3.13 设函数 $f(x)$ 在闭区间 $[0,1]$ 上可微,对于 $[0,1]$ 上的每一个 x,函数 $f(x)$ 的值都在开区间 $(0,1)$ 之内,且 $f'(x)\neq1$,证明在 $(0,1)$ 内有且仅有一个 x,使得 $f(x)=x$.

分析 根据题目结论,容易联想构造辅助函数 $F(x)=f(x)-x$,用零点定理证 $F(x)$ 存在零点;而唯一性常用反证法证之.

证明 作辅助函数 $F(x)=f(x)-x$,易知 $F(x)$ 在区间 $[0,1]$ 上连续,又

$$0<f(x)<1\Rightarrow F(0)=f(0)>0,F(1)=f(1)-1<0$$

根据闭区间上连续函数的零点定理可知,至少存在一个 $\xi\in(0,1)$,使得

$$F(\xi)=f(\xi)-\xi=0$$

即 $f(\xi)=\xi$.

下面用反证法证明唯一性. 假设存在 $x_1,x_2\in(0,1)$,且不妨设 $x_1<x_2$,使得 $f(x_1)=x_1,f(x_2)=x_2,F(x_1)=F(x_2)=0$.

显然 $F(x)$ 在 $[x_1,x_2]$ 上满足罗尔定理的三个条件,于是存在 $\eta\in(x_1,x_2)\subset(0,1)$,使得 $F'(\eta)=0$,即 $f'(\eta)=1$,这与题设 $f'(x)\neq1(x\in(0,1))$ 矛盾,故唯一性也成立.

评注 使得 $f(x)=x$ 的 x 的值又称为函数 $f(x)$ 的不动点.

例 3.14 假设函数 $f(x)$ 和 $g(x)$ 在 $[a,b]$ 上存在二阶导数,并且 $g''(x)\neq0$

$$f(a)=f(b)=g(a)=g(b)=0$$

证明 (1)在开区间 (a,b) 内 $g(x)\neq0$;(2)在开区间 (a,b) 内至少存在一点 ξ,使

$$\frac{f(\xi)}{g(\xi)}=\frac{f''(\xi)}{g''(\xi)}$$

分析 第(1)题可采用反证法,设存在 $c\in(a,b)$ 使得 $g(c)=0$,且由已知条件

$$g(a)=g(b)=0$$

可以两次利用罗尔定理推出与 $g''(x)\neq0$ 相矛盾的结论. 第(2)题先构造辅助函数 $\varphi(x)$,使得 $\varphi(a)=\varphi(b)=0$,且 $\varphi'(x)=f(x)g''(x)-f''(x)g(x)$,通过观察可知

$$\varphi(x)=f(x)g'(x)-f'(x)g(x)$$

证明 (1)反证法. 设存在 $c\in(a,b)$,使得 $g(c)=0$,由于

$$g(a)=g(b)=g(c)=0$$

对 $g(x)$ 分别在区间 $[a,c]$ 和 $[c,b]$ 上应用罗尔定理,知至少存在一点 $\xi_1\in(a,c)$,使得 $g'(\xi_1)=0$. 至少存在一点 $\xi_2\in(c,b)$,使得 $g'(\xi_2)=0$. 再对 $g'(x)$ 在区间 $[\xi_1,\xi_2]$ 上应用罗尔定理,知至少存在一点 $\xi_3\in(\xi_1,\xi_2)$,使得 $g''(\xi_3)=0$,这与题设 $g''(x)\neq0$ 矛盾,从而得证.

(2) 令 $\varphi(x) = f(x)g'(x) - f'(x)g(x)$，则 $\varphi(a) = \varphi(b) = 0$. 对 $\varphi(x)$ 在区间 $[a,b]$ 上应用罗尔定理，知至少存在一点 $\xi \in (a,b)$，使得 $\varphi'(\xi) = 0$，即

$$f(\xi)g''(\xi) - f''(\xi)g(\xi) = 0$$

又因 $g(x) \neq 0, x \in (a,b)$，故 $g(\xi) \neq 0$，又因为 $g''(x) \neq 0$，所以 $g''(\xi) \neq 0$，因此有

$$\frac{f(\xi)}{g(\xi)} = \frac{f''(\xi)}{g''(\xi)}$$

评注 第(1)题是基本题. 构造 $\varphi(x)$ 是第(2)题的难点.

例 3.15 函数 $f(x)$ 在区间 $[a,b]$ 上连续，在 (a,b) 内可导，证明在 (a,b) 内至少存在一点 ξ，使得 $\dfrac{bf(b) - af(a)}{b - a} = f(\xi) + \xi f'(\xi)$.

分析 等式右端 $f(\xi) + \xi f'(\xi)$ 可以看成 $[xf(x)]'|_{x=\xi}$，因此可作出辅助函数 $F(x) = xf(x)$.

证明 设 $F(x) = xf(x)$，因为函数 $f(x)$ 在区间 $[a,b]$ 上连续，在 (a,b) 内可导，所以函数 $F(x) = xf(x)$ 在区间 $[a,b]$ 上连续，在 (a,b) 内可导，由拉格朗日中值定理知，在 (a,b) 内至少存在一点 ξ，使得 $\dfrac{bf(b) - af(a)}{b - a} = f(\xi) + \xi f'(\xi)$.

评注 构造辅助函数之前，必须对所要证明的等式进行分析，才能做到有的放矢.

例 3.16 设函数 $f(x)$ 在 $[a,b]$ 上连续，在 (a,b) 内可导 $(0 < a < b)$，证明存在 (a,b)，使得 $f(b) - f(a) = \xi f'(\xi) \ln \dfrac{b}{a}$.

分析 将本题中结论略做变动，变成 $\dfrac{f(b) - f(a)}{\ln b - \ln a} = \dfrac{f'(\xi)}{\frac{1}{\xi}}$，这正是柯西中值定理的形式.

证明 取 $g(x) = \ln x, g'(x) = \dfrac{1}{x}$ 在 (a,b) 上不为零，故 $f(x)$、$g(x)$ 满足柯西中值定理的条件，故存在 $\xi \in (a,b)$ 使得 $\dfrac{f(b) - f(a)}{\ln b - \ln a} = \dfrac{f'(\xi)}{\frac{1}{\xi}}$，即 $f(b) - f(a) = \xi f'(\xi) \ln \dfrac{b}{a}$.

评注 应用柯西中值定理证明等式需要同时构造两个辅助函数.

例 3.17 设函数 $f(x)$ 在 $[0,1]$ 上连续，在 $(0,1)$ 内二阶可导，过点 $A(0, f(0))$ 与 $B(1, f(1))$ 的直线与曲线 $y = f(x)$ 相交于点 $C(c, f(c))$ $(0 < c < 1)$，证明在 $(0,1)$ 内至少存在一点 ξ，使 $f''(\xi) = 0$.

分析 从题目结果来看是 $f''(\xi) = 0$，应考虑能否对 $f'(x)$ 应用罗尔中值定理，那么应在什么区间考虑条件 $f'(a) = f'(b)$ 能得到满足，这一切都可从题目的条件去推得.

证明 由于 $f(x)$ 在 $[0,c]$ 上满足拉格朗日中值定理，故存在 $\xi_1 \in (0,c)$ 使得 $f'(\xi_1) = \dfrac{f(c) - f(0)}{c - 0}$，同理在 $[c,1]$ 上 $f(x)$ 满足拉格朗日中值定理，故存在 $\xi_2 \in (c,1)$ 使得 $f'(\xi_2) = \dfrac{f(1) - f(c)}{1 - c}$，而 $\dfrac{f(c) - f(0)}{c - 0}$ 和 $\dfrac{f(1) - f(c)}{1 - c}$ 都是过点 A、B 的直线的斜率，所以 $f'(\xi_1) = $

$f'(\xi_2)$,即 $f'(x)$ 在 $[\xi_1,\xi_2]$ 上满足罗尔中值定理的条件,故存在 $\xi\in(\xi_1,\xi_2)\subset(0,1)$,使得 $f''(\xi)=0$.

评注 导函数 $f'(x)$ 若满足罗尔中值定理的条件,仍然可以进一步使用罗尔中值定理.

3. 利用中值定理求极限

例 3.18 设 $\lim\limits_{x\to\infty}f'(x)=k$,求 $\lim\limits_{x\to\infty}[f(x+a)-f(x)]$ $(a>0)$.

分析 所求极限的函数是 $f(x)$ 在点 $x=a$ 的增量,可考虑使用拉格朗日中值定理.

解答 由于 $\lim\limits_{x\to\infty}f'(x)=k$ 存在,当 x 充分大时,在区间 $[x,x+a]$ 上使用拉格朗日中值定理,有 $f(x+a)-f(x)=f'(\xi)\cdot a$ $(\xi\in(x,x+a))$. 令 $x\to\infty$,有

$$\lim_{x\to\infty}[f(x+a)-f(x)]=\lim_{x\to\infty}f'(\xi)\cdot a=\lim_{\xi\to\infty}f'(\xi)\cdot a=ak$$

评注 此题也可以利用导数定义进行解答,留给读者自己研究.

例 3.19 若 $\lim\limits_{x\to0}\dfrac{\sin6x+xf(x)}{x^3}=0$,求 $\lim\limits_{x\to0}\dfrac{6+f(x)}{x^2}$.

分析 由于 $f(x)$ 的表达式未给出,因此不能直接使用洛必达法则来求解,可以考虑将 $\sin6x$ 进行泰勒公式展开.

解答 由 $\sin6x=6x-\dfrac{1}{3!}(6x)^3+o(x^3)$,有

$$\lim_{x\to0}\frac{\sin6x+xf(x)}{x^3}=\lim_{x\to0}\frac{6x-\dfrac{1}{3!}(6x)^3+o(x^3)+xf(x)}{x^3}=\lim_{x\to0}\left[\frac{6+f(x)}{x^2}-36+\frac{o(x^3)}{x^3}\right]=0$$

故 $\lim\limits_{x\to0}\dfrac{6+f(x)}{x^2}=36$.

评注 也可以这样做:

$$\lim_{x\to0}\frac{\sin6x+xf(x)}{x^3}=\lim_{x\to0}\frac{\sin6x-6x+6x+xf(x)}{x^3}$$

$$=\lim_{x\to0}\frac{\sin6x-6x}{x^3}+\lim_{x\to0}\frac{6x+xf(x)}{x^3}=0$$

从而 $\lim\limits_{x\to0}\dfrac{6+f(x)}{x^2}=-\lim\limits_{x\to0}\dfrac{\sin6x-6x}{x^3}$,然后用洛必达法则来求解 $\lim\limits_{x\to0}\dfrac{\sin6x-6x}{x^3}$ 的值.

例 3.20 求 $\lim\limits_{x\to0}\dfrac{\cos x-\mathrm{e}^{-\frac{x^2}{2}}}{x^4}$.

分析 根据题目的特点可考虑将函数 $\cos x$、e^x 进行泰勒公式展开.

解答 因为

$$\cos x=1-\frac{x^2}{2!}+\frac{x^4}{4!}+o(x^4)$$

$$\mathrm{e}^{-\frac{x^2}{2}}=1-\frac{x^2}{2}+\frac{1}{2!}\left(-\frac{x^2}{2}\right)^2+o\left(\left(-\frac{x^2}{2}\right)^2\right)=1-\frac{x^2}{2}+\frac{x^4}{8}+o(x^4)$$

$$\lim_{x\to0}\frac{\cos x-\mathrm{e}^{-\frac{x^2}{2}}}{x^4}=\lim_{x\to0}\frac{1-\dfrac{x^2}{2!}+\dfrac{x^4}{4!}+o(x^4)-\left[1-\dfrac{x^2}{2}+\dfrac{x^4}{8}+o(x^4)\right]}{x^4}$$

$$= \lim_{x \to 0} \frac{-\frac{1}{12}x^4 + o(x^4)}{x^4} = -\frac{1}{12}$$

评注 （1）此题属 $\frac{0}{0}$ 型的不定式,也可以利用洛必达法则,读者不妨一试.

（2）在某些情况下,用泰勒公式求极限比用其他方法求极限更为简便,应用该方法需要熟记一些常用函数的麦克劳林公式.

4. 求函数的麦克劳林展开式

例 3.21 把函数 $f(x) = xe^{-x}$ 展成带佩亚诺余项的 n 阶麦克劳林公式.

分析 将函数展成 n 阶泰勒公式或者麦克劳林公式,通常有直接法和间接法两种方法,一般用间接法较为简单.

解答 〈方法一〉直接法

$$f(x) = xe^{-x}, \quad f(0) = 0$$
$$f'(x) = -(x-1)e^{-x}, \quad f'(0) = 1$$
$$f''(x) = (-1)^2(x-2)e^{-x}, \quad f''(0) = -2$$
$$f'''(x) = (-1)^3(x-3)e^{-x}, \quad f'''(0) = 3$$
$$\vdots$$
$$f^{(n)}(x) = (-1)^n(x-n)e^{-x}, \quad f^{(n)}(0) = (-1)^{n-1}n$$

所以 $f(x)$ 的 n 阶麦克劳林公式为

$$xe^{-x} = x - \frac{x^2}{1!} + \frac{x^3}{2!} - \frac{x^4}{3!} + \cdots + (-1)^{n-1}\frac{x^n}{(n-1)!} + o(x^n)$$

〈方法二〉间接法

在 e^x 的带佩亚诺余项的 n 阶麦克劳林公式中,以 $-x$ 代 x,得

$$e^{-x} = 1 - x + \frac{x^2}{2!} - \frac{x^3}{3!} + \cdots + (-1)^n\frac{x^n}{n!} + o(x^n)$$

上式两端同乘以 x,有 $xe^{-x} = x - \frac{x^2}{1!} + \frac{x^3}{2!} - \frac{x^4}{3!} + \cdots + (-1)^n\frac{x^{n+1}}{n!} + x \cdot o(x^n)$. 因为

$$\lim_{x \to 0} \frac{(-1)^n\frac{x^{n+1}}{n!} + o(x^n) \cdot x}{x^n} = 0$$

故 $(-1)^n\frac{x^{n+1}}{n!} + o(x^n) \cdot x = o(x^n)$,从而

$$xe^{-x} = x - \frac{x^2}{1!} + \frac{x^3}{2!} - \frac{x^4}{3!} + \cdots + (-1)^{n-1}\frac{x^n}{(n-1)!} + o(x^n)$$

评注 方法二使用了 e^x 的带佩亚诺余项的 n 阶麦克劳林公式,比方法一简单.

3.2.2 按洛必达法则求极限

1. $\frac{0}{0}$ 和 $\frac{\infty}{\infty}$ 型未定式极限

例 3.22 求 $\lim_{x \to 0} \frac{e^x - \sin x - 1}{1 - \sqrt{1 - x^2}}$.

分析 这是 $\dfrac{0}{0}$ 型未定式极限的极限,可以使用洛必达法则.

解答 $\lim\limits_{x\to 0}\dfrac{e^x-\sin x-1}{1-\sqrt{1-x^2}}=\lim\limits_{x\to 0}\dfrac{e^x-\sin x-1}{\frac{1}{2}x^2}=\lim\limits_{x\to 0}\dfrac{e^x-\cos x}{x}=\lim\limits_{x\to 0}(e^x+\sin x)=1$

评注 使用洛必达法则之前,先进行等价无穷小代换,使问题变得简单.

例 3.23 求极限 $\lim\limits_{x\to\infty}\dfrac{2x+\cos x}{3x-\sin x}$.

分析 由于当 $x\to\infty$ 时,$\dfrac{\cos x}{x}=\dfrac{1}{x}\cos x\to 0$,$\dfrac{\sin x}{x}\to 0$,故可以分子分母同时除以 x 进行求解.

解答 $\lim\limits_{x\to\infty}\dfrac{2x+\cos x}{3x-\sin x}=\lim\limits_{x\to\infty}\dfrac{2+\dfrac{\cos x}{x}}{3-\dfrac{\sin x}{x}}=\dfrac{2}{3}$

评注 错误解答 由洛必达法则得 $\lim\limits_{x\to\infty}\dfrac{2x+\cos x}{3x-\sin x}=\lim\limits_{x\to\infty}\dfrac{2-\sin x}{3-\cos x}$,由于极限 $\lim\limits_{x\to\infty}\dfrac{2-\sin x}{3-\cos x}$ 不存在,故原极限不存在. 解法错在将极限 $\lim\dfrac{f'(x)}{g'(x)}$ 存在这一条件当成了极限 $\lim\dfrac{f(x)}{g(x)}$ 存在的必要条件. 事实上这仅仅是一个充分条件,所以此时不能用洛必达法则.

例 3.24 求 $\lim\limits_{x\to+\infty}\dfrac{e^x+\sin x}{e^x+\cos x}$.

分析 该极限属于 $\dfrac{\infty}{\infty}$ 型,若用洛必达法则将会出现下列情况:

$$\lim\limits_{x\to+\infty}\dfrac{e^x+\sin x}{e^x+\cos x}=\lim\limits_{x\to+\infty}\dfrac{e^x+\cos x}{e^x-\sin x}\left(\dfrac{\infty}{\infty}\right)=\lim\limits_{x\to+\infty}\dfrac{e^x-\sin x}{e^x-\cos x}\left(\dfrac{\infty}{\infty}\right)=\cdots$$

每用一次洛必达法则得到类似的极限并循环往复,无法求出结果. 必须要考虑用其他方法.

解答 $\lim\limits_{x\to+\infty}\dfrac{e^x+\sin x}{e^x+\cos x}=\lim\limits_{x\to+\infty}\dfrac{1+\dfrac{\sin x}{e^x}}{1+\dfrac{\cos x}{e^x}}=\dfrac{1+0}{1+0}=1$

评注 在使用洛必达法则求极限时,首先要分析所求极限的类型是否为 $\dfrac{0}{0}$ 或 $\dfrac{\infty}{\infty}$ 型;要结合其他方法(主要是用等价代换以及将极限为非零的因子的极限先求出来)来化简所求极限;如有必要可以多次使用洛必达法则;当所求极限越来越复杂时,要考虑改用其他方法;不能用洛必达法则来判别极限的存在性.

例 3.25 求极限 $\lim\limits_{x\to 0}\dfrac{e^{x^2}-1}{\cos 3x-1}$.

分析 该极限属于 $\dfrac{0}{0}$ 型,可以用洛必达法则,也可以采用等价无穷小替换定理.

解答 〈方法一〉用洛必达法则,有

$$\lim_{x \to 0} \frac{e^{x^2} - 1}{\cos 3x - 1} = \lim_{x \to 0} \frac{2xe^{x^2}}{-3\sin 3x} = -\frac{2}{9} \lim_{x \to 0} \frac{3x}{\sin 3x} \cdot e^{x^2} = -\frac{2}{9}$$

〈方法二〉用等价无穷小替换定理,有

$$\lim_{x \to 0} \frac{e^{x^2} - 1}{\cos 3x - 1} = \lim_{x \to 0} \frac{x^2}{-\frac{1}{2}(3x)^2} = -\frac{2}{9}$$

评注 方法二比方法一更简单.

例 3.26 求极限 $\lim\limits_{x \to 0^+} \dfrac{\ln\tan 7x}{\ln\tan 2x}$.

分析 该极限属于 $\dfrac{\infty}{\infty}$ 型,可直接用洛必达法则;也可以先用洛必达法则,然后用等价无穷小替换定理.

解答 〈方法一〉 $\lim\limits_{x \to 0^+} \dfrac{\ln\tan 7x}{\ln\tan 2x} = \lim\limits_{x \to 0^+} \dfrac{\dfrac{1}{\tan 7x} \cdot \dfrac{7}{\cos^2 7x}}{\dfrac{1}{\tan 2x} \cdot \dfrac{2}{\cos^2 2x}} = \lim\limits_{x \to 0^+} \dfrac{\dfrac{1}{\sin 7x} \cdot \dfrac{7}{\cos 7x}}{\dfrac{1}{\sin 2x} \cdot \dfrac{2}{\cos 2x}}$

$$= \frac{7}{2} \lim_{x \to 0^+} \frac{\sin 4x}{\sin 14x} = \frac{7}{2} \lim_{x \to 0^+} \frac{\cos 4x}{\cos 14x} \cdot \frac{4}{14} = 1$$

〈方法二〉 $\lim\limits_{x \to 0^+} \dfrac{\ln\tan 7x}{\ln\tan 2x} = \lim\limits_{x \to 0^+} \dfrac{\dfrac{1}{\tan 7x} \cdot \dfrac{7}{\cos^2 7x}}{\dfrac{1}{\tan 2x} \cdot \dfrac{2}{\cos^2 2x}}$

$$= \frac{7}{2} \lim_{x \to 0^+} \frac{\cos^2 2x}{\cos^2 7x} \cdot \lim_{x \to 0^+} \frac{\tan 2x}{\tan 7x} = \frac{7}{2} \cdot \lim_{x \to 0^+} \frac{2x}{7x} = 1$$

评注 方法二由于同时使用了等价无穷小代换,因此比方法一更简单.

例 3.27 求极限 $\lim\limits_{x \to \infty} xe^{-x^2}$.

分析 该极限属于 $0 \cdot \infty$ 型,应当先变形为 $\dfrac{\infty}{\infty}$ 或 $\dfrac{0}{0}$ 型,再用洛必达法则,究竟变形为何种类型,要根据实际情况确定.

解答 $\lim\limits_{x \to \infty} xe^{-x^2} = \lim\limits_{x \to \infty} \dfrac{x}{e^{x^2}} = \lim\limits_{x \to \infty} \dfrac{1}{2xe^{x^2}} = 0$

评注 若变形为 $\lim\limits_{x \to \infty} xe^{-x^2} = \lim\limits_{x \to \infty} \dfrac{e^{-x^2}}{\dfrac{1}{x}} = \lim\limits_{x \to \infty} \dfrac{2xe^{-x^2}}{\dfrac{1}{x^2}} = \lim\limits_{x \to \infty} \dfrac{2e^{-x^2}}{\dfrac{1}{x^3}} = \cdots$

按照该方法计算下去越来越复杂. 若将它化为 $\dfrac{\infty}{\infty}$ 型,则简单得多.

例 3.28 求极限 $\lim\limits_{x \to 0^+} x^{\sin x}$.

分析 该极限属于 0^0 型,先化为 $\dfrac{\infty}{\infty}$ 型,再用洛必达法则.

解答 $\lim\limits_{x \to 0^+} x^{\sin x} = \lim\limits_{x \to 0^+} e^{\sin x \ln x} = \lim\limits_{x \to 0^+} e^{\frac{\ln x}{\frac{1}{\sin x}}}$

而
$$\lim_{x\to 0^+}\frac{\ln x}{\dfrac{1}{\sin x}}=\lim_{x\to 0^+}\frac{\dfrac{1}{x}}{\dfrac{-\cos x}{\sin^2 x}}=-\lim_{x\to 0^+}\frac{\sin^2 x}{x\cos x}=-\lim_{x\to 0^+}\frac{\sin x}{x}\cdot\lim_{x\to 0^+}\frac{\sin x}{\cos x}=0$$

故 $\lim\limits_{x\to 0^+}x^{\sin x}=e^0=1$.

评注 计算过程中同时又使用了重要极限公式 $\lim\limits_{x\to 0}\dfrac{\sin x}{x}=1$.

例 3.29 求极限 $\lim\limits_{x\to +\infty}(x+e^x)^{\frac{1}{x}}$.

分析 该极限属于 ∞^0 型,先取对数(或者用恒等式 $e^{\ln x}=x,x>0$)将其转化为 $0\cdot\infty$ 型,然后将其转化为 $\dfrac{0}{0}$ 或 $\dfrac{\infty}{\infty}$ 型,再用洛必达法则.

解答 〈方法一〉设 $y=(x+e^x)^{\frac{1}{x}}$, $\ln y=\dfrac{1}{x}\ln(x+e^x)$

$$\lim_{x\to +\infty}\ln y=\lim_{x\to +\infty}\frac{\ln(x+e^x)}{x}=\lim_{x\to +\infty}\frac{1+e^x}{x+e^x}=\lim_{x\to +\infty}\frac{e^x}{1+e^x}=1$$

故 $\lim\limits_{x\to +\infty}(x+e^x)^{\frac{1}{x}}=e^{\lim\limits_{x\to +\infty}\ln y}=e^1=e$.

〈方法二〉$\lim\limits_{x\to +\infty}(x+e^x)^{\frac{1}{x}}=\lim\limits_{x\to +\infty}e^{\ln(x+e^x)^{\frac{1}{x}}}=e^{\lim\limits_{x\to +\infty}\frac{1}{x}\ln(x+e^x)}=e^{\lim\limits_{x\to +\infty}\frac{1+e^x}{x+e^x}}=e^{\lim\limits_{x\to +\infty}\frac{e^x}{1+e^x}}=e$.

评注 方法一先取对数,方法二使用了对数恒等式,更直接一些.

例 3.30 求极限 $\lim\limits_{x\to 0}\left(\dfrac{\sin x}{x}\right)^{\frac{1}{1-\cos x}}$.

分析 该极限属于 1^∞ 型,可把 1^∞ 型变为 $e^{\infty\cdot\ln 1}$ 型. 于是,问题归结于求 $\infty\cdot\ln 1$ 型即 $0\cdot\infty$ 型的极限;也可以用重要极限.

解答 〈方法一〉$\lim\limits_{x\to 0}\left(\dfrac{\sin x}{x}\right)^{\frac{1}{1-\cos x}}=e^{\lim\limits_{x\to 0}\frac{\ln\frac{\sin x}{x}}{1-\cos x}}$

由于

$$\lim_{x\to 0}\frac{\ln\dfrac{\sin x}{x}}{1-\cos x}=\lim_{x\to 0}\frac{\ln\sin x-\ln x}{\dfrac{x^2}{2}}=\lim_{x\to 0}\frac{\dfrac{\cos x}{\sin x}-\dfrac{1}{x}}{x}$$

$$=\lim_{x\to 0}\frac{x\cos x-\sin x}{x^2\sin x}=\lim_{x\to 0}\frac{x\cos x-\sin x}{x^3}$$

$$=\lim_{x\to 0}\frac{-x\sin x}{3x^2}=\lim_{x\to 0}\frac{-\sin x}{3x}=-\frac{1}{3}$$

故 $\lim\limits_{x\to 0}\left(\dfrac{\sin x}{x}\right)^{\frac{1}{1-\cos x}}=e^{-\frac{1}{3}}$.

〈方法二〉利用重要极限 $\lim\limits_{x\to 0}(1+x)^{\frac{1}{x}}=e$.

$$\lim_{x\to 0}\left(\frac{\sin x}{x}\right)^{\frac{1}{1-\cos x}}=\lim_{x\to 0}\left(1+\frac{\sin x-x}{x}\right)^{\frac{x}{\sin x-x}\cdot\frac{1}{1-\cos x}\cdot\frac{\sin x-x}{x}}$$

因为

$$\lim_{x \to 0} \frac{1}{1 - \cos x} \cdot \frac{\sin x - x}{x} = \lim_{x \to 0} \frac{1}{\frac{1}{2}x^2} \cdot \frac{\sin x - x}{x} = \lim_{x \to 0} \frac{\cos x - 1}{\frac{3}{2}x^2} = \lim_{x \to 0} \frac{-\frac{1}{2}x^2}{\frac{3}{2}x^2} = -\frac{1}{3}$$

故 $\lim\limits_{x \to 0}\left(\dfrac{\sin x}{x}\right)^{\frac{1}{1-\cos x}} = \mathrm{e}^{-\frac{1}{3}}$.

评注 对于 $\dfrac{0}{0}$ 或 $\dfrac{\infty}{\infty}$ 型可直接利用洛必达法则,对于 0^0 型、1^∞ 型、∞^0 型,可以利用对数的性质将 0^0 型转化为 $\mathrm{e}^{0 \cdot \ln 0}$ 型,将 ∞^0 化 $\mathrm{e}^{0 \cdot \ln \infty}$ 型,将 1^∞ 化为 $\mathrm{e}^{\infty \cdot \ln 1}$ 型,于是问题就转化为求 $0 \cdot \infty$ 型,然后将其化为 $\dfrac{0}{0}$ 或 $\dfrac{\infty}{\infty}$ 型,再用洛必达法则. 用洛必达法则求极限时应当考虑与前面所讲的其他方法(如等价无穷小替换定理、重要极限等)综合使用,这样将会简化计算.

例 3.31 求极限 $\lim\limits_{n \to \infty} n\left(a^{\frac{1}{n}} - a^{\frac{1}{n^2}}\right)$ $(a > 0)$.

分析 对于数列 $f(n)$ 的极限 $\lim\limits_{n \to \infty} f(n)$ 不能直接用洛必达法则,这是因为数列不是连续变化的,从而更无导数可言. 但可用洛必达法则先求出相应的连续变量的函数极限,再利用数列极限与函数极限的关系得 $\lim\limits_{n \to \infty} f(n) = \lim\limits_{x \to +\infty} f(x)$,但当 $\lim\limits_{x \to +\infty} f(x)$ 不存在时,不能断定 $\lim\limits_{n \to \infty} f(n)$ 不存在,这时应使用其他方法求解.

解答 〈方法一〉设 $f(x) = \dfrac{a^x - a^{x^2}}{x}$,则

$$\lim_{x \to 0} f(x) = \lim_{x \to 0} \frac{a^x - a^{x^2}}{x} = \lim_{x \to 0} (a^x \ln a - a^{x^2} \cdot 2x \ln a) = \ln a$$

故 $\lim\limits_{n \to \infty} n\left(a^{\frac{1}{n}} - a^{\frac{1}{n^2}}\right) = \lim\limits_{n \to \infty} f\left(\dfrac{1}{n}\right) = \lim\limits_{x \to 0} f(x) = \ln a$.

〈方法二〉令 $f(x) = a^x$,于是 $f'(x) = a^x \ln a$. 对 $f(x) = a^x$ 在区间 $\left[\dfrac{1}{n^2}, \dfrac{1}{n}\right]$ 上使用拉格朗日中值定理,得

$$a^{\frac{1}{n}} - a^{\frac{1}{n^2}} = a^\xi \ln a \cdot \left(\frac{1}{n} - \frac{1}{n^2}\right)$$

其中,$\dfrac{1}{n^2} < \xi < \dfrac{1}{n}$. 当 $n \to \infty$ 时,$\xi \to 0$,$a^\xi \to 1$. 故

$$\lim_{n \to \infty} n\left(a^{\frac{1}{n}} - a^{\frac{1}{n^2}}\right) = \lim_{n \to \infty} n a^\xi \ln a \cdot \left(\frac{1}{n} - \frac{1}{n^2}\right) = \ln a$$

评注 方法一使用了数列极限与函数极限的关系;方法二使用了中值定理,技巧更高一些.

例 3.32 求极限 $\lim\limits_{x \to 0} \dfrac{\mathrm{e}^x - \mathrm{e}^{\sin x}}{x - \sin x}$.

分析 该极限属于 $\dfrac{0}{0}$ 型,可用洛必达法则,根据题目的特点可用拉格朗日中值定理,可用导数的定义,也可以将指数差化成乘积后用等价代换.

解答 〈方法一〉用洛必达法则,有

$$\lim_{x\to0}\frac{e^x-e^{\sin x}}{x-\sin x}=\lim_{x\to0}\frac{e^x-\cos x e^{\sin x}}{1-\cos x}=\lim_{x\to0}\frac{e^x+\sin x e^{\sin x}-\cos^2 x e^{\sin x}}{\sin x}$$

$$=\lim_{x\to0}\frac{e^x+\cos x e^{\sin x}+\sin x\cos x e^{\sin x}+2\cos x\sin x e^{\sin x}-\cos^3 x e^{\sin x}}{\cos x}=1$$

〈方法二〉对函数 $f(x)=e^x$ 在区间 $[\sin x,x]$(或 $[x,\sin x]$)上使用拉格朗日中值定理可得 $\dfrac{e^x-e^{\sin x}}{x-\sin x}=e^\xi$,其中 $\sin x<\xi<x$ 或 $x<\xi<\sin x$. 当 $x\to0$ 时,$\xi\to0$,故

$$\lim_{x\to0}\frac{e^x-e^{\sin x}}{x-\sin x}=\lim_{\xi\to0}e^\xi=1$$

〈方法三〉用导数的定义,有

$$\lim_{x\to0}\frac{e^x-e^{\sin x}}{x-\sin x}=\lim_{x\to0}e^{\sin x}\frac{e^{x-\sin x}-e^0}{x-\sin x-0}=\lim_{x\to0}\frac{e^{x-\sin x}-e^0}{x-\sin x-0}$$

$$=\lim_{u\to0}\frac{e^u-e^0}{u-0}=(e^u)'\big|_{u=0}=1$$

〈方法四〉$\dfrac{e^x-e^{\sin x}}{x-\sin x}=e^{\sin x}\dfrac{e^{x-\sin x}-1}{x-\sin x}$,当 $x\to0$ 时,有

$$e^{x-\sin x}-1\sim x-\sin x$$

故 $\lim_{x\to0}\dfrac{e^x-e^{\sin x}}{x-\sin x}=\lim_{x\to0}e^{\sin x}\dfrac{e^{x-\sin x}-1}{x-\sin x}=\lim_{x\to0}\dfrac{x-\sin x}{x-\sin x}=1.$

评注 一题多解,有的方法简单,有的方法复杂;孰优孰劣,读者自行评判.

例 3.33 求 $\lim\limits_{x\to+\infty}\dfrac{x^n}{e^{ax}}(a>0,n$ 是正整数$)$.

分析 该极限属于 $\dfrac{\infty}{\infty}$ 型,可用洛必达法则.

解答 $\lim\limits_{x\to+\infty}\dfrac{x^n}{e^{ax}}=\lim\limits_{x\to+\infty}\dfrac{nx^{n-1}}{ae^{ax}}=\cdots=\lim\limits_{x\to+\infty}\dfrac{n!}{a^n e^{ax}}=0$

评注 洛必达法则可以反复使用,直到最后求出结果.

2. $0\cdot\infty$ 和 $\infty-\infty$ 型未定式极限

例 3.34 计算:$(1)\lim\limits_{x\to\infty}\left[x-x^2\ln\left(1+\dfrac{1}{x}\right)\right](\infty-\infty$ 型$)$;$(2)\lim\limits_{x\to\infty}x\left[\left(1+\dfrac{1}{x}\right)^x-e\right](0\cdot\infty$ 型$)$.

分析 对于 $0\cdot\infty$ 和 $\infty-\infty$ 型未定式极限,需要先将 $0\cdot\infty$ 和 $\infty-\infty$ 未定式极限转化为 $\dfrac{0}{0}$ 或 $\dfrac{\infty}{\infty}$ 型未定式极限,再使用洛必达法则计算.

解答 $(1)\lim\limits_{x\to\infty}\left[x-x^2\ln\left(1+\dfrac{1}{x}\right)\right]\xlongequal{\frac{1}{x}=t}\lim\limits_{t\to0}\left[\dfrac{1}{t}-\dfrac{1}{t^2}\ln(1+t)\right]=\lim\limits_{t\to0}\dfrac{t-\ln(1+t)}{t^2}=\dfrac{1}{2}$

$(2)\lim\limits_{x\to\infty}x\left[\left(1+\dfrac{1}{x}\right)^x-e\right]=\lim\limits_{x\to\infty}\dfrac{\left(1+\dfrac{1}{x}\right)^x-e}{\dfrac{1}{x}}\xlongequal{\frac{1}{x}=t}\lim\limits_{t\to0}\dfrac{(1+t)^{\frac{1}{t}}-e}{t}=\lim\limits_{t\to0}\dfrac{e^{\frac{1}{t}\ln(1+t)}-e}{t}$

$=e\lim\limits_{t\to0}\dfrac{e^{\frac{1}{t}\ln(1+t)-1}-1}{t}=e\lim\limits_{t\to0}\dfrac{\dfrac{1}{t}\ln(1+t)-1}{t}=e\lim\limits_{t\to0}\dfrac{\ln(1+t)-t}{t^2}=e\lim\limits_{t\to0}\dfrac{\dfrac{1}{1+t}-1}{2t}=-\dfrac{e}{2}$

评注 $0 \cdot \infty$ 和 $\infty - \infty$ 型未定式转化为 $\dfrac{0}{0}$ 或 $\dfrac{\infty}{\infty}$ 型未定式,转换方法如下:

(1) $0 \cdot \infty = \dfrac{0}{\dfrac{1}{\infty}} = \dfrac{0}{0}$, $0 \cdot \infty = \dfrac{\infty}{\dfrac{1}{0}} = \dfrac{\infty}{\infty}$;(2) $\infty - \infty = \dfrac{1}{\dfrac{1}{\infty}} - \dfrac{1}{\dfrac{1}{\infty}} = \dfrac{\dfrac{1}{\infty} - \dfrac{1}{\infty}}{\dfrac{1}{\infty \cdot \infty}} = \dfrac{0}{0}$

对于 $0 \cdot \infty$ 型未定式要转化成 $\dfrac{0}{0}$ 型还是 $\dfrac{\infty}{\infty}$ 型,要以转化后的分子分母求导简单为原则.

3. 1^{∞}、0^{0}、∞^{0} 型未定式极限

例 3.35 计算:(1) $\lim\limits_{x \to \infty}\left(\sin\dfrac{2}{x} + \cos\dfrac{1}{x}\right)^{x}$($1^{\infty}$型); (2) $\lim\limits_{n \to \infty}\tan^{n}\left(\dfrac{\pi}{4} + \dfrac{2}{n}\right)$($1^{\infty}$型);

(3) $\lim\limits_{x \to 0^{+}}x^{x}$($0^{0}$型); (4) $\lim\limits_{x \to 0^{+}}\left(\dfrac{1}{\sqrt{x}}\right)^{\tan x}$($\infty^{0}$型).

分析 求幂指函数的极限一般有两种方法:①利用公式 $x = e^{\ln x}$,先将 1^{∞}、0^{0}、∞^{0} 型未定式极限转化成 e 的指数函数形式,即 $1^{\infty} = e^{\infty \ln 1} = e^{\infty \cdot 0}$,$0^{0} = e^{0 \ln 0} = e^{0 \cdot \infty}$,$\infty^{0} = e^{0 \ln \infty} = e^{0 \cdot \infty}$.然后将 e 的指数化为 $\dfrac{0}{0}$ 型或 $\dfrac{\infty}{\infty}$ 型,这种方法称为指数解法.②将幂指函数 $y = \varphi(x)^{\psi(x)}$ 先取对数,得到 $\ln y = \psi(x)\ln\varphi(x)$,通过 $\ln y$ 的极限得到 y 的极限,这种方法称为对数解法.如果幂指数是 1^{∞} 型的未定式,还可以用重要极限来解决.

解答

(1) $\lim\limits_{x \to \infty}\left(\sin\dfrac{2}{x} + \cos\dfrac{1}{x}\right)^{x} = \lim\limits_{x \to \infty}e^{x\ln\left(\sin\frac{2}{x} + \cos\frac{1}{x}\right)} = e^{\lim\limits_{x \to \infty}\frac{\ln\left(\sin\frac{2}{x} + \cos\frac{1}{x}\right)}{\frac{1}{x}}} = e^{\lim\limits_{x \to \infty}\frac{-\frac{1}{x^{2}}\left(2\cos\frac{2}{x} - \sin\frac{1}{x}\right)}{-\frac{1}{x^{2}}\left(\sin\frac{2}{x} + \cos\frac{1}{x}\right)}} = e^{2}$

(2) 记 $f(x) = \tan^{x}\left(\dfrac{\pi}{4} + \dfrac{2}{x}\right)$,则 $f(n) = \tan^{n}\left(\dfrac{\pi}{4} + \dfrac{2}{n}\right)$.

因 $\lim\limits_{x \to \infty}f(x) = e^{\lim\limits_{x \to \infty}x\ln\tan\left(\frac{\pi}{4} + \frac{2}{x}\right)} = e^{\lim\limits_{x \to \infty}\frac{\ln\tan\left(\frac{\pi}{4} + \frac{2}{x}\right)}{\frac{1}{x}}} = e^{4}$

由函数极限与数列极限之间的关系,得

$$\lim\limits_{n \to \infty}\tan^{n}\left(\dfrac{\pi}{4} + \dfrac{2}{n}\right) = \lim\limits_{n \to \infty}f(n) = \lim\limits_{x \to +\infty}f(x) = e^{4}$$

(3) $\lim\limits_{x \to 0^{+}}x^{x} = \lim\limits_{x \to 0^{+}}e^{x\ln x} = e^{\lim\limits_{x \to 0^{+}}x\ln x} = e^{\lim\limits_{x \to 0^{+}}\frac{\ln x}{\frac{1}{x}}} = e^{-\lim\limits_{x \to 0^{+}}x} = e^{0} = 1$

(4) 由 $\left(\dfrac{1}{\sqrt{x}}\right)^{\tan x} = e^{\tan x\ln\frac{1}{\sqrt{x}}} = e^{-\frac{1}{2}\tan x\ln x}$

且 $\lim\limits_{x \to 0^{+}}\left(-\dfrac{1}{2}\tan x\ln x\right) = -\dfrac{1}{2}\lim\limits_{x \to 0^{+}}\dfrac{\ln x}{\cot x}$

$$= -\dfrac{1}{2}\lim\limits_{x \to 0^{+}}\dfrac{\dfrac{1}{x}}{\dfrac{-1}{\sin^{2}x}} = \dfrac{1}{2}\lim\limits_{x \to 0^{+}}\dfrac{\sin x}{x}\sin x = 0$$

所以 $\lim\limits_{x \to 0^{+}}\left(\dfrac{1}{\sqrt{x}}\right)^{\tan x} = e^{0} = 1$

评注 在利用洛必达法则时,不能直接对数列中的 n 求导,只能利用函数的极限求数列的极限.

4. 已知未定式的极限值,确定未定式中的常数

例 3.36 已知 $\lim\limits_{x\to 0}\dfrac{a\tan x + b(1-\cos x)}{c\ln(1-2x)+d(1-\mathrm{e}^{-x^2})}=2$,其中 a、b、c、d 是常数,且 $a^2+c^2\neq 0$,则( ).

    A. $b=4d$ B. $b=-4d$ C. $a=4c$ D. $a=-4c$

分析 可以应用洛必达法则求解.

解答 D 是正确答案. 因为

$$\lim_{x\to 0}\frac{a\tan x + b(1-\cos x)}{c\ln(1-2x)+d(1-\mathrm{e}^{-x^2})}=\lim_{x\to 0}\frac{\dfrac{a}{\cos^2 x}+b\sin x}{\dfrac{-2c}{1-2x}+2x d\mathrm{e}^{-x^2}}=\frac{a}{-2c}=2$$

即 $a=-4c$.

评注 应用洛必达法则求极限,往往要与其他方法联合使用.

3.2.3 不等式的证明

1. 利用中值定理证明不等式

例 3.37 当 $x>0$ 时,证明:$x<\mathrm{e}^x-1<x\mathrm{e}^x$.

分析 可通过构造辅助函数,应用拉格朗日中值定理证明.

证明 设函数 $f(x)=\mathrm{e}^x$,可知 $f(x)$ 在 $[0,x]$ 上连续可导. 应用拉格朗日中值定理,至少存在一点 ξ,使得 $\dfrac{f(x)-f(0)}{x-0}=f'(\xi)$. 化简得 $\dfrac{\mathrm{e}^x-1}{x}=\mathrm{e}^\xi$,即 $\mathrm{e}^x-1=x\mathrm{e}^\xi$,因为 $0<\xi<x$,$\mathrm{e}^\xi>1$,且函数 $f(x)=\mathrm{e}^x$ 单调增加,所以 $x\mathrm{e}^0<\mathrm{e}^x-1<x\mathrm{e}^x$,从而 $x<\mathrm{e}^x-1<x\mathrm{e}^x$.

评注 辅助函数构造的方法并不是唯一的.

例 3.38 设 $0<\beta\leqslant\alpha<\dfrac{\pi}{2}$,证明 $\dfrac{\alpha-\beta}{\cos^2\beta}\leqslant\tan\alpha-\tan\beta\leqslant\dfrac{\alpha-\beta}{\cos^2\alpha}$.

分析 当 $\beta<\alpha$ 时,即证 $\dfrac{1}{\cos^2\beta}\leqslant\dfrac{\tan\alpha-\tan\beta}{\alpha-\beta}\leqslant\dfrac{1}{\cos^2\alpha}$.

此式中的 $\dfrac{\tan\alpha-\tan\beta}{\alpha-\beta}$ 可看成函数 $f(x)=\tan x$ 在区间 $[\beta,\alpha]$ 上的改变量与相应自变量的改变量之商,故可考虑用拉格朗日中值定理证明.

证明 当 $\beta=\alpha$ 时,不等式中等号成立.

当 $\beta<\alpha$ 时,设 $f(x)=\tan x$. 由于 $f(x)$ 在 $[\beta,\alpha]\left(0<\beta<\alpha<\dfrac{\pi}{2}\right)$ 上连续,在 (β,α) 内可导,利用拉格朗日中值定理,得

$$\frac{\tan\alpha-\tan\beta}{\alpha-\beta}=\frac{1}{\cos^2\xi}\quad,0<\beta<\xi<\alpha<\frac{\pi}{2}$$

因为 $0<\beta<\xi<\alpha<\dfrac{\pi}{2}$,所以 $\dfrac{1}{\cos^2\beta}<\dfrac{1}{\cos^2\xi}<\dfrac{1}{\cos^2\alpha}$,从而得

$$\frac{1}{\cos^2\beta} \leqslant \frac{\tan\alpha - \tan\beta}{\alpha - \beta} \leqslant \frac{1}{\cos^2\alpha}$$

即 $\dfrac{\alpha - \beta}{\cos^2\beta} \leqslant \tan\alpha - \tan\beta \leqslant \dfrac{\alpha - \beta}{\cos^2\alpha}$. 证毕.

评注 用中值定理证明不等式的具体做法:首先选择适当的函数及区间,然后利用中值定理,得到一含有 ξ 的等式;其次对等式进行适当地放大或缩小,去掉含有 ξ 的项即可.

例 3.39 设 $\lim\limits_{x\to 0}\dfrac{f(x)}{x} = 1$,且 $f''(x) > 0$,证明 $f(x) \geqslant x$.

分析 由 $f''(x) > 0$ 可知 $f(x)$ 在 $x = 0$ 处连续,又因为 $\lim\limits_{x\to 0}\dfrac{f(x)}{x} = 1$ 知 $f(0) = 0$ 且 $f'(0) = 1$,能够将函数一阶导数及二阶导数联系在一起的首选是泰勒公式.

证明 由 $\lim\limits_{x\to 0}\dfrac{f(x)}{x} = 1$ 及 $\lim\limits_{x\to 0}x = 0$ 知 $\lim\limits_{x\to 0}f(x) = 0 = f(0)$,$\lim\limits_{x\to 0}\dfrac{f(x)}{x} = \lim\limits_{x\to 0}\dfrac{f(x) - f(0)}{x - 0} = f'(0) = 1$,将 $f(x)$ 在点 $x = 0$ 处泰勒展开,有

$f(x) = f(0) + f'(0)x + \dfrac{f''(\xi)}{2!}x^2 = x + \dfrac{f''(\xi)}{2!}x^2$($\xi$ 介于 0 与 x 之间),由 $f''(x) > 0$ 可知 $f(x) \geqslant x$.

评注 泰勒公式展开式往往也是证明不等式的利器.

2. 利用单调性证明不等式

例 3.40 当 $x > 4$ 时,试证:$2^x > x^2$.

分析 欲证 $2^x > x^2$,可作各种转化. ①证 $2^x - x^2 > 0$;②证 $\dfrac{2^x}{x^2} > 1$;③证 $x\ln2 > 2\ln x$ 等等. 若用①设 $f(x) = 2^x - x^2$,不易证 $f'(x) = 2^x\ln2 - 2x > 0$,选用③方便.

证明 设 $f(x) = x\ln2 - 2\ln x$,则 $f(4) = 0$,而当 $x > 4$ 时, $f'(x) = \ln2 - \dfrac{2}{x} > \dfrac{1}{2} - \dfrac{2}{4} = 0$,所以 $f(x)$ 单调增加,$f(x) > f(4) = 0$,从而有 $x\ln2 - 2\ln x > 0$,即 $x\ln2 > 2\ln x$,因此 $2^x > x^2$.

评注 辅助函数构造的方法并不是唯一的,选用什么样的辅助函数,要根据具体情况而定,不能死搬教条.

例 3.41 证明:当 $x \in (0,1)$ 时,$(1 + x)\ln^2(1 + x) < x^2$.

分析 当一阶导数不能判定符号时,可以先借助于二阶导数符号判别一阶导数符号.

证明 设函数 $f(x) = (1 + x^2)\ln^2(1 + x) - x^2$,$x \in (0,1)$,由 $f'(x) = \ln^2(1 + x) + 2\ln(1 + x) - 2x$,且 $f'(0) = 0$,又 $f''(x) = \dfrac{2}{1 + x}[\ln(1 + x) - x] < 0$,于是 $f'(x)$ 在 $(0,1)$ 内单调减少,即当 $0 < x < 1$ 时,$f'(x) < f'(0) = 0$,又由 $f'(x) < 0$,可知函数 $f(x)$ 在 $(0,1)$ 内单调减少,当 $0 < x < 1$ 时,$f(x) < f(0) = 0$,即 $(1 + x^2)\ln^2(1 + x) - x^2 < 0$,从而 $(1 + x^2)\ln^2(1 + x) < x^2$.

评注 证明中使用了二阶导数小于零来证明一阶导函数是减函数.

例 3.42 设 $f(x)$ 在 $[0, +\infty)$ 上连续,在 $(0, +\infty)$ 内二阶可导,且 $f(0) = 0$,$f''(x) < 0$,证明对于任意 $x_1 > 0$,$x_2 > 0$,$f(x_1 + x_2) < f(x_1) + f(x_2)$ 恒成立.

分析 若遇到要证含有两个参数 α、β 的不等式时,例如 $f(\alpha,\beta) \leqslant g(\alpha,\beta)$,则可将其中某个参数 α"变易"为变量,作辅助函数 $F(x) = f(x,\beta) - g(x,\beta)$,证明 $F(x)$ 在其定义

域内是单调函数,其中函数 $F(x)$ 的定义域就是参数 α 的变化范围.

证明 设函数 $F(x) = f(x_1) + f(x) - f(x_1 + x)(x > 0)$,由题设知道 $f'(x)$ 在 $(0, +\infty)$ 内单调减少,从而 $F'(x) = f'(x) - f'(x_1 + x) > 0$(任意$(x_1 > 0)$),故 $F(x)$ 在 $[0, +\infty)$ 上单调增加. 因此,对于任意的 $x > 0$,有 $F(x) > F(0) = f(0) = 0$,即 $f(x_1 + x) < f(x_1) + f(x)$,取 $x = x_2$ 即得结论.

评注 辅助函数也可以设为 $F(x) = f(x) + f(x_2) - f(x + x_2)(x > 0)$.

3. 利用最值证明不等式

例 3.43 设 p、q 是大于 1 的常数,且 $\frac{1}{p} + \frac{1}{q} = 1$,求证:当 $x > 0$ 时,$\frac{1}{p}x^p + \frac{1}{q} \geqslant x$.

分析 将 $\frac{1}{p}x^p + \frac{1}{q} \geqslant x$ 变形为 $\frac{1}{p}x^p + \frac{1}{q} - x \geqslant 0$,只需要证明 $f(x) = \frac{1}{p}x^p + \frac{1}{q} - x \geqslant 0$ 即可.

证明 令 $f(x) = \frac{1}{p}x^p + \frac{1}{q} - x$,因为 $f'(x) = x^{p-1} - 1 \begin{cases} < 0, x < 1 \\ = 0, x = 1 \\ > 0, x > 1 \end{cases}$,所以函数 $f(x)$ 在点 $x = 1$ 取到其在 $(0, +\infty)$ 内的最小值 $f(1) = 0$,所以当 $x > 0$ 时有 $f(x) \geqslant f(1) = 0$,即 $\frac{1}{p}x^p + \frac{1}{q} \geqslant x$.

评注 利用最值证明不等式的一般步骤是将不等式变形为 $f(x) \leqslant 0$(或 $f(x) \geqslant 0$),求出 $f(x)$ 的最大值 $f(x_0)$(或最小值 $f(x_0)$),利用 $0 \geqslant f(x_0) \geqslant f(x)$(或 $f(x) \geqslant f(x_0) \geqslant 0$)得到结论.

4. 利用凹凸性证明不等式

例 3.44 证明 $x\ln x + y\ln y > (x + y)\ln\frac{(x+y)}{2}(x > 0, y > 0)$.

分析 所要证明不等式中多次出现函数 $f(x) = x\ln x$,可考虑利用 $f(x) = x\ln x$ 的凹凸性进行证明.

证明 设 $f(x) = x\ln x(x > 0)$,$f'(x) = \ln x + 1$,$f''(x) = \frac{1}{x} > 0$,$f(x) = x\ln x$,当 $x > 0$ 时是凹函数. 因此有 $\frac{x\ln x + y\ln y}{2} > \frac{(x+y)}{2}\ln\frac{(x+y)}{2}(x > 0, y > 0)$,即

$$x\ln x + y\ln y > (x + y)\ln\frac{(x+y)}{2}(x > 0, y > 0)$$

评注 此题若使用函数单调性进行证明,可能会比较麻烦.

例 3.45 证明不等式:当 $0 < x < \frac{\pi}{2}$ 时,$\sin x > \frac{2}{\pi}x$.

分析 证明不等式可用拉格朗日中值定理、函数的单调性和最值及凹凸性等.

证明 〈方法一〉(用单调性证明)令 $f(x) = \frac{\sin x}{x}$,则

$$f'(x) = \frac{x\cos x - \sin x}{x^2} = \frac{\cos x(x - \tan x)}{x^2}$$

令 $\varphi(x) = x - \tan x$,则 $\varphi'(x) = \frac{-\sin^2 x}{\cos^2 x}$. 所以在 $\left(0, \frac{\pi}{2}\right)$ 内,$\varphi'(x) < 0$,而 $\varphi(0) = 0$,所以

$\varphi(x)<0$，从而可知 $f'(x)<0$，故 $f(x)$ 单调减少，由此得 $f(x)>f\left(\dfrac{\pi}{2}\right)$，即 $\sin x>\dfrac{2}{\pi}x$.

〈方法二〉（用凹凸性证明）设 $g(x)=\sin x-\dfrac{2x}{\pi}$，则

$$g'(x)=\cos x-\dfrac{2}{\pi},\quad g''(x)=-\sin x<0$$

所以 $g(x)$ 的图形是凸的. 又 $g(0)=g\left(\dfrac{\pi}{2}\right)=0$，因此 $g(x)>0$，即 $\sin x>\dfrac{2}{\pi}x$.

〈方法三〉（用最值证明）设 $F(x)=\sin x-\dfrac{2x}{\pi}$，则由闭区间上连续函数的性质知 $F(x)$ 在 $\left[0,\dfrac{\pi}{2}\right]$ 可取到最大最小值.

$F'(x)=\cos x-\dfrac{2}{\pi}$，令 $F'(x)=0$，得 $F(x)$ 在 $\left(0,\dfrac{\pi}{2}\right)$ 内的唯一驻点 $x_0=\arccos\dfrac{2}{\pi}$，又因为 $F''(x)=-\sin x$，当 $0<x<\dfrac{\pi}{2}$ 时，有 $F''(x)<0$. 所以 $F(x)$ 在点 $x_0=\arccos\dfrac{2}{\pi}$ 处取得极大值. 因此 $F(x)$ 在 $\left[0,\dfrac{\pi}{2}\right]$ 上的最小值必在端点处取得，这是因为 $F(x)$ 在 $\left(0,\dfrac{\pi}{2}\right)$ 内没有极小值. 又由于 $F(0)=F\left(\dfrac{\pi}{2}\right)=0$，所以 $F(x)$ 的最小值为零，因此，在 $\left(0,\dfrac{\pi}{2}\right)$ 内必有

$$F(x)>F(0)=0$$

即 $\sin x>\dfrac{2}{\pi}x$.

评注 一题多解，显然方法二最简单.

3.2.4 函数的单调性

1. 判断函数的单调性、求单调区间

例3.46 判断函数 $f(x)=2x^3+3x^2-12x+14$ 的单调性，确定函数的单调区间.

分析 通常使用一阶导数来判断函数的单调性.

解答 $f'(x)=6x^2+6x-12=6(x+2)(x-1)$，令 $f'(x)=0$ 解得驻点 $x=-2,x=1$，在 $(-\infty,-2)$、$(1,+\infty)$ 内 $f'(x)>0$，所以函数单调增加；在 $(-2,1)$ 内 $f'(x)<0$，所以函数单调减少，$(-\infty,-2]$ 和 $[1,+\infty)$ 是单调增区间，$[2,1]$ 是单调减区间.

评注 判断函数的单调性的一般步骤：求一阶导数、令一阶导数为零求驻点、用驻点划分定义域成一些区间，然后在相应的区间上讨论一阶导数的符号，最后确定函数的单调性和单调区间.

2. 利用函数的单调性判断方程根的情况

例3.47 证明：方程 $x^n+x^{n-1}+\cdots+x^2+x=1$ 在 $(0,1)$ 内有且仅有一个实根 x_n.

分析 判断方程的实根，实际上就是判断相应函数的零点.

证明 设 $f(x)=x^n+x^{n-1}+\cdots+x^2+x-1$ 得 $f(0)=-1<0$，$f(1)=n-1>0$，故方程 $f(x)=0$ 在 $(0,1)$ 内必有实根. 又由于当 $x>0$ 时，$f'(x)=nx^{n-1}+(n-1)x^{n-2}+\cdots+2x+1>0$，所以 $f(x)$ 在 $[0,1]$ 上单调增加，从而方程 $f(x)=0$ 有且仅有一个实根 $x_n\in(0,1)$.

评注 判断方程的实根，实际上就是判断相应函数的零点，函数的单调性进一步可以

用来判断实根的唯一性.

例3.48 讨论曲线 $y = 4\ln x + 7$ 与 $y = 4x + \ln^4 x$ 的交点个数.

分析 问题等价于讨论方程 $4x + \ln^4 x - (4\ln x + 7) = 0$ 有几个不同的实根,而讨论方程根的个数,经常要用到零点定理、函数的单调性及极值等.

解答 设 $\varphi(x) = 4x + \ln^4 x - (4\ln x + 7)$,则 $\varphi'(x) = \dfrac{4(\ln^3 x - 1 + x)}{x}$,令 $\varphi'(x) = 0$,得 $x = 1$.

当 $0 < x < 1$ 时,$\varphi'(x) < 0$,即 $\varphi(x)$ 单调减少;当 $x > 1$ 时,$\varphi'(x) > 0$,即 $\varphi(x)$ 单调增加. 所以 $\varphi(1) = -3$ 为函数 $\varphi(x)$ 的最小值,而 $\lim\limits_{x \to 0^+} \varphi(x) = +\infty$,$\lim\limits_{x \to +\infty} \varphi(x) = +\infty$,因此 $\varphi(x) = 0$ 有两个实根,即两条曲线的交点个数是两个.

评注 讨论曲线的交点个数转化为讨论方程的根的个数,有几个不同的实根,就有几个交点.

例3.49 讨论方程 $\ln x = ax (a > 0)$ 在 $(0, +\infty)$ 内有几个实根?

分析 如果对函数 $f(x)$ 的单调性、极值、最值等问题讨论清楚了,则其零点也就显而易见了,讨论方程 $\ln x = ax (a > 0)$ 在 $(0, +\infty)$ 内有几个实根等价于讨论 $f(x) = \ln x - ax$ 在 $(0, +\infty)$ 内有几个零点.

解答 设 $f(x) = \ln x - ax$,则只需讨论函数 $f(x) = \ln x - ax$ 零点的个数. 由

$$f'(x) = \frac{1}{x} - a = 0$$

解得 $x = \dfrac{1}{a}$. 由此可知:$f(x)$ 在 $\left(0, \dfrac{1}{a}\right]$ 上单调递增,在 $\left[\dfrac{1}{a}, +\infty\right)$ 上单调递减,且 $f\left(\dfrac{1}{a}\right) = -(\ln a + 1)$ 是函数的最大值. 由 $\lim\limits_{x \to 0^+} f(x) = \lim\limits_{x \to 0^+}(\ln x - ax) = -\infty$,及 $\lim\limits_{x \to +\infty} f(x) = \lim\limits_{x \to +\infty}\left[x\left(\dfrac{\ln x}{x} - a\right)\right] = -\infty$,可得:

(1) 当 $f\left(\dfrac{1}{a}\right) < 0$,即 $a > \dfrac{1}{e}$ 时,$f(x) < f\left(\dfrac{1}{a}\right) < 0$,函数 $f(x)$ 没有零点,故方程没有实根.

(2) 当 $f\left(\dfrac{1}{a}\right) = 0$,即 $a = \dfrac{1}{e}$ 时,函数 $f(x)$ 仅有一个零点,故方程 $\ln x = ax$ 只有唯一实根 $x = \dfrac{1}{a} = e$.

(3) 当 $f\left(\dfrac{1}{a}\right) > 0$,即 $0 < a < \dfrac{1}{e}$ 时,由 $f\left(\dfrac{1}{a}\right) > 0$,$\lim\limits_{x \to 0^+} f(x) = -\infty$,知 $f(x)$ 在 $\left(0, \dfrac{1}{a}\right)$ 内至少有一个零点. 又 $f(x)$ 在 $\left(0, \dfrac{1}{a}\right)$ 内单调递增,所以 $f(x)$ 在 $\left(0, \dfrac{1}{a}\right)$ 内仅有一个零点,即方程 $\ln x = ax$ 在 $\left(0, \dfrac{1}{a}\right)$ 内只有一个实根. 同理,方程 $\ln x = ax$ 在 $\left(\dfrac{1}{a}, +\infty\right)$ 内也只有一个实根. 故当 $0 < a < \dfrac{1}{e}$ 时,方程 $\ln x = ax$ 恰有两个实根.

评注 讨论方程的实根,实际上就是讨论相应函数的零点,如果对函数的单调性、极值、最值等问题讨论清楚了,则其零点也就显而易见了.

3.2.5 函数的极值和最值

1. 求函数的极值

例 3.50 (1)求函数 $y = -x^4 + 2x^2$ 的极值. (2)可导函数 $y = f(x)$ 由方程 $x^3 - 3xy^2 + 2y^3 = 32$ 所确定,试求 $f(x)$ 的极大值与极小值.

分析 对于(1)题直接求一阶导数,令一阶导数为零求驻点,然后讨论极值即可. 对于(2)题,函数 $y = f(x)$ 是由方程所确定的隐函数,可利用隐函数求导公式求出 $\dfrac{\mathrm{d}y}{\mathrm{d}x}$ 及 $\dfrac{\mathrm{d}^2 y}{\mathrm{d}x^2}$,将 $\dfrac{\mathrm{d}y}{\mathrm{d}x} = 0$ 与原二元方程联立求解可得驻点,再用函数取得极值的第二充分条件判定.

解答 (1)$y' = -4x^3 + 4x = 4x(1 - x^2) = 4x(1 - x)(1 + x)$,令 $y' = 0$ 得 $x = -1, 0, 1$.

因 $y'' = -12x^2 + 4 = 4(1 - 3x^2)$,由 $y''(-1) = -8 < 0$,得函数在 $x = -1$ 处取得极大值 1;由 $y''(0) = 4 > 0$,得函数在 $x = 0$ 处取得极小值 0.

(2) 在方程两边对 x 求导,得

$$3x^2 - 3y^2 - 6xyy' + 6y^2 y' = 3(x - y)(x + y - 2yy') = 0$$

由于 $x = y$ 不满足原来的方程,又 $y = f(x)$ 是可导函数,因此

$$x - y \neq 0, \quad x + y - 2yy' = 0$$

即 $\dfrac{\mathrm{d}y}{\mathrm{d}x} = \dfrac{x + y}{2y}$. 令 $\dfrac{\mathrm{d}y}{\mathrm{d}x} = 0$,得 $x + y = 0$,与原二元方程联立求解可得 $x = -2, y = 2$,由此可知,函数 $y = f(x)$ 有唯一可能的极值点 $x = -2$. 又因为

$$\frac{\mathrm{d}^2 y}{\mathrm{d}x^2} = \frac{y - xy'}{2y^2}$$

故 $\dfrac{\mathrm{d}^2 y}{\mathrm{d}x^2}\bigg|_{\substack{x = -2 \\ y = 2}} = \dfrac{1}{4} > 0$. 因此,由函数取得极值的第二充分条件知,函数 $y = f(x)$ 有唯一的极小值 2,没有极大值.

评注 求极值的步骤:①找出全部可能的极值点(包括驻点和一阶导数不存在的点);②对可能的极值点,利用函数取得极值的第一或第二充分条件判定;③求极值.

例 3.51 设函数 $f(x)$ 在 $x = 0$ 的某邻域内连续,且 $f(0) = 0, \lim\limits_{x \to 0} \dfrac{f(x)}{1 - \cos x} = 2$,证明函数 $f(x)$ 在 $x = 0$ 处取得极小值.

分析 关键是如何利用已知条件 $\lim\limits_{x \to 0} \dfrac{f(x)}{1 - \cos x} = 2$.

证明 因为 $\lim\limits_{x \to 0} \dfrac{f(x)}{1 - \cos x} = 2 > 0$,且 $1 - \cos x > 0$,所以由函数极限的局部保号性可知,在 $x = 0$ 的某邻域内恒有 $f(x) > 0 = f(0)$,故 $f(0)$ 是极小值.

评注 证明中巧妙地利用了函数极限的局部保号性,最终得到 $f(0)$ 是极小值.

例 3.52 函数 $f(x)$ 有二阶连续的导数,且 $f'(0) = 0, \lim\limits_{x \to 0} \dfrac{f''(x)}{|x|} = 1$,证明 $f(0)$ 是 $f(x)$ 的极小值.

分析 由二阶导数的符号可以判断一阶导数的增减和符号的变化,然后判定 $f(0)$ 是不是 $f(x)$ 的极值,是极大值还是极小值.

证明 由 $\lim\limits_{x\to0}\dfrac{f''(x)}{|x|}=1$ 和极限保号性推出,在点 $x=0$ 的某个去心邻域内 $f''(0)>0$,从而在这个邻域内 $f'(x)$ 单调增加,又因为 $f'(0)=0$,所以在点 $x=0$ 的左右两侧分别有 $f'(x)<0$ 和 $f'(x)>0$. 因此 $f(x)$ 在 $x=0$ 处取得极小值.

评注 证明中巧妙地利用了函数极限的局部保号性,得出在点 $x=0$ 的某个去心邻域内 $f''(0)>0$,最终得到 $f(0)$ 是极小值.

2. 求函数的最大(最小)值

例 3.53 求函数 $f(x)=x^3-x^2-x+1$ 在区间 $[-1,0]$ 上的最大值与最小值.

分析 求函数在区间上的最值,实际上就是要找出在该区间上的最大函数值和最小函数值.

解答 $f'(x)=3x^2-2x-1=(3x+1)(x-1)=0$,得驻点 $x_1=-\dfrac{1}{3},x_2=1$,而 $f(-1)=0,f\left(-\dfrac{1}{3}\right)=\dfrac{32}{27},f(1)=0,f(2)=3$. 即可求得 $f(x)$ 的最大值 $M=\max\left\{0,\dfrac{32}{27},0,3\right\}=3,f(x)$ 的最小值 $m=\min\left\{0,\dfrac{32}{27},0,3\right\}=0$.

评注 求函数在区间上的最值的一般步骤:先求出区间上函数的所有驻点,算出驻点处的函数值,再求出区间端点处的函数值,从它们之中找出最大函数值和最小函数值即为所求.

例 3.54 求数列 $\left\{\dfrac{n^2-2n-12}{\sqrt{\mathrm{e}^n}}\right\}$ 的最大项.

分析 可以考虑相应函数的最大值.

解答 设 $f(x)=\dfrac{x^2-2x-12}{\sqrt{\mathrm{e}^x}}=\mathrm{e}^{-\frac{x}{2}}(x^2-2x-12)(1\le x<+\infty)$,则 $f'(x)=-\dfrac{1}{2}\mathrm{e}^{-\frac{x}{2}}(x^2-6x-8)$,令 $f'(x)=0$,得唯一驻点 $x=3+\sqrt{17}$. 因为当 $1\le x<3+\sqrt{17}$ 时,$f'(x)>0$;而当 $3+\sqrt{17}<x<+\infty$ 时,$f'(x)<0$,所以当 $x=3+\sqrt{17}$ 时,$f(x)$ 取得极大值也是最大值. 由于 $7<3+\sqrt{17}<8,f(7)=\dfrac{23}{\sqrt{\mathrm{e}^7}},f(8)=\dfrac{36}{\mathrm{e}^4},f(7)>f(8)$,故当 $n=7$ 时数列取得最大项,其值为 $f(7)=\dfrac{23}{\sqrt{\mathrm{e}^7}}$.

评注 由于数列不是连续函数,不能求导数,为了用导数来研究数列的最大项,通常要考虑与其相应的可导函数.

例 3.55 要做一个容积为 V 的圆柱形罐头筒,问怎样设计才能使所用材料最省?

分析 这是求最小值的应用问题.

解答 设罐头筒半径为 r,高为 h,因为 $V=\pi r^2h$,所以 $h=\dfrac{V}{\pi r^2}$,于是,罐头筒的表面积为 $A=2\pi r^2+2\pi rh=2\pi r^2+\dfrac{2V}{r},r\in(0,+\infty)$,由 $A'=4\pi r-\dfrac{2V}{r^2}=0$ 解得驻点为 $r=\sqrt[3]{\dfrac{V}{2\pi}}$.

本题显然存在用料最省的解,又仅有唯一的驻点,可以判定,这唯一的驻点就是最小值点,此时 $r = \sqrt[3]{\dfrac{V}{2\pi}}$,$h = 2r$,所以,当圆柱形罐头筒的高与直径相等时用料最省.

评注 求最值的应用问题,关键要先列出目标函数,然后求出目标函数的最值即可.

例 3.56 曲线弧 $y = \sin x$($0 < x < \pi$)上哪一点的曲率半径最小? 求出该点处的曲率半径.

分析 这是求最小值的应用问题,只不过该问题与曲率和曲率半径有关.

解答 求函数的一阶、二阶导数为 $y' = \cos x$、$y'' = -\sin x$,代入曲率半径表达式,得

$$R = \frac{1}{k} = \left| \frac{(1 + \cos^2 x)^{\frac{3}{2}}}{\sin x} \right| = \frac{(1 + \cos^2 x)^{\frac{3}{2}}}{\sin x} \quad (0 < x < \pi),再求 R 的最小值. 由 R' =$$

$$\frac{-2(1 + \sin^2 x)\cos x (1 + \cos^2 x)^{\frac{1}{2}}}{\sin^2 x},令 R' = 0,得区间 (0, \pi) 内唯一的驻点 x = \frac{\pi}{2}. 当 x \in$$

$\left(0, \dfrac{\pi}{2}\right)$ 时,$R' < 0$;当 $x \in \left(\dfrac{\pi}{2}, \pi\right)$ 时,$R' > 0$. 所以当 $x = \dfrac{\pi}{2}$ 时,曲率半径有极小值,极小值是

$$R = \frac{(1 + \cos^2 x)^{\frac{3}{2}}}{\sin x} \bigg|_{x = \frac{\pi}{2}} = 1.$$

评注 要求曲率半径最小,先根据曲率半径公式写出曲率半径的表达式,然后将问题转化为在区间 $(0, \pi)$ 内的最值问题.

例 3.57 求内接于 $\dfrac{x^2}{a^2} + \dfrac{y^2}{b^2} = 1$ 且四边平行于 x 轴和 y 轴的面积最大的矩形($a, b > 0$).

分析 首先要求出矩形面积的表达式,然后求其最大值,此时对应的矩形即为所求.

解答 设所求矩形在第一象限的顶点坐标为 (x, y),则矩形的面积为

$$S(x) = 4xy = 4bx\sqrt{1 - \frac{x^2}{a^2}}, \quad 0 < x < a$$

由 $S'(x) = 4b\sqrt{1 - \dfrac{x^2}{a^2}} - \dfrac{4bx^2}{a\sqrt{a^2 - x^2}}$,令 $S'(x) = 0$ 得驻点 $x = \dfrac{\sqrt{2}a}{2}$,而当 $0 < x < \dfrac{\sqrt{2}a}{2}$ 时,

$S'(x) > 0$;当 $\dfrac{\sqrt{2}a}{2} < x < a$ 时,$S'(x) < 0$. 所以 $x = \dfrac{\sqrt{2}a}{2}$ 为 $S(x)$ 的最大值点. 因而所求矩形在

第一象限的顶点坐标为 $\left(\dfrac{\sqrt{2}a}{2}, \dfrac{\sqrt{2}b}{2}\right)$,最大矩形面积为 $2ab$.

评注 这是求最大值的应用问题.

3.2.6 函数的凹凸性和拐点

例 3.58 讨论曲线 $y = x + \dfrac{x}{x^2 - 1}$ 的凹凸性与拐点.

分析 讨论曲线的凹凸性,一般要用到函数的二阶导数.

解答 $y' = 1 - \dfrac{1}{2}\left(\dfrac{1}{(x + 1)^2} + \dfrac{1}{(x - 1)^2}\right)$,$y'' = \dfrac{2x(x^2 + 3)}{(x^2 - 1)^3}$. 当 $0 < x < 1$ 时,$y'' < 0$,曲线是凸的;当 $x > 1$ 时,$y'' > 0$,曲线是凹的. 注意到 $y = x + \dfrac{x}{x^2 - 1}$ 是奇函数,则在 $(-1, 0)$ 内曲

线是凹的,在$(-\infty,-1)$内曲线是凸的,从而点$(0,0)$是曲线的拐点.

评注 要注意驻点与拐点的区别:驻点时一阶导数为零的点,即方程$f'(x)=0$的根,而拐点是曲线上凹凸性发生改变的点.

例3.59 求曲线$y=x^{\frac{5}{3}}-x^{\frac{2}{3}}$的单调区间、凹凸区间和拐点.

分析 求曲线的单调区间、凹凸区间和拐点,一般要用到函数的一阶导数和二阶导数.

解答 $y'=\dfrac{5}{3}x^{\frac{2}{3}}-\dfrac{2}{3}x^{-\frac{1}{3}}=x^{-\frac{1}{3}}\left(\dfrac{5x}{3}-\dfrac{2}{3}\right)$,在$x=0$处,$y'$不存在,在$x=\dfrac{2}{5}$处,$y'=0$.

$$y''=\dfrac{10}{9}x^{-\frac{1}{3}}+\dfrac{2}{9}x^{-\frac{4}{3}}=x^{-\frac{4}{3}}\left(\dfrac{10}{9}x+\dfrac{2}{9}\right)$$

在$x=-\dfrac{1}{5}$处,$y''=0$.

这些特殊点将定义域分成若干部分,见表3-1.

表3-1

x	$\left(-\infty,-\dfrac{1}{5}\right)$	$-\dfrac{1}{5}$	$\left(-\dfrac{1}{5},0\right)$	0	$\left(0,\dfrac{2}{5}\right)$	$\dfrac{2}{5}$	$\left(\dfrac{2}{5},+\infty\right)$
y'	+		+		−	0	+
y''	−	0	+		+		+
y	↗		↗		↘		↗

由函数单调性的判定法可知:函数的单调增加区间是$(-\infty,0)$及$\left(\dfrac{2}{5},+\infty\right)$,单调减少区间是$\left[0,\dfrac{2}{5}\right]$.由函数的凹凸性判定法可知:函数凸区间是$\left(-\infty,-\dfrac{1}{5}\right]$,凹区间是$\left(-\dfrac{1}{5},+\infty\right)$和$[0,+\infty)$.因此,函数的拐点为$\left(-\dfrac{1}{5},-\dfrac{6}{5\sqrt[3]{25}}\right)$.

评注 (1)求函数$y=f(x)$单调区间的步骤:①确定$f(x)$的定义域;②找出单调区间的分界点(求驻点和$f'(x)$不存在的点),并用分界点将定义域分成相应的小区间;③判断各小区间上$f'(x)$的符号,进而确定$y=f(x)$在各小区间上的单调性.

(2)通常用下列步骤来判断区间I上的连续曲线$y=f(x)$的拐点:①求$f''(x)$;②令$f''(x)=0$,解出该方程在I内的实根,并求出$f''(x)$在I内不存在的点;③对于②中求出的每一个实根或二阶导数不存在的点x_0,检查$f''(x)$在x_0左右两侧邻近的符号,那么当两侧的符号相反时,点$(x_0,f(x_0))$是拐点,当两侧的符号相同时,点$(x_0,f(x_0))$不是拐点.设$y=f(x)$在$x=x_0$处有三阶连续导数,如果$f''(x_0)=0$,而$f'''(x_0)\neq0$,则点$(x_0,f(x_0))$一定是拐点.

例3.60 求曲线$\begin{cases}x=t^2\\y=t^3+3t\end{cases}$的拐点坐标.

分析 曲线是用参数方程表示的,因此可能要用到参数方程所确定函数的导数公式.

解答 $\dfrac{dy}{dx}=\dfrac{3t^2+3}{2t}=\dfrac{3}{2}\dfrac{t^2+1}{t},\dfrac{d^2y}{dx^2}=\dfrac{d}{dx}\left(\dfrac{dy}{dx}\right)=\dfrac{d}{dt}\left(\dfrac{dy}{dx}\right)\dfrac{dt}{dx}=\dfrac{d}{dt}\left(\dfrac{dy}{dx}\right)\dfrac{1}{\dfrac{dx}{dt}}$

$$= \frac{3}{2} \frac{2t^2 - t^2 - 1}{t^2} \cdot \frac{1}{2t} = \frac{3(t^2-1)}{4t^3},$$ 令 $\dfrac{d^2y}{dx^2} = 0$, 得 $t_1 = -1$, $t_2 = 1$, 而且知道 $\dfrac{d^2y}{dx^2}$ 在 $t_1 = -1$、$t_2 = 1$ 两侧改变符号, 因此点 $(1, -4)$ 与点 $(1,4)$ 为曲线的拐点. 当 $t_3 = 0$ 时, 二阶导数不存在, 而且在 $t_3 = 0$ 两侧改变符号, 故点 $(0,0)$ 也是拐点.

评注 求参数方程所确定函数的导数时, 二阶导数要作为复合函数的导数来求.

3.3 本 章 小 结

本章的主要内容是微分中值定理与导数的应用, 微分中值定理包括罗尔中值定理、拉格朗日中值定理和柯西中值定理, 另外, 泰勒中值定理也属微分中值定理的范畴. 拉格朗日中值定理是微分中值定理的核心, 罗尔中值定理是拉格朗日中值定理当 $f(a) = f(b)$ 时的特殊情况, 柯西中值定理是拉格朗日中值定理的推广, 当 $n = 0$ 时泰勒中值定理成为拉格朗日中值定理. 泰勒中值定理体现了用一个多项式去逼近函数的思想.

导数的一个应用是研究函数及其曲线的性态. 函数的许多重要性质如单调性、极值性、凹凸性等均可由函数增量与自变量增量间的关系来表述, 微分中值定理建立了函数增量、自变量增量和函数导数间的联系, 由此可以用导数来判断函数单调性、凹凸性和求极值、拐点. 中值定理是沟通函数及其导数的桥梁, 是应用导数的局部性质研究函数在区间上整体性质的重要工具.

导数的另一个应用是研究未定式的极限. 由柯西中值定理推导出的洛必达法则是解决未定式极限问题的有效方法, 它可以解决 $\dfrac{0}{0}$、$\dfrac{\infty}{\infty}$ 型未定式的极限问题. 其他形如 $0 \cdot \infty$、$\infty - \infty$、1^∞、0^0、∞^0 型的未定式极限, 要通过变换转化为 $\dfrac{0}{0}$ 或 $\dfrac{\infty}{\infty}$ 这两种基本型后应用洛必达法则解决. 本章常见题型及方法有: ①验证中值定理的正确性; ②用中值定理证明等式; ③利用中值定理求极限; ④求函数的麦克劳林展开式; ⑤用洛必达法则求未定式的极限; ⑥已知未定式的极限值, 确定未定式中的常数; ⑦利用中值定理证明不等式; ⑧利用单调性证明不等式; ⑨利用最值证明不等式; ⑩判断函数的单调性、求单调区间; ⑪求函数的极值和最值; ⑫用图形的对称性确定函数 (曲线) 的性态; ⑬用导数讨论方程的根.

3.4 同步习题及解答

3.4.1 同步习题

1. 填空题

(1) $\displaystyle\lim_{x \to 0}\left(\frac{1}{x^2} - \frac{1}{x\tan x} \right) =$ _____.　　(2) $\displaystyle\lim_{x \to \infty}\dfrac{x^2 - \dfrac{2}{\pi}x\arctan x}{x^2} =$ _____.

(3) 设 $f(x) = \left[(1+x)^{\frac{1}{x}} e^{-1} \right]^{\frac{1}{x}}$, 则 $\displaystyle\lim_{x \to 0} f(x) =$ _____.

(4) $\displaystyle\lim_{x \to 1}\dfrac{(x^{3x-2} - x)\sin 2(x-1)}{(x-1)^3} =$ _____.

$(5)\ \lim\limits_{x\to0}\dfrac{a^x-b^x}{x\ \sqrt{1-x^2}}=$ _____. $\qquad$ $(6)\ \lim\limits_{x\to0}(x^{-2}-\cot^2x)=$ _____.

2. 单项选择题

(1) 设$f(x)$有二阶连续导数,且$f'(0)=0,\lim\limits_{x\to0}\dfrac{f''(x)}{|x|}=1$,则(   ).

　　A. $f(0)$是$f(x)$的极大值

　　B. $f(0)$是$f(x)$的极小值

　　C. $(0,f(0))$是曲线$y=f(x)$的拐点

　　D. $f(0)$不是$f(x)$的极值,$(0,f(0))$也不是曲线$y=f(x)$的拐点

(2) 设函数$f(x)$在$[0,1]$上满足$f''(x)>0$,则下列不等式成立的是(   ).

　　A. $f'(1)>f(1)-f(0)>f'(0)$ $\qquad$ B. $f'(1)>f'(0)>f(1)-f(0)$

　　C. $f(1)-f(0)>f'(1)>f(0)$ $\qquad$ D. $f'(1)>f(0)-f(1)>f'(0)$

(3) 设函数$f(x)$在点x_0的某邻域内具有连续4阶导数,若$f'(x_0)=f''(x_0)=f'''(x_0)=0$,且$f^{(4)}(x_0)<0$,则(   ).

　　A. $f(x)$在点x_0处取得极小值 $\qquad$ B. $f(x)$在点x_0处取得极大值

　　C. 点$(x_0,f(x_0))$为曲线$y=f(x)$的拐点 D. $f(x)$在点x_0的某邻域内单调减少

(4) 设$\lim\dfrac{f(x)-f(a)}{(x-a)^2}=-1$,则$f(x)$在点$a$(   ).

　　A. 可导且$f'(a)=-1$ $\qquad$ B. 不可导

　　C. 取极大值 $\qquad$ D. 取极小值

(5) 在$x>0$时,必有(   ).

　　A. $\dfrac{x}{1+x}>\ln(1+x)$ $\qquad$ B. $\ln(1+x)>x$

　　C. $\ln(1+x)>\dfrac{x}{1+x}$ $\qquad$ D. $\dfrac{x}{1+x}>x$

(6) 设函数$f(x)$在闭区间$[a,b]$上有定义,在开区间(a,b)内连续,且有$f(a)f(b)<0$,则在区间(a,b)内至少存在一点ξ使得(   ).

　　A. $f(\xi)=0$ $\qquad$ B. $\lim\limits_{x\to\xi}[f(x)-f(\xi)]=0$

　　C. $f'(\xi)=0$ $\qquad$ D. $f(b)-f(a)=f'(\xi)(b-a)$

(7) 已知函数$y=f(x)$对一切x满足$xf''(x)+3x[f'(x)]^2=1-e^{-x}$,若$f'(x_0)=0$ $(x_0\neq0)$,则(   ).

　　A. $f(x_0)$是$f(x)$的极大值

　　B. $f(x_0)$是$f(x)$的极小值

　　C. $(x_0,f(x_0))$是曲线$y=f(x)$的拐点

　　D. $f(x_0)$不是$f(x)$的极值,$(x_0,f(x_0))$也不是曲线$y=f(x)$的拐点

(8) 设函数$f(x)$在$x=a$的某个邻域内连续,且$f(a)$为其极大值,则存在$\delta>0$,当$x\in(a-\delta,a+\delta)$时,必有(   ).

　　A. $(x-a)[f(x)-f(a)]\geqslant0$ $\qquad$ B. $(x-a)[f(x)-f(a)]\leqslant0$

　　C. $\lim\limits_{t\to a}\dfrac{f(t)-f(x)}{(t-x)^2}\geqslant0(x\neq a)$ $\qquad$ D. $\lim\limits_{t\to a}\dfrac{f(t)-f(x)}{(t-x)^2}\leqslant0(x\neq a)$

3. 试解下列各题:

(1) 设不恒为常数的函数 $f(x)$ 在闭区间 $[a,b]$ 上连续,在开区间 (a,b) 内可导,且 $f(a)=f(b)$. 证明在 (a,b) 内至少存在一点 ξ,使得 $f'(\xi)>0$.

(2) 设 $f(x)$ 的二阶导数存在,且 $f''(x)>0,f(0)=0$,证明 $F(x)=\dfrac{f(x)}{x}$ 在 $0<x<+\infty$ 上是单调增加的.

(3) 证明:当 $x>0,y>0$ 时,有不等式 $x\ln x+y\ln y\geqslant(x+y)\ln\dfrac{x+y}{2}$,且等号仅当 $x=y$ 时成立.

(4) 求函数 $f(x)=x-\dfrac{3}{2}x^{\frac{2}{3}}$ 的极值.

(5) 试求单位球的内接正圆锥体当其体积为最大时的高与体积.

(6) 曲线上曲率最大的点称为此曲线的顶点,试求 $y=e^{x}$ 的顶点,并求在该点处的曲率半径.

4. 已知 $f(x)$ 在 $(-\infty,+\infty)$ 内可导,且 $\lim\limits_{x\to\infty}f'(x)=e,\lim\limits_{x\to\infty}\left(\dfrac{x+c}{x-c}\right)^{x}=\lim\limits_{x\to\infty}[f(x)-f(x-1)]$,求 c 的值.

5. 计算下列极限

(1) $\lim\limits_{x\to-1^{+}}\dfrac{\sqrt{\pi}-\sqrt{\arccos x}}{\sqrt{x+1}}$;

(2) $\lim\limits_{x\to0^{+}}\dfrac{\ln\cot x}{\ln x}$;

(3) $\lim\limits_{x\to0}\dfrac{e^{x}-e^{\sin x}}{x^{2}\ln(1+x)}$;

(4) $\lim\limits_{x\to0}\left[\dfrac{1}{x}+\dfrac{1}{x^{2}}\ln(1-x)\right]$;

(5) $\lim\limits_{x\to0}\dfrac{x-\arctan x}{x^{3}}$;

(6) $\lim\limits_{x\to0^{+}}\dfrac{\ln\tan ax}{\ln\tan bx}$.

6. 设 $b>a>e$,证明 $a^{b}>b^{a}$.

7. 当 $0<x<\dfrac{\pi}{2}$ 时,有不等式 $\tan x+2\sin x>3x$.

8. 已知 $y=x^{3}\sin x$,利用泰勒公式求 $y^{(6)}(0)$.

9. 试确定常数 a 与 n 的一组数,使得当 $x\to0$ 时,ax^{n} 与 $\ln(1-x^{3})+x^{3}$ 为等价无穷小.

10. 设 $f(x)$ 在 $[a,b]$ 上可导,试证存在 $\xi(a<\xi<b)$,使

$$\frac{1}{b-a}\begin{vmatrix}b^{3}&a^{3}\\f(a)f(b)\end{vmatrix}=\xi^{2}[3f(\xi)+\xi f'(\xi)].$$

11. 作半径为 r 的球的外切正圆锥,问此圆锥的高为何值时,其体积 V 最小,并求出该体积最小值.

12. 若 $f(x)$ 在 $[0,1]$ 上有三阶导数,且 $f(0)=f(1)=0$,设 $F(x)=x^{3}f(x)$,试证:在 $(0,1)$ 内至少存在一个 ξ,使 $F'''(\xi)=0$.

3.4.2 同步习题解答

1. (1) $\dfrac{1}{3}\left(\lim\limits_{x\to0}\left(\dfrac{1}{x^{2}}-\dfrac{1}{x\tan x}\right)=\lim\limits_{x\to0}\dfrac{\tan x-x}{x^{2}\tan x}=\lim\limits_{x\to0}\dfrac{\tan x-x}{x^{3}}=\lim\limits_{x\to0}\dfrac{\sec^{2}x-1}{3x^{2}}=\lim\limits_{x\to0}\dfrac{\tan^{2}x}{3x^{2}}=\dfrac{1}{3}\right)$;

(2) 1 $\left(\lim\limits_{x \to \infty} \dfrac{x^2 - \dfrac{2}{\pi}x\arctan x}{x^2} = \lim\limits_{x \to \infty} \dfrac{x - \dfrac{2}{\pi}\arctan x}{x} = \lim\limits_{x \to \infty} \dfrac{1 - \dfrac{2}{\pi}\dfrac{1}{1+x^2}}{1} = 1 \right)$;

(3) $e^{-\frac{1}{2}}$ $\Big($ 因为对 $f(x) = \left[(1+x)^{\frac{1}{x}}e^{-1}\right]^{\frac{1}{x}}$ 两边取对数得 $\ln f(x) = \dfrac{1}{x}\left[\ln(1+x)^{\frac{1}{x}} - 1\right]^{\frac{1}{x}} =$

$\dfrac{\ln(1+x) - x}{x^2}$, 两边取极限又得 $\lim\limits_{x \to 0}\ln f(x) = \lim\limits_{x \to 0} \dfrac{\ln(1+x) - x}{x^2} = -\dfrac{1}{2}$, 所以 $\lim\limits_{x \to 0}f(x) = e^{-\frac{1}{2}}$ $\Big)$;

(4) 6；   (5) $\ln a - \ln b, a \neq b$；   (6) $\dfrac{2}{3}$.

2. (1) B.

解　由题设 $\lim\limits_{x \to 0}\dfrac{f''(x)}{|x|} = 1$, 可得 $\lim\limits_{x \to 0}f''(x) = 0$, 且由保号性知存在 $x=0$ 的某邻域使得 $f''(x) \geqslant 0$, 即在 $(0, f(0))$ 的左、右两侧都是上凹的, 故 $(0, f(0))$ 不是拐点, 排除 C. 由拉格朗日中值定理可得 $f'(x) - f'(0) = f''(\xi)x$, 其中 ξ 介于 0 与 x 之间, 由于 $f'(0) = 0$, 故 $f'(x) = f''(\xi)x$, 而 $f''(x) \geqslant 0$, 从而可知: 故当 $x < 0$ 时, $f(x)$ 单调递减, 当 $x > 0$ 时, $f(x)$ 单调递增, 因此 $f(0)$ 是 $f(x)$ 的极小值, 故选 B.

(2) A.

解　根据拉格朗日中值定理, 存在 $\xi \in (0, 1)$, 使得 $f(1) - f(0) = f'(\xi)$. 因为在 $[0, 1]$ 上 $f''(x) > 0$, 所以 $f'(x)$ 单调增加, 因此, $f'(1) > f'(\xi) > f'(0)$, 于是 $f'(1) > f(1) - f(0) > f'(0)$. 故选 A.

(3) B.

解　由 $f(x) = f(x_0) + f'(x_0)(x - x_0) + \dfrac{f''(x_0)}{2!}(x - x_0)^2 + \dfrac{f^{(3)}(x_0)}{3!}(x - x_0)^3 +$

$\dfrac{f^{(4)}(\xi)}{4!}(x - x_0)^4 = f(x_0) + \dfrac{f^{(4)}(\xi)}{4!}(x - x_0)^4 x \in (x_0 - \delta, x_0 + \delta)$, 得 $f(x) - f(x_0) = \dfrac{f^{(4)}(\xi)}{4!}(x -$

$x_0)^4 < 0$, 由极大值的定义可知 $f(x_0)$ 为极大值, 故选 B.

(4) C.

解　若选 A, 因为 $f'(a) = -1$, 应有 $\lim\limits_{x \to a}\dfrac{f(x) - f(a)}{(x - a)^2} = \lim\limits_{x \to a}\dfrac{f(x) - f(a)}{x - a} \cdot \dfrac{1}{x - a} = \infty$, 与

已知矛盾, 故不能选 A. 若选 B, 由于 $\lim\limits_{x \to a}\dfrac{f(x) - f(a)}{(x - a)^2} = -1$, 由无穷小的比较可知 $\lim\limits_{x \to a}$

$\dfrac{f(x) - f(a)}{x - a} = 0$, 即 $f'(a) = 0$, 说明函数 $f(x)$ 在点 a 可导, 题设中并没有函数 $f(x)$ 在点 a 可

导的要求, 故不能选 B. 选 C, 因为 $\lim\limits_{x \to a}\dfrac{f(x) - f(a)}{(x - a)^2} = -1$, 由极限保号性定理知, 在 a 的某一个

邻域 $U(a, \delta)$ 内, $f(x) - f(a) < 0$, 从而 $f(x) < f(a)$, $f(a)$ 应该是函数的极大值, 故选 C.

(5) C.

解　设 $f(x) = \ln x$, 当 $x > 0$ 时, 在区间 $[1, 1 + x]$ 上利用拉格朗日中值定理, 得

$$f(1 + x) - f(1) = f'(\xi)(1 + x - 1)$$

即 $\ln(1 + x) - \ln 1 = \dfrac{x}{\xi}(1 < \xi < 1 + x)$, $\ln(1 + x) = \dfrac{x}{\xi}(1 < \xi < 1 + x)$. 所以 $\dfrac{x}{1 + x} < \ln(1 + x) <$

x,故选 C.

(6) B.

解 根据函数 $f(x)$ 在 (a,b) 内连续的定义,对 (a,b) 内任一点 ξ,都有 $\lim_{x \to \xi}[f(x) - f(\xi)] = 0$,因此选择 B.

(7) B.

解 由 $f'(x_0) = 0$ 知 x_0 是 $f(x)$ 的驻点,将 $x = x_0$ 代入微分方程 $xf''(x) + 3x[f'(x)]^2 = 1 - e^{-x}$,得

$$f''(x_0) = \frac{e^{x_0} - 1}{x_0 e^{x_0}}$$

无论 $x_0 (\neq 0)$ 为何值,$f''(x_0) > 0$,根据极值存在的第二充分条件知,$x = x_0$ 是函数 $f(x)$ 的极小值点,故而选 B.

(8) C.

解 函数在某点 $x = a$ 处取极大值,按照定义是存在一个邻域 $(a - \delta, a + \delta)$,使当 $x \in (a - \delta, a + \delta)$ 时,有 $f(x) \leqslant f(a)$,所以当 $a - \delta < x < a$ 时 $(x - a)[f(x) - f(a)] \geqslant 0$,当 $a < x < a + \delta$ 时,$(x - a)[f(x) - f(a)] \leqslant 0$. 因此,A、B 均错,由于 $f(x)$ 在 $t = a$ 连续,且 $x \neq a$,故 C、D 分别就是 $f(a) - f(x) \geqslant 0$ 及 $f(a) - f(x) \leqslant 0$,当 $f(a)$ 为极大值时,C 成立.

3. (1) **证明** 〈方法一〉因为 $f(x)$ 不恒为常数,故至少存在一点 $x_0 \in (a,b)$,使得 $f(x_0) \neq f(a) = f(b)$.

先设 $f(x_0) > f(a) = f(b)$,在 $[a, x_0] \subset [a,b]$ 上运用拉格朗日中值定理,于是可知存在 $\xi \in (a, x_0) \subset (a,b)$,使得 $f'(\xi) = \frac{1}{x_0 - a}[f(x_0) - f(a)] > 0$. 若 $f(x_0) < f(a) = f(b)$,则在 $[x_0, b] \subset [a,b]$ 上运用拉格朗日中值定理,同样可知存在

$$\xi \in (x_0, b) \subset (a,b), f'(\xi) = \frac{1}{b - x_0}[f(b) - f(x_0)] > 0$$

综上所述,命题得证.

〈方法二〉反证法.

若不存在这样的点 ξ,则对任意的 $x \in (a,b)$,$f'(x) \leqslant 0$,所以 $f(x)$ 在 $[a,b]$ 上单调不增,而 $f(a) = f(b)$,故 $f(x)$ 在 $[a,b]$ 上为常数,与题设矛盾. 所以命题得证.

(2) **证明** 因为

$$F'(x) = \frac{xf'(x) - f(x)}{x^2}, x \in (0, +\infty)$$

令 $\varphi(x) = xf'(x) - f(x)$,显然 $\varphi(x)$ 在 $(0, +\infty)$ 上连续,且

$$\varphi'(x) = xf''(x) > 0, x \in (0, +\infty)$$

故 $\varphi(x)$ 在 $(0, +\infty)$ 上是单调增加的,即 $\varphi(x) > \varphi(0) = 0$. 从而 $F'(x) > 0, x \in (0, +\infty)$. 故 $F(x) = \frac{f(x)}{x}$ 在 $0 < x < +\infty$ 上是单调增加的.

(3) **证明** 设 $f(t) = t \ln t$,则在 $(0, +\infty)$ 内有 $f'(t) = 1 + \ln t, f''(t) = \frac{1}{t} > 0$,从而函数 $f(t) = t \ln t$ 的图形是凹的. 故对任意 $x > 0, y > 0$ 且 $x \neq y$,有 $f\left(\frac{x + y}{2}\right) < \frac{f(x) + f(y)}{2}$ 成立,

即 $\dfrac{x\ln x+y\ln y}{2}>\dfrac{x+y}{2}\ln\dfrac{x+y}{2}$ 成立.

当 $x=y$ 时,等号显然成立. 于是有 $x\ln x+y\ln y\geqslant(x+y)\ln\dfrac{x+y}{2}$,且等号仅当 $x=y$ 时成立.

(4) **解** $f'(x)=1-x^{-\frac{1}{3}}$,$x=1$ 是驻点,$x=0$ 是不可导点. 当 $x<0$ 时,$f'(x)>0$,当 $0<x<1$ 时,$f'(x)<0$,当 $x>1$ 时,$f'(x)>0$,因此函数在 $(-\infty,0]$ 和 $[1,+\infty)$ 区间上单调增加,在 $[0,1]$ 上单调减少. 由此可知,当 $x=0$ 时,函数取得极大值 $f(0)=0$,当 $x=1$ 时,函数取得极小值 $f(1)=-\dfrac{1}{2}$.

(5) **解** 设球心到锥底面的垂线长为 x,则锥的高为 $1+x(0<x<1)$,且锥底半径为 $\sqrt{1-x^2}$,圆锥体积为 $V=\dfrac{1}{3}\pi\left(\sqrt{1-x^2}\right)^2(1+x)=\dfrac{\pi}{3}(1-x)(1+x)^2(0<x<1)$,令 $\dfrac{\mathrm{d}V}{\mathrm{d}x}=0$,得可微函数的唯一驻点 $x=\dfrac{1}{3}$,因 $V''=-\dfrac{2\pi}{3}(3x+1)<0$,故 $x=\dfrac{1}{3}$ 是 $V(x)$ 的最大值点,即 $V_{\max}=V\left(\dfrac{1}{3}\right)=\dfrac{32}{81}\pi$,此时圆锥的高为 $\dfrac{4}{3}$.

(6) **解** $y'=\mathrm{e}^x$,$y''=\mathrm{e}^x$,由曲率公式,得
$$K=\dfrac{|y''|}{\sqrt{(1+y'^2)^3}}=\dfrac{|\mathrm{e}^x|}{\sqrt{(1+\mathrm{e}^{2x})^3}}=\dfrac{1}{\sqrt{(\mathrm{e}^{-\frac{2x}{3}}+\mathrm{e}^{\frac{4x}{3}})^3}}$$

为求出 K 的最大值,只要求出 $f(x)=\mathrm{e}^{-\frac{2x}{3}}+\mathrm{e}^{\frac{4x}{3}}$ 的最小值即可. 又
$$f'(x)=-\dfrac{2}{3}\mathrm{e}^{-\frac{2x}{3}}+\dfrac{4}{3}\mathrm{e}^{\frac{4x}{3}}$$

令 $f'(x)=0$,得 $\mathrm{e}^{2x}=\dfrac{1}{2}$,$x=-\dfrac{1}{2}\ln 2$,而
$$f''(x)=\dfrac{4}{9}\mathrm{e}^{-\frac{2x}{3}}+\dfrac{16}{9}\mathrm{e}^{\frac{4x}{3}},f''\left(-\dfrac{1}{2}\ln 2\right)>0$$

所以 $x=-\dfrac{1}{2}\ln 2$ 是函数 $f(x)$ 唯一的极小值点,也就是使曲线 $y=\mathrm{e}^x$ 曲率最大的点,代入得 $y=\dfrac{\sqrt{2}}{2}$,于是曲线顶点坐标为 $\left(-\dfrac{1}{2}\ln 2,\dfrac{\sqrt{2}}{2}\right)$,而曲线在该点的曲率半径为
$$R=\dfrac{1}{K}=\dfrac{\left(\dfrac{3}{2}\right)^{\frac{3}{2}}}{2^{-\frac{1}{2}}}=\dfrac{3}{2}\sqrt{3}$$

4. **解** 由已知可知 $c\neq 0$. 又因为
$$\lim_{x\to\infty}\left(\dfrac{x+c}{x-c}\right)^x=\lim_{x\to\infty}\left[\left(1+\dfrac{2c}{x-c}\right)^{\frac{x-c}{2c}}\right]^{\frac{2cx}{x-c}}=\mathrm{e}^{2c}$$

由拉格朗日中值定理有 $f(x)-f(x-1)=f'(\xi)\cdot 1$,其中 ξ 介于 $x-1$ 与 x 之间,从而有
$$\lim_{x\to\infty}[f(x)-f(x-1)]=\lim_{x\to\infty}f'(\xi)=\mathrm{e}$$

于是 $\mathrm{e}^{2c}=\mathrm{e}$,故而 $c=\dfrac{1}{2}$.

5. 计算极限

（1）解　$\displaystyle\lim_{x\to -1^{+}}\frac{\sqrt{\pi}-\sqrt{\arccos x}}{\sqrt{x+1}}=\lim_{x\to -1^{+}}\frac{\dfrac{1}{2\sqrt{\arccos x}}\cdot\dfrac{1}{\sqrt{1-x^{2}}}}{\dfrac{1}{2\sqrt{x+1}}}$

$\qquad\qquad=\displaystyle\lim_{x\to -1^{+}}\frac{1}{\sqrt{\arccos x}}\cdot\frac{1}{\sqrt{1-x}}=\frac{1}{\sqrt{2\pi}}$

（2）解　$\displaystyle\lim_{x\to 0^{+}}\frac{\ln\cot x}{\ln x}=\lim_{x\to 0^{+}}\frac{\dfrac{1}{\cot x}\cdot(-\csc^{2}x)}{\dfrac{1}{x}}=\lim_{x\to 0^{+}}-\frac{x\cdot\sin x}{\cos x\cdot\sin^{2}x}=-1$

（3）解　$\displaystyle\lim_{x\to 0}\frac{e^{x}-e^{\sin x}}{x^{2}\ln(1+x)}=\lim_{x\to 0}\frac{e^{\sin x}(e^{x-\sin x}-1)}{x^{3}}=\lim_{x\to 0}\frac{x-\sin x}{x^{3}}=\lim_{x\to 0}\frac{1-\cos x}{3x^{2}}=\frac{1}{6}$

（4）解　$\displaystyle\lim_{x\to 0}\left[\frac{1}{x}+\frac{1}{x^{2}}\ln(1-x)\right]=\lim_{x\to 0}\frac{x+\ln(1-x)}{x^{2}}=\lim_{x\to 0}\frac{1-\dfrac{1}{1-x}}{2x}=\lim_{x\to 0}\left[-\frac{1}{2(1-x)}\right]=-\frac{1}{2}$

（5）解　$\displaystyle\lim_{x\to 0}\frac{x-\arctan x}{x^{3}}=\lim_{x\to 0}\frac{1-\dfrac{1}{1+x^{2}}}{3x^{2}}=\lim_{x\to 0}\frac{x^{2}}{3x^{2}(1+x^{2})}=\frac{1}{3}$

（6）解　$\displaystyle\lim_{x\to 0^{+}}\frac{\ln\tan ax}{\ln\tan bx}=\lim_{x\to 0^{+}}\frac{\dfrac{1}{\tan ax}\cdot\sec^{2}ax\cdot a}{\dfrac{1}{\tan bx}\cdot\sec^{2}bx\cdot b}=\lim_{x\to 0^{+}}\frac{\tan bx\cdot\sec^{2}ax\cdot a}{\tan ax\cdot\sec^{2}bx\cdot b}$

$\qquad\qquad=\displaystyle\lim_{x\to 0^{+}}\frac{bx\cdot\sec^{2}ax\cdot a}{ax\cdot\sec^{2}bx\cdot b}=1$

6. 证明　$a^{b}>b^{a}\Leftrightarrow b\ln a>a\ln b$

令 $f(x)=x\ln a-a\ln x$，则 $f(x)$ 在 $[a,b]$ 上连续.

$$f'(x)=\ln a-\frac{a}{x}>0\ ,x\in[a,b]$$

$f(x)$ 在 $[a,b]$ 上单调增加，$f(b)>f(a)$.

得 $b\ln a-a\ln b>a\ln a-a\ln a=0$，即 $a^{b}>b^{a}$.

7. 令 $f(x)=\tan x+2\sin x-3x$ 在 $x\in\left(0,\dfrac{\pi}{2}\right)$ 时，有

$$f'(x)=\sec^{2}x+2\cos x-3=\frac{1}{\cos^{2}x}+\cos x+\cos x-3$$

$$\geqslant 3\sqrt[3]{\frac{1}{\cos^{2}x}\cdot\cos x\cdot\cos x}-3=0$$

$f'(x)>0$，$f(x)$ 在 $\left[0,\dfrac{\pi}{2}\right]$ 上单调递增.

$\forall x\in\left(0,\dfrac{\pi}{2}\right)$，$f(x)>f(0)$，即 $\tan x+2\sin x>3x$.

8. 解　泰勒公式 $f(x)=f(0)+f'(0)x+\dfrac{f''(0)}{2!}x^{2}+\cdots+\dfrac{f^{(n)}(0)}{n!}x^{n}+o(x^{n})$

而
$$\sin x = x - \frac{x^3}{3!} + \frac{x^5}{5!} - \cdots + (-1)^{m-1}\frac{x^{2m-1}}{(2m-1)!} + o(x^{2m})$$

$$y = x^3\sin x = x^4 - \frac{x^6}{3!} + \frac{x^8}{5!} + \cdots$$

对比 x^6 的导数,有

$$\frac{f^{(6)}(0)}{6!} = -\frac{1}{3!} \Rightarrow f^{(6)}(0) = -\frac{6!}{3!} = -120$$

9. **解** $\lim\limits_{x\to 0}\dfrac{ax^n}{\ln(1-x^3)+x^3} = \lim\limits_{x\to 0}\dfrac{anx^{n-1}}{\dfrac{-3x^2}{1-x^3}+3x^2} = \lim\limits_{x\to 0}\left[-\dfrac{an}{3}x^{n-6}(1-x^3)\right] = 1$

$$n = 6,\ -\frac{an}{3} = 1 \Rightarrow a = -\frac{1}{2}$$

10. **证明** $\dfrac{b^3 f(h) - a^3 f(a)}{b-a} = \xi^2[3f(\xi) + \xi f'(\xi)]$

令 $F(x) = x^3 f(x)$,则 $F(x)$ 在 $[a,b]$ 上满足拉普拉斯定理的条件 $\exists\xi\in(a,b)$,使
$\dfrac{F(b)-F(a)}{b-a} = F'(\xi)$,即

$$\frac{b^3 f(h) - a^3 f(a)}{b-a} = 3\xi^2 f(\xi) + \xi^3 f'(\xi)$$

$$\frac{1}{b-a}\begin{vmatrix} b^3 & a^3 \\ f(a) & f(b) \end{vmatrix} = \xi^2[3f(\xi) + \xi f'(\xi)]$$

11. **解** 设圆锥的高为 h,底面圆半径为 R,则有比例关系

由 $\dfrac{h-r}{\sqrt{h^2+R^2}} = \dfrac{r}{h}$,得 $R^2 = \dfrac{hr^2}{h-2r}$,因此有

$$V = \frac{1}{3}\pi R^2 h = \frac{1}{3}\pi \cdot \frac{h^2 r^2}{h-2r} \quad (h > 2r)$$

$$\frac{\mathrm{d}V}{\mathrm{d}h} = \frac{1}{3}\pi\frac{2hr^2(h-2r) - h^2 r^2}{(h-2r)^2} = \frac{\frac{1}{3}\pi hr^2(2h-4r-h)}{(h-2r)^2}$$

令 $\dfrac{\mathrm{d}V}{\mathrm{d}h} = 0$,得唯一驻点 $h = 4r$,所以,当 $h = 4r$ 时,体积最小,此时 $V = \dfrac{1}{3}\pi\cdot\dfrac{16r^2\cdot r^2}{4r-2r} = \dfrac{8}{3}\pi r^3$.

12. **解** 由题设可知 $F(x)$、$F'(x)$、$F''(x)$、$F'''(x)$ 在 $[0,1]$ 上存在,又 $F(0) = F(1)$,由罗尔定理知,$\exists\xi_1\in(0,1)$ 使 $F'(\xi_1) = 0$,又 $F'(0) = [3x^2 f(x) + x^3 f'(x)]|_{x=0} = 0$,可知 $F'(x)$ 在 $[0,\xi_1]$ 上满足罗尔定理,于是 $\exists\xi_2\in(0,\xi_1)$,使 $F''(\xi_2) = 0$,又 $F''(0) = [6xf(x) + 6x^2 f'(x) + x^3 f''(x)]|_{x=0} = 0$,对 $F''(x)$ 在 $[0,\xi_2]$ 上再次利用罗尔定理,故有 $\xi\in(0,\xi_2)\subset(0,\xi_1)\subset(0,1)$,使得 $F'''(\xi) = 0$.

第4章 不定积分

4.1 内容概要

4.1.1 基本概念

设函数 $f(x)$ 在区间 I 中有定义,若存在函数 $F(x)$,使得对于区间 I 中任一个 x,均有 $F'(x) = f(x)$ 或 $\mathrm{d}F(x) = f(x)\mathrm{d}x$,则称 $F(x)$ 为 $f(x)$ 在区间 I 中的一个原函数.

若 $F(x)$ 是 $f(x)$ 的一个原函数,则其所有原函数为 $F(x) + C$,称 $F(x) + C$ 是 $f(x)$ 在 I 上的不定积分,记为 $\int f(x)\,\mathrm{d}x$,即 $\int f(x)\,\mathrm{d}x = F(x) + C$(其中 C 为任意常数).

4.1.2 基本理论

1. 基本性质

(1) $\int kf(x)\,\mathrm{d}x = k\int f(x)\,\mathrm{d}x\,(k \neq 0$ 为常数$)$.

(2) $\int\big[k_1f_1(x) \pm k_2f_2(x) \pm \cdots \pm k_nf_n(x)\big]\,\mathrm{d}x = k_1\int f_1(x)\,\mathrm{d}x \pm k_2\int f_2(x)\,\mathrm{d}x \pm \cdots \pm k_n\int f_n(x)\,\mathrm{d}x$.

(3) $\left[\int f(x)\,\mathrm{d}x\right]' = f(x)$ 或 $\mathrm{d}\left[\int f(x)\,\mathrm{d}x\right] = f(x)\mathrm{d}x$.

(4) $\int F'(x)\,\mathrm{d}x = F(x) + C$ 或 $\int \mathrm{d}F(x) = F(x) + C$(其中 C 为任意常数).

2. 基本积分公式

(1) $\int x^k\,\mathrm{d}x = \dfrac{1}{k+1}x^{k+1} + C\,(k \neq -1)$,特别有 $\int \dfrac{1}{x^2}\,\mathrm{d}x = -\dfrac{1}{x} + C$,$\int \dfrac{1}{\sqrt{x}}\,\mathrm{d}x = 2\sqrt{x} + C$.

(2) $\int \dfrac{1}{x}\,\mathrm{d}x = \ln|x| + C$.

(3) $\int a^x\,\mathrm{d}x = \dfrac{a^x}{\ln a} + C\,(a > 0, a \neq 1)$,特别有 $\int \mathrm{e}^x\,\mathrm{d}x = \mathrm{e}^x + C$.

(4) $\int \cos x\,\mathrm{d}x = \sin x + C$,$\int \sin x\,\mathrm{d}x = -\cos x + C$.

(5) $\int \dfrac{1}{\cos^2 x}\,\mathrm{d}x = \int \sec^2 x\,\mathrm{d}x = \tan x + C$,$\int \dfrac{1}{\sin^2 x}\,\mathrm{d}x = \int \csc^2 x\,\mathrm{d}x = -\cot x + C$.

(6) $\int \dfrac{1}{\cos x}\,\mathrm{d}x = \int \sec x\,\mathrm{d}x = \ln|\sec x + \tan x| + C$;

$\int \dfrac{1}{\sin x}\,\mathrm{d}x = \int \csc x\,\mathrm{d}x = \ln|\csc x - \cot x| + C$.

(7) $\int \sec x \tan x \, \mathrm{d}x = \sec x + C, \int \csc x \cot x \, \mathrm{d}x = -\csc x + C.$

(8) $\int \tan x \, \mathrm{d}x = -\ln|\cos x| + C, \int \cot x \, \mathrm{d}x = \ln|\sin x| + C.$

(9) $\int \dfrac{1}{a^2 + x^2} \, \mathrm{d}x = \dfrac{1}{a}\arctan \dfrac{x}{a} + C, \int \dfrac{1}{1 + x^2} \, \mathrm{d}x = \arctan x + C.$

(10) $\int \dfrac{1}{\sqrt{a^2 - x^2}} \, \mathrm{d}x = \arcsin \dfrac{x}{a} + C, \int \dfrac{1}{\sqrt{1 - x^2}} \, \mathrm{d}x = \arcsin x + C.$

(11) $\int \dfrac{1}{a^2 - x^2} \, \mathrm{d}x = \dfrac{1}{2a}\ln \left| \dfrac{a + x}{a - x} \right| + C, \int \dfrac{1}{1 - x^2} \, \mathrm{d}x = \dfrac{1}{2}\ln \left| \dfrac{1 + x}{1 - x} \right| + C.$

(12) $\int \dfrac{1}{\sqrt{x^2 \pm a^2}} \, \mathrm{d}x = \ln \left| x + \sqrt{x^2 \pm a^2} \right| + C.$

4.1.3 基本方法

(1) 利用原函数的定义求积分;

(2) 求有理函数的不定积分;

(3) 求含根式的不定积分;

(4) 求三角有理式的不定积分;

(5) 求含有反三角函数、对数函数或指数函数的不定积分;

(6) 求抽象函数的不定积分;

(7) 求分段函数的不定积分;

(8) 求递推式的不定积分.

4.2 典型例题分析、解答与评注

4.2.1 与原函数有关的命题

思路点拨 不定积分和原函数是两个不同概念,前者是个集合,后者是该集合中的一个元素,因此 $\int f(x) \, \mathrm{d}x \neq F(x)$. 已知函数或其导数的表达式求函数的原函数,或已知不定积分求函数表达式. 不定积分是导数(或微分)的逆运算. 本题型一般是利用积分法、不定积分的性质、原函数的定义求解.

例 4.1 在下列等式中,正确的结果是( ).

A. $\dfrac{\mathrm{d}}{\mathrm{d}x} \int f(x) \, \mathrm{d}x = f(x)$ 　　　　B. $\int f'(x) \, \mathrm{d}x = f(x)$

C. $\int \mathrm{d}f(x) = f(x)$ 　　　　D. $\int f(x) \, \mathrm{d}x = f(x)$

分析 不定积分是导数(或微分)的逆运算.

解答 $\dfrac{\mathrm{d}}{\mathrm{d}x} \int f(x) \, \mathrm{d}x = \left(\int f(x) \, \mathrm{d}x \right)' = f(x)$, 故 A 对;

$\int f'(x) \, \mathrm{d}x = f(x) + C$, 故 B 错;

$$\int \mathrm{d}f(x) = f(x) + C, \text{故 C 错;}$$

$$\mathrm{d}\int f(x)\,\mathrm{d}x = f(x)\mathrm{d}x, \text{故 D 错.}$$

评注 本题主要考查不定积分的定义和微分的运算. 本题为 1989 年数三和数四考研题.

例 4.2 若 $f(x)$ 的导函数是 $\sin x$,则 $f(x)$ 有一个原函数为(　　).

　　A. $1 + \sin x$　　　　B. $1 - \sin x$　　　　C. $1 + \cos x$　　　　D. $1 - \cos x$

分析 已知导函数求原函数的习题,即是不定积分计算的类型题.

解答 〈方法一〉由题设 $f'(x) = \sin x$,于是 $f(x) = \int f'(x)\,\mathrm{d}x = -\cos x + C_1$,从而 $f(x)$ 的原函数

$$F(x) = \int f(x)\,\mathrm{d}x = \int (-\cos x + C_1)\,\mathrm{d}x = -\sin x + C_1 x + C_2$$

令 $C_1 = 0, C_2 = 1$,即得 $f(x)$ 的一个原函数为 $1 - \sin x$,故选 B.

〈方法二〉设 $f(x)$ 的原函数为 $F(x)$,即 $F'(x) = f(x)$,由题设 $f'(x) = \sin x$,于是 $F''(x) = \sin x$,因此 $(1 - \sin x)'' = \sin x$,故选 B.

评注 此题用了两种方法:①利用原函数和不定积分的定义;②将所给各函数逐个求导. 如果是填空题必须用第一种方法,第二种方法简单直接,但是只适用于选择题. 本题为 1992 年数二考研题.

例 4.3 设 $f(x)$ 是连续函数,$F(x)$ 是 $f(x)$ 的原函数,则(　　).

　　A. 当 $f(x)$ 是奇函数时,$F(x)$ 必是偶函数

　　B. 当 $f(x)$ 是偶函数时,$F(x)$ 必是奇函数

　　C. 当 $f(x)$ 是周期函数时,$F(x)$ 必是周期函数

　　D. 当 $f(x)$ 是单调增函数时,$F(x)$ 必是单调增函数

分析 $F(x)$ 与 $f(x)$ 的特性之间的关系,只有奇、偶性是确定的. 即:奇函数的原函数为偶函数,偶函数的原函数中只有一个是奇函数,而其他的性质都不一定成立. 故本题可用排除法求解.

解答 $f(x) = x^2$ 为偶函数,$F(x) = \dfrac{x^3}{3} + 1$ 是 $f(x)$ 的一个原函数,但是 $F(x)$ 是非奇非偶函数,故排除 B. 设 $f(x) = x^3$,$F(x) = \dfrac{x^4}{4}$ 是 $f(x)$ 的一个原函数,$f(x)$ 在 $(-\infty, +\infty)$ 内单调增加,但 $F(x)$ 不单调. 故排除 D. $f(x) = 1 + \cos x$ 是以 2π 为周期的函数,但其原函数 $F(x) = x + \sin x$ 不是周期函数,故排除 C. 本题答案为 A.

评注 这是一道考查原函数特性的基本题. 由于大多数学生对原函数的认识不透彻,故无法举反例来排除干扰项,特别是大多数考生选 C,似乎是因举例排除 C 要困难些. 其实不然. 因为任何常数加周期函数都是周期函数,而非零常数的原函数就再也不是周期函数了. 本题为 1999 年数一～数四考研题.

例 4.4 已知 $f'(e^x) = x e^{-x}$,且 $f(1) = 0$,则 $f(x) = $ ＿＿＿＿＿.

分析 先用换元法写出 $f'(x)$ 表达式,再用凑微分法求不定积分,得到 $f(x)$ 的一般表达式,最后带入 $f(1) = 0$,确定常数 c,得出 $f(x)$ 的表达式.

解答 令 $t = e^x$,则 $x = \ln t$,故 $f'(t) = \dfrac{\ln t}{t}$,即 $f'(x) = \dfrac{\ln x}{x}$,于是 $f(x) = \displaystyle\int \dfrac{\ln x}{x} \mathrm{d}x =$

$\displaystyle\int \ln x\, \mathrm{d}\ln x = \dfrac{1}{2}\ln^2 x + C$,代入 $f(1) = 0$,得 $C = 0$,从而 $f(x) = \dfrac{1}{2}\ln^2 x$.

评注 本题涉及的知识点都属于基本问题:换元确定函数解析式;凑微分法求不定积分;代初始条件求特解. 本题为 2004 年数一考研题.

例 4.5 已知 $\dfrac{\sin x}{x}$ 是函数 $f(x)$ 的一个原函数,求 $\displaystyle\int x^3 f'(x)\mathrm{d}x$.

分析 由于 $\dfrac{\sin x}{x}$ 为 $f(x)$ 的一个原函数,则 $f(x) = \left(\dfrac{\sin x}{x}\right)'$,即 $f(x)\mathrm{d}x = \mathrm{d}\left(\dfrac{\sin x}{x}\right)$.

解答 〈方法一〉由于 $\dfrac{\sin x}{x}$ 为 $f(x)$ 的一个原函数,则

$$f(x) = \left(\dfrac{\sin x}{x}\right)' = \dfrac{x\cos x - \sin x}{x^2}$$

因此

$$\begin{aligned}
\int x^3 f'(x)\mathrm{d}x &= \int x^3 \mathrm{d}f(x) = x^3 f(x) - 3\int x^2 f(x)\mathrm{d}x \\
&= x^3 f(x) - 3\int x^2 \mathrm{d}\left(\dfrac{\sin x}{x}\right) \\
&= x^3 f(x) - 3\left[x^2 \cdot \dfrac{\sin x}{x} - 2\int \sin x\,\mathrm{d}x\right] \\
&= x^3 \cdot \dfrac{x\cos x - \sin x}{x^2} - 3x\sin x - 6\cos x + C \\
&= x^2 \cos x - 4x\sin x - 6\cos x + C
\end{aligned}$$

〈方法二〉由于 $\dfrac{\sin x}{x}$ 是 $f(x)$ 的一个原函数,有

$$f(x) = \left(\dfrac{\sin x}{x}\right)' = \dfrac{x\cos x - \sin x}{x^2}$$

$$f'(x) = \dfrac{2\sin x - 2x\cos x - x^2 \sin x}{x^3}$$

因此

$$\int x^3 f'(x)\mathrm{d}x = \int (2\sin x - 2x\cos x - x^2\sin x)\mathrm{d}x$$
$$= x^2\cos x - 4x\sin x - 6\cos x + C$$

评注 本题主要考查原函数概念和分部积分公式. 本题为 1994 年数四考研题.

4.2.2 求有理函数的不定积分

思路点拨 先分析被积函数的特点,灵活选择解法,可采用凑微分法或变量代换. 观察被积式,若被积式为假分式,则将其化为多项式和真分式的和再积分;若分母不是质因式,则对分母因式分解再分项求解;若父母是质因式,可将分子凑成分母的微分. 有理函数的积分总可以化为整式和如下四种类型的积分:

(1) $\displaystyle\int \dfrac{A}{x - a}\mathrm{d}x = A\ln|x - a| + C$

(2) $\displaystyle\int \dfrac{A}{(x - a)^n}\mathrm{d}x = -\dfrac{A}{n - 1}\dfrac{1}{(x - a)^{n-1}} + C \quad (n \neq 1)$

$$(3) \int \frac{\mathrm{d}x}{(x^2+px+q)^n} = \int \frac{\mathrm{d}x}{\left[\left(x+\frac{p}{2}\right)^2 + \frac{4q-p^2}{4}\right]^n} \overset{\substack{x+\frac{p}{2}=u \\ \frac{4q-p^2}{4}=a^2}}{=} \int \frac{\mathrm{d}u}{(u^2+a^2)^n}$$

$$(4) \int \frac{x+a}{(x^2+px+q)^n}\mathrm{d}x = -\frac{1}{2(n-1)}\frac{1}{(x^2+px+q)^{n-1}} + \left(a-\frac{p}{2}\right)\int \frac{\mathrm{d}x}{(x^2+px+q)^n},$$

$p^2-4q<0$

例 4.6 求下列不定积分:

$$(1) \int \frac{x^2+1}{x^4+1}\mathrm{d}x; \quad (2) \int \frac{\mathrm{d}x}{x(2+x^{10})}; \quad (3) \int \frac{1-x^7}{x(1+x^7)}\mathrm{d}x; \quad (4) \int \frac{x^{2n-1}}{x^n+1}\mathrm{d}x.$$

分析 本题是一道有理函数积分题,可先在分子凑出分母的微分,再演算.

解答 $(1) \displaystyle\int \frac{x^2+1}{x^4+1}\mathrm{d}x = \int \frac{1+\frac{1}{x^2}}{x^2+\frac{1}{x^2}}\mathrm{d}x = \int \frac{\mathrm{d}\left(x-\frac{1}{x}\right)}{\left(x-\frac{1}{x}\right)^2+2} = \frac{\sqrt{2}}{2}\arctan\left[\frac{\sqrt{2}}{2}\left(x-\frac{1}{x}\right)\right]+C$

$(2) \displaystyle\int \frac{\mathrm{d}x}{x(2+x^{10})} = \int \frac{x^9}{x^{10}(2+x^{10})}\mathrm{d}x = \frac{1}{10}\int \frac{\mathrm{d}(x^{10})}{x^{10}(2+x^{10})} = \frac{1}{20}\int \left(\frac{1}{x^{10}} - \frac{1}{2+x^{10}}\right)\mathrm{d}(x^{10})$

$\qquad = \frac{1}{20}\left[\ln x^{10} - \ln(2+x^{10})\right] + C = \frac{1}{2}\ln|x| - \frac{1}{20}\ln(2+x^{10}) + C$

$(3) \displaystyle\int \frac{1-x^7}{x(1+x^7)}\mathrm{d}x = \int \frac{(1-x^7)x^6}{x^7(1+x^7)}\mathrm{d}x = \frac{1}{7}\int \frac{1-x^7}{x^7(1+x^7)}\mathrm{d}(x^7)$

$\qquad = \frac{1}{7}\int \left(\frac{1}{x^7} - \frac{2}{1+x^7}\right)\mathrm{d}(x^7) = \ln|x| - \frac{2}{7}\ln|1+x^7| + C$

$(4) \displaystyle\int \frac{x^{2n-1}}{x^n+1}\mathrm{d}x = \int \frac{x^n \cdot x^{n-1}}{x^n+1}\mathrm{d}x = \frac{1}{n}\int \frac{x^n}{x^n+1}\mathrm{d}(x^n) = \frac{1}{n}\int \left(1 - \frac{1}{1+x^n}\right)\mathrm{d}(x^n)$

$\qquad = \frac{1}{n}(x^n - \ln|1+x^n|) + C$

评注 本题主要考查有理函数积分法.

例 4.7 求下列不定积分:

$$(1) \int \frac{x+5}{x^2-6x+13}\mathrm{d}x; \quad (2) \int \frac{2x^2+x-1}{x^2+1}\mathrm{d}x; \quad (3) \int \frac{x-1}{x^2+3x+4}\mathrm{d}x.$$

分析 本题可先在分子凑出分母的微分,或者将被积函数的假分式化成多项式和正分式的和,再演算.

解答 $(1) \displaystyle\int \frac{x+5}{x^2-6x+13}\mathrm{d}x = \frac{1}{2}\int \frac{(2x-6)+16}{x^2-6x+13}\mathrm{d}x$

$\qquad = \frac{1}{2}\left[\int \frac{2x-6}{x^2-6x+13}\mathrm{d}x + \int \frac{16}{x^2-6x+13}\mathrm{d}x\right]$

$\qquad = \frac{1}{2}\int \frac{\mathrm{d}(x^2-6x+13)}{x^2-6x+13} + 8\int \frac{1}{(x-3)^2+2^2}\mathrm{d}x$

$\qquad = \frac{1}{2}\ln(x^2-6x+13) + 4\arctan\frac{x-3}{2} + C$

$(2) \displaystyle\int \frac{2x^2+x-1}{x^2+1}\mathrm{d}x = \int \frac{(2x^2+1)+x-3}{x^2+1}\mathrm{d}x = \int \left(2 + \frac{x}{x^2+1} - \frac{3}{x^2+1}\right)\mathrm{d}x$

$$= 2 \int \mathrm{d}x + \frac{1}{2} \int \frac{\mathrm{d}(x^2+1)}{x^2+1} - 3 \int \frac{1}{x^2+1} \mathrm{d}x$$

$$= 2x + \frac{1}{2}\ln(x^2+1) - 3\arctan x + C$$

$$(3) \int \frac{x-1}{x^2+3x+4} \mathrm{d}x = \int \frac{\frac{1}{2}(2x+3) - \frac{5}{2}}{x^2+3x+4} \mathrm{d}x$$

$$= \frac{1}{2} \int \frac{2x+3}{x^2+3x+4} \mathrm{d}x - \frac{5}{2} \int \frac{1}{x^2+3x+4} \mathrm{d}x$$

$$= \frac{1}{2} \int \frac{\mathrm{d}(x^2+3x+4)}{x^2+3x+4} - \frac{5}{2} \int \frac{1}{\left(x+\frac{3}{2}\right)^2 + \frac{7}{4}} \mathrm{d}x$$

$$= \frac{1}{2}\ln|x^2+3x+4| - \frac{5}{2} \cdot \frac{2}{\sqrt{7}} \arctan \frac{x+\frac{3}{2}}{\frac{\sqrt{7}}{2}} + C$$

$$= \frac{1}{2}\ln|x^2+3x+4| - \frac{5\sqrt{7}}{7} \arctan\left[\frac{2\sqrt{7}}{7}\left(x+\frac{3}{2}\right)\right] + C$$

评注 本题主要考查有理函数积分法.(1)题为1999年数二考研题.

例4.8 求下列不定积分:

$(1) \int \frac{2x^3+1}{(x-1)^{100}} \mathrm{d}x$; $(2) \int \frac{x^{11}}{x^8+3x^4+2}\mathrm{d}x$.

分析 本题可先用换元法化简被积函数,然后再积分.

解答 (1) 令 $x-1 = \frac{1}{u}$,则 $\mathrm{d}x = -\frac{1}{u^2}\mathrm{d}u$. 于是有

$$\int \frac{2x^3+1}{(x-1)^{100}} \mathrm{d}x = \int u^{100}\left[2\left(\frac{u+1}{u}\right)^3 + 1\right]\left(-\frac{1}{u^2}\right)\mathrm{d}u = \int u^{95}(3u^3+6u^2+6u+2)\mathrm{d}u$$

$$= -\frac{1}{33}u^{99} - \frac{3}{49}u^{98} - \frac{6}{97}u^{97} - \frac{1}{48}u^{96} + C$$

$$= -\frac{1}{33}\frac{1}{(x-1)^{99}} - \frac{3}{49(x-1)^{98}} - \frac{6}{97(x-1)^{97}} - \frac{1}{48(x-1)^{96}} + C$$

(2) 令 $x^4 = u$,则 $\mathrm{d}u = 4x^3\mathrm{d}x$. 于是有

$$\int \frac{x^{11}}{x^8+3x^4+2}\mathrm{d}x = \frac{1}{4} \int \frac{u^2}{u^2+3u+2}\mathrm{d}u = \frac{1}{4} \int \left(1 + \frac{1}{u+1}3u - \frac{4}{u+2}\right)\mathrm{d}u$$

$$= \frac{1}{4}(u + \ln|u+1| - 4\ln|u+2|) + C$$

$$= \frac{x^4}{4} + \frac{1}{4}\ln(x^4+1) - \ln(x^4+2) + C$$

评注 本题主要考查有理函数积分法.

4.2.3 求含根式的不定积分

(1) 首先考虑能否用凑微分的方法;

（2）含有 $\sqrt{x^2 \pm a^2}$ 或 $\sqrt{a^2 \pm x^2}$ 的积分，可利用三角代换；

（3）对积分中含有 $\sqrt{Ax^2 + Bx + C}$，先利用配方法将其化为 $\sqrt{x^2 \pm a^2}$；

（4）含有 $\sqrt[n]{ax + b}$ 的积分，常作代换 $\sqrt[n]{ax + b} = t$；

（5）含有 $\sqrt[n]{ax + b}$、$\sqrt[m]{ax + b}$ 的积分，常作代换 $\sqrt[p]{ax + b} = t$，其中 p 是 m、n 的最小公倍数；

（6）含有 $\sqrt[n]{\dfrac{ax + b}{cx + d}}$ 的积分，常作代换 $\sqrt[n]{\dfrac{ax + b}{cx + d}} = t$；

（7）含有 $\sqrt{\dfrac{ax + b}{ax - b}}$ 或 $\sqrt{\dfrac{ax - b}{ax + b}}$ 的积分，常作分母或分子有理化；

（8）分母阶数比分子阶数大于 2 时可考虑用倒代换 $x = \dfrac{1}{t}$.

例 4.9 求 $\displaystyle\int \dfrac{x^3}{\sqrt{1 + x^2}} \, \mathrm{d}x$.

分析 本题利用凑微分法.

解答 〈方法一〉 $\displaystyle\int \dfrac{x^3}{\sqrt{1 + x^2}} \, \mathrm{d}x = \int x^2 \, \mathrm{d} \sqrt{1 + x^2} = x^2 \sqrt{1 + x^2} - \int \sqrt{1 + x^2} \, \mathrm{d}x^2$

$$= x^2 \sqrt{1 + x^2} - \int \sqrt{1 + x^2} \, \mathrm{d}(1 + x^2)$$

$$= x^2 \sqrt{1 + x^2} - \frac{2}{3}(1 + x^2)^{\frac{3}{2}} + C$$

〈方法二〉 $\displaystyle\int \dfrac{x^3}{\sqrt{1 + x^2}} \, \mathrm{d}x = \int \dfrac{(1 + x^2) - 1}{2\sqrt{1 + x^2}} \, \mathrm{d}(1 + x^2)$

$$= \frac{1}{2} \int \left(\sqrt{1 + x^2} - \frac{1}{\sqrt{1 + x^2}} \right) \mathrm{d}(1 + x^2)$$

$$= \frac{1}{2} \int \sqrt{1 + x^2} \, \mathrm{d}(1 + x^2) + \frac{1}{2} \int \frac{1}{\sqrt{1 + x^2}} \, \mathrm{d}(1 + x^2)$$

$$= \frac{1}{3}(1 + x^2)^{\frac{3}{2}} - \sqrt{1 + x^2} + C$$

评注 此题用了两种方法，第一种方法是利用凑微分法和分部积分法；第二种方法是利用加项减项，将原不定积分利用定积分的性质分成两个不定积分，再利用凑微分法求积分. 两种方法各有优劣，不能一概而论，要根据题目的具体情况作出选择. 本题为 1992 年数二考研题.

例 4.10 求 $\displaystyle\int \dfrac{\mathrm{d}x}{\sqrt{(x^2 + 1)^3}}$.

分析 本题被积函数的分母中含有 $\sqrt{x^2 + 1}$，所以利用三角代换中 $1 + \tan^2 u = \sec^2 u$ 公式和第二类换元积分法求解.

解答 令 $x = \tan u \left(-\dfrac{\pi}{2}, \dfrac{\pi}{2} \right)$，则 $\mathrm{d}x = \sec^2 u \, \mathrm{d}u$，从而

$$\int \frac{\mathrm{d}x}{\sqrt{(x^2 + 1)^3}} = \int \frac{\sec^2 u}{\sec^3 u} \, \mathrm{d}u = \int \cos u \, \mathrm{d}u = \sin u + C = \frac{x}{\sqrt{x^2 + 1}} + C$$

评注 本题主要考查不定积分的第二类换元法中三角代换的应用.

例 4.11 求 $\int \dfrac{x\mathrm{e}^x}{\sqrt{\mathrm{e}^x-1}}\,\mathrm{d}x$.

分析 本题先利用凑微分法化简被积函数,然后再利用分部积分法求解.

解答 令 $u=\sqrt{\mathrm{e}^x-1}$,则

$$x=\ln(1+u^2),\mathrm{d}x=\dfrac{2u}{1+u^2}\mathrm{d}u$$

从而

$$\begin{aligned}
\int \dfrac{x\mathrm{e}^x}{\sqrt{\mathrm{e}^x-1}}\,\mathrm{d}x &= \int \dfrac{(1+u^2)\ln(1+u^2)}{u}\cdot\dfrac{2u}{1+u^2}\mathrm{d}u = 2\int \ln(1+u^2)\,\mathrm{d}u\\
&= 2u\ln(1+u^2)-\int \dfrac{4(1+u^2)-4}{1+u^2}\,\mathrm{d}u\\
&= 2u\ln(1+u^2)-4\int \mathrm{d}u+4\int \dfrac{1}{1+u^2}\,\mathrm{d}u\\
&= 2u\ln(1+u^2)-4u+4\arctan u+C\\
&= 2x\sqrt{\mathrm{e}^x-1}-4\sqrt{\mathrm{e}^x-1}+4\arctan\sqrt{\mathrm{e}^x-1}+C
\end{aligned}$$

评注 本题考查不定积分的第二类换元法和分部积分法.本题为 1993 年数一、数二考研题.

例 4.12 $\int \dfrac{\arcsin\sqrt{x}}{\sqrt{x}}\,\mathrm{d}x=$ _____.

分析 本题先利用换元法化简被积函数,再运用分部积分求解.

解答 令 $t=\sqrt{x}$,则 $\mathrm{d}t=\dfrac{1}{2\sqrt{x}}\mathrm{d}x$,$\mathrm{d}x=2t\mathrm{d}t$,故

$$\begin{aligned}
\int \dfrac{\arcsin\sqrt{x}}{\sqrt{x}}\,\mathrm{d}x &= 2\int \arcsin t\,\mathrm{d}t = 2\left(t\arcsin t-\int \dfrac{t}{\sqrt{1-t^2}}\,\mathrm{d}t\right)\\
&= 2\left(t\arcsin t+\sqrt{1-t^2}\right)+C\\
&= 2\sqrt{x}\arcsin\sqrt{x}+2\sqrt{1-x}+C
\end{aligned}$$

评注 本题主要考查不定积分的换元法和分部积分法.本题为 2000 年数四考研题.

例 4.13 求 $\int \dfrac{\mathrm{d}x}{(2x^2+1)\sqrt{x^2+1}}$.

分析 被积函数中含有 $\sqrt{x^2+1}$,一般要作变换 $x=\tan t$.

解答 令 $x=\tan t$,则 $\mathrm{d}x=\sec^2 t\mathrm{d}t$,故

$$\int \dfrac{\mathrm{d}x}{(2x^2+1)\sqrt{x^2+1}} = \int \dfrac{\mathrm{d}t}{(2\tan^2 t+1)\cos t} = \int \dfrac{\cos t\mathrm{d}t}{2\sin^2 t+\cos^2 t} = \int \dfrac{\mathrm{d}\sin t}{\sin^2 t+1}$$

$$= \arctan(\sin t)+C = \arctan\left(\dfrac{x}{\sqrt{1+x^2}}\right)+C$$

评注 本题主要考查不定积分的换元法. 本题为 2001 年数二考研题.

4.2.4 求三角有理式的不定积分

三角有理式的概念:由 $\sin x$、$\cos x$ 及常数,经过有限次四则运算所得到的函数称为三角有理式,$\int R(\sin x, \cos x)\,\mathrm{d}x$ 称为三角有理式的积分.

思路点拨 一般用凑微分法或分部积分法. 对于被积式,还可采用以下方法:

(1) 通过分子分母同乘以某个因子将分母化成单项式;

(2) 通过倍角公式或积化和差公式降幂;

(3) 利用 $1 = \sin^2 x + \cos^2 x$,$\sec^2 x = 1 + \tan^2 x$,$\csc^2 x = 1 + \cot^2 x$ 等常用的三角公式;

(4) 若正弦函数和余弦函数为奇函数或偶函数,则利用变量代换 $\sin x = t$ 或 $\tan x = t$.

1. 巧利用 $1 = \sin^2 x + \cos^2 x'$

例 4.14 求下列不定积分:

$(1)\ \displaystyle\int \frac{\mathrm{d}x}{\sin 2x + 2\sin x}$；$\quad(2)\ \displaystyle\int \sqrt{1 + \sin x}\,\mathrm{d}x$.

分析 本题是三角函数有理式的积分,可先用三角公式 $1 = \sin^2 x + \cos^2 x$ 变形并化为有理式的积分.

解答 (1) 〈方法一〉由半角公式,得

$$\int \frac{\mathrm{d}x}{\sin 2x + 2\sin x} = \int \frac{\mathrm{d}x}{2\sin x(\cos x + 1)} = \frac{1}{4}\int \frac{\mathrm{d}\left(\frac{x}{2}\right)}{\sin \frac{x}{2}\cos^3 \frac{x}{2}}$$

$$= \frac{1}{4}\int \frac{\mathrm{d}\left(\tan \frac{x}{2}\right)}{\tan \frac{x}{2}\cos^2 \frac{x}{2}} = \frac{1}{4}\int \frac{\sec^2 \frac{x}{2}}{\tan \frac{x}{2}}\,\mathrm{d}\left(\tan \frac{x}{2}\right) = \frac{1}{4}\int \frac{\tan^2 \frac{x}{2} + 1}{\tan \frac{x}{2}}\,\mathrm{d}\left(\tan \frac{x}{2}\right)$$

$$= \frac{1}{4}\left(\int \tan \frac{x}{2}\,\mathrm{d}\left(\tan \frac{x}{2}\right) + \int \frac{\mathrm{d}\left(\tan \frac{x}{2}\right)}{\tan \frac{x}{2}}\right) = \frac{1}{8}\tan^2 \frac{x}{2} + \frac{1}{4}\ln \left|\tan \frac{x}{2}\right| + C$$

〈方法二〉用万能变换,令 $\tan \frac{x}{2} = t$,则

$$\sin x = \frac{2t}{1 + t^2}, \cos x = \frac{1 - t^2}{1 + t^2}, x = 2\arctan t, \mathrm{d}x = \frac{2}{1 + t^2}\mathrm{d}t$$

$$\int \frac{\mathrm{d}x}{\sin 2x + 2\sin x} = \int \frac{\mathrm{d}x}{2\sin x(\cos x + 1)} = \int \frac{1}{2\frac{2t}{1 + t^2}\left(\frac{1 - t^2}{1 + t^2} + 1\right)} \cdot \frac{2}{1 + t^2}\mathrm{d}t = \frac{1}{4}\int \frac{1 + t^2}{t}\mathrm{d}t$$

$$= \frac{1}{4}\int \frac{\mathrm{d}t}{t} + \frac{1}{4}\int t\,\mathrm{d}t = \frac{1}{4}\ln|t| + \frac{1}{8}t^2 + C = \frac{1}{4}\ln \left|\tan \frac{x}{2}\right| + \frac{1}{8}\tan^2 \frac{x}{2} + C$$

〈方法三〉$\displaystyle\int \frac{\mathrm{d}x}{\sin 2x + 2\sin x} = \int \frac{\sin x\,\mathrm{d}x}{2(1 - \cos^2 x)(\cos x + 1)} \xlongequal{\cos x = u} -\int \frac{\mathrm{d}u}{2(1 - u^2)(u + 1)}$

$$= -\frac{1}{2}\int \frac{\mathrm{d}u}{(1 - u)(u + 1)^2} = -\frac{1}{8}\int\left(\frac{1}{1 - u} + \frac{3 + u}{(u + 1)^2}\right)\mathrm{d}u$$

96

$$= \frac{1}{8}\left[\ln|1-u| - \ln|1+u| + \frac{2}{1+u}\right] + C$$

$$= \frac{1}{8}\left[\ln(1-\cos x) - \ln(1+\cos x) + \frac{2}{1+\cos x}\right] + C$$

(2) $\displaystyle\int \sqrt{1+\sin x}\,\mathrm{d}x = \int \sqrt{\sin^2 \frac{x}{2} + \cos^2 \frac{x}{2} + 2\sin\frac{x}{2}\cos\frac{x}{2}}\,\mathrm{d}x = \int \sqrt{\left(\sin\frac{x}{2} + \cos\frac{x}{2}\right)^2}\,\mathrm{d}x$

$$= \int \left(\sin\frac{x}{2} + \cos\frac{x}{2}\right)\mathrm{d}x = -2\cos\frac{x}{2} + 2\sin\frac{x}{2} + C$$

评注 本题主要考查三角有理函数的积分. 第(1)题为 1994 年数一和数二考研题.

2. 分母可化为单项式的积分类型

由 $\sin x$、$\cos x$ 以及常数经过有限次的四则运算所构成的函数称为三角函数有理式,记为 $P^*(\sin x, \cos x)$.

(1) $\displaystyle\int \frac{P^*(\sin x, \cos x)}{(1 \pm \cos x)^k}\,\mathrm{d}x = \int \frac{P^*(\sin x, \cos x)(1 \mp \cos x)^k}{(\sin^2 x)^k}\,\mathrm{d}x$

$$\int \frac{P^*(\sin x, \cos x)}{(1 + \cos x)^k}\,\mathrm{d}x = \int \frac{P^*(\sin x, \cos x)}{\left(2\cos^2 \frac{x}{2}\right)^k}\,\mathrm{d}x$$

$$\int \frac{P^*(\sin x, \cos x)}{(1 - \cos x)^k}\,\mathrm{d}x = \int \frac{P^*(\sin x, \cos x)}{\left(2\sin^2 \frac{x}{2}\right)^k}\,\mathrm{d}x$$

(2) $\displaystyle\int \frac{P^*(\sin x, \cos x)}{(1 \pm \sin x)^k}\,\mathrm{d}x = \int \frac{P^*(\sin x, \cos x)(1 \mp \sin x)^k}{(\cos^2 x)^k}\,\mathrm{d}x$

(3) $\displaystyle\int \frac{P^*(\sin x, \cos x)}{(\cos x \pm \sin x)^k}\,\mathrm{d}x = \int \frac{P^*(\sin x, \cos x)(\cos x \mp \sin x)^k}{(\cos 2x)^k}\,\mathrm{d}x$

例 4.15 求下列不定积分:

(1) $\displaystyle\int \frac{\sin x}{1+\sin x}\,\mathrm{d}x$;   (2) $\displaystyle\int \frac{\sin x \cos x}{\sin x + \cos x}\,\mathrm{d}x$.

分析 本题被积函数是三角有理函数,所以先化简被积函数再积分.

解答 (1) $\displaystyle\int \frac{\sin x}{1+\sin x}\,\mathrm{d}x = \int \frac{\sin x(1-\sin x)}{\cos^2 x}\,\mathrm{d}x = \int \frac{\sin x}{\cos^2 x}\,\mathrm{d}x - \int \frac{1-\cos^2 x}{\cos^2 x}\,\mathrm{d}x$

$$= \frac{1}{\cos x} - \tan x + x + C$$

(2) $\displaystyle\int \frac{\sin x \cos x}{\sin x + \cos x}\,\mathrm{d}x = \frac{1}{2}\int (\sin x + \cos x)\,\mathrm{d}x - \frac{1}{2\sqrt{2}}\int \frac{\mathrm{d}x}{\sin\left(\frac{\pi}{4} + x\right)}$

$$= \frac{1}{2}(\sin x - \cos x) - \frac{1}{2\sqrt{2}}\ln\left|\csc\left(\frac{\pi}{4} + x\right) - \cot\left(\frac{\pi}{4} + x\right)\right| + C$$

评注 本题主要考查三角有理函数的积分. 本题为 1990 年数四考研题.

3. 降幂法

(1) 积化和差公式:

$$\sin\alpha x \cdot \cos\beta x = \frac{1}{2}\left[\sin(\alpha+\beta)x + \sin(\alpha-\beta)x\right]$$

$$\sin\alpha x \cdot \sin\beta x = \frac{1}{2}\left[\cos(\alpha-\beta)x - \cos(\alpha+\beta)x\right]$$

$$\cos\alpha x \cdot \cos\beta x = \frac{1}{2}\left[\cos(\alpha-\beta)x + \cos(\alpha+\beta)x\right]$$

（2）倍角公式：

$$\sin x\cos x = \frac{1}{2}\sin 2x$$

$$\sin^2 x = \frac{1}{2}(1-\cos 2x)$$

$$\cos^2 x = \frac{1}{2}(1+\cos 2x)$$

例 4.16 求 $\displaystyle\int \frac{x\cos^4\frac{x}{2}}{\sin^3 x}\,\mathrm{d}x$.

分析 本题被积函数是三角有理函数与幂函数两类不同函数乘积，所以用分部积分法.

解答 〈方法一〉$\displaystyle\int \frac{x\cos^4\frac{x}{2}}{\sin^3 x}\,\mathrm{d}x = \int \frac{x\cos^4\frac{x}{2}}{8\sin^3\frac{x}{2}\cos^3\frac{x}{2}}\,\mathrm{d}x = \frac{1}{8}\int \frac{x\cos\frac{x}{2}}{\sin^3\frac{x}{2}}\,\mathrm{d}x$

$$= \frac{1}{4}\int x\sin^{-3}\frac{x}{2}\,\mathrm{d}\sin\frac{x}{2} = -\frac{1}{8}\int x\,\mathrm{d}\sin^{-2}\frac{x}{2}$$

$$= \frac{-x}{8\sin^2\frac{x}{2}} + \frac{1}{8}\int \frac{\mathrm{d}x}{\sin^2\frac{x}{2}} = \frac{-x}{8\sin^2\frac{x}{2}} - \frac{1}{4}\cot\frac{x}{2} + C$$

〈方法二〉$\displaystyle\int \frac{x\cos^4\frac{x}{2}}{\sin^3 x}\,\mathrm{d}x = \frac{1}{8}\int \frac{x\cos\frac{x}{2}}{\sin^3\frac{x}{2}}\,\mathrm{d}x = -\frac{1}{4}\int x\cot\frac{x}{2}\,\mathrm{d}\cot\frac{x}{2}$

$$= -\frac{1}{8}\int x\,\mathrm{d}\cot^2\frac{x}{2} = -\frac{1}{8}x\cot^2\frac{x}{2} + \frac{1}{8}\int \cot^2\frac{x}{2}\,\mathrm{d}x$$

$$= -\frac{1}{8}x\cot^2\frac{x}{2} + \frac{1}{8}\int\left(\csc^2\frac{x}{2} - 1\right)\mathrm{d}x$$

$$= -\frac{1}{8}x\cot^2\frac{x}{2} - \frac{1}{4}\cot\frac{x}{2} - \frac{1}{8}x + C$$

$$= -\frac{1}{8}x\csc^2\frac{x}{2} - \frac{1}{4}\cot\frac{x}{2} + C$$

评注 本题主要考查三角有理函数的积分. 本题为 1990 年数四考研题.

例 4.17 求 $\displaystyle\int x\sin^2 x\,\mathrm{d}x$.

分析 本题先利用二倍角公式化简被积函数，再积分.

解答 $\displaystyle\int x\sin^2 x\,\mathrm{d}x = \int x\frac{1-\cos 2x}{2}\,\mathrm{d}x = \frac{1}{4}x^2 - \frac{1}{4}\int x\,\mathrm{d}\sin 2x$

$$= \frac{1}{4}x^2 - \frac{1}{4}x\sin 2x - \frac{1}{8}\cos 2x + C$$

评注 本题主要考查分部积分法. 本题为 1991 年数二考研题.

例 4.18 求 $\int \sin 4x \cos 2x \cos 3x \, dx$.

分析 本题先利用三角函数的积化和差公式化简被积函数再积分.

解答
$$\int \sin 4x \cos 2x \cos 3x \, dx = \frac{1}{2} \int (\sin 6x + \sin 2x) \cos 3x \, dx$$

$$= \frac{1}{4} \int (\sin 9x + \sin 5x + \sin 3x - \sin x) \, dx$$

$$= -\frac{\cos 9x}{36} - \frac{\cos 5x}{20} - \frac{\cos 3x}{12} + \frac{\cos x}{4} + C$$

评注 本题主要考查三角有理式的不定积分.

例 4.19 求 $\int \frac{dx}{1 + \sin x}$.

分析 本题是一道三角有理式的积分,解法较多,通常是用三角恒等式变换和凑微分法,也可直接用万能代换 $\tan \frac{x}{2} = t$.

解答 〈方法一〉用同乘(同除)因子法解之,得

$$\int \frac{dx}{1 + \sin x} = \int \frac{1 - \sin x}{1 - \sin^2 x} \, dx = \int \frac{dx}{\cos^2 x} + \int \frac{d\cos x}{\cos^2 x} = \tan x - \sec x + C$$

〈方法二〉$\int \frac{dx}{1 + \sin x} = \int \frac{dx}{\left(\cos \frac{x}{2} + \sin \frac{x}{2}\right)^2} = \int \frac{\sec^2 \frac{x}{2}}{\left(1 + \tan \frac{x}{2}\right)^2} \, dx$

$$= 2 \int \frac{d\left(1 + \tan \frac{x}{2}\right)}{\left(1 + \tan \frac{x}{2}\right)^2} = -\frac{2}{1 + \tan \frac{x}{2}} + C$$

〈方法三〉令 $\tan \frac{x}{2} = t$,则

$$\int \frac{dx}{1 + \sin x} = \int \frac{1}{1 + \frac{2t}{1 + t^2}} \frac{2}{1 + t^2} dt = 2 \int \frac{dt}{(1 + t)^2} = -\frac{2}{1 + t} + C = -\frac{2}{1 + \tan \frac{x}{2}} + C$$

〈方法四〉用升幂法解之,得

$$\int \frac{dx}{1 + \sin x} = \int \frac{dx}{1 + \cos\left(\frac{\pi}{2} - x\right)} = \int \frac{d\left(\frac{x}{2}\right)}{\cos^2\left(\frac{\pi}{4} - \frac{x}{2}\right)}$$

$$= -\int \sec^2\left(\frac{\pi}{4} - \frac{x}{2}\right) d\left(\frac{\pi}{4} - \frac{x}{2}\right) = -\tan\left(\frac{\pi}{4} - \frac{x}{2}\right) + C$$

评注 本题主要考查三角有理式积分. 本题为 1996 年数二考研题.

4.2.5 求含有反三角函数、对数函数或指数函数的不定积分

思路点拨 用分部积分法或直接设反三角函数、对数函数或指数函数为新变量求解，或利用分部积分法.

例 4.20 求 $\int \dfrac{x^2}{1+x^2}\arctan x\, \mathrm{d}x$.

分析 本题被积函数是两类不同函数乘积，所以应考虑用分部积分.

解答 〈方法一〉
$$\int \frac{x^2}{1+x^2}\arctan x\, \mathrm{d}x = \int \left(1 - \frac{1}{1+x^2}\right)\arctan x\, \mathrm{d}x$$
$$= \int \arctan x\, \mathrm{d}x - \int \arctan x\, \mathrm{d}\arctan x$$
$$= x\arctan x - \int \frac{x}{1+x^2}\, \mathrm{d}x - \frac{1}{2}(\arctan x)^2$$
$$= x\arctan x - \frac{1}{2}\ln(1+x^2) - \frac{1}{2}(\arctan x)^2 + C$$

〈方法二〉令 $\arctan x = u$，则 $x = \tan u, 1 + x^2 = \sec^2 u$，因此有
$$\int \frac{x^2}{1+x^2}\arctan x\, \mathrm{d}x = \int u\tan^2 u\, \mathrm{d}u = \int u(\sec^2 u - 1)\, \mathrm{d}u$$
$$= \int u\, \mathrm{d}\tan u - \int u\, \mathrm{d}u = u\tan u - \int \tan u\, \mathrm{d}u - \frac{1}{2}u^2$$
$$= u\tan u + \ln|\cos u| - \frac{1}{2}u^2 + C$$
$$= x\arctan x - \frac{1}{2}\ln(1+x^2) - \frac{1}{2}(\arctan x)^2 + C$$

评注 本题主要考查不定积分的分部积分法与换元法. 本题为 1991 年数四考研题.

例 4.21 求不定积分 $\int (\arcsin x)^2\, \mathrm{d}x$.

分析 当被积函数仅仅为反三角函数时，这种积分肯定要用分部积分法.

解答 〈方法一〉
$$\int (\arcsin x)^2\, \mathrm{d}x = x(\arcsin x)^2 - \int \frac{2x\arcsin x}{\sqrt{1-x^2}}\, \mathrm{d}x$$
$$= x(\arcsin x)^2 + 2\int \arcsin x\, \mathrm{d}\sqrt{1-x^2}$$
$$= x(\arcsin x)^2 + 2\arcsin x\sqrt{1-x^2} - 2\int \mathrm{d}x$$
$$= x(\arcsin x)^2 + 2\arcsin x\sqrt{1-x^2} - 2x + C$$

〈方法二〉令 $\arcsin x = u$，则
$$\int (\arcsin x)^2\, \mathrm{d}x = \int u^2\cos u\, \mathrm{d}u = \int u^2\, \mathrm{d}\sin u = u^2\sin u - 2\int u\sin u\, \mathrm{d}u$$
$$= u^2\sin u + 2\int u\, \mathrm{d}\cos u = u^2\sin u + 2u\cos u - 2\int \cos u\, \mathrm{d}u$$
$$= u^2\sin u + 2u\cos u - 2\sin u + C$$

$$= x(\arcsin x)^2 + 2\arcsin x \sqrt{1-x^2} - 2x + C$$

评注 本题主要考查不定积分的分部积分法和换元法. 本题为 1995 年数四考研题.

例 4.22 求 $\displaystyle\int \frac{\arctan e^x}{e^{2x}} dx$.

分析 由于被积函数是指数函数与反三角(复合)函数的乘积,应该先用分部积分法. 当然也可以先用换元积分法、再用分部积分法求解.

解答 〈方法一〉$\displaystyle\int \frac{\arctan e^x}{e^{2x}} dx = -\frac{1}{2} \int \arctan e^x \, de^{-2x}$

$$= -\frac{1}{2}\left[e^{-2x}\arctan e^x - \int \frac{de^x}{e^{2x}(1+e^{2x})} \right]$$

$$= -\frac{1}{2}\left[e^{-2x}\arctan e^x - \int e^{-2x}de^x + \int \frac{de^x}{1+e^{2x}} \right]$$

$$= -\frac{1}{2}\left(e^{-2x}\arctan e^x + e^{-x} + \arctan e^x \right) + C$$

〈方法二〉设 $e^x = u$,则

$$\int \frac{\arctan e^x}{e^{2x}} dx = \int \frac{\arctan u}{u^3} du = -\frac{1}{2}\int \arctan u \, du^{-2}$$

$$= -\frac{u^{-2}}{2}\arctan u + \frac{1}{2}\int \frac{du}{u^2(1+u^2)}$$

$$= -\frac{\arctan u}{2u^2} + \frac{1}{2}\left[\int \frac{du}{u^2} - \int \frac{du}{1+u^2} \right]$$

$$= -\frac{\arctan u}{2u^2} - \frac{1}{2u} - \frac{1}{2}\arctan u + C$$

$$= -\frac{\arctan e^x}{2e^{2x}} - \frac{1}{2e^x} - \frac{1}{2}\arctan e^x + C$$

评注 本题主要考查不定积分的分部积分法和换元积分法. 本题用了两种方法,显然解法一较简单,因少了还原成 x 的函数的过程. 本题为 2001 年数一考研题. 此题是基本题,学生的典型错误为:

(1) 忘了加常数 c;

(2)在解法一中由于复合函数求导法掌握得不好出现计算错误.

例 4.23 求 $\displaystyle\int \frac{x + \ln(1-x)}{x^2} dx$.

分析 本题先对原被积函数采取分项积分,再运用分部积分法和换元法求解.

解答 $\displaystyle\int \frac{x+\ln(1-x)}{x^2} dx = \int \frac{1}{x} dx - \int \ln(1-x) \, d\frac{1}{x} = \ln x - \frac{\ln(1-x)}{x} - \int \frac{dx}{x(1-x)}$

$$= \ln x - \frac{\ln(1-x)}{x} - \left(\int \frac{dx}{x} + \int \frac{dx}{1-x} \right)$$

$$= \ln x - \frac{\ln(1-x)}{x} - \ln x + \ln(1-x) + C$$

$$= \left(1 - \frac{1}{x} \right)\ln(1-x) + C$$

评注 本题主要考查不定积分的分部积分法. 本题为 89 年数四考研题.

例 4.24 求 $\int \dfrac{x\mathrm{e}^{\arctan x}}{(1+x^2)^{\frac{3}{2}}}\mathrm{d}x$.

分析 本题先利用换元法化简被积函数,再用分部积分法求解.

解答 〈方法一〉$\displaystyle\int \dfrac{x\mathrm{e}^{\arctan x}}{(1+x^2)^{\frac{3}{2}}}\mathrm{d}x = \int \dfrac{x}{\sqrt{1+x^2}}\mathrm{d}\mathrm{e}^{\arctan x}$

$$= \dfrac{x\mathrm{e}^{\arctan x}}{\sqrt{1+x^2}} - \int \dfrac{\mathrm{e}^{\arctan x}}{(1+x^2)^{\frac{3}{2}}}\mathrm{d}x = \dfrac{x\mathrm{e}^{\arctan x}}{\sqrt{1+x^2}} - \int \dfrac{1}{\sqrt{1+x^2}}\mathrm{d}\mathrm{e}^{\arctan x}$$

$$= \dfrac{x\mathrm{e}^{\arctan x}}{\sqrt{1+x^2}} - \dfrac{\mathrm{e}^{\arctan x}}{\sqrt{1+x^2}} - \int \dfrac{x\mathrm{e}^{\arctan x}}{(1+x^2)^{\frac{3}{2}}}\mathrm{d}x$$

移项整理,得

$$\int \dfrac{x\mathrm{e}^{\arctan x}}{(1+x^2)^{\frac{3}{2}}}\mathrm{d}x = \dfrac{(x-1)\,\mathrm{e}^{\arctan x}}{2\sqrt{1+x^2}} + C$$

〈方法二〉令 $x = \tan t$,则

$$\int \dfrac{x\mathrm{e}^{\arctan x}}{(1+x^2)^{\frac{3}{2}}}\mathrm{d}x = \int \dfrac{\mathrm{e}^t\tan t}{(1+\tan^2 t)^{\frac{3}{2}}}\sec^2 t\mathrm{d}t = \int \mathrm{e}^t\sin t\,\mathrm{d}t$$

由分部积分法,得

$$\int \mathrm{e}^t\sin t\,\mathrm{d}t = \dfrac{1}{2}\mathrm{e}^t(\sin t - \cos t) + C$$

因此有

$$\int \dfrac{x\mathrm{e}^{\arctan x}}{(1+x^2)^{\frac{3}{2}}}\mathrm{d}x = \dfrac{1}{2}\mathrm{e}^{\arctan x}\left(\dfrac{x}{\sqrt{1+x^2}} - \dfrac{1}{\sqrt{1+x^2}}\right) + C = \dfrac{(x-1)\,\mathrm{e}^{\arctan x}}{2\sqrt{1+x^2}} + C$$

评注 本题主要考查不定积分的分部积分法和换元积分法. 本题为 03 年数二考研题.

4.2.6 求抽象函数的不定积分

思路点拨 求抽象函数的表达式再积分或利用换元法和分部积分法. 若当被积函数中出现抽象函数的导数时,一般将其放入微分中.

例 4.25 设 $f(x^2-1) = \ln\dfrac{x^2}{x^2-2}$,且 $f[\varphi(x)] = \ln x$,则 $\displaystyle\int\varphi(x)\,\mathrm{d}x = $ _____.

分析 本题首先应求出 $\varphi(x)$ 的表达式.

解答 因为 $\qquad f(x^2-1) = \ln\dfrac{x^2}{x^2-2} = \ln\dfrac{(x^2-1)+1}{(x^2-1)-1}$

所以 $\qquad\qquad\qquad\qquad f(x) = \ln\dfrac{x+1}{x-1}$

又 $\qquad\qquad\qquad\qquad f[\varphi(x)] = \ln\dfrac{\varphi(x)+1}{\varphi(x)-1} = \ln x$

则 $\dfrac{\varphi(x) + 1}{\varphi(x) - 1} = x$，解得 $\varphi(x) = \dfrac{x+1}{x-1}$，于是有

$$\int \varphi(x)\mathrm{d}x = \int \dfrac{x+1}{x-1}\mathrm{d}x = 2\ln(x-1) + x + C$$

评注　本题主要考查原函数概念、复合函数和不定积分. 本题为 95 年数二考研题.

例 4.26　设 $\displaystyle\int xf(x)\,\mathrm{d}x = \arcsin x + C$，则 $\displaystyle\int \dfrac{1}{f(x)}\,\mathrm{d}x = $ _____.

分析　本题条件 $\displaystyle\int xf(x)\,\mathrm{d}x = \arcsin x + C$，等价于 $xf(x) = (\arcsin x + C)' = \dfrac{1}{\sqrt{1-x^2}}$，因而先求出 $f(x)$ 的表达式.

解答　由

$$xf(x) = (\arcsin x + C)' = \dfrac{1}{\sqrt{1-x^2}}$$

则

$$\dfrac{1}{f(x)} = x\sqrt{1-x^2}$$

故

$$\int \dfrac{1}{f(x)}\,\mathrm{d}x = \int x\sqrt{1-x^2}\,\mathrm{d}x = -\dfrac{1}{3}\sqrt{(1-x^2)^3} + C$$

评注　本题主要考查原函数概念和不定积分的运算. 本题为 96 年数三和数四考研题.

例 4.27　设 $f(\sin^2 x) = \dfrac{x}{\sin x}$，则 $\displaystyle\int \dfrac{\sqrt{x}}{\sqrt{1-x}}f(x)\,\mathrm{d}x = $ _____.

分析　本题有两种思路求解：一种是利用 $f(\sin^2 x) = \dfrac{x}{\sin x}$，先求出 $f(x)$，代入 $\displaystyle\int \dfrac{\sqrt{x}}{\sqrt{1-x}}f(x)\,\mathrm{d}x$，再求此积分；另一种思路是在积分 $\displaystyle\int \dfrac{\sqrt{x}}{\sqrt{1-x}}f(x)\,\mathrm{d}x$ 中令 $x = \sin^2 t$，再将 $f(\sin^2 x) = \dfrac{x}{\sin x}$ 代入该积分求解.

解答　〈方法一〉令 $u = \sin^2 x$，则有

$$\sin x = \sqrt{u},\ x = \arcsin\sqrt{u},\ f(x) = \dfrac{\arcsin\sqrt{x}}{\sqrt{x}}$$

于是，有

$$\int \dfrac{\sqrt{x}}{\sqrt{1-x}}f(x)\,\mathrm{d}x = \int \dfrac{\arcsin\sqrt{x}}{\sqrt{1-x}}\,\mathrm{d}x = -2\int \arcsin\sqrt{x}\ \mathrm{d}\sqrt{1-x}$$

$$= -2\sqrt{1-x}\arcsin\sqrt{x} + 2\int \sqrt{1-x}\,\dfrac{1}{\sqrt{1-x}}\,\mathrm{d}\sqrt{x}$$

$$= -2\sqrt{1-x}\arcsin\sqrt{x} + 2\sqrt{x} + C$$

〈方法二〉$\displaystyle\int \dfrac{\sqrt{x}}{\sqrt{1-x}}f(x)\,\mathrm{d}x \xlongequal{x = \sin^2 t} \int \dfrac{\sin t}{\cos t}f(\sin^2 t)2\sin t\cos t\,\mathrm{d}t$

$$= -2t\cos t + 2\int \cos t\,\mathrm{d}t = -2t\cos t + 2\sin t + C$$

$$= -2\sqrt{1-x}\arcsin\sqrt{x} + 2\sqrt{x} + C$$

评注 本题主要考查原函数的概念、复合函数和不定积分的运算. 本题为 02 年数三和数四考研题.

例 4.28 设 $F(x)$ 为 $f(x)$ 的原函数,且当 $x \geqslant 0$ 时,$f(x)F(x) = \dfrac{xe^x}{2(1+x)^2}$,已知 $F(0) = 1$,$F(x) > 0$,试求 $f(x)$.

分析 利用 $F(x)$ 为 $f(x) = F'(x)$ 代入所给的等式中,两边求不定积分,求出 $F(x)$.

解答 由 $f(x) = F'(x)$ 有

$$2F(x)F'(x) = \frac{xe^x}{(1+x)^2}$$

于是,由 $\displaystyle\int 2F(x)F'(x)\,dx = \int \frac{xe^x}{(1+x)^2}\,dx$,得 $F^2(x) = \dfrac{e^x}{1+x} + C$,由 $F(0) = 1$ 和 $F^2(0) = 1 + C$,得 $C = 0$,从而

$$F(x) = \sqrt{\frac{e^x}{1+x}}\quad (F(x) > 0)$$

即

$$f(x) = \frac{xe^{\frac{x}{2}}}{2(1+x)^{\frac{3}{2}}}$$

评注 本题主要考查原函数的概念和求不定积分的方法. 本题为 99 年数四考研题. 本题在计算不定积分 $\displaystyle\int \frac{xe^x}{(1+x)^2}\,dx$ 时有两种方法:

〈方法一〉
$$\int \frac{xe^x}{(1+x)^2}\,dx = \int \frac{e^x}{1+x}\,dx - \int \frac{e^x}{(1+x)^2}\,dx$$
$$= \int \frac{de^x}{1+x} = \frac{e^x}{1+x} + \int \frac{e^x}{(1+x)^2}\,dx - \int \frac{e^x}{(1+x)^2}\,dx = \frac{e^x}{1+x} + C$$

〈方法二〉
$$\int \frac{xe^x}{(1+x)^2}\,dx = -\int (xe^x)\,d\left(\frac{1}{1+x}\right) = -\frac{xe^x}{1+x} + \int \frac{e^x(1+x)}{1+x}\,dx$$
$$= -\frac{xe^x}{1+x} + e^x + C = \frac{e^x}{1+x} + C$$

例 4.29 求解下列不定积分:(1) $\displaystyle\int \frac{f'(\ln x)}{x\sqrt{f(\ln x)}}\,dx$; (2) $\displaystyle\iint \left[\frac{f(x)}{f'(x)} - \frac{f^2(x)f''(x)}{f'^3(x)}\right]dx$.

分析 本题利用凑微分法求解.

解答 (1) $\displaystyle\int \frac{f'(\ln x)}{x\sqrt{f(\ln x)}}\,dx = \int \frac{f'(\ln x)}{\sqrt{f(\ln x)}}\,d(\ln x) = \int \frac{df(\ln x)}{\sqrt{f(\ln x)}} = 2\sqrt{f(\ln x)} + C$

(2) $\displaystyle\iint \left[\frac{f(x)}{f'(x)} - \frac{f^2(x)f''(x)}{f'^3(x)}\right]dx = \iint \left[\frac{f(x)f'^2(x) - f^2(x)f''(x)}{f'^3(x)}\right]dx$

$$= \iint \left[\frac{f(x)}{f'(x)} \cdot \frac{f'^2(x) - f(x)f''(x)}{f'^2(x)}\right]dx$$

$$= \int \frac{f(x)}{f'(x)}\left[\frac{f(x)}{f'(x)}\right]'dx = \int \frac{f(x)}{f'(x)}\,d\left[\frac{f(x)}{f'(x)}\right] = \frac{1}{2}\left[\frac{f(x)}{f'(x)}\right]^2 + C$$

评注 本题主要考查不定积分的凑微分法.

4.2.7 求分段函数的不定积分

思路点拨 连续函数必有原函数,且原函数连续. 如果分段函数的分界点是函数的第一类间断点,则包含该点在内的区间不存在原函数.

例 4.30 求 $\int \max(x^3, x^2, 1)\ \mathrm{d}x$.

分析 本题先分别求出各区间段的不定积分表达式,然后由原函数的连续性确定出各积分常数的关系.

解答 令 $f(x) = \max(x^3, x^2, 1) = \begin{cases} x^3, x \geqslant 1 \\ x^2, x \leqslant -1 \\ 1, |x| < 1 \end{cases}$.

当 $x \geqslant 1$ 时,有 $\int f(x)\ \mathrm{d}x = \int x^3\ \mathrm{d}x = \dfrac{1}{4}x^4 + C_1$;

当 $x \leqslant -1$ 时,有 $\int f(x)\ \mathrm{d}x = \int x^2\ \mathrm{d}x = \dfrac{1}{3}x^3 + C_2$;

当 $|x| < 1$ 时,有 $\int f(x)\ \mathrm{d}x = \int \mathrm{d}x = x + C_3$.

由于原函数的连续性,有

$\lim\limits_{x \to 1^+} \left(\dfrac{1}{4}x^4 + C_1 \right) = \lim\limits_{x \to 1^-} (x + C_3)$,即

$$\frac{1}{4} + C_1 = 1 + C_3 \tag{1}$$

$\lim\limits_{x \to -1^+} (x + C_3) = \lim\limits_{x \to -1^-} \left(\dfrac{1}{3}x^3 + C_2 \right)$,即

$$-1 + C_3 = -\frac{1}{3} + C_2 \tag{2}$$

联立解式(1)和式(2),并令 $C_3 = C$,则 $C_1 = \dfrac{3}{4} + C, C_2 = -\dfrac{2}{3} + C$,故

$$\int \max(x^3, x^2, 1)\ \mathrm{d}x = \begin{cases} \dfrac{1}{4}x^4 + \dfrac{3}{4} + C, x \geqslant 1 \\ \dfrac{1}{3}x^3 - \dfrac{2}{3} + C, x \leqslant -1 \\ x + C, |x| < 1 \end{cases}$$

评注 本题主要考查分段函数的积分,难点在于各积分常数关系的确立.

4.2.8 求递推式的不定积分

思路点拨 一般用分部积分法.

例 4.31 求 $\int x^n \mathrm{e}^x\ \mathrm{d}x$.

分析 本题利用分部积分求出不定积分的递推关系,然后依次递推求解.

解答 记 $I_n = \int x^n e^x \, dx$，则 $I_n = \int x^n e^x \, dx = x^n e^x - n \int x^{n-1} e^x \, dx = x^n e^x - n I_{n-1}$，由此递推关系可得

$$I_n = x^n e^x - n I_{n-1} = x^n e^x - n x^{n-1} e^x + (-1)^2 n(n-1) I_{n-2}$$

$$= x^n e^x - n x^{n-1} e^x + n(n-1) x^{n-2} e^x + (-1)^3 n(n-1)(n-2) I_{n-3}$$

$$\vdots$$

$$= \left[x^n - n x^{n-1} + n(n-1) x^{n-2} + \cdots + (-1)^{n-1} n! \, x + (-1)^n n! \right] e^x + C$$

评注 使用分部积分法求不定积分时,有时会出现循环的情况,这时可将待求的不定积分当做未知量求出来,有时会引出递推关系式,这时可通过递推公式转化为最后能求不定积分的情形.

4.3 本 章 小 结

1. 本章的主要内容

理解原函数概念,理解不定积分的概念;掌握不定积分的基本公式,掌握不定积分的性质,掌握换元积分法与分部积分法;会求有理函数、三角函数有理式及简单无理函数的积分.

2. 本章的重难点

重点是原函数、不定积分的概念与性质,不定积分的换元积分法和分部积分法;难点是计算不定积分的方法(难的是求导运算的逆运算,比较灵活).

3. 本章的复习注意事项

基本初等函数都有求导公式,但计算基本初等函数的不定积分则困难得多,有一些技巧,需积累经验和灵活处理,有的还是结果不能用初等函数表达的典型. 换元积分法与分部积分法是最常用的两个方法,要搞清它们的适用时机并会熟练运用.

4.4 同步习题及解答

4.4.1 同步习题

1. 填空题

(1) 已知 $f(x)$ 的原函数为 $(x-2)e^{-x}$,则 $f(x) \, dx = d$ _____.

(2) $\int f'(x^3) \, dx = x^4 - x + C$,则 $f(x) =$ _____.

(3) 已知 $\int \dfrac{f(\ln 2x)}{x} \, dx = \dfrac{1-x}{1+x} + C$,则 $\int e^x f(1 - e^x) \, dx =$ _____.

(4) $\int \dfrac{\sqrt{x} + \sqrt{x+1}}{\sqrt{x(x+1)}} \, dx =$ _____.

(5) $\int e^x \dfrac{x-1}{x^2} \, dx =$ _____.

2. 单项选择题

(1) 设 $f'(x)$ 存在且连续,则 $\left[\int \mathrm{d}f(x)\right]' = ($).

    A. $f(x)$ B. $f'(x)$

    C. $f'(x) + C$ D. $f(x) + C$

(2) 下列等式中,正确的是( ).

    A. $k\int f(x)\,\mathrm{d}x = \int kf(x)\,\mathrm{d}x$($k$ 为常数)

    B. $\int \dfrac{1}{\cos x}\,\mathrm{d}\dfrac{1}{\cos x} = \dfrac{1}{2\cos^2 x} + C$

    C. $\int f'(ax + b)\,\mathrm{d}x = f(ax + b) + C$

    D. $\int (x^2 + a)\,\mathrm{d}t = \dfrac{1}{3}x^3 + ax + C$

(3) 若 $\int f(x)\,\mathrm{d}x = x^2 + C$,则 $\int xf(1 - x^2)\,\mathrm{d}x = ($).

    A. $2(1 - x^2)^2 + C$ B. $-2(1 - x^2)^2 + C$

    C. $\dfrac{1}{2}(1 - x^2)^2 + C$ D. $-\dfrac{1}{2}(1 - x^2)^2 + C$

(4) 若 $\int f(x)\,\mathrm{d}x = F(x) + C$,则 $\int \mathrm{e}^{-x}f(\mathrm{e}^{-x})\,\mathrm{d}x = ($).

    A. $F(\mathrm{e}^x) + C$ B. $-F(\mathrm{e}^{-x}) + C$

    C. $F(\mathrm{e}^{-x}) + C$ D. $\dfrac{F(\mathrm{e}^{-x})}{x} + C$

(5) 设 $f(x)$ 有原函数 $x\ln x$,则 $\int xf(x)\,\mathrm{d}x = ($).

    A. $x^2\left(\dfrac{1}{2} + \dfrac{1}{4}\ln x\right) + C$ B. $x^2\left(\dfrac{1}{4} + \dfrac{1}{2}\ln x\right) + C$

    C. $x^2\left(\dfrac{1}{4} - \dfrac{1}{2}\ln x\right) + C$ D. $x^2\left(\dfrac{1}{2} - \dfrac{1}{4}\ln x\right) + C$

3. 设 $f(x)$ 的一个原函数为 $\dfrac{\sin x}{x}$,求 $\int xf'(x)\,\mathrm{d}x$.

4. 求 $\int \dfrac{1}{a^2 - b^2 x^2}\,\mathrm{d}x$($a > 0, b > 0$).

5. 求 $\int \sqrt{\dfrac{a + x}{a - x}}\,\mathrm{d}x$.

6. 求 $\int \dfrac{1}{1 + \sqrt{x} + \sqrt{x + 1}}\,\mathrm{d}x$.

7. 求 $\int \dfrac{\ln(x + \sqrt{1 + x^2})}{(1 + x^2)^{\frac{3}{2}}}\,\mathrm{d}x$.

8. 求 $\int \dfrac{\mathrm{d}x}{a^2\sin^2 x + b^2\cos^2 x}$($a, b$ 是不全为零的非负常数).

9. 计算不定积分 $\int \dfrac{\arctan x}{x^2(1 + x^2)}\,\mathrm{d}x$.

10. 计算不定积分 $\int \dfrac{\mathrm{d}x}{(2-x)\sqrt{1-x}}$.

11. 设 $x > 0$ 时 $\int x^2 f(x)\,\mathrm{d}x = \arcsin x + C$，$F(x)$ 是 $f(x)$ 的原函数，满足 $F(1) = 0$，试求 $F(x)$.

12. 若 $f(x) = \begin{cases} -\sin x, & x \geqslant 0 \\ x, & x < 0 \end{cases}$，则试求 $\int f(x)\,\mathrm{d}x$.

4.4.2　同步习题解答

1. 填空题

(1) 由 $\int f(x)\,\mathrm{d}x = (x-2)\mathrm{e}^{-x}$，得 $f(x)\mathrm{d}x = \mathrm{d}[(x-2)\mathrm{e}^{-x} + C]$.

(2) 已知 $\int f'(x^3)\,\mathrm{d}x = x^4 - x + C$，则 $f'(x^3) = 4x^3 - 1$，因此有 $f'(x) = 4x - 1$，即

$$\int f'(x)\,\mathrm{d}x = \int (4x-1)\,\mathrm{d}x = 2x^2 - x + C$$

(3) 已知 $\int \dfrac{f(\ln 2x)}{x}\,\mathrm{d}x = \dfrac{1-x}{1+x} + C$，则 $\int f(\ln 2x)\,\mathrm{d}(\ln 2x) = \dfrac{1-x}{1+x} + C$，令 $t = \ln 2x$，得 $x = \dfrac{\mathrm{e}^t}{2}$，于是有

$$\int f(t)\,\mathrm{d}t = \dfrac{1 - \dfrac{\mathrm{e}^t}{2}}{1 + \dfrac{\mathrm{e}^t}{2}} + C = \dfrac{2 - \mathrm{e}^t}{2 + \mathrm{e}^t} + C$$

$$\int \mathrm{e}^x f(1 - \mathrm{e}^x)\,\mathrm{d}x = -\int f(1 - \mathrm{e}^x)\,\mathrm{d}(1 - \mathrm{e}^x) = -\dfrac{2 - \mathrm{e}^{1-\mathrm{e}^x}}{2 + \mathrm{e}^{1-\mathrm{e}^x}} + C = \dfrac{\mathrm{e} \cdot \mathrm{e}^{-\mathrm{e}^x} - 2}{\mathrm{e} \cdot \mathrm{e}^{-\mathrm{e}^x} + 2} + C$$

(4) $\int \dfrac{\sqrt{x} + \sqrt{x+1}}{\sqrt{x(x+1)}}\,\mathrm{d}x = \int \dfrac{1}{\sqrt{x+1}}\,\mathrm{d}x + \int \dfrac{1}{\sqrt{x}}\,\mathrm{d}x = 2\sqrt{x+1} + 2\sqrt{x} + C$

(5) $\int \mathrm{e}^x \dfrac{x-1}{x^2}\,\mathrm{d}x = \int \dfrac{\mathrm{e}^x}{x}\,\mathrm{d}x - \int \dfrac{\mathrm{e}^x}{x^2}\,\mathrm{d}x = \dfrac{\mathrm{e}^x}{x} + \int \dfrac{\mathrm{e}^x}{x^2}\,\mathrm{d}x - \int \dfrac{\mathrm{e}^x}{x^2}\,\mathrm{d}x + C = \dfrac{\mathrm{e}^x}{x} + C$

2. 单项选择题

(1) B.　**解**　$\left[\int \mathrm{d}f(x)\right]' = \left[\int f'(x)\mathrm{d}x\right]' = f'(x)$

(2) B.　**解**　A 中 $k \neq 0$，C 中 $\int f'(ax+b)\,\mathrm{d}x = \dfrac{f(ax+b)}{a} + C$，$D$ 中 $\int (x^2+a)\,\mathrm{d}t = (x^2+a)t + C$

故选 B.

(3) D.　**解**　已知 $\int f(x)\,\mathrm{d}x = x^2 + C$，$\int xf(1-x^2)\,\mathrm{d}x = -\dfrac{1}{2}\int f(1-x^2)\,\mathrm{d}(1-x^2) = -\dfrac{1}{2}(1-x^2)^2 + C$

故选 D.

(4) B. 解 $\int e^{-x} f(e^{-x}) \, dx = - \int f(e^{-x}) \, d(e^{-x}) = - F(e^{-x}) + C$

(5) B. 解 已知 $\int f(x) \, dx = x\ln x + C$, 得 $f(x) = \ln x + 1$, $f'(x) = \dfrac{1}{x}$, 则 $\int x f(x) \, dx =$

$\dfrac{x^2}{2} f(x) - \int \dfrac{x^2}{2} f'(x) \, dx = \dfrac{x^2}{2}(\ln x + 1) - \dfrac{x^2}{4} + C = x^2 \left(\dfrac{1}{4} + \dfrac{1}{2}\ln x \right) + C$

故选 B.

3. 解 利用分部积分法, 得 $\int x f'(x) \, dx = \int x \, df(x) = xf(x) - \int f(x) \, dx$

由题设知 $\int f(x) \, dx = \dfrac{\sin x}{x} + C$, 从而

$$f(x) = \left(\int f(x) \, dx \right)' = \left(\dfrac{\sin x}{x} + C \right)' = \left(\dfrac{\sin x}{x} \right)' = \dfrac{x\cos x - \sin x}{x^2}$$

代入, 有

$$\int x f'(x) \, dx = x \left(\dfrac{x\cos x - \sin x}{x^2} \right) - \dfrac{\sin x}{x} - C = \cos x - \dfrac{2\sin x}{x} - C$$

也可按照通常的写法把 $-C$ 改为 C, 即 $\int x f'(x) \, dx = \cos x - \dfrac{2\sin x}{x} + C$, 其中 C 是任意常数.

4. 解 $\int \dfrac{1}{a^2 - b^2 x^2} \, dx = \dfrac{1}{2a} \int \left(\dfrac{1}{a - bx} + \dfrac{1}{a + bx} \right) dx = \dfrac{1}{2a} \int \dfrac{1}{a - bx} \, dx + \dfrac{1}{2a} \int \dfrac{1}{a + bx} \, dx$

$\qquad = -\dfrac{1}{2ab}\ln|a - bx| + \dfrac{1}{2ab}\ln|a + bx| + C = \dfrac{1}{2ab}\ln\left| \dfrac{a + bx}{a - bx} \right| + C$

5. 解 $\int \sqrt{\dfrac{a + x}{a - x}} \, dx = \int \dfrac{a + x}{\sqrt{a^2 - x^2}} \, dx = \int \dfrac{a}{\sqrt{a^2 - x^2}} \, dx + \int \dfrac{x}{\sqrt{a^2 - x^2}} \, dx$

$\qquad = a \int \dfrac{dx}{\sqrt{a^2 - x^2}} - \dfrac{1}{2} \int \dfrac{d(a^2 - x^2)}{\sqrt{a^2 - x^2}} = a\arcsin\dfrac{x}{a} - \sqrt{a^2 - x^2} + C$

6. 解 $\int \dfrac{1}{1 + \sqrt{x} + \sqrt{x + 1}} \, dx = \int \dfrac{1 + \sqrt{x} - \sqrt{x + 1}}{(1 + \sqrt{x} + \sqrt{x + 1})(1 + \sqrt{x} - \sqrt{x + 1})} \, dx$

$\qquad = \int \dfrac{1 + \sqrt{x} - \sqrt{x + 1}}{2\sqrt{x}} \, dx = \sqrt{x} + \dfrac{1}{2}x - \dfrac{1}{2} \int \sqrt{\dfrac{x + 1}{x}} \, dx$

$\int \sqrt{\dfrac{x + 1}{x}} \, dx = \int \dfrac{x + 1}{\sqrt{x^2 + x}} \, dx$

$\qquad = \int \dfrac{x + 1}{\sqrt{\left(x + \dfrac{1}{2} \right)^2 - \left(\dfrac{1}{2} \right)^2}} \, dx \underset{\rule{0pt}{1.2em}}{\overline{\underline{x + \dfrac{1}{2} = \dfrac{1}{2}\sec t}}} \dfrac{1}{2}\sec t \int \dfrac{\dfrac{1}{2}\sec t + \dfrac{1}{2}}{\dfrac{1}{2}\tan t} \cdot \dfrac{1}{2}\sec t\tan t \, dt$

$\qquad = \int \dfrac{1}{2}(\sec^2 t + \sec t) \, dt = \dfrac{1}{2}(\tan t + \ln|\sec t + \tan t|) + C$

$\qquad = \dfrac{1}{2} \left(2\sqrt{x^2 + x} + \ln\left| 2x + 1 + 2\sqrt{x^2 + x} \right| \right) + C$

所以 $\displaystyle\int \frac{1}{1 + \sqrt{x} + \sqrt{x+1}} \mathrm{d}x = \sqrt{x} + \frac{1}{2}x - \frac{1}{2}\sqrt{x^2 + x} - \frac{1}{4}\ln\left|2x + 1 + 2\sqrt{x^2 + x}\right| + C$

7. 解　令 $x = \tan t\left(-\dfrac{\pi}{2} < t < \dfrac{\pi}{2}\right)$，则

$$\int \frac{\ln(x + \sqrt{1 + x^2})}{(1 + x^2)^{\frac{3}{2}}} \mathrm{d}x = \int \frac{\ln\left(\tan t + \dfrac{1}{\cos t}\right)}{\dfrac{1}{\cos^3 t}} \frac{1}{\cos^2 t} \mathrm{d}t = \int \ln\left(\tan t + \frac{1}{\cos t}\right) \mathrm{d}\sin t$$

$$= \sin t \ln\left(\tan t + \frac{1}{\cos t}\right) - \int \sin t \, \mathrm{d}\ln\left(\tan t + \frac{1}{\cos t}\right)$$

$$= \sin t \ln\left(\tan t + \frac{1}{\cos t}\right) - \int \sin t \frac{\dfrac{1}{\cos^2 t} + \dfrac{\sin t}{\cos^2 t}}{\tan t + \dfrac{1}{\cos t}} \mathrm{d}t$$

$$= \sin t \ln\left(\tan t + \frac{1}{\cos t}\right) - \int \frac{\sin t}{\cos t} \mathrm{d}t$$

$$= \sin t \ln\left(\tan t + \frac{1}{\cos t}\right) + \ln|\cos t| + C$$

$$= \frac{x}{\sqrt{1 + x^2}} \ln(x + \sqrt{1 + x^2}) - \frac{1}{2}\ln(1 + x^2) + C$$

8. 解　当 $a = 0, b \neq 0$ 时，有 $\displaystyle\int \frac{\mathrm{d}x}{a^2\sin^2 x + b^2\cos^2 x} = \frac{1}{b^2}\int \frac{\mathrm{d}x}{\cos^2 x} = \frac{1}{b^2}\tan x + C;$

当 $a \neq 0, b = 0$ 时，有 $\displaystyle\int \frac{\mathrm{d}x}{a^2\sin^2 x + b^2\cos^2 x} = \frac{1}{a^2}\int \frac{\mathrm{d}x}{\sin^2 x} = -\frac{1}{a^2}\cot x + C;$

当 $a \neq 0, b \neq 0$ 时，有 $\displaystyle\int \frac{\mathrm{d}x}{a^2\sin^2 x + b^2\cos^2 x} = \frac{1}{ab}\int \frac{\mathrm{d}\left(\dfrac{a}{b}\tan x\right)}{1 + \left(\dfrac{a}{b}\tan x\right)^2} = \frac{1}{ab}\arctan\left(\frac{a}{b}\tan x\right) + C.$

9. 解　$\displaystyle\int \frac{\arctan x}{x^2(1 + x^2)} \mathrm{d}x = \int \frac{\arctan x}{x^2} \mathrm{d}x - \int \frac{\arctan x}{1 + x^2} \mathrm{d}x$

$$= -\int \arctan x \, \mathrm{d}\frac{1}{x} - \int \arctan x \, \mathrm{d}\arctan x$$

$$= -\frac{\arctan x}{x} + \int \frac{1}{x(1 + x^2)} \mathrm{d}x - \frac{1}{2}(\arctan x)^2$$

$$= -\frac{\arctan x}{x} + \frac{1}{2}\int \left(\frac{1}{x^2} - \frac{1}{1 + x^2}\right)\mathrm{d}x^2 - \frac{1}{2}(\arctan x)^2$$

$$= -\frac{\arctan x}{x} + \frac{1}{2}\ln \frac{x^2}{1 + x^2} - \frac{1}{2}(\arctan x)^2 + C$$

10. 解　令 $\sqrt{1 - x} = t$，则

$$\int \frac{\mathrm{d}x}{(2 - x)\sqrt{1 - x}} = \int \frac{-2t\mathrm{d}t}{(1 + t^2)t} = -2\int \frac{\mathrm{d}t}{1 + t^2}$$

$$= -2\arctan t + C = -2\arctan\sqrt{1 - x} + C$$

110

11. 解 由 $\int x^2 f(x) \, \mathrm{d}x = \arcsin x + C$，得

$$x^2 f(x) = (\arcsin x + C)' = \frac{1}{\sqrt{1-x^2}}$$

则

$$f(x) = \frac{1}{x^2 \sqrt{1-x^2}}$$

故

$$F(x) = \int f(x) \, \mathrm{d}x = \int \frac{1}{x^2 \sqrt{1-x^2}} \, \mathrm{d}x \xlongequal{x = \sin t} \int \frac{\cos t}{\sin^2 t \cos t} \, \mathrm{d}t$$

$$= \int \csc^2 t \, \mathrm{d}t = -\cot t + C = -\frac{\sqrt{1-x^2}}{x} + C$$

由于 $F(1) = 0$，解出 $c = 0$，即 $F(x) = -\dfrac{\sqrt{1-x^2}}{x}$.

12. 解 本题为分段函数积分，关键是分段点处原函数连续，从而确定分段积分出现的两个常数的关系. 于是，当 $x > 0$ 时，$\int f(x) \, \mathrm{d}x = \int (-\sin x) \, \mathrm{d}x = \cos x + C_1$；当 $x < 0$ 时，$\int f(x) \, \mathrm{d}x = \int x \mathrm{d}x = \dfrac{1}{2} x^2 + C_2$；在 $x = 0$ 处，应用 $\cos 0 + C_1 = \dfrac{1}{2} \cdot 0^2 + C_2$，得 $C_2 = 1 + C_1$，从而得

$$\int f(x) \, \mathrm{d}x = \begin{cases} \cos x + C, & x \geq 0 \\ \dfrac{1}{2} x^2 + 1 + C, & x < 0 \end{cases}$$

第5章 定 积 分

5.1 内 容 概 要

5.1.1 基本概念

1. 定积分的定义

$$\int_a^b f(x)\,\mathrm{d}x = I = \lim_{\lambda \to 0} \sum_{i=1}^n f(\xi_i)\,\Delta x_i$$

式中:$f(x)$称为被积函数;$f(x)\,\mathrm{d}x$称为被积表达式;x称为积分变量;b、a称为积分上、下限;$[a,b]$称为积分区间.

注 (1) 积分变量x也可以换成其他字母如t、u等,即

$$\int_a^b f(x)\,\mathrm{d}x = \int_a^b f(t)\,\mathrm{d}t$$

(2) 规定

$$\int_a^a f(x)\,\mathrm{d}x = 0$$

$$\int_b^a f(x)\,\mathrm{d}x = -\int_a^b f(x)\,\mathrm{d}x$$

2. 无穷限反常积分

(1) $f(x)$在$[a, +\infty)$上的反常积分:若$\lim\limits_{b \to +\infty} \int_a^b f(x)\,\mathrm{d}x$存在,则$\int_a^{+\infty} f(x)\,\mathrm{d}x = \lim\limits_{b \to +\infty} \int_a^b f(x)\,\mathrm{d}x$,此时称$\int_a^{+\infty} f(x)\,\mathrm{d}x$收敛;若$\lim\limits_{b \to +\infty} \int_a^b f(x)\,\mathrm{d}x$不存在,则称$\int_a^{+\infty} f(x)\,\mathrm{d}x$发散.

(2) $f(x)$在$(-\infty, b]$上的反常积分:若$\lim\limits_{a \to -\infty} \int_a^b f(x)\,\mathrm{d}x$存在,则$\int_{-\infty}^b f(x)\,\mathrm{d}x = \lim\limits_{a \to -\infty} \int_a^b f(x)\,\mathrm{d}x$,此时称$\int_{-\infty}^b f(x)\,\mathrm{d}x$收敛;若$\lim\limits_{a \to -\infty} \int_a^b f(x)\,\mathrm{d}x$不存在,则称$\int_{-\infty}^b f(x)\,\mathrm{d}x$发散.

(3) $f(x)$在$(-\infty, +\infty)$上的反常积分:若$\int_{-\infty}^0 f(x)\,\mathrm{d}x$,$\int_0^{+\infty} f(x)\,\mathrm{d}x$均收敛,则$\int_{-\infty}^{+\infty} f(x)\,\mathrm{d}x = \int_{-\infty}^0 f(x)\,\mathrm{d}x + \int_0^{+\infty} f(x)\,\mathrm{d}x$.此时称$\int_{-\infty}^{+\infty} f(x)\,\mathrm{d}x$收敛. 若右边至少有一个发散,则称$\int_{-\infty}^{+\infty} f(x)\,\mathrm{d}x$发散.

上述反常积分统称为无穷限反常积分.

3. 无界函数反常积分

瑕点:若$f(x)$在任一$\mathring{U}(a)$内无界,称a为$f(x)$的瑕点.

(1) $f(x)$在$(a,b]$上的反常积分:若$\lim\limits_{t \to a^+} \int_t^b f(x)\,\mathrm{d}x$存在,且$a$为$f(x)$的瑕点,则$\int_a^b f(x)\,\mathrm{d}x = \lim\limits_{t \to a^+} \int_t^b f(x)\,\mathrm{d}x$,此时称$\int_a^b f(x)\,\mathrm{d}x$收敛. 若$\lim\limits_{t \to a^+} \int_t^b f(x)\,\mathrm{d}x$不存在,则称$\int_a^b f(x)\,\mathrm{d}x$发散.

(2) $f(x)$ 在 $[a,b)$ 上的反常积分：若 $\lim\limits_{t\to b^-}\int_a^t f(x)\,\mathrm{d}x$ 存在，且 b 为 $f(x)$ 的瑕点，则

$\int_a^b f(x)\,\mathrm{d}x = \lim\limits_{t\to b^-}\int_a^t f(x)\,\mathrm{d}x$，此时称 $\int_a^b f(x)\,\mathrm{d}x$ 收敛. 若 $\lim\limits_{t\to b^-}\int_a^t f(x)\,\mathrm{d}x$ 不存在，则称 $\int_a^b f(x)\,\mathrm{d}x$ 发散.

(3) $f(x)$ 在 $[a,b]$ $(a<c<b)$ 上的反常积分：若 $\int_a^c f(x)\,\mathrm{d}x$，$\int_c^b f(x)\,\mathrm{d}x$ 均收敛，且 c 为 $f(x)$ 的瑕点，则 $\int_a^b f(x)\,\mathrm{d}x = \int_a^c f(x)\,\mathrm{d}x + \int_c^b f(x)\,\mathrm{d}x$，此时称 $\int_a^b f(x)\,\mathrm{d}x$ 收敛. 若右边至少有一个发散，则称 $\int_a^b f(x)\,\mathrm{d}x$ 发散.

上述反常积分统称为无界函数反常积分.

5.1.2 基本理论

1. 定积分的几何意义

如果 $f(x)$ 在 $[a,b]$ 上的某一些区间取正，另一些区间取负，$\int_a^b f(x)\,\mathrm{d}x$ 表示 x 轴上方图形面积减去 x 轴下方图形面积所得的差，如图 5.1 所示，这几个曲边梯形面积为 S_1、S_2、S_3，则有 $\int_a^b f(x)\,\mathrm{d}x = S_1 - S_2 + S_3$.

2. 定积分的性质

假设以下各函数都是可积的，且 $a<b$（(1)~(4) 对 $a>b$ 也成立）.

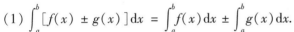

图 5.1

(1) $\int_a^b [f(x) \pm g(x)]\,\mathrm{d}x = \int_a^b f(x)\,\mathrm{d}x \pm \int_a^b g(x)\,\mathrm{d}x$.

(2) $\int_a^b kf(x)\,\mathrm{d}x = k\int_a^b f(x)\,\mathrm{d}x$（$k$ 为常数）.

(3) $\int_a^b f(x)\,\mathrm{d}x = \int_a^c f(x)\,\mathrm{d}x + \int_c^b f(x)\,\mathrm{d}x$.

(4) $\int_a^b \mathrm{d}x = \int_a^b 1\,\mathrm{d}x = b - a$.

(5) 若 $f(x) \geqslant 0$，$x \in [a,b]$，则 $\int_a^b f(x)\,\mathrm{d}x \geqslant 0$.

推论：

① 若 $f(x) \leqslant g(x)$，$x \in [a,b]$，则 $\int_a^b f(x)\,\mathrm{d}x \leqslant \int_a^b g(x)\,\mathrm{d}x$.

② $\left|\int_a^b f(x)\,\mathrm{d}x\right| \leqslant \int_a^b |f(x)|\,\mathrm{d}x$.

(6) 设 M 与 m 为 $f(x)$ 在 $[a,b]$ 上的最大值与最小值，则

$$m(b-a) \leqslant \int_a^b f(x)\,\mathrm{d}x \leqslant M(b-a)$$

(7) 积分中值定理：设 $f(x) \in C[a,b]$，则 $\exists \xi \in [a,b]$，使得 $\int_a^b f(x)\,\mathrm{d}x = f(\xi)(b-a)$.

3. 微积分基本公式

设 $f(x) \in C[a,b]$，$F(x)$ 为 $f(x)$ 的原函数，则

$$\int_a^b f(x)\,\mathrm{d}x = F(b) - F(a) = F(x)\,\Big|_a^b$$

此公式称为牛顿—莱布尼兹公式.

注 此式对 $a > b$ 也成立.

4. 定积分的应用

1）平面图形的面积

（1）在直角坐标系下计算平面图形的面积.

① 图形由 $y = f(x) \geqslant 0$，$x = a$，$x = b$ 及 $y = 0$ 围成，面积为

$$A = \int_a^b f(x)\,\mathrm{d}x$$

② 图形由 $x = a$，$x = b$，$y = \varphi_1(x)$，$y = \varphi_2(x)$（$\varphi_1(x) \leqslant \varphi_2(x)$，$x \in [a,b]$）围成，面积

$$A = \int_a^b [\varphi_2(x) - \varphi_1(x)]\,\mathrm{d}x$$

③ 图形由 $y = c$，$y = \mathrm{d}$，$x = \varphi_1(y)$，$x = \varphi_2(y)$（$\varphi_1(y) \leqslant \varphi_2(y)$，$y \in [c,\mathrm{d}]$）围成，面积

$$A = \int_c^d [\varphi_2(y) - \varphi_1(y)]\,\mathrm{d}y$$

（2）参数方程下计算平面图形的面积.

在曲边梯形 $y = f(x)$、$y = 0$、$x = a$、$x = b$（$f(x) \geqslant 0$，$a < b$）中，如果曲边的参数方程为 $\begin{cases} x = \varphi(t) \\ y = \phi(t) \end{cases}$，面积 $A = \int_a^b y\,\mathrm{d}x = \int_\alpha^\beta \phi(t)\varphi'(t)\,\mathrm{d}t$，其中 $a = \varphi(\alpha)$，$b = \varphi(\beta)$.

（3）极坐标系下计算平面图形的面积.

曲线 $\rho = \rho(\theta)$、$\theta = \alpha$、$\theta = \beta$，$\alpha < \beta$ 围成的面积为

$$A = \frac{1}{2}\int_\alpha^\beta [\rho(\theta)]^2\,\mathrm{d}\theta$$

2）空间立体的体积

（1）旋转体体积. 在 $[a,b]$ 上 $f(x) \geqslant 0$，曲线 $y = f(x)$，直线 $x = a$、$x = b$、$y = 0$ 围成的曲边梯形.

① 绕 x 轴旋转一周形成旋转体，其截面面积 $A(x) = \pi f^2(x)$，旋转体体积为

$$V = \pi \int_a^b f^2(x)\,\mathrm{d}x$$

② 绕 y 轴旋转一周形成旋转体的体积为

$$V = 2\pi \int_a^b x f(x)\,\mathrm{d}x$$

③ 在 $[c,d]$ 上 $\phi(y) \geqslant 0$.

曲线 $x = \phi(y)$，直线 $y = c$、$y = d$、$x = 0$ 围成的曲边梯形绕 y 轴旋转一周形成的旋转体积为

114

$$V = \int_c^d \pi [\phi(y)]^2 \mathrm{d}y$$

（2）平行截面面积为已知的空间立体的体积. 立体在$[a,b]$中每一点 x 处的截面积为 $A(x)$，其体积为

$$V = \int_a^b A(x)\mathrm{d}x$$

3）平面曲线的弧长（表5.1）

表5.1 平面曲线弧长

曲线方程	自变量的范围	弧微分 $\mathrm{d}s = \sqrt{\mathrm{d}x^2 + \mathrm{d}y^2}$	弧长 $s = \int_a^b \mathrm{d}s$
显函数 $y = f(x)$	$a \leqslant x \leqslant b$	$\mathrm{d}s = \sqrt{1 + [f'(x)]^2}\,\mathrm{d}x$	$s = \int_a^b \sqrt{1 + [f'(x)]^2}\,\mathrm{d}x$
参数方程 $\begin{cases} x = x(t) \\ y = y(t) \end{cases}$	$\alpha \leqslant t \leqslant \beta$	$\mathrm{d}s = \sqrt{x'^2(t) + y'^2(t)}\,\mathrm{d}x$	$s = \int_\alpha^\beta \sqrt{x'^2(t) + y'^2(t)}\,\mathrm{d}t$
极坐标 $r = r(\theta)$	$\alpha \leqslant \theta \leqslant \beta$	$\mathrm{d}s = \sqrt{r^2 + r'^2}\,\mathrm{d}\theta$	$s = \int_\alpha^\beta \sqrt{r^2 + r'^2}\,\mathrm{d}\theta$

表中，当 $r = r(\theta)$ 时，$x = r\cos\theta, y = r\sin\theta, x' = r'(\theta)\cos\theta - r(\theta)\sin\theta, y' = r'(\theta)\sin\theta + r(\theta)\cos\theta$，

弧微分 $\mathrm{d}s = \sqrt{x'^2 + y'^2}\,\mathrm{d}\theta = \sqrt{r^2 + r'^2}\,\mathrm{d}\theta$.

5. 定积分在物理上的应用

（1）细棒的质量为

$$m = \int_0^l \mathrm{d}m = \int_0^l \rho(x)\mathrm{d}x$$

式中：$\rho(x)$ 为线密度.

（2）变力所做的功为

$$W = \int_a^b \mathrm{d}W = \int_a^b F(x)\mathrm{d}x$$

（3）水压力（图5.2）为

$$P = \int_a^b \mathrm{d}P = \int_a^b \mu x f(x)\mathrm{d}x$$

式中：μ 为密度.

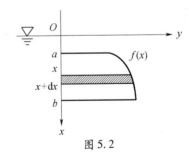

图5.2

5.1.3 基本方法

1. 定积分的换元积分法

设 $f(x) \in C[a,b], \varphi'(t) \in C(I), \varphi(I) \subset [a,b], \varphi(\alpha) = a, \varphi(\beta) = b$，此处 $I = [\alpha,\beta]$ 或 $I = [\beta,\alpha]$，则

$$\int_a^b f(x)\mathrm{d}x = \int_\alpha^\beta f[\varphi(t)]\varphi'(t)\mathrm{d}t$$

2. 定积分的分部积分法

设 $u'(x), v'(x) \in C[a,b]$，则

$$\int_a^b u \mathrm{d}v = uv \Big|_a^b - \int_a^b v \mathrm{d}u$$

5.2 典型例题分析、解答与评注

5.2.1 与定积分的定义性质有关的问题

定积分的定义及性质部分的主要题型是利用定积分的定义或性质求极限、估计或比较定积分的值. 难点是利用定积分的定义求极限.

1. 利用定积分的定义求极限

例 5.1 计算极限 $\lim\limits_{n \to \infty} \dfrac{1}{n} \sum\limits_{i=1}^{n} \sqrt{1 + \dfrac{i}{n}}$.

分析 求数列的极限一般看能否确定一般项的具体形式,如果不能就要考虑夹逼准则或定积分的定义.

解答 设 $\Delta x_i = \dfrac{1}{n}, \xi_i = \dfrac{i}{n}, f(x) = \sqrt{1+x}$,则由定积分的定义可知

$$\lim_{n \to \infty} \frac{1}{n} \sum_{i=1}^{n} \sqrt{1 + \frac{i}{n}} = \lim_{n \to \infty} \sum_{i=1}^{n} \frac{1}{n} \cdot \sqrt{1 + \frac{i}{n}} = \lim_{n \to \infty} \sum_{i=1}^{n} f(\xi_i) \cdot \Delta x_i$$

$$= \int_0^1 f(x) \mathrm{d}x = \int_0^1 \sqrt{1+x} \mathrm{d}x = \frac{2}{3}(1+x)^{\frac{3}{2}} \Big|_0^1 = \frac{2}{3}(2\sqrt{2} - 1)$$

评注 此题的关键是确定 Δx_i、ξ_i、$f(x)$ 的形式,确定积分区间. 一般来看,为解题的方便 ξ_i 取在第 i 个小区间的端点处,积分区间由 i 的取值范围及小区间的长度可以找到.

例 5.2 计算极限 $\lim\limits_{n \to \infty} \ln \dfrac{\sqrt[n]{n!}}{n}$.

分析 该极限并非 n 项和的极限,但利用对数的性质可将它化为和的极限,从而转化为用定积分的定义求极限的问题,这是问题的关键.

解答 $\lim\limits_{n \to \infty} \ln \sqrt[n]{\dfrac{n!}{n^n}} = \lim\limits_{n \to \infty} \dfrac{1}{n} \ln\left(\dfrac{1}{n} \cdot \dfrac{2}{n} \cdots \dfrac{n}{n} \right) = \lim\limits_{n \to \infty} \sum\limits_{i=1}^{n} \left(\ln \dfrac{i}{n} \right) \cdot \dfrac{1}{n}$

设 $\Delta x_i = \dfrac{1}{n}, \xi_i = \dfrac{i}{n}, f(x) = \ln x$,则

$$\lim_{n \to \infty} \ln \sqrt[n]{\frac{n!}{n^n}} = \lim_{n \to \infty} \sum_{i=1}^{n} f(\xi_i) \cdot \Delta x_i = \int_0^1 \ln x \mathrm{d}x$$

$$= x \ln x \Big|_0^1 - \int_0^1 \mathrm{d}x = -\lim_{x \to 0^+} x \ln x - 1 = -1$$

评注 此题中的定积分是无界函数的反常积分,$x = 0$ 是函数 $f(x)$ 的瑕点,其计算方法与正常积分类似,在运算的最后一步只需在瑕点处取极限即可.

2. 比较积分的值

例 5.3 比较积分 $\int_0^1 x \mathrm{d}x$ 与 $\int_0^1 \ln(1+x) \mathrm{d}x$ 的大小.

分析 要比较积分 $\int_0^1 x \mathrm{d}x$ 与 $\int_0^1 \ln(1+x) \mathrm{d}x$ 的大小,只需在 $[0,1]$ 区间上比较两个被

积函数 x 与 $\ln(1+x)$ 的大小,然后利用定积分的性质即可得到答案.

解答 记 $f(x) = x - \ln(1+x)$,则 $f'(x) = 1 - \dfrac{1}{1+x} = \dfrac{x}{1+x}$,当 $x \in (0,1)$ 时,$f'(x) > 0$,所以函数 $f(x)$ 在 $[0,1]$ 上单调增加,从而 $f(x) = x - \ln(1+x) \geqslant f(0) = 0$,当 $x \in [0,1]$ 时,$f(x)$ 不恒为零,所以

$$\int_0^1 f(x)\,\mathrm{d}x = \int_0^1 [x - \ln(1+x)]\,\mathrm{d}x > 0$$

即

$$\int_0^1 x\,\mathrm{d}x > \int_0^1 \ln(1+x)\,\mathrm{d}x$$

评注 此题中应特别关注结论中出现的是"$>$"号,而不是"$\geqslant$"号,这就要求函数 $f(x)$ 不恒为零.

3. 估计积分的值

例 5.4 估计积分 $\displaystyle\int_2^0 \mathrm{e}^{x^2-x}\,\mathrm{d}x$ 的值.

分析 本题的关键是求出 e^{x^2-x} 在 $[0,2]$ 上的最大值和最小值,然后再利用定积分的估值不等式.

解答 〈方法一〉令 $f(x) = \mathrm{e}^{x^2-x}$,则 $f'(x) = (2x-1)\mathrm{e}^{x^2-x}$.

由 $f'(x) = 0$,解得驻点 $x = \dfrac{1}{2}$,比较 $f\left(\dfrac{1}{2}\right) = \mathrm{e}^{-\frac{1}{4}}$,$f(2) = \mathrm{e}^2$,$f(0) = 1$ 得最大值 e^2、最小值 $\mathrm{e}^{-\frac{1}{4}}$,故在 $[0,2]$ 上 $\mathrm{e}^{-\frac{1}{4}} \leqslant f(x) \leqslant \mathrm{e}^2$,由定积分的估值不等式知

$$\int_0^2 \mathrm{e}^{-\frac{1}{4}}\,\mathrm{d}x \leqslant \int_0^2 \mathrm{e}^{x^2-x}\,\mathrm{d}x \leqslant \int_0^2 \mathrm{e}^2\,\mathrm{d}x$$

即

$$-2\mathrm{e}^2 \leqslant \int_2^0 \mathrm{e}^{x^2-x}\,\mathrm{d}x \leqslant -2\mathrm{e}^{-\frac{1}{4}}$$

〈方法二〉$f(x) = \mathrm{e}^{x^2-x} = \mathrm{e}^{(x-\frac{1}{2})^2 - \frac{1}{4}}$,故在 $x = \dfrac{1}{2}$ 时 $f(x)$ 取得最小值 $\mathrm{e}^{-\frac{1}{4}}$,在 $x = 2$ 时 $f(x)$ 取得最大值 e^2,由定积分的估值不等式知

$$-2\mathrm{e}^2 \leqslant \int_2^0 \mathrm{e}^{x^2-x}\,\mathrm{d}x \leqslant -2\mathrm{e}^{-\frac{1}{4}}$$

评注 此题用了两种方法:第一种方法是利用导数求出函数的最值,第二种方法是利用配方法求出函数的最值. 显然第二种方法简单.

4. 定积分中值定理的应用

例 5.5 设 $f(x)$ 在 $[a,b]$ 上连续,在 (a,b) 内可导,且 $f'(x) \geqslant 0$,设 $F(x) = \dfrac{1}{x-a}$ $\displaystyle\int_a^x f(t)\,\mathrm{d}t$,试利用积分中值定理证明:

(1)当 $a < x < b$ 时,$F(x) \leqslant f(x)$.

(2)$F'(x) \geqslant 0$.

分析 证明不等式问题,一般会考虑利用单调性证明,但本题利用单调性证明会比较复杂,因此,考虑用积分中值定理.

证明

(1)由积分中值定理知:

$$F(x) = \frac{1}{x-a}\int_a^x f(t)\mathrm{d}t = \frac{1}{x-a}f(\xi)(x-a) = f(\xi) \quad (a \leqslant \xi \leqslant x < b)$$

因为 $f'(x) \geqslant 0$，所以 $f(x)$ 在 $[a,b]$ 上为增函数，即 $f(\xi) \leqslant f(x)$，从而 $F(x) = f(\xi) \leqslant f(x)$.

(2) $F'(x) = \left(\dfrac{1}{x-a}\int_a^x f(t)\mathrm{d}t\right)' = -\dfrac{1}{(x-a)^2}\int_a^x f(t)\mathrm{d}t + \dfrac{1}{x-a}\left[\int_a^x f(t)\mathrm{d}t\right]'$

$$= -\frac{1}{x-a}f(\xi) + \frac{1}{x-a}f(x) = \frac{1}{x-a}[f(x) - f(\xi)]$$

因 $a \leqslant \xi \leqslant x < b, f(x) - f(\xi) \geqslant 0$，所以 $F'(x) \geqslant 0$.

评注 在(2)中利用积分中值定理去掉了积分号,积分中值定理在理论推导及计算上很方便.

例 5.6 计算极限 $\displaystyle\lim_{n\to\infty}\int_n^{n+a}\frac{\sin nx}{x}\mathrm{d}x\,(a > 0)$.

分析 本题困难之处是被积函数 $\dfrac{\sin nx}{x}$ 的原函数不是初等函数,所以不可能先积分再求极限.

解答 $\displaystyle\lim_{n\to\infty}\int_n^{n+a}\frac{\sin nx}{x}\mathrm{d}x = \lim_{n\to\infty}\frac{\sin n\xi}{\xi}\cdot a \quad (n \leqslant \xi \leqslant n+a)$

当 $n\to\infty$ 时 $\xi\to\infty$,有

$$\lim_{n\to\infty}\int_n^{n+a}\frac{\sin nx}{x}\mathrm{d}x = \lim_{\xi\to\infty}\frac{a\sin n\xi}{\xi} = 0$$

评注 利用积分中值定理脱去积分号,回避了 $\displaystyle\int_n^{n+a}\frac{\sin nx}{x}\mathrm{d}x$ 无法计算的困难.

例 5.7 设 $f(x)$ 在 $[0,1]$ 上可微,且 $f(1) = 2\displaystyle\int_0^{\frac{1}{2}}\mathrm{e}^{1-x^2}f(x)\mathrm{d}x$,证明在 $(0,1)$ 内至少存在一点 ξ,使 $f'(\xi) = 2\xi f(\xi)$.

分析 将等式变形为 $f'(\xi) - 2\xi f(\xi) = 0$,由于 $[f(x)\mathrm{e}^{-x^2}]' = [f'(x) - 2xf(x)]\mathrm{e}^{-x^2}$,只要证 $[f(x)\mathrm{e}^{-x^2}]'|_{x=\xi} = 0$,对函数 $f(x)\mathrm{e}^{-x^2}$ 应用罗尔定理即可得证.

证明 设 $F(x) = f(x)\mathrm{e}^{-x^2}$ 因为 $f(x)$ 在 $[0,1]$ 上可微,所以 $F(x)$ 在 $[0,1]$ 上连续、可导.

由于 $f(1) = 2\displaystyle\int_0^{\frac{1}{2}}\mathrm{e}^{1-x^2}f(x)\mathrm{d}x$,由积分中值定理,$f(1) = \mathrm{e}^{1-\xi_1^2}f(\xi_1), 0 \leqslant \xi_1 \leqslant \dfrac{1}{2}$,

即 $f(1)\mathrm{e}^{-1} = \mathrm{e}^{-\xi_1^2}f(\xi_1)$,从而 $F(1) = F(\xi_1)$,由罗尔定理,在 $(\xi_1,1)$ 内至少存在一点 ξ,使 $F'(\xi) = 0$,即在 $(0,1)$ 内至少存在一点 ξ,使 $f'(\xi) = 2\xi f(\xi)$.

评注 此题中运用罗尔定理的区间已经不是 $[0,1]$,因为题目中并没有提供有关 $f(0)$ 的信息,由积分中值定理找到了适合罗尔定理的区间 $(\xi_1,1)$,这是解题的独到之处.

5.2.2 变限积分及其导数问题

例 5.8 设 $f(x) = \begin{cases} x+1, & x < 0 \\ x, & x \geqslant 0 \end{cases}$,讨论函数 $F(x) = \displaystyle\int_{-1}^x f(t)\mathrm{d}t$ 在 $x = 0$ 处的连续性与可

导性.

分析 首先确定 $F(x)$ 的表达式,再讨论 $F(x)$ 的连续性与可导性.

解答 当 $x < 0$ 时,有

$$F(x) = \int_{-1}^{x} f(t)\mathrm{d}t = \int_{-1}^{x} (t+1)\mathrm{d}t = \frac{1}{2}x^2 + x + \frac{1}{2}$$

当 $x \geq 0$ 时,有

$$F(x) = \int_{-1}^{x} f(t)\mathrm{d}t = \int_{-1}^{0} (t+1)\mathrm{d}t + \int_{0}^{x} t\mathrm{d}t = \frac{1}{2}(x^2+1)$$

所以

$$F(x) = \begin{cases} \dfrac{1}{2}x^2 + x + \dfrac{1}{2}, & x < 0 \\[2mm] \dfrac{1}{2}(x^2+1), & x \geq 0 \end{cases}$$

因为 $F(0^-) = F(0^+) = F(0) = \dfrac{1}{2}$,所以 $F(x)$ 在 $x = 0$ 处连续.

$$F'_-(0) = \lim_{x \to 0^-} \frac{F(x) - F(0)}{x - 0} = \lim_{x \to 0^-} \frac{\frac{1}{2}x^2 + x + \frac{1}{2} - \frac{1}{2}}{x} = 1$$

$$F'_+(0) = \lim_{x \to 0^+} \frac{F(x) - F(0)}{x - 0} = \lim_{x \to 0^+} \frac{\frac{1}{2}(x^2+1) - \frac{1}{2}}{x} = 0$$

因为 $F'_-(0) \neq F'_+(0)$,所以 $F(x)$ 在 $x = 0$ 处不可导.

评注 此题中在计算 $F(x)$ 时要注意讨论 x 的取值,x 的取值不同会导致积分范围不一样,但切记积分是在区间 $[0, x]$ 上进行的,这一点很容易被忽略.

例 5.9 求 $\lim\limits_{x \to 0} \dfrac{\displaystyle\int_0^{\sin^2 x} \ln(1+t)\mathrm{d}t}{\sqrt{1+x^4} - 1}$.

分析 $\dfrac{0}{0}$ 型的极限,用洛必达法则求极限.

解答 $\lim\limits_{x \to 0} \dfrac{\displaystyle\int_0^{\sin^2 x} \ln(1+t)\mathrm{d}t}{\sqrt{1+x^4} - 1} = \lim\limits_{x \to 0} \dfrac{\displaystyle\int_0^{\sin^2 x} \ln(1+t)\mathrm{d}t}{\frac{1}{2}x^4}$

$$= \lim_{x \to 0} \frac{2\sin x \cos x \ln(1+\sin^2 x)}{2x^3} = \lim_{x \to 0} \frac{x^3}{x^3} = 1$$

评注 此题中巧妙地运用了等价无穷小替换:$\ln(1+\sin^2 x) \sim \sin^2 x \sim x^2$;$\sqrt{1+x^4} - 1 \sim \dfrac{1}{2}x^4$.

例 5.10 当 $x \to 0$ 时,比较无穷小 $f(x) = \displaystyle\int_0^{\sin x} \sin t^2 \mathrm{d}t$ 与 $g(x) = x^3 + x^4$ 的阶.

分析 这是一个关于无穷小的比较问题. 令 $\lim\limits_{x \to 0} \dfrac{f(x)}{g(x)} = c$,当 $c = 0$ 时,$f(x)$ 是比 $g(x)$ 高阶的无穷小;当 $c \neq 0$ 为常数时,$f(x)$ 是与 $g(x)$ 同阶的无穷小;当 $c = 1$ 时,$f(x)$ 是与 $g(x)$ 等价的无穷小.

解答 $\lim\limits_{x \to 0} \dfrac{f(x)}{g(x)} = \lim\limits_{x \to 0} \dfrac{\displaystyle\int_0^{\sin x} \sin t^2 \mathrm{d}t}{x^3 + x^4}$

$$= \lim_{x \to 0} \frac{\sin(\sin x)^2 \cos x}{3x^2 + 4x^3} = \lim_{x \to 0} \frac{x^2}{3x^2 + 4x^3} = \frac{1}{3}.$$

评注   应正确使用变限积分的导数公式,综合使用极限的各种计算方法,如该题中使用洛必达法则的同时进行了等价无穷小替换 $\sin(\sin x)^2 \sim x^2$.

例 5.11   计算下列函数的导数:

(1) 设函数 $g(x)$ 连续,且 $f(x) = \dfrac{1}{2} \displaystyle\int_0^x (x - t)^2 g(t) \mathrm{d}t$,求 $f'(x)$.

(2) 设函数 $f(x)$ 连续,$F(x) = \displaystyle\int_a^b f(x + y)\mathrm{d}y$,其中 a 和 b 为常数,且 $a < b$,求 $F'(x)$.

分析   注意到被积函数中都含有自变量 x,变限积分求导时,若被积函数中含有自变量 x,应先通过化简将 x 提到积分号外,再对被积函数只含积分变量 t 形式的积分求导.

解答   (1) $f(x) = \dfrac{1}{2} \displaystyle\int_0^x (x - t)^2 g(t) \mathrm{d}t = \dfrac{1}{2} \displaystyle\int_0^x (x^2 - 2xt + t^2) g(t) \mathrm{d}t$

$$= \frac{x^2}{2} \int_0^x g(t) \mathrm{d}t - x \int_0^x t g(t) \mathrm{d}t + \frac{1}{2} \int_0^x t^2 g(t) \mathrm{d}t$$

所以 $f'(x) = x \displaystyle\int_0^x g(t) \mathrm{d}t + \dfrac{x^2}{2} g(x) - \displaystyle\int_0^x t g(t) \mathrm{d}t - x^2 g(x) + \dfrac{x^2}{2} g(x)$

$$= x \int_0^x g(t) \mathrm{d}t - \int_0^x t g(t) \mathrm{d}t$$

(2) $F'(x) = \dfrac{\mathrm{d}}{\mathrm{d}x} \displaystyle\int_a^b f(x + y) \mathrm{d}y \overset{t = x + y}{=\!=\!=} \dfrac{\mathrm{d}}{\mathrm{d}x} \displaystyle\int_{x+a}^{x+b} f(t) \mathrm{d}t = f(x + b) - f(x + a)$

评注   第 (2) 题通过直接化简无法将 x 提到积分号外,可以换元转化成将 x 提到积分号外的情况.

例 5.12   试确定常数 a、b、m 的值,使 $\lim\limits_{x \to 0} \dfrac{ax - \sin x}{\displaystyle\int_b^x \dfrac{\ln(1 + t^3)}{t} \mathrm{d}t} = m \ (m \neq 0)$.

分析   含变限积分的极限问题通常要使用洛必达法则,分子为无穷小,所以应首先验证分母为无穷小.

解答   因为当 $x \to 0$ 时,分子 $(ax - \sin x)$ 为无穷小,极限 m 是不为零的常数,所以分母 $\displaystyle\int_b^x \dfrac{\ln(1 + t^3)}{t} \mathrm{d}t$ 也是无穷小,即 $\lim\limits_{x \to 0} \displaystyle\int_b^x \dfrac{\ln(1 + t^3)}{t} \mathrm{d}t = 0$, 从而 $b = 0$.

$$\lim_{x \to 0} \frac{ax - \sin x}{\displaystyle\int_0^x \frac{\ln(1 + t^3)}{t} \mathrm{d}t} = \lim_{x \to 0} \frac{a - \cos x}{\dfrac{\ln(1 + x^3)}{x}} = \lim_{x \to 0} \frac{a - \cos x}{x^2} = m \neq 0$$

所以 $\lim\limits_{x \to 0} (a - \cos x) = a - 1 = 0, a = 1$

而 $\lim\limits_{x \to 0} \dfrac{a - \cos x}{x^2} = \lim\limits_{x \to 0} \dfrac{\sin x}{2x} = \dfrac{1}{2}$,所以 $m = \dfrac{1}{2}$.

评注   若极限值是不为零的常数,而分子或分母的极限为零,则必有分母或分子的极限为零,利用该方法确定函数表达式中的参数是比较常见的,应引起重视.

例 5.13 设 $\begin{cases} x = \cos t^2 \\ y = t\cos t^2 - \displaystyle\int_1^{t^2} \frac{\cos u}{2\sqrt{u}}\mathrm{d}u \end{cases}, t > 0$，求 $\dfrac{\mathrm{d}y}{\mathrm{d}x}, \dfrac{\mathrm{d}^2 y}{\mathrm{d}x^2}$.

分析 本题是积分上限函数的参数方程求导问题，先求出 $\dfrac{\mathrm{d}x}{\mathrm{d}t}, \dfrac{\mathrm{d}y}{\mathrm{d}t}$ 再利用参数方程的导数公式.

解答 因为 $\dfrac{\mathrm{d}x}{\mathrm{d}t} = -2t\sin t^2$，于是有

$$\frac{\mathrm{d}y}{\mathrm{d}t} = \frac{\mathrm{d}}{\mathrm{d}t}\left(t\cos t^2 - \int_1^{t^2} \frac{\cos u}{2\sqrt{u}}\mathrm{d}u\right) = \cos t^2 - 2t^2\sin t^2 - 2t \cdot \frac{\cos t^2}{2\sqrt{t^2}} = -2t^2\sin t^2$$

所以
$$\frac{\mathrm{d}y}{\mathrm{d}x} = \frac{\dfrac{\mathrm{d}y}{\mathrm{d}t}}{\dfrac{\mathrm{d}x}{\mathrm{d}t}} = \frac{-2t^2\sin t^2}{-2t\sin t^2} = t$$

建立参数方程 $\begin{cases} x = \cos t^2 \\ \dfrac{\mathrm{d}y}{\mathrm{d}x} = t \end{cases}$，则

$$\frac{\mathrm{d}^2 y}{\mathrm{d}x^2} = \frac{\dfrac{\mathrm{d}}{\mathrm{d}t}\left(\dfrac{\mathrm{d}y}{\mathrm{d}x}\right)}{\dfrac{\mathrm{d}x}{\mathrm{d}t}} = -\frac{1}{2t\sin t^2}$$

评注 本题中计算高阶导数的思想可用于三阶及三阶以上的导数；参数方程所确定的函数的二阶导数计算，除了本题的方法外，也可利用复合求导法则对一阶导数再求导.

例 5.14 设 $y = y(x)$ 由方程 $\displaystyle\int_0^{y^2} \mathrm{e}^{-t}\mathrm{d}t + \int_x^0 \cos t^2 \mathrm{d}t = 1$ 确定，求 $\dfrac{\mathrm{d}y}{\mathrm{d}x}$.

分析 本题是积分上限函数的隐函数求导问题，将方程两边对 x 求导，注意 y 是 x 的函数.

解答 $\mathrm{e}^{-y^2} \cdot 2y\dfrac{\mathrm{d}y}{\mathrm{d}x} - \cos x^2 = 0$

所以
$$\frac{\mathrm{d}y}{\mathrm{d}x} = \frac{\cos x^2 \cdot \mathrm{e}^{y^2}}{2y}$$

评注 本题也可以用微分形式不变性来做.

例 5.15 证明方程 $\displaystyle\int_0^x \sqrt{1 + t^4}\,\mathrm{d}t + \int_{\cos x}^0 \mathrm{e}^{-t^2}\mathrm{d}t = 0$ 有且只有一个实根.

分析 可引入辅助函数，利用函数的单调性证明.

证明 设 $f(x) = \displaystyle\int_0^x \sqrt{1 + t^4}\,\mathrm{d}t + \int_{\cos x}^0 \mathrm{e}^{-t^2}\mathrm{d}t$，则

$$f'(x) = \sqrt{1 + x^4} + \mathrm{e}^{-\cos^2 x} \cdot \sin x$$

因为 $\sqrt{1 + x^4} \geqslant 1, 0 < \mathrm{e}^{-\cos^2 x} \leqslant 1, -1 \leqslant \sin x \leqslant 1$，所以 $-1 \leqslant \mathrm{e}^{-\cos^2 x} \cdot \sin x \leqslant 1$，故 $f'(x) = \sqrt{1 + x^4} + \mathrm{e}^{-\cos^2 x} \cdot \sin x \geqslant 0$，即 $f(x)$ 单调增加.

又 $f(0) = \int_1^0 e^{-t^2} dt < 0, f\left(\dfrac{\pi}{2}\right) = \int_0^{\frac{\pi}{2}} \sqrt{1 + t^4} \, dt > 0$,所以原方程有且只有一个实根.

评注　只证明函数的单调性或只证明 $f(0) = \int_1^0 e^{-t^2} dt < 0, f\left(\dfrac{\pi}{2}\right) = \int_0^{\frac{\pi}{2}} \sqrt{1 + t^4} \, dt > 0$ 都无法得到结论.

5.2.3　定积分的计算

1. 利用定积分的定义计算定积分

例 5.16　利用定积分的定义计算 $\int_0^1 x^2 \, dx$.

分析　在利用定积分的定义计算定积分时,为方便计算,通常将积分区间 n 等分,ξ_i 取为小区间的端点.

解答　将 $[0,1]$ 区间 n 等分,分点为 $x_i = \dfrac{i}{n}(i = 0, 1, \cdots, n)$,第 i 个小区间 $[x_{i-1}, x_i]$ 的长度为 $\Delta x_i = \dfrac{1}{n}(i = 1, \cdots, n)$,取 $\xi_i = x_i = \dfrac{i}{n}(i = 1, \cdots, n)$,则

$$\sum_{i=1}^n f(\xi_i) \Delta x_i = \sum_{i=1}^n \xi_i^2 \Delta x_i = \sum_{i=1}^n x_i^2 \Delta x_i = \sum_{i=1}^n \left(\dfrac{i}{n}\right)^2 \cdot \dfrac{1}{n} = \dfrac{1}{n^3} \sum_{i=1}^n i^2$$

$$= \dfrac{1}{n^3} \cdot \dfrac{n(n+1)(2n+1)}{6} = \dfrac{1}{6}\left(1 + \dfrac{1}{n}\right)\left(2 + \dfrac{1}{n}\right)$$

$\lambda \to 0 \Rightarrow n \to \infty$,由定积分的定义,得

$$\int_0^1 x^2 \, dx = \lim_{\lambda \to 0} \sum_{i=1}^n \xi_i^2 \Delta x_i = \lim_{n \to \infty} \dfrac{1}{6}\left(1 + \dfrac{1}{n}\right)\left(2 + \dfrac{1}{n}\right) = \dfrac{1}{3}$$

评注　ξ_i 的选择是任意的,ξ_i 的选择不同,会导致 $\sum_{i=1}^n f(\xi_i) \Delta x_i$ 的计算难易程度不同.

2. 利用定积分的几何意义计算定积分

例 5.17　利用定积分的几何意义计算定积分 $\int_0^2 \sqrt{4 - x^2} \, dx$.

分析　由定积分的几何意义知:该定积分的值为由圆 $x^2 + y^2 = 4$ 与两坐标轴围成的位于第一象限部分的图形的面积,所以只需计算该图形的面积即可.

解答　由圆 $x^2 + y^2 = 4$ 与两坐标轴围成的位于第一象限部分的图形的面积为 π,所以由定积分的几何意义可知

$$\int_0^2 \sqrt{4 - x^2} \, dx = \pi$$

评注　利用定积分的几何意义可以计算简单的定积分.

3. 利用定积分的性质及"牛顿—莱布尼茨"公式计算定积分

例 5.18　计算 $\int_0^{\frac{3\pi}{4}} \sqrt{1 + \cos 2x} \, dx$.

分析　首先将被积函数化简再利用定积分的性质及"牛顿—莱布尼茨"公式计算定积分.

解答 $\displaystyle\int_0^{\frac{3\pi}{4}}\sqrt{1+\cos 2x}\,\mathrm{d}x = \int_0^{\frac{3\pi}{4}}\sqrt{2\cos^2 x}\,\mathrm{d}x = \int_0^{\frac{3\pi}{4}}\sqrt{2}\,|\cos x|\,\mathrm{d}x$

$$= \int_0^{\frac{\pi}{2}}\sqrt{2}\cos x\,\mathrm{d}x + \int_{\frac{\pi}{2}}^{\frac{3\pi}{4}} -\sqrt{2}\cos x\,\mathrm{d}x$$

$$= \sqrt{2}\sin x\Big|_0^{\frac{\pi}{2}} - \sqrt{2}\sin x\Big|_{\frac{\pi}{2}}^{\frac{3\pi}{4}} = 2\sqrt{2} - 1$$

评注 （1）当遇到开偶次方运算时注意取绝对值.

（2）积分前必须去掉绝对值符号,所以要利用积分对区间的可加性将积分区间分成部分区间,使被积函数在相应的区间上保持一定的符号.

（3）对于不好直接积分的原函数,可以利用积分的性质将积分进行变形,拆成几个简单的定积分再进行计算.

例 5.19 计算 $\displaystyle\int_{-3}^3 \max\{1,x^2\}\,\mathrm{d}x$.

分析 被积函数实际上是一个分段函数,应先将被积函数表示为分段函数.

解答 $\max\{1,x^2\} = \begin{cases} 1, & |x| \leqslant 1 \\ x^2, & |x| > 1 \end{cases}$

$$\int_{-3}^3 \max\{1,x^2\}\,\mathrm{d}x = \int_{-3}^{-1} x^2\,\mathrm{d}x + \int_{-1}^1 1\,\mathrm{d}x + \int_1^3 x^2\,\mathrm{d}x$$

$$= \frac{1}{3}x^3\Big|_{-3}^{-1} + 2 + \frac{1}{3}x^3\Big|_1^3 = \frac{58}{3}$$

评注 分段函数求定积分要利用积分对区间的可加性分区间来计算.

4. 利用奇偶性计算定积分

例 5.20 计算 $\displaystyle\int_{-1}^1 (x + \sqrt{1-x^2})^2\,\mathrm{d}x$.

分析 注意到积分区间$[-1,1]$关于原点对称,如果被积函数是奇函数,积分为零;如果被积函数是偶函数,积分等于函数在区间$[0,1]$上积分的 2 倍. 所以应利用积分的性质将函数化成简单函数的积分.

解答 $\displaystyle\int_{-1}^1 (x + \sqrt{1-x^2})^2\,\mathrm{d}x = \int_{-1}^1 (x^2 + 2x\sqrt{1-x^2} + 1 - x^2)\,\mathrm{d}x$

$$= \int_{-1}^1 \mathrm{d}x + \int_{-1}^1 2x\sqrt{1-x^2}\,\mathrm{d}x\text{（奇函数在对称区间上积分为0）}$$

$$= 2$$

评注 当积分区间关于原点对称,而被积函数不具有奇偶性时,可以将函数变形后再利用奇偶性计算,这样会大大减少运算量.

例 5.21 计算 $\displaystyle\int_{-\frac{\pi}{2}}^{\frac{\pi}{2}} (x^7\cos^2 x + \sin^2 x)\cos^2 x\,\mathrm{d}x$.

分析 积分区间关于原点对称,且被积函数拆成两项后一项 $x^7\cos^4 x$ 为奇函数,另一项 $\sin^2 x\cos^2 x$ 为偶函数.

解答 $\displaystyle\int_{-\frac{\pi}{2}}^{\frac{\pi}{2}} (x^7\cos^2 x + \sin^2 x)\cos^2 x\,\mathrm{d}x = \int_{-\frac{\pi}{2}}^{\frac{\pi}{2}} x^7\cos^4 x\,\mathrm{d}x + \int_{-\frac{\pi}{2}}^{\frac{\pi}{2}} \sin^2 x\cos^2 x\,\mathrm{d}x$

$$= 2\int_0^{\frac{\pi}{2}} \sin^2 x \cos^2 x \mathrm{d}x = \frac{1}{2}\int_0^{\frac{\pi}{2}} \sin^2 2x \mathrm{d}x$$

$$= \frac{1}{8}\int_0^{\frac{\pi}{2}} \frac{1 - \cos 4x}{2}\mathrm{d}(4x) = \frac{1}{8}\left[2x - \frac{1}{2}\sin 4x\right]\Big|_0^{\frac{\pi}{2}}$$

$$= \frac{\pi}{8}$$

评注 $\displaystyle\int_0^{\frac{\pi}{2}} \sin^2 x \cos^2 x \mathrm{d}x = \int_0^{\frac{\pi}{2}} (\sin^2 x - \sin^4 x)\mathrm{d}x = \frac{1}{2}\cdot\frac{\pi}{2} - \frac{3}{4}\frac{1}{2}\cdot\frac{\pi}{2}$

5. 定积分的换元积分法

例 5.22 计算定积分 $\displaystyle\int_{-\frac{\pi}{4}}^{\frac{\pi}{4}} \frac{1}{1 + \sin x}\mathrm{d}x$.

分析 积分区间虽然是对称区间,但被积函数不具有奇偶性,可以对被积函数进行变形计算.

解答 〈方法一〉变形后利用奇偶性,即

$$\int_{-\frac{\pi}{4}}^{\frac{\pi}{4}} \frac{1}{1 + \sin x}\mathrm{d}x = \int_{-\frac{\pi}{4}}^{\frac{\pi}{4}} \frac{1 - \sin x}{1 - \sin^2 x}\mathrm{d}x = \int_{-\frac{\pi}{4}}^{\frac{\pi}{4}} \frac{1 - \sin x}{\cos^2 x}\mathrm{d}x$$

$$= 2\int_0^{\frac{\pi}{4}} \frac{1}{\cos^2 x}\mathrm{d}x = 2\int_0^{\frac{\pi}{4}} \sec^2 x \mathrm{d}x = 2\tan x \Big|_0^{\frac{\pi}{4}} = 2$$

〈方法二〉凑三角恒等式法,即

$$\int_{-\frac{\pi}{4}}^{\frac{\pi}{4}} \frac{1}{1 + \sin x}\mathrm{d}x = \int_{-\frac{\pi}{4}}^{\frac{\pi}{4}} \frac{1}{\left(\sin \frac{x}{2} + \cos \frac{x}{2}\right)^2}\mathrm{d}x = \int_{-\frac{\pi}{4}}^{\frac{\pi}{4}} \frac{1}{2\left(\frac{1}{\sqrt{2}}\sin \frac{x}{2} + \frac{1}{\sqrt{2}}\cos \frac{x}{2}\right)^2}\mathrm{d}x$$

$$= \int_{-\frac{\pi}{4}}^{\frac{\pi}{4}} \frac{1}{2\cos^2\left(\frac{\pi}{4} - \frac{x}{2}\right)}\mathrm{d}x = -\int_{-\frac{\pi}{4}}^{\frac{\pi}{4}} \sec^2\left(\frac{\pi}{4} - \frac{x}{2}\right)\mathrm{d}\left(\frac{\pi}{4} - \frac{x}{2}\right)$$

$$= -\tan\left(\frac{\pi}{4} - \frac{x}{2}\right)\Big|_{-\frac{\pi}{4}}^{\frac{\pi}{4}} = 2$$

〈方法三〉利用 $\frac{1}{2}(f(x) + f(-x))$ 为偶函数,$\frac{1}{2}(f(x) - f(-x))$ 为奇函数的结果

$$\int_{-a}^{a} f(x)\mathrm{d}x = \int_{-a}^{a}\left[\frac{1}{2}(f(x) + f(-x)) + \frac{1}{2}(f(x) - f(-x))\right]\mathrm{d}x$$

$$= \int_{-a}^{a} \frac{1}{2}(f(x) + f(-x))\mathrm{d}x = \int_0^{a}(f(x) + f(-x))\mathrm{d}x$$

$$\int_{-\frac{\pi}{4}}^{\frac{\pi}{4}} \frac{1}{1 + \sin x}\mathrm{d}x = \int_0^{\frac{\pi}{4}}\left(\frac{1}{1 + \sin x} + \frac{1}{1 - \sin x}\right)\mathrm{d}x = 2\int_0^{\frac{\pi}{4}} \frac{1}{\cos^2 x}\mathrm{d}x = 2\tan x\Big|_0^{\frac{\pi}{4}} = 2$$

〈方法四〉利用万能代换,设 $u = \tan \frac{x}{2}$,$\sin x = \frac{2u}{1 + u^2}$,$\mathrm{d}x = \frac{2}{1 + u^2}\mathrm{d}u$,则

$$\int_{-\frac{\pi}{4}}^{\frac{\pi}{4}} \frac{1}{1 + \sin x}\mathrm{d}x = \int_{-\tan\frac{\pi}{8}}^{\tan\frac{\pi}{8}} \frac{1}{1 + \frac{2u}{1 + u^2}}\cdot\frac{2}{1 + u^2}\mathrm{d}u = \int_{-\tan\frac{\pi}{8}}^{\tan\frac{\pi}{8}} \frac{2}{(1 + u)^2}\mathrm{d}(1 + u)$$

$$= -\frac{2}{(1+u)}\Big|_{-\tan\frac{\pi}{8}}^{\tan\frac{\pi}{8}} = -2\left(\frac{1}{1+\tan\frac{\pi}{8}} - \frac{1}{1-\tan\frac{\pi}{8}}\right)$$

$$= 2\frac{2\tan\frac{\pi}{8}}{1-\tan^2\frac{\pi}{8}} = 2\tan\frac{\pi}{4} = 2$$

评注 （1）四种方法有简有繁,一般情况不会首先考虑万能代换.

（2）三角函数有理式的积分比较常用且有效的方法是凑微分和恒等变形.

例 5.23 设 $f(x) = \begin{cases} \dfrac{1}{1+x}, & x \geq 0 \\ \dfrac{1}{1+e^x}, & x < 0 \end{cases}$, 求 $\displaystyle\int_0^2 f(x-1)\mathrm{d}x$.

分析 被积函数中含中间变量 $(x-1)$,所以应首先换元,设 $u = x - 1$,将积分化为以 u 为积分变量的积分,然后考虑到 $f(x)$ 是分段函数,所以要将积分区间拆开计算.

解答 〈方法一〉先确定被积函数的形式再对分段函数积分,即

$$\int_0^2 f(x-1)\mathrm{d}x = \int_0^1 \frac{1}{1+e^{x-1}}\mathrm{d}x + \int_1^2 \frac{1}{x}\mathrm{d}x$$

$$= -\int_0^1 \frac{e^{1-x}}{1+e^{1-x}}\mathrm{d}(1-x) + \int_1^2 \frac{1}{x}\mathrm{d}x$$

$$= -\int_0^1 \frac{1}{1+e^{1-x}}\mathrm{d}(1+e^{1-x}) + \ln|x|\Big|_1^2$$

$$= -\ln(1+e^{1-x})\Big|_0^1 + \ln2 = \ln(1+e)$$

〈方法二〉首先换元,再对分段函数积分,设 $u = x - 1$,则

$$\int_0^2 f(x-1)\mathrm{d}x = \int_{-1}^1 f(u)\mathrm{d}u = \int_{-1}^0 \frac{1}{1+e^u}\mathrm{d}u + \int_0^1 \frac{1}{1+u}\mathrm{d}u$$

$$= \int_{-1}^0 \frac{e^{-u}}{1+e^{-u}}\mathrm{d}u + \int_0^1 \frac{1}{1+u}\mathrm{d}(1+u)$$

$$= -\int_{-1}^0 \frac{1}{1+e^{-u}}\mathrm{d}(1+e^{-u}) + \ln|1+u|\Big|_0^1$$

$$= -\ln(1+e^{-u})\Big|_{-1}^0 + \ln2 = \ln(1+e)$$

评注 （1）注意积分 $\displaystyle\int_{-1}^0 \frac{1}{1+e^u}\mathrm{d}u$ 的计算,在定积分的计算中经常会遇到这种含有指数函数的积分,这里通过分子、分母同乘 e^{-u} 后凑微分来计算的.

（2）对于积分 $\displaystyle\int_{-1}^0 \frac{1}{1+e^u}\mathrm{d}u$,也可通过分子、分母同乘 e^u 凑微分变形计算:

$$\int_{-1}^0 \frac{1}{1+e^u}\mathrm{d}u = \int_{-1}^0 \frac{e^u}{e^u+e^{2u}}\mathrm{d}u = \int_{-1}^0 \frac{1}{e^u+e^{2u}}\mathrm{d}e^u = \int_{-1}^0 \left(\frac{1}{e^u} - \frac{1}{1+e^u}\right)\mathrm{d}e^u$$

$$= \int_{-1}^0 \frac{1}{e^u}\mathrm{d}e^u - \int_{-1}^0 \frac{1}{1+e^u}\mathrm{d}(e^u+1) = \ln e^u\Big|_{-1}^0 - \ln(1+e^u)\Big|_{-1}^0$$

$$= 1 - \ln2 + \ln(1+e^{-1})$$

例5.24 计算 $\int_0^a \dfrac{\mathrm{d}x}{x + \sqrt{a^2 - x^2}}$.

分析 被积函数的分母中含有根式 $\sqrt{a^2 - x^2}$，可以通过三角代换化掉根式.

解答 设 $x = a\sin t, t \in \left(0, \dfrac{\pi}{2}\right), \mathrm{d}x = a\cos t\mathrm{d}t, x = 0$ 时 $t = 0, x = a$ 时 $t = \dfrac{\pi}{2}$.

$$
\begin{aligned}
\int_0^a \frac{\mathrm{d}x}{x + \sqrt{a^2 - x^2}} &= \int_0^{\frac{\pi}{2}} \frac{\cos t\mathrm{d}t}{\cos t + \sin t} = \frac{1}{2} \int_0^{\frac{\pi}{2}} \frac{2\cos t\mathrm{d}t}{\cos t + \sin t} \\
&= \frac{1}{2} \int_0^{\frac{\pi}{2}} \frac{(\cos t + \sin t) + (\cos t - \sin t)}{\cos t + \sin t}\mathrm{d}t \\
&= \frac{1}{2} \int_0^{\frac{\pi}{2}} \left(1 + \frac{(\cos t - \sin t)}{\cos t + \sin t}\right)\mathrm{d}t \quad ((\cos t + \sin t)' = \cos t - \sin t) \\
&= \frac{1}{2}\left[\frac{\pi}{2} + \int_0^{\frac{\pi}{2}} \left(\frac{1}{\cos t + \sin t}\right)\mathrm{d}(\cos t + \sin t)\right] \\
&= \frac{1}{2}\left[\frac{\pi}{2} + \ln|\cos t + \sin t|\,\Big|_0^{\frac{\pi}{2}}\right] = \frac{\pi}{4}
\end{aligned}
$$

评注

（1）注意三角函数有理式的积分，$\int_0^{\frac{\pi}{2}} \dfrac{\cos t\mathrm{d}t}{\cos t + \sin t}$ 也可通过下列方法计算：

① $\quad\int_0^{\frac{\pi}{2}} \dfrac{\cos t\mathrm{d}t}{\cos t + \sin t} = \int_0^{\frac{\pi}{2}} \dfrac{\cos t(\cos t - \sin t)\mathrm{d}t}{(\cos t + \sin t)(\cos t - \sin t)}$

$$
\begin{aligned}
&= \int_0^{\frac{\pi}{2}} \frac{\cos^2 t\mathrm{d}t}{\cos^2 t - \sin^2 t} - \int_0^{\frac{\pi}{2}} \frac{\cos t\sin t\mathrm{d}t}{\cos^2 t - \sin^2 t} \\
&= \frac{1}{2} \int_0^{\frac{\pi}{2}} \frac{1 + \cos 2t\mathrm{d}t}{\cos 2t} - \frac{1}{2} \int_0^{\frac{\pi}{2}} \frac{\sin 2t\mathrm{d}t}{\cos 2t} \\
&= \frac{1}{2}\left[\int_0^{\frac{\pi}{2}} (1 + \sec 2t)\mathrm{d}t + \frac{1}{2} \int_0^{\frac{\pi}{2}} \frac{\mathrm{d}\cos 2t}{\cos 2t}\right] \\
&= \frac{1}{2}\left[t + \frac{1}{2}\ln|\sec 2t + \tan 2t| + \frac{1}{2}\ln|\cos 2t|\right]\Big|_0^{\frac{\pi}{2}} = \frac{\pi}{4}
\end{aligned}
$$

② 利用基本公式 $\int_0^{\frac{\pi}{2}} f(\sin x)\mathrm{d}x = \int_0^{\frac{\pi}{2}} f(\cos x)\mathrm{d}x$.

由基本公式 $\int_0^{\frac{\pi}{2}} f(\sin x)\mathrm{d}x = \int_0^{\frac{\pi}{2}} f(\cos x)\mathrm{d}x$ 知 $\int_0^{\frac{\pi}{2}} \dfrac{\cos t\mathrm{d}t}{\cos t + \sin t} = \int_0^{\frac{\pi}{2}} \dfrac{\sin t\mathrm{d}t}{\cos t + \sin t}$，所以

$$
\int_0^{\frac{\pi}{2}} \frac{\cos t\mathrm{d}t}{\cos t + \sin t} = \frac{1}{2}\left[\int_0^{\frac{\pi}{2}} \frac{\cos t\mathrm{d}t}{\cos t + \sin t} + \int_0^{\frac{\pi}{2}} \frac{\sin t\mathrm{d}t}{\cos t + \sin t}\right] = \frac{1}{2} \int_0^{\frac{\pi}{2}} \mathrm{d}t = \frac{\pi}{4}
$$

（2）应特别注意：定积分换元就要换限.

例5.25 计算下列定积分：

（1）$\int_{-1}^1 \dfrac{x}{\sqrt{5 - 4x}}\mathrm{d}x$.

（2）$\int_1^4 \dfrac{1}{\sqrt{x} + 1}\mathrm{d}x$.

分析 被积函数中含有根式尽量去掉根式,去掉根式的方法通常有三角代换和根式代换.

解答 (1)设 $t = \sqrt{5 - 4x}$,则 $x = \dfrac{5 - t^2}{4}$,$\mathrm{d}x = -\dfrac{t}{2}\mathrm{d}t$, 于是

$$\int_{-1}^{1} \frac{x}{\sqrt{5 - 4x}}\mathrm{d}x = \int_{3}^{1} -\frac{\dfrac{5 - t^2}{4}}{t} \cdot \frac{t}{2}\mathrm{d}t = -\int_{3}^{1} \frac{5 - t^2}{8}\mathrm{d}t = \frac{1}{6}$$

(2)设 $t = \sqrt{x}$,$x = t^2$,$\mathrm{d}x = 2t\mathrm{d}t$,于是

$$\int_{1}^{4} \frac{1}{\sqrt{x} + 1}\mathrm{d}x = \int_{1}^{2} \frac{2t}{t + 1}\mathrm{d}t = 2\int_{1}^{2}\left(1 - \frac{1}{t + 1}\right)\mathrm{d}t$$

$$= 2\left[t - \ln|t + 1|\right]\Big|_{1}^{2} = 2\left(1 + \ln\frac{2}{3}\right)$$

评注 被积函数中含有根式 $\sqrt[n]{ax + b}$ 时,要设 $t = \sqrt[n]{ax + b}$.

例5.26 证明:$\int_{a}^{b} f(x)\mathrm{d}x = \int_{a}^{b} f(a + b - x)\mathrm{d}x$.

分析 左右两端的积分限相同,被积函数的中间变量不同,通过变量替换 $u = a + b - x$,使被积函数一致.

证明 设 $u = a + b - x$,有

$$\int_{a}^{b} f(a + b - x)\mathrm{d}x = -\int_{b}^{a} f(u)\mathrm{d}u = -\int_{b}^{a} f(x)\mathrm{d}x$$

而 $\int_{b}^{a} f(x)\mathrm{d}x = -\int_{a}^{b} f(x)\mathrm{d}x$,所以

$$\int_{a}^{b} f(x)\mathrm{d}x = \int_{a}^{b} f(a + b - x)\mathrm{d}x$$

评注 代换的选取应根据被积函数的变化和积分限的变化决定.

6. 定积分的分部积分法

例5.27 计算 $\int_{0}^{1} \mathrm{e}^{\sqrt{x}}\mathrm{d}x$.

分析 被积函数含有根式,可先换元化掉根式再分部积分.

解答 设 $\sqrt{x} = t$,$x = t^2$,$\mathrm{d}x = 2t\mathrm{d}t$,则

$$\int_{0}^{1} \mathrm{e}^{\sqrt{x}}\mathrm{d}x = \int_{0}^{1} \mathrm{e}^t 2t\mathrm{d}t = 2\int_{0}^{1} t\mathrm{d}\mathrm{e}^t = 2\left[t\mathrm{e}^t\Big|_{0}^{1} - \int_{0}^{1} \mathrm{e}^t\mathrm{d}t\right] = 2[\mathrm{e} - \mathrm{e} + 1] = 2$$

评注 用分部积分法求解定积分,方法与不定积分类似,注意 u, v 的选择仍按照LIATE选择法.

例5.28 计算 $\int_{0}^{\frac{\pi}{4}} \dfrac{2x - \sin 2x}{1 + \cos 2x}\mathrm{d}x$.

分析 被积函数比较复杂,将积分拆开再用凑微分法.

解答 $\displaystyle\int_{0}^{\frac{\pi}{4}} \frac{2x - \sin 2x}{1 + \cos 2x}\mathrm{d}x = 2\int_{0}^{\frac{\pi}{4}} \frac{x}{1 + \cos 2x}\mathrm{d}x - \int_{0}^{\frac{\pi}{4}} \frac{\sin 2x}{1 + \cos 2x}\mathrm{d}x$

$$= \int_{0}^{\frac{\pi}{4}} x\sec^2 x\mathrm{d}x + \frac{1}{2}\int_{0}^{\frac{\pi}{4}} \frac{1}{1 + \cos 2x}\mathrm{d}\cos 2x$$

127

$$= \int_0^{\frac{\pi}{4}} x \mathrm{d}\tan x + \frac{1}{2} \int_0^{\frac{\pi}{4}} \frac{1}{1 + \cos 2x} \mathrm{d}(1 + \cos 2x)$$

$$= x\tan x \mid_0^{\frac{\pi}{4}} - \int_0^{\frac{\pi}{4}} \tan x \mathrm{d}x + \frac{1}{2}\ln(1 + \cos 2x) \mid_0^{\frac{\pi}{4}}$$

$$= \frac{\pi}{4} - \ln 2$$

评注 本题也可用下列方法计算:

$$\int_0^{\frac{\pi}{4}} \frac{2x - \sin 2x}{1 + \cos 2x} \mathrm{d}x = \int_0^{\frac{\pi}{4}} \frac{2x - 2\sin x \cos x}{2\cos^2 x} \mathrm{d}x = \int_0^{\frac{\pi}{4}} x\sec^2 x \mathrm{d}x + \int_0^{\frac{\pi}{4}} \frac{1}{\cos x}\mathrm{d}\cos x = \cdots$$

例 5.29 计算 $\int_0^{\frac{1}{2}} (\arcsin x)^2 \mathrm{d}x$.

分析 这是一个代数函数乘反三角函数的积分,应选反三角函数为 u,用分部积分法.

解答 $\int_0^{\frac{1}{2}} (\arcsin x)^2 \mathrm{d}x = x (\arcsin x)^2 \mid_0^{\frac{1}{2}} - \int_0^{\frac{1}{2}} 2\arcsin x \cdot \frac{x}{\sqrt{1 - x^2}} \mathrm{d}x$

$$= \frac{\pi^2}{72} + 2 \int_0^{\frac{1}{2}} \arcsin x \mathrm{d}\sqrt{1 - x^2}$$

$$= \frac{\pi^2}{72} + 2\left(\sqrt{1 - x^2}\arcsin x \mid_0^{\frac{1}{2}} - \int_0^{\frac{1}{2}} \mathrm{d}x\right)$$

$$= \frac{\pi^2}{72} + \frac{\sqrt{3}\pi}{6} - 1$$

评注 本题中两次分部积分,注意每次分部积分中选择函数 u 的类型一定是相同的,否则会出现错误.

例 5.30 设 $f(x) = \int_1^{\sqrt{x}} \mathrm{e}^{-t^2} \mathrm{d}t$,求 $I = \int_0^1 \frac{f(x)}{\sqrt{x}} \mathrm{d}x$.

分析 $f(x)$ 不能求出,因为被积函数 e^{-t^2} 的原函数不初等,但 $f'(x)$ 容易求出.

解答 由于 $f'(x) = \frac{1}{2\sqrt{x}}\mathrm{e}^{-x}$,故

$$I = \int_0^1 \frac{f(x)}{\sqrt{x}}\mathrm{d}x = 2\int_0^1 f(x)\mathrm{d}\sqrt{x} = 2\left[\sqrt{x}f(x) \mid_0^1 - \int_0^1 \sqrt{x}f'(x)\mathrm{d}x\right]$$

$$= 2\left[f(1) - \int_0^1 \sqrt{x}\frac{1}{2\sqrt{x}}\mathrm{e}^{-x}\mathrm{d}x\right]$$

由已知 $f(x) = \int_1^{\sqrt{x}}\mathrm{e}^{-t^2}\mathrm{d}t, f(1) = 0$,所以

$$I = \int_0^1 \frac{f(x)}{\sqrt{x}}\mathrm{d}x = -\int_0^1 \mathrm{e}^{-x}\mathrm{d}x = \mathrm{e}^{-x} \bigg|_0^1 = \mathrm{e}^{-1} - 1$$

评注 此题有两处提示应使用分部积分法: ① $f(x) = \int_1^{\sqrt{x}}\mathrm{e}^{-t^2}\mathrm{d}t$ 是变限积分,联想到计算它的导数;② $I = \int_0^1 \frac{f(x)}{\sqrt{x}}\mathrm{d}x$ 中为两部分乘积的积分,而 $f(x)$ 无法具体得到.

例 5.31 设 $F(x) = \int_x^{x+2\pi} \mathrm{e}^{\sin t} \sin t \mathrm{d}t$，则 $F(x) = ($ $)$.

    A. 为正常数   B. 为负常数

    C. 恒为零   D. 不为常数

分析 是否为常数取决于积分限中是否含有 x，表面上看函数与 x 有关，可以通过换元使积分限中不含有 x.

解答 由于函数 $\mathrm{e}^{\sin t} \sin t$ 是以 2π 为周期的，由换元积分法中例题知

$$F(x) = \int_x^{x+2\pi} \mathrm{e}^{\sin t} \sin t \mathrm{d}t = \int_0^{2\pi} \mathrm{e}^{\sin t} \sin t \mathrm{d}t$$

所以 $F(x)$ 为常数.

$$\int_0^{2\pi} \mathrm{e}^{\sin t} \sin t \mathrm{d}t = -\int_0^{2\pi} \mathrm{e}^{\sin t} \mathrm{d}\cos t = -\cos t \mathrm{e}^{\sin t} \Big|_0^{2\pi} + \int_0^{2\pi} \cos^2 t \mathrm{e}^{\sin t} \mathrm{d}t$$

$$= 0 + \int_0^{2\pi} \cos^2 t \mathrm{e}^{\sin t} \mathrm{d}t > 0$$

所以应选 A.

评注 这里用分部积分法求解定积分，我们并不关心积分结果而关心积分的符号，所以注意到函数 $\cos^2 t \mathrm{e}^{\sin t} \geq 0$ 且在 $[0, 2\pi]$ 不恒为零，所以 $\int_0^{2\pi} \cos^2 t \mathrm{e}^{\sin t} \mathrm{d}t > 0$.

7. 利用定积分的重要结论计算或证明定积分

例 5.32 计算 $\int_0^\pi \dfrac{x |\sin x \cos x|}{1 + \sin^4 x} \mathrm{d}x$.

分析 利用公式 $\int_0^\pi x f(\sin x) \mathrm{d}x = \dfrac{\pi}{2} \int_0^\pi f(\sin x) \mathrm{d}x$.

解答
$$\int_0^\pi \dfrac{x |\sin x \cos x|}{1 + \sin^4 x} \mathrm{d}x = \dfrac{\pi}{2} \int_0^\pi \dfrac{|\sin x \cos x|}{1 + \sin^4 x} \mathrm{d}x$$

$$= \dfrac{\pi}{2} \left[\int_0^{\frac{\pi}{2}} \dfrac{\sin x \cos x}{1 + \sin^4 x} \mathrm{d}x - \int_{\frac{\pi}{2}}^\pi \dfrac{\sin x \cos x}{1 + \sin^4 x} \mathrm{d}x \right]$$

$$= \dfrac{\pi}{4} \left[\int_0^{\frac{\pi}{2}} \dfrac{1}{1 + \sin^4 x} \mathrm{d}\sin^2 x - \int_{\frac{\pi}{2}}^\pi \dfrac{1}{1 + \sin^4 x} \mathrm{d}\sin^2 x \right]$$

$$= \dfrac{\pi}{4} \left[\arctan \sin^2 x \Big|_0^{\frac{\pi}{2}} - \arctan \sin^2 x \Big|_{\frac{\pi}{2}}^\pi \right]$$

$$= \dfrac{\pi}{4} \cdot \dfrac{\pi}{2} = \dfrac{\pi^2}{8}$$

评注 被积函数有绝对值，必须去掉绝对值后再积分，而去掉绝对值的有效方法是利用积分对区间的可加性将区间分开后再积分.

例 5.33 计算 $\int_0^\pi \sin^4 x \cos^2 x \mathrm{d}x$.

分析 被积函数是正余弦高次幂乘积的积分，所以应恒等变形利用公式

$$\int_0^{\frac{\pi}{2}} \sin^m t \mathrm{d}t = \int_0^{\frac{\pi}{2}} \cos^m t \mathrm{d}t = \begin{cases} \dfrac{m-1}{m} \cdot \dfrac{m-3}{m-2} \cdots \dfrac{4}{5} \cdot \dfrac{2}{3}, & m \text{ 为正奇数且 } m > 1 \\ \dfrac{m-1}{m} \cdot \dfrac{m-3}{m-2} \cdots \dfrac{3}{4} \cdot \dfrac{1}{2} \cdot \dfrac{\pi}{2}, & m \text{ 为正偶数} \end{cases}$$

而积分区间为 $[0,\pi]$，因此首先应利用公式

$$\int_0^\pi \sin^m t \mathrm{d}t = 2\int_0^{\frac{\pi}{2}} \sin^m t \mathrm{d}t$$

将积分区间化为 $\left[0,\dfrac{\pi}{2}\right]$.

解答
$$\begin{aligned}
\int_0^\pi \sin^4 x \cos^2 x \mathrm{d}x &= \int_0^\pi (\sin^4 x - \sin^6 x)\mathrm{d}x = \int_0^\pi \sin^4 x \mathrm{d}x - \int_0^\pi \sin^6 x \mathrm{d}x \\
&= 2\int_0^{\frac{\pi}{2}} \sin^4 x \mathrm{d}x - 2\int_0^{\frac{\pi}{2}} \sin^6 x \mathrm{d}x = 2\left(\frac{3}{4}\cdot\frac{1}{2}\cdot\frac{\pi}{2} - \frac{5}{6}\cdot\frac{3}{4}\cdot\frac{1}{2}\cdot\frac{\pi}{2}\right) \\
&= 2\cdot\frac{1}{6}\cdot\frac{3}{16}\pi = \frac{\pi}{16}
\end{aligned}$$

评注 一般遇到三角函数高次幂的定积分，要考虑 $\int_0^{\frac{\pi}{2}} \sin^m t \mathrm{d}t = \int_0^{\frac{\pi}{2}} \cos^m t \mathrm{d}t$ 的积分公式.

例 5.34 计算 $\int_0^1 (1-x^2)^{\frac{m}{2}} \mathrm{d}x$（$m$ 为自然数）.

分析 被积函数的指数部分含 m，这使问题变得比较复杂，但被积函数的底为 $(1-x^2)$，可利用三角代换 $x = \sin t$ 化简计算.

解答 设 $x = \sin t$，有

$$\int_0^1 (1-x^2)^{\frac{m}{2}} \mathrm{d}x = \int_0^{\frac{\pi}{2}} \cos^{m+1} t \mathrm{d}t = \begin{cases} \dfrac{m}{m+1}\cdot\dfrac{m-2}{m-1}\cdots\dfrac{4}{5}\cdot\dfrac{2}{3}, & m \text{ 为偶数} \\[2mm] \dfrac{m}{m+1}\cdot\dfrac{m-2}{m-1}\cdots\dfrac{3}{4}\cdot\dfrac{1}{2}\cdot\dfrac{\pi}{2}, & m \text{ 为奇数} \end{cases}$$

评注 本题利用了定积分的重要公式

$$\int_0^{\frac{\pi}{2}} \sin^m t \mathrm{d}t = \int_0^{\frac{\pi}{2}} \cos^m t \mathrm{d}t = \begin{cases} \dfrac{m-1}{m}\cdot\dfrac{m-3}{m-2}\cdots\dfrac{4}{5}\cdot\dfrac{2}{3}, & m \text{ 为正奇数且 } m > 1 \\[2mm] \dfrac{m-1}{m}\cdot\dfrac{m-3}{m-2}\cdots\dfrac{3}{4}\cdot\dfrac{1}{2}\cdot\dfrac{\pi}{2}, & m \text{ 为正偶数} \end{cases}$$

该公式在含三角函数的复杂的定积分的计算中是很常用的.

例 5.35 证明 $\int_0^{\frac{\pi}{2}} \dfrac{\sin^3 x}{\sin x + \cos x} \mathrm{d}x = \int_0^{\frac{\pi}{2}} \dfrac{\cos^3 x}{\sin x + \cos x} \mathrm{d}x$，并求出积分值.

分析 注意到两个积分中只有分子中由 $\sin^3 x$ 变成了 $\cos^3 x$，其他都一样，所以要通过换元 $t = \dfrac{\pi}{2} - x$ 将 $\sin^3 x$ 变成 $\cos^3 x$.

证明 设 $t = \dfrac{\pi}{2} - x$，$x = 0$ 时 $t = \dfrac{\pi}{2}$，$x = \dfrac{\pi}{2}$ 时 $t = 0$，$\mathrm{d}x = -\mathrm{d}t$，于是

$$\begin{aligned}
\int_0^{\frac{\pi}{2}} \frac{\sin^3 x}{\sin x + \cos x}\mathrm{d}x &= \int_{\frac{\pi}{2}}^0 \frac{\sin^3\left(\frac{\pi}{2}-t\right)}{\sin\left(\frac{\pi}{2}-t\right)+\cos\left(\frac{\pi}{2}-t\right)}\mathrm{d}\left(\frac{\pi}{2}-t\right) = -\int_{\frac{\pi}{2}}^0 \frac{\cos^3 t}{\cos t + \sin t}\mathrm{d}t \\
&= \int_0^{\frac{\pi}{2}} \frac{\cos^3 t}{\sin t + \cos t}\mathrm{d}t = \int_0^{\frac{\pi}{2}} \frac{\cos^3 x}{\sin x + \cos x}\mathrm{d}x
\end{aligned}$$

所以有

$$\int_0^{\frac{\pi}{2}} \frac{\sin^3 x}{\sin x + \cos x} \mathrm{d}x = \int_0^{\frac{\pi}{2}} \frac{\cos^3 x}{\sin x + \cos x} \mathrm{d}x$$

设 $a = \int_0^{\frac{\pi}{2}} \frac{\sin^3 x}{\sin x + \cos x} \mathrm{d}x$，则

$$\begin{aligned}
2a &= \int_0^{\frac{\pi}{2}} \frac{\sin^3 x}{\sin x + \cos x} \mathrm{d}x + \int_0^{\frac{\pi}{2}} \frac{\cos^3 x}{\sin x + \cos x} \mathrm{d}x \\
&= \int_0^{\frac{\pi}{2}} \frac{\sin^3 x + \cos^3 x}{\sin x + \cos x} \mathrm{d}x \\
&= \int_0^{\frac{\pi}{2}} \frac{(\sin x + \cos x)^3 - 3\sin x \cos x (\sin x + \cos x)}{\sin x + \cos x} \mathrm{d}x \\
&= \int_0^{\frac{\pi}{2}} (\sin x + \cos x)^2 \mathrm{d}x - 3\int_0^{\frac{\pi}{2}} \sin x \cos x \mathrm{d}x \\
&= \frac{\pi}{2} - \int_0^{\frac{\pi}{2}} \sin x \cos x \mathrm{d}x = \frac{\pi}{2} - \frac{1}{4}\int_0^{\frac{\pi}{2}} \sin 2x \mathrm{d}2x \\
&= \frac{\pi}{2} + \frac{1}{4}\cos 2x \Big|_0^{\frac{\pi}{2}} = \frac{1}{2}(\pi - 1)
\end{aligned}$$

即 $a = \frac{1}{4}(\pi - 1)$，所以

$$\int_0^{\frac{\pi}{2}} \frac{\sin^3 x}{\sin x + \cos x} \mathrm{d}x = \int_0^{\frac{\pi}{2}} \frac{\cos^3 x}{\sin x + \cos x} \mathrm{d}x = \frac{1}{4}(\pi - 1)$$

评注　在三角函数的积分中,有时利用三角函数恒等式变形化简是非常关键的,它可以使积分运算得到很大程度的简化.

8. 递推公式法求定积分

例5.36　计算 $I_n = \int_0^1 (1 - x^2)^n \mathrm{d}x$.

分析　被积函数中含有参数,可利用换元法或分部积分法推导出递推公式.

解答　〈方法一〉换元法,设 $x = \sin t$,则

$$I_n = \int_0^1 (1 - x^2)^n \mathrm{d}x = \int_0^{\frac{\pi}{2}} (1 - \sin^2 t)^n \cos t \mathrm{d}t = \int_0^{\frac{\pi}{2}} \cos^{2n+1} t \mathrm{d}t$$

$$= \frac{2n}{2n+1} \cdot \frac{2n-2}{2n-1} \cdots \frac{4}{5} \cdot \frac{2}{3} = \frac{(2n)!!}{(2n+1)!!}$$

〈方法二〉分部积分法,即

$$\begin{aligned}
I_n &= \int_0^1 (1 - x^2)^n \mathrm{d}x = x(1 - x^2)^n \big|_0^1 - \int_0^1 x \mathrm{d}(1 - x^2)^n \\
&= 2n\int_0^1 x^2 (1 - x^2)^{n-1} \mathrm{d}x = -2n\int_0^1 (1 - x^2) - 1)(1 - x^2)^{n-1} \mathrm{d}x \\
&= -2n(I_n - I_{n-1}) \\
I_n &= \frac{2n}{2n+1} I_{n-1}
\end{aligned}$$

$$I_0 = \int_0^1 (1 - x^2)^0 \mathrm{d}x = 1, I_1 = \int_0^1 (1 - x^2) \mathrm{d}x = \frac{2}{3}, I_2 = \int_0^1 (1 - x^2)^2 \mathrm{d}x = \frac{4}{5} \cdot \frac{2}{3},$$ 由

递推公式知

$$I_n = \frac{(2n)!!}{(2n+1)!!}$$

评注 显然方法一比较巧妙,注意到 $I_n = \int_0^1 (1 - x^2)^n \mathrm{d}x$ 中含有 $1 - x^2$,通过设 $x = \sin t$ 把积分 $I_n = \int_0^1 (1 - x^2)^n \mathrm{d}x$ 转化为 $\int_0^{\frac{\pi}{2}} \cos^{2n+1} t \mathrm{d}t$.

5.2.4　反常积分的计算

例 5.37 计算反常积分 $\int_0^a \dfrac{\mathrm{d}x}{\sqrt{a^2 - x^2}}\ (a > 0)$.

分析 点 a 是瑕点,利用换元积分法,设 $x = a\sin t$,去掉被积函数中的根号.

解答 因为

$$\lim_{x \to a^-} \frac{1}{\sqrt{a^2 - x^2}} = +\infty$$

所以点 a 是瑕点,于是

$$\int_0^a \frac{\mathrm{d}x}{\sqrt{a^2 - x^2}} = \lim_{b \to a} \int_0^b \frac{\mathrm{d}x}{\sqrt{a^2 - x^2}} = \lim_{b \to a} \int_0^{\arcsin \frac{b}{a}} \mathrm{d}t = \frac{\pi}{2}$$

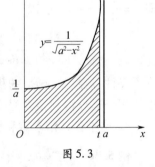

图 5.3

评注 这个反常积分值的几何意义是:位于曲线 $y = \dfrac{1}{\sqrt{a^2 - x^2}}$ 之下, x 轴之上,直线 $x = 0$ 与 $x = a$ 之间的图形面积(图 5.3).

例 5.38 讨论反常积分 $\int_{-1}^1 \dfrac{\mathrm{d}x}{x^2}$ 的收敛性.

分析 $\lim\limits_{x \to 0} \dfrac{1}{x^2} = \infty$,这是一个无界函数的反常积分.

解答 被积函数 $f(x) = \dfrac{1}{x^2}$ 在积分区间 $[-1, 1]$ 上除 $x = 0$ 外连续,且 $\lim\limits_{x \to 0} \dfrac{1}{x^2} = \infty$.

由于

$$\int_{-1}^0 \frac{\mathrm{d}x}{x^2} = \left[-\frac{1}{x} \right]_{-1}^0 = \lim_{x \to 0^-} \left(-\frac{1}{x} \right) - 1 = +\infty$$

即反常积分 $\int_{-1}^0 \dfrac{\mathrm{d}x}{x^2}$ 发散,所以反常积分 $\int_{-1}^1 \dfrac{\mathrm{d}x}{x^2}$ 发散.

评注 如果疏忽了 $x = 0$ 是被积函数的瑕点,就会得到以下的错误结果:

$$\int_{-1}^1 \frac{\mathrm{d}x}{x^2} = \left[-\frac{1}{x} \right]_{-1}^1 = -1 - 1 = -2$$

例 5.39 计算反常积分 $\int_0^{+\infty} \dfrac{1}{(1 + x^2)^8} \mathrm{d}x$.

分析　该题属于有理函数的无穷限反常积分,但分母的次数过高,注意到分母的形式为$(1+x^2)^8$,可以采用三角代换,使分母中不含有加法,简化积分的计算.

解答　设$x=\tan t$,则$(1+x^2)^8=\sec^{16}t$,又$x=0,t=0,x=+\infty,t=\dfrac{\pi}{2},dx=\sec^2 tdt$,则

$$\int_0^{+\infty}\frac{1}{(1+x^2)^8}dx=\int_0^{\frac{\pi}{2}}\frac{1}{\sec^{16}t}\cdot\sec^2 tdt=\int_0^{\frac{\pi}{2}}\cos^{14}tdt=\frac{13!!}{14!!}$$

评注　在有理函数的积分中,如果分母中含有加减运算,有些时候是不太容易寻找原函数的,但当分母出现$(a^2\pm x^2)^n$、$(x^2-a^2)^n$的形式,可以采用三角或双曲代换来简化积分.

例5.40　判定积分$\displaystyle\int_0^2\frac{1}{x^2-4x+3}dx$的收敛性.

分析　由于$\dfrac{1}{x^2-4x+3}=\dfrac{1}{2}\left[\dfrac{1}{x-3}-\dfrac{1}{x-1}\right]$,$x=1$是函数的无穷间断点,而$x=1$在积分区间$[0,2]$内,所以应以$x=1$为分点将积分拆成两个积分.

解答　$\displaystyle\int_0^2\frac{1}{x^2-4x+3}dx=\int_0^1\frac{1}{x^2-4x+3}dx+\int_1^2\frac{1}{x^2-4x+3}dx$

因为

$$\int_0^1\frac{1}{x^2-4x+3}dx=\frac{1}{2}\int_0^1\left[\frac{1}{x-3}-\frac{1}{x-1}\right]dx$$

$$=\frac{1}{2}\left[\ln|x-3|\,\big|_0^1\right]-\frac{1}{2}\left[\ln|x-1|\,\big|_0^1\right]$$

$$=\frac{1}{2}\ln\frac{2}{3}-\frac{1}{2}\lim_{x\to 1^-}\ln|x-1|$$

$$=+\infty$$

故积分发散.

评注　在有限区间上的积分,一定要检验区间上是否有瑕点,若有瑕点,则以瑕点为端点积分.

5.2.5　定积分的应用

1. 定积分的几何应用

1）求平面图形的面积

例5.41　求由$y=\sqrt{x}$与$y=\dfrac{x}{2}$围成的平面图形的面积.

分析　画出积分区域,求交点坐标,根据积分区域类型选定积分变量并确定积分区间.

解答　〈方法一〉由$\begin{cases}y=\sqrt{x}\\y=\dfrac{x}{2}\end{cases}$解得两交点$(0,0),(4,2)$,如图5.4所示.

$$dA=\left(\sqrt{x}-\frac{x}{2}\right)dx,\quad A=\int_0^4\left(\sqrt{x}-\frac{x}{2}\right)dx=\left(\frac{2}{3}x^{\frac{3}{2}}-\frac{1}{4}x^2\right)\bigg|_0^4=\frac{4}{3}$$

〈方法二〉前面的积分是以 x 为积分变量的,下面再以 y 为积分变量试试,如图 5.5 所示.

$$dA = (2y - y^2)dy, A = \int_0^2 (2y - y^2)dy = \left(y^2 - \frac{1}{3}y^3 \right) \Big|_0^2 = \frac{4}{3}$$

评注 对于这个例题两种解法差别不大,但对有些题差别可就大了.

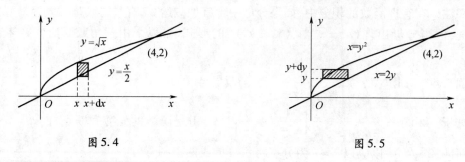

图 5.4　　　　　　　　　　　　　　　　图 5.5

例 5.42 求由抛物线 $x = 1 - 2y^2$ 与直线 $y = x$ 所围成的平面图形的面积.

分析 该题既可以取 x 为积分变量,也可以取 y 为积分变量.

解答 解联立方程

$$\begin{cases} x = 1 - 2y^2 \\ y = x \end{cases}$$

求得交点 $(-1, -1)$ 和 $\left(\frac{1}{2}, \frac{1}{2} \right)$.

〈方法一〉取 y 为积分变量,相应的积分区间为 $\left[-1, \frac{1}{2} \right]$,于是所围成的平面图形的面积为

$$\sigma = \int_{-1}^{\frac{1}{2}} (1 - 2y^2 - y)dy = \left(y - \frac{y^2}{2} - \frac{2}{3}y^3 \right) \Big|_{-1}^{\frac{1}{2}} = \frac{9}{8}$$

〈方法二〉取 x 为积分变量,相应的积分区间为 $[-1, 1]$,于是所围成的平面图形的面积为

$$\sigma = \int_{-1}^{\frac{1}{2}} \left(x + \sqrt{\frac{1-x}{2}} \right)dx + \int_{\frac{1}{2}}^{1} 2\sqrt{\frac{1-x}{2}}dx$$

$$= \frac{1}{2}x^2 \Big|_{-1}^{\frac{1}{2}} - \frac{1}{\sqrt{2}} \int_{-1}^{\frac{1}{2}} \sqrt{1-x}\,d(1-x) - \sqrt{2} \int_{\frac{1}{2}}^{1} \sqrt{1-x}\,d(1-x)$$

$$= -\frac{3}{8} - \frac{1}{\sqrt{2}} \cdot \frac{2}{3}(1-x)^{\frac{3}{2}} \Big|_{-1}^{\frac{1}{2}} - \sqrt{2} \cdot \frac{2}{3}(1-x)^{\frac{3}{2}} \Big|_{\frac{1}{2}}^{1} = \frac{9}{8}$$

评注 比较后该题取 y 为积分变量较简单,所以在平面图形的面积的计算中,合理选择积分变量很关键.

例 5.43 计算星形线 $\begin{cases} x = a\cos^3 t \\ y = a\sin^3 t \end{cases}$ $(a > 0)$ 围成的面积(图 5.6).

分析 该题可利用图形关于两个坐标轴对称,整个图形的面积为第一象限图形面积

的 4 倍简化计算.

解答 $dA = ydx = a\sin^3 td(a\cos^3 t) = -3a^2\sin^4 t\cos^2 tdt$

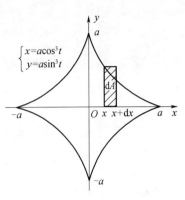

$$面积 = 4\int_0^a ydx = -12a^2\int_{\frac{\pi}{2}}^0 \sin^4 t\cos^2 tdt$$

$$= 12a^2\int_0^{\frac{\pi}{2}}(\sin^4 t - \sin^6 t)dt$$

$$= 12a^2\int_0^{\frac{\pi}{2}}\sin^4 tdt - 12a^2\int_0^{\frac{\pi}{2}}\sin^6 tdt$$

$$= 12a^2 \cdot \frac{3}{4} \cdot \frac{1}{2} \cdot \frac{\pi}{2} - 12a^2 \cdot \frac{5}{6} \cdot \frac{3}{4} \cdot \frac{1}{2} \cdot \frac{\pi}{2}$$

$$= \frac{3\pi}{8}a^2$$

图 5.6

评注 注意：当区域的边界曲线方程为参数方程
情形,图形的面积为 $\int_a^b ydx$,将曲线的参数方程带入即换元化简积分.

例 5.44 求圆 $r = a$ 与心脏线 $r = a(1 + \cos\theta)$ $(a > 0)$ 所
形成圆外部分的面积.

分析 由于心形线关于极轴对称,所求面积是
$\left[0, \frac{\pi}{2}\right]$ 上的图形面积的 2 倍,如图 5.7 所示.

解答

$$dA = \frac{1}{2}\left[a^2(1 + \cos\theta)^2 - a^2\right]d\theta$$

$$= \frac{1}{2}a^2(2\cos\theta + \cos^2\theta)d\theta$$

图 5.7

$$A = 2\int_0^{\frac{\pi}{2}}\frac{1}{2}a^2(2\cos\theta + \cos^2\theta)d\theta = \frac{a^2}{2}\int_0^{\frac{\pi}{2}}(4\cos\theta + 1 + \cos 2\theta)d\theta$$

$$= \frac{a^2}{2}\left(4\sin\theta + \theta + \frac{1}{2}\sin 2\theta\right)\Big|_0^{\frac{\pi}{2}} = \left(2 + \frac{\pi}{4}\right)a^2$$

评注 此题很容易找错图形的位置.

2）求空间立体的体积

例 5.45 求曲线 $y = \sin x$ $(0 \leq x \leq \pi)$ 及 x 轴所围成的图形绕 y 轴旋转所成的旋转体
的体积.

分析 将原曲线弧 $y = \sin x$ $(0 \leq x \leq \pi)$ 分成左、
右两条曲线弧,其方程分别表示成 $x = \arcsin y$, $x = \pi - \arcsin y$. 所得旋转体的体积可以看成平面图形
$OABC$ 和 OBC 分别绕 y 轴旋转所成的旋转体的体
积之差,如图 5.8 所示.

解答

利用旋转体体积公式

图 5.8

135

$$V = \pi \int_0^1 \left[(\pi - \arcsin y)^2 - (\arcsin y)^2 \right] \mathrm{d}y$$

$$= \pi \int_0^1 (\pi^2 - 2\pi \arcsin y) \mathrm{d}y$$

$$= \pi^3 - 2\pi^2 \left\{ [y \arcsin y]_0^1 - \int_0^1 \frac{y}{\sqrt{1-y^2}} \mathrm{d}y \right\}$$

$$= \pi^3 - 2\pi^2 \left\{ \frac{\pi}{2} + [\sqrt{1-y^2}]_0^1 \right\} = 2\pi^2$$

评注 该题也可用套筒法计算体积.

例 5.46 求星形线 $x = a\cos^3 t$，$y = a\sin^3 t$ 所围成的图形绕 x 轴旋转而成的旋转体的体积.

分析 由于图形关于两个坐标轴对称，所以所求旋转体的体积是位于第一象限部分图形绕 x 轴旋转而成的旋转体体积的 2 倍，如图 5.9 所示.

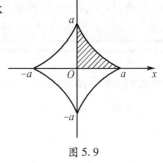

图 5.9

解答

由旋转体体积公式

$$V = 2\int_0^a \pi y^2 \mathrm{d}x = 2\pi \int_{\frac{\pi}{2}}^0 a^2 \sin^6 t \cdot 3a\cos^2 t(-\sin t) \mathrm{d}t$$

$$= 6\pi a^3 \int_0^{\frac{\pi}{2}} (\sin^7 t - \sin^9 t) \mathrm{d}t$$

$$= 6\pi a^3 \left(\frac{6}{7} \cdot \frac{4}{5} \cdot \frac{2}{3} - \frac{8}{9} \cdot \frac{6}{7} \cdot \frac{4}{5} \cdot \frac{2}{3} \right) = \frac{32}{105}\pi a^3$$

评注 当曲线方程为参数方程时，定积分要进行换元.

例 5.47 求 $x^2 + y^2 = a^2$ 绕 $x = -b (b > a > 0)$ 旋转所成旋转体的体积.

分析 旋转轴不是坐标轴，所以元素的计算就不同，但还是基于元素法的思想.

解答 $\mathrm{d}V = \pi(b + \sqrt{a^2 - y^2})^2 \mathrm{d}y - \pi(b - \sqrt{a^2 - y^2})^2 \mathrm{d}y = 4\pi b \sqrt{a^2 - y^2} \mathrm{d}y$

$$V = 4\pi b \int_{-a}^a \sqrt{a^2 - y^2} \mathrm{d}y = 8\pi b \int_0^a \sqrt{a^2 - y^2} \mathrm{d}y \xlongequal{y = a\sin t} 8\pi b \int_0^{\frac{\pi}{2}} a^2 \cos^2 t \mathrm{d}t$$

$$= 8\pi a^2 b \cdot \frac{1}{2} \cdot \frac{\pi}{2} = 2\pi^2 a^2 b$$

评注 本题用大旋转体的体积减去小旋转体的体积，计算中先整理成 $4\pi b \int_{-a}^a \sqrt{a^2 - y^2} \mathrm{d}y$，简化了计算.

例 5.48 求心形线 $\rho = 4(1 + \cos\varphi)$ 与射线 $\varphi = 0$、$\varphi = \pi/2$ 围成的图形绕极轴旋转形成的旋转体体积.

分析 该题曲线方程为极坐标形式，应首先将其化为参数方程.

解答 心形线的参数方程为 $x = 4(\cos\varphi + \cos^2\varphi)$，$y = 4\sin\varphi(1 + \cos\varphi)$，旋转体体积为

$$V = \pi \int_0^8 y^2 \mathrm{d}x = -64\pi \int_{\pi/2}^0 \sin^2\varphi(1 + \cos\varphi)^2 \cdot \sin\varphi(1 + 2\cos\varphi) \mathrm{d}\varphi = 160\pi$$

评注 极坐标下旋转体体积的计算，可首先将曲线的极坐标方程化为参数方程后再计算体积.

例 5.49 设曲线 $y = ax^2(a > 0, x \geq 0)$ 与 $y = 1 - x^2$ 交于点 A,过坐标原点 O 和点 A 的直线与曲线 $y = ax^2$ 围成一平面图形. 问 a 为何值时,该图形绕 x 轴旋转一周所得的旋转体体积最大?最大体积是多少?

分析 这是一道综合题. 此旋转体体积依赖于两条抛物线交点的坐标,所以应先求交点的坐标,再建立直线 OA 的方程.

解答 $\begin{cases} y = ax^2 \\ y = 1 - x^2 \end{cases} \Rightarrow x = \dfrac{1}{\sqrt{a+1}}, y = \dfrac{a}{a+1}$

直线 OA 的方程为

$$y = \frac{a}{\sqrt{a+1}}x$$

旋转体的体积为

$$V = \pi \int_0^{\frac{1}{\sqrt{a+1}}} \frac{a^2}{a+1}x^2 \mathrm{d}x - \pi \int_0^{\frac{1}{\sqrt{a+1}}} a^2 x^4 \mathrm{d}x$$

$$= \pi \left[\frac{a^2}{3(a+1)}x^3 - \frac{1}{5}a^2 x^5 \right] \Big|_0^{\frac{1}{\sqrt{a+1}}} = \frac{2\pi}{15} \cdot \frac{a^2}{(a+1)^{\frac{5}{2}}}$$

$$\frac{\mathrm{d}V}{\mathrm{d}a} = \frac{2\pi}{15} \cdot \frac{2a(a+1)^{\frac{5}{2}} - \frac{5}{2}a^2(a+1)^{\frac{3}{2}}}{(a+1)^5} = \frac{\pi(4a - a^2)}{15(a+1)^{\frac{7}{2}}}$$

令 $\dfrac{\mathrm{d}V}{\mathrm{d}a} = 0$,因为 $a > 0$,所以驻点为 $a = 4$.

此旋转体在 $a = 4$ 时取最大值,最大体积为

$$V = \frac{2\pi}{15} \cdot \frac{4^2}{(4+1)^{\frac{5}{2}}} = \frac{32\sqrt{5}}{1875}\pi$$

评注 此旋转体体积是 a 的函数,求函数的驻点,再进一步探讨该函数何时取最大值.

例 5.50 计算底面是半径为 R 的圆,而垂直于底面上一条固定直径的所有截面都是等边三角形的立体体积.

分析 建立如图 5.10 所示的坐标系,因为垂直于底面上一条固定直径的所有截面都是等边三角形,所以可以知道过任一点 x 的垂直于 x 轴的各截面的面积.

解答 底面圆的方程为

$$x^2 + y^2 = R^2$$

过 x 轴上点 x 作垂直于 x 轴的截面,截面是边长为 $2\sqrt{R^2 - x^2}$ 的正三角形,其高为 $2\sqrt{R^2 - x^2} \cdot \dfrac{\sqrt{3}}{2}$,截面面积为

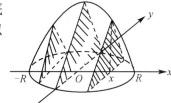

图 5.10

$$A(x) = \frac{1}{2} \cdot 2\sqrt{R^2 - x^2} \cdot \sqrt{3} \cdot \sqrt{R^2 - x^2} = \sqrt{3}(R^2 - x^2)$$

则体积为

$$V = \int_{-R}^{R} A(x)\,\mathrm{d}x = \int_{-R}^{R} \sqrt{3}\,(R^2 - x^2)\,\mathrm{d}x$$

$$= 2\int_{0}^{R} \sqrt{3}\,(R^2 - x^2)\,\mathrm{d}x = 2\sqrt{3}\left[R^2 x - \frac{1}{3}x^3\right]_{0}^{R} = \frac{4}{3}\sqrt{3}R^3$$

评注　注意：由图形的对称性 $V = 2\int_{0}^{R} A(x)\,\mathrm{d}x$.

3）求平面曲线的弧长

例 5.51　证明曲线 $y = \sin x$ 的一个周期的弧长等于椭圆 $2x^2 + y^2 = 2$ 的周长.

分析　分别按弧长公式求出这两个图形的弧长，看是否相等.

证明　设 s_1 为 $y = \sin x$ 的一个周期的弧长，s_2 为椭圆 $2x^2 + y^2 = 2$ 的周长，则

$$s_1 = \int_{0}^{2\pi} \sqrt{1 + y'^2}\,\mathrm{d}x = \int_{0}^{2\pi} \sqrt{1 + \cos^2 x}\,\mathrm{d}x$$

将椭圆 $2x^2 + y^2 = 2$ 变形为 $x^2 + \dfrac{y^2}{2} = 1$，其参数方程为

$$\begin{cases} x = \cos\theta \\ y = \sqrt{2}\sin\theta \end{cases}$$

$$s_2 = \int_{0}^{2\pi} \sqrt{[x'(\theta)]^2 + [y'(\theta)]^2}\,\mathrm{d}\theta$$

$$= \int_{0}^{2\pi} \sqrt{(-\sin\theta)^2 + (\sqrt{2}\cos\theta)^2}\,\mathrm{d}\theta$$

$$= \int_{0}^{2\pi} \sqrt{\sin^2\theta + 2\cos^2\theta}\,\mathrm{d}\theta$$

$$= \int_{0}^{2\pi} \sqrt{1 + \cos^2\theta}\,\mathrm{d}\theta = \int_{0}^{2\pi} \sqrt{1 + \cos^2 x}\,\mathrm{d}x$$

所以 $s_1 = s_2$.

评注　这里为了计算简便，椭圆方程改成了极坐标形式.

例 5.52　计算心脏线 $r = a(1 + \cos\theta)\,(0 \leqslant \theta \leqslant 2\pi)$ 的长（图 5.11）.

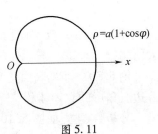

$\rho = a(1 + \cos\varphi)$

分析　该题是极坐标下的定积分，利用图形的对称性，函数的奇偶性简化积分的计算.

解答　在 $[0, \pi]$ 上，有

图 5.11

$$\mathrm{d}s = \sqrt{a^2(1 + \cos\theta)^2 + (-a\sin\theta)^2}\,\mathrm{d}\theta = \sqrt{2a^2[1 + \cos\theta]}\,\mathrm{d}\theta = 2a\cos\frac{\theta}{2}\,\mathrm{d}\theta$$

$$s = 2\int_{0}^{\pi} 2a\cos\frac{\theta}{2}\,\mathrm{d}\theta \xlongequal{t = \frac{\theta}{2}} 8a\int_{0}^{\frac{\pi}{2}} \cos t\,\mathrm{d}t = 8a$$

评注　若不利用对称性计算就一定要注意在 $[0, 2\pi]$ 上，有

$$\mathrm{d}s = 2a\left|\cos\frac{\theta}{2}\right|\mathrm{d}\theta$$

2. 定积分的物理应用

例 5.53　半径为 r 的球沉入水中，球的上部与水面相切，球的密度为 1 ，现将这球从

水中取出,需做多少功?

分析 建立如图 5.12 所示的坐标系. 将半径为 r 的球取出水面,所需的力为

$$F(x) = G - F_浮$$

式中:$G = \dfrac{4\pi r^3}{3} \cdot 1 \cdot g$ 是球的重力;$F_浮$ 表示将球取出之后,仍浸在水中的另一部分球所受的浮力,利用球公式 $V = \pi \cdot x^2 \left(r - \dfrac{x}{3}\right)$.

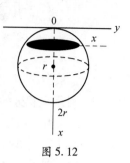

图 5.12

解答 因

$$F_浮 = \left[\frac{4}{3}\pi \cdot r^3 - \pi \cdot x^2\left(r - \frac{x}{3}\right)\right] \cdot 1 \cdot g$$

从而

$$F(x) = \pi \cdot x^2\left(r - \frac{x}{3}\right)g \qquad (x \in [0, 2r])$$

从水中将球取出所做的功等于变力 $F(x)$ 从 0 改变至 $2r$ 时所做的功.

取 x 为积分变量,则 $x \in [0, 2r]$,对于 $[0, 2r]$ 上的任一小区间 $[x, x+dx]$,变力 $F(x)$ 从 0 到 $x + dx$ 这段距离内所做的功为

$$dW = F(x)dx = \pi \cdot x^2\left(r - \frac{x}{3}\right)g$$

这就是功元素,并且功为

$$W = \int_0^{2r} \pi g x^2\left(r - \frac{x}{3}\right)dx = g\left[\frac{\pi r}{3}x^3 - \frac{\pi}{12}x^4\right]_0^{2r} = \frac{4}{3}\pi \cdot r^4 g$$

评注 该题中除了要考虑克服球的重力做功外,还要考虑球的浮力.

例 5.54 洒水车上的水箱是一个横放的椭圆柱体,其顶头长、短半轴分别为 b、a,试计算水箱顶头面所受的压力(水的密度为 1).

(1)当水装满时;(2)当水刚好为半水箱时.

分析 顶头面对应的椭圆方程为 $\dfrac{x^2}{a^2} + \dfrac{y^2}{b^2} = 1$,在顶头面上利用元素法求压力的微元,注意不同水深处压强 p 不等.

解答 选择坐标系如图(图略)所示,取 x 为积分变量,在 x 的变化区间上任取一个小区间 $[x, x+dx] \subset [-a, a]$.

(1)当 $x \in [-a, a]$ 时,在深度 x 处小窄条所受的侧压力为

$$dP = (a+x)2ydx = \frac{2b}{a}(a+x)\sqrt{a^2 - x^2}dx,$$

水箱顶头面所受的压力 $P = \displaystyle\int_{-a}^a \frac{2b}{a}(a+x)\sqrt{a^2-x^2}dx = 2\int_0^a 2b\sqrt{a^2-x^2}dx = \pi a^2 b.$

评注 上式积分计算中,第一步利用了对称区间上奇偶函数的结论,第二步利用了定积分的几何意义.

(2)当 $x \in [0, a]$ 时,在深度 x 处小窄条所受的侧压力为

$$dP = x2ydx = \frac{2b}{a}x\sqrt{a^2 - x^2}dx$$

$$P = \int_0^a \frac{2b}{a} x \sqrt{a^2 - x^2} \, dx = -\frac{b}{a} \int_0^a \sqrt{a^2 - x^2} \, d(a^2 - x^2) = \frac{2}{3} a^2 b$$

5.3 本 章 小 结

1. 利用定积分的定义或性质求极限、估计或比较定积分的值

（1）利用定积分的定义求极限，若数列的一般项为 n 项和的形式，而且每项可表示成两部分的积 $f(\xi_i) \Delta x_i$. 为解题的方便，一般将积分区间 n 等分，解题的关键是确定 Δx_i、ξ_i、$f(x)$ 的形式，确定积分区间. 一般来看，ξ_i 取在第 i 个小区间的端点处，积分区间由 i 的取值范围及小区间的长度可以找到.

（2）比较定积分的值，只需要在区间上比较两个被积函数的大小，然后利用定积分的性质即可得到答案.

（3）估计积分的值的关键是求出函数在区间上的最大值和最小值，然后再利用定积分的估值不等式即可.

（4）定积分中值定理主要应用在极限计算或一些含有定积分的证明题，解题的出发点是脱去积分号，简化问题.

2. 变限积分及其导数

变限积分及其导数问题主要应用在洛必达法则求极限的运算、求导、判断函数的单调性、求极值、确定方程的根、确定函数的表达式、积分方程求解等问题中. 注意它的一般求导公式为

$$\int_{a(x)}^{b(x)} f(t) \, dt = b'(x) f(b(x)) - a'(x) f(a(x))$$

如果变限积分求导时，被积函数中含有积分上限 x，应先通过化简将 x 提到积分号外，再对被积函数只含积分变量 t 形式的积分求导.

3. 定积分的计算方法

（1）用定积分的定义计算，为解题的方便，一般将积分区间 n 等分，解题的关键是确定 Δx_i、ξ_i、$f(x)$ 的形式，确定积分区间. 一般来看，ξ_i 取在第 i 个小区间的端点处.

（2）将被积函数化简再利用定积分的性质及牛顿—莱布尼茨公式计算定积分.

① 当遇到开偶次方运算时注意取绝对值；

② 对于含绝对值的积分，积分前必须去掉绝对值符号，所以要利用积分对区间的可加性将积分区间分成部分区间，使被积函数在相应的区间上保持一定的符号；

③ 对于分段函数或不好直接积分的原函数，可以利用积分的性质将积分进行变形拆成几个简单的定积分再进行计算.

（3）积分简化计算：

① 利用函数的奇偶性和区间的对称性可简化积分. 如果积分区间关于原点对称，被积函数是奇函数，积分为零；如果被积函数是偶函数，积分等于函数在原点右侧一半区间上积分的 2 倍.

即：设 $f(x) \in [-a, a]$，且为偶函数，则 $\int_{-a}^{a} f(x) \, dx = 2 \int_{0}^{a} f(x) \, dx$；设 $f(x) \in [-a, a]$，且为奇函数，则 $\int_{-a}^{a} f(x) \, dx = 0$.

140

② 利用定积分的几个重要公式：

$$\int_0^\pi xf(\sin x)\,\mathrm{d}x = \frac{\pi}{2}\int_0^\pi f(\sin x)\,\mathrm{d}x$$

$$\int_0^{\frac{\pi}{2}} \sin^m t\,\mathrm{d}t = \int_0^{\frac{\pi}{2}} \cos^m t\,\mathrm{d}t = \begin{cases} \dfrac{m-1}{m}\cdot\dfrac{m-3}{m-2}\cdots\dfrac{4}{5}\cdot\dfrac{2}{3}, m\ \text{为} > 1\ \text{的正奇数} \\ \dfrac{m-1}{m}\cdot\dfrac{m-3}{m-2}\cdots\dfrac{3}{4}\cdot\dfrac{1}{2}\cdot\dfrac{\pi}{2}, m\ \text{为正偶数} \end{cases}$$

$$\int_0^\pi \sin^m t\,\mathrm{d}t = 2\int_0^{\frac{\pi}{2}} \sin^m t\,\mathrm{d}t$$

$$\int_{-a}^a f(x)\,\mathrm{d}x = \int_0^a [f(x) + f(-x)]\,\mathrm{d}x$$

设函数 $f(x)$ 以 T 为周期，且 $f(x) \in (-\infty, +\infty)$，则 $\forall a \in R$ 恒有

$$\int_a^{a+T} f(x)\,\mathrm{d}x = \int_0^T f(x)\,\mathrm{d}x$$

（4）定积分的换元积分法：

$$\int_a^b f(x)\,\mathrm{d}x = \int_\alpha^\beta f[\varphi(t)]\varphi'(t)\,\mathrm{d}t, x = \varphi(t), \varphi(\alpha) = a, \varphi(\beta) = b$$

与不定积分类似，有凑微分和用于去掉根式的三角代换、双曲代换、倒代换、根式代换和万能代换. 本质区别是换元就要换限，尤其对于定积分的证明题要根据积分限的特点、被积函数的特点来选择合适的换元公式.

（5）定积分的分部积分法：

$$\int_a^b u(x)\,\mathrm{d}v(x) = u(x)v(x)\,|_a^b - \int_a^b v(x)\,\mathrm{d}u(x)$$

与不定积分类似，按 LIATE 选择法选择 u，如果不止一次分部积分，注意每次分部积分中选择函数 u 的类型一定是相同的，否则会出现错误.

（6）递推公式法求定积分：被积函数中含有参数，可利用换元法或分部积分法推导出递推公式，根据递推公式得到积分值.

4. 反常积分的计算

包括无穷限反常积分和无界函数的反常积分. 注意区间上是否有瑕点，如果区间内有瑕点，须将区间拆开，即瑕点只能放在区间的端点处，如果疏忽了是被积函数的瑕点，就会得到错误的结果.

5. 定积分的应用

这里主要利用元素法探讨定积分的几何应用：计算平面图形的面积、空间立体的体积和平面曲线的弧长；物理应用：计算功、压力和引力.

5.4　同步习题及解答

5.4.1　同步习题

1. 填空题

（1）$\int_{-1}^1 (\sin x\cos 2x - x^2)\,\mathrm{d}x = $ ＿＿＿＿＿＿＿＿.

(2) $\dfrac{d}{dx} \displaystyle\int_1^e \ln(x^2 + 1)\,dx =$ _____.

(3) $\displaystyle\int_{-\infty}^0 e^{2x}\,dx =$ _____.

(4) 由封闭曲线 $y^2 = x^2(a^2 - x^2)\ (a > 0)$ 围成的平面图形绕 x 轴旋转所得旋转体的体积 V 的积分表达式是_____.

(5) 由曲线 $y = x + \dfrac{1}{x}, x = 2, y = 2$ 所围成图形的面积 S _____.

(6) 曲线 $r = 2a\cos\theta\ (a > 0)$ 所围图形的面积 $A =$ _____.

2. 单项选择题

(1) 若 $\displaystyle\int_0^1 (2x + k)\,dx = 2$,则 $k = ($ ___ $)$.

     A. 1   B. -1 C. 0   D. $\dfrac{1}{2}$

(2) 下列定积分中积分值为 0 的是(___).

     A. $\displaystyle\int_{-1}^1 \dfrac{e^x - e^{-x}}{2}\,dx$ B. $\displaystyle\int_{-1}^1 \dfrac{e^x + e^{-x}}{2}\,dx$

     C. $\displaystyle\int_{-\pi}^{\pi} (x^3 + \cos x)\,dx$ D. $\displaystyle\int_{-\pi}^{\pi} (x^2 + \sin x)\,dx$

(3) 设 $f(x)$ 是连续的奇函数,则定积分 $\displaystyle\int_{-a}^a f(x)\,dx = ($ ___ $)$.

     A. $2\displaystyle\int_{-a}^0 f(x)\,dx$ B. $\displaystyle\int_{-a}^0 f(x)\,dx$ C. $\displaystyle\int_0^a f(x)\,dx$ D. 0

(4) 下列无穷积分收敛的是(___).

     A. $\displaystyle\int_0^{+\infty} \sin x\,dx$ B. $\displaystyle\int_0^{+\infty} e^{-2x}\,dx$

     C. $\displaystyle\int_1^{+\infty} \dfrac{1}{x}\,dx$ D. $\displaystyle\int_1^{+\infty} \dfrac{1}{\sqrt{x}}\,dx$

3. 计算题

(1) $\displaystyle\int_0^{\ln 2} e^x(1 + e^x)^2\,dx$.   (2) $\displaystyle\int_1^e \dfrac{1 + 5\ln x}{x}\,dx$.

(3) $\displaystyle\int_0^1 xe^x\,dx$.   (4) $\displaystyle\int_0^{\frac{\pi}{2}} x\sin x\,dx$.

4. 设 $f''(x)$ 在 $[a, b]$ 上连续,证明:

$$\int_a^b xf''(x)\,dx = [bf'(b) - f(b)] - [af'(a) - f(a)]$$

5. 设 $f(x) = \begin{cases} xe^{-x^2}, & x \geq 0 \\ \dfrac{1}{1 + \cos x}, & -1 < x < 0 \end{cases}$,求 $\displaystyle\int_1^4 f(x - 2)\,dx$.

6. 求由 $y = x^2$ 与 $y = \sqrt{x}$ 及 $x = 4$ 围成的平面图形的面积.

7. 在椭圆 $x = a\cos t, y = b\sin t$ 的第一象限上求一点 $M(x, y)$,使椭圆在该点的切线与坐标轴构成的三角形的面积为最小,并求此切线与椭圆及坐标轴所围成的平面图形的面积.

面积.

8. 计算由椭圆

$$\frac{x^2}{a^2} + \frac{y^2}{b^2} = 1$$

所围成的图形绕 x 轴旋转一周而成的旋转椭球体的体积.

9. 求星形线 $\sqrt[3]{x^2} + \sqrt[3]{y^2} = \sqrt[3]{a^2}$ 的全长.

10. 求对数螺线 $r = e^\theta$ 上 $\theta \in [0, 2\pi]$ 一段的弧长.

5.4.2 同步习题解答

1. $(1) -\frac{2}{3}$; $(2)\ 0$; $(3)\ \frac{1}{2}$; $(4)\ \pi\int_{-a}^{a} x^2(a^2 - x^2)\,\mathrm{d}x$; $(5)\ \ln 2 - \frac{1}{2}$; $(6)\ \pi a^2$.

2. (1) A.

解 因为 $\int_0^1 (2x + k)\,\mathrm{d}x = (x^2 + kx)\,\big|_0^1 = 1 + k = 2$,所以 $k = 1$.

(2) A.

解 令 $f(x) = \dfrac{e^x - e^{-x}}{2}$,则 $f(-x) = \dfrac{e^{-x} - e^x}{2} = -f(x)$,所以函数 $f(x) = \dfrac{e^x - e^{-x}}{2}$ 是奇函数,因此 $\int_{-1}^1 \dfrac{e^x - e^{-x}}{2}\,\mathrm{d}x = 0$.

(3) D.

解 因为 $f(x)$ 是连续的奇函数,积分区间关于原点对称,所以积分为 0.

(4) B.

解 $\displaystyle\int_0^{+\infty} e^{-2x}\,\mathrm{d}x = \lim_{t\to+\infty} \int_0^t e^{-2x}\,\mathrm{d}x = \lim_{t\to+\infty} -\frac{1}{2}e^{-2x}\,\bigg|_0^t = \lim_{t\to+\infty}\left(-\frac{1}{2}e^{-2t} + \frac{1}{2}\right) = \frac{1}{2}$

3. (1) **解** $\displaystyle\int_0^{\ln 2} e^x(1 + e^x)^2\,\mathrm{d}x = \int_0^{\ln 2} (1 + e^x)^2\,\mathrm{d}(1 + e^x) = \frac{1}{3}(1 + e^x)^3\,\bigg|_0^{\ln 2} = 9 - \frac{8}{3} = \frac{19}{3}$

(2) **解** $\displaystyle\int_1^e \frac{1 + 5\ln x}{x}\,\mathrm{d}x = \int_1^e (1 + 5\ln x)\,\mathrm{d}\ln x = \frac{1}{5}\int_1^e (1 + 5\ln x)\,\mathrm{d}(1 + 5\ln x) =$

$\dfrac{1}{5}\cdot\dfrac{1}{2}(1 + 5\ln x)^2\,\bigg|_1^e = \dfrac{1}{10}(6 - 1)^2 = \dfrac{5}{2}$

(3) **解** $\displaystyle\int_0^1 x e^x\,\mathrm{d}x = \int_0^1 x\,\mathrm{d}e^x = x e^x\,\big|_0^1 - \int_0^1 e^x\,\mathrm{d}x = e - e^x\,\big|_0^1 = e - (e - 1) = 1$

(4) **解** $\displaystyle\int_0^{\frac{\pi}{2}} x\sin x\,\mathrm{d}x = -\int_0^{\frac{\pi}{2}} x\,\mathrm{d}\cos x = -\left(x\cos x\,\big|_0^{\frac{\pi}{2}} - \int_0^{\frac{\pi}{2}} \cos x\,\mathrm{d}x\right) = \sin x\,\big|_0^{\frac{\pi}{2}} = 1 - 0 = 1$

4. **证** $\displaystyle\int_a^b x f''(x)\,\mathrm{d}x = x f'(x)\,\big|_a^b - \int_a^b f'(x)\,\mathrm{d}x = b f'(b) - a f'(a) - f(b) + f(a)$

$$= [b f'(b) - f(b)] - [a f'(a) - f(a)]$$

5. **解** $\displaystyle\int_1^4 f(x - 2)\,\mathrm{d}x \overset{t = x - 2}{=\!=\!=} \int_{-1}^2 f(t)\,\mathrm{d}t = \int_{-1}^0 \frac{1}{1 + \cos t}\,\mathrm{d}t + \int_0^2 t e^{-t^2}\,\mathrm{d}t$

$$= \int_{-1}^0 \frac{1}{\cos^2 \frac{t}{2}}\,\mathrm{d}\frac{t}{2} + \frac{1}{2}\int_0^2 e^{-t^2}\,\mathrm{d}t^2 = \tan\frac{t}{2}\,\bigg|_{-1}^0 - \frac{1}{2}e^{-t^2}\,\bigg|_0^2$$

6. 解 $A = \int_1^4 (x^2 - \sqrt{x})\,dx = \left(\frac{1}{3}x^3 - \frac{2}{3}x^{\frac{3}{2}}\right)\Big|_1^4 = \frac{49}{3}$

7. 解 切线方程为

$$Y - y = -\frac{b}{a}\cot t(X - x)$$

三角形的面积为

$$A = \frac{1}{2}\left(y + \frac{b}{a}x\cot t\right)\left(x + \frac{a}{b}y\tan t\right) = \frac{ab}{\sin 2t}$$

当 $t = \frac{\pi}{4}$ 时三角形的面积取最小值 ab，故所求点为 $M\left(\frac{\sqrt{2}}{2}a, \frac{\sqrt{2}}{2}b\right)$.

此切线与椭圆及坐标轴所围成的平面图形的面积 $S = ab - \frac{\pi}{4}ab$.

8. 解 如图 5.13 所示，取 x 为积分变量，则 $x \in [-a,$
$a]$，过 $[-a,a]$ 上任一点 x，作垂直于 x 轴的平面，得截面面
积 $A(x) = \pi y^2(x)$. 于是体积

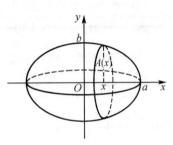

$$V = \int_{-a}^{a} A(x)\,dx = \int_{-a}^{a} \pi y^2(x)\,dx$$

$$= 2\int_0^a \pi y^2(x)\,dx = 2\pi \frac{b^2}{a^2}\int_0^a (a^2 - x^2)\,dx$$

$$= 2\pi \frac{b^2}{a^2}\left[a^2 x - \frac{1}{3}x^3\right]_0^a = \frac{4}{3}\pi ab^2$$

图 5.13

9. 解 星形线的参数方程 $x = a\cos^3 t, y = a\sin^3 t$. 因为
曲线关于两个坐标轴对称，所以曲线弧的长为第一象限弧长的 4 倍.

弧长元素

$$ds = \sqrt{[x'(t)]^2 + [x'(t)]^2}\,dt$$
$$= \sqrt{[-3a\cos^2 t\sin t]^2 + [3a\sin^2 t\cos t]^2}\,dt$$
$$= 3a\cos t\sin t\,dt$$

因此，得 $s = 4\int_0^{\frac{\pi}{2}} 3a\cos t\sin t\,dt = 6a$.

10. 解 $r' = \frac{d}{d\theta}e^\theta = e^\theta = r, ds = \sqrt{r^2 + r'^2}\,d\theta = \sqrt{e^{2\theta} + e^{2\theta}}\,d\theta = \sqrt{2}\,e^\theta\,d\theta$

$$s = \sqrt{2}\int_0^{2\pi} e^\theta\,d\theta = \sqrt{2}\,e^\theta\Big|_0^{2\pi} = \sqrt{2}(e^{2\pi} - 1)$$

第6章　常微分方程

6.1　内容概要

6.1.1　基本概念

1. 微分方程和常微分方程

凡表示未知函数、未知函数的导数与自变量之间关系的方程,叫做微分方程. 未知函数是一元函数的,叫做常微分方程. 未知函数是多元函数的,叫做偏微分方程.

2. 微分方程的阶

微分方程中出现的未知函数的最高阶导数的阶数叫做微分方程的阶.

3. 微分方程的解

设函数 $y = \varphi(x)$ 在区间 I 上有 n 阶连续导数,如果在区间 I 上,有

$$F[x, \varphi(x), \varphi'(x), \cdots, \varphi^{(n)}(x)] \equiv 0$$

那么函数 $y = \varphi(x)$ 就叫做微分方程 $F(x, y, y', \cdots, y^{(n)}) = 0$ 在区间 I 上的解.

(1) 微分方程的通解. 如果微分方程的解中含有任意常数,且任意常数的个数与微分方程的阶数相同,这样的解叫做微分方程的通解.

(2) 微分方程的特解. 确定了通解中任意常数以后得到的解,称为微分方程的特解.

4. 线性微分方程

未知函数及其各阶导数(或微分)都是一次的微分方程,叫做线性微分方程.

6.1.2　基本理论

设二阶非齐次线性方程为

$$\frac{\mathrm{d}^2 y}{\mathrm{d}x^2} + P(x) \frac{\mathrm{d}y}{\mathrm{d}x} + Q(x)y = f(x) \tag{6.1}$$

其对应的二阶齐次线性方程为

$$\frac{\mathrm{d}^2 y}{\mathrm{d}x^2} + P(x) \frac{\mathrm{d}y}{\mathrm{d}x} + Q(x)y = 0 \tag{6.2}$$

(1) 如果函数 $y_1(x)$ 与 $y_2(x)$ 是齐次方程式(6.2)的两个解,则 $k_1 y_1(x) + k_2 y_2(x)$ (k_1, k_2 是任意常数)仍是齐次方程(6.2)的解.

(2) 如果函数 $y_1(x)$ 与 $y_2(x)$ 是齐次方程式(6.2)的两个线性无关解,则 $k_1 y_1(x) + k_2 y_2(x)$ (k_1, k_2 是任意常数)是齐次方程(6.2)的通解.

(3) 如果函数 $y_1(x)$ 与 $y_2(x)$ 是非齐次方程式(6.1)的两个解,则 $y_1(x) - y_2(x)$ 是齐次方程(6.2)的解.

(4) 非齐次方程式(6.1)的通解等于它所对应的齐次方程(6.2)的通解与它自身的

一个特解之和.

(5)叠加原理:设 $y_1^*(x)$、$y_2^*(x)$ 分别是方程

$$\frac{\mathrm{d}^2 y}{\mathrm{d}x^2} + P(x)\frac{\mathrm{d}y}{\mathrm{d}x} + Q(x)y = f_1(x)$$

$$\frac{\mathrm{d}^2 y}{\mathrm{d}x^2} + P(x)\frac{\mathrm{d}y}{\mathrm{d}x} + Q(x)y = f_2(x)$$

的两个特解,则 $y_1^*(x) + y_2^*(x)$ 是方程

$$\frac{\mathrm{d}^2 y}{\mathrm{d}x^2} + P(x)\frac{\mathrm{d}y}{\mathrm{d}x} + Q(x)y = f_1(x) + f_2(x)$$

的特解.

6.1.3 基本方法

1. 一阶微分方程

1)可分离变量的微分方程

如果一阶微分方程能写成形如 $\frac{\mathrm{d}y}{\mathrm{d}x} = f(x)g(y)$ 的形式,那么原方程就称为可分离变量的微分方程.

解法 以 $g(y) \neq 0$ 除之,得 $\frac{\mathrm{d}y}{g(y)} = f(x)\mathrm{d}x$,然后两边分别对 y 和 x 进行积分得到通解.

2)齐次方程

如果一阶微分方程可化成 $\frac{\mathrm{d}y}{\mathrm{d}x} = f(x,y) = \varphi\left(\frac{y}{x}\right)$ 的形式,则称这方程为齐次方程.

解法 令 $u = \frac{y}{x}$,则 $y = ux$,$\frac{\mathrm{d}y}{\mathrm{d}x} = u + x\frac{\mathrm{d}u}{\mathrm{d}x}$ 代入原方程得 $u + x\frac{\mathrm{d}u}{\mathrm{d}x} = \varphi(u)$,从而有 $\frac{\mathrm{d}u}{\varphi(u) - u} = \frac{\mathrm{d}x}{x}$,这样就化成了可分离变量的方程,求得变换后的微分方程的通解,再以 $\frac{y}{x}$ 代替 u,便得到所给齐次方程的通解.

3)一阶线性微分方程

形如 $\frac{\mathrm{d}y}{\mathrm{d}x} + P(x)y = Q(x)$ 的方程叫做一阶线性微分方程.

解法 用常数变易法可得其通解公式为

$$y = \mathrm{e}^{-\int p(x)\mathrm{d}x}\left[\int Q(x)\mathrm{e}^{\int p(x)\mathrm{d}x}\mathrm{d}x + C\right]$$

4)伯努利方程

形如 $\frac{\mathrm{d}y}{\mathrm{d}x} + P(x)y = Q(x)y^n (n \neq 0,1)$ 的方程叫做伯努利方程.

解法 先用 y^{-n} 乘方程两边,得

$$y^{-n}\frac{\mathrm{d}y}{\mathrm{d}x} + P(x)y^{1-n} = Q(x) \ (n \neq 0,1)$$

然后令 $z = y^{1-n}$，则 $\dfrac{\mathrm{d}z}{\mathrm{d}x} = (1-n)y^{-n}\dfrac{\mathrm{d}y}{\mathrm{d}x}$，从而有 $\left(\dfrac{1}{1-n}\right)\dfrac{\mathrm{d}z}{\mathrm{d}x} + P(x)z = Q(x)$，即

$$\frac{\mathrm{d}z}{\mathrm{d}x} + (1-n)P(x)z = (1-n)Q(x)$$

这样便可按一阶线性微分方程求解，最后以 y^{1-n} 代 z 便得到伯努力方程的通解.

2. 高阶微分方程

1）可降阶的高阶微分方程

（1）$y^{(n)} = f(x)$ 型的微分方程. 接连积分 n 次，便得此方程的含有 n 个任意常数的通解.

（2）$y'' = f(x, y')$ 型的微分方程. 方程不显含未知函数 y，设 $y' = p(x)$，则 $y'' = \dfrac{\mathrm{d}p}{\mathrm{d}x}$，代入原方程得 $\dfrac{\mathrm{d}p}{\mathrm{d}x} = f(x, p)$，设其通解为 $p = \varphi(x, C_1)$，即 $\dfrac{\mathrm{d}y}{\mathrm{d}x} = \varphi(x, C_1)$，对它进行积分，得到通解 $y = \displaystyle\int \varphi(x, C_1)\,\mathrm{d}x + C_2$.

（3）$y'' = f(y, y')$ 型的微分方程. 方程不显含自变量 x，设 $y' = p(y)$，则 $y'' = p\dfrac{\mathrm{d}p}{\mathrm{d}y}$，代入原方程得 $p\dfrac{\mathrm{d}p}{\mathrm{d}y} = f(y, p)$，设其通解为 $y' = p = \varphi(y, C_1)$，分离变量并积分便得到方程通解为 $\displaystyle\int \frac{\mathrm{d}y}{\varphi(y, C_1)} = x + C_2$.

2）二阶常系数线性微分方程

形如 $\dfrac{\mathrm{d}^2 y}{\mathrm{d}x^2} + p\dfrac{\mathrm{d}y}{\mathrm{d}x} + qy = f(x)$ 的方程叫做二阶常系数线性微分方程（其中 p、q 是常数）. 如果 $f(x) \equiv 0$，为齐次的，如果 $f(x)$ 不恒等于零，为非齐次的.

（1）二阶常系数齐次线性微分方程的解法. 二阶常系数齐次线性微分方程 $\dfrac{\mathrm{d}^2 y}{\mathrm{d}x^2} + p\dfrac{\mathrm{d}y}{\mathrm{d}x} + qy = 0$ 的特征方程为

$$r^2 + pr + q = 0$$

根据特征方程的根，可以写出其对应的微分方程的通解，见表 6.1.

表 6.1

特征方程 $r^2 + pr + q = 0$ 的根 r_1, r_2	通 解 形 式
两个不等的实根 $r_1 \neq r_2$	$y = C_1 \mathrm{e}^{r_1 x} + C_2 \mathrm{e}^{r_2 x}$
两个相等的实根 $r_1 = r_2$	$y = (C_1 + C_2 x)\mathrm{e}^{r_1 x}$
一对共轭复根 $r_{1,2} = \alpha + \mathrm{i}\beta$	$y = \mathrm{e}^{\alpha x}(C_1 \cos\beta x + C_2 \sin\beta x)$

推广 设 n 阶常系数齐次线性微分方程

$$\frac{\mathrm{d}^n y}{\mathrm{d}x^n} + p_1 \frac{\mathrm{d}^{n-1} y}{\mathrm{d}x^{n-1}} + \cdots + p_{n-1}\frac{\mathrm{d}y}{\mathrm{d}x} + p_n y = 0$$

则其特征方程为

$$r^n + p_1 r^{n-1} + \cdots + p_{n-1} r + p_n = 0$$

根据特征方程的根，可以写出其对应的微分方程的解，见表 6.2.

表 6.2

特征方程 $r^n + p_1 r^{n-1} + \cdots + p_{n-1}r + p_n = 0$ 的根	通 解 形 式
单实根 r	$y = Ce^{rx}$
一对单复根 $r_{1,2} = \alpha \pm \mathrm{i}\beta$	$y = e^{\alpha x}(C_1 \cos\beta x + C_2 \sin\beta x)$
k 重实根 r	$y = (C_1 + C_2 x + \cdots + C_k x^{k-1})e^{rx}$
一对 k 重复根 $r_{1,2} = \alpha \pm \mathrm{i}\beta$	$y = e^{\alpha x}[(C_1 + C_2 x + \cdots + C_k x^{k-1})\cos\beta x$ $+ (D_1 + D_2 x + \cdots + D_k x^{k-1})\sin\beta x]$

（2）二阶常系数非齐次线性微分方程特解的求法. 二阶常系数非齐次线性微分方程 $\dfrac{\mathrm{d}^2 y}{\mathrm{d}x^2} + p\dfrac{\mathrm{d}y}{\mathrm{d}x} + qy = f(x)$ 的特解 y^* 分两种情况求解：

① $f(x) = e^{\lambda x}P_m(x)$ 型，其特解见表 6.3.

② $f(x) = e^{\lambda x}[P_k(x)\cos\omega x + P_l(x)\sin\omega x]$ 型，其特解见表 6.4.

表 6.3

特征方程 $r^2 + pr + q = 0$ 的根 r_1, r_2	特 解 形 式
$\lambda \neq r_1$ 且 $\lambda \neq r_2$	$y^* = Q_m(x)e^{\lambda x}$
$\lambda = r_1$ 但 $\lambda \neq r_2$	$y^* = xQ_m(x)e^{\lambda x}$
$\lambda = r_1 = r_2$	$y^* = x^2 Q_m(x)e^{\lambda x}$

表 6.4

特征根 r_1, r_2	特 解 形 式
$r_{1,2} \neq \lambda \pm \mathrm{i}\omega$	$y^* = e^{\lambda x}[R_m^{(1)}(x)\cos\omega x + R_m^{(2)}(x)\sin\omega x]$
$r_{1,2} = \lambda \pm \mathrm{i}\omega$	$y^* = xe^{\lambda x}[R_m^{(1)}(x)\cos\omega x + R_m^{(2)}(x)\sin\omega x]$

其中，$m = \max\{k, l\}$.

【注意】 ①如果 $P_l(x) = 0$，则 $f(x) = e^{\lambda x}P_k(x)\cos\omega x$（表 6.5）；②如果 $P_k(x) = 0$，则 $f(x) = e^{\lambda x}P_l(x)\sin\omega x$（表 6.6）.

表 6.5

特征根 r_1, r_2	特 解 形 式
$r_{1,2} \neq \lambda \pm \mathrm{i}\omega$	$y^* = e^{\lambda x}[R_k^{(1)}(x)\cos\omega x + R_k^{(2)}(x)\sin\omega x]$
$r_{1,2} = \lambda \pm \mathrm{i}\omega$	$y^* = xe^{\lambda x}[R_k^{(1)}(x)\cos\omega x + R_k^{(2)}(x)\sin\omega x]$

表 6.6

特征根 r_1, r_2	特 解 形 式
$r_{1,2} \neq \lambda \pm \mathrm{i}\omega$	$y^* = e^{\lambda x}[R_l^{(1)}(x)\cos\omega x + R_l^{(2)}(x)\sin\omega x]$
$r_{1,2} = \lambda \pm \mathrm{i}\omega$	$y^* = xe^{\lambda x}[R_l^{(1)}(x)\cos\omega x + R_l^{(2)}(x)\sin\omega x]$

6.2 典型例题分析、解答与评注

6.2.1 一阶微分方程的解法

关于一阶微分方程有 4 种类型，重点是要会识别方程的类型，采用相应的解题方案.

1. 可分离变量的微分方程求通（特）解

例 6.1 求微分方程 $(e^{x+y} - e^x)\mathrm{d}x + (e^{x+y} + e^y)\mathrm{d}y = 0$ 的通解.

分析 将方程适当变形后化为可分离变量的微分方程.

解答 方程可化为 $e^x(e^y - 1)\mathrm{d}x + e^y(e^x + 1)\mathrm{d}y = 0$

这是可分离变量的微分方程，当 $e^y - 1 \neq 0$ 时，分离变量，得 $\dfrac{e^x}{e^x + 1}\mathrm{d}x = -\dfrac{e^y}{e^y - 1}\mathrm{d}y$，两端积分，得 $\ln(e^x + 1) + \ln|e^y - 1| = \ln|C_1|$ $(C_1 \neq 0)$，于是 $(e^x + 1)(e^y - 1) = C$ $(C \neq 0)$，而当

$e^y - 1 = 0$ 时,解得 $y = 0$ 也是方程的解. 所以方程的隐式通解为

$$(e^x + 1)(e^y - 1) = C(C \text{ 为任意常数})$$

评注 常数的确定,左边出现 ln,则右边常数应写成 $\ln C$,以便于化简,其余形式则均可写成 C.

例 6.2 求下列方程的通解和特解:$x^2 y' \cos y + 1 = 0$. 满足条件:当 $x \to \infty$ 时,$y \to \dfrac{1}{3}\pi$.

分析 此题的关键是先求通解.

解答 这是可分离变量的方程,分离变量,得 $\cos y \, dy = -\dfrac{1}{x^2} dx$,两端积分,得 $\sin y = \dfrac{1}{x} + C$,于是方程的通解为

$$y = \arcsin\left(\frac{1}{x} + C\right)$$

由已知条件可知,当 $x \to \infty$ 时,$y \to \dfrac{1}{3}\pi$,得 $\arcsin C = \dfrac{1}{3}\pi, C = \dfrac{\sqrt{3}}{2}$. 于是所求的特解为

$$y = \arcsin\left(\frac{\sqrt{3}}{2} + \frac{1}{x}\right)$$

评注 求得通解后应根据极限条件确定任意常数,从而得到方程的特解.

例 6.3 求下列微分方程的通解.

(1) $y' = \dfrac{1}{2}\tan^2(x + 2y)$;

(2) $y' = \dfrac{1}{\sin^2(xy)} - \dfrac{y}{x}$;

(3) $y' + 2x = \sqrt{y + x^2}$;

(4) $\dfrac{dy}{dx} = \dfrac{1}{x^2 + y^2 - 2xy}$;

(5) $(y - x + 1)dx - (y - x + 5)dy = 0$.

分析 选择合适的变量代换可使问题简化.

解答 (1) 令 $u = x + 2y$,则 $u' = 1 + 2y'$,代入原方程得 $u' = 1 + \tan^2 u = \sec^2 u$,即 $\cos^2 u \, du = dx$,两边积分得 $\dfrac{1}{4}\sin 2(x + 2y) + \dfrac{1}{2}(x + 2y) = x + C$,从而方程的通解为

$$y = -\frac{1}{4}\sin 2(x + 2y) + \frac{x}{2} + C$$

其中,C 为任意常数.

(2) 令 $u = xy$,$u' = y + xy'$,则 $u' = \dfrac{x}{\sin^2 u}$,$\sin^2 u \, du = x \, dx$,所以,$\dfrac{1}{2}u - \dfrac{1}{4}\sin 2u = \dfrac{1}{2}x^2 + C$,即 $\dfrac{1}{2}xy - \dfrac{1}{4}\sin(2xy) = \dfrac{1}{2}x^2 + C$,其中,$C$ 为任意常数.

(3) 令 $u = y + x^2$,则 $u' = y' + 2x$,代入原方程得 $u' = \sqrt{u}$,即 $\dfrac{du}{\sqrt{u}} = dx$,两边积分得 $2\sqrt{u} = x + C$,代入 $u = y + x^2$,从而所求的通解为 $4(y + x^2) = (x + C)^2$,其中,C 为任意常数.

(4) $\dfrac{dy}{dx} = \dfrac{1}{(x - y)^2}$,令 $u = x - y$,则 $u' = 1 - y'$. 代入原方程得 $\dfrac{u^2}{u^2 - 1} du = dx$,$u + \dfrac{1}{2}\ln$

$\left|\dfrac{u-1}{u+1}\right| = x+C$，即 $x-y+\dfrac{1}{2}\ln\left|\dfrac{x-y-1}{x-y+1}\right| = x+C$，其中 C 为任意常数．

（5）原方程变形为 $\dfrac{dy}{dx} = \dfrac{y-x+1}{y-x+5}$．令 $u = y-x$，即 $y = u+x$，则 $\dfrac{dy}{dx} = \dfrac{du}{dx}+1$．代入原方程

得 $\dfrac{du}{dx}+1 = \dfrac{u+1}{u+5}$，即 $\dfrac{du}{dx} = -\dfrac{4}{u+5}$，分离变量，得 $(u+5)du = -4dx$，两边积分得 $-4x+C_1 =$

$\dfrac{1}{2}(u+5)^2$，原方程的通解为 $(y-x)^2+10y-2x = C$，其中，C 为任意常数．

评注 变量代换法比较灵活，没有统一的模式．逐渐总结经验，多做题和后续学习中积累经验．

2. 齐次方程求通（特）解

例 6.4 求下列微分方程满足所给初始条件的特解：

$(x^2+2xy-y^2)dx+(y^2+2xy-x^2)dy = 0$，当 $x = 1$ 时，$y = 1$．

分析 方程较复杂，不易判断类型时，可将方程写成形如 $\dfrac{dy}{dx} = f(x,y)$ 式后，判断类型再求解．

解答 原方程可化为 $\dfrac{dy}{dx} = -\dfrac{x^2+2xy-y^2}{y^2+2xy-x^2} = \dfrac{\left(\dfrac{y}{x}\right)^2-2\left(\dfrac{y}{x}\right)-1}{\left(\dfrac{y}{x}\right)^2+2\left(\dfrac{y}{x}\right)-1}$，这是齐次方程，令 $u =$

$\dfrac{y}{x}$，则 $y = xu$，$\dfrac{dy}{dx} = u+x\dfrac{du}{dx}$，代入方程 $\dfrac{dy}{dx} = \dfrac{\left(\dfrac{y}{x}\right)^2-2\left(\dfrac{y}{x}\right)-1}{\left(\dfrac{y}{x}\right)^2+2\left(\dfrac{y}{x}\right)-1}$，得 $u+x\dfrac{du}{dx} = \dfrac{1+2u-u^2}{1-2u-u^2}$，即

$x\dfrac{du}{dx} = \dfrac{u^3+u^2+u+1}{-(u^2+2u-1)}$，分离变量，得 $\dfrac{u^2+2u-1}{u^3+u^2+u+1}du = -\dfrac{dx}{x}$，两端积分，得

$\ln|x| = \ln|u+1|-\ln|u^2+1|+\ln|C_1|$，所以 $\dfrac{x(u^2+1)}{u+1} = C\,(C = \pm C_1)$，将 $u = \dfrac{y}{x}$ 回代，得

$\dfrac{x^2+y^2}{x+y} = C$，代入 $x = 1$ 时 $y = 1$，得 $C = 1$，故所求特解为 $x^2+y^2 = x+y$．

评注 形如 $\dfrac{dy}{dx} = -\dfrac{x^2+2xy-y^2}{y^2+2xy-x^2}$ 的方程，当等式右端分子、分母为同次、齐次多项式时，考虑该方程为齐次方程．

例 6.5 求微分方程 $x(\ln x-\ln y)dy-ydx = 0$ 的通解．

分析 将方程写成形如 $\dfrac{dy}{dx} = f(x,y)$ 式后，易判断该方程为齐次方程．

解答 原方程变为 $x\ln\dfrac{x}{y}dy-ydx = 0$，$\dfrac{dy}{dx} = \dfrac{y}{x\ln\dfrac{x}{y}} = \dfrac{\dfrac{y}{x}}{\ln\dfrac{x}{y}}$，令 $u = \dfrac{y}{x}$，则 $y = xu$，$\dfrac{dy}{dx} =$

$u+x\dfrac{du}{dx}$，代入原方程，得 $u+x\dfrac{du}{dx} = \dfrac{u}{\ln\dfrac{1}{u}}$，即 $x\dfrac{du}{dx} = -u-\dfrac{u}{\ln u}$，分离变量，得 $-\dfrac{\ln u}{u(1+\ln u)}$

$du = \dfrac{dx}{x}$,两端积分,得 $-[\ln u - \ln(1 + \ln u)] = \ln x + \ln C$,将 $u = \dfrac{y}{x}$ 回代,得

$$Cy = 1 + \ln \frac{y}{x}$$

评注 利用对数函数性质适当变形后可使问题简化.

例 6.6 求微分方程 $(1 + e^{-\frac{x}{y}})y dx + (y - x)dy = 0$ 的通解.

分析 此题如果按 x 作自变量、y 作因变量求解,很难求得结果.不妨将 y 作自变量、x 作因变量求解.

解答 原方程可化为 $\dfrac{dy}{dx} = \dfrac{y(1 + e^{-\frac{x}{y}})}{x - y} = \dfrac{1 + e^{-\frac{x}{y}}}{\dfrac{x}{y} - 1}$,$\dfrac{dx}{dy} = = \dfrac{\dfrac{x}{y} - 1}{1 + e^{-\frac{x}{y}}}$,令 $u = \dfrac{x}{y}$,则 $x = uy$,

$\dfrac{dx}{dy} = u + y\dfrac{du}{dy}$,从而原方程化为 $u + y\dfrac{du}{dy} = \dfrac{u - 1}{1 + e^{-u}}$,即 $\dfrac{1 + e^u}{u + e^u}du + \dfrac{dy}{y} = 0$,$\dfrac{1 + e^u}{u + e^u}du = -\dfrac{dy}{y}$,两

端积分,得 $\ln(e^u + u) + \ln y = \ln C_1$,$(e^u + u)y = C$,$u = \dfrac{x}{y}$ 回代,得方程的通解为

$$ye^{\frac{x}{y}} + x = C$$

评注 在一阶微分方程中,变量 x 与 y 对称,方程既可看作是以 x 为自变量、y 为因变量的方程,也可看作是以 y 为自变量、x 为因变量的方程.

3. 一阶线性微分方程求通(特)解

例 6.7 齐次方程与线性齐次方程的"齐次"含义是否是一样的?试解释之.

分析 深刻理解齐次方程与线性齐次方程的定义.

解答 不是一样的.齐次方程 $y' = f(x,y)$ 是指右端的函数 $f(x,y) = \varphi\left(\dfrac{y}{x}\right)$ 是零次齐次函数.一阶线性齐次方程 $y' + P(x)y = 0$ 的齐次含义是指右端的自由项 $Q(x) \equiv 0$,这两者是不同的.例如,$y' = xy$ 是线性齐次方程,但不是齐次方程;而 $y' = -\ln\left(\dfrac{y}{x}\right)$ 是齐次方程,但不是线性齐次方程.

评注 注意齐次方程与线性齐次方程的区别.

例 6.8 求方程 $y' + \dfrac{1}{x}y = \dfrac{\sin x}{x}$ 的通解.

分析 此方程为一阶线性微分方程.

解答 通解为

$$y = e^{-\int \frac{1}{x}dx}\left(\int \frac{\sin x}{x} \cdot e^{\int \frac{1}{x}dx}dx + C\right) = \frac{1}{x}\left(\int \sin x dx + C\right) = \frac{1}{x}(-\cos x + C)$$

评注 直接用公式法求解该方程简单,要注意 $P(x)$、$Q(x)$ 的取值.

例 6.9 设 $y = e^x$ 是微分方程 $xy' + p(x)y = x$ 的一个解,求此微分方程满足条件 $y|_{x = \ln 2} = 0$ 的特解.

分析 此题的关键是先求出函数 $p(x)$.

解答 先以 $y = e^x$ 代入,得 $p(x) = e^{-x}(x - xe^x) = xe^{-x} - x$,原方程变为 $y' + (e^{-x} - 1)y = 1$,此方程为一阶线性微分方程,通解为 $y = e^{\int(1 - e^{-x})dx}\left(\int 1 \cdot e^{\int(e^{-x} - 1)dx}dx + C\right) =$

$e^{x+e^{-x}}\left(\int e^{-x-e^{-x}}dx + C\right) = e^x + Ce^{x+e^{-x}}$,代入 $y\big|_{x=\ln2} = 0$,得 $C = -e^{-\frac{1}{2}}$,所求特解为 $y = e^x - e^{x+e^{-x}-\frac{1}{2}}$.

评注 当方程中含有未知函数时,应先根据已知条件确定该函数,再求解.

例 6.10 解方程 $\dfrac{dy}{dx} = \dfrac{1}{x+y}$.

分析 此题如果按 x 作自变量、y 作因变量求解,很难求得结果. 不妨将 y 作自变量、x 作因变量求解. 这时就要作某种变换,对于此题,应将分子、分母交换后求解.

解答 〈方法一〉把所给方程变形为 $\dfrac{dx}{dy} = x+y$,即为一阶线性微分方程,按照通解公式 $x = e^{\int 1 dy}\left(\int y e^{-\int 1 dy}dy + C\right) = e^y\left(\int y e^{-y}dy + C\right) = Ce^y - y - 1$

〈方法二〉令 $x+y = u, y = u - x$,则 $\dfrac{dy}{dx} = \dfrac{du}{dx} - 1$,代入原方程得 $\dfrac{du}{dx} - 1 = \dfrac{1}{u}$,即 $\dfrac{du}{dx} = \dfrac{u+1}{u}$,分离变量,得 $\dfrac{u}{u+1}du = dx$,两端积分,得 $u - \ln|u+1| = x + C_1$,把 $u = x+y$ 代入上式,得到方程的通解为 $y - \ln|x+y+1| = C_1$ 或 $x = Ce^y - y - 1 (C = \pm e^{-C_1})$.

评注 在一阶微分方程中,通过适当的变量代换将不易求解的方程化为易于求解的方程,这是常用的方法和技巧. 但无论作何种变量代换,在最后的结果中一定要将变量还原.

例 6.11 求微分方程 $y\ln y dx + (x - \ln y)dy = 0$ 的通解.

分析 若选 y 为因变量,原方程化为 $\dfrac{dy}{dx} = \dfrac{y\ln y}{\ln y - x}$,此时分子简单,分母复杂,可考虑将 x 作为因变量.

解答 原方程变形为 $\dfrac{dx}{dy} = \dfrac{\ln y - x}{y\ln y} = \dfrac{1}{y} - \dfrac{x}{y\ln y}$,为一阶线性微分方程. 按照通解公式有

$$x = e^{-\int \frac{1}{y\ln y}dy}\left(\int \frac{1}{y}e^{\int \frac{1}{y\ln y}dy}dy + C\right) = \frac{1}{\ln y}\left(\int \frac{1}{y}e^{\ln\ln y}dy + C\right) = \frac{1}{\ln y}\left[\frac{1}{2}(\ln y)^2 + C\right]$$

评注 有时选取 x 作为因变量,y 为自变量,可使问题简化.

4. 伯努利方程求通(特)解

例 6.12 求方程 $\dfrac{dy}{dx} + y = y^2(\cos x - \sin x)$ 的通解.

分析 原方程为伯努利方程.

解答 方程两端除以 y^2,得 $y^{-2}\dfrac{dy}{dx} + y^{-1} = \cos x - \sin x$.

令 $z = y^{-1}$,则原方程化为一阶线性方程 $\dfrac{dz}{dx} - z = \sin x - \cos x$. 按照通解公式

$$z = e^{\int 1 dx}\left(\int (\sin x - \cos x)e^{-x}dx + C\right)$$

$$= e^x\left[\frac{e^{-x}}{2}(-\sin x - \cos x) - \frac{e^{-x}}{2}(\sin x - \cos x) + C\right] = Ce^x - \sin x$$

原方程通解为

$$y = \frac{1}{Ce^x - \sin x}$$

评注 伯努利方程可化为一阶线性微分方程形式,然后利用其公式求解.

例 6.13 求微分方程 $(y^4 - 3x^2)dy + xydx = 0$ 的通解.

分析 若把 x 视为未知函数,则可化为伯努利方程求解.

解答 原方程可化为 $\frac{dx}{dy} - \frac{3}{y}x = -y^3x^{-1}$,为伯努利方程,方程两端除以 x^{-1},得 $x\frac{dx}{dy} - \frac{3}{y}x^2 = -y^3$,令 $z = x^2$,则原方程变为一阶线性微分方程 $\frac{dz}{dy} - \frac{6}{y}z = -2y^3$,根据通解公式,得 $z = e^{\int \frac{6}{y}dy}[-\int 2y^3 e^{-\int \frac{6}{y}dy}dy + C] = y^6(y^{-2} + C) = y^4 + Cy^6$,故原方程通解为 $x^2 = y^4 + Cy^6$.

评注 若选取 y 作为因变量,x 为自变量,原方程化为 $\frac{dy}{dx} = \frac{xy}{3x^2 - y^4}$,不易求解.

6.2.2 高阶微分方程的解法

在遇到高阶微分方程时,一定要区分是可降阶的还是高阶线性的,若是可降阶的,又要区分是哪一种可降阶的,再按照相应的方法去求解.

1. 求解可降阶的高阶微分方程

例 6.14 求微分方程 $y''' + xe^x = 1$ 满足 $y|_{x=0} = 3, y'|_{x=0} = 2, y''|_{x=0} = 1$ 的特解.

分析 此方程为 $y^{(n)} = f(x)$ 型的微分方程.

解答 已知 $y''' + xe^x = 1$,得到 $y''' = -xe^x + 1$,于是方程属于 $y^{(n)} = f(x)$ 型的微分方程,积分得 $y'' = x - (x-1)e^x + C_1$. 因为 $y''|_{x=0} = 1$,所以 $C_1 = 0$,$y'' = x - (x-1)e^x$. 两端积分得 $y' = \frac{1}{2}x^2 - (x-2)e^x + C_2$. 因为 $y'|_{x=0} = 2$,所以 $C_2 = 0$,$y' = \frac{1}{2}x^2 - (x-2)e^x$. 两端积分得 $y = \frac{1}{6}x^3 - (x-3)e^x + C_3$. 因为 $y|_{x=0} = 3$,所以 $C_3 = 0$,$y = \frac{1}{6}x^3 - (x-3)e^x$.

评注 对带有初始条件的高阶微分方程,求解过程中每积分一次后要及时用初始条件定出任意常数,这样可以简化计算.

例 6.15 求微分方程 $\frac{d^3x}{dt^3} - \frac{1}{t}\frac{d^2x}{dt^2} = 0$ 的通解.

分析 变量代换 $\frac{d^2x}{dt^2} = y$ 后可化为 $y^{(n)} = f(x)$ 型微分方程.

解答 令 $\frac{d^2x}{dt^2} = y$,则原方程可化为 $\frac{dy}{dt} - \frac{1}{t}y = 0$,这是一阶微分方程,积分后得 $y = Ct$,即 $\frac{d^2x}{dt^2} = Ct$,于是上述方程属于 $y^{(n)} = f(x)$ 型的微分方程,连续积分得

$$x' = \frac{1}{2}Ct^2 + C_1$$

$$x = \frac{1}{6}Ct^3 + C_1 t + C_2$$

故原方程通解为

$$x = \frac{1}{6}Ct^3 + C_1 t + C_2$$

评注 $y^{(n)}=f(x)$ 型的可降阶方程,只要逐次积分就可得到通解,每积分一次加一个 C.

例 6.16 求微分方程 $xy''+3y'=0$ 的通解.

分析 这是不显含 y 的高阶微分方程.

解答 令 $y'=p(x)$,$y''=p'=\dfrac{\mathrm{d}p}{\mathrm{d}x}$,于是原方程可化为 $x\dfrac{\mathrm{d}p}{\mathrm{d}x}+3p=0$,这是可分离变量的方程,分离变量,得 $\dfrac{\mathrm{d}p}{p}=-\dfrac{3}{x}\mathrm{d}x$,两端积分,得 $p=\dfrac{C}{x^3}$,即 $y'=\dfrac{C}{x^3}$. 所以

$$y=-\frac{C}{2}\frac{1}{x^2}+C_2=\frac{C_1}{x^2}+C_2\left(C_1=-\frac{C}{2}\right)$$

评注 变量代换求解后,一定要将变量还原.

例 6.17 求微分方程 $yy''-y'^2-y^2y'=0$ 的通解.

分析 这是不显含 x 的高阶微分方程.

解答 原方程可化为 $y''-\dfrac{1}{y}y'^2-yy'=0$. 令 $y'=p$,$y''=p'=\dfrac{\mathrm{d}p}{\mathrm{d}x}=\dfrac{\mathrm{d}p}{\mathrm{d}y}\cdot\dfrac{\mathrm{d}y}{\mathrm{d}x}=p\dfrac{\mathrm{d}p}{\mathrm{d}y}$,于是原方程可化为 $p\dfrac{\mathrm{d}p}{\mathrm{d}y}-\dfrac{1}{y}p^2-yp=0$,$\dfrac{\mathrm{d}p}{\mathrm{d}y}-\dfrac{1}{y}p=y$,这是一阶线性微分方程,按照通解公式,得 $p=\mathrm{e}^{\int\frac{1}{y}\mathrm{d}y}\left(\int y\mathrm{e}^{-\int\frac{1}{y}\mathrm{d}y}\mathrm{d}y+C\right)=y(y+C)$,也就是 $y'=y(y+C)$,分离变量,得 $\dfrac{\mathrm{d}y}{y(y+C)}=\mathrm{d}x$,积分,得 $\dfrac{1}{C}\ln\left|\dfrac{y}{y+C}\right|=x+C_1$,$\ln\left|\dfrac{y}{y+C}\right|=Cx+CC_1=Cx+C_2$ 为所求的隐式通解.

评注 以上两例所取代换相同,但代换后 y'' 形式不同,若方程不显含 y,则令 $y''=p'=\dfrac{\mathrm{d}p}{\mathrm{d}x}$;若方程不显含 x,则令 $y''=p'=p\dfrac{\mathrm{d}p}{\mathrm{d}y}$.

例 6.18 求下列微分方程的通解:

(1) $y''-2y'^2=0$;   (2) $y''=(y')^3+y'$.

分析 两方程既不显含 x 又不显含 y,选择哪种降阶法均可.

解答 (1) 令 $y'=p(x)$,则 $y''=p'$,于是原方程化为 $p'-2p^2=0$,分离变量,得 $\int\dfrac{\mathrm{d}p}{p^2}=\int 2\mathrm{d}x$,两端积分,得 $-\dfrac{1}{p}=2x+C_1$,从而 $y'=-\dfrac{1}{2x+C_1}$,分离变量,得 $\mathrm{d}y=-\dfrac{\mathrm{d}x}{2x+C_1}$,故原方程通解为 $y=-\dfrac{1}{2}\ln|2x+C_1|+C_2$.

(2) 令 $y'=p(y)$,则 $y''=p\dfrac{\mathrm{d}p}{\mathrm{d}y}$,于是原方程可化为 $p\dfrac{\mathrm{d}p}{\mathrm{d}y}=p^3+p$,即 $p\left[\dfrac{\mathrm{d}p}{\mathrm{d}y}-(1+p^2)\right]=0$,由 $p=0$ 得 $y=C$,这是原方程的一个解,但非通解;由 $\dfrac{\mathrm{d}p}{\mathrm{d}y}=(1+p^2)$ 得,$\arctan p=y-C_1$,$p=\tan(y-C_1)$,即 $\dfrac{\mathrm{d}y}{\mathrm{d}x}=\tan(y-C_1)$,从而 $x+C=\int\dfrac{\mathrm{d}y}{\tan(y-C_1)}=\ln|\sin(y-C_1)|$,即 $\sin(y-C_1)=\pm\mathrm{e}^{x+C}=\pm\mathrm{e}^C\cdot\mathrm{e}^x=C_2\mathrm{e}^x$,亦即 $y-C_1=\arcsin C_2\mathrm{e}^x$.

故原方程通解为 $y=\arcsin C_2\mathrm{e}^x+C_1$.

评注 既不显含 x 又不显含 y 的方程,采用哪种降阶方法能使计算简便易行呢? 一

般来说,采用 $y' = p(x), y'' = p'$ 的降阶方法;若方程含 y' 的较高次幂项且除含 y'' 的项外每项都含 y',则采用令 $y' = p(y), y'' = p\dfrac{\mathrm{d}p}{\mathrm{d}y}$ 的方法降幂,因为这样有可能降低代入后方程中 p 的次数.

2. 利用线性微分方程解的结构和性质求解有关问题

例 6.19 已知 $y'' + p(x)y' + q(x)y = f(x)$ 的三个特解为 $y_1{}^* = x - (x^2 + 1)$,$y_2{}^* = 3\mathrm{e}^x - (x^2 + 1)$,$y_3{}^* = 2x - \mathrm{e}^x - (x^2 + 1)$.求该方程满足 $y(0) = 0, y'(0) = 0$ 的特解.

分析 求特解的关键是先确定方程的通解.

解答 $y_1 = y_2{}^* - y_1{}^* = 3\mathrm{e}^x - x$,$y_2 = y_3{}^* - y_1{}^* = x - \mathrm{e}^x$ 是原方程对应于齐次方程 $y'' + p(x)y' + q(x)y = 0$ 的线性无关的解.$y'' + p(x)y' + q(x)y = f(x)$ 的通解结构为

$$y = C_1(3\mathrm{e}^x - x) + C_2(x - \mathrm{e}^x) + x - (x^2 + 1)$$

由于 $y(0) = 0, y'(0) = 0$,得到 $\begin{cases} 3C_1 - C_2 - 1 = 0 \\ 2C_1 + 1 = 0 \end{cases}$,解得 $C_1 = -\dfrac{1}{2}, C_2 = -\dfrac{5}{2}$.所求的特解为

$$y = -\frac{1}{2}(3\mathrm{e}^x - x) - \frac{5}{2}(x - \mathrm{e}^x) + x - (x^2 + 1) = \mathrm{e}^x - x^2 - x - 1$$

评注 已知方程的一些特解,利用微分方程解的结构性质可确定微分方程的通解.

例 6.20 已知 $y_1 = x\mathrm{e}^x + \mathrm{e}^{2x}$,$y_2 = x\mathrm{e}^x + \mathrm{e}^{-x}$,$y_3 = x\mathrm{e}^x + \mathrm{e}^{2x} - \mathrm{e}^{-x}$ 是某二阶线性非齐次方程的三个解,求此微分方程.

分析 利用微分方程解的结构性质先确定微分方程的通解.

解答 由题设知 e^{2x} 及 e^{-x} 是相应齐次方程的两个线性无关的解,且 $x\mathrm{e}^x$ 是非齐次方程的一个特解,故 $y = C_1\mathrm{e}^{2x} + C_2\mathrm{e}^{-x} + x\mathrm{e}^x$ 是非齐次方程的通解.

由 $y' = 2C_1\mathrm{e}^{2x} - C_2\mathrm{e}^{-x} + (x + 1)\mathrm{e}^x$, $y'' = 4C_1\mathrm{e}^{2x} + C_2\mathrm{e}^{-x} + (x + 2)\mathrm{e}^x$ 消去 C_1、C_2,得所求方程为

$$y'' - y' - 2y = \mathrm{e}^x - 2x\mathrm{e}^x$$

评注 在这类由特解反求其非齐次方程的题目中,首先由解的结构确定通解,其次是利用 y 及 y 的各阶导数的表达式消去 y 中所含的任意常数,这样得到的微分方程即为所求.

例 6.21 若 $1 + P(x) + Q(x) = 0$,证明 $y = \mathrm{e}^x$ 为微分方程 $y'' + P(x)y' + Q(x)y = 0$ 的解;若 $P(x) + xQ(x) = 0$,证明 $y = x$ 为方程 $y'' + P(x)y' + Q(x)y = 0$ 的解.根据上面的结论求微分方程 $(x - 1)y'' - xy' + y = 0$ 满足初始条件 $y(0) = 2, y'(0) = 1$ 的特解.

分析 根据线性微分方程解的结构确定通解形式后求特解.

证明 因为 $1 + P(x) + Q(x) = 0$,所以 $(\mathrm{e}^x)'' + P(x)(\mathrm{e}^x)' + Q(x)\mathrm{e}^x = \mathrm{e}^x[1 + P(x) + Q(x)] = 0$,即 $y = \mathrm{e}^x$ 为方程 $y'' + P(x)y' + Q(x)y = 0$ 的解.

因为 $P(x) + xQ(x) = 0$,所以 $(x)'' + P(x)(x)' + Q(x)x = P(x) + xQ(x) = 0$,即 $y = x$ 为方程 $y'' + P(x)y' + Q(x)y = 0$ 的解.

对于方程 $(x - 1)y'' - xy' + y = 0$,可先转化为 $y'' - \dfrac{x}{x - 1}y' + \dfrac{1}{x - 1}y = 0$,此时 $P(x) = -\dfrac{x}{x - 1}, Q(x) = \dfrac{1}{x - 1}$ 且满足 $1 + P(x) + Q(x) = 0$ 及 $P(x) + xQ(x) = 0$,所以由上面结论

知 $y_1 = \mathrm{e}^x$ 及 $y_2 = x$ 均为方程的解.

且因 $\dfrac{y_1}{y_2} = \dfrac{\mathrm{e}^x}{x} \neq$ 常数,所以方程的通解为 $y = C_1 x + C_2 \mathrm{e}^x$,而 $y' = C_1 + C_2 \mathrm{e}^x$,代入初始条件 $y(0) = 2, y'(0) = 1$ 得 $\begin{cases} C_2 = 2 \\ C_1 + C_2 = 1 \end{cases}$,即 $\begin{cases} C_1 = -1 \\ C_2 = 2 \end{cases}$.

故所求特解为 $y = 2\mathrm{e}^x - x$.

评注 注意两个线性无关的解的线性组合是齐次方程的通解.

例 6.22 设 $y_1 、y_2$ 是方程 $y' + P(x)y = Q(x)$ 的 2 个不同解,试证明:

(1) 若 $k_1 y_1 + k_2 y_2 (k_1, k_2$ 均为常数)也是方程的解,则 $k_1 + k_2 = 1$;

(2) $y = y_1 + C(y_1 - y_2)$ 是方程的通解;

(3) 若 y_3 是不同于 $y_1 、y_2$ 的解,则 $\dfrac{y_2 - y_1}{y_3 - y_1}$ 是常数.

分析 将解(通解)代入方程,两边成为等式即可,并注意通解中任意常数的个数与微分方程的阶数相同.

解答 (1) 若 $k_1 y_1 + k_2 y_2$ 是方程的解,则 $k_1 y_1 + k_2 y_2$ 满足方程,代入得 $(k_1 y_1 + k_2 y_2)' + P(x)(k_1 y_1 + k_2 y_2) \equiv Q(x)$,即 $k_1(y'_1 + P(x)y_1) + k_2(y'_2 + P(x)y_2) \equiv Q(x)$,由于 $y_1 、y_2$ 是方程 $y' + P(x)y = Q(x)$ 的解,于是有 $y'_1 + P(x)y_1 = Q(x)$,$y'_2 + P(x)y_2 = Q(x)$,代入 $k_1(y'_1 + P(x)y_1) + k_2(y'_2 + P(x)y_2) \equiv Q(x)$,得 $(k_1 + k_2)Q(x) \equiv Q(x)$,故 $k_1 + k_2 = 1$.

(2) 将 $y = y_1 + C(y_1 - y_2)$ 代入方程左端,得

$$\begin{aligned} & [y_1 + C(y_1 - y_2)]' + P(x)[y_1 + C(y_1 - y_2)] \\ = & [y'_1 + P(x)y_1] + C[y'_1 + P(x)y_1 - (y'_2 + P(x)y_2)] \\ = & Q(x) + C[Q(x) - Q(x)] = Q(x) \end{aligned}$$

所以 $y = y_1 + C(y_1 - y_2)$ 是方程的解,且含有一个任意常数,因此它是原方程的通解.

(3) 由于一阶线性非齐次微分方程的解都包含在通解中,于是有 $y_3 = y_1 + C(y_1 - y_2)$,从而有 $y_3 - y_1 = -C(y_2 - y_1)$,又由于 $y_1 、y_2 、y_3$ 各不相同,因此 $C \neq 0$,故 $\dfrac{y_2 - y_1}{y_3 - y_1} = -\dfrac{1}{C}$ 是常数.

评注 对于一阶线性非齐次微分方程,任意两个解的线性组合不一定是方程的解.

3. 求解二阶常系数齐次线性微分方程

例 6.23 求下列各微分方程的通解:

(1) $y'' - 4y' + 3y = 0$;   (2) $y'' + y' + \dfrac{1}{4}y = 0$;   (3) $2y'' + y' + 3y = 0$.

分析 方程均为二阶常系数齐次线性微分方程.

解答 (1) 该方程的特征方程为 $r^2 - 4r + 3 = 0$,特征方程的根为 $r_1 = 1, r_2 = 3$,所以该方程的通解为 $Y = C_1 \mathrm{e}^x + C_2 \mathrm{e}^{3x}$.

(2) 该方程的特征方程为 $r^2 + r + \dfrac{1}{4} = 0$,特征方程的根为 $r_1 = r_2 = -\dfrac{1}{2}$,所以该方程的通解为 $Y = (C_1 + C_2 x)\mathrm{e}^{-\frac{x}{2}}$.

（3）该方程的特征方程为 $2r^2 + r + 3 = 0$，特征方程的根为 $r_{1,2} = \dfrac{-1 \pm \sqrt{23}\,\mathrm{i}}{4}$，所以该方程的通解为 $Y = \mathrm{e}^{-\frac{x}{4}}\left(C_1 \cos\dfrac{\sqrt{23}}{4}x + C_2 \sin\dfrac{\sqrt{23}}{4}x \right)$.

评注　在正确写出特征方程情况下，根据特征根的不同，得出相应的通解.

例 6.24　求微分方程 $y^{(4)} + 3y'' - 4y = 0$ 的通解.

分析　方程为四阶常系数齐次线性微分方程.

解答　该方程的特征方程为 $r^4 + 3r^2 - 4 = (r^2 + 4)(r^2 - 1) = 0$，特征方程的根为 $r_{1,2} = \pm 2\mathrm{i}, r_{3,4} = \pm 1$，所以该方程的通解为

$$Y = C_1 \cos 2x + C_2 \sin 2x + C_3 \mathrm{e}^x + C_4 \mathrm{e}^{-x}$$

评注　四阶常系数齐次线性微分方程通解的求法与二阶常系数齐次线性微分方程解法类似.

4. 求解二阶常系数非齐次线性微分方程

例 6.25　求微分方程 $y'' - 5y' + 4y = x\mathrm{e}^{4x}$ 的通解.

分析　此方程为二阶常系数非齐次线性微分方程，方程右端 $f(x)$ 属于 $\mathrm{e}^{\lambda x}P_m(x)$ 型.

解答　原方程对应齐次方程的特征方程为 $r^2 - 5r + 4 = 0$，特征方程的根为 $r_1 = 1, r_2 = 4$，对应齐次方程的通解为 $Y = C_1\mathrm{e}^x + C_2\mathrm{e}^{4x}$，其中 C_1、C_2 为任意常数. 由于 $\lambda = 4$ 为特征方程的单根，故设 $y^* = x(Ax + B)\mathrm{e}^{4x}$，代入方程中，得

$$\left[6Ax + (2A + 3B) \right]\mathrm{e}^{4x} = x\mathrm{e}^{4x}$$

比较等式两端同次幂的系数，得 $\begin{cases} 6A = 1 \\ 2A + 3B = 0 \end{cases}$，所以 $A = \dfrac{1}{6}, B = -\dfrac{1}{9}$，故 $y^* = x\left(\dfrac{1}{6}x - \dfrac{1}{9}\right)\mathrm{e}^{4x}$，故原方程通解为

$$y = Y + y^* = C_1\mathrm{e}^x + C_2\mathrm{e}^{4x} + x\left(\dfrac{1}{6}x - \dfrac{1}{9}\right)\mathrm{e}^{4x}$$

评注　注意 λ 是特征方程的单根，特解设为 $y^* = x(Ax + B)\mathrm{e}^{4x}$.

例 6.26　求微分方程 $y'' - 4y' + 4y = 3\mathrm{e}^{2x}$ 的通解.

分析　此方程为二阶常系数非齐次线性微分方程，方程右端 $f(x)$ 属于 $\mathrm{e}^{\lambda x}P_m(x)$ 型.

解答　原方程对应齐次方程的特征方程为 $r^2 - 4r + 4 = 0$，特征方程的根为 $r_1 = r_2 = 2$，对应齐次方程的通解为 $Y = (C_1 + C_2 x)\mathrm{e}^{2x}$，其中 C_1、C_2 为任意常数. 由于 $\lambda = 2$ 为特征方程的二重根，故设特解为 $y^* = Ax^2\mathrm{e}^{2x}$，代入方程中，得

$$2A(1 + 4x + 2x^2)\mathrm{e}^{2x} - 4\left[2A(x + x^2)\mathrm{e}^{2x} \right] + 4Ax^2\mathrm{e}^{2x} = 3\mathrm{e}^{2x}$$

即 $2A\mathrm{e}^{2x} = 3\mathrm{e}^{2x}$，所以 $A = \dfrac{3}{2}$，故 $y^* = \dfrac{3}{2}x^2\mathrm{e}^{2x}$. 故原方程通解为

$$y = Y + y^* = (C_1 + C_2 x)\mathrm{e}^{2x} + \dfrac{3}{2}x^2\mathrm{e}^{2x}$$

评注　注意 λ 是特征方程的二重根，特解设为 $y^* = Ax^2\mathrm{e}^{2x}$.

例 6.27　求微分方程 $y'' - 4y = 2x + 1$ 的通解.

分析　此方程为二阶常系数非齐次线性微分方程，方程右端 $f(x)$ 属于 $\mathrm{e}^{\lambda x}P_m(x)$ 型.

解答　原方程对应齐次方程的特征方程为 $r^2 - 4 = 0$，特征方程的根为 $r_1 = 2, r_2 =$

-2,对应齐次方程的通解为 $Y = C_1\mathrm{e}^{2x} + C_2\mathrm{e}^{-2x}$,其中 C_1、C_2 为任意常数. 由于 $\lambda = 0$ 不是特征方程的根,故设特解为 $y^* = Ax + B$,代入方程,得

$$-4(Ax + B) = 2x + 1$$

比较等式两端同次幂的系数,得 $\begin{cases} -4A = 2 \\ -4B = 1 \end{cases}$,解得 $A = -\dfrac{1}{2}, B = -\dfrac{1}{4}$,故 $y^* = -\dfrac{1}{2}x - \dfrac{1}{4}$.

故原方程通解为

$$y = Y + y^* = C_1\mathrm{e}^{2x} + C_2\mathrm{e}^{-2x} - \frac{1}{2}x - \frac{1}{4}$$

评注 注意 λ 不是特征方程的根,特解设为 $y^* = Ax + B$.

例 6.28 求微分方程 $y'' - 3y' + 2y = 2\mathrm{e}^x$ 满足 $\lim\limits_{x\to 0}\dfrac{y(x)}{x} = 1$ 的特解.

分析 此题的关键是先求通解.

解答 原方程对应齐次方程的特征方程为 $r^2 - 3r + 2 = 0$,特征方程的根为 $r_1 = 1, r_2 = 2$,对应齐次方程的通解为 $Y = C_1\mathrm{e}^x + C_2\mathrm{e}^{2x}$,其中 C_1、C_2 为任意常数. 由于 $\lambda = 1$ 为特征方程的单根,故设 $y^* = Ax\mathrm{e}^x$,代入方程中,得

$$-A\mathrm{e}^x = 2\mathrm{e}^x$$

所以 $A = -2$,故 $y^* = -2x\mathrm{e}^x$,故原方程通解为 $y = Y + y^* = C_1\mathrm{e}^x + C_2\mathrm{e}^{2x} - 2x\mathrm{e}^x$. 由 $\lim\limits_{x\to 0}\dfrac{y(x)}{x} = 1$ 可知,$y(0) = 0, y'(0) = 1$,代入通解中,得 $C_1 = -3, C_2 = 3$,故所求的特解为

$$y = -3\mathrm{e}^x + 3\mathrm{e}^{2x} - 2x\mathrm{e}^x$$

评注 求通解后应根据极限条件确定任意初始条件,再求特解.

例 6.29 求微分方程 $y'' + 3y' + 2y = 3\sin x$ 的通解.

分析 此方程为二阶常系数非齐次线性微分方程,方程右端 $f(x)$ 属于 $f(x) = \mathrm{e}^{\lambda x}[P_k(x)\cos\omega x + P_l(x)\sin\omega x]$ 型.

解答 原方程对应齐次方程的特征方程为 $r^2 + 3r + 2 = 0$,特征方程的根为 $r_1 = -1, r_2 = -2$,对应齐次方程的通解为 $Y = C_1\mathrm{e}^{-x} + C_2\mathrm{e}^{-2x}$,因 $\lambda + \mathrm{i}\omega = \mathrm{i}$ 不是特征方程的根,故设 $y^* = A\cos x + B\sin x$,代入方程中,得

$$(B - 3A)\sin x + (3B + A)\cos x = 3\sin x$$

比较等式两端同次幂的系数,得 $\begin{cases} B - 3A = 3 \\ 3B + A = 0 \end{cases}$,所以 $A = -\dfrac{9}{10}, B = \dfrac{3}{10}$,从而

$$y^* = -\frac{9}{10}\cos x + \frac{3}{10}\sin x$$

故原方程通解为

$$y = Y + y^* = C_1\mathrm{e}^{-x} + C_2\mathrm{e}^{-2x} - \frac{9}{10}\cos x + \frac{3}{10}\sin x$$

评注 求二阶常系数非齐次线性微分方程的通解,两个关键步骤:首先求出对应齐次微分方程的通解;其次正确写出非齐次方程的特解形式. 此题特解形式不要错写为 $y^* = B\sin x$,误认为右端项 $f(x)$ 是 $3\sin x$,特解与其对应也仅有 $\sin x$,漏写与 $\cos x$ 有关的项.

例 6.30 求微分方程 $y'' - 2y' + 5y = \mathrm{e}^x\sin 2x$ 的一个特解.

分析 此方程为二阶常系数非齐次线性微分方程,方程右端 $f(x)$ 属于 $f(x) = \mathrm{e}^{\lambda x}[P_k(x)\cos\omega x + P_l(x)\sin\omega x]$ 型.

解答 原方程对应齐次方程的特征方程为 $r^2 - 2r + 5 = 0$,特征方程的根为 $r_{1,2} = 1 \pm 2\mathrm{i}$,因 $\lambda + \mathrm{i}\omega = 1 + 2\mathrm{i}$ 是特征方程的根,故设 $y^* = x\mathrm{e}^x(A\cos2x + B\sin2x)$,代入方程中,得

$$4B\mathrm{e}^x\cos2x - 4A\mathrm{e}^x\sin2x = \mathrm{e}^x\sin2x$$

比较等式两端同次幂的系数,得 $\begin{cases} 4B = 0 \\ -4A = 1 \end{cases}$,所以 $A = -\dfrac{1}{4}$,$B = 0$,从而所求的一个特解为

$$y^* = -\frac{1}{4}x\mathrm{e}^x\cos2x$$

评注 注意 $\lambda + \mathrm{i}\omega = 1 + 2\mathrm{i}$ 是特征方程的根,特解设为 $y^* = x\mathrm{e}^x(A\cos2x + B\sin2x)$.

例 6.31 求微分方程 $y'' + y = \mathrm{e}^x + \cos x$ 的通解.

分析 方程右端自由项不是所给类型,不能直接求解,但可用叠加原理求解.

解答 原方程对应齐次方程的特征方程为 $r^2 + 1 = 0$,特征方程的根为 $r_{1,2} = \pm\mathrm{i}$,对应齐次方程的通解为 $Y = C_1\cos x + C_2\sin x$,方程右端函数 $f(x) = \mathrm{e}^x + \cos x$,记 $f_1(x) = \mathrm{e}^x$,$f_2(x) = \cos x$,用待定系数法先求 $y'' + y = \mathrm{e}^x$ 的特解 y_1^*,因 $\lambda = 1$ 不是特征方程的根,故设 $y_1^* = A\mathrm{e}^x$,代入方程中得 $2A\mathrm{e}^x = \mathrm{e}^x$,所以 $A = \dfrac{1}{2}$,故 $y_1^* = \dfrac{1}{2}\mathrm{e}^x$;再求 $y'' + y = \cos x$ 的特解 y_2^*,因 $\lambda + \mathrm{i}\omega = \mathrm{i}$ 是特征方程的根,故设 $y_2^* = x(B\cos x + C\sin x)$,代入方程中,得

$$2C\cos x - 2B\sin x = \cos x$$

比较等式两端同次幂的系数,得 $\begin{cases} B = 0 \\ 2C = 1 \end{cases}$,所以 $B = 0$,$C = \dfrac{1}{2}$,从而 $y_2^* = \dfrac{1}{2}x\sin x$.

故原方程通解为

$$y = Y + y_1^* + y_2^* = C_1\cos x + C_2\sin x + \frac{1}{2}\mathrm{e}^x + \frac{1}{2}x\sin x$$

评注 当二阶常系数非齐次线性微分方程右端 $f(x) = f_1(x) + f_2(x)$ 时,可用叠加原理求解.

例 6.32 求微分方程 $y'' + y = x\sin x + 2\cos2x$ 的通解.

分析 方程右端自由项 $x\sin x + 2\cos2x$ 不是所给类型,不能直接求解,同样可用叠加原理求解.

解答 原方程对应齐次方程的特征方程为 $r^2 + 1 = 0$,特征根为 $r_{1,2} = \pm\mathrm{i}$,对应齐次方程的通解为 $Y = C_1\cos x + C_2\sin x$,方程右端函数 $f(x) = x\sin x + 2\cos2x$,记 $f_1(x) = x\sin x$,$f_2(x) = 2\cos2x$,用待定系数法先求 $y'' + y = x\sin x$ 的特解 y_1^*,因 $\lambda + \mathrm{i}\omega = \mathrm{i}$ 是特征方程的根,故设 $y_1^* = x[(A_0 + A_1x)\cos x + (B_0 + B_1x)\sin x]$,代入方程中,得

$$[2(A_1 + B_0) + 4B_1x]\cos x + [2(B_1 - A_0) - 4A_1x]\sin x = x\sin x$$

比较等式两端同次幂的系数,得 $\begin{cases} 2(A_1 + B_0) = 0 \\ 4B_1 = 0 \\ 2(B_1 - A_0) = 0 \\ -4A_1 = 1 \end{cases}$,所以 $A_0 = 0$,$A_1 = -\dfrac{1}{4}$,$B_0 = \dfrac{1}{4}$,$B_1 = 0$,

故 $y_1^* = \dfrac{x}{4}(-x\cos x + \sin x)$；再求 $y'' + y = 2\cos 2x$ 的特解 y_2^*，因 $\lambda + i\omega = 2i$ 不是特征方程的

根，故设 $y_2^* = C\cos 2x + D\sin 2x$，代入方程中得 $-3C\cos 2x - 3D\sin 2x = 2\cos 2x$，所以 $C = -\dfrac{2}{3}$，

$D = 0$，从而 $y_2^* = -\dfrac{2}{3}\cos 2x$，故原方程通解为

$$y = Y + y_1^* + y_2^* = C_1\cos x + C_2\sin x + \frac{x}{4}(-x\cos x + \sin x) - \frac{2}{3}\cos 2x$$

评注 注意 $f(x) = x\sin x + 2\cos 2x$ 与 $f(x) = x\sin x + 2\cos x$ 属于不同类型，采用不同方法求解.

例 6.33 设二阶常系数线性微分方程 $y'' + \alpha y' + \beta y = \gamma e^x$ 的一个特解为 $y = e^{2x} + (1 + x)e^x$，试确定常数 α、β、γ，并求该方程的通解.

分析 将特解代入方程后，比较两边同次项的系数，即可确定参数.

解答 将 $y = e^{2x} + (1 + x)e^x$ 代入方程，得

$$(4 + 2\alpha + \beta)e^{2x} + (3 + 2\alpha + \beta)e^x + (1 + \alpha + \beta)xe^x = \gamma e^x$$

比较两边同次项的系数，有 $\begin{cases} 4 + 2\alpha + \beta = 0 \\ 3 + 2\alpha + \beta = \gamma \\ 1 + \alpha + \beta = 0 \end{cases}$，解得 $\alpha = -3, \beta = 2, \gamma = -1$，所以原方程为

$y'' - 3y' + 2y = -e^x$，原方程对应齐次方程的特征方程为 $r^2 - 3r + 2 = 0$，特征方程的根为 $r_1 = 1, r_2 = 2$，对应齐次方程的通解为 $Y = C_1e^x + C_2e^{2x}$，故原方程的通解为

$$Y = C_1e^x + C_2e^{2x} + (1 + x)e^x + e^{2x} = \tilde{C}_1e^x + \tilde{C}_2e^{2x} + xe^x$$

评注 在这种解法中，关键是确定特征方程的根，原方程的特解是通解中的任意常数被初始条件确定后得到的，由线性方程解的结构即可得到特征根.

6.2.3 求解含有变限积分的方程

所给方程含有变限积分，则求 $f(x)$ 的通常方法是对方程两边求导，转化为求解常系数线性微分方程. 有时令积分的变上限（或下限）的 x 取值等于下限（或上限），得到未知函数所满足的初始条件，这时求解变限积分的方程归结为求解微分方程的初值问题.

例 6.34 设连续函数 $f(x) = \displaystyle\int_0^{2x} f\left(\frac{t}{2}\right)dt + 1$，求 $f(x)$.

分析 对方程两边求导，转化为可分离变量的微分方程.

解答 由于 $f(x)$ 是连续函数，知 $\displaystyle\int_0^{2x} f\left(\frac{t}{2}\right)dt$ 可导，因此 $f(x)$ 也可导. 方程两端同时

对 x 求导数，得 $f'(x) = 2f(x)$，两端积分，得 $f(x) = Ce^{2x}$，C 为任意常数. 由题可知 $f(0) = 0 + 1 = 1$，所以 $C = 1$，从而 $f(x) = e^{2x}$.

评注 含有变限积分，则求 $f(x)$ 的通常方法是对方程两边求导.

例 6.35 设可导函数 $\varphi(x)$ 满足 $\varphi(x)\cos x + 2\displaystyle\int_0^x \varphi(t)\sin t\,dt = x + 1$，求 $\varphi(x)$.

分析 对方程两边求导，转化为一阶线性的微分方程.

解答 所给等式两端对 x 求导，得

$$\varphi'(x)\cos x - \varphi(x)\sin x + 2\varphi(x)\sin x = 1$$

即 $\varphi'(x)\cos x + \varphi(x)\sin x = 1$, 亦即 $\dfrac{\mathrm{d}\varphi}{\mathrm{d}x} + \tan x \cdot \varphi = \sec x$.

所以 $\varphi(x) = \mathrm{e}^{-\int \tan x \mathrm{d}x}\left(\int \sec x \mathrm{e}^{\int \tan x \mathrm{d}x}\mathrm{d}x + C\right) = \cos x\left(\int \sec^2 x \mathrm{d}x + C\right) = \cos x(\tan x + C)$, 由题设知 $\varphi(0) = 1$, 代入上式得 $C = 1$, 所以

$$\varphi(x) = \cos x(\tan x + 1) = \sin x + \cos x$$

评注 注意题中隐含的初始条件.

例 6.36 函数 $f(t)$ 满足方程 $f(t) + \displaystyle\int_0^t \mathrm{e}^x f^3(t-x)\mathrm{d}x = a\mathrm{e}^t(a > 0)$, 求 $f(t)$.

分析 方程左端函数 $f^3(t-x)$ 含有参数, 这类问题首先用变量替换把参数去掉.

解答 作变量代换, 设 $t - x = u$, 则 $\mathrm{d}x = -\mathrm{d}u$, 且当 $x = 0$ 时, $u = t$; 当 $x = t$ 时, $u = 0$, 于是有 $\displaystyle\int_0^t \mathrm{e}^x f^3(t-x)\mathrm{d}x = \int_t^0 \mathrm{e}^{t-u} f^3(u)(-\mathrm{d}u) = \mathrm{e}^t \int_0^t \mathrm{e}^{-u} f^3(u)\mathrm{d}u$, 于是, 题设方程可转化为

$$f(t) + \mathrm{e}^t \int_0^t \mathrm{e}^{-u} f^3(u)\mathrm{d}u = a\mathrm{e}^t \tag{1}$$

方程两端对 t 求导, 得

$$f'(t) + \mathrm{e}^t \int_0^t \mathrm{e}^{-u} f^3(u)\mathrm{d}u + \mathrm{e}^t \cdot \mathrm{e}^{-t} f^3(t) = a\mathrm{e}^t \tag{2}$$

式(2) - 式(1)得 $f'(t) = f(t) - f^3(t) = f(t)[1 - f^2(t)]$, 这是可分离变量的方程, 积分可得 $\dfrac{1}{2}\ln\left|\dfrac{f^2(t)}{1 - f^2(t)}\right| = t + C$. 又在原方程中, 令 $t = 0$, 得 $f(0) = a$, 得 $C = \dfrac{1}{2}\ln\left|\dfrac{a^2}{1 - a^2}\right|(a \neq 1)$, 故当 $a \neq 1$ 时, 所求函数为 $f(t) = \dfrac{a}{\sqrt{a^2 + (1 - a^2)\mathrm{e}^{-2t}}}$; 当 $a = 1$ 时, $f(t) = 1$.

评注 变量代换后, 对方程两边求导后仍含有变限积分, 可利用已知方程消去变限积分, 转化为已知类型的微分方程求解.

例 6.37 设 $f(x)$ 在 $(0, +\infty)$ 内连续, $f(1) = 3$, 且

$$\int_1^{xy} f(t)\mathrm{d}t = x\int_1^y f(t)\mathrm{d}t + y\int_1^x f(t)\mathrm{d}t, x, y \in (0, +\infty)$$

求 $f(x)$.

分析 方程两边依次对 x 及 y 求导, 转化为可分离变量的微分方程.

解答 所给等式两端对 x 求导, 得 $yf(xy) = \displaystyle\int_1^y f(t)\mathrm{d}t + yf(x)$, 再对 y 求导, 有 $f(xy) + xyf'(xy) = f(y) + f(x)$. 取 $x = 1$, 有 $f(y) + yf'(y) = f(y) + 3$, 得 $f'(y) = \dfrac{3}{y}$, 这是可分离变量的方程, 积分可得 $f(y) = 3\ln y + C$, 并且由 $f(1) = 3$ 得 $C = 3$, 从而 $f(x) = 3(\ln x + 1)$.

评注 若方程中含有两个变量的变限积分, 则求 $f(x)$ 的通常方法是利用两次求导的方法将变限积分形式进行转化.

例 6.38 设 $f(x)$ 是在区间 $[0, +\infty)$ 上可导的正函数, 且满足

$$\left(\int_0^x f(t)\mathrm{d}t - 1\right)\left(\int_0^x \frac{\mathrm{d}t}{f(t)(t+1)^2} + 1\right) = -1$$

求 $f(x)$.

分析 将方程适当变形,利用求导的方法将变限积分转化为可分离变量的微分方程.

解答 原等式可化为

$$\int_0^x f(t)\,\mathrm{d}t - 1 = -\frac{1}{\int_0^x \dfrac{\mathrm{d}t}{f(t)(t+1)^2} + 1}$$

方程两边对 x 求导,得

$$f(x) = \frac{1}{\left(\int_0^x \dfrac{\mathrm{d}t}{f(t)(t+1)^2} + 1\right)^2} \cdot \frac{1}{f(x)(x+1)^2}$$

即

$$\int_0^x \frac{\mathrm{d}t}{f(t)(t+1)^2} + 1 = \frac{1}{f(x)(x+1)}$$

令 $x = 0$,得 $f(0) = 1$,两边对 x 求导并整理得 $f'(x) + \dfrac{2}{x+1}f(x) = 0$,这是可分离变量的微分方程,解得 $f(x) = \dfrac{1}{(x+1)^2}$.

评注 变形后求导比方程两边直接求导更容易处理.

例 6.39 设二阶可微函数 $f(x)$ 满足方程 $\int_0^x (x + 1 - t) f'(t)\,\mathrm{d}t = \mathrm{e}^x + x^2 - f(x)$,求 $f(x)$.

分析 方程两端对 x 求两次导数,转化为二阶线性微分方程.

解答 由方程知 $f(0) = 1$,对方程两边关于 x 分别求一阶和二阶导数,得

$$f'(x) + \int_0^x f'(t)\,\mathrm{d}t = \mathrm{e}^x + 2x - f'(x),\ f''(x) + f'(x) = \mathrm{e}^x + 2 - f''(x)$$

故有 $f''(x) + \dfrac{1}{2}f'(x) = \dfrac{1}{2}\mathrm{e}^x + 1$,且 $f(0) = 1,f'(0) = \dfrac{1}{2}$,相应齐次方程的特征方程为 $r^2 + \dfrac{1}{2}r = 0$,得 $r_1 = 0,r_2 = -\dfrac{1}{2}$,故齐次方程的通解为 $Y = C_1 + C_2 \mathrm{e}^{-\frac{1}{2}x}$. 令特解为 $y^* = Ax + B\mathrm{e}^x$,代入方程解得 $A = 2,B = \dfrac{1}{3}$. 故 $f(x) = C_1 + C_2\mathrm{e}^{-\frac{1}{2}x} + 2x + \dfrac{1}{3}\mathrm{e}^x$,由 $f(0) = 1,f'(0) = \dfrac{1}{2}$,得 $C_1 = -3,C_2 = \dfrac{11}{3}$,故

$$f(x) = \frac{11}{3}\mathrm{e}^{-\frac{1}{2}x} + \frac{1}{3}\mathrm{e}^x + 2x - 3$$

评注 注意利用解的叠加原理求方程的特解后,再利用初始条件求出 $f(x)$.

6.2.4 微分方程的应用

用微分方程解决实际问题,需要建立微分方程,确定定解条件与解方程这三个步骤.其中,建立微分方程是最困难的一步.几何上的应用经常涉及曲线的切线、法线及其斜率,它们在坐标轴上的截距,图形的面积、体积等;物理上的应用常涉及牛顿第二定律等.

1. 微分方程的几何应用

例 6.40 已知曲线 $y = f(x)$ 过点 $\left(0, -\dfrac{1}{2}\right)$，且其上任一点 (x,y) 处的切线斜率为 $x\ln(1+x^2)$，求 $f(x)$.

分析 根据导数的几何意义即可列出微分方程.

解答 问题即求微分方程 $\dfrac{\mathrm{d}y}{\mathrm{d}x} = x\ln(1+x^2)$ 满足条件 $y|_{x=0} = -\dfrac{1}{2}$ 的解.

通解 $y = \displaystyle\int x\ln(1+x^2)\mathrm{d}x = \dfrac{1}{2}\int \ln(1+x^2)\mathrm{d}(1+x^2) = \dfrac{1}{2}(1+x^2)[\ln(1+x^2) - 1 + C]$，由 $y|_{x=0} = -\dfrac{1}{2}$ 得 $C=0$，所以 $y = f(x) = \dfrac{1}{2}(1+x^2)[\ln(1+x^2) - 1]$.

评注 根据数形结合列出方程，求出通解后，利用初始条件即可求出 $f(x)$.

例 6.41 设有连接点 $O(0,0)$ 和 $A(1,1)$ 的一段向上的曲线弧 $\overset{\frown}{OA}$，对于 $\overset{\frown}{OA}$ 上任一点 $P(x,y)$，曲线弧 $\overset{\frown}{OP}$ 与直线段 $\overline{OP}$ 所围成图形面积为 x^2，求曲线弧的方程.

分析 利用定积分表示出曲边梯形的面积，两边求导后，建立微分方程.

解答 设所求曲线方程为 $y = y(x)$，根据题意有

$$\int_0^x y(t)\mathrm{d}t - \dfrac{1}{2}x \cdot y = x^2$$

两端对 x 求导，得 $y - \dfrac{1}{2}(y + xy') = 2x$，即 $y - xy' = 4x$，亦即 $\dfrac{\mathrm{d}y}{\mathrm{d}x} = \dfrac{y}{x} - 4$.

〈方法一〉令 $u = \dfrac{y}{x}$，则 $y = ux$，$\dfrac{\mathrm{d}y}{\mathrm{d}x} = u + x\dfrac{\mathrm{d}u}{\mathrm{d}x}$，代入方程中，得 $u + x\dfrac{\mathrm{d}u}{\mathrm{d}x} = u - 4$，分离变量并积分，得 $y = -4x\ln x + Cx$，由于曲线经过点 $A(1,1)$，代入 $x=1$，$y=1$ 得到 $C=1$.

故所求曲线方程为 $y = x - 4x\ln x$.

或者 $\dfrac{\mathrm{d}y}{\mathrm{d}x} - \dfrac{1}{x}y = -4$.

〈方法二〉该方程为一阶线性微分方程，利用一阶线性微分方程的通解公式，故原方程的通解为 $y = \mathrm{e}^{\int \frac{1}{x}\mathrm{d}x}\left[-4\int \mathrm{e}^{-\int \frac{1}{x}\mathrm{d}x}\mathrm{d}x + C\right] = -4x\ln x + Cx$，由于曲线经过点 $A(1,1)$，代入 $x=1$，$y=1$ 得到 $C=1$.

故所求曲线方程为 $y = x - 4x\ln x$.

评注 很多几何都能化为求解含未知函数的积分方程问题，此类方程都是通过方程两端关于积分上限（或下限）所含变元求导转化为微分方程的初值问题求解.

例 6.42 求微分方程 $x\mathrm{d}y + (x - 2y)\mathrm{d}x = 0$ 的一个解，使得由曲线 $y = y(x)$ 与直线 $x = 1$，$x = 2$ 以及 x 轴所围成的平面图形绕 x 轴旋转一周的旋转体体积最小.

分析 求出微分方程通解后，写出旋转体的体积表达式，利用最值条件，确定通解中的任意常数.

解答 原方程可化为 $\dfrac{\mathrm{d}y}{\mathrm{d}x} - \dfrac{2}{x}y = -1$，这是一阶线性微分方程，按照通解公式，得 $y = \mathrm{e}^{\int \frac{2}{x}\mathrm{d}x}\left(\int -\mathrm{e}^{-\int \frac{2}{x}\mathrm{d}x}\mathrm{d}x + C\right) = x + Cx^2$，由题意可得旋转体体积为 $V(C) = \displaystyle\int_1^2 \pi(x + Cx^2)^2\mathrm{d}x = $

$\pi \left(\dfrac{31}{5}C^2 + \dfrac{15}{2}C + \dfrac{7}{3} \right)$. 由 $V'(C) = \pi \left(\dfrac{62}{5}C + \dfrac{15}{2} \right) = 0$ 可得 $C = -\dfrac{75}{124}$. 由于 $V''(C) = \dfrac{62}{5}\pi > 0$, 即

$C = -\dfrac{75}{124}$ 为唯一极小值点, 也是最小值点, 于是所求的解为

$$y = x - \frac{75}{124}x^2$$

评注 注意旋转体体积的求法.

例 6.43 已知曲线 $y = f(x)$ $(x > 0)$ 是微分方程

$$2y'' + y' - y = (4 - 6x)e^{-x}$$

的一条积分曲线, 此曲线通过原点且在原点处的切线斜率为 0. 试求: (1) 曲线 $y = f(x)$ 到 x 轴的最大距离; (2) 计算 $\displaystyle\int_0^{+\infty} f(x)\mathrm{d}x$.

分析 求出二阶微分方程的特解后, 利用求最值的方法即可得到最大距离.

解答 原方程对应齐次方程的特征方程为 $2r^2 + r - 1 = 0$, 特征方程的根为 $r_1 = -1$, $r_2 = \dfrac{1}{2}$, 对应齐次方程的通解为 $Y = C_1 e^{-x} + C_2 e^{\frac{1}{2}x}$, 其中 C_1、C_2 为任意常数. 由于 $\lambda = -1$ 为特征方程的单根, 故设 $y^* = x(Ax + B)e^{-x}$, 代入方程, 得

$$\left[-6Ax + (4A - 3B) \right]e^{-x} = (-6x + 4)e^{-x}$$

比较等式两端同次幂的系数, 得 $\begin{cases} -6A = -6 \\ 4A - 3B = 4 \end{cases}$, 所以 $A = 1, B = 0$, 故 $y^* = x^2 e^{-x}$, 故原方程通解为 $y = Y + y^* = C_1 e^{-x} + C_2 e^{\frac{1}{2}x} + x^2 e^{-x}$. 将初始条件 $y\big|_{x=0} = 0, y'\big|_{x=0} = 0$ 代入通解中, 得 $C_1 = 0, C_2 = 0$, 故曲线为 $y = x^2 e^{-x}$.

(1) $y' = f'(x) = 2x e^{-x} - x^2 e^{-x}$, 令 $f'(x) = 0$, 解得驻点 $x_1 = 2, x_2 = 0$.

$f''(x) = 2e^{-x} - 2x e^{-x} - 2x e^{-x} + x^2 e^{-x}, f''(2) = -2e^{-2} < 0, f''(0) = 2 > 0$, 故曲线 $y = f(x)$ 到 x 轴的最大距离 $\max f(x) = x^2 e^{-x}\big|_{x=2} = 4e^{-2}$.

(2) $\displaystyle\int_0^{+\infty} f(x)\mathrm{d}x = \int_0^{+\infty} x^2 e^{-x}\mathrm{d}x = -x^2 e^{-x}\Big|_0^{+\infty} + \int_0^{+\infty} 2x e^{-x}\mathrm{d}x = \int_0^{+\infty} 2x e^{-x}\mathrm{d}x$

$$= -2x e^{-x}\Big|_0^{+\infty} + \int_0^{+\infty} 2e^{-x}\mathrm{d}x = 2$$

评注 此题的关键是确定函数 $f(x)$.

2. 微分方程的物理应用

例 6.44 初始温度为 T_0 的物体置于温度为 T_1 $(T_1 > T_0)$ 的空气中, 由冷却过程的牛顿定律可知, 物体温度下降的速度与该物体与环境温度之差成正比, 比例系数为 k. 求物体温度随时间变化的规律.

分析 根据物理量的含义正确写出数学关系式, 再求解.

解答 设 $T(t)$ 表示 t $(t > 0)$ 时刻物体的温度, 则 t 时刻物体温度下降的速度为 $-\dfrac{\mathrm{d}T(t)}{\mathrm{d}t}$. 由已知得 $T(t)$ 满足微分方程

$$-\frac{\mathrm{d}T}{\mathrm{d}t} = k(T - T_1)$$

解得 $T = T_1 + Ce^{-kt}$, 其中, C 为任意常数. 而初始温度 $T_0 = T_1 + C$, 得 $C = T_0 - T_1$, 因而物

体温度随时间变化满足方程 $T(t) = T_1 + (T_0 - T)\mathrm{e}^{-kt}$.

评注 正确建立微分方程是解题的关键,并注意利用隐含的初始条件求特解.

例 6.45 一个质量为 m 的物体,在某种介质中由静止状态自由下落,假设介质的阻力与运动的速度成正比(比例系数为 k). 试求物体下降深度 x 与时间 t 的函数.

分析 根据导数的物理意义列出微分方程.

解答 由题意知物体下降深度 x 与时间 t 满足方程

$$m\frac{\mathrm{d}^2 x}{\mathrm{d}t^2} = -k\frac{\mathrm{d}x}{\mathrm{d}t} + mg, x\big|_{t=0} = 0, x'\big|_{t=0} = 0$$

方程可化为 $x'' + \dfrac{k}{m}x' = g$,该方程对应齐次方程的特征方程为 $r^2 + \dfrac{k}{m}r = 0$,特征根为 $r_1 = 0$,

$r_2 = -\dfrac{k}{m}$. 由于 $r = 0$ 为特征方程的单根,所以方程的特解可设为 $x^* = At$,代入方程解得

$A = \dfrac{gm}{k}$,从而原方程的通解为 $x = C_1 + C_2\mathrm{e}^{-\frac{k}{m}t} + \dfrac{m}{k}gt$,而 $x' = -\dfrac{k}{m}C_2\mathrm{e}^{-\frac{k}{m}t} + \dfrac{m}{k}g$. 将初始条件

代入上面两式,得 $\begin{cases} C_1 + C_2 = 0 \\ -\dfrac{k}{m}C_2 + \dfrac{m}{k}g = 0 \end{cases}$,解得 $\begin{cases} C_1 = -\dfrac{m^2}{k^2}g \\ C_2 = \dfrac{m^2}{k^2}g \end{cases}$,于是所求的函数为 $x = \dfrac{m}{k}gt + \dfrac{m^2}{k^2}$

$g(\mathrm{e}^{-\frac{k}{m}t} - 1)$.

评注 很多物理问题都能转化为求解微分方程的初值问题.

6.3 本 章 小 结

(1)关于一阶方程给出了四种类型,要会识别方程的类型,掌握其解法. 若解题过程中作过变量代换,最后一定要将变量还原. 需要指出的是,变量 x 与 y 的地位是对等的,既可取 x 作为自变量,也可取 y 作为自变量,完全由题目本身去确定.

(2)关于三种可降阶的高阶方程的解法,第一种 $y^{(n)} = f(x)$,只需注意解中的任意常数的个数要与方程的阶数相同即可,至于后两种方程 $y'' = f(x, y')$ 和 $y'' = f(y, y')$,要根据方程的特点,选择适当的变量替换降阶求解.

(3)二阶常系数线性微分方程首先应理解其解的结构和性质,掌握二阶常系数齐次线性微分方程通解的求法,注意到特征方程之中不同的根,对应着三种不同形式的通解,并且可拓广到高阶常系数齐次线性微分方程之中.

(4)关于二阶常系数非齐次线性微分方程,主要是求特解,关键是正确地确定特解形式,因为它是由方程的特征根和方程右端的函数 $f(x)$ 的特点两方面共同决定的.

(5)会用微分方程解决一些简单的几何和物理问题.

6.4 同步习题及解答

6.4.1 同步习题

1. 填空题

(1)微分方程 $y\mathrm{d}x + (x^2 - 4x)\mathrm{d}y = 0$ 的通解为_____.

（2）微分方程 $x\ln x\mathrm{d}y+(y-\ln x)\mathrm{d}x=0$ 满足初始条件 $y(\mathrm{e})=1$ 的特解为_____．

（3）设 $y=\mathrm{e}^x(C_1\sin x+C_2\cos x)$ 为某二阶常系数齐次线性微分方程的通解，则该方程为_____．

（4）微分方程 $y'''-y=0$ 的通解为_____．

（5）微分方程 $\dfrac{\mathrm{d}y}{\mathrm{d}x}=(x+y)^2$ 的通解为_____．

2. 单项选择题

（1）函数 $y=C-x$（其中 C 是任意常数）是微分方程 $xy''-y'=1$ 的（ ）．

    A. 通解   B. 特解

    C. 不是解   D. 是解，但既不是通解，也不是特解

（2）下列微分方程中，（ ）是线性微分方程．

    A. $y''x+2y'\ln x+y^2=0$ B. $y''x^2-xy=\mathrm{e}^y$

    C. $y'''\mathrm{e}^x+y\sin x=\ln x$ D. $y'y-xy''=\cos x$

（3）已知函数 $y=\dfrac{x}{\ln x}$ 是微分方程 $y'=\dfrac{y}{x}+\varphi\left(\dfrac{x}{y}\right)$ 的解，则 $\varphi\left(\dfrac{x}{y}\right)$ 的表达式为（ ）．

    A. $-\dfrac{y^2}{x^2}$ B. $\dfrac{y^2}{x^2}$ C. $-\dfrac{x^2}{y^2}$ D. $\dfrac{x^2}{y^2}$

（4）设 $y=f(x)$ 是微分方程 $y''-2y'+4y=0$ 的一个解，若 $f(x_0)>0$，$f'(x_0)=0$，则 $f(x)$ 在 x_0 处（ ）．

    A. 取极小值   B. 取极大值

    C. 某邻域内单调增加   D. 某邻域内单调减少

（5）微分方程 $y''-y=\mathrm{e}^x+1$ 的特解形式可设为（ ）．

    A. $a\mathrm{e}^x+b$ B. $ax\mathrm{e}^x+b$

    C. $a\mathrm{e}^x+bx$ D. $ax\mathrm{e}^x+bx$

（6）微分方程 $y''+2y'+y=3x\mathrm{e}^{-x}$ 的特解形式可设为（ ）．

    A. $Ax\mathrm{e}^{-x}$ B. $(Ax+B)\mathrm{e}^{-x}$

    C. $x(Ax+B)\mathrm{e}^{-x}$ D. $x^2(Ax+B)\mathrm{e}^{-x}$

（7）设线性无关的函数 y_1、y_2、y_3 都是二阶非齐次线性微分方程 $y''+p(x)y'+q(x)y=f(x)$ 的解，C_1、C_2 是任意常数，则该非齐次方程的通解是（ ）．

    A. $C_1y_1+C_2y_2+y_3$ B. $C_1y_1+C_2y_2-(C_1+C_2)y_3$

    C. $C_1y_1+C_2y_2-(1-C_1-C_2)y_3$ D. $C_1y_1+C_2y_2+(1-C_1-C_2)y_3$

3. 求下列微分方程的通解：

（1）$y(x^2-xy+y^2)+x(x^2+xy+y^2)y'=0$；   （2）$xy'+2y=3x$；

（3）$\dfrac{\mathrm{d}y}{\mathrm{d}x}=\dfrac{y}{2x}-\dfrac{1}{2y}\tan\dfrac{y^2}{x}$；   （4）$x^2y'+xy=y^2$；

（5）$2(2+y)y''=1+y'^2$ （6）$4y''-20y'+25y=0$.

4. 求下列微分方程的特解：

（1）$\cos y\mathrm{d}x+(1+\mathrm{e}^{-x})\sin y\mathrm{d}y=0$，$y(0)=\dfrac{\pi}{4}$； （2）$(x\sin y+\sin 2y)y'=1$，$y(0)=\dfrac{\pi}{2}$；

（3）$y^3\mathrm{d}x+2(x^2-xy^2)\mathrm{d}y=0$，$y(1)=1$；   （4）$y''-ay'^2=0$，$y(0)=0$，$y'(0)=-1$.

5. 求微分方程 $xy'+(1-x)y=\mathrm{e}^{2x}(x>0)$ 满足条件 $\lim\limits_{x\to0^+}y(x)=1$ 的解．

6. 求微分方程 $y'' - 2y' - e^{2x} = 0$ 满足条件 $y(0) = 1, y'(0) = 1$ 的特解.

7. 求微分方程 $y'' - y' = -\dfrac{x}{2}\cos 2x$ 的通解.

8. 求连续函数 $f(x)$, 使它满足 $f(x) + 2\displaystyle\int_0^x f(t)\,\mathrm{d}t = x^2$.

9. 设函数 $f(x)$ 在 $(1, +\infty)$ 上连续, 若由曲线 $y = f(x)$, 直线 $x = 1, x = t, t > 0$ 与 x 轴所围成的平面图形绕 x 轴旋转一周所形成的旋转体体积为 $V(t) = \dfrac{\pi}{3}\left[t^2 f(t) - f(1)\right]$, 试求 $y = f(x)$ 所满足的微分方程, 并求该微分方程满足条件 $y\big|_{x=2} = \dfrac{2}{9}$ 的解.

10. 水平放置的弹簧左端固定, 右端与一个质量为 m 的物体相连, 用力将物体从平衡位置 O 向右拉, 使弹簧伸长 a, 由于弹簧恢复力的作用(恢复系数为 k), 物体便左右振动, 设摩擦力很小可忽略, 求物体的运动规律.

11. 设 $f(x) = \sin x - \displaystyle\int_0^x (x - t) f(t)\,\mathrm{d}t$, 其中 $f(x)$ 为连续函数, 求 $f(x)$.

12. (1) 求以 $y^2 = 2Cx$ 为通解的微分方程.

(2) 求以 $y = C_1 e^x + C_2 x$ 为通解的微分方程.

(3) 求以 $y_1 = e^x, y_2 = 2xe^x, y_3 = \cos 2x, y_4 = 3\sin 2x$ 为特解的最低阶常系数齐次线性微分方程.

(4) 已知二阶齐次线性微分方程的两个解是 x 和 x^2, 求此方程及其通解.

13. 设函数 $y = y(x)$ 在 $(-\infty, +\infty)$ 内具有二阶导数, 且 $y' \neq 0$, $x = x(y)$ 是 $y = y(x)$ 的反函数.

(1) 试将 $x = x(y)$ 所满足的微分方程 $\dfrac{\mathrm{d}^2 x}{\mathrm{d}y^2} + (y + \sin x)\left(\dfrac{\mathrm{d}x}{\mathrm{d}y}\right)^3 = 0$ 变换为 $y = y(x)$ 满足的微分方程;

(2) 求变换后的微分方程满足初始条件 $y(0) = 0, y'(0) = \dfrac{3}{2}$ 的解.

6.4.2 同步习题解答

1. (1) $(x - 4)y^4 = Cx$;   (2) $y = \dfrac{1}{2}\left(\ln x + \dfrac{1}{\ln x}\right)$;

(3) $y'' - 2y' + 2y = 0$;   (4) $y = C_1 e^x + e^{-\frac{x}{2}}\left(C_2 \cos \dfrac{\sqrt{3}}{2}x + C_3 \sin \dfrac{\sqrt{3}}{2}x\right)$;

(5) $x = \arctan(x + y) + C$ (提示: 令 $z = x + y$).

2. (1) D. (2) C.

(3) A.

解 将 $y = \dfrac{x}{\ln x}$ 代入微分方程, 得 $\varphi(\ln x) = -\dfrac{1}{\ln^2 x}$, 有 $\varphi(u) = -\dfrac{1}{u^2}$, 故 $\varphi\left(\dfrac{x}{y}\right) = -\dfrac{y^2}{x^2}$.

(4) B.

解 由 $f'(x_0) = 0$ 可知 x_0 为 $f(x)$ 的驻点, 因为 $f(x)$ 是微分方程的一个解, 所以 $f''(x_0) - 2f'(x_0) + 4f(x_0) = 0, f''(x_0) = -4f(x_0) < 0$, 所以 $f(x_0)$ 为极大值.

(5) B.

解 原方程对应齐次方程的特征方程为 $r^2 - 1 = 0$, 特征方程的根为 $r_{1,2} = \pm 1$. 方程

右端函数 $f(x) = e^x + 1$，记 $f_1(x) = e^x$，$f_2(x) = 1$，设 $y'' - y = e^x$ 的特解 y_1^*，因 $\lambda = 1$ 是特征方程的根，故设 $y_1^* = axe^x$；再求 $y'' - y = 1$ 的特解 y_2^*，因 $\lambda = 0$ 不是特征方程的根，故设 $y_2^* = b$，从而微分方程的特解可设为 $y^* = axe^x + b$.

（6）D.

解 原方程对应齐次方程的特征方程为 $r^2 + 2r + 1 = 0$，特征方程的根为 $r_{1,2} = -1$. 因 $\lambda = -1$ 是特征方程的二重根，故设 $y^* = (Ax + B)x^2 e^{-x}$.

（7）D.

解 由解的结构，$y_1 - y_3$、$y_2 - y_3$ 均为对应的齐次方程的解. 再由 y_1、y_2、y_3 线性无关知 $y_1 - y_3$、$y_2 - y_3$ 线性无关，从而 $C_1(y_1 - y_3) + C_2(y_2 - y_3)$ 为对应齐次微分方程的通解.

3. （1）**解** 原方程可化为 $\dfrac{dy}{dx} = -\dfrac{y(x^2 - xy + y^2)}{x(x^2 + xy + y^2)} = -\dfrac{y}{x} \cdot \dfrac{1 - \left(\dfrac{y}{x}\right) + \left(\dfrac{y}{x}\right)^2}{1 + \left(\dfrac{y}{x}\right) + \left(\dfrac{y}{x}\right)^2}$，这是齐次

方程，令 $u = \dfrac{y}{x}$，则 $y = xu$，$\dfrac{dy}{dx} = u + x\dfrac{du}{dx}$，代入 $\dfrac{dy}{dx} = -u\dfrac{1 - u + u^2}{1 + u + u^2}$，得 $u + x\dfrac{du}{dx} = -u\dfrac{1 - u + u^2}{1 + u + u^2}$，即 $x\dfrac{du}{dx} = -u\dfrac{2(1 + u^2)}{1 + u + u^2}$，分离变量，得 $\left(\dfrac{1}{u} + \dfrac{1}{1 + u^2}\right)du = -\dfrac{2}{x}dx$，两端积分，得 $\ln|u| + \arctan u = -2\ln|x| + C$，将 $u = \dfrac{y}{x}$ 回代，得通解为 $\ln|xy| + \arctan\dfrac{y}{x} = C$.

（2）**解** 〈方法一〉原方程可化为 $y' + \dfrac{2}{x}y = 3$，这是一阶线性微分方程，故原方程的通解为

$$y = e^{-\int\frac{2}{x}dx}\left(\int 3e^{\int\frac{2}{x}dx}dx + C\right) = \dfrac{1}{x^2}\left(\int 3x^2 dx + C\right) = \dfrac{1}{x^2}(x^3 + C)$$

〈方法二〉设 $u = \dfrac{y}{x}$，则 $y = ux$，$\dfrac{dy}{dx} = u + x\dfrac{du}{dx}$，从而原方程化为 $u + x\dfrac{du}{dx} + 2u = 3$，即 $x\dfrac{du}{dx} = 3(1 - u)$，分离变量，得 $\dfrac{du}{1 - u} = \dfrac{3}{x}dx$，两端积分，得 $1 - u = \dfrac{1}{C_1 x^3}$ $(C_1 \neq 0)$，将 $u = \dfrac{y}{x}$ 回代，得原方程通解为 $y = x\left(1 - \dfrac{C}{x^3}\right)$ $\left(C = -\dfrac{1}{C_1}\right)$.

（3）**解** 先作变量代换，令 $u = \dfrac{y^2}{x}$，则 $\dfrac{du}{dx} = \dfrac{2xy\dfrac{dy}{dx} - y^2}{x^2} = \dfrac{2y}{x}\dfrac{dy}{dx} - \left(\dfrac{y}{x}\right)^2$，将题设方程代入，得 $\dfrac{du}{dx} = -\dfrac{1}{x}\tan u$，这是变量可分离的方程，分离变量，得 $\dfrac{\cos u \, du}{\sin u} = -\dfrac{dx}{x}$，积分，得 $\sin u = \dfrac{C}{x}$，从而原方程的通解为 $x\sin\dfrac{y^2}{x} = C$.

（4）**解** 原方程可化为 $y' + \dfrac{1}{x}y = \dfrac{1}{x^2}y^2$，这是伯努利方程，方程两边除以 y^2，得 $y^{-2}y' + \dfrac{1}{x}y^{-1} = \dfrac{1}{x^2}$，令 $z = -y^{-1}$，则 $\dfrac{dz}{dx} = y^{-2}y'$，原方程化为一阶线性微分方程 $z' - \dfrac{1}{x}z = \dfrac{1}{x^2}$，按照通解公式，得 $z = e^{\int\frac{1}{x}dx}\left(\int\dfrac{1}{x^2}e^{-\int\frac{1}{x}dx}dx + C\right) = x\left(\int\dfrac{1}{x^3}dx + C\right) = x\left(-\dfrac{1}{2x^2} + C\right)$，即

168

$-\dfrac{1}{y}=x\left(-\dfrac{1}{2x^2}+C\right)$，故原方程的通解为 $xy\left(\dfrac{1}{2x^2}-C\right)=1$.

（5）**解** 此题是不显含自变量 x 的二阶方程. 设 $y'=p,y''=p\dfrac{\mathrm{d}p}{\mathrm{d}y}$，则原方程可化为

$2(2+y)p\dfrac{\mathrm{d}p}{\mathrm{d}y}=1+p^2$，分离变量，得 $\dfrac{2p\mathrm{d}p}{1+p^2}=\dfrac{\mathrm{d}y}{2+y}$，积分，得 $1+p^2=C_1(2+y)$，故 $p=\pm$

$\sqrt{C_1(2+y)-1}$，即 $\dfrac{\mathrm{d}y}{\sqrt{C_1(2+y)-1}}=\pm\,\mathrm{d}x$，再积分一次，得 $\dfrac{2}{C_1}\sqrt{C_1(2+y)-1}=\pm$

$(x+C_2)$，所以原方程的通解为 $4[C_1(2+y)-1]=C_1^2(x+C_2)^2$.

（6）**解** 特征方程为 $4r^2-20r+25=0$，解得特征根 $r_1=r_2=\dfrac{5}{2}$，其通解为 $y=(C_1+$

$C_2x)\mathrm{e}^{\frac{5}{2}x}$.

4.（1）**解** 该方程为可分离变量方程，当 $\cos y\neq0$ 时，分离变量，得 $\dfrac{1}{1+\mathrm{e}^{-x}}\mathrm{d}x+\dfrac{\sin y}{\cos y}$

$\mathrm{d}y=0$，两端积分，得 $\ln(1+\mathrm{e}^x)-\ln|\cos y|=\ln|C_1|\,(C_1\neq0)$，所以有 $\dfrac{1+\mathrm{e}^x}{\cos y}=C\,(C\neq0)$，代

入初始条件 $x=0$ 时，$y=\dfrac{\pi}{4}$，得 $C=\dfrac{4}{\sqrt2}$，故所求特解为 $\cos y=\dfrac{\sqrt2}{4}(1+\mathrm{e}^x)$.

（2）**解** 将 y 当作自变量，x 为因变量，原方程化为 $\dfrac{\mathrm{d}x}{\mathrm{d}y}-x\sin y=\sin2y$，这是一阶线性

方程，通解为

$$x=\mathrm{e}^{\int\sin y\mathrm{d}y}\left(\int\sin2y\cdot\mathrm{e}^{-\int\sin y\mathrm{d}y}\mathrm{d}y+C\right)$$

$$=\mathrm{e}^{-\cos y}\left(-2\int\cos y\mathrm{d}\mathrm{e}^{\cos y}+C\right)=\mathrm{e}^{-\cos y}\left(-2\cos y\mathrm{e}^{\cos y}+2\int\mathrm{e}^{\cos y}\mathrm{d}\cos y+C\right)$$

$$=C\mathrm{e}^{-\cos y}-2(\cos y-1)$$

代入初始条件 $y(0)=\dfrac{\pi}{2}$，得 $C=-2$，所求特解为

$$x=-2(\mathrm{e}^{-\cos y}+\cos y-1).$$

（3）**解** 原方程可化为 $\dfrac{\mathrm{d}x}{\mathrm{d}y}-\dfrac{2}{y}x=\dfrac{-2}{y^3}x^2$，为伯努利方程，方程两端除以 x^2，得 $x^{-2}\dfrac{\mathrm{d}x}{\mathrm{d}y}-$

$\dfrac{2}{y}x^{-1}=\dfrac{-2}{y^3}$，令 $z=x^{-1}$，则原方程变为一阶线性微分方程 $\dfrac{\mathrm{d}z}{\mathrm{d}y}+\dfrac{2}{y}z=2\dfrac{1}{y^3}$，根据通解公式，得

$z=\mathrm{e}^{-\int\frac{2}{y}\mathrm{d}y}\left[\int\dfrac{2}{y^3}\mathrm{e}^{\int\frac{2}{y}\mathrm{d}y}\mathrm{d}y+C\right]=y^{-2}(2\ln y+C)$，将 $z=x^{-1}$ 代入，得 $\dfrac{1}{x}=y^{-2}(2\ln y+C)$，故原

方程通解为 $x(2\ln y+C)-y^2=0$. 代入初始条件 $y(1)=1$，得 $C=1$，所求特解为 $x(2\ln y+$

$1)-y^2=0$.

（4）**解** 令 $y'=p(x)$，则 $y''=p'$，于是原方程化为 $p'-ap^2=0$，分离变量，得 $\displaystyle\int\dfrac{\mathrm{d}p}{p^2}=$

$\displaystyle\int a\mathrm{d}x$，两端积分，得 $-\dfrac{1}{p}=ax+C_1$，即 $y'=-\dfrac{1}{ax+C_1}$. 代入初始条件 $y'(0)=-1$，得 $C_1=$

$1, y' = -\dfrac{1}{ax+1}$. 从而 $y = -\dfrac{1}{a}\ln|ax+1| + C_2$. 代入初始条件 $y(0) = 0$,得 $C_2 = 0$,所求特

解为 $y = -\dfrac{1}{a}\ln|ax+1|$.

5. **解**   原方程可化为 $y' + \dfrac{1-x}{x}y = \dfrac{1}{x}e^{2x}$,这是一阶线性微分方程,按照通解公式,有

$$y = e^{-\int\frac{1-x}{x}dx}\left(\int \dfrac{1}{x}e^{2x}e^{\int\frac{1-x}{x}dx}dx + C\right) = \dfrac{1}{x}e^x(e^x + C). \quad \lim_{x\to 0^+}y(x) = 1,\text{所以} \lim_{x\to 0^+}e^x(e^x + C) = 1 +$$

$C = 0$,得 $C = -1$,所求的解为 $y = \dfrac{1}{x}(e^{2x} - e^x)$.

6. **解**   原方程对应齐次方程的特征方程为 $r^2 - 2r = 0$,特征方程的根为 $r_1 = 0, r_2 = 2$,对应齐次方程的通解为 $Y = C_1 + C_2e^{2x}$,其中 C_1、C_2 为任意常数. 由于 $\lambda = 2$ 为特征方程的单根,故设 $y^* = Axe^{2x}$,代入方程,得 $2Ae^{2x} = e^{2x}$,所以 $A = \dfrac{1}{2}$,故 $y^* = \dfrac{1}{2}xe^{2x}$,故原方程通解

为 $y = Y + y^* = C_1 + C_2e^{2x} + \dfrac{1}{2}xe^x$. 由 $y(0) = 1, y'(0) = 1$ 可知,$\begin{cases} C_1 + C_2 = 1 \\ 2C_2 + \dfrac{1}{2} = 1 \end{cases}$,所以 $C_1 =$

$\dfrac{3}{4}, C_2 = \dfrac{1}{4}$,故所求的特解为 $y = \dfrac{3}{4} + \dfrac{1}{4}e^{2x} + \dfrac{1}{2}xe^x$.

7. **解**   原方程对应齐次方程的特征方程为 $r^2 - r = 0$,特征方程的根为 $r_1 = 0, r_2 = 1$,对应齐次方程的通解为 $Y = C_1 + C_2e^x$,因 $\lambda + i\omega = 2i$ 不是特征方程的根,故设 $y^* = (Ax + B)\cos 2x + (Cx + D)\sin 2x$,代入方程,得

$$(-4Ax - 2Cx - A - 4B + 4C - 2D)\cos 2x +$$

$$(2Ax - 4Cx - 4A + 2B - C - 4D)\sin 2x = -\dfrac{x}{2}\cos 2x$$

比较等式两端同次幂的系数,得 $\begin{cases} 2A - 4C = 0 \\ -4A + 2B - C - 4D = 0 \\ -A - 4B + 4C - 2D = 0 \\ 4A + 2C = \dfrac{1}{2} \end{cases}$,所以 $A = \dfrac{1}{10}, B = \dfrac{13}{200}, C = \dfrac{1}{20}$,

$D = -\dfrac{2}{25}$,从而 $y^* = \left(\dfrac{x}{10} + \dfrac{13}{200}\right)\cos 2x + \left(\dfrac{x}{20} - \dfrac{2}{25}\right)\sin 2x$. 故原方程通解为

$$y = Y + y^* = C_1 + C_2e^x + \left(\dfrac{x}{10} + \dfrac{13}{200}\right)\cos 2x + \left(\dfrac{x}{20} - \dfrac{2}{25}\right)\sin 2x$$

8. **解**   方程两边求导,得 $f'(x) + 2f(x) = 2x$. 这是一阶线性微分方程,通解为

$$f(x) = e^{-\int 2dx}\left(\int 2xe^{\int 2dx}dx + C\right) = e^{-2x}\left(xe^{2x} - \dfrac{1}{2}e^{2x} + C\right) = Ce^{-2x} + x - \dfrac{1}{2}$$

由题设方程隐含初始条件 $f(0) = 0$,代入得 $C = \dfrac{1}{2}$,所求函数为 $f(x) = \dfrac{1}{2}e^{-2x} + x -$

$\dfrac{1}{2}$.

9. **解** 由题设及旋转体的体积公式有 $V(t) = \pi \int_1^t f^2(x)\,\mathrm{d}x = \dfrac{\pi}{3}\left[t^2 f(t) - f(1)\right]$，也

就是 $3\int_1^t f^2(x)\,\mathrm{d}x = t^2 f(t) - f(1)$．方程两端对 t 求导，得 $3f^2(t) = 2tf(t) + t^2 f'(t)$，即 $x^2 y' =$

$3y^2 - 2xy, \dfrac{\mathrm{d}y}{\mathrm{d}x} = 3\left(\dfrac{y}{x}\right)^2 - 2\left(\dfrac{y}{x}\right)$，这是齐次方程，令 $u = \dfrac{y}{x}$，则 $y = xu, \dfrac{\mathrm{d}y}{\mathrm{d}x} = u + x\dfrac{\mathrm{d}u}{\mathrm{d}x}$，代入方程

中，得 $u + x\dfrac{\mathrm{d}u}{\mathrm{d}x} = 3u^2 - 2u$，即 $x\dfrac{\mathrm{d}u}{\mathrm{d}x} = 3u(u-1)$，分离变量，得 $\dfrac{\mathrm{d}u}{u(u-1)} = \dfrac{3\mathrm{d}x}{x}$，两端积分，得

$\ln\left|\dfrac{u-1}{u}\right| = 3\ln x + \ln C_1$，所以 $\dfrac{u-1}{u} = Cx^3 \ (C = \pm C_1)$，将 $u = \dfrac{y}{x}$ 代回，$y - x = Cx^3 y$．又由于

$y\big|_{x=2} = \dfrac{2}{9}$，得到 $C = -1$，故所求的解为 $y - x = -x^3 y \ (x > 1)$．

10. **解** 取平衡位置 O 为坐标原点，向右的方向为 x 轴的正向．设 t 时刻物体的位置为坐标 x，则在 t 时刻物体所受的力为弹簧恢复力 $= -kx$．由牛顿第二定律有

$$m\frac{\mathrm{d}^2 x}{\mathrm{d}t^2} = -kx, \quad x\big|_{t=0} = a, x'\big|_{t=0} = 0$$

方程可化为 $x'' + \dfrac{k}{m}x = 0, x\big|_{t=0} = a, x'\big|_{t=0} = 0$．该方程的特征方程为 $r^2 + \dfrac{k}{m} = 0$，特征根为

$r_{1,2} = \pm\sqrt{\dfrac{k}{m}}\,i$．从而原方程的通解为

$$x = C_1 \cos\sqrt{\frac{k}{m}}t + C_2 \sin\sqrt{\frac{k}{m}}t$$

将初始条件 $x\big|_{t=0} = a, x'\big|_{t=0} = 0$ 代入，得 $C_1 = a, C_2 = 0$，于是物体运动规律为 $x = a\cos$

$\sqrt{\dfrac{k}{m}}t$．

11. **解** 对题设方程两边求导，得

$$f'(x) = \cos x - \left[x\int_0^x f(t)\,\mathrm{d}t - \int_0^x tf(t)\,\mathrm{d}t\right]'$$

$$= \cos x - \int_0^x f(t)\,\mathrm{d}t - xf(x) + xf(x) = \cos x - \int_0^x f(t)\,\mathrm{d}t$$

两边再求导得 $f''(x) + f(x) = -\sin x$，初始条件 $f(0) = 0, f'(0) = 1$．方程对应齐次方程的特征方程为 $r^2 + 1 = 0$，特征方程的根为 $r_{1,2} = \pm i$，对应齐次方程的通解为 $Y = C_1\cos x + C_2\sin x$，因 $\lambda + i\omega = i$ 是特征方程的根，故设 $y^* = x(a\cos x + b\sin x)$，代入方程中，比较等式两端同次幂的系数，得 $b = 0, a = \dfrac{1}{2}$，于是方程的通解为 $f(x) = C_1\cos x + C_2\sin x + \dfrac{1}{2}x\cos x$．

将初始条件 $f(0) = 0, f'(0) = 1$ 代入得 $C_1 = 0, C_2 = \dfrac{1}{2}$，从而所求为 $f(x) = \dfrac{1}{2}(\sin x + x\cos x)$．

12. （1）**解** 这是含有一个任意数的曲线族，它应是一阶微分方程的通解．方程两端对 x 求导，得 $2y \cdot y' = 2C$，代入原方程，得 $y^2 = 2y \cdot y'x$，约去 y，所求微分方程为 $2xy' = y$．

（2）**解** 这是含有两个任意常数的曲线族，它应是二阶微分方程的通解．方程两端

对 x 求导 $y = C_1 \mathrm{e}^x + C_2 x$，$y' = C_1 \mathrm{e}^x + C_2$，$y'' = C_1 \mathrm{e}^x$，两式相减得，$C_2 = y' - y''$，将它与 $y'' = C_1 \mathrm{e}^x$ 代入 y 中得 $y = y'' + (y' - y'')x$，即 $(x - 1)y'' - xy' + y = 0$，这就是所求微分方程.

(3) **解** 因为 $y_1 = \mathrm{e}^x$，$y_2 = 2x\mathrm{e}^x$ 是方程的解，所以 $r = 1$ 是特征方程的一个二重根；又因为 $y_3 = \cos 2x$，$y_4 = 3\sin 2x$ 是方程的特解，所以 $r = \pm 2\mathrm{i}$ 是所求特征方程的一对共轭单根，于是所求特征方程为 $(r - 1)^2 (r + 2\mathrm{i})(r - 2\mathrm{i}) = 0$，即 $r^4 - 2r^3 + 5r^2 - 8r + 4 = 0$，故所求最低阶常系数齐次线性微分方程为 $y^{(4)} - 2y''' + 5y'' - 8y' + 4y = 0$.

(4) **解** 由于 x 与 x^2 线性无关，于是 $y = C_1 x + C_2 x^2$ 为所求微分方程的通解. 又由于 $y' = C_1 + 2C_2 x$，$y'' = 2C_2$，于是由上述三方程消去 C_1、C_2，即得所求二阶齐次线性微分方程，即 $x^2 y'' - 2xy' + 2y = 0$.

13. (1) **解** 由反函数导数公式知 $\dfrac{\mathrm{d}x}{\mathrm{d}y} = \dfrac{1}{y'}$，即 $y' \dfrac{\mathrm{d}x}{\mathrm{d}y} = 1$. 前式两端关于 x 求导，得 $y'' \dfrac{\mathrm{d}x}{\mathrm{d}y} +$

$\dfrac{\mathrm{d}^2 x}{\mathrm{d}y^2}(y')^2 = 0$. 所以 $\dfrac{\mathrm{d}^2 x}{\mathrm{d}y^2} = -\dfrac{\dfrac{\mathrm{d}x}{\mathrm{d}y} y''}{(y')^2} = -\dfrac{y''}{(y')^3}$. 代入原微分方程得 $y'' - y = \sin x$.

(2) **解** 微分方程 $y'' - y = \sin x$ 所对应齐次方程的特征方程为 $r^2 - 1 = 0$，特征方程的根为 $r_1 = 1$，$r_2 = -1$，对应齐次方程的通解为 $Y = C_1 \mathrm{e}^x + C_2 \mathrm{e}^{-x}$，因 $\lambda + \mathrm{i}\omega = \mathrm{i}$ 不是特征方程的根，故设 $y^* = A\cos x + B\sin x$，代入方程中，得 $A = 0$，$B = -\dfrac{1}{2}$，从而 $y^* = -\dfrac{1}{2}\sin x$. 故方程 $y'' - y = \sin x$ 通解为 $y = Y + y^* = C_1 \mathrm{e}^x + C_2 \mathrm{e}^{-x} - \dfrac{1}{2}\sin x$. 由 $y(0) = 0$，$y'(0) = \dfrac{3}{2}$ 得 $C_1 = 1$，$C_2 = -1$，故所求的初值问题的特解为 $y = \mathrm{e}^x - \mathrm{e}^{-x} - \dfrac{1}{2}\sin x$.

第7章 向量代数与空间解析几何

7.1 内 容 概 要

7.1.1 基本概念

1. 空间直角坐标系

过空间一点的三个相互垂直的坐标轴构成的符合右手法则的坐标系称为空间直角坐标系.

2. 向量

既有大小又有方向的量称为向量(或矢量),可用小写的黑体字母来表示,如向量 $\boldsymbol{a}$,也可以用 $\overrightarrow{AB}$ 表示.

3. 向量的方向角和方向余弦

非零向量 $\boldsymbol{r}$ 与空间直角坐标系的三个坐标轴的夹角 α、β、γ 称为向量 $\boldsymbol{r}$ 的方向角,其余弦称为向量的方向余弦.

4. 向量 $\boldsymbol{a}$ 在向量 $\boldsymbol{b}$ 上的投影

称 $|\boldsymbol{a}|\cos\varphi$ 为向量 $\boldsymbol{a}$ 在向量 $\boldsymbol{b}$ 上的投影,记作 $\mathrm{Prj}_b\boldsymbol{a}$,其中 $0\leqslant\varphi\leqslant\pi$ 是向量 $\boldsymbol{b}$ 与向量 $\boldsymbol{a}$ 的夹角.

5. 向量 $\boldsymbol{a}$ 与 $\boldsymbol{b}$ 的和

设有两个向量 $\boldsymbol{a}$ 与 $\boldsymbol{b}$,任取一点 A,作 $\overrightarrow{AB}=\boldsymbol{a}$,再以 B 为起点,作 $\overrightarrow{BC}=\boldsymbol{b}$,连接 AC,那么向量 $\overrightarrow{AC}=\boldsymbol{c}$,称为向量 $\boldsymbol{a}$ 与 $\boldsymbol{b}$ 的和,记作 $\boldsymbol{a}+\boldsymbol{b}$,即 $\boldsymbol{c}=\boldsymbol{a}+\boldsymbol{b}$. 这种做出两向量之和的方法叫做向量相加的三角形法则.

6. 数乘向量

向量 $\boldsymbol{a}$ 与实数 λ 的乘积 $\lambda\boldsymbol{a}$,称为数乘向量,它的模为 $|\lambda\boldsymbol{a}|=|\lambda||\boldsymbol{a}|$,它的方向是当 $\lambda>0$ 时与 $\boldsymbol{a}$ 相同,当 $\lambda<0$ 时与 $\boldsymbol{a}$ 相反.

7. 两向量的数量积

两个向量 $\boldsymbol{a}$ 与 $\boldsymbol{b}$ 的模 $|\boldsymbol{a}|$、$|\boldsymbol{b}|$ 及它们的夹角 θ 的余弦的乘积,叫做向量 $\boldsymbol{a}$ 与 $\boldsymbol{b}$ 的数量积,记作 $\boldsymbol{a}\cdot\boldsymbol{b}$,即 $\boldsymbol{a}\cdot\boldsymbol{b}=|\boldsymbol{a}||\boldsymbol{b}|\cos\theta$.

8. 两向量的向量积

设 $\boldsymbol{a}$、$\boldsymbol{b}$ 是两个向量,将下列方式确定的向量 $\boldsymbol{c}$ 称为 $\boldsymbol{a}$ 与 $\boldsymbol{b}$ 的向量积,记为 $\boldsymbol{c}=\boldsymbol{a}\times\boldsymbol{b}$,$\boldsymbol{c}$ 的方向垂直于 $\boldsymbol{a}$ 与 $\boldsymbol{b}$ 所决定的平面,$\boldsymbol{c}$ 的指向按右手规则从 $\boldsymbol{a}$ 转向 $\boldsymbol{b}$ 来确定,$\boldsymbol{c}$ 的模 $|\boldsymbol{c}|=|\boldsymbol{a}||\boldsymbol{b}|\sin(\overset{\wedge}{\boldsymbol{a},\boldsymbol{b}})$.

9. 三向量的混合积

$(\boldsymbol{a}\times\boldsymbol{b})\cdot\boldsymbol{c}$ 称为三向量的混合积,记为 $[\boldsymbol{abc}]$.

10. 曲面方程

如果曲面 S 与三元方程 $F(x,y,z)=0$ 有下述关系:① 曲面 S 上任意点的坐标都满足方程;② 不在曲面 S 上的点的坐标都不满足方程,则方程 $F(x,y,z)=0$ 叫做曲面 S 的方程,曲面 S 叫做方程 $F(x,y,z)=0$ 的图形.

11. 旋转曲面

一条平面曲线绕其平面上一条定直线旋转一周所形成的曲面叫做旋转曲面,该定直线称为旋转轴,旋转曲线叫做旋转曲面的母线.

12. 柱面

在空间,平行于定直线并沿定曲线 C 移动的直线 L 形成的轨迹叫做柱面,定曲线 C 叫做柱面的准线,动直线 L 叫做柱面的母线.

7.1.2 基本理论

1. 关于向量

(1) 设向量 $\boldsymbol{a}=(a_x,a_y,a_z)$,$\boldsymbol{b}=(b_x,b_y,b_z)$,$\boldsymbol{c}=(c_x,c_y,c_z)$,则 $\boldsymbol{a}$ 的模为 $|\boldsymbol{a}|=\sqrt{a_x^2+a_y^2+a_z^2}$,$\boldsymbol{a}$ 的方向余弦 $\cos\alpha=\dfrac{a_x}{\sqrt{a_x^2+a_y^2+a_z^2}}$,$\cos\beta=\dfrac{a_y}{\sqrt{a_x^2+a_y^2+a_z^2}}$,

$\cos\gamma=\dfrac{a_z}{\sqrt{a_x^2+a_y^2+a_z^2}}$,且满足 $\cos^2\alpha+\cos^2\beta+\cos^2\gamma=1$.

$\boldsymbol{a}+\boldsymbol{b}=(a_x\pm b_x,a_y\pm b_y,a_z\pm b_z)$,$\lambda\boldsymbol{a}=(\lambda a_x,\lambda a_y,\lambda a_z)$($\lambda$ 为实数)

$\boldsymbol{a}\cdot\boldsymbol{b}=a_xb_x+a_yb_y+a_zb_z$,

$$\boldsymbol{a}\times\boldsymbol{b}=\begin{vmatrix} \boldsymbol{i} & \boldsymbol{j} & \boldsymbol{k} \\ a_x & a_y & a_z \\ b_x & b_y & b_z \end{vmatrix}=(a_yb_z-a_zb_y)\boldsymbol{i}-(a_xb_z-a_zb_x)\boldsymbol{j}+(a_xb_y-a_yb_x)\boldsymbol{k}$$

$$[\boldsymbol{abc}]=(\boldsymbol{a}\times\boldsymbol{b})\cdot c=\begin{vmatrix} a_x & a_y & a_z \\ b_x & b_y & b_z \\ c_x & c_y & c_z \end{vmatrix}$$

(2) 向量积的几何意义:其模 $|\boldsymbol{a}\times\boldsymbol{b}|$ 等于以 $\boldsymbol{a}$、$\boldsymbol{b}$ 为邻边的平行四边形的面积. 即

$$|\boldsymbol{a}\times\boldsymbol{b}|=|\boldsymbol{a}||\boldsymbol{b}|\sin\theta$$

式中:θ 为 $\boldsymbol{a}$、$\boldsymbol{b}$ 的夹角.

混合积运算的结果是一个实数,它的绝对值 $|[\boldsymbol{abc}]|$ 等于以 $\boldsymbol{a}$、$\boldsymbol{b}$、$\boldsymbol{c}$ 为棱的平行六面体的体积.

(3) 向量 $\boldsymbol{a}\perp\boldsymbol{b}$ 的充要条件是 $\boldsymbol{a}\cdot\boldsymbol{b}=0$ 或 $a_xb_x+a_yb_y+a_zb_z=0$.

向量 $\boldsymbol{a}/\!/\boldsymbol{b}$ 的充要条件是 $\boldsymbol{a}\times\boldsymbol{b}=0\Leftrightarrow\dfrac{a_x}{b_x}=\dfrac{a_y}{b_y}=\dfrac{a_z}{b_z}\Leftrightarrow$ 存在数 λ,使 $\boldsymbol{b}=\lambda\boldsymbol{a}$.

向量 $\boldsymbol{a}$、$\boldsymbol{b}$、$\boldsymbol{c}$ 共面的充要条件是混合积 $[\boldsymbol{abc}]=0$.

与非零向量 $\boldsymbol{a}$ 同方向的单位向量可表示为 $\boldsymbol{e}_a=\dfrac{\boldsymbol{a}}{|\boldsymbol{a}|}=\dfrac{1}{|\boldsymbol{a}|}(a_x,a_y,a_z)=(\cos\alpha,\cos\beta,\cos\gamma)$.

(4) 已知空间两点 $M_1(x_1,y_1,z_1)$ 和 $M_2(x_2,y_2,z_2)$,则向量 $\overrightarrow{M_1M_2}=(x_2-x_1,y_2-y_1,z_2-z_1)$

2. 关于空间解析几何

(1) 设 $M_1(x_1,y_1,z_1)$ 和 $M_2(x_2,y_2,z_2)$ 为空间两点,则

两点间的距离为:$d=\sqrt{(x_2-x_1)^2+(y_2-y_1)^2+(z_2-z_1)^2}$.

使 $\dfrac{M_1M}{MM_2} = \lambda$ 的分点 M 的坐标为：$x = \dfrac{x_1 + \lambda x_2}{1+\lambda}, y = \dfrac{y_1 + \lambda y_2}{1+\lambda}, z = \dfrac{z_1 + \lambda z_2}{1+\lambda}$.

（2）坐标平面 yOz 面上的曲线 $C: \begin{cases} f(y,z) = 0 \\ x = 0 \end{cases}$ 绕 z 轴旋转一周所形成的旋转曲面的方程为 $f(\pm\sqrt{x^2 + y^2}, z) = 0$，绕 y 轴旋转一周所形成的旋转曲面的方程为 $f(y, \pm\sqrt{x^2 + z^2}) = 0$. 其他类似.

（3）母线平行于坐标轴的柱面方程：只含 x、y 而缺少 z 的方程 $F(x,y) = 0$，在空间直角坐标系中表示母线平行于 z 轴的柱面，其准线是 xOy 平面上的曲线，即

$$C: \begin{cases} F(x,y) = 0 \\ z = 0 \end{cases}$$

同理可知，只含 x、z 而缺 y 的方程 $G(x,z) = 0$ 和只含 y、z 而缺 x 的方程 $H(y,z) = 0$ 分别表示母线平行于 y 轴和 x 轴的柱面.

（4）常见的二次曲面及其方程.

① 球面：$(x-a)^2 + (y-b)^2 + (z-c)^2 = R^2$，其中，球心 (a,b,c)，半径 R.

② 椭球面：$\dfrac{x^2}{a^2} + \dfrac{y^2}{b^2} + \dfrac{z^2}{c^2} = 1 (a,b,c > 0)$.

③ 单叶双曲面：$\dfrac{x^2}{a^2} + \dfrac{y^2}{b^2} - \dfrac{z^2}{c^2} = 1 (a,b,c > 0)$.

④ 双叶双曲面：$\dfrac{x^2}{a^2} + \dfrac{y^2}{b^2} - \dfrac{z^2}{c^2} = -1 (a,b,c > 0)$.

⑤ 椭圆抛物面：$\dfrac{x^2}{a^2} + \dfrac{y^2}{b^2} = \pm z$.

⑥ 双曲抛物面（马鞍面）：$\dfrac{x^2}{a^2} - \dfrac{y^2}{b^2} = \pm z$ 或 $z = xy$.

⑦ 椭圆锥面：$\dfrac{x^2}{a^2} + \dfrac{y^2}{b^2} = z^2$.

⑧ 二次柱面：$x^2 + y^2 = R^2$；$\dfrac{x^2}{a^2} + \dfrac{y^2}{b^2} = 1 (a,b > 0)$；$\dfrac{x^2}{a^2} - \dfrac{y^2}{b^2} = 1 (a,b > 0)$；$z^2 = 2py$ 等.

（5）空间曲线.

空间曲线的一般方程：两个曲面 $F(x,y,z) = 0$ 和 $G(x,y,z) = 0$ 的交线方程可表示为

$$\begin{cases} F(x,y,z) = 0 \\ G(x,y,z) = 0 \end{cases}$$

空间曲线的参数方程：将空间曲线 C 上动点的坐标 x、y、z 表示为参数 t 的函数：

$$\begin{cases} x = x(t) \\ y = y(t) \\ z = z(t) \end{cases}$$

此方程组称为空间曲线 C 的参数方程.

空间曲线在坐标面上的投影：设 $H(x,y) = 0$ 是由空间曲线方程 $C: \begin{cases} F(x,y,z) = 0 \\ G(x,y,z) = 0 \end{cases}$ 中消去 z 后所得的方程，则曲线 C 在 xOy 面上的投影曲线方程是 $C_1: \begin{cases} H(x,y) = 0 \\ z = 0 \end{cases}$

其他类似

（6）平面方程.

① 点法式方程: $A(x - x_0) + B(y - y_0) + C(z - z_0) = 0$, 其中法向量为 $\boldsymbol{n} = (A, B, C)$, 平面通过点 (x_0, y_0, z_0).

② 一般式方程: $Ax + By + Cz + D = 0$, 其中法向量为 $\boldsymbol{n} = (A, B, C)$.

③ 截距式方程: $\dfrac{x}{a} + \dfrac{y}{b} + \dfrac{z}{c} = 1$, 其中 a、b、c 分别为平面在 x 轴, y 轴, z 轴上的截距.

④ 三点式:
$$\begin{vmatrix} x - x_1 & y - y_1 & z - z_1 \\ x_2 - x_1 & y_2 - y_1 & z_2 - z_1 \\ x_3 - x_1 & y_3 - y_1 & z_3 - z_1 \end{vmatrix} = 0.$$

其中平面通过不共线的三点 $M_1(x_1, y_1, z_1)$、$M_2(x_2, y_2, z_2)$、$M_3(x_3, y_3, z_3)$.

（7）空间直线方程.

① 一般式: $\begin{cases} A_1 x + B_1 y + C_1 z + D_1 = 0 \\ A_2 x + B_2 y + C_2 z + D_2 = 0 \end{cases}$.

方向向量为

$$\boldsymbol{s} = \left(\begin{vmatrix} B_1 & C_1 \\ B_2 & C_2 \end{vmatrix}, \begin{vmatrix} C_1 & A_1 \\ C_2 & A_2 \end{vmatrix}, \begin{vmatrix} A_1 & B_1 \\ A_2 & B_2 \end{vmatrix} \right)$$

② 对称式(点向式): $\dfrac{x - x_0}{m} = \dfrac{y - y_0}{n} = \dfrac{z - z_0}{p}$, 其中直线通过定点 (x_0, y_0, z_0), 方向向量为 $\boldsymbol{s} = (m, n, p)$.

③ 参数式: $\begin{cases} x = x_0 + mt \\ y = y_0 + nt \\ z = z_0 + pt \end{cases}$ $(-\infty < t < +\infty)$. 直线通过定点 (x_0, y_0, z_0), 方向向量为 $\boldsymbol{s} = (m, n, p)$.

④ 两点式: $\dfrac{x - x_1}{x_2 - x_1} = \dfrac{y - y_1}{y_2 - y_1} = \dfrac{z - z_1}{z_2 - z_1}$. 其中直线通过两点 (x_1, y_1, z_1) 和 (x_2, y_2, z_2).

（8）两平面、两直线以及直线与平面的夹角公式.

① 两平面的夹角 θ: 设两平面的法线向量分别为 $\boldsymbol{n}_1 = (A_1, B_1, C_1)$ 和 $\boldsymbol{n}_2 = (A_2, B_2, C_2)$, 则

$$\cos\theta = \frac{|\boldsymbol{n}_1 \cdot \boldsymbol{n}_2|}{|\boldsymbol{n}_1||\boldsymbol{n}_2|} = \frac{|A_1 A_2 + B_1 B_2 + C_1 C_2|}{\sqrt{A_1^2 + B_1^2 + C_1^2}\sqrt{A_2^2 + B_2^2 + C_2^2}} \left(0 \leqslant \theta \leqslant \frac{\pi}{2} \right)$$

② 两直线的夹角 θ: 设两直线的方向向量分别为 $\boldsymbol{s}_1 = (m_1, n_1, p_1)$ 和 $\boldsymbol{s}_2 = (m_2, n_2, p_2)$, 则

$$\cos\theta = \frac{|\boldsymbol{s}_1 \cdot \boldsymbol{s}_2|}{|\boldsymbol{s}_1||\boldsymbol{s}_2|} = \frac{|m_1 m_2 + n_1 n_2 + p_1 p_2|}{\sqrt{m_1^2 + n_1^2 + p_1^2}\sqrt{m_2^2 + n_2^2 + p_2^2}} \left(0 \leqslant \theta \leqslant \frac{\pi}{2} \right)$$

③ 直线与平面的夹角 φ: 设直线的方向向量分别为 $\boldsymbol{s} = (m, n, p)$, 平面的法线向量为 $\boldsymbol{n} = (A, B, C)$, $\boldsymbol{s}$ 与 $\boldsymbol{n}$ 的夹角为 θ, 则

$$\sin\varphi = |\cos\theta| = \frac{|\boldsymbol{s} \cdot \boldsymbol{n}|}{|\boldsymbol{n}||\boldsymbol{s}|} = \frac{|Am + Bn + Cp|}{\sqrt{A^2 + B^2 + C^2}\sqrt{m^2 + n^2 + p^2}} \left(0 \leqslant \varphi \leqslant \frac{\pi}{2} \right)$$

（9）距离公式.

① 点到平面的距离：点 $M_0(x_0, y_0, z_0)$ 到平面 $Ax + By + Cz + D = 0$ 的距离为

$$d = \frac{|Ax_0 + By_0 + Cz_0 + D|}{\sqrt{A^2 + B^2 + C^2}}$$

② 点到直线的距离：设 $M_0(x_0, y_0, z_0)$ 是直线 L 外一点，M 是直线 L 上任意一点，且直线的方向向量为 s，则点 M_0 到直线 L 的距离为

$$d = \frac{|\overrightarrow{M_0 M} \times s|}{|s|}$$

③ 两平行平面（直线）的距离：即一平面（直线）上任一点到另一平面（直线）的距离.

④ 两异面直线的距离：两异面直线 L_1、L_2 的方向向量分别为 s_1、s_2，M_1、M_2 分别为 L_1、L_2 上的点，则 L_1、L_2 的距离为

$$d = \left| P_{rjs_1 \times s_2} \overrightarrow{M_1 M_2} \right| = \frac{|(s_1 \times s_2) \cdot \overrightarrow{M_1 M_2}|}{|s_1 \times s_2|}$$

（10）平面束方程：通过直线 $L: \begin{cases} A_1 x + B_1 y + C_1 z + D_1 = 0 \\ A_2 x + B_2 y + C_2 z + D_2 = 0 \end{cases}$ 的平面束方程为

$$\lambda(A_1 x + B_1 y + C_1 z + D_1) + \mu(A_2 x + B_2 y + C_2 z + D_2) = 0$$

式中：λ、μ 为任意常数；A_1、B_1、C_1 与 A_2、B_2、C_2 不对应成比例.

（11）截痕法：了解三元方程 $F(x, y, z) = 0$ 所表示的曲面形状的一种方法. 用坐标面和平行于坐标面的平面与曲面相截，考察其交线（截痕）的形状，然后加以综合，从而了解曲线的全貌，这种方法叫截痕法.

7.1.3 基本方法

（1）利用向量的运算定义及坐标表示计算向量的模、方向角、向量的数量积、向量积及混合积等.

（2）利用平面与平面、平面与直线的关系及向量运算求平面方程.

（3）利用直线与平面、直线与直线的关系及向量运算求空间直线方程.

（4）利用平面束方程建立平面方程.

（5）利用旋转曲面的特性求旋转曲面方程.

（6）根据点的轨迹求曲面方程.

（7）判定平面与直线间平行、垂直的关系，求其夹角.

（8）利用距离公式求两点间、平面间、直线间、直线与平面间以及点到平面、直线的距离.

7.2 典型例题分析、解答与评注

7.2.1 求点的坐标

已知空间点的坐标可以清楚地知道空间点的位置，方便解决问题.

例 7.1 已知三角形 ABC 的两个顶点为 $A(-4, -1, -2)$、$B(3, 5, -16)$，并知道 AC 的中点在 y 轴上，BC 的中点在 xOz 平面上，求第三个顶点 C 的坐标.

分析　由于坐标面及坐标轴上的点具有特殊性,根据这种特殊性结合中点坐标公式可以求得点 C 的坐标.

解答　设 $C(x,y,z)$,由 AC 的中点在 y 轴上,有

$$\frac{x-4}{2}=0,\frac{z-2}{2}=0$$

由 BC 的中点在 xOz 平面上,有

$$\frac{y+5}{2}=0$$

解得 $x=4,y=-5,z=2$,故 $C(4,-5,2)$ 即为所求.

评注　在 xOy 坐标面上的点的坐标为 $(x,y,0)$,在 x 轴上的点的坐标为 $(x,0,0)$,其他类似.牢固掌握特殊点的坐标可以帮助解决问题.

例7.2　已知有向线段 P_1P_2 的长度为 6,方向余弦分别为 $-\frac{2}{3}$、$\frac{1}{3}$、$\frac{2}{3}$,P_1 点坐标为 $(-3,2,5)$,求 P_2 点的坐标.

分析　向量 $\boldsymbol{a}$ 的坐标 (a_x,a_y,a_z) 是向量在坐标轴上的投影,故有 $a_x=|\boldsymbol{a}|\cos\alpha,a_y=|\boldsymbol{a}|\cos\beta,a_z=|\boldsymbol{a}|\cos\gamma$,这里已知向量的模及方向余弦,故可以求得向量 $\overrightarrow{P_1P_2}$ 的坐标,再结合空间点的坐标与向量坐标的关系即可求出 P_2 点的坐标.

解答　设 P_2 点坐标为 (x,y,z),$\overrightarrow{P_1P_2}=(x+3,y-2,z-5)$,则 $x+3=6\times\left(-\frac{2}{3}\right)$,$y-2=6\times\frac{1}{3}$,$z-5=6\times\frac{2}{3}$.解得 $x=-7,y=4,z=9$,即 P_2 点的坐标为 $(-7,4,9)$.

评注　本题综合运用向量的模、方向余弦与向量的坐标之间的关系得以求解.

例7.3　已知起自原点的单位向量 $\overrightarrow{OP}$ 与 z 轴的方向角为 $30°$,另两个方向角相等,求 P 的坐标.

分析　依据方向余弦的性质 $\cos^2\alpha+\cos^2\beta+\cos^2\gamma=1$ 可以求得另两个方向角,进而可知向量的坐标,再结合起自原点的向量的坐标即该向量的终点坐标可以求解本题.

解答　设 P 点坐标为 (x,y,z),$\overrightarrow{OP}$ 方向角为 α、β、γ,由于 $\alpha=\beta,\gamma=30°$,故有

$$2\cos^2\alpha+\frac{3}{4}=1,\cos\alpha=\cos\beta=\pm\frac{\sqrt{2}}{4}$$

因 $|\overrightarrow{OP}|=1,\overrightarrow{OP}=\{x,y,z\}$,故

$$x=1\cdot\cos\alpha=\pm\frac{\sqrt{2}}{4},y=1\cdot\cos\alpha=\pm\frac{\sqrt{2}}{4},z=1\cdot\cos\gamma=\frac{\sqrt{3}}{2}$$

从而 P 的坐标为 $\left(\frac{\sqrt{2}}{4},\frac{\sqrt{2}}{4},\frac{\sqrt{3}}{2}\right)$ 或 $\left(-\frac{\sqrt{2}}{4},-\frac{\sqrt{2}}{4},\frac{\sqrt{3}}{2}\right)$.

评注　方向余弦的性质在本题中起到关键的作用,注意此性质的灵活使用。

7.2.2　关于向量的运算

例7.4　用向量证明不等式

$$\sqrt{a_1^2+a_2^2+a_3^2}\sqrt{b_1^2+b_2^2+b_3^2}\geqslant|a_1b_1+a_2b_2+a_3b_3|$$

式中: a_1、a_2、a_3、b_1、b_2、b_3 为任意实数,并指出等号成立的条件.

分析 从所给的不等式两边的表达式上可以看出,若将其视为两个向量的模的乘积及其数量积的坐标表示,则根据两数量积的定义式 $\boldsymbol{a} \cdot \boldsymbol{b} = |\boldsymbol{a}||\boldsymbol{b}|\cos\theta$,结合 $|\cos\theta| \le 1$ 可以证得本命题.

证明 设向量 $\boldsymbol{a} = (a_1, a_2, a_3)$,$\boldsymbol{b} = (b_1, b_2, b_3)$. 由 $\boldsymbol{a} \cdot \boldsymbol{b} = |\boldsymbol{a}||\boldsymbol{b}|\cos\theta$,可知 $|\boldsymbol{a} \cdot \boldsymbol{b}| = |\boldsymbol{a}||\boldsymbol{b}||\cos\theta| \le |\boldsymbol{a}||\boldsymbol{b}|$,其中 θ 为向量 $\boldsymbol{a}$、$\boldsymbol{b}$ 的夹角,由向量的坐标表达式有

$$|a_1 b_1 + a_2 b_2 + a_3 b_3| \le \sqrt{a_1^2 + a_2^2 + a_3^2} \sqrt{b_1^2 + b_2^2 + b_3^2}$$

当 $\cos\theta = 1$ 即 $\boldsymbol{a}$ 与 $\boldsymbol{b}$ 平行时,亦即 $\dfrac{a_1}{b_1} = \dfrac{a_2}{b_2} = \dfrac{a_2}{b_3}$ 时,等号成立.

评注 熟练掌握数量积定义及其坐标表示,可灵活运用于理论证明.

例 7.5 已知 $(\boldsymbol{a} \times \boldsymbol{b}) \cdot \boldsymbol{c} = 2$,试求 $[(\boldsymbol{a} + \boldsymbol{b}) \times (\boldsymbol{b} + \boldsymbol{c})] \cdot (\boldsymbol{c} + \boldsymbol{a})$.

分析 利用向量的运算规律,如分配律、结合律等进行化简,需注意两向量作向量积时有 $\boldsymbol{a} \times \boldsymbol{a} = 0$,$\boldsymbol{a} \times \boldsymbol{b} = -\boldsymbol{b} \times \boldsymbol{a}$,同时 $\boldsymbol{a} \times \boldsymbol{b}$ 是既垂直于 $\boldsymbol{a}$ 又垂直于 $\boldsymbol{b}$ 的向量,故有 $(\boldsymbol{a} \times \boldsymbol{b}) \cdot \boldsymbol{a} = (\boldsymbol{a} \times \boldsymbol{b}) \cdot \boldsymbol{b} = 0$.

解答 $[(\boldsymbol{a} + \boldsymbol{b}) \times (\boldsymbol{b} + \boldsymbol{c})] \cdot (\boldsymbol{c} + \boldsymbol{a}) = (\boldsymbol{a} \times \boldsymbol{b} + \boldsymbol{b} \times \boldsymbol{b} + \boldsymbol{a} \times \boldsymbol{c} + \boldsymbol{b} \times \boldsymbol{c}) \cdot (\boldsymbol{c} + \boldsymbol{a}) = (\boldsymbol{a} \times \boldsymbol{b}) \cdot \boldsymbol{c} + (\boldsymbol{a} \times \boldsymbol{c}) \cdot \boldsymbol{c} + (\boldsymbol{b} \times \boldsymbol{c}) \cdot \boldsymbol{c} + (\boldsymbol{a} \times \boldsymbol{b}) \cdot \boldsymbol{a} + (\boldsymbol{a} \times \boldsymbol{c}) \cdot \boldsymbol{a} + (\boldsymbol{b} \times \boldsymbol{c}) \cdot \boldsymbol{a} = (\boldsymbol{a} \times \boldsymbol{b}) \cdot \boldsymbol{c} + (\boldsymbol{b} \times \boldsymbol{c}) \cdot \boldsymbol{a} = 2(\boldsymbol{a} \times \boldsymbol{b}) \cdot \boldsymbol{c} = 4$

评注 向量的运算规律在向量的化简中起到至关重要的作用,一定要牢记.

例 7.6 计算下列各题:

(1) 已知 $|\boldsymbol{a}| = 3$,$|\boldsymbol{b}| = 5$,$|\boldsymbol{a} + \boldsymbol{b}| = 8$,求 $|\boldsymbol{a} - \boldsymbol{b}|$.

(2) 已知 $|\boldsymbol{a}| = 2$,$|\boldsymbol{b}| = \sqrt{2}$,且 $\boldsymbol{a} \cdot \boldsymbol{b} = 2$,求 $|\boldsymbol{a} \times \boldsymbol{b}|$.

(3) 设向量 $\boldsymbol{a}$、$\boldsymbol{b}$、$\boldsymbol{c}$ 两两都成 $60°$ 夹角,且 $|\boldsymbol{a}| = 4$,$|\boldsymbol{b}| = 2$,$|\boldsymbol{c}| = 6$,求 $|\boldsymbol{a} + \boldsymbol{b} + \boldsymbol{c}|$.

分析 求向量的模通常有两种方法,在已知向量 $\boldsymbol{a} = \{a_x, a_y, a_z\}$ 的情况下可采用公式 $|\boldsymbol{a}| = \sqrt{a_x^2 + a_y^2 + a_z^2}$,否则利用 $|\boldsymbol{a}| = \sqrt{\boldsymbol{a} \cdot \boldsymbol{a}}$. 本题就是利用后者进行计算.

解答 (1) $|\boldsymbol{a} - \boldsymbol{b}|^2 = (\boldsymbol{a} - \boldsymbol{b}) \cdot (\boldsymbol{a} - \boldsymbol{b}) = |\boldsymbol{a}|^2 + |\boldsymbol{b}|^2 - 2\boldsymbol{a} \cdot \boldsymbol{b} = 3^2 + 5^2 - 2\boldsymbol{a} \cdot \boldsymbol{b}$ 再由 $|\boldsymbol{a} + \boldsymbol{b}| = 8$,得 $|\boldsymbol{a} + \boldsymbol{b}|^2 = (\boldsymbol{a} + \boldsymbol{b}) \cdot (\boldsymbol{a} + \boldsymbol{b}) = |\boldsymbol{a}|^2 + |\boldsymbol{b}|^2 + 2\boldsymbol{a} \cdot \boldsymbol{b}$,知 $2\boldsymbol{a} \cdot \boldsymbol{b} = 30$,故 $|\boldsymbol{a} - \boldsymbol{b}|^2 = 4$,$|\boldsymbol{a} - \boldsymbol{b}| = 2$.

(2) 由向量积的定义知 $|\boldsymbol{a} \times \boldsymbol{b}| = |\boldsymbol{a}| \cdot |\boldsymbol{b}| \cdot \sin\theta$,再由 $\boldsymbol{a} \cdot \boldsymbol{b} = 2$ 及数量积的定义有 $|\boldsymbol{a}| \cdot |\boldsymbol{b}| \cdot \cos\theta = 2$,可得 $\cos\theta = \dfrac{\sqrt{2}}{2}$,从而有 $\sin\theta = \dfrac{\sqrt{2}}{2}$,则 $|\boldsymbol{a} \times \boldsymbol{b}| = 2 \cdot \sqrt{2} \cdot \dfrac{\sqrt{2}}{2} = 2$.

(3) $|\boldsymbol{a} + \boldsymbol{b} + \boldsymbol{c}|^2$
$= (\boldsymbol{a} + \boldsymbol{b} + \boldsymbol{c}) \cdot (\boldsymbol{a} + \boldsymbol{b} + \boldsymbol{c}) = |\boldsymbol{a}|^2 + |\boldsymbol{b}|^2 + |\boldsymbol{c}|^2 + 2\boldsymbol{a} \cdot \boldsymbol{b} + 2\boldsymbol{a} \cdot \boldsymbol{c} + 2\boldsymbol{b} \cdot \boldsymbol{c} = 16 + 4 + 36 + 2|\boldsymbol{a}||\boldsymbol{b}|\cos 60° + 2|\boldsymbol{a}||\boldsymbol{c}|\cos 60 + 2|\boldsymbol{b}||\boldsymbol{c}|\cos 60° = 56 + 8 + 24 + 12 = 100$

故 $\qquad\qquad\qquad\qquad |\boldsymbol{a} + \boldsymbol{b} + \boldsymbol{c}| = 10$

评注 在向量坐标未知的情况下常用上述方法计算向量的模,当然这里要结合相应的数量积或向量积的定义等条件计算向量的模.

例 7.7 设向量 $\boldsymbol{a} = (2, -3, 6)$ 和 $\boldsymbol{b} = (-1, 2, -2)$ 有共同起点,$|\boldsymbol{c}| = 3\sqrt{42}$,试确定沿着向量 $\boldsymbol{a}$ 和 $\boldsymbol{b}$ 间夹角的平分线方向的向量 $\boldsymbol{c}$ 的坐标.

分析 所求向量 c 的模已知,关键是决定它的方向,若将 a、b 两向量直接相加减,均得不到沿 $(a\hat{,}b)$ 平分线的向量,但由简单的几何知识可知,菱形的对角线平分两邻边之夹角.由此可考虑取 a、b 向量的单位向量 a^0、b^0,则与 c 同向的向量 $c_1 = a^0 + b^0$ 必平分 $(a\hat{,}b)$.

解答 $a^0 = \dfrac{a}{|a|} = \dfrac{1}{\sqrt{2^2 + (-3)^2 + 6^2}}(2,-3,6) = \dfrac{1}{7}(2,-3,6)$

$b^0 = \dfrac{b}{|b|} = \dfrac{1}{\sqrt{(-1)^2 + 2^2 + (-2)^2}}(-1,2,-2) = \dfrac{1}{3}(-1,2,-2)$

$c_1 = a^0 + b^0 = \left(\dfrac{2}{7} - \dfrac{1}{3}, \dfrac{-3}{7} + \dfrac{2}{3}, \dfrac{6}{7} - \dfrac{2}{3}\right) = \dfrac{1}{21}(-1,5,4)$

设 $c = \lambda c_1 = \dfrac{\lambda}{21}(-1,5,4)$,且 $\lambda > 0$,$|c| = 3\sqrt{42}$.

所以 $\dfrac{\lambda^2}{21^2}[(-1)^2 + 5^2 + 4^2] = (3\sqrt{42})^2$,由此得 $\lambda = 63$,故

$$c = (-3,15,12)$$

评注 本题运用单位向量的加法寻找所求 c 的方向较为巧妙.

例 7.8 设 $A(2,2,\sqrt{2})$ 和 $B(1,3,0)$ 为空间两点,计算向量 $\overrightarrow{AB}$ 的方向余弦与方向角并求出与 $\overrightarrow{AB}$ 同方向的单位向量.

分析 由向量的坐标可以求出该向量的方向余弦,进而求得方向角,与 a 方向一致的单位向量可利用公式 $e_a = \dfrac{a}{|a|}$.

解答 $\overrightarrow{AB} = (1-2,3-2,0-\sqrt{2}) = (-1,1,-\sqrt{2})$

$|\overrightarrow{AB}| = \sqrt{(-1)^2 + 1^2 + (-\sqrt{2})^2} = \sqrt{4} = 2$

其方向余弦为

$$\cos\alpha = -\dfrac{1}{2}, \cos\beta = \dfrac{1}{2}, \cos\gamma = -\dfrac{\sqrt{2}}{2}$$

则方向角为

$$\alpha = \dfrac{2\pi}{3}, \beta = \dfrac{\pi}{3}, \gamma = \dfrac{3\pi}{4}$$

与 $\overrightarrow{AB}$ 同方向的单位向量为 $\left(-\dfrac{1}{2}, \dfrac{1}{2}, -\dfrac{\sqrt{2}}{2}\right)$.

评注 求出向量的坐标是解此类问题的关键.

例 7.9 求与向量 $a = 2i - j + 2k$ 共线且满足方程 $a \cdot x = -18$ 的向量 x.

分析 根据两向量共线的充分必要条件可得 $x = \lambda a$,再根据数量积的关系式确定 λ 即可.

解答 由 x 与 a 共线,故存在 $\lambda \neq 0$,使 $x = \lambda a = (2\lambda, -\lambda, 2\lambda)$,又因 $a \cdot x = -18$,所以 $4\lambda + \lambda + 4\lambda = -18$,得 $\lambda = -2$,故 $x = (-4,2,-4)$

评注 两向量 a 与 b 共线的充分必要条件的表达形式有三个:①存在数 λ,使 $b = $

$\lambda \boldsymbol{a}$；②$\boldsymbol{a}$ 与 $\boldsymbol{b}$ 的坐标对应成比例；③$\boldsymbol{a} \times \boldsymbol{b} = \boldsymbol{0}$. 注意根据不同的题设条件采用最简单的方法.

例 7.10 求与 $\boldsymbol{a} = 3\boldsymbol{i} - 2\boldsymbol{j} + 4\boldsymbol{k}, \boldsymbol{b} = \boldsymbol{i} + \boldsymbol{j} - 2\boldsymbol{k}$ 都垂直的单位向量.

分析 本题常见的解决方法有两种：①可设所求向量为 $\boldsymbol{c} = \{x, y, z\}$，由两向量垂直必有两数量积为零可得 $\boldsymbol{a} \cdot \boldsymbol{c} = 0, \boldsymbol{b} \cdot \boldsymbol{c} = 0$，同时有 $|\boldsymbol{c}| = 1$，可以得出 x、y、z 的值. ②由向量的向量积的定义知向量 $\boldsymbol{a} \times \boldsymbol{b}$(或 $\boldsymbol{b} \times \boldsymbol{a}$)就是与 $\boldsymbol{a}$、$\boldsymbol{b}$ 都垂直的向量，之后再求单位向量.

解答〈方法一〉 设所求向量为 $\boldsymbol{c} = (x, y, z)$，依题意，有 $\boldsymbol{a} \cdot \boldsymbol{c} = 3x - 2y + 4z = 0$，$\boldsymbol{b} \cdot \boldsymbol{c} = x + y - 2z = 0$，$\sqrt{x^2 + y^2 + z^2} = 1$，解得 $x = 0, y = \pm \dfrac{2}{\sqrt{5}}, z = \pm \dfrac{1}{\sqrt{5}}$，所以 $\boldsymbol{c} = \pm \left(0, \dfrac{2}{\sqrt{5}}, \dfrac{1}{\sqrt{5}} \right)$.

〈方法二〉 因为

$$\boldsymbol{c} = \boldsymbol{a} \times \boldsymbol{b} = \begin{vmatrix} \boldsymbol{i} & \boldsymbol{j} & \boldsymbol{k} \\ 3 & -2 & 4 \\ 1 & 1 & -2 \end{vmatrix} = 10\boldsymbol{j} + 5\boldsymbol{k}$$

$$|\boldsymbol{c}| = \sqrt{10^2 + 5^2} = 5\sqrt{5}$$

所以所求单位向量 $\quad \boldsymbol{c}^0 = \pm \dfrac{\boldsymbol{c}}{|\boldsymbol{c}|} = \pm \left(\dfrac{2}{\sqrt{5}} \boldsymbol{j} + \dfrac{1}{\sqrt{5}} \boldsymbol{k} \right)$

评注 方法二运用两向量的向量积，但需注意符合要求的单位向量有两个，解答时不能丢掉另一个，另一个符合题设垂直要求的向量也可从取 $\boldsymbol{b} \times \boldsymbol{a}$ 得到证实.

例 7.11 设 $\boldsymbol{a} + 3\boldsymbol{b}$ 与 $7\boldsymbol{a} - 5\boldsymbol{b}$ 垂直，$\boldsymbol{a} - 4\boldsymbol{b}$ 与 $7\boldsymbol{a} - 2\boldsymbol{b}$ 垂直，求向量 $\boldsymbol{a}$ 与 $\boldsymbol{b}$ 之间的夹角 θ.

分析 由两向量的夹角的计算公式 $\cos\theta = \dfrac{\boldsymbol{a} \cdot \boldsymbol{b}}{|\boldsymbol{a}||\boldsymbol{b}|}$ 可知，需要计算出两向量的模及其数量积即可，而由题中垂直的条件可以得到其数量积为零，进而得到 $\boldsymbol{a} \cdot \boldsymbol{b}$、$|\boldsymbol{a}|$、$|\boldsymbol{b}|$ 之间的关系.

解答 由已知有

$$\begin{cases} (\boldsymbol{a} + 3\boldsymbol{b}) \cdot (7\boldsymbol{a} - 5\boldsymbol{b}) = 0 \\ (\boldsymbol{a} - 4\boldsymbol{b}) \cdot (7\boldsymbol{a} - 2\boldsymbol{b}) = 0 \end{cases}$$

得

$$\begin{cases} 7|\boldsymbol{a}|^2 - 15|\boldsymbol{b}|^2 + 16\boldsymbol{a} \cdot \boldsymbol{b} = 0 \\ 7|\boldsymbol{a}|^2 + 8|\boldsymbol{b}|^2 - 30\boldsymbol{a} \cdot \boldsymbol{b} = 0 \end{cases}$$

解出 $\quad\quad\quad\quad |\boldsymbol{a}|^2 = |\boldsymbol{b}|^2 = 2\boldsymbol{a} \cdot \boldsymbol{b}$

所以 $\cos\theta = \dfrac{\boldsymbol{a} \cdot \boldsymbol{b}}{|\boldsymbol{a}||\boldsymbol{b}|} = \dfrac{1}{2}$，从而得 $\theta = \dfrac{\pi}{3}$.

评注 两向量的夹角是求平面与平面的夹角、直线与直线的夹角等的基础.

7.2.3 利用向量求解几何问题

例 7.12 设 $ABCD$ 是平行四边形，E 是 AB 的中点，AC 与 DE 交于点 O，证明 O 点分别是 ED 与 AC 的三等分的分点.

分析 要证 O 点分别是 ED 与 AC 的三等分的分点,只要取 OD、OC 的中点,假设为 M、N,能证明四边形 $AENM$ 构成平行四边形,即可说明 O 点分别是 ED 与 AC 的三等分的分点.

解答 如图 7.1 所示,DE 和 AC 和交于 O 点,取 OD、OC 的中点分别为 M、N,连接 MN.

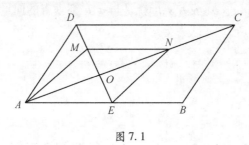

图 7.1

由于 $\overrightarrow{MO} = \dfrac{1}{2}\overrightarrow{DO}$,$\overrightarrow{ON} = \dfrac{1}{2}\overrightarrow{OC}$,$\overrightarrow{MN} = \overrightarrow{MO} + \overrightarrow{ON} = \dfrac{1}{2}(\overrightarrow{DO} + \overrightarrow{OC}) = \dfrac{1}{2}\overrightarrow{DC}$,又四边形 $ABCD$ 是平行四边形,所以 $\overrightarrow{AB} = \overrightarrow{DC}$,而且 E 是 AB 的中点,故 $\overrightarrow{AE} = \dfrac{1}{2}\overrightarrow{AB} = \dfrac{1}{2}\overrightarrow{DC} = \overrightarrow{MN}$,因此四边形 $AENM$ 构成平行四边形,于是 $|OM| = |OE|$,$|ON| = |OA|$,这样,$\overrightarrow{AO} = \dfrac{1}{3}\overrightarrow{AC}$,$\overrightarrow{EO} = \dfrac{1}{3}\overrightarrow{ED}$,证得.

评注 将向量的加法、减法、数乘等运算用于证明几何问题,可使问题的证明更简便.

例 7.13 求解下列各题:

1. 已知点 $P_1(1,2,3)$、$P_2(2,4,1)$、$P_3(1,-3,5)$、$P_4(4,-2,3)$,求:

(1) 三角形 $P_1P_2P_3$ 的面积 $S_{\triangle P_1P_2P_3}$.

(2) 四面体 $P_1P_2P_3P_4$ 的体积 $V_{P_1P_2P_3P_4}$.

2. 平行四边形 $ABCD$ 的两边为 $\overrightarrow{AB} = \boldsymbol{a} - 2\boldsymbol{b}$,$\overrightarrow{AD} = \boldsymbol{a} - 3\boldsymbol{b}$,其中 $|\boldsymbol{a}| = 5$,$|\boldsymbol{b}| = 3$,$(\boldsymbol{a},{}^{\wedge}\boldsymbol{b}) = \dfrac{\pi}{6}$,求此平行四边形的面积.

分析 向量积的模的几何意义是模 $|\boldsymbol{a} \times \boldsymbol{b}|$ 等于以 $\boldsymbol{a}$、$\boldsymbol{b}$ 为邻边的平行四边形的面积,而四面体的体积等于三向量混合积的绝对值的 1/6.

解答 1. (1) 因为 $S_{\triangle P_1P_2P_3} = \dfrac{1}{2}|\overrightarrow{P_1P_2} \times \overrightarrow{P_1P_3}|$,而 $\overrightarrow{P_1P_2} = (1,2,-2)$,$\overrightarrow{P_1P_3} = (0,-5,2)$,因此

$$\overrightarrow{P_1P_2} \times \overrightarrow{P_1P_3} = \begin{vmatrix} \boldsymbol{i} & \boldsymbol{j} & \boldsymbol{k} \\ 1 & 2 & -2 \\ 0 & -5 & 2 \end{vmatrix} = -6\boldsymbol{i} - 2\boldsymbol{j} - 5\boldsymbol{k}$$

故三角形 $P_1P_2P_3$ 的面积为

$$S_{\triangle P_1P_2P_3} = \dfrac{1}{2}|-6\boldsymbol{i} - 2\boldsymbol{j} - 5\boldsymbol{k}| = \dfrac{\sqrt{65}}{2}$$

(2) 根据混合积的几何意义有 $V_{P_1P_2P_3P_4} = \frac{1}{6}|(\overrightarrow{P_1P_2} \times \overrightarrow{P_1P_3}) \cdot \overrightarrow{P_1P_4}|$，由于 $\overrightarrow{P_1P_4} = (3,-4,0)$，故

$$V_{P_1P_2P_3P_4} = \frac{1}{6}|(-6) \cdot 3 + (-2) \cdot (-4) + (-5) \cdot 0| = \frac{1}{6} \cdot 10 = \frac{5}{3}$$

2. $\overrightarrow{AB} \times \overrightarrow{AD} = (a-2b) \times (a-3b) = a \times a - a \times 3b - 2b \times a + 6b \times b$

$$= -3a \times b + 2a \times b = -a \times b$$

平行四边形的面积 $= |\overrightarrow{AB} \times \overrightarrow{AD}| = |-a \times b| = |a| \cdot |b| \cdot \sin\frac{\pi}{6} = \frac{15}{2}$

评注 掌握向量的向量积和混合积的几何意义及运算是解决问题的关键.

7.2.4 关于空间曲面与空间曲线

1. 利用动点运动轨迹建立方程

例 7.14 求与原点 O 及 $M_0(2,3,4)$ 的距离之比 $1:2$ 的点的全体所构成的曲面的方程.

分析 可设动点的坐标为 (x,y,z)，再根据空间两点间距离公式建立起等式关系，得到方程.

解答 设 $M(x,y,z)$ 是曲面上的任一点，根据题意，有

$$\frac{|OM|}{|M_0M|} = \frac{1}{2}, \quad \frac{\sqrt{x^2+y^2+z^2}}{\sqrt{(x-2)^2+(y-3)^2+(z-4)^2}} = \frac{1}{2}$$

所求方程为

$$\left(x+\frac{2}{3}\right)^2 + (y+1)^2 + \left(z+\frac{4}{3}\right)^2 = \frac{116}{9}$$

评注 通过引进动点的坐标，由空间点之间的几何关系，建立方程，来求得动点的运动轨迹.

2. 识别方程所表示的图形，建立曲面方程

例 7.15 指出下列方程所表示的曲面：

(1) $\frac{x^2}{4} + \frac{y^2}{9} + \frac{z^2}{9} = 1$；(2) $\frac{x^2}{4} + \frac{y^2}{9} - \frac{z^2}{9} = 1$；(3) $-\frac{x^2}{4} + \frac{y^2}{9} = z$；(4) $\frac{x^2}{4} + \frac{y^2}{9} = z$；

(5) $\frac{x^2}{4} + \frac{y^2}{9} = 1$；(6) $4x + 9y - 7z = 1$.

分析 上述诸多方程有很多相似的地方，如何辨别方程所代表的曲面？实际上是需要熟记一些基本的曲面方程的标准形式的.

解答 (1)旋转椭球面.(2)单叶双曲面.(3)双曲抛物面.(4)椭圆抛物面.(5)椭圆柱面.(6)平面.

评注 熟记一些基本的曲面方程的标准形式是本题的关键，对于二次曲面可以借助截痕法记住这些曲面的标准形状，对于特殊曲面(如柱面等)需记住其结构特点，方便对比以判断方程表示何种曲面.

例 7.16 写出下列曲线绕指定坐标轴旋转所得旋转曲面的方程.

(1) xOy 平面上的曲线 $C:\begin{cases} z=0 \\ y=\mathrm{e}^x \end{cases}$,分别绕 Ox 轴和 Oy 轴旋转一周.

(2) ① $\begin{cases} x^2+z^2=1, \\ y=0. \end{cases}$ 绕 Oz 轴;② $\begin{cases} z^2=5x, \\ y=0. \end{cases}$ 绕 Ox 轴;③ $\begin{cases} y^2-z^2=1, \\ x=0. \end{cases}$ 绕 Oy 轴.

分析 坐标面上的曲线绕坐标轴旋转一周所得曲面方程有其特殊的形式,如 xOy 平面上曲线 $\begin{cases} f(x,y)=0 \\ z=0 \end{cases}$ 绕 x 轴一周所得旋转曲面方程是将方程 $f(x,y)=0$ 中,(1)x 不变,(2)y 换成 $\pm\sqrt{y^2+z^2}$ 而获得的方程 $f(x,\pm\sqrt{y^2+z^2})=0$.

解答 (1) C 绕 Ox 轴旋转一周所得的旋转曲面的方程为

$$\pm\sqrt{y^2+z^2}=\mathrm{e}^x$$

即

$$y^2+z^2=\mathrm{e}^{2x}$$

C 绕 Oy 轴旋转一周所得的旋转曲面的方程为

$$y=\mathrm{e}^{\pm\sqrt{x^2+z^2}}$$

即

$$(\ln y)^2=x^2+z^2$$

(2) ① 由 $(\pm\sqrt{x^2+y^2})^2+z^2=1$,有 $x^2+y^2+z^2=1$(球面);

② 由 $(\pm\sqrt{y^2+z^2})^2=5x$,有 $y^2+z^2=5x$(旋转抛物面);

③ 由 $y^2-(\pm\sqrt{x^2+z^2})^2=1$,有 $y^2-x^2-z^2=1$(双叶双曲面).

评注 曲线 $\begin{cases} f(x,y)=0 \\ z=0 \end{cases}$ 绕 x 轴旋转所得旋转曲面方程为 $f(x,\pm\sqrt{y^2+z^2})=0$. 这是因为曲线上的点在旋转过程中有两个不变:①横坐标 x 不变;②到 x 轴的距离不变,所以只需将 y 换成 $\pm\sqrt{y^2+z^2}$. 根据这两个不变量,很容易求出坐标面上的曲线绕坐标轴旋转所得的旋转曲面方程. 这是一个普遍规律,遵循这种规律,可以写出旋转曲面方程.

例 7.17 求直线 $\dfrac{x-1}{1}=\dfrac{y-1}{1}=\dfrac{z}{2}$ 绕 z 轴旋转的旋转曲面方程.

分析 求空间曲线绕坐标轴旋转而得的旋转曲面方程,表面上看与例 7.16 中求坐标面上的曲线绕坐标轴旋转似乎不同,但其实质仍然是一样的,寻找那两个不变量.

解答 把 L 写成参数方程 $x=1+t,y=1+t,z=2t(-\infty<t<+\infty)$,固定一个 t,即得 L 上的一个点 $M(1+t,1+t,2t)$,点 M 到 z 轴的距离为 $d=\sqrt{x^2+y^2}=\sqrt{(1+t)^2+(1+t)^2}$,点 M 绕 z 轴旋转得一空间圆周 $\begin{cases} x^2+y^2=2(1+t)^2 \\ z=2t \end{cases}$,即点 M 的竖坐标 z 不变以及点 M 到 z 轴的距离不变. 因 t 在 $(-\infty<t<+\infty)$ 上变化,即知上式就是所求旋转曲面的参数方程 $\begin{cases} x^2+y^2=2(1+t)^2 \\ z=2t \end{cases}$ $(-\infty<t<+\infty)$,从这个参数方程中消去 t,即得它的一般方程:$x^2+y^2=2\left(1+\dfrac{z}{2}\right)^2$.

评注 空间曲线 $\begin{cases} x=x(t) \\ y=y(t) \\ z=z(t) \end{cases}$ 绕某一个坐标轴,如 z 轴旋转,其旋转曲面方程的求法,类

似于坐标面上曲线绕坐标轴旋转所得旋转曲面方程的求法. 这其中也有两个不变,即在旋转的过程中,曲线上任意一点满足:第一是纵坐标 z 不变;第二是到 z 轴的距离不变. 这样,所得的旋转曲面方程就不难求得.

例 7.18 分别求母线平行于 x 轴及 y 轴而且通过曲线 $\begin{cases} 2x^2 + y^2 + z^2 = 16 \\ x^2 - y^2 + z^2 = 0 \end{cases}$ 的柱面方程.

分析 题中所给曲线相当于所求柱面的准线,因此从中分别消去 x、y 所得的方程即为母线平行于 x 轴及 y 轴的柱面方程.

解答 从 $\begin{cases} 2x^2 + y^2 + z^2 = 16 \\ x^2 + y^2 + z^2 = 0 \end{cases}$ 消去 x 得母线平行于 x 轴的柱面方程

$$3y^2 - z^2 = 16$$

消去 y 得母线平行于 y 轴的柱面方程

$$3x^2 + 2z^2 = 16$$

评注 三元方程 $F(x,y,z) = 0$ 中缺少一个变量的方程均属于柱面方程,缺少哪个变量,就平行于哪个坐标轴. 如某方程 $F(y,z) = 0$ 就是一个母线平行于 x 轴的柱面方程. 这一点会帮助判断一个曲面方程是否表示柱面.

例 7.19 指出下列方程在平面解析几何中和在空间解析几何中分别表示什么图形.

(1) $x = 2$; (2) $y = x + 1$; (3) $y = x^2$; (4) $x^2 - y^2 = 1$.

分析 平面解析几何中方程 $F(x,y) = 0$ 表示曲线,空间解析几何中方程 $F(x,y) = 0$ 表示曲面.

解答 (1)方程 $x = 2$ 在平面解析几何中表示垂直于 x 轴的直线,在空间解析几何中表示平行于 yOz 坐标面的平面.

(2) 方程 $y = x + 1$ 在平面解析几何中表示直线,在空间解析几何中表示平面.

(3) 方程 $y = x^2$ 在平面解析几何中表示抛物线,在空间解析几何中表示以 xOy 坐标面上的抛物线 $y = x^2$ 为准线,母线平行于 z 轴的抛物柱面.

(4) 方程 $x^2 - y^2 = 1$ 在平面解析几何中表示双曲线,在空间解析几何中表示以 xOy 平面上的双曲线 $x^2 - y^2 = 1$ 为准线,母线平行于 z 轴的双曲柱面.

评注 同一方程在平面解析几何和空间解析几何中代表的图形不同需要深刻领会,避免出错.

3. 求空间曲线关于某坐标面的投影柱面及其在某坐标面上的投影

例 7.20 求曲线 $C:\begin{cases} x^2 + y^2 + z^2 = 1 \\ x^2 + (y-1)^2 + (z-1)^2 = 1 \end{cases}$ 在三个坐标面上的投影曲线的方程.

分析 求空间曲线在坐标面上的投影曲线方程,一般是通过以下两步来完成的:①求空间曲线在坐标面上的投影柱面方程;②求投影柱面与坐标面的交线. 而求空间曲线关于坐标面的投影柱面方程,例如,曲线 $\begin{cases} F(x,y,z) = 0 \\ G(x,y,z) = 0 \end{cases}$ 关于 xOy 坐标面的投影柱面方程是

从 $\begin{cases} F(x,y,z) = 0 \\ G(x,y,z) = 0 \end{cases}$ 中消去 z 后所得的方程 $H(x,y) = 0$. 因此,在 xOy 坐标面上的投影曲线

方程就是 $\begin{cases} H(x,y)=0 \\ z=0 \end{cases}$.

解答 从方程 $\begin{cases} x^2+y^2+z^2=1; \\ x^2+(y-1)^2+(z-1)^2=1 \end{cases}$ 中消去 x，得曲线 C 关于 yOz 面的投影柱面为

$$y+z-1=0$$

将它与 $x=0$ 联立，得曲线 C 在 yOz 面上的投影曲线的方程为

$$C_{xy}: \begin{cases} y+z-1=0 \\ x=0 \end{cases}$$

曲线方程可改写成为 $\begin{cases} x^2+y^2+z^2=1 \\ y+z-1=0 \end{cases}$，从中消去 z，得曲线 C 关于 xOy 面的投影柱

面为

$$x^2+y^2+(1-y)^2=1$$

即

$$x^2+2y^2-2y=0$$

故曲线 C 在 xOy 面上的投影曲线的方程为

$$C_{yz}: \begin{cases} x^2+2y^2-2y=0 \\ z=0 \end{cases}$$

消去 y，得曲线 C 关于 xOz 面的投影柱面为

$$x^2+(1-z)^2+z^2=1$$

即

$$x^2+2z^2-2z=0$$

故曲线 C 在 xOz 面上的投影曲线的方程为

$$C_{xz}: \begin{cases} x^2+2z^2-2z=0 \\ y=0. \end{cases}$$

评注 本题关注投影柱面与投影曲线的关系，注意它们的区别和联系.

例 7.21 试把曲线 $C: \begin{cases} 2x^2+z^2+4y=4z \\ x^2+3z^2-8y=12z \end{cases}$ 的方程用母线平行于 y 轴和 z 轴的两个投

影柱面的方程来表示.

分析 空间曲线定义为两个曲面的交线. 因此同一条空间曲线确实可以用不同的曲面相交得到. 本题就是用两种不同方法来表示同一条曲线.

解答 从曲线 $C: \begin{cases} 2x^2+z^2+4y=4z \\ x^2+3z^2-8y=12z \end{cases}$ 中消去 y，得母线平行于 y 轴的投影柱面方程 $x^2+z^2=4z$，同理，消去 z，得母线平行于 z 轴的投影柱面方程 $x^2+4y=0$；因此，曲线 C 的方程又可表示为

$$\begin{cases} x^2+z^2=4z \\ x^2+4y=0 \end{cases}$$

评注 所求曲线中前一个投影柱面是一个准线为 xOy 坐标面上的抛物线 $x^2+(z-2)^2=4$，母线平行于 y 轴的圆柱面，而后一个投影柱面是一个准线为 xOy 坐标面上的抛物线 $x^2=-4y$，母线平行于 z 轴的抛物柱面，曲线可以看成是这两个柱面的交线，它的形状如图 7.2 所示.

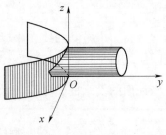

图 7.2

186

从这里可以看到,利用空间曲线的投影柱面来表达空间曲线,对认识空间曲线的形状是有利的.

4. 求曲面围成的空间立体在坐标面上的投影区域

例 7.22 （1）设一个立体由上半球面 $z = \sqrt{4 - x^2 - y^2}$ 和锥面 $z = \sqrt{3(x^2 + y^2)}$ 所围成,如图 7.3 所示,求它在 xOy 面上的投影.

（2）求锥面 $z = \sqrt{x^2 + y^2}$ 与柱面 $z = \sqrt{1 - x^2}$ 所围立体三个坐标面上的投影区域.

分析 由两曲面围成的立体在坐标面上的投影,可以通过两曲面的交线在坐标面的投影曲线得到.

解答 （1）半球面与锥面交线为 $C:\begin{cases} z = \sqrt{4 - x^2 - y^2} \\ z = \sqrt{3(x^2 + y^2)} \end{cases}$

消去 z 并将等式两边平方整理得投影曲线为

$$\begin{cases} x^2 + y^2 = 1 \\ z = 0 \end{cases}$$

即 xOy 平面上的以原点为圆心、1 为半径的圆. 立体在 xOy 平面上的投影为圆所围成的部分,即

$$x^2 + y^2 \leqslant 1$$

（2）锥面 $z = \sqrt{x^2 + y^2}$ 与柱面 $z = \sqrt{1 - x^2}$ 所围立体如图 7.4 所示.

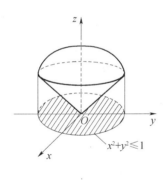

图 7.3

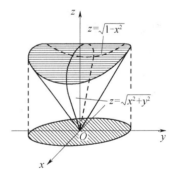

图 7.4

立体在 xOy 面的投影就是两个曲面的交线 $\begin{cases} z = \sqrt{x^2 + y^2} \\ z = \sqrt{1 - x^2} \end{cases}$ 在 xOy 面上的投影 $\begin{cases} 2x^2 + y^2 = 1 \\ z = 0 \end{cases}$ 所围区域,故所围立体在 xOy 面上的投影区域为 $2x^2 + y^2 \leqslant 1$,如图 7.4 所示.

对 zOx 面而言,所围立体由母线垂直于 zOx 面的柱面 $z = \sqrt{1 - x^2}$ 与两个锥面 $y = \pm\sqrt{z^2 - x^2}$ ($z \geqslant 0$) 围成,两个锥面的交线在 xoz 面上的投影为 $\begin{cases} z^2 - x^2 = 0 \\ y = 0 \end{cases}$ ($z \geqslant 0$),即 $\begin{cases} z = x \\ y = 0 \end{cases}$

($z \geqslant 0$) 和 $\begin{cases} z = -x \\ y = 0 \end{cases}$ ($z \geqslant 0$),而柱面与两个锥面的交线在 zOx 面上的投影就是 $\begin{cases} z = \sqrt{1 - x^2} \\ y = 0 \end{cases}$

故所围立体在 zOx 面上的投影区域就是 $\begin{cases} z \leqslant \sqrt{1-x^2} \\ z \geqslant |x| \end{cases} \left(|x| \leqslant \dfrac{\sqrt{2}}{2} \right)$,如图 7.5 所示.

对 yOz 面而言,所围立体由四个曲面 $x = \pm \sqrt{z^2 - y^2}\,(z \geqslant 0)$ 与 $x = \pm \sqrt{1 - z^2}\,(z \geqslant 0)$ 所围成,其交线在 yOz 面上的投影为 yOz 面上的曲线 $z = \pm y, z = 1$ 及 $2z^2 - y^2 = 1\,(z > 0)$,如图 7.6 所示,其投影区域由两部分组成:$D_1 : \dfrac{1}{\sqrt{2}}\sqrt{1+y^2} \leqslant z \leqslant 1$ 及 $D_2 : |y| \leqslant z \leqslant \dfrac{1}{\sqrt{2}}\sqrt{1+y^2}$.

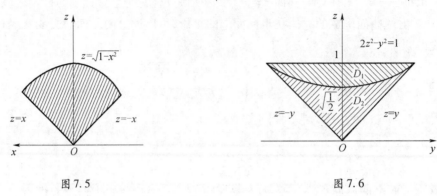

图 7.5　　　　　　　　　　　图 7.6

评注　求立体向某坐标面的投影时,把立体看作由某些对该坐标面而言的简单曲面(单值函数对应的曲面)以及母线垂直于该坐标面的柱面所围成,所以,只要求出这些简单曲面的边界曲线(这些曲面的交线)在该坐标面上投影,即可得出立体的投影区域.当然,如能先作出立体图,则更有利于求投影区域.

5. 画立体图

例 7.23　画出下列各曲面所围立体的图形:

(1) 由 $z = xy, x + y = 1, z = 0$ 所围成.

(2) 由 $z = x^2 + y^2, z = \sqrt{5 - x^2 - y^2}$ 所围成.

(3) 由 $z = 6 - x^2 - y^2, z = \sqrt{x^2 + y^2}$ 所围成.

(4) 由 $x = 0, y = 0, z = 0, x = 2, y = 1, 3x + 4y + 2z - 12 = 0$ 所围成.

(5) 由 $z = x^2 + 2y^2, z = 2 - x^2$ 所围成.

(6) 由 $z = x^2 + 2y^2, z = 6 - 2x^2 - y^2$ 所围成.

分析　要画出由曲面围成的立体图,首先要对组成它的曲面表示的图形有所了解,否则无法正确画出立体图.

解答　(1)图 7.7 ;(2)图 7.8 ;(3)图 7.9 ;(4)图 7.10 ;(5)图 7.11; (6)图 7.12.

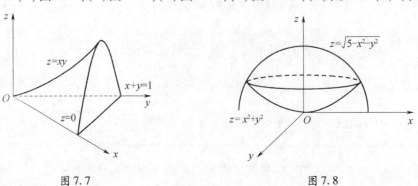

图 7.7　　　　　　　　　　　图 7.8

188

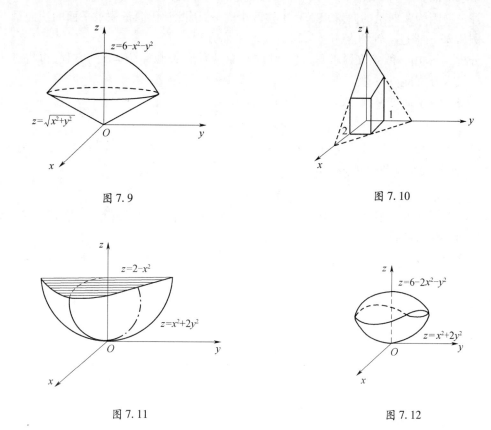

图 7.9

图 7.10

图 7.11

图 7.12

评注 正确画出立体图形对三重积分和曲面积分的计算起到辅助作用.

7.2.5 求平面方程

求平面方程通常用平面的点法式和一般式方程,平面点法式方程的关键是求出平面上一点的坐标 (x_0, y_0, z_0) 和平面的法向量 $\boldsymbol{n} = (A, B, C)$,可得平面的点法式方程

$$A(x - x_0) + B(y - y_0) + C(z - z_0) = 0$$

在平面的一般式方程 $Ax + By + Cz + D = 0$ 中,A、B、C 不全为零,$\boldsymbol{n} = (A, B, C)$ 就是平面的法向量,如果常数项 $D = 0$,这时平面过原点,又若缺某一个变量,则平面一定通过该变量所对应的坐标轴;若缺两个变量,则平面一定是这两个变量所对应的坐标面. 我们需要根据已知条件确定 A、B、C、D 的值或它们之间的关系.

例 7.24 求经过原点及点 $M_0(6, -3, 2)$,且与平面 $4x - y + 2z = 8$ 垂直的平面方程.

分析 用点法式,只需求出法向量 $\boldsymbol{n}$. 借助两平面垂直的充分必要条件(两平面的法线向量垂直),可以找出法向量 $\boldsymbol{n}$.

解答 题设平面的法向量 $\boldsymbol{n}_1 = (4, -1, 2) \perp \boldsymbol{n}$,又 $\overrightarrow{OM_0} = (6, -3, 2) \perp \boldsymbol{n}$,所以

$$\boldsymbol{n} = \boldsymbol{n}_1 \times \overrightarrow{OM_0} = \begin{vmatrix} \boldsymbol{i} & \boldsymbol{j} & \boldsymbol{k} \\ 4 & -1 & 2 \\ 6 & -3 & 2 \end{vmatrix} = 2(2, 2, -3)$$

189

所求平面方程为 $2(x-0)+2(y-0)-3(z-0)=0$，即 $2x+2y-3z=0$.

评注 因为两向量的向量积垂直于这两个向量，因此常用向量积求平面的法向量.

例7.25 求过 y 轴和点 $M_0(3,2,-1)$ 的平面方程.

分析 采用一般式方程求解，过 y 轴的平面具有形如 $Ax+Cz=0$ 的方程，再将点 M_0 的坐标代入方程即可.

解答 因平面过 y 轴，故设所求平面方程为

$$Ax+Cz=0$$

将点 $M_0(3,2,-1)$ 代入上式，有 $3A-C=0$，$C=3A$. 代入方程 $Ax+Cz=0$ 并消去 A（此时 $A\neq0$），得所求平面的方程为

$$x+3z=0$$

评注 平面的一般式方程中的 A、B、C、D 部分为零时，平面呈现特殊性，这种特殊性在求解问题中可简化计算.

例7.26 求与原点距离为 6，且在坐标轴上的截距之比为 $a:b:c=1:3:2$ 的平面方程.

分析 可利用平面的截距式方程 $\dfrac{x}{a}+\dfrac{y}{b}+\dfrac{z}{c}=1$，再结合点到平面的距离公式求解.

解答 根据题意，可设所求平面的截距式方程为

$$\frac{x}{k}+\frac{y}{3k}+\frac{z}{2k}=1$$

即
$$6x+2y+3z-6k=0$$

由点到平面的距离公式，有

$$\frac{|6\times0+2\times0+3\times0-6k|}{\sqrt{6^2+2^2+3^2}}=6$$

解得
$$k=\pm7$$

故所求平面的方程为 $6x+2y+3z+42=0$ 或 $6x+2y+3z-42=0$.

评注 此处利用平面的截距式方程较为方便.

例7.27 求通过直线 $L:\begin{cases}2x+y-2z+1=0\\x+2y-z-2=0\end{cases}$，且与平面 $\pi_1:x+y+z-1=0$ 垂直的平面 π 的方程.

分析 由于所求平面 π 是过已知直线 L 的平面束中的一个平面，故可先写出此平面束方程，再利用其他条件来确定平面束方程中的参数，即可得所求平面方程.

解答 过直线 L 的平面束方程为

$$\lambda(2x+y-2z+1)+\mu(x+2y-z-2)=0$$

即
$$(2\lambda+\mu)x+(\lambda+2\mu)y+(-2\lambda-\mu)z+(\lambda-2\mu)=0$$

由于平面 π 垂直于平面 π_1，因此平面 π 的法向量 n 垂直于平面 π_1 的法向量 $n_1=(1,1,1)$，于是 $n\cdot n_1=0$，即

$$1\cdot(2\lambda+\mu)+1\cdot(\lambda+2\mu)+1\cdot(-2\lambda-\mu)=0$$

$$\lambda+2\mu=0$$

因此
$$\lambda:\mu=2:(-1)$$

所求平面方程为
$$2(2x + y - 2z + 1) - (x + 2y - z - 2) = 0$$
即
$$3x - 3z + 4 = 0$$

评注 本题也可利用平面的点法式方程求解,但在找点和法向量时相对繁琐,故采用平面束方法解决. 另外也可以将通过直线 $L: \begin{cases} \pi_1 : A_1x + B_1y + C_1z + D_1 = 0 \\ \pi_2 : A_2x + B_2y + C_2z + D_2 = 0 \end{cases}$ 的平面束方程设为

$$A_1x + B_1y + C_1z + D_1 + \lambda(A_2x + B_2y + C_2z + D_2) = 0$$

该方程包含了通过直线 L 的除 π_2 以外的所有平面,实际计算时,常使用 $\pi(\lambda)$ 表达通过直线的平面束,这样计算较简便,但需要补充讨论 π_2 是不是所求的平面.

例 7.28 已知两条直线方程是 $l_1: \dfrac{x-1}{1} = \dfrac{y-2}{0} = \dfrac{z-3}{-1}$, $l_2: \dfrac{x+2}{2} = \dfrac{y-1}{1} = \dfrac{z}{1}$,求过 l_1 且与 l_2 平行的平面方程.

分析 本题有两种常用的基本方法:①利用所求平面方程的法线向量与已知的两条直线的方向向量的关系,求得法向量,再由点法式写出平面方程;②利用平面束方程求.

解答 〈方法一〉 根据题意,所求平面过直线 l_1 上的点 $(1,2,3)$,其法线向量 $\boldsymbol{n}$ 与已知直线 l_1 与 l_2 的方向向量都垂直,从而可取

$$\boldsymbol{n} = \begin{vmatrix} \boldsymbol{i} & \boldsymbol{j} & \boldsymbol{k} \\ 1 & 0 & -1 \\ 2 & 1 & 1 \end{vmatrix} = \boldsymbol{i} - 3\boldsymbol{j} + \boldsymbol{k}$$

于是所求平面方程为 $(x-1) - 3(y-2) + (z-3) = 0$,即

$$x - 3y + z + 2 = 0$$

〈方法二〉 将 l_1 的方程写成一般式,得 $\begin{cases} x + z - 4 = 0 \\ y - 2 = 0 \end{cases}$,过 l_1 的平面束方程为

$$x + z - 4 + \lambda(y - 2) = 0$$

其法向量为 $\{1, \lambda, 1\}$,由已知,该法向量垂直于 l_2 的方向向量,从而 $2 + \lambda + 1 = 0$,所以 $\lambda = -3$,故所求平面方程为

$$x + z - 4 - 3(y - 2) = 0$$
即
$$x - 3y + z + 2 = 0$$
易知 $y - 2 = 0$ 与 l_2 不平行,所以平面 $y - 2 = 0$ 并非所求平面.

评注 两种方法各有优势,通常当直线由一般式给出时常用平面束的方法.

7.2.6 求空间直线方程

例 7.29 写出直线 $\begin{cases} x + y + z + 1 = 0 \\ 2x - y + 3z + 4 = 0 \end{cases}$ 的对称式方程和参数式方程.

分析 只要找到直线上的点和直线的方向向量即可. 方向向量可以取两相交平面的法向量的向量积.

解答 先找出直线上的一点 $M_0(x_0, y_0, z_0)$. 可令 $z = 0$,代入方程组,得

$$\begin{cases} x + y + 1 = 0 \\ 2x - y + 4 = 0 \end{cases}$$

解得 $x = -\dfrac{5}{3}, y = \dfrac{2}{3}$. 所以,点 $M_0\left(-\dfrac{5}{3}, \dfrac{2}{3}, 0\right)$ 在直线上.

再找直线的方向向量 s. 由于平面 $\pi_1 : x + y + z + 1 = 0$ 的法向量 $n_1 = (1, 1, 1)$,平面 $\pi_2 : 2x - y + 3z + 4 = 0$ 的法向量 $n_2 = (2, -1, 3)$,都垂直于 s,所以,可取

$$s = n_1 \times n_2 = 4i - j - 3k$$

于是,得直线的对称式方程

$$\frac{x + \dfrac{5}{3}}{4} = \frac{y - \dfrac{2}{3}}{-1} = \frac{z}{-3}$$

参数式方程为

$$\begin{cases} x = 4t - \dfrac{5}{3} \\ y = -t + \dfrac{2}{3} \\ z = -3t \end{cases}$$

评注 直线的对称式方程是直线方程的常用的表示形式,它清晰地告诉我们直线上的一个点和它的方向向量,在求解问题时很方便.

例 7.30 求过点 $M_0(1, 0, -2)$ 且与平面 $\pi : 3x + 4y - z + 6 = 0$ 平行,又与直线 $l_1 : \dfrac{x-3}{1} = \dfrac{y+2}{4} = \dfrac{z}{1}$ 垂直的直线 l 的方程.

分析 根据直线与平面平行以及直线与直线垂直的充分必要条件可知,所求直线的方向向量既与已知平面的法向量垂直又与已知直线的方向向量垂直,故采用直线的对称式方程求解本题较好.

解答 $s_1 \times n = \begin{vmatrix} i & j & k \\ 1 & 4 & 1 \\ 3 & 4 & -1 \end{vmatrix} = (-8, 4, -8)$,取 $s = (2, -1, 2)$. 又直线 l 过点 $M_0(1, 0, -2)$,故所求直线方程为 $l : \dfrac{x-1}{2} = \dfrac{y}{-1} = \dfrac{z+2}{2}$.

评注 直线 L 的方向向量 s 是求解直线 L 的对称式方程的关键,经常需要通过题设的有关条件,借助于 $s = a \times b$ 求得. 例如,直线 L 平行于 L_1 时取 $s = s_1$;直线 L 平行于平面 π_1 和平面 π_2 时,取 $s = n_1 \times n_2$;直线 L 平行于平面 π_1,且垂直于时直线 L_1 时,取 $s = n_1 \times s_1$,等等.

例 7.31 求直线 $l : \dfrac{x-1}{1} = \dfrac{y}{1} = \dfrac{z-1}{-1}$ 在平面 $\pi : x - y + 2z - 1 = 0$ 上的投影直线 l_0 的方程,并求 l_0 绕 y 轴旋转一周所成曲面的方程.

分析 过直线 l 作一垂直于 π 的平面 π_1,其与 π 的交线即为所求直线 l_0 的方程,再

将其表示为 y 的参数方程,然后求旋转曲面的方程即可. 而求平面 π_1 的方程,可用点法式或平面束方法.

解答 过直线 l 作一垂直于 π 的平面 π_1,其法向量既垂直于 l 方向向量 $s = (1,1,-1)$,又垂直于 π 的法向量 $n = (1,-1,2)$,可用向量积求得

$$n_1 = s \times n = \begin{vmatrix} i & j & k \\ 1 & 1 & -1 \\ 1 & -1 & 2 \end{vmatrix} = i - 3j - 2k$$

又 $(1,0,1)$ 为直线 l 上的点,所以该点也在平面 π_1 上,由点法式得 π_1 的方程为 $(x-1) - 3y - 2(z-1) = 0$,即 $x - 3y - 2z + 1 = 0$.

从而 l_0 的方程为

$$l_0 : \begin{cases} x - y + 2z - 1 = 0 \\ x - 3y - 2z + 1 = 0 \end{cases}$$

将 l_0 写成参数 y 的方程,即 $\begin{cases} x = 2y, \\ z = -\dfrac{1}{2}(y-1). \end{cases}$

于是直线绕 y 轴旋转所得曲面方程为

$$x^2 + z^2 = (2y)^2 + \left[-\frac{1}{2}(y-1) \right]^2$$

即

$$4x^2 - 17y^2 + 4z^2 + 2y - 1 = 0$$

评注 求通过一已知平面且满足某条件的直线方程时,通常用直线的一般式方程.

例 7.32 经过点 $A(-1,0,4)$,且与直线 $l_1 : \dfrac{x}{1} = \dfrac{y}{2} = \dfrac{z}{3}$,$l_2 : \dfrac{x-1}{2} = \dfrac{y-2}{1} = \dfrac{z-3}{4}$ 都相交的直线方程.

分析 利用直线的一般式方程,过点 A 与直线 l_1 做一平面 π_1,过点 A 与直线 l_2 另作一平面 π_2,则点 A 一定在平面 π_1 和 π_2 的交线上,该交线即为所求.

解答 经过点 A 与直线 l_1 的平面方程为

$$\begin{vmatrix} x+1 & y & z-4 \\ 1 & 0 & -4 \\ 1 & 2 & 3 \end{vmatrix} = 0$$

即

$$8x - 7y + 2z = 0$$

经过点 A 与直线 l_2 的平面方程为

$$\begin{vmatrix} x+1 & y & z-4 \\ 2 & 2 & -1 \\ 2 & 1 & 4 \end{vmatrix} = 0$$

即

$$9x - 10y - 2z + 17 = 0$$

所以所求直线方程为

$$\begin{cases} 8x - 7y + 2z = 0 \\ 9x - 10y - 2z + 17 = 0 \end{cases}$$

评注 经过点 $A(x_1,y_1,z_1)$ 和直线 $l: \dfrac{x-x_0}{m} = \dfrac{y-y_0}{n} = \dfrac{z-z_0}{p}$ 的平面方程为

$A(x-x_1) + B(y-y_1) + C(z-z_1) = 0$，其中 A、B、C 通过向量积 $\begin{vmatrix} i & j & k \\ x_1-x_0 & y_1-y_0 & z_1-z_0 \\ m & n & p \end{vmatrix}$ 求得，

综合可得平面方程为

$$\begin{vmatrix} x-x_0 & y-y_0 & z-z_0 \\ x_1-x_0 & y_1-y_0 & z_1-z_0 \\ m & n & p \end{vmatrix} = 0$$

例 7.33 设有一条入射光线的途径为直线 $\dfrac{x-1}{4} = \dfrac{y-1}{3} = \dfrac{z-2}{1}$，求该光线在平面 $x + 2y + 5z + 6 = 0$ 上的反射线方程.

分析 利用直线的对称式方程求解. 寻找反射线所通过的点及其方向向量.

解答 将已知直线写成参数式 $x = 1 + 4t, y = 1 + 3t, z = 2 + t$ 代入已给平面，求得交点

$P\left(-\dfrac{61}{15}, -\dfrac{42}{15}, \dfrac{11}{15}\right)$，过 P 垂直已知平面的直线方程 $\dfrac{x+\frac{61}{15}}{1} = \dfrac{y+\frac{42}{15}}{2} = \dfrac{z-\frac{11}{15}}{5}$，此直线和入射

线构成的平面的法向量 $\boldsymbol{n} = (4,3,1) \times (1,2,5) = (13,-19,5)$. 由入射角等于反射角

$\dfrac{|4 \times 1 + 3 \times 2 + 1 \times 5|}{\sqrt{16+9+1} \cdot \sqrt{1+4+25}} = \dfrac{|m+2n+5p|}{\sqrt{1+4+25} \cdot \sqrt{m^2+n^2+p^2}}$，其中

$\boldsymbol{s} = (m,n,p)$ 为反射线方向向量，由

$$\begin{cases} 13m - 19n + 5p = 0 \\ 26(m+2n+5p)^2 = 225(m^2+n^2+p^2) \end{cases}$$

解得 $\begin{cases} m = 3n \\ p = -4n \end{cases}$，故所求反射线方程为

$$\dfrac{x+\frac{61}{15}}{3} = \dfrac{y+\frac{42}{15}}{1} = \dfrac{z-\frac{11}{15}}{-4}$$

评注 （1）本题中容易被忽视的条件是入射光线、反射线与过交点垂直于平面的直线在一个平面内，三条直线的方向向量的混合积为零.（2）本题也可通过求入射光线上的一点关于平面的对称点，用该点连接入射光线和平面的交点求得反射线方程.

例 7.34 求直线 $l_1: \dfrac{x-9}{4} = \dfrac{y+2}{-3} = \dfrac{z}{1}$ 与直线 $l_2: \dfrac{x}{-2} = \dfrac{y+7}{9} = \dfrac{z-7}{2}$ 的公垂线方程.

分析 利用直线的一般式方程求解. 直线 l_1 和直线 l_2 为异面直线，其公垂线的方向向量取 $\boldsymbol{s}_1 \times \boldsymbol{s}_2$，那么 l_1 与公垂线所确定平面 π_1 及 l_2 与公垂线所确定平面 π_2 的交线就是公垂线.

解答 公垂线的方向向量可取

$$\boldsymbol{s} = \boldsymbol{s}_1 \times \boldsymbol{s}_2 = \begin{vmatrix} i & j & k \\ 4 & -3 & 1 \\ -2 & 9 & 2 \end{vmatrix} = (-15,-10,30)$$

l_1 与公垂线所确定平面 π_1 的法向量为

$$n_1 = s_1 \times s = \begin{vmatrix} i & j & k \\ 4 & -3 & 1 \\ -15 & -10 & 30 \end{vmatrix} = 5(-16, -27, -17)$$

点 $(9, -2, 0)$ 在平面 π_1 上, 故 π_1 的方程为

$$-16(x-9) - 27(y+2) - 17(z-0) = 0$$

即

$$16x + 27y + 17z - 90 = 0$$

同理, l_2 与公垂线所确定平面 π_2 的法向量为

$$n_2 = s_2 \times s = \begin{vmatrix} i & j & k \\ -2 & 9 & 2 \\ -15 & -10 & 30 \end{vmatrix} = 5(58, 6, 31)$$

点 $(0, -7, 7)$ 在平面 π_2 上, 故 π_2 的方程为

$$58(x-0) + 6(y+7) + 31(z-7) = 0$$

即

$$58x + 6y + 31z - 175 = 0$$

π_1 与 π_2 的交线即为 l_1 与 l_2 的公垂线, 故公垂线的方程为

$$\begin{cases} 16x + 27y + 17z - 90 = 0 \\ 58x + 6y + 31z - 175 = 0 \end{cases}$$

评注 利用两相交平面方程来表示直线是常见的表达形式, 在本题目得到体现.

7.2.7 点、直线、平面之间的关系

例 7.35 求点 $P(4, 3, 10)$ 关于直线 $L: \dfrac{x-1}{2} = \dfrac{y-2}{4} = \dfrac{z-3}{5}$ 的对称点, 关于平面 $\pi: 3x + y + 7z - 26 = 0$ 的对称点.

分析 点 P 与所求的关于直线或平面的对称点的连线垂直于直线或平面, 且与直线或平面的交点是线段的中点, 求出交点坐标相应地求出对称点的坐标.

解答 设 M 为点 P 关于直线 L 的对称点, 则 M 在过点 P 且与 L 垂直的平面 π_1 上, 平面 π_1 与 L 的交点 M_0 是点 P 与 M 连线的中点, 求出 M_0 即可求出 M.

平面 π_1 的方程为

$$2(x-4) + 4(y-3) + 5(z-10) = 0$$

即

$$2x + 4y + 5z - 70 = 0$$

将直线 L 写成参数式 $x = 2t+1, y = 4t+2, z = 5t+3$, 代入上述平面方程, 得 $t = 1$. 从而得交点 $M_0(3, 6, 8)$, 设 M 的坐标为 (x, y, z), 则由中点坐标公式, 得

$$(3, 6, 8) = \frac{1}{2}(x+4, y+3, z+10)$$

故 $(x, y, z) = (2, 9, 6)$, 即得点 $M(2, 9, 6)$.

设 Q 为点 P 关于平面 π 的对称点, 则 Q 在过点 P 且与平面 π 垂直的直线 L_1 上, L_1 与 π 的交点, 即为点 Q 与 P 连线的中点.

L_1 的方程为

$$\frac{x-4}{3} = \frac{y-3}{1} = \frac{z-10}{7}$$

将 $x=3t+4, y=t+3, z=7t+10$ 代入平面 π 的方程,得 $t=-1$,即中点为 $(1,2,3)$,所以点 Q 为 $(-2,1,-4)$.

评注 点 $(1,2,3)$ 即为点 $P(4,3,10)$ 在平面 $\pi: 3x+y+7z-26=0$ 上的投影点.

例 7.36 设有直线 $L: \begin{cases} x+3y+2z+1=0 \\ 2x-y-10z+3=0 \end{cases}$ 及平面 $\pi: 4x-2y+z-2=0$,则直线 $L(\quad)$.

      A. 平行于 π B. 在 π 上   C. 垂直于 π D. 与 π 斜交

分析 考察平面 π 的法向量 $\boldsymbol{n}$ 与直线 L 的方向向量 $\boldsymbol{s}$ 的位置关系.

解答 直线 L 的方向向量

$$\boldsymbol{s} = \boldsymbol{n}_1 \times \boldsymbol{n}_2 = \begin{vmatrix} \boldsymbol{i} & \boldsymbol{j} & \boldsymbol{k} \\ 1 & 3 & 2 \\ 2 & -1 & -10 \end{vmatrix} = -7(4,-2,1)$$

又

$$\boldsymbol{n} = (4,-2,1)$$

可见, $\boldsymbol{s} // \boldsymbol{n} \Rightarrow L \perp \pi$,应选 C.

评注 直线与平面平行(或垂直)的判定是由其方向向量 $\boldsymbol{s}$ 和法向量 $\boldsymbol{n}$ 的关系判断,直线与平面平行的充分必要条件是 $\boldsymbol{s} \perp \boldsymbol{n}$,直线与平面垂直的充分必要条件是 $\boldsymbol{s} // \boldsymbol{n}$,这一点不同于直线与直线,平面与平面关系的判断,要特殊记忆.

例 7.37 要使直线 $\frac{x-a}{3} = \frac{y}{-2} = \frac{z+1}{a}$ 在平面 $3x+4y-az=3a-1$ 内,则 a 取何值?

分析 利用直线与平面的位置关系判定.

解答 要使直线在平面内,应满足条件:直线上的点 $P_0(a,0,-1)$ 在平面上,直线的方向向量与平面的法向量垂直.

即

$$\begin{cases} 3 \times a + 4 \times 0 - a \times (-1) = 3a-1 \\ 3 \times 3 + (-2) \times 4 + a \times (-a) = 0 \end{cases}$$

解得

$$a = -1$$

评注 直线在平面内除了满足 $\boldsymbol{s} \perp \boldsymbol{n}$ 外,还要求直线上的点的坐标满足平面方程.

例 7.38 直线 $L_1: \frac{x+2}{2} = \frac{y}{-3} = \frac{z-1}{4}$ 与 $L_2: \frac{x-3}{\lambda} = \frac{y-1}{4} = \frac{z-7}{2}$ 相交于一点,求 λ.

分析 利用三向量共面求得 λ.

解答 在 L_1 上取一点 $M_1(-2,0,1)$,在 L_2 上取一点 $M_2(3,1,7)$,则 L_1 与 L_2 相交于一点的充要条件是 $\overrightarrow{M_1M_2}$、$\boldsymbol{s}_1$、$\boldsymbol{s}_2$ 共面,且 $\boldsymbol{s}_1$ 不平行于 $\boldsymbol{s}_2$.

即有

$$(\overrightarrow{M_1M_2} \times \boldsymbol{s}_1) \cdot \boldsymbol{s}_2 = \begin{vmatrix} 3+2 & 1-0 & 7-1 \\ 2 & -3 & 4 \\ \lambda & 4 & 2 \end{vmatrix} = 0$$

解得

$$\lambda = 3$$

评注 三向量共面的充分必要条件是混合积为零.

7.2.8 关于距离

本章涉及的距离有空间两点之间的距离,点到平面的距离,点到直线的距离,直线与直线的距离.

例7.39 求原点$(0,0,0)$到平面$\Pi:\dfrac{x}{a}+\dfrac{y}{b}+\dfrac{z}{c}=1$的距离及平面被三坐标平面所截得的三角形的面积.

分析 因这个被截的空间的三角形的边长无法知道,故这里借助于四棱锥体的体积来求,这个体积有两种计算方法,其中之一就是所求三角形的面积乘高,而这个高就是原点到平面的距离;另一个是以坐标面上的三角形的底面积乘高,而高为在坐标轴上的截距.

解答 由点到平面的距离公式可得,原点到平面$\Pi:\dfrac{x}{a}+\dfrac{y}{b}+\dfrac{z}{c}=1$的距离为

$$d=\left.\frac{\left|\dfrac{x}{a}+\dfrac{y}{b}+\dfrac{z}{c}-1\right|}{\sqrt{\left(\dfrac{1}{a}\right)^2+\left(\dfrac{1}{b}\right)^2+\left(\dfrac{1}{c}\right)^2}}\right|_{x=0,y=0,z=0}=\frac{1}{\sqrt{\left(\dfrac{1}{a}\right)^2+\left(\dfrac{1}{b}\right)^2+\left(\dfrac{1}{c}\right)^2}}$$

设平面Π交三个坐标轴于三点$A(a,0,0),B(0,b,0),C(0,0,c)$及平面$\Pi$被三坐标平面所截得的三角形的面积为$S$,则

$$\frac{1}{3}S\cdot d=\text{以}\triangle ABC\text{为底的四棱锥体的体积}=\frac{1}{3}|c|\cdot\frac{1}{2}|a||b|=\frac{1}{6}|abc|$$

从而 $\quad S=\dfrac{1}{2}\cdot\dfrac{|abc|}{|d|}=\dfrac{|abc|}{2}\sqrt{\left(\dfrac{1}{a}\right)^2+\left(\dfrac{1}{b}\right)^2+\left(\dfrac{1}{c}\right)^2}=\dfrac{1}{2}\sqrt{b^2c^2+a^2c^2+b^2a^2}$

评注 四棱锥体体积的计算在这里起到桥梁的作用.

例7.40 求点$P(-1,6,3)$到直线$L:\dfrac{x}{1}=\dfrac{y-4}{-3}=\dfrac{z-3}{-2}$的距离$d$.

分析 可以用两种方法解答本题,一种是求出L上的垂足之后,利用两点间距离的公式;另一种是直接利用点到直线的距离公式.

解答 〈方法一〉 过点$P(-1,6,3)$作平面π,使$\pi\perp L$,则平面π的方程为

$$(x+1)-3(y-6)-2(z-3)=0$$

即 $\qquad\qquad\qquad x-3y-2z+25=0$

直线L的参数方程为

$$\begin{cases}x=t\\y=-3t+4\\z=-2t+3\end{cases}$$

代入方程$x-3y-2z+25=0$后,知$t=-\dfrac{1}{2}$,得L与平面π的交点$Q\left(-\dfrac{1}{2},\dfrac{11}{2},4\right)$,于是有

$$d=|PQ|=\sqrt{\left(-\frac{1}{2}+1\right)^2+\left(\frac{11}{2}-6\right)^2+(4-3)^2}=\frac{\sqrt{6}}{2}$$

〈方法二〉 因为点P到L的距离公式$d=\dfrac{|\overrightarrow{M_0P}\times s|}{|s|}$,由于$L$上的定点选取为$M_0(0,4,3),s=(m,n,p)=(1,-3,-2)$,故点到直线$L$的距离为

$$d=\frac{|\overrightarrow{M_0P}\times s|}{|s|}=\frac{|(-1,2,0)\times(1,-3,-2)|}{\sqrt{14}}=\frac{\sqrt{6}}{2}$$

评注 比较而言方法二更直接.

例 7.41 求异面直线 $L_1 : \dfrac{x+1}{0} = \dfrac{y-1}{1} = \dfrac{z-2}{3}$ 及 $L_2 : \dfrac{x-1}{1} = \dfrac{y}{2} = \dfrac{z+1}{2}$ 之间的距离 d.

分析 可以用两种方法解答本题：①过一直线作一平面平行于另一直线,在另一直线上取一点,该点到平面的距离即为所求；②在两直线上各找一点,所构成的向量在公垂线方向上的投影的绝对值即为所求.

解答 〈方法一〉 过直线 L_1 作平面 π,使 $\pi \parallel L_2$,则在 L_2 上选取一个定点 $M_2(1,0,-1)$,则点 M_2 到平面 π 的距离 d 即是两条异面直线 L_1 与 L_2 的距离.

设平面 π 的法线向量为 n,则直线 L_1 的方向向量 $s_1 \perp n$,且直线 L_2 的方向向量 $s_2 \perp n$. 故取

$$n = s_1 \times s_2 = \begin{vmatrix} i & j & k \\ 0 & 1 & 3 \\ 1 & 2 & 2 \end{vmatrix} = -(4, -3, 1)$$

在直线 L_1 上取点 $M_1(-1,1,2)$,则平面 π 的方程为

$$4(x+1) - 3(y-1) + (z-2) = 0$$

即

$$4x - 3y + z + 5 = 0$$

而点 $M_2(1,0,-1)$ 到平面 π 的距离为

$$d = \frac{|4 \cdot 1 - 3 \cdot 0 + 1 \cdot (-1) + 5|}{\sqrt{4^2 + (-3)^2 + 1^2}} = \frac{4\sqrt{26}}{13}$$

〈方法二〉 先求直线 L_1 与 L_2 公垂线的方向 s,因为 $s \perp L_1$, $s \perp L_2$,故有

$$s = s_2 \times s_1 = (4, -3, 1)$$

在直线 L_1 及 L_2 上各取定点 $M_1(-1,1,2)$, $M_2(1,0,-1)$,则

$$d = |P_{rjs}\overrightarrow{M_1M_2}| = |\overrightarrow{M_1M_2}| \cdot |\cos(\overrightarrow{M_1M_2}, s)| = \frac{|\overrightarrow{M_1M_2} \cdot s|}{|s|} = \frac{|\overrightarrow{M_1M_2} \cdot (s_2 \times s_1)|}{|s_2 \times s_1|} =$$

$$\frac{|(2, -1, -3) \cdot (4, -3, 1)|}{\sqrt{26}} = \frac{4\sqrt{26}}{13}$$

评注 对于两条相互平行直线 L_1 与 L_2 的距离 d,所用的方法更简单,在直线 L_1 上取定点 $M_1(x_1, y_1, z_1)$,再利用上例的方法,求出点 M_1 到 L_2 的距离就可以了.

7.2.9 关于夹角

这里的夹角指两平面的夹角,直线与平面的夹角及直线与直线的夹角. 这些夹角的计算公式均借助于两向量的夹角来实现.

例 7.42 求直线 $L_1 : \dfrac{x-1}{1} = \dfrac{y-5}{-2} = \dfrac{z+8}{1}$ 与 $L_2 : \begin{cases} x - y = 6 \\ 2y + z = 3 \end{cases}$ 的夹角.

分析 求出一般式表示的直线 L_2 的方向向量,再代入夹角公式.

解答 直线 L_1、L_2 的的方向向量分别为 $s_1 = (1, -2, 1)$, $s_2 = (-1, -1, 2)$

设直线 L_1 和 L_2 的夹角为 φ,那么由两直线的夹角公式有

$$\cos\varphi = \frac{|\boldsymbol{s}_1 \cdot \boldsymbol{s}_2|}{|\boldsymbol{s}_1| \cdot |\boldsymbol{s}_2|} = \frac{3}{\sqrt{6} \cdot \sqrt{6}} = \frac{1}{2}$$

所以
$$\varphi = \frac{\pi}{3}$$

评注 两直线的夹角一般指锐角.

例 7.43 一平面通过平面 $\pi_1 : x + 5y + z = 0$ 及 $\pi_2 : x - z + 4 = 0$ 的交线,且与平面 π_3: $x - 4y - 8z + 12 = 0$ 成 45°角,求它的方程.

分析 由平面束方程并结合两平面的夹角公式可以确定平面束中的参数,进而得到所求平面方程.

解答 为方便起见选择单参数平面束,设通过平面 π_1 和 π_2 的交线的平面束方程为

$$\pi_\lambda : (x + 5y + z) + \lambda(x - z + 4) = 0$$

即
$$(1 + \lambda)x + 5y + (1 - \lambda)z + 4\lambda = 0$$

其法向量 $\boldsymbol{n} = (1 + \lambda, 5, 1 - \lambda)$,而平面 π_3 的法向量为 $\boldsymbol{n}_3 = (1, -4, -8)$,因所求平面与平面 π_3 的夹角为 45°,则有

$$\cos 45° = \frac{|\boldsymbol{n}_\lambda \cdot \boldsymbol{n}_3|}{|\boldsymbol{n}_\lambda| \cdot |\boldsymbol{n}_3|} = \frac{9|\lambda - 3|}{\sqrt{2\lambda^2 + 27} \cdot 9} = \frac{|\lambda - 3|}{\sqrt{2\lambda^2 + 27}} = \frac{\sqrt{2}}{2}$$

解得 $\lambda = -\frac{3}{4}$,对应的平面方程为:$x + 20y + 7z - 12 = 0$.

平面 π_2 的法向量 $\boldsymbol{n}_2 = (1, 0, -1)$,则 $\cos(\widehat{\boldsymbol{n}_2, \boldsymbol{n}_3}) = \frac{|\boldsymbol{n}_2 \cdot \boldsymbol{n}_3|}{|\boldsymbol{n}_2| \cdot |\boldsymbol{n}_3|} = \frac{|1 \cdot 1 + 0 \cdot (-4) + (-1) \cdot (-8)|}{\sqrt{1^2 + 0^2 + (-1)^2} \cdot 9} = \frac{\sqrt{2}}{2}$,这说明,平面 π_2 也为所求平面.

评注 也可以通过 $\lim\limits_{\lambda \to \infty} \frac{|\lambda - 3|}{\sqrt{2\lambda^2 + 27}} = \frac{\sqrt{2}}{2}$ 来确定平面 π_2 也为所求平面.

例 7.44 求直线 $L : \begin{cases} x + y + 3z = 0 \\ x - y - z = 0 \end{cases}$ 与平面 $\pi : x - y - z + 1 = 0$ 的夹角 θ.

分析 找到直线的方向向量和平面的法向量,代入夹角公式.

解答 直线 L 的方向向量为

$$\boldsymbol{s} = \boldsymbol{n}_1 \times \boldsymbol{n}_2 = \begin{vmatrix} \boldsymbol{i} & \boldsymbol{j} & \boldsymbol{k} \\ 1 & 1 & 3 \\ 1 & -1 & -1 \end{vmatrix} = (2, 4, -2)$$

平面 π 的法向量为 $\boldsymbol{n}_0 = (1, -1, -1)$,由直线与平面的夹角公式,有

$$\sin\theta = \frac{|\boldsymbol{s} \cdot \boldsymbol{n}_0|}{|\boldsymbol{s}| \cdot |\boldsymbol{n}_0|} = \frac{|2 \times 1 + 4 \times (-1) + (-2) \times (-1)|}{\sqrt{2^2 + 4^2 + (-2)^2} \cdot \sqrt{1^2 + (-1)^2 + (-1)^2}} = 0$$

故直线与平面的夹角 $\theta = 0$.

评注 本题可以由 $\boldsymbol{s} \cdot \boldsymbol{n}_0 = 2 \times 1 + 4 \times (-1) + (-2) \times (-1) = 0$,知向量 $\boldsymbol{s}$ 与 $\boldsymbol{n}_0$ 垂

直,即直线 L 与平面 π 平行,也即直线与平面的夹角 $\theta = 0$.

7.3　本章小结

　　空间解析几何主要是在空间直角坐标系中,研究数与形结合的两个基本问题:①从几何图形上点的运动规律建立图形所满足的方程或方程组;②由已知方程去研究方程所代表的几何图形.解决这些问题的基本方法是坐标法和向量法,学习时要善于将"形与数"(画图形与求方程)结合起来进行思考,学会分析图形间的位置关系,从中找到解题的思路.

　　对于向量的运算,需掌握向量的线性运算、数量积、向量积及其坐标表示,两向量的共线、垂直的判定;要特别注意向量积运算不满足交换律,而满足反交换律.

　　本章重要内容有两个:①平面和空间直线的各式方程及其相互位置关系等;②曲面与空间曲线的方程与图形,特别是柱面、旋转曲面、锥面、二次曲面、投影柱面、投影曲线的方程与图形等.在多元微积分中它们都有重要的应用.

　　平面是由其上一点与法向量所决定的,直线是由其上一点与方向向量所决定的,因此求平面方程的基本方法是点法式,而求直线方程的基本方法是对称式,关键都是找一点和一个向量,难点是找法向量或方向向量.此外还有其他方法:常用平面的一般式方程或平行平面束方程求平面方程;若所求平面过已知直线,常用有轴平面束方程求平面方程;若所求直线是两平面的交线,常用交面式(一般式)方程表示直线.注意,求平面方程和直线方程的方法不唯一,求解时应尽量选择较简便的方法.此外,还需研究点、线、面之间的相互位置关系及距离等问题,解决这些问题的基本方法仍是坐标法与向量法,例如:研究面与面、线与线、面与线的平行、垂直、相交问题,归结为讨论两个向量间的相互关系,向量的平行、垂直条件和夹角的计算公式是解决这类问题的基础.

　　空间中满足三元方程 $F(x,y,z) = 0$ 的动点 $M(x,y,z)$ 的轨迹一般形成曲面,满足三元方程组 $\begin{cases} F(x,y,z) = 0 \\ G(x,y,z) = 0 \end{cases}$ 的动点 $M(x,y,z)$ 的轨迹一般形成曲线,应熟悉常用的空间曲面与曲线的方程和图形及其特点.例如:母线与坐标轴平行的柱面方程的特点、坐标面上曲线绕某坐标轴旋转所形成的旋转曲面的方程的特点、二次曲面的标准形、空间曲线的表示法不唯一等.在掌握常见的曲面方程与图形的基础上,应会画由若干个常见曲面所围成的空间立体图形,画立体图的基本方法是先画出每一个曲面的图形,分清各曲面间的几何关系,找出相关曲面的公共点并确定它们交线的形状和位置,由对所围立体的初步认识,添加适当的辅助线使之具有立体感.

7.4　同步习题及解答

7.4.1　同步习题

　　1. 填空

　　(1) 已知 $a = (1,0,2)$, $b = (1,1,3)$, $d = a + \lambda(a \times b) \times a$. 若 $b /\!/ d$,则 $\lambda = $ _____ .

　　(2) 已知向量 a 与向量 $c = (4,7,-4)$ 平行且方向相反,若 $|a| = 27$,则向量 $a = $

_____.

(3) 已知两点 $M_1(4,\sqrt{2},1)$, $M_2(3,0,2)$, 则向量 $\overrightarrow{M_1M_2}$ 方向余弦是_____.

(4) 向量 $a = (-2i+k) \times (-4i+3j+k)$ 在向量 $b = (3,-6,2)$ 上的投影为_____.

(5) 过点 $M(1,2,-1)$ 且与 $\dfrac{x-2}{-1} = \dfrac{y+4}{3} = \dfrac{z+1}{1}$ 垂直的平面方程为_____.

(6) 球面 $x^2+y^2+z^2 = 9$ 与 $x+z = 1$ 的交线 C 在 xOy 面上的投影曲线的方程是_____.

(7) 一条直线过点 $(2,-3,4)$, 且垂直于直线 $x-2 = 1-y = \dfrac{z+5}{2}$ 和 $\dfrac{x-4}{3} = \dfrac{y+2}{-2} = z-1$, 则该直线方程是_____.

2. 单项选择题

(1) 设 a、b、c 均为非零向量, 则与 a 不垂直的向量是( ).

    A. $(a\cdot c)b - (a\cdot b)c$ B. $b - \dfrac{(a\cdot b)}{a^2}a$

    C. $a\times b$ D. $a + (a\times b)\times a$

(2) 下列各式中正确的是( ).

    A. $a(a\cdot b) = |a|^2 b$ B. 若 $a\neq 0$, $a\times b = a\times c$, 则 $a /\!/ b-c$

    C. 若 $a\neq 0$, $a\cdot b = a\cdot c$, 则 $b = c$ D. $(a+b)\times(a+b) = 2a\times b$

(3) 方程 $\begin{cases} \dfrac{x^2}{9} - \dfrac{y^2}{25} + \dfrac{z^2}{4} = 1 \\ z = 1 \end{cases}$ 表示( ).

    A. 单叶双曲面   B. 双曲柱面

    C. 双曲柱面在平面 $x = 0$ 上的投影   D. 在 $z = 1$ 上的双曲线

(4) 曲线 $\begin{cases} x^2+4y^2-z^2 = 16 \\ 4x^2+y^2+z^2 = 4 \end{cases}$ 在 xOy 坐标面上投影的方程是( ).

    A. $\begin{cases} x^2+4y^2 = 16 \\ z = 0 \end{cases}$ B. $\begin{cases} 4x^2+y^2 = 4 \\ z = 0 \end{cases}$

    C. $\begin{cases} x^2+y^2 = 4 \\ z = 0 \end{cases}$ D. $x^2+y^2 = 4$

(5) 方程 $z = xy$ 表示的曲面是( ).

    A. 椭圆抛物面   B. 双叶双曲面

    C. 双曲抛物面   D. 锥面

(6) 点 $(2,1,0)$ 到平面 $3x+4y+5z = 0$ 的距离为( ).

    A. $\sqrt{2}$ B. $\dfrac{\sqrt{2}}{2}$ C. 2   D. 1

(7) 已知两直线 $\dfrac{x-4}{2} = \dfrac{y+1}{3} = \dfrac{z+2}{5}$ 和 $\dfrac{x+1}{-3} = \dfrac{y-1}{2} = \dfrac{z-3}{4}$, 则它们是( ).

    A. 两条相交的直线   B. 两条异面直线

    C. 两条平行但不重合的直线   D. 两条重合的直线

3. 化简 $[(a+b)\times(a-b)]\cdot(a-2b+c)$.

4. 设向量 $a = (2,3,4)$，$b = (3, -1, -1)$，$|c| = 3$，试求向量 c，使三向量 a、b、c 构成的平行六面体体积最大.

5. 求下列平面方程：

（1）求由平面方程 $\pi_1 : x - 2y - 2z + 1 = 0$ 和 $\pi_2 : 3x - 4y + 5 = 0$ 所构成的二面角的平分面 π 的方程.

（2）求与平面 $5x - y + 3z - 2 = 0$ 垂直，且与它的交线在 xOy 平面上的平面方程.

（3）求通过点 $P(2, -1, -1)$，$Q(1,2,3)$ 且垂直于 $2x + 3y - 5z + 6 = 0$ 的平面方程.

6. 求下列直线方程：

（1）求过点 $(0,2,4)$ 且与两平面 $x + 2z = 1$ 和 $y - 3z = 2$ 平行的直线方程.

（2）求直线 $L : \begin{cases} x + y - z = 1 \\ -x + y - z = 1 \end{cases}$ 在平面 $\pi : x + y + z = 0$ 上的投影直线方程.

7. 求由曲面 $z = \sqrt{a^2 - x^2 - y^2}$，$x^2 + y^2 - ax = 0 (a > 0)$ 及平面 $z = 0$ 所围成的立体 Ω 在 xOy 面上的投影区域，并画出该立体的图形

8. 已知平面 $\pi : y + 2z - 2 = 0$ 和直线 $L : \begin{cases} 2x - y - 2 = 0 \\ 3y - 2z + 2 = 0 \end{cases}$

（1）直线 L 和平面 π 是否平行？

（2）如直线 L 与平面 π 平行，则求直线 L 与平面 π 的距离，如不平行，则求 L 与 π 的交点.

（3）求过直线 L 且与平面 π 垂直的平面方程.

9. 已知点 $A(1,0,0)$ 及点 $B(0,2,1)$，试在 z 轴上求一点 C，使三角形 ABC 面积最小.

10. 求直线 $L_1 : \dfrac{x}{2} = \dfrac{y+2}{-2} = \dfrac{z-1}{1}$ 和直线 $L_2 : \dfrac{x-1}{4} = \dfrac{y-3}{2} = \dfrac{z+1}{-1}$ 之间的最短距离.

7.4.2 同步习题解答

1. （1）$\dfrac{1}{7}$. （2）$(-12, -21, 12)$. （3）$-\dfrac{1}{2}, -\dfrac{\sqrt{2}}{2}, \dfrac{1}{2}$. （4）$-\dfrac{9}{7}$. （5）$x - 3y - z + 4 = 0$.

（6）$\begin{cases} 2x^2 + y^2 - 2x = 8 \\ z = 0 \end{cases}$. 从方程 $x^2 + y^2 + z^2 = 9$ 与 $x + z = 1$ 中消去 z，得交线 C 关于 xOy 面的投影柱面方程 $2x^2 + y^2 - 2x = 8$.

（7）$\dfrac{x-2}{3} = \dfrac{y+3}{5} = z - 4$.

2. （1）D. （2）B. （3）D. （4）C. （5）C. （6）A. （7）B.

3. **解** $[(a+b) \times (a-b)] \cdot (a - 2b + c) = [a \times a + b \times a - a \times b - b \times b] \cdot (a - 2b + c) = 2(b \times a) \cdot (a - 2b + c) = 2[(b \times a) \cdot a - (b \times a) \cdot 2b + (b \times a) \cdot c] = 2(b \times a) \cdot c = 2[bac]$

4. **解** 混合积 $(a \times b) \cdot c$ 的绝对值恰恰是上面平行六面体的体积，a、b 是已知向量，所以 $a \times b$ 是一个确定的向量，又由于 c 的模已确定，所以 $(a \times b) \cdot c$ 的绝对值最大只能是 $c // a \times b$，$a \times b = \{2,3,4\} \times \{3, -1, -1\} = \{1,14, -11\}$，$\dfrac{a \times b}{|a \times b|} = \dfrac{1}{\sqrt{318}} \{1,14, -11\}$ 是单位向量.

202

因此 $c // a \times b$，并且 $|c| = 3$. 所以 $c = \pm \dfrac{3}{\sqrt{318}} \{1, 14, -11\}$.

5.（1）**解** 设 (x, y, z) 为所求平面上的任一点，依题意它到 π_1 的距离应等于它到 π_2 的距离，即

$$\frac{|x - 2y - 2z + 1|}{\sqrt{1^2 + (-2)^2 + (-2)^2}} = \frac{|3x - 4y + 5|}{\sqrt{3^2 + (-4)^2}}$$

去掉绝对值符号，得所求平面方程为 $7x - 11y - 5z + 10 = 0$ 或 $2x - y + 5z + 5 = 0$.

（2）**解** 设通过平面 $5x - y + 3z - 2 = 0$ 与 xOy 平面交线的平面束方程为

$$5x - y + 3z - 2 + \lambda z = 0$$

即

$$5x - y + (3 + \lambda)z - 2 = 0$$

由两平面垂直的条件有

$$5 \times 5 + (-1) \times (-1) + 3 \times (3 + \lambda) = 0$$

解得

$$\lambda = -\frac{35}{3}$$

故所求平面的方程为

$$5x - y + \left(3 - \frac{35}{3}\right)z - 2 = 0$$

即

$$15x - 3y - 26z - 6 = 0$$

（3）**解** 因为 $\overrightarrow{QP} = (1, -3, -4)$，$n = (2, 3, -5)$

$$\overrightarrow{QP} \times n = \begin{vmatrix} i & j & k \\ 1 & -3 & -4 \\ 2 & 3 & -5 \end{vmatrix} = 27i - 3j + 9k$$

取 $n = (9, -1, 3)$，所求平面方程为 $9(x - 2) - (y + 1) + 3(z + 1) = 0$

即

$$9x - y + 3z - 16 = 0$$

6. **解** （1）所求直线与两平面的交线 $\begin{cases} x + 2z = 1 \\ y - 3z = 2 \end{cases}$ 平行，可设所求直线为 $\begin{cases} x + 2z = a \\ y - 3z = b \end{cases}$，

又直线过点 $(0, 2, 4)$，由此可得 $a = 8, b = -10$. 于是所求直线方程为

$$\begin{cases} x + 2z = 8 \\ y - 3z = -10 \end{cases}$$

（2）设过 L 的平面束方程为

$$\pi_1 : x + y - z - 1 + \lambda(-x + y - z - 1) = 0$$

即

$$(1 - \lambda)x + (1 + \lambda)y - (1 + \lambda)z - 1 - \lambda = 0$$

令 π_1 与 π 垂直，有

$$(1 - \lambda) \cdot 1 + (1 + \lambda) \cdot 1 - (1 + \lambda) \cdot 1 = 0$$

解得

$$\lambda = 1$$

代入 π_1 得投影平面的方程为

$$y - z - 1 = 0$$

所求投影直线的方程为

$$\begin{cases} y - z - 1 = 0 \\ x + y + z = 0 \end{cases}$$

7. 解 该立体的图形如图 7.13 所示,它在 xOy 平面坐标面上的投影区域 D_{xy} 为曲面 $z = \sqrt{a^2 - x^2 - y^2}$ 和 $x^2 + y^2 - ax = 0$ 的交线在 xOy 平面坐标面上的投影所围区域(这一部分立体关于 xOy 面的轮廓线就是曲线

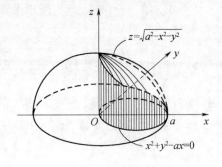

$$\begin{cases} z = \sqrt{a^2 - x^2 - y^2} \\ x^2 + y^2 - ax = 0 \end{cases}$$

因该曲线关于 xOy 面的投影柱面是 $x^2 + y^2 - ax = 0$,故所求投影区域为

图 7.13

$$\begin{cases} x^2 + y^2 \leqslant ax \\ z = 0 \end{cases}$$

8. 解 平面 π 的法向向量 $\boldsymbol{n} = (0,1,2)$.
L 的方向向量

$$\boldsymbol{s} \,\text{平行于}\, \begin{vmatrix} \boldsymbol{i} & \boldsymbol{j} & \boldsymbol{k} \\ 2 & -1 & 0 \\ 0 & 3 & -2 \end{vmatrix} = 2\boldsymbol{i} + 4\boldsymbol{j} + 6\boldsymbol{k}$$

取 $\boldsymbol{s} = (1,2,3)$.

(1) 因 $\boldsymbol{n} \cdot \boldsymbol{s} \neq 0$,所以 L 与 π 不平行.

(2) 由 $\begin{cases} y + 2z - 2 = 0 \\ 2x - y - 2 = 0 \\ 3y - 2z + 2 = 0 \end{cases}$ 得交点 $(1,0,1)$.

(3) 过直线 L 的平面束方程:

$$2x - y - 2 + \lambda(3y - 2z + 2) = 0$$

即 $$2x + (3\lambda - 1)y - 2\lambda z + 2\lambda - 2 = 0$$

因 $$\pi_1 \perp \pi ,\ 3\lambda - 1 - 4\lambda = 0, \lambda = -1$$

所求平面为

$$x - 2y + z - 2 = 0$$

9. 设 C 的坐标为 $(0,0,c)$,则三角形 ABC 的面积 $S = \dfrac{1}{2}|\overrightarrow{CA} \times \overrightarrow{CB}|$,由于 $\overrightarrow{CA} = (1,0,-c)$,

$\overrightarrow{CB} = (0,2,1-c)$,$\overrightarrow{CA} \times \overrightarrow{CB} = \begin{vmatrix} \boldsymbol{i} & \boldsymbol{j} & \boldsymbol{k} \\ 1 & 0 & -c \\ 0 & 2 & 1-c \end{vmatrix} = (2c, c-1, 2)$,所以三角形 ABC 的面积为

$$S = \frac{1}{2}|\overrightarrow{CA} \times \overrightarrow{CB}| = \frac{1}{2}\sqrt{4c^2 + (c-1)^2 + 4} = \frac{1}{2}\sqrt{5c^2 - 2c + 5}$$

令 $f(c) = 5c^2 - 2c + 5$,则由 $f'(c) = 10c - 2 = 0$ 得 $c = \dfrac{1}{5}$,又由 $f''\left(\dfrac{1}{5}\right) = 10 > 0$ 知,当

$c = \dfrac{1}{5}$ 时，$f(c)$ 有最小值，从而 $\triangle ABC$ 的面积也有最小值，故所求点为 $\left(0,0,\dfrac{1}{5}\right)$，且 $\triangle ABC$ 的面积的最小值为 $\dfrac{\sqrt{30}}{5}$.

10. 过直线 L_1 作平面 π 与 L_2 平行，则 L_2 上任一点到平面 π 的距离即为所求距离；过 L_1 且与 L_2 平行的平面 π 的方程为

$$\begin{vmatrix} x-0 & y+2 & z-1 \\ 2 & -2 & 1 \\ 4 & 2 & -1 \end{vmatrix} = 0$$

即

$$y + 2z = 0$$

在 L_2 上任取一点 $(1,3,-1)$，得

$$d = \frac{|3 + 2\cdot(-1)|}{\sqrt{1^2 + 2^2}} = \frac{\sqrt{5}}{5}$$

第8章 多元函数微分法及其应用

8.1 内 容 概 要

8.1.1 基本概念

1. 二元函数

设 D 是平面上的一个非空子集. 如果对于每个点 $P(x,y) \in D$, 变量 z 按照一定的对应法则总有确定的值和它对应, 则称 z 是变量 x、y 的二元函数(或点 P 的函数), 记为 $z = f(x,y)$(或 $z = f(P)$). 其中 x、y 称为自变量, z 称为因变量, 点集 D 称为该函数的定义域, 数集 $\{z \mid z = f(x,y), (x,y) \in D\}$ 称为该函数的值域.

2. 二元函数的极限

设二元函数 $f(P) = f(x,y)$ 的定义域是平面区域 D, $P_0(x_0,y_0)$ 是 D 的聚点. 如果存在常数 A, 对于任意给定的正数 ε, 总存在正数 δ, 使得当点 $P(x,y) \in D \cap \mathring{U}(P_0,\delta)$ 时, 都有 $|f(P) - A| = |f(x,y) - A| < \varepsilon$ 成立, 则称常数 A 就是函数 $f(x,y)$ 当 $(x,y) \to (x_0,y_0)$ 时的极限值, 记作 $\lim\limits_{\substack{x \to x_0 \\ y \to y_0}} f(x,y) = A$, 或 $f(x,y) \to A((x,y) \to (x_0,y_0))$.

3. 二元函数的连续性

设函数 $f(x,y)$ 的定义域为 D, $P_0(x_0,y_0)$ 是 D 的聚点, 且 $P_0 \in D$. 如果 $\lim\limits_{(xy) \to (x_0,y_0)} f(x,y) = f(x_0,y_0)$, 则称函数 $f(x,y)$ 在点 $P_0(x_0,y_0)$ 连续.

4. 偏导数

设函数 $z = f(x,y)$ 在点 (x_0,y_0) 的某一邻域内有定义, 如果 $\lim\limits_{\Delta x \to 0} \dfrac{f(x_0 + \Delta x, y_0) - f(x_0,y_0)}{\Delta x}$ 存在, 则称此极限为函数 $z = f(x,y)$ 在点 (x_0,y_0) 处对 x 的偏导数, 记作 $\dfrac{\partial z}{\partial x}\Big|_{\substack{y=y_0 \\ x=x_0}}$, $\dfrac{\partial f}{\partial x}\Big|_{\substack{y=y_0 \\ x=x_0}}$ 或 $f_x(x_0,y_0)$. 类似地, 函数 $z = f(x,y)$ 在点 (x_0,y_0) 处对 y 的偏导数定义为 $\lim\limits_{\Delta y \to 0} \dfrac{f(x_0, y_0 + \Delta y) - f(x_0,y_0)}{\Delta y}$, 记作 $\dfrac{\partial z}{\partial y}\Big|_{\substack{y=y_0 \\ x=x_0}}$, $\dfrac{\partial f}{\partial y}\Big|_{\substack{y=y_0 \\ x=x_0}}$ 或 $f_y(x_0,y_0)$.

5. 高阶偏导数

若函数 $z = f(x,y)$ 在区域 D 内的一阶偏导数 $f_x(x,y)$、$f_y(x,y)$ 的偏导数仍然存在, 则称它们是函数 $z = f(x,y)$ 的二阶偏导数. 按照对变量求导次序的不同有下列四个二阶偏导数:

$$\frac{\partial}{\partial x}\left(\frac{\partial z}{\partial x}\right) = \frac{\partial^2 z}{\partial x^2} = f_{xx}(x,y), \qquad \frac{\partial}{\partial y}\left(\frac{\partial z}{\partial x}\right) = \frac{\partial^2 z}{\partial x \partial y} = f_{xy}(x,y)$$

$$\frac{\partial}{\partial x}\left(\frac{\partial z}{\partial y}\right) = \frac{\partial^2 z}{\partial y \partial x} = f_{yx}(x,y), \qquad \frac{\partial}{\partial y}\left(\frac{\partial z}{\partial y}\right) = \frac{\partial^2 z}{\partial y^2} = f_{yy}(x,y)$$

其中第二、三个偏导数称为混合偏导数. 同样可得三阶、四阶以及 n 阶偏导数. 二阶及二阶以上的偏导数统称为高阶偏导数.

6. 全微分

如果函数 $z = f(x, y)$ 在点 (x, y) 的全增量 $\Delta z = f(x + \Delta x, y + \Delta y) - f(x, y)$, 可以表示为 $\Delta z = A\Delta x + B\Delta y + o(\rho)$, 其中 A、B 不依赖于 Δx、Δy 而仅与 x、y 有关, $\rho = \sqrt{(\Delta x)^2 + (\Delta y)^2}$, 则称函数 $z = f(x, y)$ 在点 (x, y) 可微分, 而 $A\Delta x + B\Delta y$ 称为函数 $z = f(x, y)$ 在点 (x, y) 的全微分, 记作 $\mathrm{d}z$, 即 $\mathrm{d}z = A\Delta x + B\Delta y$.

如果函数在区域 D 内各点处都可微分, 那么称这函数在 D 内可微分.

函数 $z = f(x, y)$ 在点 (x, y) 不可微是指极限 $\lim\limits_{\substack{\Delta x \to 0 \\ \Delta y \to 0}} \dfrac{\Delta z - (A\Delta x + B\Delta y)}{\rho}$ 不为零或极限不存在.

7. 方向导数

设 l 是 xOy 平面上以 $P_0(x_0, y_0)$ 为始点的一条射线, $\boldsymbol{e}_l = (\cos\alpha, \cos\beta)$ 是与 l 同方向的单位向量. 则 $f(x, y)$ 在点 $P_0(x_0, y_0)$ 沿方向 l 的方向导数为

$$\left.\frac{\partial f}{\partial l}\right|_{(x_0, y_0)} = \lim_{t \to 0^+} \frac{f(x_0 + t\cos\alpha, y_0 + t\cos\beta) - f(x_0, y_0)}{t}$$

8. 梯度

设函数 $z = f(x, y)$ 在区域 D 内有一阶连续偏导数, 则对于 D 内的每一点 $P_0(x_0, y_0)$, 称向量 $f_x(x_0, y_0)\boldsymbol{i} + f_y(x_0, y_0)\boldsymbol{j}$ 为函数 $z = f(x, y)$ 在点 $P_0(x_0, y_0)$ 的梯度, 记作 $\mathrm{grad}f(x_0, y_0)$ 或 $\nabla f(x_0, y_0)$, 即 $\mathrm{grad}f(x_0, y_0) = f_x(x_0, y_0)\boldsymbol{i} + f_y(x_0, y_0)\boldsymbol{j}$.

9. 多元函数的极值

设函数 $z = f(x, y)$ 在点 (x_0, y_0) 的某个邻域内有定义, 对于该邻域内异于 (x_0, y_0) 的点, 如果都满足不等式 $f(x, y) < f(x_0, y_0)$, 则称函数在点 (x_0, y_0) 有极大值 $f(x_0, y_0)$. 如果都满足不等式 $f(x, y) > f(x_0, y_0)$, 则称函数在点 (x_0, y_0) 有极小值 $f(x_0, y_0)$. 极大值、极小值统称为极值. 使函数取得极值的点称为极值点.

8.1.2 基本理论

1. 多元函数连续的性质

一切多元初等函数在其定义区域内都是连续的.

性质 1 (最大值和最小值定理) 在有界闭区域 D 上的多元连续函数, 必定在 D 上有界, 且取得它的最大值和最小值.

性质 2 (介值定理) 在有界闭区域 D 上的多元连续函数, 必取得介于最大值和最小值之间的任何值.

2. 二阶混合偏导数相等的条件

如果函数 $z = f(x, y)$ 的两个二阶混合偏导数 $\dfrac{\partial^2 z}{\partial y \partial x}$ 及 $\dfrac{\partial^2 z}{\partial x \partial y}$ 在区域 D 内连续, 那么在该区域内这两个二阶混合偏导数必相等.

3. 函数 $z = f(x, y)$ 在点 (x, y) 可微的条件

(必要条件) 如果函数 $z = f(x, y)$ 在点 (x, y) 可微分, 则该函数在点 (x, y) 的偏导数 $\dfrac{\partial z}{\partial x}$、$\dfrac{\partial z}{\partial y}$ 必定存在, 且函数 $z = f(x, y)$ 在点 (x, y) 的全微分为 $\mathrm{d}z = \dfrac{\partial z}{\partial x}\Delta x + \dfrac{\partial z}{\partial y}\Delta y = \dfrac{\partial z}{\partial x}\mathrm{d}x + \dfrac{\partial z}{\partial y}\mathrm{d}y$.

通常把二元函数的全微分等于它的两个偏微分之和称为二元函数的微分符合叠加原理. 叠加原理也适用于二元以上函数的情况. 若三元函数 $u = f(x, y, z)$ 可微,则

$$\mathrm{d}u = \frac{\partial u}{\partial x}\mathrm{d}x + \frac{\partial u}{\partial y}\mathrm{d}y + \frac{\partial u}{\partial z}\mathrm{d}z$$

(充分条件)如果函数 $z = f(x, y)$ 的偏导数 $\frac{\partial z}{\partial x}$、$\frac{\partial z}{\partial y}$ 在点 (x, y) 连续,则函数在该点可微分.

4. 全微分形式不变性

$\mathrm{d}z = \frac{\partial z}{\partial u}\mathrm{d}u + \frac{\partial z}{\partial v}\mathrm{d}v$,这里不论 z 是自变量 u、v 的函数,还是中间变量 u、v 的函数,它的全微分形式是一样的. 这种一致性称为"全微分形式不变性".

5. 多元复合函数求导法则

若 $u = \varphi(x, y)$ 及 $v = \psi(x, y)$ 都在点 (x, y) 具有对 x 及对 y 的偏导数,函数 $z = f(u, v)$ 在对应点 (u, v) 具有连续偏导数,则复合函数 $z = f[\varphi(x, y), \psi(x, y)]$ 在点 (x, y) 的两个偏导数存在,且 $\frac{\partial z}{\partial x} = \frac{\partial z}{\partial u}\frac{\partial u}{\partial x} + \frac{\partial z}{\partial v}\frac{\partial v}{\partial x}$,$\frac{\partial z}{\partial y} = \frac{\partial z}{\partial u}\frac{\partial u}{\partial y} + \frac{\partial z}{\partial v}\frac{\partial v}{\partial y}$.

复合关系图如图 8.1 所示.

多元复合函数的构成情况比较复杂,学习这部分时重要的不是死记公式,而是要弄清复合函数的关系,画出复合关系图.

在复合关系图 8.1 中,由 z 到达 x 的路径有两条,因此 $\frac{\partial z}{\partial x}$ 的公式中有两项,沿第一条路径 z 到 u 后再到达 x,因而公式第一项是 $\frac{\partial z}{\partial u}\frac{\partial u}{\partial x}$;沿第二条路径 z 到 v 后再到达 x,因此公式第二项是 $\frac{\partial z}{\partial v}$

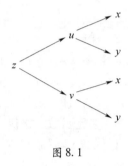

图 8.1

$\frac{\partial v}{\partial x}$. 求 $\frac{\partial z}{\partial y}$ 有同样的规律.

6. 隐函数求导法则

(1)若 $F(x, y) = 0$ 确定隐函数 $y = f(x)$,则有

$$\frac{\mathrm{d}y}{\mathrm{d}x} = -\frac{F_x}{F_y}(F_y \neq 0)$$

(2)若 $F(x, y, z) = 0$ 确定隐函数 $z = f(x, y)$,则有

$$\frac{\partial z}{\partial x} = -\frac{F_x}{F_z}, \frac{\partial z}{\partial y} = -\frac{F_y}{F_z}(F_z \neq 0)$$

(3)三元方程组 $\begin{cases} F(x, y, z) = 0 \\ G(x, y, z) = 0 \end{cases}$ 确定两个一元隐函数 $y = y(x)$,$z = z(x)$. 将 $y = y(x)$,$z = z(x)$ 带入方程组中,得

$$\begin{cases} F(x, y(x), z(x)) = 0 \\ G(x, y(x), z(x)) = 0 \end{cases}$$

两边对 x 求导,得

$$\begin{cases} F_x + F_y \dfrac{\mathrm{d}y}{\mathrm{d}x} + F_z \dfrac{\mathrm{d}z}{\mathrm{d}x} = 0 \\ G_x + G_y \dfrac{\mathrm{d}y}{\mathrm{d}x} + G_z \dfrac{\mathrm{d}z}{\mathrm{d}x} = 0 \end{cases}$$

解关于$\dfrac{\mathrm{d}y}{\mathrm{d}x}$、$\dfrac{\mathrm{d}z}{\mathrm{d}x}$的线性方程组可求出$\dfrac{\mathrm{d}y}{\mathrm{d}x}$、$\dfrac{\mathrm{d}z}{\mathrm{d}x}$.

（4）四元方程组$\begin{cases} F(x,y,u,v)=0 \\ G(x,y,u,v)=0 \end{cases}$确定两个二元隐函数$u=u(x,y)$，$v=v(x,y)$. 将$u=u(x,y)$，$v=v(x,y)$带入方程组中，得到$\begin{cases} F(x,y,u(x,y),v(x,y))=0 \\ G(x,y,u(x,y),v(x,y))=0 \end{cases}$.

两边对x求导，可得$\begin{cases} F_x+F_u\dfrac{\partial u}{\partial x}+F_v\dfrac{\partial v}{\partial x}=0 \\[2mm] G_x+G_u\dfrac{\partial u}{\partial x}+G_v\dfrac{\partial v}{\partial x}=0 \end{cases}$，解关于$\dfrac{\partial u}{\partial x}$、$\dfrac{\partial v}{\partial x}$的线性方程组可求出$\dfrac{\partial u}{\partial x}$、$\dfrac{\partial v}{\partial x}$. 同理可以求出$\dfrac{\partial u}{\partial y}$、$\dfrac{\partial v}{\partial y}$.

7. 方向导数与梯度的关系

$$\left.\frac{\partial f}{\partial l}\right|_{(x_0,y_0)}=f_x(x_0,y_0)\cos\alpha+f_y(x_0,y_0)\cos\beta=|\mathrm{grad}f(x_0,y_0)|\cos\theta$$

式中：$\theta=(\widehat{\mathrm{grad}f(x_0,y_0),\boldsymbol{e}_l})$.

因此，函数在某点沿梯度方向的方向导数取得最大值，且方向导数的最大值就是梯度的模.

8. 多元函数微分法的几何应用

1）空间曲线的切线与法平面

（1）若空间曲线方程为$\begin{cases} x=\phi(t) \\ y=\psi(t) \\ z=\omega(t) \end{cases}$，则曲线在点$P_0(x_0,y_0,z_0)$处的切向量为$\boldsymbol{T}=(\varphi'(t_0),\psi'(t_0),\omega'(t_0))$，并且在点$P_0(x_0,y_0,z_0)$处的切线与法平面方程分别为

$$\frac{x-x_0}{\phi'(t_0)}=\frac{y-y_0}{\psi'(t_0)}=\frac{z-z_0}{\omega'(t_0)},\varphi'(t_0)(x-x_0)+\psi'(t_0)(y-y_0)+\omega'(t_0)(z-z_0)=0$$

（2）若空间曲线方程为$\begin{cases} y=\phi(x) \\ z=\psi(x) \end{cases}$，取$x$为参数，可表示为$\begin{cases} x=x \\ y=\phi(x) \\ z=\psi(x) \end{cases}$，则曲线在点$P_0(x_0,y_0,z_0)$处的切向量为$\boldsymbol{T}=(1,\varphi'(x_0),\psi'(x_0))$，并且在点$P_0(x_0,y_0,z_0)$处的切线与法平面方程分别为$\dfrac{x-x_0}{1}=\dfrac{y-y_0}{\phi'(x_0)}=\dfrac{z-z_0}{\psi'(x_0)}$，$(x-x_0)+\phi'(x_0)(y-y_0)+\psi'(x_0)(z-z_0)=0$.

（3）若空间曲线方程为$\begin{cases} F(x,y,z)=0 \\ G(x,y,z)=0 \end{cases}$，则由方程组确定的隐函数求导，求出$\dfrac{\mathrm{d}y}{\mathrm{d}x}$、$\dfrac{\mathrm{d}z}{\mathrm{d}x}$. 因此曲线在点$P_0(x_0,y_0,z_0)$处的切向量为$\boldsymbol{T}=\left(1,\dfrac{\mathrm{d}y}{\mathrm{d}x},\dfrac{\mathrm{d}z}{\mathrm{d}x}\right)\Big|_{P_0}$，从而可以求得曲线在点$P_0(x_0,y_0,z_0)$处的切线与法平面方程.

2）曲面的切平面与法线

（1）若曲面的方程为$F(x,y,z)=0$，则曲面在点$P_0(x_0,y_0,z_0)$处的法向量为$\boldsymbol{n}=(F_x(x_0,y_0,z_0),F_y(x_0,y_0,z_0),F_z(x_0,y_0,z_0))$，并且在点$P_0(x_0,y_0,z_0)$处的切平面与法线

分别为

$$F_x(x_0,y_0,z_0)(x-x_0)+F_y(x_0,y_0,z_0)(y-y_0)+F_z(x_0,y_0,z_0)(z-z_0)=0$$

$$\frac{x-x_0}{F_x(x_0,y_0,z_0)}=\frac{y-y_0}{F_y(x_0,y_0,z_0)}=\frac{z-z_0}{F_z(x_0,y_0,z_0)}$$

(2) 若曲面的方程为 $z=f(x,y)$,令 $F(x,y,z)=f(x,y)-z$,则曲面在点 $P_0(x_0,y_0,z_0)$ 处的法向量为 $\boldsymbol{n}=(f_x(x_0,y_0),f_y(x_0,y_0),-1)$,并且在点 $P_0(x_0,y_0,z_0)$ 处的切平面与法线分别为

$$f_x(x_0,y_0)(x-x_0)+f_y(x_0,y_0)(y-y_0)-(z-z_0)=0$$

$$\frac{x-x_0}{f_x(x_0,y_0)}=\frac{y-y_0}{f_y(x_0,y_0)}=\frac{z-z_0}{-1}$$

9. 多元函数取极值的条件

(必要条件) 设函数 $z=f(x,y)$ 在点 (x_0,y_0) 具有偏导数,且在点 (x_0,y_0) 处有极值,则它在该点的偏导数必然为零,即点 (x_0,y_0) 为函数 $z=f(x,y)$ 的驻点.

(充分条件) 设函数 $z=f(x,y)$ 在点 (x_0,y_0) 的某邻域内连续且有一阶及二阶连续偏导数,又 $f_x(x_0,y_0)=0$,$f_y(x_0,y_0)=0$,令 $f_{xx}(x_0,y_0)=A$,$f_{xy}(x_0,y_0)=B$,$f_{yy}(x_0,y_0)=C$,则当 $AC-B^2>0$ 时有极值,且当 $A<0$ 时有极大值,当 $A>0$ 时有极小值;当 $AC-B^2<0$ 时没有极值;当 $AC-B^2=0$ 时可能有极值,也可能没有极值,还需另作讨论.

10. 多元函数的条件极值和拉格朗日乘数法

求目标函数 $z=f(x,y)$ 在约束条件 $\varphi(x,y)=0$ 下的极值,这是对自变量有附加条件的极值,称为条件极值. 求解条件极值的方法是拉格朗日乘数法.

可以先构造辅助函数 $F(x,y)=f(x,y)+\lambda\varphi(x,y)$,其中 λ 为参数. 求其对 x 与 y 的一阶偏导数,并使之为零,然后与方程 $\varphi(x,y)=0$ 联立起来构成方程组

$$\begin{cases} f_x(x,y)+\lambda\varphi_x(x,y)=0 \\ f_y(x,y)+\lambda\varphi_y(x,y)=0 \\ \varphi(x,y)=0 \end{cases}$$

由方程组解出 x、y 及 λ,则 (x,y) 就是函数 $f(x,y)$ 在附加条件 $\varphi(x,y)=0$ 下的可能极值点.

8.1.3 基本方法

(1) 求二元函数极限、判断二元函数连续性.

(2) 多元复合函数求导法则.

(3) 全微分的求法.

(4) 隐函数求导法则.

(5) 方向导数和梯度的求法.

(6) 空间曲线的切线与法平面的求法.

(7) 曲面的切平面与法线的求法.

(8) 多元函数无条件极值的求法.

(9) 多元函数的条件极值、拉格朗日乘数法.

(10) 多元函数最值的求法.

8.2 典型例题分析、解答与评注

8.2.1 求多元函数定义域

关于多元函数的定义域,与一元函数类似,通常按以下两种情形来确定:一种是有实际背景的函数,根据实际背景中变量的实际意义确定定义域;另一种是抽象地用算式表达的函数,这种函数的定义域是使得算式有意义的一切实数组成的集合,这种定义域称为函数的自然定义域.

例 8.1 求下列函数的定义域:

(1) $z = \ln(y - x^2) + \sqrt{1 - y - x^2}$;　　　　(2) $z = \arcsin\dfrac{x}{2} + \sqrt{xy}$.

分析 这是求由算式给出的多元函数的定义域,即自然定义域,只要列出使算式有意义的不等式组,再解出来,即可求得定义域.

解答 (1)使算式有意义,只需满足

$$\begin{cases} y - x^2 > 0 \\ 1 - y - x^2 \geqslant 0 \end{cases}$$

故函数的定义域为 $\{(x,y) \mid x^2 < y \leqslant 1 - x^2\}$.

(2) 使算式有意义,只需满足

$$\begin{cases} \left| \dfrac{x}{2} \right| \leqslant 1 \\ xy \geqslant 0 \end{cases}$$

即

$$\begin{cases} -2 \leqslant x \leqslant 2 \\ x \geqslant 0 \\ y \geqslant 0 \end{cases} \quad \text{或} \quad \begin{cases} -2 \leqslant x \leqslant 2 \\ x \leqslant 0 \\ y \leqslant 0 \end{cases}$$

故函数的定义域为 $\{(x,y) \mid 0 \leqslant x \leqslant 2, y \geqslant 0$ 或 $-2 \leqslant x \leqslant 0, y \leqslant 0\}$.

评注 在解题(2)时,容易将 $xy \geqslant 0$ 等价于 $x \geqslant 0, y \geqslant 0$ 或 $x < 0, y < 0$,因而得出定义域为 $\{(x,y) \mid 0 < x \leqslant 2, y \geqslant 0$ 或 $-2 \leqslant x < 0, y < 0\}$,缩小了函数的定义域.

8.2.2 求多元函数关系

例 8.2 设 $f\left(y, \dfrac{x+y}{x}\right) = x + y^2$,求 $f(x,y)$.

分析 这是求二元函数的函数关系.

解答 〈方法一〉作变量替换. 令 $u = y, v = \dfrac{x+y}{x}$,代入函数表达式中,得

$$f(u,v) = \frac{u}{v-1} + u^2$$

所以 $f(x,y) = \dfrac{x}{y-1} + x^2$.

〈方法二〉 将 $f\left(y, \dfrac{x+y}{x}\right)$ 凑成 y 和 $\dfrac{x+y}{x}$ 的运算形式,即

$$f\left(y, \frac{x+y}{x}\right) = y\left(\frac{x}{y} + y\right) = y\left[\frac{1}{\left(1 + \dfrac{y}{x}\right) - 1} + y\right] = y\left[\frac{1}{\left(\dfrac{x+y}{x}\right) - 1} + y\right]$$

所以
$$f(x, y) = x\left(\frac{1}{y-1} + x\right) = \frac{x}{y-1} + x^2$$

评注 此题用了两种方法,两种方法各有优劣,要根据题目的具体情况作出选择,通常第一种方法更具一般性.

8.2.3 二元函数极限的求法

计算二元函数极限时,常把二元函数极限转化为一元函数极限问题,再利用一元函数的极限运算法则和方法,或者利用函数连续的定义及初等函数的连续性进行计算. 归纳有如下几种方法.

1. 有理化

例8.3 求 $\lim\limits_{\substack{x \to 0 \\ y \to 0}} \dfrac{2 - \sqrt{xy+4}}{xy}$.

分析 与一元函数类似,含有根式的用有理化方法.

解答 $\lim\limits_{\substack{x \to 0 \\ y \to 0}} \dfrac{2 - \sqrt{xy+4}}{xy} = \lim\limits_{\substack{x \to 0 \\ y \to 0}} \dfrac{-xy}{xy\left(2 + \sqrt{xy+4}\right)} = \lim\limits_{\substack{x \to 0 \\ y \to 0}} \dfrac{-1}{2 + \sqrt{xy+4}} = -\dfrac{1}{4}$

评注 本题的关键是将分子有理化,化不定式为定式.

2. 夹逼准则

例8.4 求 $\lim\limits_{\substack{x \to 0 \\ y \to 0}} \dfrac{x^2 y^2}{\left(x^2 + y^2\right)^{3/2}}$.

分析 对多元函数的极限,类似于一元函数极限的夹逼准则仍适用.

解答 $0 \leqslant \dfrac{x^2 y^2}{\left(x^2 + y^2\right)^{3/2}} \leqslant \dfrac{\left[\dfrac{x^2 + y^2}{2}\right]^2}{\left(x^2 + y^2\right)^{3/2}} = \dfrac{\sqrt{x^2 + y^2}}{4}$

而 $\lim\limits_{\substack{x \to 0 \\ y \to 0}} \dfrac{\sqrt{x^2 + y^2}}{4} = 0$,故由夹逼准则,得

$$\lim\limits_{\substack{x \to 0 \\ y \to 0}} \frac{x^2 y^2}{\left(x^2 + y^2\right)^{3/2}} = 0$$

评注 二元函数极限存在是指当 $P(x, y)$ 沿任意路径趋于 $P_0(x_0, y_0)$ 时,函数趋于同一值. 因此,虽然 (x, y) 沿 x 轴、y 轴趋于 $(0, 0)$ 时,函数 $\dfrac{x^2 y^2}{\left(x^2 + y^2\right)^{3/2}}$ 均趋于零,但这并不能说明极限存在.

3. 利用重要极限

例8.5 求 $\lim\limits_{\substack{x \to a \\ y \to 0}} \dfrac{\sin(xy)}{y}(a \neq 0)$.

分析 将 $\dfrac{\sin xy}{y}$ 的分子、分母同乘以 x 可以化为一元函数的重要极限,然后再利用一元

函数的极限运算性质求得此极限.

解答 $\lim\limits_{\substack{x\to a\\y\to 0}}\dfrac{\sin xy}{y}=\lim\limits_{\substack{x\to a\\y\to 0}}\dfrac{\sin xy}{xy}\cdot x=\lim\limits_{\substack{x\to a\\y\to 0}}\dfrac{\sin xy}{xy}\cdot\lim\limits_{x\to a}x=a$

评注 此题若 $a=0$,则求极限 $\lim\limits_{\substack{x\to 0\\y\to 0}}\dfrac{\sin xy}{y}$ 时不可将 $\dfrac{\sin xy}{y}$ 转化为 $\dfrac{\sin xy}{xy}\cdot x$,因为这是两个

不同的函数,前者的定义域是 $y\neq 0$,而后者定义域是 $x\neq 0$ 且 $y\neq 0$. 对于极限 $\lim\limits_{\substack{x\to 0\\y\to 0}}\dfrac{\sin xy}{y}$ 可采

用夹逼准则,由于 $0\leqslant\left|\dfrac{\sin xy}{y}\right|\leqslant\left|\dfrac{xy}{y}\right|=|x|$,而 $\lim\limits_{\substack{x\to 0\\y\to 0}}|x|=0$,故 $\lim\limits_{\substack{x\to 0\\y\to 0}}\dfrac{\sin xy}{y}=0$.

例8.6 求 $\lim\limits_{\substack{x\to+\infty\\y\to a}}\left(1+\dfrac{1}{x}\right)^{\frac{x^2}{x+y}}$.

分析 将 $\left(1+\dfrac{1}{x}\right)^{\frac{x^2}{x+y}}$ 变形为 $\left[\left(1+\dfrac{1}{x}\right)^x\right]^{\frac{x}{x+y}}$,便可利用一元函数的重要极限.

解答 $\lim\limits_{\substack{x\to+\infty\\y\to a}}\left(1+\dfrac{1}{x}\right)^{\frac{x^2}{x+y}}=\lim\limits_{\substack{x\to+\infty\\y\to a}}\left[\left(1+\dfrac{1}{x}\right)^x\right]^{\frac{x}{x+y}}=\mathrm{e}$

评注 利用重要极限的关键是对所给的函数作适当的变形,使之具有重要极限的形式,另外要熟悉重要极限的等价形式,即 $\lim\limits_{\varphi(x)\to\infty}\left[1+\dfrac{1}{\varphi(x)}\right]^{\varphi(x)}=\mathrm{e}$, $\lim\limits_{\varphi(x)\to 0}\left[1+\varphi(x)\right]^{\frac{1}{\varphi(x)}}=\mathrm{e}$.

4. 利用无穷小乘以有界量仍是无穷小的结论

例8.7 求 $\lim\limits_{\substack{x\to 0\\y\to 0}}\left(x\sin\dfrac{1}{y}+y\cos\dfrac{1}{x}\right)$.

分析 因为 $\left|\sin\dfrac{1}{y}\right|\leqslant 1$, $\left|\cos\dfrac{1}{x}\right|\leqslant 1$,又 $x\to 0,y\to 0$,故可利用无穷小乘以有界量仍是无穷小的结论.

解答 因为 $\left|\sin\dfrac{1}{y}\right|\leqslant 1$, $\left|\cos\dfrac{1}{x}\right|\leqslant 1$,且当 $x\to 0,y\to 0$ 时,有 $x\to 0,y\to 0$,所以由无穷小乘以有界量仍是无穷小的结论,得

$$\lim\limits_{\substack{x\to 0\\y\to 0}}\left(x\sin\dfrac{1}{y}+y\cos\dfrac{1}{x}\right)=\lim\limits_{\substack{x\to 0\\y\to 0}}x\sin\dfrac{1}{y}+\lim\limits_{\substack{x\to 0\\y\to 0}}y\cos\dfrac{1}{x}=0$$

评注 求二元函数极限时经常用到一元函数无穷小乘以有界量仍是无穷小的性质,这是求极限问题的一个很好的技巧,这点要引起注意.

5. 利用等价无穷小的替换

例8.8 求 $\lim\limits_{\substack{x\to 0\\y\to 0}}\dfrac{1-\cos(x^2+y^2)}{(x^2+y^2)x^2y^2}$.

分析 当 $x\to 0,y\to 0$ 时,有 $x^2+y^2\to 0$,因此 $1-\cos(x^2+y^2)\sim\dfrac{1}{2}(x^2+y^2)^2$.

解答 $\lim\limits_{\substack{x\to 0\\y\to 0}}\dfrac{1-\cos(x^2+y^2)}{(x^2+y^2)x^2y^2}=\lim\limits_{\substack{x\to 0\\y\to 0}}\dfrac{(x^2+y^2)^2}{2(x^2+y^2)x^2y^2}=\lim\limits_{\substack{x\to 0\\y\to 0}}\dfrac{1}{2}\left(\dfrac{1}{y^2}+\dfrac{1}{x^2}\right)=+\infty$

评注 利用等价无穷小替换能使得求极限过程简化,要熟悉常用的等价无穷小替换

公式:当 $x \to 0$ 时,有

$$x \sim \sin x \sim \tan x \sim \arcsin x \sim \arctan x \sim \ln(1 + x) \sim e^x - 1, 1 - \cos x \sim \frac{x^2}{2}$$

6. 变量代换

例 8.9 求 $\lim\limits_{\substack{x \to 0 \\ y \to 0}} \dfrac{\sqrt{x^2 + y^2} - \sin\sqrt{x^2 + y^2}}{(x^2 + y^2)^{3/2}}$.

分析 通过作变量代换令 $\sqrt{x^2 + y^2} = t$,可以把二元函数极限转化为一元函数极限去求.

解答 令 $\sqrt{x^2 + y^2} = t$,则当 $x \to 0, y \to 0$ 时,有 $t \to 0$.
故

$$\lim_{\substack{x \to 0 \\ y \to 0}} \frac{\sqrt{x^2 + y^2} - \sin\sqrt{x^2 + y^2}}{(x^2 + y^2)^{3/2}} = \lim_{t \to 0} \frac{t - \sin t}{t^3} = \lim_{t \to 0} \frac{1 - \cos t}{3t^2} = \frac{1}{6}$$

评注 变量代换是解决数学问题的重要方法,求极限也不例外.

7. 利用函数的连续性

例 8.10 求 $\lim\limits_{\substack{x \to 1 \\ y \to 0}} \dfrac{\ln(x + e^y)}{\sqrt{x^2 + y^2}}$.

分析 函数 $\dfrac{\ln(x + e^y)}{\sqrt{x^2 + y^2}}$ 是初等函数,并且 $(1, 0)$ 是其定义区域内的点,可利用连续性求极限.

解答 因为 $\dfrac{\ln(x + e^y)}{\sqrt{x^2 + y^2}}$ 在点 $(1, 0)$ 处连续,故 $\lim\limits_{\substack{x \to 1 \\ y \to 0}} \dfrac{\ln(x + e^y)}{\sqrt{x^2 + y^2}} = \ln 2$.

评注 多元初等函数在其定义区域内都是连续的,根据函数连续的定义就可以求出连续函数的极限.

8.2.4 证明二元函数极限不存在

证明 极限 $\lim\limits_{\substack{x \to x_0 \\ y \to y_0}} f(x, y)$ 不存在有两种方法.

(1) 当 $P(x, y)$ 沿某一特殊路径趋于 $P_0(x_0, y_0)$ 时,函数极限不存在.

(2) 当 $P(x, y)$ 沿不同路径趋于 $P_0(x_0, y_0)$ 时,函数趋于不同的值.

所以证明二元函数极限不存在的关键是找路径,常用的路径是沿 x 轴、y 轴、直线 $y = kx$.

例 8.11 证明极限 $\lim\limits_{\substack{x \to 0 \\ y \to 0}} \dfrac{x^2 y^2}{x^2 y^2 + (x - y)^2}$ 不存在.

分析 如果当 $P(x, y)$ 沿不同路径趋于 $P_0(x_0, y_0)$ 时,$f(x, y)$ 趋于不同的值,那么就可以断定这个函数的极限 $\lim\limits_{\substack{x \to x_0 \\ y \to y_0}} f(x, y)$ 不存在.

解答 〈方法一〉 当点 $P(x, y)$ 沿 x 轴趋于点 $(0, 0)$ 时,有

$$\lim_{\substack{x \to 0 \\ y = 0}} \frac{x^2 y^2}{x^2 y^2 + (x - y)^2} = \lim_{x \to 0} \frac{0}{x^2} = 0$$

当点 $P(x,y)$ 沿直线 $y=x$ 趋于点 $(0,0)$ 时,有

$$\lim_{\substack{x \to 0 \\ y = x}} \frac{x^2 y^2}{x^2 y^2 + (x-y)^2} = \lim_{x \to 0} \frac{x^4}{x^4} = 1$$

因此沿不同路径函数趋于不同的值,所以极限 $\lim\limits_{\substack{x \to 0 \\ y \to 0}} \dfrac{x^2 y^2}{x^2 y^2 + (x-y)^2}$ 不存在.

〈方法二〉 当点 $P(x,y)$ 沿 $y = kx$ 趋于点 $(0,0)$ 时,有

$$\lim_{\substack{x \to 0 \\ y = kx}} \frac{x^2 y^2}{x^2 y^2 + (x-y)^2} = \lim_{x \to 0} \frac{k^2 x^4}{k^2 x^4 + x^2(1-k)^2} = \lim_{x \to 0} \frac{k^2 x^2}{k^2 x^2 + (1-k)^2} = \begin{cases} 1, & k = 1 \\ 0, & k \neq 1 \end{cases}$$

故极限 $\lim\limits_{\substack{x \to 0 \\ y \to 0}} \dfrac{x^2 y^2}{x^2 y^2 + (x-y)^2}$ 不存在.

评注 要注意在方法二中,当 $k=1$ 时,函数趋于 1 而不是趋于 0.

例 8.12 证明极限 $\lim\limits_{\substack{x \to 0 \\ y \to 0}} \dfrac{x^2 y}{x^4 + y^2}$ 不存在.

分析 若选择点 $P(x,y)$ 沿 x 轴、y 轴、$y=kx$ 趋于点 $(0,0)$,函数均趋于零,不能证明极限不存在,所以应选择其他路径.

解答 当点 $P(x,y)$ 沿 $y = kx^2$ 趋于点 $(0,0)$ 时,有

$$\lim_{\substack{x \to 0 \\ y = kx^2}} \frac{x^2 y}{x^4 + y^2} = \lim_{x \to 0} \frac{x^2 \cdot kx^2}{x^4 + k^2 x^4} = \frac{k}{1 + k^2}$$

其值随 k 的不同而变化,所以极限不存在.

评注 选择路径时通常要使分子与分母同阶.

8.2.5 二元函数连续性的讨论

例 8.13 讨论函数 $z = \begin{cases} \dfrac{xy}{x^4 + y^2}, & x^4 + y^2 \neq 0 \\ 0, & x^4 + y^2 = 0 \end{cases}$ 的连续性.

分析 当 $(x,y) \neq (0,0)$ 时,$z = \dfrac{xy}{x^4 + y^2}$ 是二元初等函数,显然连续. 关键是讨论在分段点 $(0,0)$ 处的连续性.

解答 下面讨论在分段点 $(0,0)$ 处的连续性.

当点 $P(x,y)$ 沿 $y = kx$ 趋于点 $(0,0)$ 时,有

$$\lim_{\substack{x \to 0 \\ y = kx}} \frac{xy}{x^4 + y^2} = \lim_{x \to 0} \frac{x \cdot kx}{x^4 + k^2 x^2} = \lim_{x \to 0} \frac{k}{x^2 + k^2} = \frac{1}{k}$$

其值随 k 的不同而变化,所以极限 $\lim\limits_{\substack{x \to 0 \\ y \to 0}} \dfrac{xy}{x^4 + y^2}$ 不存在,函数在点 $(0,0)$ 处不连续. 显然当 $(x,y) \neq (0,0)$ 时,$z = \dfrac{xy}{x^4 + y^2}$ 是连续的. 因此函数在平面上除原点以外的点处都连续.

评注 因为一切多元初等函数在其定义区域内都是连续的,所以关于分段函数连续性的讨论,主要是利用连续的定义讨论分段函数在分段点处的连续性.

8.2.6 一般多元显函数偏导数的求法

例 8.14 设 $z = \arctan\left(\dfrac{y}{x}\right) - \cos(xy^2)$，求 $\dfrac{\partial z}{\partial x}$、$\dfrac{\partial z}{\partial y}$.

分析 求 $z = f(x,y)$ 的偏导数，实际上仍就是一元函数的微分法问题. 求 $\dfrac{\partial z}{\partial x}$ 时，只要把 y 看作常量而对 x 求导数；求 $\dfrac{\partial z}{\partial y}$ 时，则只要把 x 看作常量而对 y 求导数.

解答 〈方法一〉 根据多元函数偏导数的定义，直接求偏导数.

$$\frac{\partial z}{\partial x} = \frac{-\dfrac{y}{x^2}}{1 + \left(\dfrac{y}{x}\right)^2} + y^2 \sin(xy^2) = y^2 \sin(xy^2) - \frac{y}{x^2 + y^2}$$

$$\frac{\partial z}{\partial y} = \frac{\dfrac{1}{x}}{1 + \left(\dfrac{y}{x}\right)^2} + 2xy\sin(xy^2) = 2xy\sin(xy^2) + \frac{x}{x^2 + y^2}$$

〈方法二〉 利用全微分形式不变性.

$$\mathrm{d}z = \mathrm{d}\left[\arctan\frac{y}{x}\right] - \mathrm{d}\left[\cos(xy^2)\right] = \frac{1}{1 + \left(\dfrac{y}{x}\right)^2}\mathrm{d}\left(\frac{y}{x}\right) + \sin xy^2 \,\mathrm{d}(xy^2) =$$

$$\frac{1}{1 + \left(\dfrac{y}{x}\right)^2}\frac{x\mathrm{d}y - y\mathrm{d}x}{x^2} + \sin(xy^2)\left[x\mathrm{d}(y^2) + y^2\mathrm{d}x\right] =$$

$$\frac{1}{1 + \left(\dfrac{y}{x}\right)^2}\left(\frac{1}{x}\mathrm{d}y - \frac{y}{x^2}\mathrm{d}x\right) + \sin(xy^2)(2xy\mathrm{d}y + y^2\mathrm{d}x) =$$

$$\left[y^2\sin(xy^2) - \frac{y}{x^2 + y^2}\right]\mathrm{d}x + \left[2xy\sin(xy^2) + \frac{x}{x^2 + y^2}\right]\mathrm{d}y$$

所以
$$\frac{\partial z}{\partial x} = y^2\sin(xy^2) - \frac{y}{x^2 + y^2}, \frac{\partial z}{\partial y} = 2xy\sin(xy^2) + \frac{x}{x^2 + y^2}$$

评注 两种方法相比较第一种方法更直接一些.

例 8.15 设 $f(x,t) = \displaystyle\int_{x-at}^{x+at} \varphi(u)\,\mathrm{d}u$，其中 a 为常数，φ 为连续函数，求 $\dfrac{\partial f}{\partial x}$、$\dfrac{\partial f}{\partial t}$.

分析 二元函数的自变量在定积分的上下限，因此在求偏导数的过程中要使用积分上限函数的求导公式.

解答 $f(x,t) = \displaystyle\int_{x-at}^{x+at} \varphi(u)\,\mathrm{d}u = \int_{x-at}^{0} \varphi(u)\,\mathrm{d}u + \int_{0}^{x+at} \varphi(u)\,\mathrm{d}u$

所以 $\dfrac{\partial f}{\partial x} = \varphi(x+at) - \varphi(x-at)$，$\dfrac{\partial f}{\partial t} = a\left[\varphi(x+at) + \varphi(x-at)\right]$.

评注 本题的关键是要熟悉积分上限函数的求导公式.

例 8.16 设 $u = x^{\frac{y}{z}}$，求 $\dfrac{\partial u}{\partial x}\bigg|_{(e,4,2)}$、$\dfrac{\partial u}{\partial y}\bigg|_{(e,4,2)}$、$\dfrac{\partial u}{\partial z}\bigg|_{(e,4,2)}$.

分析 本题是求多元函数在某点处的偏导数.

解答 〈方法一〉 先求出$\dfrac{\partial u}{\partial x}$、$\dfrac{\partial u}{\partial y}$、$\dfrac{\partial u}{\partial z}$,再代入点$(e,4,2)$,有

$$\frac{\partial u}{\partial x} = \frac{y}{z}x^{\frac{y}{z}-1},\frac{\partial u}{\partial y} = \frac{1}{z}x^{\frac{y}{z}} \cdot \ln x,\frac{\partial u}{\partial z} = -\frac{y}{z^2}x^{\frac{y}{z}} \cdot \ln x$$

所以
$$\frac{\partial u}{\partial x}\bigg|_{(e,4,2)} = 2e,\frac{\partial u}{\partial y} = \frac{e^2}{2},\frac{\partial u}{\partial z} = -e^2$$

〈方法二〉求$\dfrac{\partial u}{\partial x}$在点$(e,4,2)$的值,可将$y=4,z=2$代入函数$u$,转化为求对$x$的一元函数的导数,再将$x=e$代入即可. 同理可以求出$\dfrac{\partial u}{\partial y}\bigg|_{(e,4,2)}$、$\dfrac{\partial u}{\partial z}\bigg|_{(e,4,2)}$.

$$\frac{\partial u}{\partial x}\bigg|_{(e,4,2)} = \frac{\mathrm{d}}{\mathrm{d}x}(x^2)\bigg|_{x=e} = 2e,\frac{\partial u}{\partial y}\bigg|_{(e,4,2)} = \frac{\mathrm{d}}{\mathrm{d}y}(e^{\frac{y}{2}})\bigg|_{y=4} =$$

$$\frac{e^2}{2},\frac{\partial u}{\partial z}\bigg|_{(e,4,2)} = \frac{\mathrm{d}}{\mathrm{d}z}(e^{\frac{4}{z}})\bigg|_{z=2} = -e^2$$

评注 上面两种方法中,第二种方法更为简便,否则先求出偏导数再代入值会很麻烦.

例 8.17 设$f(x,y) = \begin{cases} \dfrac{x^2y}{x^2+y^2},x^2+y^2 \neq 0 \\ 0,x^2+y^2 = 0 \end{cases}$,求$f_x(x,y)$及$f_y(x,y)$.

分析 点$(0,0)$是这个分段函数的分段点.

解答 当$(x,y) \neq (0,0)$时,有$f_x(x,y) = \dfrac{2xy^3}{(x^2+y^2)^2}$,$f_y(x,y) = \dfrac{x^4-x^2y^2}{(x^2+y^2)^2}$

当$(x,y) = (0,0)$时,有

$$f_x(0,0) = \lim_{\Delta x \to 0}\frac{f(0+\Delta x,0) - f(0,0)}{\Delta x} = \lim_{\Delta x \to 0}0 = 0$$

$$f_y(0,0) = \lim_{\Delta y \to 0}\frac{f(0,0+\Delta y) - f(0,0)}{\Delta y} = \lim_{\Delta y \to 0}0 = 0$$

所以 $f_x(x,y) = \begin{cases} \dfrac{2xy^3}{(x^2+y^2)^2},x^2+y^2 \neq 0 \\ 0,x^2+y^2 = 0 \end{cases}$, $f_y(x,y) = \begin{cases} \dfrac{x^4-x^2y^2}{(x^2+y^2)^2},x^2+y^2 \neq 0 \\ 0,x^2+y^2 = 0 \end{cases}$.

评注 分段函数在非分段点处的偏导数用求导法则去求,在分段点处的偏导数用偏导数的定义求.

例 8.18 求曲线$\begin{cases} z = \dfrac{x^2+y^2}{4} \\ y = 4 \end{cases}$ 在点$(2,4,5)$处的切线对于x轴的倾角α.

分析 本题可根据偏导数的几何意义求解,因此要先求出$\dfrac{\partial z}{\partial x}$.

解答 $\dfrac{\partial z}{\partial x}\bigg|_{(2,4,5)} = \dfrac{x}{2}\bigg|_{(2,4,5)} = 1$. 根据偏导数的几何意义知,$\dfrac{\partial z}{\partial x}\bigg|_{(2,4,5)}$ 表示曲线

$\begin{cases} z = \dfrac{x^2+y^2}{4} \\ y = 4 \end{cases}$ 在点$(2,4,5)$处的切线对于x轴斜率,因此对于x轴的倾角$\alpha = \dfrac{\pi}{4}$.

评注 要牢记偏导数的几何意义:$f_x(x_0,y_0)$是曲线$\begin{cases} z=f(x,y) \\ y=y_0 \end{cases}$在点$(x_0,y_0,f(x_0,y_0))$

处的切线关于 x 轴的斜率,$f_y(x_0,y_0)$是曲线$\begin{cases} z=f(x,y) \\ x=x_0 \end{cases}$在点$(x_0,y_0,f(x_0,y_0))$处的切线关

于 y 轴的斜率.

8.2.7 多元复合函数的偏导数的求法

例 8.19 设 $u = f(x,y,z) = x^2 + y^2 + z^2, z = x^2\cos y$,求$\dfrac{\partial u}{\partial x}$、$\dfrac{\partial u}{\partial y}$.

分析 求多元复合函数的偏导数常利用多元复合函数求导法则或全微分形式不变性
来求解.

解答 〈方法一〉 利用多元复合函数的求导法则.

这个复合函数的复合关系如图 8.2 所示.

$$\frac{\partial u}{\partial x} = \frac{\partial f}{\partial x} + \frac{\partial f}{\partial z}\frac{\partial z}{\partial x} = 2x + 2z(2x\cos y) = 2x + 4xz\cos y$$

$$\frac{\partial u}{\partial y} = \frac{\partial f}{\partial y} + \frac{\partial f}{\partial z}\frac{\partial z}{\partial y} = 2y + 2z(-x^2\sin y) = 2y - 2x^2 z\sin y$$

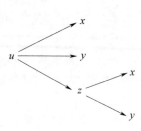

〈方法二〉 利用全微分形式不变性.

$$\mathrm{d}u = \frac{\partial f}{\partial x}\mathrm{d}x + \frac{\partial f}{\partial y}\mathrm{d}y + \frac{\partial f}{\partial z}\mathrm{d}z = 2x\mathrm{d}x + 2y\mathrm{d}y + 2z\mathrm{d}z$$

图 8.2

因为 $z = x^2\cos y$,故 $\mathrm{d}z = 2x\cos y\mathrm{d}x - x^2\sin y\mathrm{d}y$,将 $\mathrm{d}z$ 代入上式,得

$$\mathrm{d}u = 2x\mathrm{d}x + 2y\mathrm{d}y + 2z(2x\cos y\mathrm{d}x - x^2\sin y\mathrm{d}y) =$$
$$(2x + 4xz\cos y)\mathrm{d}x + (2y - 2x^2 z\sin y)\mathrm{d}y$$

所以
$$\frac{\partial u}{\partial x} = 2x + 4xz\cos y, \frac{\partial u}{\partial y} = 2y - 2x^2 z\sin y$$

评注 第一种方法脉络比较清晰,第二种方法要求对全微分形式不变性掌握纯熟.

例 8.20 设 $z = \dfrac{y}{f(x^2 - y^2)}$,其中$f(u)$为可导函数,验证$\dfrac{1}{x}\dfrac{\partial z}{\partial x} + \dfrac{1}{y}\dfrac{\partial z}{\partial y} = \dfrac{z}{y^2}$.

分析 求多元复合函数的偏导数关键是正确地画出复合关系图.

解答 令 $u = x^2 - y^2$,则 $z = \dfrac{y}{f(u)}$. 复合关系图如图 8.3
所示.

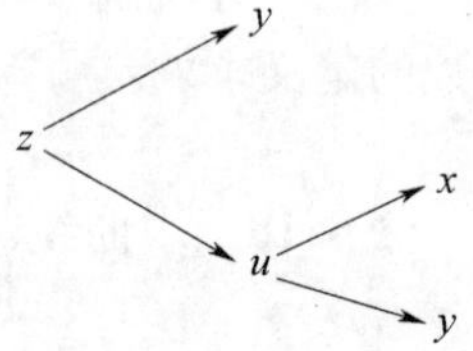

函数 z 是 y 与 $f(u)$ 的商,所以要用商的求导法则. 故

$$\frac{\partial z}{\partial x} = -\frac{y}{f^2(u)}f'(u)\frac{\partial u}{\partial x} = -\frac{2xy \cdot f'(u)}{f^2(u)}$$

图 8.3

$$\frac{\partial z}{\partial y} = \frac{1}{f^2(u)}\Big[1 \cdot f(u) - yf'(u)\frac{\partial u}{\partial y}\Big] =$$

$$\frac{1}{f(u)} - \frac{y}{f^2(u)} \cdot f'(u) \cdot (-2y) = \frac{1}{f(u)} + \frac{2y^2}{f^2(u)} \cdot f'(u)$$

218

所以

$$\frac{1}{x}\frac{\partial z}{\partial x} + \frac{1}{y}\frac{\partial z}{\partial y} = \frac{1}{x}\Big[-\frac{2xy}{f^2(u)} \cdot f'(u) \Big] + \frac{1}{y}\Big[\frac{1}{f(u)} + \frac{2y^2}{f^2(u)} \cdot f'(u) \Big] =$$

$$\frac{-2yf'(u)}{f^2(u)} + \frac{1}{yf(u)} + \frac{2yf'(u)}{f^2(u)} = \frac{1}{yf(u)} = \frac{1}{yf(x^2 - y^2)} = \frac{z}{y^2}$$

评注 复合函数与其他函数进行四则运算而得到的函数,在对其求偏导数时,要同时利用四则运算的求导法则和多元复合函数的求导法则,注意正确运用,二者不可偏废.

例 8.21 设 $z = f(x^2 - y, \varphi(xy))$,其中 $f(u,v)$ 具有连续的二阶偏导数,$\varphi(\omega)$ 二阶可导,求 $\frac{\partial z}{\partial x}, \frac{\partial^2 z}{\partial x \partial y}$.

分析 本题中的多元复合函数是由抽象函数和具体函数复合而成的,所以应先引入中间变量.

解答 令 $u = x^2 - y$,$v = \varphi(xy)$,$\omega = xy$,则复合关系如图 8.4 所示.

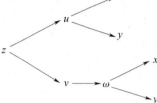

图 8.4

由多元复合函数的求导法则知

$$\frac{\partial z}{\partial x} = \frac{\partial f}{\partial u} \cdot \frac{\partial u}{\partial x} + \frac{\partial f}{\partial v} \cdot \frac{\partial v}{\partial x} = f_1' \cdot 2x + f_2' \cdot \varphi' \cdot y$$

$$\frac{\partial^2 z}{\partial x \partial y} = \frac{\partial}{\partial y}(f_1' \cdot 2x + f_2' \cdot \varphi' \cdot y) = 2x\frac{\partial f_1'}{\partial y} + f_2' \cdot \varphi' + f_2' \cdot y \cdot \varphi'' \cdot x + \varphi' \cdot y \cdot \frac{\partial f_2'}{\partial y} =$$
$$2x[f_{11}'' \cdot (-1) + f_{12}'' \cdot \varphi' \cdot x] + f_2' \cdot \varphi' + f_2' \cdot y \cdot \varphi'' \cdot x + \varphi' \cdot y \cdot$$
$$[f_{21}'' \cdot (-1) + f_{22}'' \cdot \varphi' \cdot x] =$$
$$f_2'(\varphi' + xy\varphi'') - 2xf_{11}'' + xy\varphi'^2 f_{22}'' + (2x^2 - y)\varphi' f_{12}''$$

评注 在求抽象函数的二阶偏导数时,要注意一阶偏导数与原来函数有相同的结构.另外,如果已知函数有连续二阶偏导数,则应根据二阶混合偏导数相等做相应的化简.

例 8.22 设 $u = \varphi(e^x, xy) + xf\left(\frac{y}{x}\right)$,其中 φ 有二阶偏导数,f 二阶可导,求 $\frac{\partial^2 u}{\partial x^2}$.

分析 函数 u 是两个多元复合函数之和,根据四则运算的求导法则,分别求它们的偏导数再相加即为 $\frac{\partial u}{\partial x}$.

解答 $\frac{\partial u}{\partial x} = e^x \varphi_1' + y\varphi_2' + f\left(\frac{y}{x}\right) - \frac{y}{x}f'\left(\frac{y}{x}\right)$

$$\frac{\partial^2 u}{\partial x^2} = e^x \varphi_1' + e^x \frac{\partial \varphi_1'}{\partial x} + y\frac{\partial \varphi_2'}{\partial x} - \frac{y}{x^2}f'\left(\frac{y}{x}\right) + \frac{y}{x^2}f'\left(\frac{y}{x}\right) + \frac{y^2}{x^3}f''\left(\frac{y}{x}\right) =$$
$$e^x \varphi_1' + e^x(e^x \varphi_{11}'' + y\varphi_{12}'') + y(e^x \varphi_{21}'' + y\varphi_{22}'') + \frac{y^2}{x^3}f''\left(\frac{y}{x}\right)$$

评注 本题中函数 φ 的二阶偏导数并不连续,因此二阶混合偏导数未必相等,所以结论中 φ 的二阶混合偏导数不能合并化简.

8.2.8 隐函数的偏导数的求法

例 8.23 设 $e^z - xyz = 0$.

(1)求 $\frac{\partial z}{\partial x}$ 及 $\frac{\partial z}{\partial y}$.

（2）求$\dfrac{\partial^2 z}{\partial x^2}$.

分析　这是求三元方程$F(x,y,z)=0$确定的二元隐函数$z=z(x,y)$的偏导数问题.

解答　（1）〈方法一〉　利用隐函数求导公式.

令$F(x,y,z)=\mathrm{e}^z-xyz$,则$F_x=-yz,F_y=-xz,F_z=\mathrm{e}^z-xy$

由隐函数求导公式,得$\dfrac{\partial z}{\partial x}=-\dfrac{F_x}{F_z}=\dfrac{yz}{\mathrm{e}^z-xy},\dfrac{\partial z}{\partial y}=-\dfrac{F_y}{F_z}=\dfrac{xz}{\mathrm{e}^z-xy}$.

〈方法二〉　利用复合函数求导法则.

方程两边对x求偏导数,得

$$\mathrm{e}^z\frac{\partial z}{\partial x}-yz-xy\frac{\partial z}{\partial x}=0$$

解出$\dfrac{\partial z}{\partial x}=\dfrac{yz}{\mathrm{e}^z-xy}$.

方程两边对y求偏导数,得

$$\mathrm{e}^z\frac{\partial z}{\partial y}-xz-xy\frac{\partial z}{\partial y}=0$$

解出　$\dfrac{\partial z}{\partial y}=\dfrac{xz}{\mathrm{e}^z-xy}$.

〈方法三〉　利用全微分形式不变性.

因　　　　　　　　　　　　　　$\mathrm{d}(\mathrm{e}^z-xyz)=0$

故　　　　　　　　$\mathrm{d}(\mathrm{e}^z)-\mathrm{d}(xyz)=\mathrm{e}^z\mathrm{d}z-(yz\mathrm{d}x+xz\mathrm{d}y+xy\mathrm{d}z)=0$

因此　　　　　　　　　　$\mathrm{d}z=\dfrac{yz}{\mathrm{e}^z-xy}\mathrm{d}x+\dfrac{xz}{\mathrm{e}^z-xy}\mathrm{d}y$

所以　　　　　　　　　　$\dfrac{\partial z}{\partial x}=\dfrac{yz}{\mathrm{e}^z-xy},\dfrac{\partial z}{\partial y}=\dfrac{xz}{\mathrm{e}^z-xy}$

（2）$\dfrac{\partial^2 z}{\partial x^2}=\dfrac{\partial}{\partial x}\left(\dfrac{yz}{\mathrm{e}^z-xy}\right)=\dfrac{y\dfrac{\partial z}{\partial x}(\mathrm{e}^z-xy)-yz\left(\mathrm{e}^z\dfrac{\partial z}{\partial x}-y\right)}{(\mathrm{e}^z-xy)^2}=\dfrac{2y^2z(\mathrm{e}^z-xy)-y^2z^2\mathrm{e}^z}{(\mathrm{e}^z-xy)^3}$.

评注　求隐函数的一阶偏导数的几种方法要加以区别不要混淆,若利用隐函数求导公式,则在求F_x、F_y、F_z时,x、y、z都视为自变量,也就是说,x、y、z三者是相互独立的,不存在函数关系.如果利用复合函数求导法则,那么z是关于x、y的二元隐函数,存在函数关系.

求隐函数的二阶偏导数时,要注意一阶偏导数的表达式中,z仍然是关于x、y的函数.因此可以利用复合函数的求导法则求出二阶偏导数.

例8.24　设$\Phi(u,v)$具有连续偏导数,证明由方程$\Phi(cx-az,cy-bz)=0$所确定的函数$z=f(x,y)$满足$a\dfrac{\partial z}{\partial x}+b\dfrac{\partial z}{\partial y}=c$.

分析　要想证明等式成立,就要求出偏导数$\dfrac{\partial z}{\partial x}$及$\dfrac{\partial z}{\partial y}$,所以本题归结为隐函数求导.

解答　〈方法一〉　利用隐函数求导公式.

令$F(x,y,z)=\Phi(cx-az,cy-bz)=0$,则$F_x=c\Phi'_1,F_y=c\Phi'_2,F_z=-a\Phi'_1-b\Phi'_2$.

由隐函数求导公式,得 $\dfrac{\partial z}{\partial x} = -\dfrac{F_x}{F_z} = \dfrac{c\Phi'_1}{a\Phi'_1 + b\Phi'_2}, \dfrac{\partial z}{\partial y} = -\dfrac{F_y}{F_z} = \dfrac{c\Phi'_2}{a\Phi'_1 + b\Phi'_2}.$

因此 $a\dfrac{\partial z}{\partial x} + b\dfrac{\partial z}{\partial y} = c.$

〈方法二〉 利用复合函数求导法则.

方程两边对 x 求偏导数,得

$$\Phi'_1\left(c - a\dfrac{\partial z}{\partial x}\right) + \Phi'_2\left(-b\dfrac{\partial z}{\partial x}\right) = 0$$

解出 $\dfrac{\partial z}{\partial x} = \dfrac{c\Phi'_1}{a\Phi'_1 + b\Phi'_2}.$

方程两边对 y 求偏导数,得

$$\Phi'_1\left(-a\dfrac{\partial z}{\partial y}\right) + \Phi'_2\left(c - b\dfrac{\partial z}{\partial y}\right) = 0$$

解出 $\dfrac{\partial z}{\partial y} = \dfrac{c\Phi'_2}{a\Phi'_1 + b\Phi'_2}.$ 即可得证.

评注 用 Φ'_1 或 Φ'_2 表示对 Φ 的第一个变量或第二个变量求偏导数,可给表述带来很大方便,而无需引入中间变量.

例 8.25 设 $z = f(x+y+z, xyz)$,其中 f 有连续的一阶偏导数,求 $(1)\dfrac{\partial z}{\partial x}$;$(2)\dfrac{\partial x}{\partial y}$.

分析 z 看成 x、y 的函数,求偏导数得到 $\dfrac{\partial z}{\partial x}$. x 看成 y、z 的函数,求偏导数得到 $\dfrac{\partial x}{\partial y}$.

解答 (1)三元方程 $z = f(x+y+z, xyz)$ 确定隐函数 $z = z(x, y)$,方程两边对 x 求偏导数,得

$$\dfrac{\partial z}{\partial x} = f_1' \cdot \left(1 + \dfrac{\partial z}{\partial x}\right) + f_2' \cdot \left(yz + xy\dfrac{\partial z}{\partial x}\right)$$

解出 $\dfrac{\partial z}{\partial x} = \dfrac{f_1' + yzf_2'}{1 - f_1' - xyf_2'}.$

(2) 三元方程 $z = f(x+y+z, xyz)$ 确定隐函数 $x = x(y, z)$,方程两边对 y 求偏导数,得

$$0 = f_1' \cdot \left(\dfrac{\partial x}{\partial y} + 1\right) + f_2' \cdot \left(xz + yz\dfrac{\partial x}{\partial y}\right)$$

解出 $\dfrac{\partial x}{\partial y} = -\dfrac{f_1' + xzf_2'}{f_1' + yzf_2'}.$

评注 求隐函数的偏导数时,哪个是自变量,哪个是函数,要根据所求的偏导数而定.

例 8.26 已知 $\begin{cases} z = x^2 + y^2 \\ x^2 + 2y^2 + 3z^2 = 20 \end{cases}$,求 $\dfrac{dy}{dx}, \dfrac{dz}{dx}.$

分析 本题是求三元方程组 $\begin{cases} F(x, y, z) = 0 \\ G(x, y, z) = 0 \end{cases}$ 确定的两个一元隐函数 $y = y(x)$,$z = z(x)$ 的导数.

解答 将方程组两边对 x 求导数,得

$$\begin{cases} \dfrac{dz}{dx} = 2x + 2y\dfrac{dy}{dx} \\[2mm] 2x + 4y\dfrac{dy}{dx} + 6z\dfrac{dz}{dx} = 0 \end{cases}$$

解出 $\dfrac{\mathrm{d}y}{\mathrm{d}x} = -\dfrac{x(6z+1)}{2y(3z+1)}, \dfrac{\mathrm{d}z}{\mathrm{d}x} = \dfrac{x}{3z+1}.$

评注 尽管由方程组确定的隐函数的偏导数有相应的公式,但在具体解题中常利用公式的推导过程求偏导数,无需记该公式.

例 8.27 已知 $\begin{cases} x = \mathrm{e}^u + u\sin v \\ y = \mathrm{e}^u - u\cos v \end{cases}$,求 $\dfrac{\partial u}{\partial x}$、$\dfrac{\partial v}{\partial x}$.

分析 本题是求四元方程组 $\begin{cases} F(x,y,u,v) = 0 \\ G(x,y,u,v) = 0 \end{cases}$ 确定两个二元隐函数 $u = u(x,y)$,$v = v(x,y)$ 的偏导数.

解答 将方程组两边对 x 求导数,得

$$\begin{cases} (\mathrm{e}^u + \sin v)\dfrac{\partial u}{\partial x} + u\cos v\,\dfrac{\partial v}{\partial x} = 1 \\[2mm] (\mathrm{e}^u - \cos v)\dfrac{\partial u}{\partial x} + u\sin v\,\dfrac{\partial v}{\partial x} = 0 \end{cases}$$

解得 $\dfrac{\partial u}{\partial x} = \dfrac{\sin v}{\mathrm{e}^u(\sin v - \cos v) + 1}, \dfrac{\partial v}{\partial x} = \dfrac{\cos v - \mathrm{e}^u}{u[\mathrm{e}^u(\sin v - \cos v) + 1]}.$

评注 在对方程组确定的隐函数求偏导数的过程中,要注意相应的函数关系,弄清哪些变量是相关的,哪些变量之间是不相关的.

8.2.9 全微分的求法

例 8.28 设 $z = \mathrm{e}^{-x}\sin\dfrac{x}{y}$,求 $\mathrm{d}z$.

分析 本题是求多元函数的全微分,可利用全微分公式或全微分形式不变性来求解.

解答 〈方法一〉 利用全微分公式.

$$\dfrac{\partial z}{\partial x} = \dfrac{\mathrm{e}^{-x}}{y}\cos\dfrac{x}{y} - \mathrm{e}^{-x}\sin\dfrac{x}{y}, \dfrac{\partial z}{\partial y} = -\dfrac{x}{y^2}\mathrm{e}^{-x}\cos\dfrac{x}{y}$$

所以

$$\mathrm{d}z = \left(\dfrac{\mathrm{e}^{-x}}{y}\cos\dfrac{x}{y} - \mathrm{e}^{-x}\sin\dfrac{x}{y}\right)\mathrm{d}x + \left(-\dfrac{x}{y^2}\mathrm{e}^{-x}\cos\dfrac{x}{y}\right)\mathrm{d}y$$

〈方法二〉 利用全微分形式不变性.

$$\mathrm{d}z = \mathrm{d}\left(\mathrm{e}^{-x}\sin\dfrac{x}{y}\right) = \sin\dfrac{x}{y}\mathrm{d}(\mathrm{e}^{-x}) + \mathrm{e}^{-x}\mathrm{d}\left(\sin\dfrac{x}{y}\right) =$$

$$- \mathrm{e}^{-x}\sin\dfrac{x}{y}\mathrm{d}x + \mathrm{e}^{-x}\cos\dfrac{x}{y}\mathrm{d}\left(\dfrac{x}{y}\right) = -\mathrm{e}^{-x}\sin\dfrac{x}{y}\mathrm{d}x + \mathrm{e}^{-x}\cos\dfrac{x}{y}\left(\dfrac{y\mathrm{d}x - x\mathrm{d}y}{y^2}\right) =$$

$$\left(\dfrac{\mathrm{e}^{-x}}{y}\cos\dfrac{x}{y} - \mathrm{e}^{-x}\sin\dfrac{x}{y}\right)\mathrm{d}x + \left(-\dfrac{x}{y^2}\mathrm{e}^{-x}\cos\dfrac{x}{y}\right)\mathrm{d}y$$

评注 两种方法各有优劣,第一种方法要记清楚全微分公式,第二种方法要熟练掌握全微分形式不变性.

例 8.29 设 $z = xy^2 f[x+y, g(x,y)]$,其中 f、g 具有连续的一阶偏导数,求 $\mathrm{d}z$.

分析 令 $u = x + y, v = g(x,y), f(u,v), g(x,y)$ 均为二元函数,函数中既有四则运算,

又有复合运算.

解答 $\mathrm{d}z = y^2 f \mathrm{d}x + 2xyf\mathrm{d}y + xy^2 [f_1' \cdot \mathrm{d}(x+y) + f_2' \cdot \mathrm{d}(g(x,y))] =$
$y^2 f \mathrm{d}x + 2xyf\mathrm{d}y + xy^2 [f_1'(\mathrm{d}x + \mathrm{d}y) + f_2'(g_1'\mathrm{d}x + g_2'\mathrm{d}y)] =$
$y^2(f + xf_1' + xf_2'g_1')\mathrm{d}x + xy(2f + yf_1' + yf_2'g_2')\mathrm{d}y$

评注 本题利用全微分形式不变性求 $\mathrm{d}z$,在这个过程中不必区分自变量和中间变量,因而不易出错.

例 8.30 试讨论多元函数连续、偏导数存在、可微的关系.

分析 由多元函数连续、偏导数存在、可微的定义可推得它们之间的关系.

解答

图 8.5 说明了多元函数连续、偏导数存在、可微的关系,举反例如下.

① 函数 $f(x,y) = \begin{cases} \dfrac{xy}{x^2+y^2}, & x^2+y^2 \neq 0 \\ 0, & x^2+y^2 = 0 \end{cases}$ 在 $(0,0)$

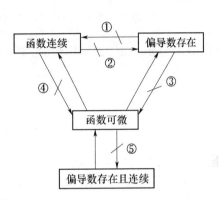

图 8.5

点偏导数存在,但不连续.

② 函数 $f(x,y) = \sqrt{x^2+y^2}$ 在 $(0,0)$ 点连续,但偏导数不存在.

③ 函数 $f(x,y) = \begin{cases} \dfrac{xy}{\sqrt{x^2+y^2}}, & x^2+y^2 \neq 0 \\ 0, & x^2+y^2 = 0 \end{cases}$

在 $(0,0)$ 点偏导数存在,但不可微.

④ 函数 $f(x,y) = \sqrt{x^2+y^2}$ 在 $(0,0)$ 点连续,但不可微.

⑤ 函数 $f(x,y) = \begin{cases} xy\sin\dfrac{1}{\sqrt{x^2+y^2}}, & (x,y) \neq (0,0) \\ 0, & (x,y) = (0,0) \end{cases}$ 在 $(0,0)$ 点可微,偏导数存在但偏导

数不连续.

评注 多元函数连续、可导、可微的关系与一元函数有所不同,要加以区分.

8.2.10 方向导数与梯度的求法

例 8.31 求函数 $u = \mathrm{e}^{xyz} + x^2 + y^2$ 在点 $M(1,1,1)$ 处沿曲线 $x = t, y = 2t^2 - 1, z = t^3$ 在此点切线方向上的方向导数.

分析 利用方向导数公式求方向导数时,不仅要求出偏导数,还要求出给定的方向向量,而本题中方向向量是空间曲线的切向量.

解答 曲线 $\begin{cases} x = t \\ y = 2t^2 - 1 \\ z = t^3 \end{cases}$ 在点 $M(1,1,1)$ 处的切线的方向向量为 $\boldsymbol{T} = \pm(1, 4t, 3t^2)|_M =$

$\pm(1,4,3)$,则与切向量同方向的单位向量为 $\boldsymbol{e}_T = \pm\left(\dfrac{1}{\sqrt{26}}, \dfrac{4}{\sqrt{26}}, \dfrac{3}{\sqrt{26}}\right)$.

又 $\dfrac{\partial u}{\partial x}\bigg|_{(1,1,1)} = (yz\mathrm{e}^{xyz} + 2x)|_{(1,1,1)} = 2 + \mathrm{e}, \dfrac{\partial u}{\partial y}\bigg|_{(1,1,1)} = (xz\mathrm{e}^{xyz} + 2y)|_{(1,1,1)} = 2 + \mathrm{e}$

$$\left.\frac{\partial u}{\partial z}\right|_{(1,1,1)} = \left(xy\mathrm{e}^{xyz}\right)\big|_{(1,1,1)} = \mathrm{e}$$

故 $\qquad \left.\dfrac{\partial u}{\partial T}\right|_{(1,1,1)} = \pm\left[(2+\mathrm{e})\cdot\dfrac{1}{\sqrt{26}} + (2+\mathrm{e})\cdot\dfrac{4}{\sqrt{26}} + \mathrm{e}\cdot\dfrac{3}{\sqrt{26}}\right] = \pm\dfrac{8\mathrm{e}+10}{\sqrt{26}}$

评注 要注意切线方向有两个方向,因此答案有两个值.

例 8.32 求函数 $u = x + y + z$ 在球面 $x^2 + y^2 + z^2 = 3$ 上点 $M_0(1,1,1)$ 处沿着球面在这点的外法线方向的方向导数.

分析 要求沿外法线方向的方向导数,关键要求出法向量.

解答 设 $F(x,y,z) = x^2 + y^2 + z^2 - 3$,于是球面在点 $M_0(1,1,1)$ 处的法向量为

$$\pm(2x,2y,2z)\big|_{(1,1,1)} = \pm(2,2,2)$$

外法向量为 $\boldsymbol{n} = (2,2,2)$,单位化,得 $\boldsymbol{e}_n = \left(\dfrac{\sqrt{3}}{3}, \dfrac{\sqrt{3}}{3}, \dfrac{\sqrt{3}}{3}\right)$.

又 $\qquad \left.\dfrac{\partial u}{\partial x}\right|_{(1,1,1)} = 1, \left.\dfrac{\partial u}{\partial y}\right|_{(1,1,1)} = 1, \left.\dfrac{\partial u}{\partial z}\right|_{(1,1,1)} = 1$

故 $\qquad \left.\dfrac{\partial u}{\partial \boldsymbol{n}}\right|_{(1,1,1)} = \left.\left(\dfrac{\partial u}{\partial x}\cos\alpha + \dfrac{\partial u}{\partial y}\cos\beta + \dfrac{\partial u}{\partial z}\cos\gamma\right)\right|_{(1,1,1)} = \sqrt{3}$

评注 在求方向导数时,注意要把方向向量单位化,然后才能使用方向导数的公式.此外,要注意本题中外法向量取正号.

例 8.33 设 x 轴正向到方向 L 的转角为 φ,求函数 $f(x,y) = x^2 - xy + y^2$ 在点 $(1,1)$ 处沿方向 L 的方向导数;并分别确定转角 φ,使该导数有:(1)最大值;(2)最小值;(3)等于 0.

分析 本题可以直接求出方向导数,再找出使得方向导数最大、最小或为零的转角 φ;也可以利用方向导数与梯度的关系去求.

解答 〈方法一〉 因为方向 L 的方向角为 φ、$\dfrac{\pi}{2} - \varphi$,所以 L 的方向余弦为 $\cos\varphi$、$\sin\varphi$.

又 $\qquad \left.\dfrac{\partial f}{\partial x}\right|_{(1,1)} = (2x-y)\big|_{(1,1)} = 1, \left.\dfrac{\partial f}{\partial y}\right|_{(1,1)} = (-x+2y)\big|_{(1,1)} = 1$

故 $\qquad \left.\dfrac{\partial f}{\partial l}\right|_{(1,1)} = \left.\left(\dfrac{\partial f}{\partial x}\cos\alpha + \dfrac{\partial f}{\partial y}\cos\beta\right)\right|_{(1,1)} = \cos\varphi + \sin\varphi = \sqrt{2}\sin\left(\varphi + \dfrac{\pi}{4}\right)$

所以:

(1)当 $\sin\left(\varphi + \dfrac{\pi}{4}\right) = 1$,即 $\varphi = \dfrac{\pi}{4}$ 时,方向导数最大;

(2)当 $\sin\left(\varphi + \dfrac{\pi}{4}\right) = -1$,即 $\varphi = \dfrac{5\pi}{4}$ 时,方向导数最小;

(3)当 $\sin\left(\varphi + \dfrac{\pi}{4}\right) = 0$,即 $\varphi = \dfrac{3\pi}{4}$ 或 $\varphi = \dfrac{7\pi}{4}$ 时,方向导数为零.

〈方法二〉 根据方向导数与梯度的关系,得:

(1)沿梯度 $\mathrm{grad}f(1,1) = (1,1)$ 方向方向导数最大,即 $\varphi = \dfrac{\pi}{4}$ 时,方向导数最大;

(2)沿梯度 $\mathrm{grad}f(1,1) = (1,1)$ 反方向方向导数最小,即 $\varphi = \dfrac{5\pi}{4}$ 时,方向导数最小;

（3）沿与梯度 $\mathrm{grad}f(1,1)=(1,1)$ 垂直的方向方向导数为零，即 $\varphi=\dfrac{3\pi}{4}$ 或 $\varphi=\dfrac{7\pi}{4}$ 时，方向导数为零.

评注　利用方向导数与梯度的关系来解题会更加简便.

8.2.11　多元函数微分学的几何应用

例 8.34　求曲线 $\begin{cases} x^2=3y \\ 2xz=1 \end{cases}$ 在点 $\left(3,3,\dfrac{1}{6}\right)$ 处的切线和法平面方程.

分析　表面上看，曲线是由一般式方程给出的，但是从方程中 y、z 可以解出用 x 来表示，因此可以写出以 x 为参数的曲线的参数方程.

解答　以 x 为参数的曲线的参数方程为

$$\begin{cases} x = x \\ y = \dfrac{x^2}{3} \\ z = \dfrac{1}{2x} \end{cases}$$

则曲线在点 $\left(3,3,\dfrac{1}{6}\right)$ 处的切向量为 $\boldsymbol{T}=\left(1,\dfrac{2}{3}x,-\dfrac{1}{2x^2}\right)\Big|_{\left(3,3,\frac{1}{6}\right)}=\left(1,2,-\dfrac{1}{18}\right)$，不妨取 $\boldsymbol{T}=(18,36,-1)$，故曲线在点 $\left(3,3,\dfrac{1}{6}\right)$ 处的切线和法平面方程分别为

$$\frac{x-3}{18}=\frac{y-3}{36}=\frac{z-\dfrac{1}{6}}{-1}$$

$$18(x-3)+36(y-3)-\left(z-\frac{1}{6}\right)=0$$

即 $108x+216y-6z=971$.

评注　本题如果按照曲线的一般式方程也可以求解，但比较繁琐，因此如果可以化为参数方程，则要先化为参数方程再求解.

例 8.35　求螺旋线 $\begin{cases} x=a\cos t \\ y=a\sin t \\ z=bt \end{cases}$ 在任意点 t_0 处的切线方程，并证明曲线上任意点的切线与 z 轴交成定角.

分析　本题先求空间曲线的切线，再证明切线满足某一性质，即与坐标轴交成定角.

解答　曲线在 t_0 处的切向量 $\boldsymbol{T}=(-a\sin t,a\cos t,b)\big|_{t=t_0}=(-a\sin t_0,a\cos t_0,b)$，所以在任意点 t_0 处的切线方程为

$$\frac{x-a\cos t_0}{-a\sin t_0}=\frac{y-a\sin t_0}{a\cos t_0}=\frac{z-bt_0}{b}$$

切向量 $\boldsymbol{T}$ 与 z 轴夹角的余弦为

$$\cos\gamma=\frac{b}{\sqrt{(-a\sin t_0)^2+(a\cos t_0)^2+b^2}}=\frac{b}{\sqrt{a^2+b^2}}$$

可见切线与 z 轴交成定角.

评注 本题的关键是先求出切向量,再讨论与 z 轴的成角.

例 8.36 求椭球面 $x^2 + y^2 + 4z^2 = 13$ 与单叶旋转双曲面 $x^2 + y^2 - 4z^2 = 11$ 在点 $\left(2\sqrt{2}, 2, \dfrac{1}{2}\right)$ 处两曲面交线的切线方程.

分析 空间曲线是由一般式方程给出的,关键是求出切向量.

解答 〈方法一〉 曲线的一般式方程为 $\begin{cases} x^2 + y^2 + 4z^2 = 13 \\ x^2 + y^2 - 4z^2 = 11 \end{cases}$,两边对 x 求导,得

$$\begin{cases} 2x + 2y\dfrac{dy}{dx} + 8z\dfrac{dz}{dx} = 0 \\[2mm] 2x + 2y\dfrac{dy}{dx} - 8z\dfrac{dz}{dx} = 0 \end{cases}$$

解得 $\dfrac{dy}{dx} = -\dfrac{x}{y}, \dfrac{dz}{dx} = 0$.

曲线在点 $\left(2\sqrt{2}, 2, \dfrac{1}{2}\right)$ 处的切向量 $\boldsymbol{T} = \left(1, \dfrac{dy}{dx}, \dfrac{dz}{dx}\right)\Big|_{(2\sqrt{2}, 2, \frac{1}{2})} = (1, -\sqrt{2}, 0)$,故曲线在点 $\left(2\sqrt{2}, 2, \dfrac{1}{2}\right)$ 处的切线方程为

$$\frac{x - 2\sqrt{2}}{1} = \frac{y - 2}{-\sqrt{2}} = \frac{z - \dfrac{1}{2}}{0}$$

〈方法二〉 椭球面与双曲面在点 $\left(2\sqrt{2}, 2, \dfrac{1}{2}\right)$ 处切平面的法向量分别为

$$\boldsymbol{n}_1 = (2x, 2y, 8z)\big|_{(2\sqrt{2}, 2, \frac{1}{2})} = 4(\sqrt{2}, 1, 1)$$
$$\boldsymbol{n}_2 = (2x, 2y, -8z)\big|_{(2\sqrt{2}, 2, \frac{1}{2})} = 4(\sqrt{2}, 1, -1)$$

则两曲面交线的切向量,取 $\boldsymbol{T} = \dfrac{\boldsymbol{n}_1}{4} \times \dfrac{\boldsymbol{n}_2}{4} = -2(1, -\sqrt{2}, 0)$,故曲线在点 $\left(2\sqrt{2}, 2, \dfrac{1}{2}\right)$ 处的切线方程为

$$\frac{x - 2\sqrt{2}}{1} = \frac{y - 2}{-\sqrt{2}} = \frac{z - \dfrac{1}{2}}{0}$$

评注 若空间曲线由一般式方程给出,可以采取上面两种方法求出切向量,第二种方法更为简便一些.

例 8.37 试证曲面 $z = x e^{\frac{y}{x}}$ 上所有点处的切平面都通过一定点.

分析 本题是证明曲面的切平面满足某一性质,即过一定点.

解答 设曲面上任意一点 $M(x_0, y_0, z_0)$,令 $F(x, y, z) = x e^{\frac{y}{x}} - z$,则曲面在点 $M(x_0, y_0, z_0)$ 处的法向量为 $\boldsymbol{n} = (F_x(x_0, y_0, z_0), F_y(x_0, y_0, z_0), F_z(x_0, y_0, z_0)) = \left(\dfrac{(x_0 - y_0)e^{\frac{y_0}{x_0}}}{x_0}, e^{\frac{y_0}{x_0}}, -1\right)$,故曲面在点 M 处的切平面为

226

$$\frac{(x_0 - y_0)e^{\frac{y_0}{x_0}}}{x_0}(x - x_0) + e^{\frac{y_0}{x_0}}(y - y_0) - (z - z_0) = 0$$

显然过定点$(0,0,0)$.

评注 解题的关键是设曲面上任意一点$M(x_0,y_0,z_0)$,写出切平面方程,再利用切平面方程讨论切平面过一定点.

例 8.38 求曲面$x^2 + 2y^2 + 3z^2 = 21$的平行于平面$x + 4y + 6z = 0$的切平面方程.

分析 解题的关键是设曲面上任意一点$M(x_0,y_0,z_0)$,写出切平面方程,利用切平面与已知平面平行的性质,求出该点.

解答 设曲面上任意一点$M(x_0,y_0,z_0)$,令$F(x,y,z) = x^2 + 2y^2 + 3z^2 - 21$,则曲面在点$M(x_0,y_0,z_0)$处的法向量为

$$\boldsymbol{n} = (F_x(x_0,y_0,z_0), F_y(x_0,y_0,z_0), F_z(x_0,y_0,z_0)) = (2x_0, 4y_0, 6z_0)$$

故曲面在点M处的切平面为

$$2x_0(x - x_0) + 4y_0(y - y_0) + 6z_0(z - z_0) = 0$$

已知平面的法向量为$(1,4,6)$,由已知平面与所求切平面平行,得

$$\frac{2x_0}{1} = \frac{4y_0}{4} = \frac{6z_0}{6}$$

即$2x_0 = y_0 = z_0$,代入曲面方程得$x_0 = \pm 1$,于是,切点为$(1,2,2)$或$(-1,-2,-2)$,故切平面方程为

$$x + 4y + 6z = 21 \quad \text{或} \quad x + 4y + 6z = -21$$

评注 注意本题求出的切点有两个,因此有两个切平面方程.

例 8.39 求曲面$z = xy$的垂直于平面$x + 3y + z + 9 = 0$的法线方程.

分析 这是求曲面满足某一性质的法线,即与已知平面垂直.

解答 设曲面上任意一点$M(x_0,y_0,z_0)$,令$F(x,y,z) = z - xy$,则曲面在点$M(x_0,y_0,z_0)$处的法向量为

$$\boldsymbol{n} = (F_x(x_0,y_0,z_0), F_y(x_0,y_0,z_0), F_z(x_0,y_0,z_0)) = (-y_0, -x_0, 1)$$

故曲面在点M处的法线为

$$\frac{x - x_0}{-y_0} = \frac{y - y_0}{-x_0} = \frac{z - z_0}{1}$$

已知平面的法向量为$\boldsymbol{n}_1 = (1,3,1)$,因为已知平面与所求法线垂直,故$\boldsymbol{n}_1$与$\boldsymbol{n}$平行,即

$$\frac{-y_0}{1} = \frac{-x_0}{3} = \frac{1}{1}$$

解得$x_0 = -3, y_0 = -1, z_0 = 3$,于是点$M$为$(-3,-1,3)$,曲面在点$M$处的法线为

$$\frac{x+3}{1} = \frac{y+1}{3} = \frac{z-3}{1}$$

评注 解题的关键是设曲面上任意一点$M(x_0,y_0,z_0)$,写出法线方程,利用法线与已知平面垂直的性质,求出该点.

8.2.12 多元函数极值与最值的求法

例 8.40 求函数 $f(x,y) = (6x - x^2)(4y - y^2)$ 的极值.

分析 这是求多元函数的无条件极值. 首先应求出所有驻点,然后根据取极值的充分条件,逐一判别这些驻点是否为极值点.

解答 先解方程组

$$\begin{cases} f_x(x,y) = (4y - y^2)(6 - 2x) = 0 \\ f_y(x,y) = (4 - 2y)(6x - x^2) = 0 \end{cases}$$

求得驻点为 $(3,2)$、$(0,0)$、$(6,0)$、$(0,4)$、$(6,4)$.

再求二阶偏导数

$$A = f_{xx} = -2(4y - y^2), B = f_{xy} = (6 - 2x)(4 - 2y), C = f_{yy} = -2(6x - x^2)$$

在点 $(3,2)$ 处 $AC - B^2 > 0$,又 $A = -8 < 0$,故函数在此点有极大值,$f(3,2) = 36$.

在点 $(0,0)$、$(6,0)$、$(0,4)$、$(6,4)$ 处 $AC - B^2 < 0$,故函数在这些点处没有极值.

评注 要正确地找出驻点. 方程组 $\begin{cases} f_x(x,y) = 0 \\ f_y(x,y) = 0 \end{cases}$ 的解 (x,y) 是函数的驻点,如点 $(3,0)$ 并不是函数的驻点.

例 8.41 求由方程 $x^2 + y^2 + z^2 - 2x + 2y - 4z - 10 = 0$ 确定的函数 $z = f(x,y)$ 的极值.

分析 本题是关于隐函数求极值的问题,可利用取极值的充分条件,先求出所有驻点,然后逐一判别这些驻点是否为极值点. 问题的关键是利用隐函数的求导法,求出一阶及二阶偏导数.

解答 〈方法一〉 利用取极值的充分条件. 令 $F(x,y,z) = x^2 + y^2 + z^2 - 2x + 2y - 4z - 10$,由隐函数的求导公式,得

$$\frac{\partial z}{\partial x} = -\frac{F_x}{F_z} = -\frac{x-1}{z-2}, \frac{\partial z}{\partial y} = -\frac{F_y}{F_z} = -\frac{y+1}{z-2}$$

解方程组 $\begin{cases} \dfrac{\partial z}{\partial x} = 0 \\ \dfrac{\partial z}{\partial y} = 0 \end{cases}$,得 $x = 1, y = -1$,即驻点为 $(1, -1)$,代入原方程得 $z = -2$ 或 $z = 6$.

又 $A = \dfrac{\partial^2 z}{\partial x^2} = \dfrac{(2-z)^2 + (x-1)^2}{(2-z)^3}, B = \dfrac{\partial^2 z}{\partial x \partial y} = \dfrac{(y+1)(x-1)}{(2-z)^3}, C = \dfrac{\partial^2 z}{\partial y^2} = \dfrac{(2-z)^2 + (y+1)^2}{(2-z)^3}$.

故在点 $(1, -1, -2)$ 处 $AC - B^2 = \dfrac{1}{16} > 0$,又 $A = \dfrac{1}{4} > 0$,所以函数在此点处有极小值 $z = -2$,

在点 $(1, -1, 6)$,$AC - B^2 = \dfrac{1}{16} > 0$,又 $A = -\dfrac{1}{4} < 0$,所以函数在此点处有极大值 $z = 6$.

〈方法二〉 配方.

原方程变形为 $(x-1)^2 + (y+1)^2 + (z-2)^2 = 16$,于是

$$z = 2 \pm \sqrt{16 - (x-1)^2 - (y+1)^2}$$

易见,当 $x = 1, y = -1$ 时,函数有极大值 $z = 6$,有极小值 $z = -2$.

评注 第二种方法更为简便.

例 8.42 求函数 $z = f(x, y) = x^3 + y^3 - 3xy$ 在区域 $D: -1 \leqslant x \leqslant 2, 0 \leqslant y \leqslant 2$ 上的最大值和最小值.

分析 本题是求有界闭区域上多元连续函数的最大值和最小值的问题,求法与一元函数类似.

解答 易见所给函数处处可微. 区域 D 如图 8.6 所示.

(1) 先求 $z = f(x, y)$ 在 D 内的驻点. 解方程组

$$\begin{cases} f_x(x, y) = 3x^2 - 3y = 0 \\ f_y(x, y) = 3y^2 - 3x = 0 \end{cases}$$

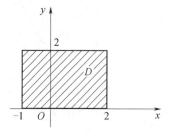

图 8.6

求得区域 D 内的驻点为 $(0, 0)$、$(1, 1)$,且 $f(0, 0) = 0, f(1, 1) = -1$.

(2) 然后求 $z = f(x, y)$ 在 D 的边界上的最大值和最小值. 在边界 $x = -1, 0 \leqslant y \leqslant 2$ 上,$f(x, y)$ 成为 $\varphi_1(y) = y^3 + 3y - 1$,易知 $\varphi_1(y)$ 在 $[0, 2]$ 上单调,最大值是 $\varphi_1(2) = 13$,最小值是 $\varphi_1(0) = -1$.

在边界 $x = 2, 0 \leqslant y \leqslant 2$ 上,$f(x, y)$ 成为 $\varphi_2(y) = y^3 - 6y + 8$,易知 $\varphi_2(y)$ 在 $(0, 2)$ 内有驻点 $y = \sqrt{2}$,则 $\varphi_2(y)$ 在 $[0, 2]$ 上的最大值是 $\varphi_2(0) = 8$,最小值是 $\varphi_2(\sqrt{2}) = 8 - 4\sqrt{2}$.

在边界 $y = 0, -1 \leqslant x \leqslant 2$ 上,$f(x, y)$ 成为 $\varphi_3(x) = x^3$,易知 $\varphi_3(x)$ 在 $[-1, 2]$ 上单调,最大值是 $\varphi_3(2) = 8$,最小值是 $\varphi_3(-1) = -1$.

在边界 $y = 2, -1 \leqslant x \leqslant 2$ 上,$f(x, y)$ 成为 $\varphi_4(x) = x^3 - 6x + 8$,易知 $\varphi_4(x)$ 在 $(-1, 2)$ 内有驻点 $x = \sqrt{2}$,则 $\varphi_4(x)$ 在 $[-1, 2]$ 上的最大值是 $\varphi_4(-1) = 13$,最小值是 $\varphi_4(\sqrt{2}) = 8 - 4\sqrt{2}$.

(3) 将驻点处的函数值和边界曲线上的最大值、最小值相比较,得到 $z = f(x, y)$ 在 D 上的最大值为 13,最小值为 -1.

评注 求在区域 D 上连续,在 D 内可微的二元函数 $z = f(x, y)$ 的最值,可先求出函数在 D 内的所有驻点,再求出在 D 的边界曲线上的最大值和最小值,将驻点处的函数值和边界曲线上的最大值、最小值相比较,其中最大者即为函数在区域 D 上的最大值,最小者即为在区域 D 上的最小值.

例 8.43 求函数 $u = xy^2z^3$ 在条件 $x + y + z = a (a > 0, x > 0, y > 0, z > 0)$ 下的条件极值.

分析 条件极值问题可考虑将其转化为无条件极值,或用拉格朗日乘数法来求.

解答 〈方法一〉 转化为无条件极值

将 $x = a - y - z$ 代入函数 $u = xy^2z^3$,得 $u = (a - y - z)y^2z^3$,于是由

$$\begin{cases} \dfrac{\partial u}{\partial y} = yz^3(2a - 3y - 2z) = 0 \\ \dfrac{\partial u}{\partial z} = y^2z^2(3a - 3y - 4z) = 0 \end{cases}$$

解得 $y = \dfrac{a}{3}, z = \dfrac{a}{2}$，则

$$A = \left.\frac{\partial^2 u}{\partial y^2}\right|_{\left(\frac{a}{3}, \frac{a}{2}\right)} = 2z^3(a - 3y - z)\big|_{\left(\frac{a}{3}, \frac{a}{2}\right)} = -\frac{a^4}{8}$$

$$B = \left.\frac{\partial^2 u}{\partial y \partial z}\right|_{\left(\frac{a}{3}, \frac{a}{2}\right)} = yz^2(6a - 9y - 8z)\big|_{\left(\frac{a}{3}, \frac{a}{2}\right)} = -\frac{a^4}{12}$$

$$C = \left.\frac{\partial^2 u}{\partial z^2}\right|_{\left(\frac{a}{3}, \frac{a}{2}\right)} = 6y^2 z(a - y - 2z)\big|_{\left(\frac{a}{3}, \frac{a}{2}\right)} = -\frac{a^4}{9}$$

$$AC - B^2 = \left(-\frac{a^4}{8}\right)\left(-\frac{a^4}{9}\right) - \left(-\frac{a^4}{12}\right)^2 = \frac{a^8}{144} > 0, A < 0$$

所以，当 $y = \dfrac{a}{3}, z = \dfrac{a}{2}, x = a - \dfrac{a}{3} - \dfrac{a}{2} = \dfrac{a}{6}$ 时，函数取得极大值，且极大值为

$$u\left(\frac{a}{6}, \frac{a}{3}, \frac{a}{2}\right) = \frac{a}{6}\left(\frac{a}{3}\right)^2\left(\frac{a}{2}\right)^3 = \frac{a^6}{432}$$

〈方法二〉 利用拉格朗日乘数法

令 $F(x, y, z) = xy^2 z^3 + \lambda(x + y + z - a)(a > 0, x > 0, y > 0, z > 0)$，于是由

$$\begin{cases} F_x = y^2 z^3 + \lambda = 0 \\ F_y = 2xyz^3 + \lambda = 0 \\ F_z = 3xy^2 z^2 + \lambda = 0 \\ \quad x + y + z = a \end{cases}$$

解得 $x = \dfrac{a}{6}, y = \dfrac{a}{3}, z = \dfrac{a}{2}$. 将 $x = a - y - z$ 代入函数 $u = xy^2 z^3$，得 $u = (a - y - z)y^2 z^3$，则 $\left(\dfrac{a}{3}, \dfrac{a}{2}\right)$ 为可能的极值点，下面同方法一，求出 A、B、C. 已知 $x = \dfrac{a}{6}, y = \dfrac{a}{3}, z = \dfrac{a}{2}$ 时，函数取得极大值 $u = \dfrac{a^6}{432}$.

评注 解条件极值问题可以使用上述两种方法，相比之下使用拉格朗日乘数法更具普遍性. 此外，在使用拉格朗日乘数法的过程中解方程组时，要注意 λ 是一个辅助变量，并不一定需要将其求出.

例 8.44 求平面 $\dfrac{x}{3} + \dfrac{y}{4} + \dfrac{z}{5} = 1$ 和柱面 $x^2 + y^2 = 1$ 的交线上与 xOy 平面距离最短的点.

分析 本题是条件极值的问题，可利用拉格朗日乘数法来解决.

解答 设点 (x, y, z) 为平面与柱面的交线上的任一点，则交线上任一点 (x, y, z) 到 xOy 平面的距离为 $d = |z|$，为目标函数，约束条件为 $\dfrac{x}{3} + \dfrac{y}{4} + \dfrac{z}{5} = 1$ 及 $x^2 + y^2 = 1$.

令 $F(x, y, z) = z^2 + \lambda\left(\dfrac{x}{3} + \dfrac{y}{4} + \dfrac{z}{5} - 1\right) + \mu(x^2 + y^2 - 1)$，则

$$\begin{cases} F_x = \dfrac{\lambda}{3} + 2\mu x = 0 \\[2mm] F_y = \dfrac{\lambda}{4} + 2\mu y = 0 \\[2mm] F_z = \dfrac{\lambda}{5} + 2z = 0 \\[2mm] \dfrac{x}{3} + \dfrac{y}{4} + \dfrac{z}{5} = 1 \\[2mm] x^2 + y^2 = 1 \end{cases}$$

解得 $x = \pm\dfrac{4}{5}, y = \pm\dfrac{3}{5}$.

当 $x = \dfrac{4}{5}, y = \dfrac{3}{5}$ 时, $z = \dfrac{35}{12}$, 此点与 xOy 平面距离为 $\dfrac{35}{12}$; 当 $x = -\dfrac{4}{5}, y = -\dfrac{3}{5}$ 时, $z = \dfrac{85}{12}$, 此点与 xOy 平面距离为 $\dfrac{85}{12}$. 因此, 平面与柱面的交线上与 xOy 平面距离最短的点为 $\left(\dfrac{4}{5}, \dfrac{3}{5}, \dfrac{35}{12}\right)$.

评注 注意到 $d = |z|$ 与 $d^2 = z^2$ 在相同条件下有相同的极值点, 所以为了计算方便, 可将问题转化为求函数 $d^2 = z^2$ 在约束条件 $\dfrac{x}{3} + \dfrac{y}{4} + \dfrac{z}{5} = 1$ 及 $x^2 + y^2 = 1$ 下的条件极值. 因此, 在利用拉格朗日乘数法求极值时, 应尽可能地简化目标函数, 以方便求偏导数. 另外, 本题中解出两个可能的极值点, 一个是极大值点, 另一个是极小值点, 要注意区分.

例 8.45 在第一卦限内作椭球面 $\dfrac{x^2}{a^2} + \dfrac{y^2}{b^2} + \dfrac{z^2}{c^2} = 1$ 的切平面, 使切平面与三个坐标面所围成的四面体体积最小, 求切点坐标.

分析 本题是条件极值的问题, 要找出目标函数, 关键是写出切平面方程.

解答 设 $P(x_0, y_0, z_0)$ 为椭球面上一点, 令 $F(x, y, z) = \dfrac{x^2}{a^2} + \dfrac{y^2}{b^2} + \dfrac{z^2}{c^2} - 1$, 则椭球面在点 P 处的法向量为

$$\boldsymbol{n} = \left(F_x(x_0, y_0, z_0), F_y(x_0, y_0, z_0), F_z(x_0, y_0, z_0)\right) = \left(\frac{2x_0}{a^2}, \frac{2y_0}{b^2}, \frac{2z_0}{c^2}\right)$$

故过 $P(x_0, y_0, z_0)$ 的切平面方程为

$$\frac{x_0}{a^2}(x - x_0) + \frac{y_0}{b^2}(y - y_0) + \frac{z_0}{c^2}(z - z_0) = 0$$

化简为 $\dfrac{x \cdot x_0}{a^2} + \dfrac{y \cdot y_0}{b^2} + \dfrac{z \cdot z_0}{c^2} = 1$.

该切平面在三个轴上的截距各为 $X = \dfrac{a^2}{x_0}, Y = \dfrac{b^2}{y_0}, Z = \dfrac{c^2}{z_0}$, 因此切平面与三个坐标面所围四面体的体积为 $V = \dfrac{1}{6}XYZ = \dfrac{a^2 b^2 c^2}{6 x_0 y_0 z_0}$.

问题归结为在约束条件 $\dfrac{x^2}{a^2} + \dfrac{y^2}{b^2} + \dfrac{z^2}{c^2} = 1$ 下, 求目标函数 $V = \dfrac{a^2 b^2 c^2}{6xyz}$ 的最小值.

〈方法一〉 拉格朗日乘数法.

令 $F(x,y,z) = xyz + \lambda\left(\dfrac{x^2}{a^2} + \dfrac{y^2}{b^2} + \dfrac{z^2}{c^2} - 1\right)$，则

$$\begin{cases} F_x = yz + \dfrac{2\lambda x}{a^2} = 0 \\[2mm] F_y = xz + \dfrac{2\lambda y}{b^2} = 0 \\[2mm] F_z = xy + \dfrac{2\lambda z}{c^2} = 0 \\[2mm] \dfrac{x^2}{a^2} + \dfrac{y^2}{b^2} + \dfrac{z^2}{c^2} = 1 \end{cases}$$

解得 $x = \dfrac{a}{\sqrt{3}}$，$y = \dfrac{b}{\sqrt{3}}$，$z = \dfrac{c}{\sqrt{3}}$，这是唯一可能的极值点. 因为由问题本身极值必定存在, 所以极值就在这个可能的极值点处取得. 因此, 切点坐标为 $\left(\dfrac{a}{\sqrt{3}}, \dfrac{b}{\sqrt{3}}, \dfrac{c}{\sqrt{3}}\right)$. 四面体的体积最小,

即 $V_{\min} = \dfrac{a^2 b^2 c^2}{6\left(\dfrac{a}{\sqrt{3}}\right)\left(\dfrac{b}{\sqrt{3}}\right)\left(\dfrac{c}{\sqrt{3}}\right)} = \dfrac{\sqrt{3}}{2} abc$.

〈方法二〉 利用已知不等式来求条件极值.

由不等式 $xyz \leqslant \dfrac{1}{3}(x^2 + y^2 + z^2)$，得

$$\sqrt[3]{(xyz)^2} = \sqrt[3]{\left(\dfrac{x}{a}\right)^2 \left(\dfrac{y}{b}\right)^2 \left(\dfrac{z}{c}\right)^2 \cdot (abc)^{\frac{2}{3}}} \leqslant \dfrac{1}{3}(abc)^{\frac{2}{3}} \left[\left(\dfrac{x}{a}\right)^2 + \left(\dfrac{y}{b}\right)^2 + \left(\dfrac{z}{c}\right)^2\right]$$

而 $\dfrac{x^2}{a^2} + \dfrac{y^2}{b^2} + \dfrac{z^2}{c^2} = 1$，所以 $\sqrt[3]{(xyz)^2} \leqslant \dfrac{1}{3}(abc)^{\frac{2}{3}}$，即 $xyz \leqslant \dfrac{1}{\sqrt{27}} abc$，等号当且仅当 $\dfrac{x}{a} = \dfrac{y}{b} = \dfrac{z}{c}$ 时成立. 由此得

$$x = \dfrac{a}{\sqrt{3}}, y = \dfrac{b}{\sqrt{3}}, z = \dfrac{c}{\sqrt{3}}$$

故最小体积为 $V_{\min} = \dfrac{a^2 b^2 c^2}{6} \dfrac{\sqrt{27}}{abc} = \dfrac{\sqrt{3}}{2} abc$.

评注 本题在使用拉格朗日乘数法时, 将求目标函数 $V = \dfrac{a^2 b^2 c^2}{6xyz}$ 在约束条件 $\dfrac{x^2}{a^2} + \dfrac{y^2}{b^2} + \dfrac{z^2}{c^2} = 1$ 下的最小值问题转化为求函数 xyz 在约束条件 $\dfrac{x^2}{a^2} + \dfrac{y^2}{b^2} + \dfrac{z^2}{c^2} = 1$ 下的最大值问题, 这种对目标函数的等效变形, 不会改变函数的极值点, 又方便了计算.

8.3 本章小结

1. 多元函数定义域的求法

多元函数的定义域, 与一元函数类似, 通常按以下两种情形来确定:

（1）有实际背景的函数,根据实际背景中变量的实际意义确定定义域.

（2）抽象地用算式表达的函数,这种函数的定义域是使得算式有意义的一切实数组成的集合.

2. 二元函数极限的求法

计算二元函数极限时,常把二元函数极限转化为一元函数极限问题,再利用一元函数的极限运算法则和方法,或者利用函数连续的定义及初等函数的连续性进行计算. 归纳有如下几种方法:①有理化;②夹逼准则;③重要极限;④无穷小乘以有界量仍然是无穷小;⑤等价无穷小的替换;⑥变量代换;⑦多元初等函数的连续性.

3. 证明二元函数极限不存在的方法

证明极限$\lim\limits_{\substack{x\to x_0\\y\to y_0}}f(x,y)$不存在有两种方法:

（1）当$P(x,y)$沿某一特殊路径趋于$P_0(x_0,y_0)$时,函数极限不存在.

（2）当$P(x,y)$沿不同路径趋于$P_0(x_0,y_0)$时,函数趋于不同的值.

所以证明二元函数极限不存在的关键是找路径,常用的路径是沿x轴、y轴、直线$y=kx$.

4. 讨论二元函数连续性

因为一切多元初等函数在其定义区域内都是连续的,所以关于分段函数连续性的讨论,主要是利用连续的定义讨论分段函数在分段点处的连续性.

5. 多元复合函数的偏导数的求法

（1）求$z=f(x,y)$的偏导数,并不需要用新的方法,因为这里只有一个自变量在变动,另一个自变量看作是固定的. 求$\dfrac{\partial f}{\partial x}$时,只要把$y$看作常量而对$x$求导数;求$\dfrac{\partial f}{\partial y}$时,则只要把$x$看作常量而对$y$求导数,所以仍就是一元函数的微分法问题.

（2）利用多元复合函数的求导法则:

① 画出函数的复合关系图;

② 找出函数到自变量(要求偏导数的自变量)的所有路径;

③ 所求偏导数为一个和式,项数等于路径的条数,每一项为该路径对应的偏导数的乘积. 此过程可总结为一句话:"沿线相乘,分线相加".

（3）利用全微分形式不变性.

对于抽象的多元复合函数在求二阶偏导数时,要特别注意的是,一阶偏导数与原来的函数有相同的复合函数关系.

6. 多元函数全微分的求法

（1）利用全微分公式. 若函数$u=f(x,y,z)$可微,则$\mathrm{d}u=\dfrac{\partial u}{\partial x}\mathrm{d}x+\dfrac{\partial u}{\partial y}\mathrm{d}y+\dfrac{\partial u}{\partial z}\mathrm{d}z.$

（2）利用全微分形式不变性.

7. 隐函数的偏导数的求法

（1）由一个方程确定的隐函数.

① 复合函数求导法则;

② 隐函数的求导公式;

③ 全微分形式不变性.

注意:关于隐函数求偏导,若用公式法求偏导时要特别注意,在求 F_x、F_y、F_z 时,x、y、z 都视为自变量,即 x、y、z 三者是相互独立的,不存在函数关系.

(2)由方程组确定的隐函数.根据复合函数的求导法则,方程组两边对自变量求偏导数.

8. 方向导数与梯度的求法

(1)方向导数的求法.

① 利用公式.若 $f(x,y)$ 在点 $P_0(x_0,y_0)$ 可微,那么函数在该点沿任一方向 l 的方向导数存在,且有

$$\left.\frac{\partial f}{\partial l}\right|_{(x_0,y_0)} = f_x(x_0,y_0)\cos\alpha + f_y(x_0,y_0)\cos\beta$$

② 利用方向导数与梯度的关系.函数在某点沿梯度方向的方向导数取得最大值,且方向导数的最大值就是梯度的模.

(2)梯度的求法.函数 $z = f(x,y)$ 在点 $P_0(x_0,y_0)$ 的梯度,即

$$\mathrm{grad} f(x_0,y_0) = f_x(x_0,y_0)\boldsymbol{i} + f_y(x_0,y_0)\boldsymbol{j}$$

9. 空间曲线的切线与法平面的求法

(1)若空间曲线方程为 $\begin{cases} x = \phi(t) \\ y = \psi(t) \\ z = \omega(t) \end{cases}$,则曲线在点 $P_0(x_0,y_0,z_0)$ 处的切向量为 $\boldsymbol{T} = (\phi'(t_0),\psi'(t_0),\omega'(t_0))$,并且在点 $P_0(x_0,y_0,z_0)$ 处的切线与法平面方程分别为

$$\frac{x-x_0}{\phi'(t_0)} = \frac{y-y_0}{\psi'(t_0)} = \frac{z-z_0}{\omega'(t_0)}$$

$$\phi'(t_0)(x-x_0) + \psi'(t_0)(y-y_0) + \omega'(t_0)(z-z_0) = 0$$

(2)若空间曲线方程为 $\begin{cases} y = \phi(x) \\ z = \psi(x) \end{cases}$,取 x 为参数,可表示为 $\begin{cases} x = x \\ y = \phi(x) \\ z = \psi(x) \end{cases}$,则曲线在点 $P_0(x_0,y_0,z_0)$ 处的切向量为 $\boldsymbol{T} = (1,\phi'(x_0),\psi'(x_0))$,并且在点 $P_0(x_0,y_0,z_0)$ 处的切线与法平面方程分别为

$$\frac{x-x_0}{1} = \frac{y-y_0}{\phi'(x_0)} = \frac{z-z_0}{\psi'(x_0)}$$

$$(x-x_0) + \phi'(x_0)(y-y_0) + \psi'(x_0)(z-z_0) = 0$$

(3)若空间曲线方程为 $\begin{cases} F(x,y,z) = 0 \\ G(x,y,z) = 0 \end{cases}$,可用下面两种方法求解:

① 由方程组确定的隐函数求导,求出 $\dfrac{\mathrm{d}y}{\mathrm{d}x}$、$\dfrac{\mathrm{d}z}{\mathrm{d}x}$.因此曲线在点 $P_0(x_0,y_0,z_0)$ 处的切向量为 $\boldsymbol{T} = \left.\left(1,\dfrac{\mathrm{d}y}{\mathrm{d}x},\dfrac{\mathrm{d}z}{\mathrm{d}x}\right)\right|_{P_0}$,从而可以求得曲线在点 $P_0(x_0,y_0,z_0)$ 处的切线与法平面方程.

② 空间曲线可看成曲面 $\sum_1 : F(x,y,z) = 0$ 和曲面 $\sum_2 : G(x,y,z) = 0$ 的交线,设曲面 $\sum_1$、$\sum_2$ 在点 $P_0(x_0,y_0,z_0)$ 处的法向量分别为 $\boldsymbol{n}_1$、$\boldsymbol{n}_2$,则两曲面交线的切向量 $\boldsymbol{T} = \boldsymbol{n}_1 \times \boldsymbol{n}_2$.

10. 曲面的切平面与法线的求法

（1）若曲面的方程为 $F(x,y,z)=0$，则曲面在点 $P_0(x_0,y_0,z_0)$ 处的法向量为 $\boldsymbol{n}=(F_x(x_0,y_0,z_0),F_y(x_0,y_0,z_0),F_z(x_0,y_0,z_0))$，并且在点 $P_0(x_0,y_0,z_0)$ 处的切平面与法线分别为

$$F_x(x_0,y_0,z_0)(x-x_0)+F_y(x_0,y_0,z_0)(y-y_0)+F_z(x_0,y_0,z_0)(z-z_0)=0$$

$$\frac{x-x_0}{F_x(x_0,y_0,z_0)}=\frac{y-y_0}{F_y(x_0,y_0,z_0)}=\frac{z-z_0}{F_z(x_0,y_0,z_0)}$$

（2）若曲面的方程为 $z=f(x,y)$，令 $F(x,y,z)=f(x,y)-z$，则曲面在点 $P_0(x_0,y_0,z_0)$ 处的法向量为 $\boldsymbol{n}=(f_x(x_0,y_0),f_y(x_0,y_0),-1)$，并且在点 $P_0(x_0,y_0,z_0)$ 处的切平面与法线分别为

$$f_x(x_0,y_0)(x-x_0)+f_y(x_0,y_0)(y-y_0)-(z-z_0)=0$$

$$\frac{x-x_0}{f_x(x_0,y_0)}=\frac{y-y_0}{f_y(x_0,y_0)}=\frac{z-z_0}{-1}$$

11. 多元函数无条件极值的求法

设函数 $z=f(x,y)$ 有二阶连续偏导数，其极值的求法如下：

（1）求出所有驻点，即使得 $f_x(x_0,y_0)=0$，$f_y(x_0,y_0)=0$ 同时成立的点 (x_0,y_0)．

（2）然后根据取极值的充分条件，逐一判别这些驻点是否为极值点．

令 $f_{xx}(x_0,y_0)=A$，$f_{xy}(x_0,y_0)=B$，$f_{yy}(x_0,y_0)=C$，则 $f(x,y)$ 在 (x_0,y_0) 处是否取得极值的条件如下：

① $AC-B^2>0$ 时具有极值，且当 $A<0$ 时有极大值，当 $A>0$ 时有极小值；

② $AC-B^2<0$ 时没有极值；

③ $AC-B^2=0$ 时可能有极值，也可能没有极值，还需另作讨论．

12. 多元函数条件极值的求法

1）化为无条件极值

由约束条件 $\varphi(x,y)=0$ 解出 $y=y(x)$，代入目标函数，得 $z=f(x,y(x))$，这是一元函数的极值问题，是无条件极值．

2）拉格朗日乘数法

（1）先构造辅助函数 $F(x,y)=f(x,y)+\lambda\varphi(x,y)$，其中 λ 为参数．

（2）求其对 x 与 y 的一阶偏导数，并使之为零，然后与方程 $\varphi(x,y)=0$ 联立起来构成方程组

$$\begin{cases} f_x(x,y)+\lambda\varphi_x(x,y)=0 \\ f_y(x,y)+\lambda\varphi_y(x,y)=0 \\ \varphi(x,y)=0 \end{cases}$$

（3）由这方程组解出 x、y 及 λ，则 (x,y) 就是函数 $f(x,y)$ 在附加条件 $\varphi(x,y)=0$ 下的可能极值点．

13. 多元函数最值的求法

多元函数最值的求法与一元函数类似．

对于在 D 上连续，在 D 内可微的二元函数 $z=f(x,y)$，其最值的求法如下：

（1）求出 $z=f(x,y)$ 在 D 内的所有驻点．

（2）求出 $z=f(x,y)$ 在 D 的边界曲线上的最大值和最小值．

（3）将驻点处的函数值和边界曲线上的最大值、最小值相比较，其中最大者即为 $z = f(x,y)$ 在区域 D 上的最大值，最小者即为 $z = f(x,y)$ 在区域 D 上的最小值.

8.4　同步习题及解答

8.4.1　同步习题

1. 填空题

（1）二元函数 $z = \ln\left[(1-x^2)(1-y^2)\right]$ 的定义域是_____.

（2）已知 $f(x,y,z) = x^y + y^z + z^x$，则 $f(xy, x+y, x-y) = $_____.

（3）函数 $z = \ln\sqrt{1 + x^2 + y^2}$ 在点 $(1,1)$ 处的微分 $\mathrm{d}z = $_____.

（4）设平面 $2x + 3y - z = \lambda$ 是曲面 $z = 2x^2 + 3y^2$ 在点 $\left(\dfrac{1}{2}, \dfrac{1}{2}, \dfrac{5}{4}\right)$ 处的切平面，则 $\lambda = $

_____.

（5）函数 $u = xyz - 2yz - 3$ 在点 $(1,1,1)$ 沿 $L = 2i + 2j + k$ 的方向导数等于_____.

2. 单向选择题

（1）考虑二元函数 $f(x,y)$ 的下面四条性质：

① $f(x,y)$ 在点 (x_0, y_0) 处连续；　　② $f(x,y)$ 在点 (x_0, y_0) 处的两个偏导数连续；

③ $f(x,y)$ 在点 (x_0, y_0) 处可微；　　④ $f(x,y)$ 在点 (x_0, y_0) 处的两个偏导数存在.

若用"$P \Rightarrow Q$"表示可由性质 P 推出性质 Q，则有（　　）.

A. ②⇒③⇒①　　　　　　　　　　B. ③⇒②⇒①

C. ③⇒④⇒①　　　　　　　　　　D. ③⇒①⇒④

（2）下列极限存在的是（　　）.

A. $\lim\limits_{\substack{x\to 0 \\ y\to 0}} \dfrac{x}{x+y}$　　B. $\lim\limits_{\substack{x\to 0 \\ y\to 0}} \dfrac{1}{x+y}$　　C. $\lim\limits_{\substack{x\to 0 \\ y\to 0}} \dfrac{x^3 y}{x^6 + y^2}$　　D. $\lim\limits_{\substack{x\to 0 \\ y\to 0}} x\sin\dfrac{1}{x+y}$

（3）设函数 $z = f(x,y,z)$，其中 f 有一阶连续偏导数，则 $\dfrac{\partial z}{\partial x}$ 为（　　）.

A. $\dfrac{\partial f}{\partial x}$　　B. $\dfrac{\dfrac{\partial f}{\partial y}}{\dfrac{\partial f}{\partial x}}$　　C. $\dfrac{\dfrac{\partial f}{\partial x}}{1 - \dfrac{\partial f}{\partial z}}$　　D. $\dfrac{\dfrac{\partial f}{\partial x} + \dfrac{\partial f}{\partial y}\dfrac{\partial y}{\partial x}}{1 - \dfrac{\partial f}{\partial z}}$

（4）设函数 $f(x,y)$ 在 $(0,0)$ 的某个邻域内有定义，且 $f_x(0,0) = 3, f_y(0,0) = -1$，则有（　　）.

A. $\mathrm{d}z\big|_{(0,0)} = 3\mathrm{d}x - \mathrm{d}y$

B. 曲面 $z = f(x,y)$ 在点 $(0,0,f(0,0))$ 的一个法向量为 $(3, -1, 1)$

C. 曲线 $\begin{cases} z = f(x,y) \\ y = 0 \end{cases}$ 在点 $(0,0,f(0,0))$ 的一个切向量为 $(1,0,3)$

D. 曲线 $\begin{cases} z = f(x,y) \\ y = 0 \end{cases}$ 在点 $(0,0,f(0,0))$ 的一个切向量为 $(3,0,1)$

（5）设函数 $f(x,y) = \sqrt{x^2 + y^2}$，则错误的命题是（　　）.

A. $(0,0)$ 是驻点　　　　　　　　B. $(0,0)$ 是极值点

C. (0,0)是最小值点　　　　　　　D. (0,0)是极小值点

3. 求下列二元函数的极限：

(1) $\lim\limits_{(x,y)\to(0,1)}(1+xy)^{\frac{1}{x}}$. 　(2) $\lim\limits_{(x,y)\to(\infty,\infty)}\dfrac{x^2+y^2}{x^4+y^4}$.

4. 证明：函数 $f(x,y)=\sqrt{|xy|}$ 在点 $(0,0)$ 处连续，偏导数存在，但不可微.

5. 设 $z=f\left(xy,\dfrac{x}{y}\right)+g\left(\dfrac{y}{x}\right)$，其中 f 具有二阶连续偏导数，g 具有二阶连续导数，求 $\dfrac{\partial^2 z}{\partial x \partial y}$.

6. 设 $x^2+z^2=y\varphi\left(\dfrac{z}{y}\right)$，其中 φ 为可微函数，求 $\dfrac{\partial z}{\partial x}$、$\dfrac{\partial z}{\partial y}$.

7. 已知 $\begin{cases} x=u+v \\ y=u^2+v^2 \end{cases}$，求 $\dfrac{\partial u}{\partial x}$，$\dfrac{\partial u}{\partial y}$.

8. 求曲线 $\begin{cases} x^2+z^2=10 \\ y^2+z^2=10 \end{cases}$ 在点 $M(1,1,3)$ 处的切线和法平面方程.

9. 设 $\boldsymbol{n}$ 是曲面 $2x^2+3y^2+z^2=6$ 在点 $P(1,1,1)$ 处的指向外侧的法向量，求函数 $u=\dfrac{\sqrt{6x^2+8y^2}}{z}$ 在点 P 处沿方向 $\boldsymbol{n}$ 的方向导数.

10. 设函数 $f(x,y)=2x^2+ax+xy^2+2y$ 在 $(1,-1)$ 处取得极值，试求常数 a，并确定极值的类型.

11. 在所有对角线之长为 d 的长方体中，求有最大体积的长方体的尺寸.

8.4.2　同步习题解答

1. （1）$D=\{(x,y)\,|\,|x|<1,|y|<1 \text{ 或 } |x|>1,|y|>1\}$. (2) $(xy)^{x+y}+(x+y)^{x-y}+(x-y)^{xy}$.

（3）$\mathrm{d}z=\dfrac{\partial z}{\partial x}\Big|_{(1,1)}\mathrm{d}x+\dfrac{\partial z}{\partial y}\Big|_{(1,1)}\mathrm{d}y=\dfrac{1}{3}\mathrm{d}x+\dfrac{1}{3}\mathrm{d}y$. (4) $\dfrac{5}{4}$. (5) $-\dfrac{1}{3}$.

2. （1）A. **解**　因为两个偏导数连续$\Rightarrow$可微$\Rightarrow$连续.

（2）D. **解**　无穷小乘以有界量仍是无穷小.

（3）C. **解**　两边对 x 偏导，$z_x=\dfrac{\partial f}{\partial x}+\dfrac{\partial f}{\partial z}\dfrac{\partial z}{\partial x}$，即 $z_x=\dfrac{f_x}{1-f_z}$.

（4）C. **解**　$f(x,y)$ 不一定可微. 曲面法向量为 $(3,-1,-1)$.

（5）A. **解**　$(0,0)$ 是极值点，是最小值点，是极小值点. 但 $f_x(0,0)$，$f_y(0,0)$ 无意义，所以不是驻点.

3. **解** （1）$\lim\limits_{(x,y)\to(0,1)}(1+xy)^{\frac{1}{x}}=\lim\limits_{(x,y)\to(0,1)}\left[(1+xy)^{\frac{1}{xy}}\right]^y=\left[\lim\limits_{(x,y)\to(0,1)}(1+xy)^{\frac{1}{xy}}\right]^{\lim\limits_{y\to1}y}=$

$\mathrm{e}^1=\mathrm{e}$.

（2）因为 $x^4+y^4\geqslant 2x^2y^2$，所以 $0<\dfrac{x^2+y^2}{x^4+y^4}\leqslant\dfrac{x^2+y^2}{2x^2y^2}\leqslant\dfrac{1}{2}\left(\dfrac{1}{x^2}+\dfrac{1}{y^2}\right)$，又 $\lim\limits_{(x,y)\to(\infty,\infty)}\dfrac{1}{2}$

$\left(\dfrac{1}{x^2}+\dfrac{1}{y^2}\right)=0$，根据夹逼准则，得 $\lim\limits_{(x,y)\to(\infty,\infty)}\dfrac{x^2+y^2}{x^4+y^4}=0$.

4. **证明**　显然 $f(x,y)$ 在点 $(0,0)$ 是连续的，由偏导数定义，得

$$f_x(0,0) = \lim_{\Delta x \to 0} \frac{f(0+\Delta x, 0) - f(0,0)}{\Delta x} = \lim_{\Delta x \to 0} \frac{0-0}{\Delta x} = 0$$

同理,$f_y(0,0) = 0$. 令 $I = \dfrac{\Delta z - [f_x(0,0)\Delta x + f_y(0,0)\Delta y]}{\rho} = \dfrac{\sqrt{|\Delta x \Delta y|}}{\sqrt{(\Delta x)^2 + (\Delta y)^2}}$,因为 $\lim\limits_{\substack{\Delta y = k\Delta x \\ \Delta x \to 0}}$

$\dfrac{\sqrt{|\Delta x \Delta y|}}{\sqrt{(\Delta x)^2 + (\Delta y)^2}} = \lim\limits_{\Delta x \to 0} \dfrac{\sqrt{|k||\Delta x|^2}}{\sqrt{(1+k^2)(\Delta x)^2}} = \dfrac{\sqrt{|k|}}{\sqrt{1+k^2}}$,则当 $\rho \to 0$ 时,I 不存在极限,所以 $f(x,y)$ 在点 $(0,0)$ 处不可微.

5. **解** $\dfrac{\partial z}{\partial x} = yf_1' + \dfrac{1}{y}f_2' - \dfrac{y}{x^2}g'$

$$\frac{\partial^2 z}{\partial x \partial y} = f_1' + y\left(xf''_{11} - \frac{x}{y^2}f''_{12}\right) - \frac{1}{y^2}f_2' + \frac{1}{y}\left(xf''_{21} - \frac{x}{y^2}f''_{22}\right) - \frac{1}{x^2}g' - \frac{y}{x^3}g'' =$$

$$f_1' - \frac{1}{y^2}f_2' + xyf''_{11} - \frac{x}{y^3}f''_{22} - \frac{1}{x^2}g' - \frac{y}{x^3}g''$$

6. **解** 对方程两边关于 x 求导,将 z 视为 x 与 y 的函数,得

$$2x + 2z \cdot \frac{\partial z}{\partial x} = y \cdot \varphi' \cdot \frac{1}{y} \cdot \frac{\partial z}{\partial x}$$

$$\frac{\partial z}{\partial x} = -\frac{2x}{2z - \varphi'\left(\dfrac{z}{y}\right)}$$

类似地可以求出

$$\frac{\partial z}{\partial y} = -\frac{z\varphi'\left(\dfrac{z}{y}\right) - y\varphi\left(\dfrac{z}{y}\right)}{2yz - y\varphi'\left(\dfrac{z}{y}\right)}$$

7. **解** 两边对 x 求导,得 $\begin{cases} 1 = \dfrac{\partial u}{\partial x} + \dfrac{\partial v}{\partial x} \\ 0 = 2u\dfrac{\partial u}{\partial x} + 2v\dfrac{\partial v}{\partial x} \end{cases}$,解出 $\dfrac{\partial u}{\partial x} = \dfrac{v}{v-u}$.

两边对 y 求导,得 $\begin{cases} 0 = \dfrac{\partial u}{\partial y} + \dfrac{\partial v}{\partial y} \\ 1 = 2u\dfrac{\partial u}{\partial y} + 2v\dfrac{\partial v}{\partial y} \end{cases}$,解出 $\dfrac{\partial u}{\partial y} = \dfrac{1}{2(u-v)}$.

8. **解** 把 y、z 看成是 x 的函数,在方程组 $\begin{cases} x^2 + z^2 = 10 \\ y^2 + z^2 = 10 \end{cases}$ 中对 x 求导,得

$\begin{cases} 2x + 2z\dfrac{dz}{dx} = 0 \\ 2y\dfrac{dy}{dx} + 2z\dfrac{dz}{dx} = 0 \end{cases}$,将 $M(1,1,3)$ 代入,得 $\begin{cases} 1 + 3\dfrac{dz}{dx} = 0 \\ \dfrac{dy}{dx} + 3\dfrac{dz}{dx} = 0 \end{cases}$,解得 $\begin{cases} \dfrac{dy}{dx} = 1 \\ \dfrac{dz}{dx} = -\dfrac{1}{3} \end{cases}$. 则切向量 $\boldsymbol{T} =$

$\left(1,1,-\dfrac{1}{3}\right)$,所求切线方程为 $\dfrac{x-1}{3} = \dfrac{y-1}{3} = \dfrac{z-3}{-1}$,所求法平面方程为 $3(x-1) + 3(y-1) - (z-3) = 0$,即 $3x + 3y - z - 3 = 0$.

9. **解** 令 $F(x,y,z) = 2x^2 + 3y^2 + z^2 - 6$，有 $F_x = 4x, F_y = 6y, F_z = 2z$. 曲面 $2x^2 + 3y^2 + z^2 = 6$ 上点 $P(1,1,1)$ 的法向量为

$$\pm(4x, 6y, 2z)\big|_P = \pm 2(2,3,1)$$

在 P 点指向外侧取正号，单位化，得

$$\boldsymbol{e}_n = \frac{1}{\sqrt{14}}(2,3,1) = \left(\frac{2}{\sqrt{14}}, \frac{3}{\sqrt{14}}, \frac{1}{\sqrt{14}}\right)$$

又 $\dfrac{\partial u}{\partial x}\bigg|_P = \dfrac{6x}{z\sqrt{6x^2 + 8y^2}}\bigg|_P = \dfrac{6}{\sqrt{14}}, \dfrac{\partial u}{\partial y}\bigg|_P = \dfrac{8y}{z\sqrt{6x^2 + 8y^2}}\bigg|_P = \dfrac{8}{\sqrt{14}}$

$$\frac{\partial u}{\partial z}\bigg|_P = \frac{-\sqrt{6x^2 + 8y^2}}{z^2}\bigg|_P = -\sqrt{14}$$

所以

$$\frac{\partial u}{\partial n}\bigg|_P = \frac{\partial u}{\partial x}\bigg|_P \cos\alpha + \frac{\partial u}{\partial y}\bigg|_P \cos\beta + \frac{\partial u}{\partial z}\bigg|_P \cos\gamma =$$

$$\frac{6}{\sqrt{14}} \cdot \frac{2}{\sqrt{14}} + \frac{8}{\sqrt{14}} \cdot \frac{3}{\sqrt{14}} - \sqrt{14} \cdot \frac{1}{\sqrt{14}} = \frac{11}{7}$$

10. **解** 因为 $f(x,y)$ 在 (x,y) 处的偏导数均存在，因此点 $(1,-1)$ 必为驻点，则有

$$\begin{cases} \dfrac{\partial f}{\partial x}\bigg|_{(1,-1)} = 4x + a + y^2 \big|_{(1,-1)} = 0 \\ \dfrac{\partial f}{\partial y}\bigg|_{(1,-1)} = 2xy + 2 \big|_{(1,-1)} = 0 \end{cases}$$

因此有 $4 + a + 1 = 0$，即 $a = -5$. 因

$$A = \frac{\partial^2 f}{\partial x^2}\bigg|_{(1,-1)} = 4, B = \frac{\partial^2 f}{\partial x \partial y}\bigg|_{(1,-1)} = 2y\big|_{(1,-1)} =$$

$$-2, C = \frac{\partial^2 f}{\partial y^2}\bigg|_{(1,-1)} = 2x\big|_{(1,-1)} = 2$$

故 $AC - B^2 = 4 \times 2 - (-2)^2 = 4 > 0, A = 4 > 0$，所以，函数 $f(x,y)$ 在 $(1,-1)$ 处取得极小值.

11. **解** 设长方体的长、宽、高分别为 x、y、z，则长方体的体积为 $V = xyz$ $(x > 0, y > 0, z > 0)$，且满足：$x^2 + y^2 + z^2 = d^2$.

令 $F(x,y,z) = xyz + \lambda(x^2 + y^2 + z^2 - d^2)$，则

$$\begin{cases} F_x = yz + 2\lambda x = 0 \\ F_y = xz + 2\lambda y = 0 \\ F_z = xy + 2\lambda z = 0 \\ x^2 + y^2 + z^2 = d^2 \end{cases}$$

解得 $x = y = z = \dfrac{d}{\sqrt{3}}$. 即驻点为 $\left(\dfrac{d}{\sqrt{3}}, \dfrac{d}{\sqrt{3}}, \dfrac{d}{\sqrt{3}}\right)$. 这是唯一的驻点，由问题本身知，函数 $V = xyz$ $(x > 0, y > 0, z > 0)$ 在开区域内必存在最大值，故此最大值一定在驻点取得，即当长方体的长、宽、高分别为 $\dfrac{d}{\sqrt{3}}$、$\dfrac{d}{\sqrt{3}}$、$\dfrac{d}{\sqrt{3}}$ 时，其体积最大.

第9章 重积分

9.1 内容概要

9.1.1 基本概念

1. 二重积分的定义

设 $f(x,y)$ 是定义在 xOy 面上有界闭区域 D 上的有界函数,则二重积分定义为

$$\iint\limits_{D} f(x,y)\,\mathrm{d}\sigma = \lim_{\lambda \to 0} \sum_{i=1}^{n} f(\xi_i,\eta_i)\Delta\sigma_i$$

2. 三重积分的定义

设 $f(x,y,z)$ 是定义在空间有界闭区域 Ω 上的有界函数,则三重积分定义为

$$\iiint\limits_{\Omega} f(x,y,z)\,\mathrm{d}v = \lim_{\lambda \to 0} \sum_{i=1}^{n} f(\xi_i,\eta_i,\zeta_i)\Delta v_i$$

9.1.2 基本理论

1. 二重积分的几何意义

当 $f(x,y) \geq 0$ 时,二重积分 $\iint\limits_{D} f(x,y)\,\mathrm{d}\sigma$ 表示以曲面 $z = f(x,y)$ 为顶,以 D 为底的曲顶柱体体积.

2. 二重积分的物理意义

当 $f(x,y) \geq 0$ 时,二重积分 $\iint\limits_{D} f(x,y)\,\mathrm{d}\sigma$ 表示面密度为 $\rho = f(x,y)$ 的平面薄片 D 的质量.

3. 二重积分的性质

设 $f(x,y)$、$g(x,y)$ 在 D 上可积,则二重积分有如下性质.

(1) $\iint\limits_{D} \mathrm{d}\sigma = A$ (A 为 D 的面积).

(2) 线性性质:$\iint\limits_{D} kf(x,y)\,\mathrm{d}\sigma = k\iint\limits_{D} f(x,y)\,\mathrm{d}\sigma$ (k 为常数).

(3) 积分区域可加性:$\iint\limits_{D} f(x,y)\,\mathrm{d}\sigma = \iint\limits_{D_1} f(x,y)\,\mathrm{d}\sigma + \iint\limits_{D_2} f(x,y)\,\mathrm{d}\sigma$ ($D = D_1 \cup D_2$).

(4) 被积函数可加性:$\iint\limits_{D} [f(x,y) \pm g(x,y)]\,\mathrm{d}\sigma = \iint\limits_{D} f(x,y)\,\mathrm{d}\sigma \pm \iint\limits_{D} g(x,y)\,\mathrm{d}\sigma$.

(5) 不等式性质:设 $f(x,y)$、$g(x,y)$ 在 D 上恒有 $f(x,y) \leq g(x,y)$,则 $\iint\limits_{D} f(x,y)\,\mathrm{d}\sigma \leq$

$$\iint\limits_{D} g(x,y)\,\mathrm{d}\sigma.$$

（6）估值性质：设 M 和 m 分别为 $f(x,y)$ 在闭区域 D 上的最大值与最小值，A 为 D 的面积，则

$$mA \leqslant \iint\limits_{D} f(x,y)\,\mathrm{d}\sigma \leqslant MA$$

（7）中值定理：设 $z = f(x,y)$ 在闭区域 D 上连续，A 为 D 的面积，则在 D 上至少存在一点 (ξ,η)，使

$$\iint\limits_{D} f(x,y)\,\mathrm{d}\sigma = f(\xi,\eta)A$$

（8）二重积分的对称性：

① 如果积分域 D 关于 y 轴对称，$f(x,y)$ 为 x 的奇（偶）函数，则有

$$\iint\limits_{D} f(x,y)\,\mathrm{d}\sigma = \begin{cases} 0, & f(x,y) \text{ 关于 } x \text{ 为奇函数，即 } f(-x,y) = -f(x,y) \\ 2\iint\limits_{D_1} f(x,y)\,\mathrm{d}\sigma, & f(x,y) \text{ 关于 } x \text{ 为偶函数，即 } f(-x,y) = f(x,y) \end{cases}$$

式中：D_1 为 D 位于 y 轴右侧的部分.

② 积分域 D 关于 x 轴对称，$f(x,y)$ 为 y 的奇（偶）函数，则有

$$\iint\limits_{D} f(x,y)\,\mathrm{d}\sigma = \begin{cases} 0, & f(x,y) \text{ 关于 } y \text{ 为奇函数，即 } f(x,-y) = -f(x,y) \\ 2\iint\limits_{D_1} f(x,y)\,\mathrm{d}\sigma, & f(x,y) \text{ 关于 } y \text{ 偶函数，即 } f(x,-y) = f(x,y) \end{cases}$$

式中：D_1 为 D 位于 x 轴上侧的部分.

4. 三重积分的几何意义

当 $f(x,y,z) = 1$ 时，空间立体 Ω 的体积可以表示为 $V = \iiint\limits_{\Omega} \mathrm{d}v.$

5. 三重积分的物理意义

当 $\rho = f(x,y,z)$ 表示空间立体物体 Ω 的密度时，这个立体的质量可以表示为 $M = \iiint\limits_{\Omega} f(x,y,z)\,\mathrm{d}v.$

6. 三重积分的性质

（1）三重积分具有与二重积分完全类似的性质，不再重复.

（2）对称性定理. 由于此定理在实际计算时应用较多，且同时可简化计算，故在此给出. 若 Ω 关于 xOy 面对称，则

$$\iiint\limits_{\Omega} f(x,y,z)\,\mathrm{d}v = \begin{cases} 2\iiint\limits_{\Omega_1} f(x,y,z)\,\mathrm{d}v, & \text{当 } f(x,y,z) \text{ 关于 } z \text{ 为偶函数} \\ 0, & \text{当 } f(x,y,z) \text{ 关于 } z \text{ 为偶函数} \end{cases}$$

式中：Ω_1 是 Ω 位于 xOy 面上方的部分.

当 Ω 关于其他坐标面对称时有类似的结论.

7. 二重积分的应用

（1）曲面面积.

① 设光滑曲面 $\sum$ 的方程为 $z=z(x,y)$，$\sum$ 在 xOy 面上的投影区域为 D_{xy}，则曲面 $\sum$ 的面积为

$$A = \iint\limits_{D_{xy}} \sqrt{1 + z_x^2 + z_y^2}\,\mathrm{d}x\mathrm{d}y$$

② 设光滑曲面 $\sum$ 的方程为 $x=x(y,z)$，$\sum$ 在 yOz 面上的投影区域为 D_{yz}，则曲面 $\sum$ 的面积为

$$A = \iint\limits_{D_{yz}} \sqrt{1 + x_y^2 + x_z^2}\,\mathrm{d}y\mathrm{d}z$$

③ 设光滑曲面 $\sum$ 的方程为 $y=y(x,z)$，曲面 $\sum$ 在 xOz 面上的投影区域为 D_{xz}，则曲面 $\sum$ 的面积为

$$A = \iint\limits_{D_{xz}} \sqrt{1 + y_x^2 + y_z^2}\,\mathrm{d}x\mathrm{d}z$$

注 计算曲面面积用哪个式子计算，取决于 $\sum$ 在坐标面上的投影域 D，首先 D 不能为曲线，其次在哪个坐标面上，D 的图形比较规范，便于计算二重积分，就取对应坐标面上的两个变量作为积分变量.

（2）立体体积. 以曲面 $z=f(x,y)$ 为顶，以 D_{xy} 为底的曲顶柱体体积为

$$V = \iint\limits_{D_{xy}} f(x,y)\,\mathrm{d}\sigma$$

（3）薄片质量. 设平面薄片的面密度为 $\rho(x,y)$，薄片在 xOy 面上的占有区域为 D，则

$$m = \iint\limits_{D} \rho(x,y)\,\mathrm{d}\sigma$$

（4）薄片重心 $(\bar{x},\bar{y})$. 有

$$\bar{x} = \frac{\iint\limits_{D} x\rho(x,y)\,\mathrm{d}x\mathrm{d}y}{\iint\limits_{D} \rho(x,y)\,\mathrm{d}x\mathrm{d}y}, \bar{y} = \frac{\iint\limits_{D} y\rho(x,y)\,\mathrm{d}x\mathrm{d}y}{\iint\limits_{D} \rho(x,y)\,\mathrm{d}x\mathrm{d}y}$$

（5）薄片关于 x 轴、y 轴及原点的转动惯量分别为

$$I_x = \iint\limits_{D} y^2\rho(x,y)\,\mathrm{d}x\mathrm{d}y, I_y = \iint\limits_{D} x^2\rho(x,y)\,\mathrm{d}x\mathrm{d}y$$

$$I_O = \iint\limits_{D} (x^2 + y^2)\rho(x,y)\,\mathrm{d}x\mathrm{d}y$$

8. 三重积分的应用 $\rho(x,y,z)$

（1）立体体积. $V = \iiint\limits_{\Omega} \mathrm{d}v$，其中 Ω 表示空间立体.

(2) 物体质量. $m = \iiint\limits_{\Omega} \rho(x,y,z)\mathrm{d}v$,其中 $\rho(x,y,z)$ 表示物体 Ω 的密度.

(3) 重心 $(\bar{x},\bar{y},\bar{z})$. 有

$$\bar{x} = \frac{1}{m}\iiint\limits_{\Omega} x\rho(x,y,z)\mathrm{d}v, \bar{y} = \frac{1}{m}\iiint\limits_{\Omega} y\rho(x,y,z)\mathrm{d}v$$

$$\bar{z} = \frac{1}{m}\iiint\limits_{\Omega} z\rho(x,y,z)\mathrm{d}v$$

(4) 转动惯量. 即

$$I_x = \iiint\limits_{\Omega}(y^2 + z^2)\rho(x,y,z)\mathrm{d}v, I_y = \iiint\limits_{\Omega}(x^2 + z^2)\rho(x,y,z)\mathrm{d}v$$

$$I_z = \iiint\limits_{\Omega}(x^2 + y^2)\rho(x,y,z)\mathrm{d}v, I_O = \iiint\limits_{\Omega}(x^2 + y^2 + z^2)\rho(x,y,z)\mathrm{d}v$$

9.1.3 基本方法

1. 二重积分性质的应用

(1) 利用二重积分的性质解题;

(2) 利用二重积分的性质进行估值.

2. 二重积分的计算

(1) 利用直角坐标计算二重积分;

(2) 利用极坐标计算二重积分;

(3) 将积分区域分块后计算;

(4) 交换积分次序后计算;

(5) 交换坐标系后计算;

(6) 利用对称性计算;

(7) 被积函数为绝对值函数的计算.

3. 三重积分的计算

(1) 利用直角坐标计算;

(2) 利用柱坐标计算;

(3) 利用球坐标计算.

4. 重积分的应用

(1) 求平面图形面积;

(2) 求空间曲面面积;

(3) 求立体体积;

(4) 求物体质量;

(5) 求物体重心;

(6) 求转动惯量;

(7) 求引力.

9.2 典型例题分析、解答与评注

9.2.1 二重积分性质的应用

1. 利用二重积分性质解题

例 9.1 设 $f(x,y)$ 在区域 $D:\dfrac{x^2}{a^2}+\dfrac{y^2}{b^2}\leqslant 1$ 上连续 $(a>0,b>0)$，求 $\lim\limits_{\substack{a\to 0\\ b\to 0}}\dfrac{1}{\pi ab}\iint\limits_{D}f(x,y)\mathrm{d}x\mathrm{d}y$.

分析 由于被积函数 $f(x,y)$ 是抽象函数，因此不能直接求出二重积分 $\iint\limits_{D}f(x,y)\mathrm{d}x\mathrm{d}y$. 但注意到 $f(x,y)$ 在 D 上连续，从而可以利用二重积分的中值定理去掉二重积分的符号进行计算.

解答 $\lim\limits_{\substack{a\to 0\\ b\to 0}}\dfrac{1}{\pi ab}\iint\limits_{D}f(x,y)\mathrm{d}x\mathrm{d}y=\lim\limits_{\substack{a\to 0\\ b\to 0}}\dfrac{1}{\pi ab}f(\xi,\eta)\cdot\pi ab=\lim\limits_{\substack{a\to 0\\ b\to 0}}f(\xi,\eta),(\xi,\eta)\in D$

由于 $f(x,y)$ 在 D 上连续，故有

$$\lim\limits_{\substack{a\to 0\\ b\to 0}}\dfrac{1}{\pi ab}\iint\limits_{D}f(x,y)\mathrm{d}x\mathrm{d}y=f(0,0)$$

评注 二重积分中值定理是不经过计算将二重积分转化为函数值的形式. 定理说明了函数值的存在性，但是并没有给出确定值的求法.

例 9.2 设函数 $f(x,y)$、$g(x,y)$ 都是在有界闭区域 D 上连续，且 $g(x,y)\geqslant 0$，证明：必存在一点 $(\xi,\eta)\in D$，使得 $\iint\limits_{D}f(x,y)\cdot g(x,y)\mathrm{d}\sigma=f(\xi,\eta)\iint\limits_{D}g(x,y)\mathrm{d}\sigma$.

分析 本题二重积分的形式没有改变，仅仅是被积函数发生改变，所以不考虑中值定理. 由于函数 $f(x,y)$、$g(x,y)$ 都是在有界闭区域 D 上连续，所以尝试使用介值定理.

证明 因为函数 $f(x,y)$ 在有界闭区域 D 上连续，所以 $f(x,y)$ 在 D 上必达到最大值 M 和最小值 m，又因为 $g(x,y)\geqslant 0$，故有

$$mg(x,y)\leqslant f(x,y)\cdot g(x,y)\leqslant Mg(x,y)$$

利用二重积分的不等式性质有

$$\iint\limits_{D}mg(x,y)\mathrm{d}\sigma\leqslant\iint\limits_{D}f(x,y)\cdot g(x,y)\mathrm{d}\sigma\leqslant\iint\limits_{D}Mg(x,y)\mathrm{d}\sigma$$

即

$$m\iint\limits_{D}g(x,y)\mathrm{d}\sigma\leqslant\iint\limits_{D}f(x,y)\cdot g(x,y)\mathrm{d}\sigma\leqslant M\iint\limits_{D}g(x,y)\mathrm{d}\sigma$$

若 $\iint\limits_{D}g(x,y)\mathrm{d}\sigma=0$，则 $\iint\limits_{D}f(x,y)\cdot g(x,y)\mathrm{d}\sigma=0$，此时 D 上的任意一点均可以作为 $(\xi,$

$\eta)$. 若 $\iint\limits_{D}g(x,y)\mathrm{d}\sigma>0$，则 $m\leqslant\dfrac{\iint\limits_{D}f(x,y)\cdot g(x,y)\mathrm{d}\sigma}{\iint\limits_{D}g(x,y)\mathrm{d}\sigma}\leqslant M$，由闭区间上连续函数的介值定

理知存在一点 $(\xi,\eta)\in D$，使得 $\iint\limits_{D}f(x,y)\cdot g(x,y)\mathrm{d}\sigma=f(\xi,\eta)\iint\limits_{D}g(x,y)\mathrm{d}\sigma$.

评注 二重积分的证明往往是多种知识点同时使用,考查的就是知识的熟练程度和综合运用能力.

2. 利用性质进行估值

例 9.3 不经过计算,估计二重积分的值 $\iint\limits_{D} xy(x+y)\mathrm{d}\sigma$,其中 $D = \{(x,y)\,|\,0 \leqslant x \leqslant 1, 0 \leqslant y \leqslant 1\}$.

分析 本题需要使用估值性质进行计算.

解答 因为在积分区域 D 上 $0 \leqslant x \leqslant 1, 0 \leqslant y \leqslant 1$,所以 $0 \leqslant xy \leqslant 1, 0 \leqslant x+y \leqslant 2$,可得 $0 \leqslant xy(x+y) \leqslant 2$,于是 $\iint\limits_{D} 0\mathrm{d}\sigma \leqslant \iint\limits_{D} xy(x+y)\mathrm{d}\sigma \leqslant \iint\limits_{D} 2\mathrm{d}\sigma$,即 $0 \leqslant \iint\limits_{D} xy(x+y)\mathrm{d}\sigma \leqslant 2$.

评注 不经过计算,直接估计二重积分结果的取值范围是利用二重积分的估值性. 设 M 和 m 分别为 $f(x,y)$ 在闭区域 D 上的最大值与最小值,A 为 D 的面积,则 $mA \leqslant \iint\limits_{D} f(x,y)\mathrm{d}\sigma \leqslant MA$.

9.2.2 二重积分的计算

计算二重积分首先应该选取坐标系,然后将二重积分转化为二次积分,一般情况下,可以根据积分区域的形状和被积函数的特点来判断选取何种坐标系.

(1)画出积分区域的草图.

(2)选择坐标系,主要是根据积分区域的形状并参考被积函数的形式,见表 9.1.

表 9.1

积分区域形状	被积函数	选用坐标系	$\mathrm{d}\sigma$	变量代换	积分表达式
矩形、三角形任意形	$f(x,y)$	直角坐标系	$\mathrm{d}x\mathrm{d}y$		$\iint\limits_{D} f(x,y)\mathrm{d}x\mathrm{d}y$
圆形、环形、扇形、环扇	$f(x^2+y^2)$、$f\left(\dfrac{y}{x}\right)$ 或 $f\left(\dfrac{x}{y}\right)$	极坐标系	$\rho\mathrm{d}\rho\mathrm{d}\theta$	$\begin{cases} x = \rho\cos\theta \\ y = \rho\sin\theta \end{cases}$	$\iint\limits_{D} f(\rho\cos\theta,\rho\sin\theta)\rho\mathrm{d}\rho\mathrm{d}\theta$

(3)选择积分次序.

(4)确定积分的上下限,作定积分运算.

1. 利用直角坐标计算二重积分

用直角坐标计算二重积分关键在于确定积分的上下限,通常是根据积分区域的类型和被积函数的形式来选择积分次序.

例 9.4 计算 $I = \iint\limits_{D} y\mathrm{d}\sigma$,其中 D 是由 $y = 4-x$、$y = x^2$ 所围成的区域.

分析 画出积分域的图形如图 9.1 所示. 本题积分区域 D 既是 X 型区域,也是 Y 型区域,但是选用 Y 型区域要把区域分成两块来讨论,所以选用 X 型积分

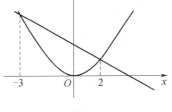

图 9.1

245

区域.

解答 联立方程,解方程组求得交点,以确定 D 在 x 轴上的投影区间. 解 $\begin{cases} y = 6 - x \\ y = x^2 \end{cases}$ 得点的坐标 $(-3, 0), (2, 0)$.

在 $(-3, 0)$ 区间内任取一点 x 作 y 轴的平行线,由下至上穿过积分区域 D,与边界曲线交于两点,穿入的曲线 $y = x^2$ 为对 y 积分的下限,穿出的曲线 $y = 6 - x$ 为对 y 积分的上限,最后在投影区间 $[-3, 2]$ 上对 x 作定积分,即

$$I = \int_{-3}^{2} \mathrm{d}x \int_{x^2}^{6-x} y \mathrm{d}y = \frac{1}{2} \int_{-3}^{2} \left[(6-x)^2 - (x^2)^2 \right] \mathrm{d}x$$

$$= \frac{1}{2} \int_{-3}^{2} (36 - 12x + x^2 - x^4) \mathrm{d}x = \frac{35}{3} + \frac{49}{5} + 210$$

评注 如果利用直角坐标计算二重积分时,积分区域 D 既是 X 型区域,也是 Y 型区域,选择时就要采用积分简单原则,一是积分形式简单,二是积分计算简单.

例 9.5 计算 $I = \iint\limits_{D} y^2 \mathrm{d}x\mathrm{d}y$,其中 D 是由横轴和摆线 $\begin{cases} x = a(t - \sin t) \\ y = a(1 - \cos t) \end{cases}$, $0 \le t \le 2\pi$ 所围成的区域 $(a > 0)$.

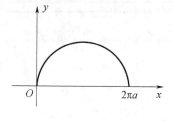

图 9.2

分析 本题积分域 D 的边界曲线为参数方程,可先按直角坐标计算二重积分,化简累次积分为定积分后把 x 与 y 分别用参数代替,即可计算.

解答 积分域 D 如图 9.2 所示.

选取 D 为 X 型积分域.

$$I = \int_{0}^{2\pi a} \mathrm{d}x \int_{0}^{y(x)} y^2 \mathrm{d}y = \int_{0}^{2\pi a} \frac{1}{3} y^3 \mathrm{d}x$$

$$= \frac{1}{3} \int_{0}^{2\pi} a^3 (1 - \cos t)^3 \cdot a(1 - \cos t) \mathrm{d}t$$

$$= \frac{1}{3} a^4 \int_{0}^{2\pi} (1 - \cos t)^4 \mathrm{d}t = \frac{16}{3} a^4 \int_{0}^{2\pi} \sin^8 \frac{t}{2} \mathrm{d}t$$

$$= \frac{32}{3} a^4 \int_{0}^{\pi} \sin^8 u \mathrm{d}u = \frac{16}{3} a^4 \int_{0}^{\frac{\pi}{2}} \sin^8 u \mathrm{d}u$$

$$= \frac{64}{3} a^4 \cdot \frac{7}{8} \times \frac{5}{6} \times \frac{3}{4} \times \frac{1}{2} \times \frac{\pi}{2} = \frac{35}{12} \pi a^4$$

评注 关于积分域 D 的边界曲线为参数方程的二重积分,计算时注意两点:
(1) x 的上下限与参数 t 的关系,常将 t 的变化范围视为 x 的上下限,这是错误的.
(2) 参数 t 的代入时机,通常是将二重积分整理为定积分的时候.

2. 利用极坐标计算二重积分

例 9.6 计算 $\iint\limits_{D} \ln(1 + x^2 + y^2) \mathrm{d}\sigma$. $D: x^2 + y^2 \le 4, x \ge 0, y \ge 0$.

分析 本题积分区域为 1/4 圆,被积函数是 $x^2 + y^2$ 的函数,适合使用极坐标计算.

解答 $x = \rho\cos\theta, y = \rho\sin\theta$ $\left(0 \le \rho \le 2, 0 \le \theta \le \frac{\pi}{2} \right)$

$$\iint\limits_{D}\ln(1+x^2+y^2)\mathrm{d}\sigma = \int_0^{\frac{\pi}{2}}\mathrm{d}\theta\int_0^2\ln(1+\rho^2)\rho\mathrm{d}\rho$$

$$= \int_0^{\frac{\pi}{2}}\mathrm{d}\theta\cdot\frac{1}{2}\int_0^2\ln(1+\rho^2)\mathrm{d}(1+\rho^2)$$

$$= \frac{1}{2}\int_0^{\frac{\pi}{2}}\left[(1+\rho^2)\ln(1+\rho^2)-(1+\rho^2)\right]_0^2\mathrm{d}\theta$$

$$= \frac{1}{2}\left[(5\ln5-5)-(0-1)\right]\int_0^{\frac{\pi}{2}}\mathrm{d}\theta$$

$$= \frac{\pi}{4}(5\ln5-4)$$

评注 二重积分的计算选择适当的坐标系能起到事半功倍的效果.

3. 将区域分片后计算二重积分

例 9.7 计算 $I = \iint\limits_{D}x^2\mathrm{d}x\mathrm{d}y$, 其中 D 是由 $y=x^3$ 和 $y=x$ 所围成的区域.

分析 本题积分区域分别位于第一象限和第三象限内,上下限不同,所以需要分片计算.

解答 积分域 D 如图 9.3 所示.

$$I = \iint\limits_{D}x^2\mathrm{d}x\mathrm{d}y = \iint\limits_{D_1}x^2\mathrm{d}x\mathrm{d}y + \iint\limits_{D_2}x^2\mathrm{d}x\mathrm{d}y$$

$$= \int_0^1\mathrm{d}x\int_{x^3}^x x^2\mathrm{d}y + \int_{-1}^0\mathrm{d}x\int_x^{x^3}x^2\mathrm{d}y$$

$$= \int_0^1(x^3-x^5)\mathrm{d}x + \int_{-1}^0(x^5-x^3)\mathrm{d}x$$

$$= \frac{1}{6}$$

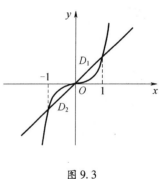

图 9.3

评注 有时积分区域既是 X 型的又是 Y 型的,若把积分区域 D 看成 X 型区域二重积分的计算需要分块,而把积分区域看成 Y 型积分区域若不需要分块,则选择 Y 型积分区域,避免分片计算.

4. 利用交换积分次序计算二重积分

二重积分计算时凡是遇到如下形式,即 $\int\frac{\sin x}{x}\mathrm{d}x$、$\int\sin x^2\mathrm{d}x$、$\int\cos x^2\mathrm{d}x$、$\int\mathrm{e}^{-x^2}\mathrm{d}x$、$\int\mathrm{e}^{x^2}\mathrm{d}x$、$\int\mathrm{e}^{\frac{y}{x}}\mathrm{d}x$、$\int\frac{1}{\ln x}\mathrm{d}x$、$\int\frac{\cos x}{x}\mathrm{d}x$、$\int\sin\frac{1}{x}\mathrm{d}x$、$\int\cos\frac{1}{x}\mathrm{d}x$ 等,由于其原函数不是初等函数,所以一定要将其放在后面积分.

例 9.8 计算 $\int_0^1\mathrm{d}x\int_x^1 x^2\mathrm{e}^{-y^2}\mathrm{d}y$.

分析 因为 $\int\mathrm{e}^{-y^2}\mathrm{d}y$ 无法用初等函数表示,所以积分时必须考虑交换积分次序.

解答 $\iint\limits_{D}x^2\mathrm{e}^{-y^2}\mathrm{d}x\mathrm{d}y = \int_0^1\mathrm{d}y\int_0^y x^2\mathrm{e}^{-y^2}\mathrm{d}x = \int_0^1\mathrm{e}^{-y^2}\cdot\frac{y^3}{3}\mathrm{d}y = \int_0^1\mathrm{e}^{-y^2}\cdot\frac{y^2}{6}\mathrm{d}y^2 = \frac{1}{6}$

$$\left(1-\frac{2}{\mathrm{e}}\right)$$

评注 被积函数的原函数不是初等函数时,就没有办法计算积分,但是可以通过交换积分次序,使得交换次序后的积分变得可以进行.

例 9.9 证明 $\int_a^b \mathrm{d}y \int_a^y (y-x)^n f(x) \mathrm{d}x = \dfrac{1}{n+1} \int_a^b (b-x)^{n+1} f(x) \mathrm{d}x$

分析 此题要从左推到右,一定要先对 y 积分,因此也需要交换积分次序.

解答
$$\int_a^b \mathrm{d}y \int_a^y (y-x)^n f(x) \mathrm{d}x = \int_a^b \mathrm{d}x \int_x^b (y-x)^n f(x) \mathrm{d}y$$
$$= \int_a^b f(x) \frac{1}{n+1} (y-x)^{n+1} \Big|_x^b \mathrm{d}x$$
$$= \frac{1}{n+1} \int_a^b (b-x)^{n+1} f(x) \mathrm{d}x$$

评注 二重积分等式的证明一般都是从复杂的一端推出形式上比较简单的一端,本题左端是一个二次积分,而右端是一个定积分,故考虑从左端入手. 但是对 x 的积分中,被积函数含有抽象函数,没有办法计算,这就需要交换积分次序计算.

5. 将直角坐标转化为极坐标系后计算二重积分

例 9.10 设 $I = \int_0^{\frac{R}{\sqrt{2}}} \mathrm{d}x \int_0^x \dfrac{y^2}{x^2} \mathrm{d}y + \int_{\frac{R}{\sqrt{2}}}^R \mathrm{d}x \int_0^{\sqrt{R^2-x^2}} \dfrac{y^2}{x^2} \mathrm{d}y$,将 I 化成极坐标形式,并计算 I.

分析 还原本题的积分区域得到是圆的一部分,适合使用极坐标计算,故转换坐标系计算.

解答 采用极坐标形式,则 $D: \begin{cases} 0 \leqslant \rho \leqslant R \\ 0 \leqslant \theta \leqslant \dfrac{\pi}{4} \end{cases}$. 故

$$I = \int_0^{\frac{\pi}{4}} \mathrm{d}\theta \int_0^R \frac{\rho^2 \sin^2\theta}{\rho^2 \cos^2\theta} \cdot \rho \mathrm{d}\rho = \int_0^{\frac{\pi}{4}} \tan^2\theta \mathrm{d}\theta \int_0^R \rho \mathrm{d}\rho$$
$$= \frac{R^2}{2} \int_0^{\frac{\pi}{4}} (\sec^2\theta - 1) \mathrm{d}\theta = \frac{R^2}{2} (\tan\theta - \theta) \Big|_0^{\frac{\pi}{4}} = \frac{R^2}{2} \left(1 - \frac{\pi}{4}\right)$$

评注 当直角坐标系下二次积分的形式比较复杂,而积分区域和被积函数的特点符合极坐标计算二重积分的特点时,考虑转化坐标系计算.

6. 利用对称性计算二重积分

(1) 若积分区域 D 关于 y 轴对称(D_1 为 D 位于 y 轴右侧的部分),即 $(x,y) \in D$,则 $(-x,y) \in D$,要考察被积函数 $f(x,y)$ 关于 x 的奇偶性.

① $f(x,y)$ 是关于 x 的偶函数,则 $\iint\limits_D f(x,y) \mathrm{d}x \mathrm{d}y = 2 \iint\limits_{D_1} f(x,y) \mathrm{d}x \mathrm{d}y$;

② $f(x,y)$ 是关于 x 的奇函数,则 $\iint\limits_D f(x,y) \mathrm{d}x \mathrm{d}y = 0$.

例 9.11 计算 $I = \iint\limits_D (x+y) \mathrm{d}x \mathrm{d}y$,其中 D 是由 $y = x^2$,$y = 4x^2$ 及 $y = 1$ 围成.

分析 显然 D 是关于 y 轴对称的,被积函数拆分后分别是关于 x 的奇偶函数,故可以使用对称性计算.

解答 $I = \iint\limits_D (x+y) \mathrm{d}x \mathrm{d}y = \iint\limits_D x \mathrm{d}x \mathrm{d}y + \iint\limits_D y \mathrm{d}x \mathrm{d}y$

$$= 0 + 2\iint_{D_1} y\,dxdy = 2\int_0^1 dy \int_{\frac{y}{2}}^{\sqrt{y}} y\,dx$$

$$= 2\int_0^1 \frac{1}{2}y^{\frac{3}{2}}dy = \frac{5}{2}$$

评注 对于积分区域具有对称性的积分,应该考察被积函数是否具有对称性,或者把被积函数拆分成几部分,使得每一部分具有对称性,然后再使用对称性计算.

(2)若积分区域 D 关于 x 轴对称(设 D_1 为 D 位于轴 x 上方的部分),即$(x,y)\in D$,则$(x,-y)\in D$,要考察被积函数 $f(x,y)$ 关于 y 的奇偶性.

① $f(x,y)$ 是关于 y 的偶函数,则 $\iint_D f(x,y)\,dxdy = 2\iint_{D_1} f(x,y)\,dxdy$;

② $f(x,y)$ 是关于 y 的奇函数,则 $\iint_D f(x,y)\,dxdy = 0.$

(3)若积分区域 D 关于原点中心对称(设 D_1 为 D 位于对称轴上方的部分),即$(x,y)\in D$,则$(-x,-y)\in D.$

① 若 $f(-x,-y)=f(x,y)$,则 $\iint_D f(x,y)\,dxdy = 2\iint_{D_1} f(x,y)\,dxdy$;

② 若 $f(-x,-y) = -f(x,y)$,则 $\iint_D f(x,y)\,dxdy = 0.$

(4)若 D 关于 $y=x$ 对称,则 $\iint_D f(x,y)\,dxdy = \iint_D f(y,x)\,dxdy.$

7. 计算被积函数为绝对值函数的二重积分

例 9.12 计算 $I = \iint_D |\cos(x+y)|\,d\sigma$,$D:0 \le x \le \frac{\pi}{2},0 \le y \le \frac{\pi}{2}.$

分析 积分域如图9.4所示. 令 $\cos(x+y)=0$,得 $x+y=\frac{\pi}{2}$,直线 $x+y=\frac{\pi}{2}$ 把积分区域 D 分为 D_1 和 D_2 两个区域,在积分区域 D_1 上 $\cos(x+y)>0$,在积分区域 D_2 上 $\cos(x+y)<0.$

解答 $I = \iint_{D_1}\cos(x+y)\,d\sigma - \iint_{D_2}\cos(x+y)\,d\sigma$

$= \int_0^{\frac{\pi}{2}}dx\int_0^{\frac{\pi}{2}-x}\cos(x+y)\,dy - \int_0^{\frac{\pi}{2}}dx\int_{\frac{\pi}{2}-x}^{\frac{\pi}{2}}$

$\cos(x+y)\,dy = \pi - 2$

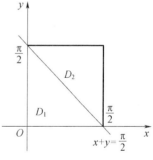

图 9.4

评注 被积函数是绝对值函数时,计算前需要去掉绝对值,将积分区域分块,在不同的积分区域块上,去掉被积函数的绝对值符号. 积分区域的分界曲线通常是令被积函数为零所代表的曲线.

例 9.13 计算 $I = \iint_D |y+\sqrt{3}x|\,d\sigma$,其中 $D:x^2+y^2 \le 1.$

分析 令 $y+\sqrt{3}x=0$,则直线 $y+\sqrt{3}x=0$. 把 $D:x^2+y^2 \le 1$ 分为两个区域 D_1 和 D_2,如图9.5所示. 由于 D 为圆域,故采用极坐标计算.

解答　$I = \iint\limits_{D_1}(y + \sqrt{3}x)\,\mathrm{d}\sigma - \iint\limits_{D_2}(y + \sqrt{3}x)\,\mathrm{d}\sigma$

$$= \int_{-\frac{\pi}{3}}^{\frac{2}{3}\pi}(\sin\theta + \sqrt{3}\cos\theta)\,\mathrm{d}\theta\int_0^1\rho^2\,\mathrm{d}\rho -$$

$$\int_{\frac{2}{3}\pi}^{\frac{5\pi}{3}}(\sin\theta + \sqrt{3}\cos\theta)\,\mathrm{d}\theta\int_0^1\rho^2\,\mathrm{d}\rho$$

$$= \frac{8}{3}$$

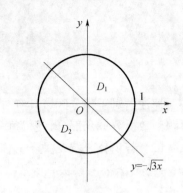

图 9.5

评注　去掉绝对值时也要考虑坐标系的选择.

9.2.3　三重积分的计算

计算三重积分同计算二重积分一样,最后归结为累次积分计算,也就是计算一个三次定积分. 在计算三重积分时,应注意如下内容:

(1) 选择坐标系. 一般说来正确地选择坐标系计算,可使计算方便. 关于直角坐标系、柱面坐标、球坐标的选取,后面有详细说明,请读者注意体会.

(2) 选择积分次序. 合理地选取积分次序对于计算三重积分也是十分重要的.

(3) 计算时注意利用好对称性定理,可以简化计算.

1. 利用直角坐标计算

利用直角坐标计算三重积分,要将三重积分化为三次积分.

设积分域 Ω 可表示为 $\begin{cases} z_1(x,y) \leqslant z \leqslant z_2(x,y) \\ (x,y) \in D \end{cases}$,则

$$\iiint\limits_{\Omega}f(x,y,z)\,\mathrm{d}v = \iint\limits_{D}\mathrm{d}x\mathrm{d}y\int_{z_1(x,y)}^{z_2(x,y)}f(x,y,z)\,\mathrm{d}z \tag{9.1}$$

式(9.1)称为计算三重积分的先一后二法.

式(9.1)可进一步化为

$$\iiint\limits_{\Omega}f(x,y,z)\,\mathrm{d}v = \int_a^b\mathrm{d}x\int_{y_1(x)}^{y_2(x)}\mathrm{d}y\int_{z_1(x,y)}^{z_2(x,y)}f(x,y,z)\,\mathrm{d}z \tag{9.2}$$

式(9.2)即为计算三重积分的三次积分法.

Ω 也可表示为 $\begin{cases} (x,y) \in D_z \\ c_1 \leqslant z \leqslant c_2 \end{cases}$,则 $\iiint\limits_{\Omega}f(x,y,z)\,\mathrm{d}v = \int_{c_1}^{c_2}\mathrm{d}z\iint\limits_{D_z}f(x,y,z)\,\mathrm{d}x\mathrm{d}y \tag{9.3}$

式(9.3)称为计算三重积分的先二后一法或切片法.

例 9.14　求 $\iiint\limits_{\Omega}x\mathrm{d}x\mathrm{d}y\mathrm{d}z$,$\Omega$ 为三个坐标面及平面 $x + 2y + z = 1$ 所围成的区域.

分析　空间立体 Ω 由平面构成,适合使用直角坐标计算.

解答　$\Omega:\begin{cases} 0 \leqslant z \leqslant 1 - x - 2y \\ (x,y) \in D \end{cases}$（先二后一）$= \begin{cases} 0 \leqslant z \leqslant 1 - x - 2y \\ 0 \leqslant y \leqslant \dfrac{1-x}{2} \\ 0 \leqslant x \leqslant 1 \end{cases}$

故 $\iiint\limits_{\Omega}x\mathrm{d}x\mathrm{d}y\mathrm{d}z = \int_0^1 x\mathrm{d}x\int_0^{\frac{1-x}{2}}\mathrm{d}y\int_0^{1-x-2y}\mathrm{d}z = \int_0^1 x\mathrm{d}x\int_0^{\frac{1-x}{2}}(1 - x - 2y)\,\mathrm{d}y$

$$= \int_0^1 x\left[(1-x)y - y^2\right]\Big|_0^{\frac{1-x}{2}} \mathrm{d}x = \frac{1}{4}\int_0^1 (x - 2x^2 + x^3)\,\mathrm{d}x$$

$$= \frac{1}{4}\left(\frac{1}{2} - \frac{2}{3} + \frac{1}{4}\right) = \frac{1}{48}$$

评注 用直角坐标计算三重积分的关键是根据积分区域 Ω 的形状以及被积函数的特点选择适当的积分组合与次序.

例 9.15 计算 $I = \iiint\limits_{\Omega} y\cos(x+z)\,\mathrm{d}v$,其中 Ω 是由抛物柱面 $y = \sqrt{x}$、平面 $x + z = \dfrac{\pi}{2}$、$y = 0$、$z = 0$ 所围成.

分析 积分区域的空间立体 Ω 由平面构成,故计算三重积分时使用直角坐标较为恰当.

解答 积分域 Ω 如图 9.6 所示.

〈方法一〉:先对 z 积分,将 Ω 往 xOy 面上投影域为 $y = \sqrt{x}$、x 轴、$x = \dfrac{\pi}{2}$,Ω 的上下曲面分别为 $z = \dfrac{\pi}{2} - x$、$z = 0$,故有

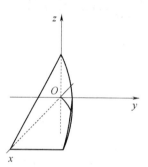

图 9.6

$$I = \iint\limits_{D_{xy}} \mathrm{d}x\mathrm{d}y \int_0^{\frac{\pi}{2}-x} y\cos(x+z)\,\mathrm{d}z$$

$$= \int_0^{\frac{\pi}{2}} \mathrm{d}x \int_0^{\sqrt{x}} y\mathrm{d}y \int_0^{\frac{\pi}{2}-x} \cos(x+z)\,\mathrm{d}z$$

$$= \int_0^{\frac{\pi}{2}} \mathrm{d}x \int_0^{\sqrt{x}} y(1 - \sin x)\,\mathrm{d}y$$

$$= \int_0^{\frac{\pi}{2}} \frac{1}{2}x(1 - \sin x)\,\mathrm{d}x = \frac{\pi^2}{16} - \frac{1}{2}$$

〈方法二〉先对 y 积分,将 Ω 往 xOz 面上投影,投影域为 $x + z = \dfrac{\pi}{2}$、x 轴与 z 轴所围成. 作 y 轴的平行线,找 Ω 的边界曲面与直线左右交点的纵坐标,即为对 y 积分的下限与上限,故有

$$I = \iint\limits_{D_{xz}} \mathrm{d}x\mathrm{d}z \int_0^{\sqrt{x}} y\cos(x+z)\,\mathrm{d}y = \int_0^{\frac{\pi}{2}} \mathrm{d}x \int_0^{\frac{\pi}{2}-x} \cos(x+z)\,\mathrm{d}z \int_0^{\sqrt{x}} y\mathrm{d}y = \frac{\pi^2}{16} - \frac{1}{2}$$

评注 如果利用直角坐标的先一后二法,要根据被积函数的特点,选择将空间立体 Ω 投于哪个坐标面. 从本题可以看出,被积函数中 x 与 z 被复合在函数中,如果先对 x 或 z 积分,计算会比较麻烦,因此,从方法二中可见,将本题的空间立体 Ω 投于 xOz 坐标面之后,先对 y 求积分的计算过程比较简单. 因此先一后二法要正确地选择积分次序.

例 9.16 求 $I_1 = \iiint\limits_{\Omega} z^2\mathrm{d}x\mathrm{d}y\mathrm{d}z$,$I_2 = \iiint\limits_{\Omega}(x+y+z)^2\mathrm{d}x\mathrm{d}y\mathrm{d}z$,$\Omega$ 由 $\dfrac{x^2}{a^2} + \dfrac{y^2}{b^2} + \dfrac{z^2}{c^2} = 1$ 围成.

分析 本题空间立体 Ω 用平行于 xOy 面的平面截取,截面是规则的椭圆形,被积函数是 z 的函数,适合使用先二后一法计算三重积分.

解答 $\Omega: \begin{cases} (x,y) \in D_z : \dfrac{x^2}{a^2} + \dfrac{y^2}{b^2} \leqslant 1 - \dfrac{z^2}{c^2}\ (\text{先二后一}) \\ -c \leqslant z \leqslant c \end{cases}$

$$I_1 = \int_{-c}^{c} z^2 \mathrm{d}z \iint\limits_{\Omega_z} \mathrm{d}x\mathrm{d}y = \int_{-c}^{c} z^2 \cdot \pi a \sqrt{1 - \frac{z^2}{c^2}} \cdot b \sqrt{1 - \frac{z^2}{c^2}} \mathrm{d}z$$

$$= 2\pi ab \int_0^c z^2 \left(1 - \frac{z^2}{c^2}\right) \mathrm{d}z = \frac{4}{15}\pi abc^3$$

由对称性,得

$$\iiint\limits_{\Omega} x^2 \mathrm{d}x\mathrm{d}y\mathrm{d}z = \frac{4}{15}\pi a^3 bc, \iiint\limits_{\Omega} y^2 \mathrm{d}x\mathrm{d}y\mathrm{d}z = \frac{4}{15}\pi ab^3 c$$

$$I_2 = \iiint\limits_{\Omega} (x^2 + y^2 + z^2 + 2xy + 2yz + 2zx) \mathrm{d}x\mathrm{d}y\mathrm{d}z$$

因为 Ω 关于 xOy、yOz、zOx 面对称,而 xy、yz、zx 分别为 x、y、z 的奇函数,故

$$\iiint\limits_{\Omega} xy\mathrm{d}x\mathrm{d}y\mathrm{d}z = \iiint\limits_{\Omega} yz\mathrm{d}x\mathrm{d}y\mathrm{d}z = \iiint\limits_{\Omega} zx\mathrm{d}x\mathrm{d}y\mathrm{d}z = 0$$

从而

$$I_2 = \iiint\limits_{\Omega} (x^2 + y^2 + z^2) \mathrm{d}x\mathrm{d}y\mathrm{d}z = \frac{4}{15}\pi abc(a^2 + b^2 + c^2)$$

评注 用先二后一法计算三重积分的机会不多,一般只是在积分区域比较规范的时候才能使用,如 D_z 是圆或者椭圆时. 另外使用先二后一法的另一个常见的原因是被积函数只是一个变量或者该变量的函数.

例 9.17 计算 $I = \int_0^1 \mathrm{d}x \int_0^{1-x} \mathrm{d}y \int_{x+y}^1 \frac{\sin z}{z} \mathrm{d}z$.

分析 根据三次积分的积分顺序可见,本题要先对 z 积分,再观察被积函数可知 $\frac{\sin z}{z}$ 的原函数不是初等函数,因此,关于 z 的积分求不出来,只能考虑积分换序.

解答 由累次积分的上下限有

$$\Omega : \begin{cases} x + y \leqslant z \leqslant 1 \\ 0 \leqslant y \leqslant 1 - x \\ 0 \leqslant x \leqslant 1 \end{cases}$$

图 9.7

故积分域 Ω 的图形如图 9.7 所示.

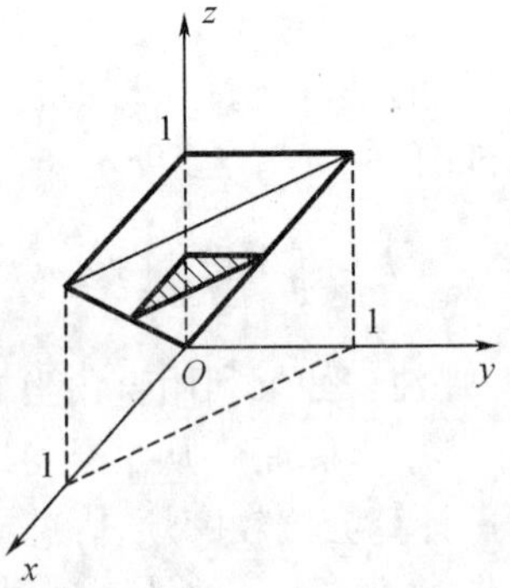

〈方法一〉如果按绘出的累次积分计算,是非常困难的. 故交换积分次序,先对 x 积分,把 Ω 往 yOz 面上投影,投影域为由 $z=1$、$z=y$ 与 z 轴所围成的三角形区域,于是

$$I = \iint\limits_{D_{yz}} \mathrm{d}y\mathrm{d}z \int_0^{z-y} \frac{\sin z}{z} \mathrm{d}x = \int_0^1 \frac{\sin z}{z} \mathrm{d}z \int_0^z \mathrm{d}y \int_0^{z-y} \mathrm{d}x$$

$$= \int_0^1 \frac{\sin z}{z} \mathrm{d}z \int_0^z (z - y) \mathrm{d}y = \frac{1}{2} \int_0^1 z\sin z \mathrm{d}z = \frac{1}{2}(\sin 1 - \cos 1)$$

〈方法二〉用先二后一法或截面法,由于被积函数仅是 z 的函数,而用平行于 xOy 面的平面去截 Ω,截面为三角形,在 z 轴 $[0,1]$ 上任取一点 z,过点 z 作 z 轴的垂面,截 Ω 得三角

252

形区域 D_z（图中带阴影的区域），D_z 的面积为 $\dfrac{1}{2}z^2$. 因此有

$$I = \int_0^1 \frac{\sin z}{z}\mathrm{d}z \iint\limits_{\Omega_z}\mathrm{d}x\mathrm{d}y = \int_0^1 \frac{\sin z}{z}\cdot\frac{1}{2}z^2\mathrm{d}z = \frac{1}{2}(\sin 1 - \cos 1)$$

评注 积分换序的问题，首先需要根据给出的三次积分或积分区域确定立体图形，再选择恰当的积分次序化为累次积分或更换其他积分方法进行计算.

从方法一可见，原积分因为被积函数的原函数不是初等函数，不能计算积分，因此考虑积分换序之后对 z 后积分，则容易得到结果. 方法二用先二后一法计算，十分简洁，这是因为它可以把三重积分的计算直接变为定积分，此法仍不失为一种较好的计算方法，虽然有些局限性，也要注意掌握. 当然使用时要注意条件.

2. 利用柱坐标计算

利用柱坐标计算三重积分，具体做法如下.

（1）先引入柱坐标变换：

$$\begin{cases} x = \rho\cos\theta \\ y = \rho\sin\theta \\ z = z \end{cases}$$

$$\mathrm{d}x\mathrm{d}y\mathrm{d}z = \rho\mathrm{d}\rho\mathrm{d}\theta\mathrm{d}z$$

（2）把被积函数 $f(x,y,z)$ 中的 x、y、z 换成柱坐标，体积元素 $\mathrm{d}v$ 用柱坐标系下的体积元素 $\rho\mathrm{d}\rho\mathrm{d}\theta\mathrm{d}z$ 代替，这样直角坐标系下的三重积分就变成了柱坐标系下的三重积分

$$\iiint\limits_{\Omega}f(x,y,z)\mathrm{d}v = \iiint\limits_{\Omega}f(\rho\cos\theta,\rho\sin\theta,z)\rho\mathrm{d}\rho\mathrm{d}\theta\mathrm{d}z$$

（3）同时曲面方程也用柱坐标表示，此时积分域为 $\Omega: z_1(\rho,\theta)\leqslant z\leqslant z_2(\rho,\theta)$，$\varphi_1(\theta)\leqslant\theta\leqslant\varphi_2(\theta)$，$\alpha\leqslant\theta\leqslant\beta$.

（4）柱坐标系下的三重积分也要化为累次积分计算，它是利用先一后二法，先对 z 积分，后在 xOy 面上的投影域上利用极坐标计算二重积分，即

$$\iiint\limits_{\Omega}f(x,y,z)\mathrm{d}v = \iiint\limits_{\Omega}f(\rho\cos\theta,\rho\sin\theta,z)\rho\mathrm{d}\rho\mathrm{d}\theta\mathrm{d}z$$

$$= \iint\limits_{D_{xy}}\rho\mathrm{d}\rho\mathrm{d}\theta\int_{z_1(\rho,\theta)}^{z_2(\rho,\theta)}f\mathrm{d}z = \int_\alpha^\beta\mathrm{d}\theta\int_{\varphi_1(\theta)}^{\varphi_2(\theta)}\rho\mathrm{d}\rho\int_{z_1(\rho,\theta)}^{z_2(\rho,\theta)}f\mathrm{d}z$$

例 9.18 求 $\iiint\limits_{\Omega}z\mathrm{d}x\mathrm{d}y\mathrm{d}z$，$\Omega$ 由 $z = \sqrt{2-x^2-y^2}$，$z = x^2+y^2$ 围成.

分析 根据空间立体在 xOy 坐标面上的投影区域为圆域，确定利用柱面坐标计算会比较简单.

解答 〈方法一〉用柱坐标

$$\Omega: \begin{cases} \rho^2\leqslant z\leqslant\sqrt{2-\rho^2} \\ 0\leqslant\rho\leqslant 1 \\ 0\leqslant\theta\leqslant 2\pi \end{cases}$$

$$\iiint\limits_{\Omega} z\,dxdydz = \int_0^{2\pi}d\theta \int_0^1 \rho\,d\rho \int_{\rho^2}^{\sqrt{2-\rho^2}} z\,dz = \pi\int_0^1 (2\rho-\rho^3-\rho^5)\,d\rho = \pi\left(1-\frac{1}{4}-\frac{1}{6}\right) = \frac{7\pi}{12}$$

〈方法二〉

$$\Omega:\begin{cases}(x,y)\in D_{z_1}:x^2+y^2\leqslant z\\ 0\leqslant z\leqslant 1\end{cases}+\begin{cases}(x,y)\in D_{z_2}:x^2+y^2\leqslant 2-z^2\\ 1\leqslant z\leqslant\sqrt{2}\end{cases}\quad(先二后一)$$

$$\iiint\limits_{\Omega} z\,dxdydz = \int_0^{\sqrt{2}} z\,dz\iint\limits_{D_z}dxdy = \int_0^1 z\,dz\iint\limits_{D_{z_1}}dxdy + \int_1^{\sqrt{2}} z\,dz\iint\limits_{D_{z_2}}dxdy$$

$$= \int_0^1 z\cdot\pi\cdot z\,dz + \int_1^{\sqrt{2}} z\cdot\pi\cdot(2-z^2)\,dz = \frac{7\pi}{12}$$

评注 本题由于被积函数只有一个变量 z,且积分区域的切片为圆域,因此在求解的时候利用先二后一法也可以,但对于本题来说,利用先二后一法需要分两部分分别计算,不如利用柱面坐标计算简单. 一般说来,当积分域 Ω 是圆柱形域或 Ω 的投影域为圆域时,常用柱坐标计算.

例 9.19 计算 $I = \iiint\limits_{\Omega}(z^2+y^2)\,dv$,其中 Ω 是由曲线 $\begin{cases}y^2=2x\\ z=0\end{cases}$ 绕 x 轴旋转而成的曲面与平面 $x=5$ 所围成的闭区域.

分析 本题的旋转曲面是中心轴为 x 轴的旋转抛物面,此曲面与 $x=5$ 的平面共同围成的封闭立体在 yOz 坐标面上的投影区域为圆域;又被积函数为 z^2+y^2. 因此选择利用柱面坐标计算三重积分.

解答 旋转曲面方程为 $y^2+z^2=2x$,Ω 的图形如图 9.8 所示,显然,Ω 在 yOz 面上的投影区域为 $D:y^2+z^2\leqslant 10$,使

用柱坐标计算,令 $\begin{cases}y=\rho\cos\theta\\ z=\rho\sin\theta\\ x=x\end{cases}$,则 $dv=\rho\,d\rho\,d\theta\,dx$,故有

$$I = \int_0^{2\pi}d\theta\int_0^{\sqrt{10}}\rho^3\,d\rho\int_{\frac{\rho^2}{2}}^5 dx = \frac{250}{3}\pi$$

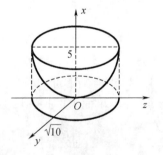

图 9.8

评注 利用柱面坐标计算三重积分,主要考察两部分:一是观察被积函数,二是考虑积分区域. 若被积函数中含有 x^2+y^2、y^2+z^2、x^2+z^2 或可表示为关于 z(或 x 或 y)、ρ、θ 易于积分的函数;积分区域由球面、旋转抛物面、锥面、柱面、平面等所围成的,投影域是圆域的,在计算三重积分时利用柱面坐标会较简单. 本题中还要注意的是使用了改变方向的柱面坐标.

3. 利用球坐标计算

利用球面坐标计算三重积分是直接化为三次积分的. 一般是先对 ρ 积分,再对 φ 积分,最后对 θ 积分. 这点同直角坐标计算三重积分和柱面坐标计算三重积分不同. 具体做法如下:

(1)先引入球面坐标变换,即

$$\begin{cases} x = \rho\cos\theta\sin\varphi \\ y = \rho\cos\theta\cos\varphi \\ z = \rho\cos\varphi \end{cases}$$

则 $\mathrm{d}x\mathrm{d}y\mathrm{d}z = \rho^2\sin\varphi\mathrm{d}\rho\mathrm{d}\varphi\mathrm{d}\theta$.

（2）把被积函数 $f(x,y,z)$ 中的 x、y、z 换成球面坐标,同时体积元素 $\mathrm{d}v$ 用球面坐标的体积元素 $\rho^2\sin\varphi\mathrm{d}\rho\mathrm{d}\varphi\mathrm{d}\theta$ 表示,这样直角坐标系下的三重积分就化为球面坐标系下的三重积分

$$I = \iiint\limits_{\Omega} f(x,y,z)\mathrm{d}v = \iiint\limits_{\Omega} f(\rho\cos\theta\sin\varphi,\rho\sin\theta\sin\varphi,\rho\cos\varphi)\rho^2\sin\varphi\mathrm{d}\rho\mathrm{d}\varphi\mathrm{d}\theta$$

（3）曲面方程化为球面坐标方程,Ω 为

$$\rho_1(\theta,\varphi) \leqslant r \leqslant \rho_2(\theta,\varphi), \varphi_1(\theta) \leqslant \varphi \leqslant \varphi_2(\theta), \alpha \leqslant \theta \leqslant \beta$$

（4）直接化为累次积分,即

$$I = \int_{\alpha}^{\beta}\mathrm{d}\theta \int_{\varphi_1(\theta)}^{\varphi_2(\theta)}\sin\varphi\mathrm{d}\varphi \int_{\rho_1(\theta,\varphi)}^{\rho_2(\theta,\varphi)} f \cdot \rho^2\mathrm{d}\rho$$

评注 如果积分区域 Ω 为球形域或球面与锥面的组合体时,被积函数含有 $x^2 + y^2 + z^2$,一般应该选用球面坐标系.

例 9.20 求 $\iiint\limits_{\Omega} (x^2 + y^2 + z^2)\mathrm{d}v, \Omega: x^2 + y^2 + z^2 \leqslant 1$.

分析 被积函数为 $x^2 + y^2 + z^2$,积分区域为球体: $x^2 + y^2 + z^2 \leqslant 1$,如果利用球面坐标被积函数化为 ρ^2,积分区域化为 $0 \leqslant \rho \leqslant 1, 0 \leqslant \varphi \leqslant \pi, 0 \leqslant \theta \leqslant 2\pi$,因此由三重积分本身的特点,决定选择利用球面坐标计算此三重积分.

解答 用球坐标

$$\Omega: \begin{cases} 0 \leqslant \rho \leqslant 1 \\ 0 \leqslant \varphi \leqslant \pi \\ 0 \leqslant \theta \leqslant 2\pi \end{cases}$$

$$I = \int_0^{2\pi}\mathrm{d}\theta \int_0^{\pi}\mathrm{d}\varphi \int_0^1 \rho^2 \cdot \rho^2\sin\varphi\mathrm{d}r = 2\pi \cdot (-\cos\varphi)\Big|_0^{\pi} \cdot \frac{1}{5} = \frac{4\pi}{5}$$

评注 在三重积分的计算中,利用球面坐标计算三重积分较少,除题目中指定使用球面坐标外,一般只有当积分区域为球面 $x^2 + y^2 + z^2 = R^2$ 或 $x^2 + y^2 + z^2 = az$,锥面 $\varphi = \varphi_0$,半平面 $\theta = \theta_0$ 所围.且被积函数含 $x^2 + y^2 + z^2$（或者少一个条件即围 Ω 的曲面中有一个不是上述曲面,或者被积函数不含 $x^2 + y^2 + z^2$）时,才使用球面坐标.

例 9.21 计算 $I = \iiint\limits_{\Omega} (x^2 + y^2)\mathrm{d}v$,其中 Ω 由曲面 $z = \sqrt{x^2 + y^2}$ 与 $z = 1 + \sqrt{1 - x^2 - y^2}$ 围成.

分析 本题的空间立体 Ω 是由球面和锥面所围成的球锥体,虽然被积函数不是 $x^2 + y^2 + z^2$,但是利用球面坐标后被积函数 $x^2 + y^2 = \rho^2\sin^2\varphi$. 因此可以利用球面坐标进行求解.

解答 积分域 Ω 如图 9.9 所示.

〈方法一〉用球坐标计算.

令 $\begin{cases} x = \rho\cos\theta\sin\varphi \\ y = \rho\cos\theta\cos\varphi, \\ z = \rho\cos\varphi \end{cases}$ 则 $dv = \rho^2\sin\varphi dr d\varphi d\theta$，$\Omega$ 的球坐标方

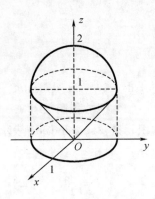

程为 $\rho \leqslant 2\cos\varphi, 0 \leqslant \varphi \leqslant \dfrac{\pi}{4}, 0 \leqslant \theta \leqslant 2\pi$，于是有

$$I = \int_0^{2\pi} d\theta \int_0^{\frac{\pi}{4}} \sin\varphi d\varphi \int_0^{2\cos\varphi} \rho^2 \sin^2\varphi \cdot \rho^2 d\rho$$

$$= 2\pi \int_0^{\frac{\pi}{4}} \sin^3\varphi \cdot \frac{1}{5} (2\cos\varphi)^5 d\varphi$$

$$= \frac{8\pi}{5} \int_0^{\frac{\pi}{4}} (2\sin\varphi\cos\varphi)^3 \cos^2\varphi d\varphi$$

$$= \frac{4\pi}{5} \int_0^{\frac{\pi}{4}} (\sin 2\varphi)^3 \cdot \left(\frac{\cos 2\varphi + 1}{2} \right) d\varphi$$

$$= \frac{\pi}{5} \int_0^{\frac{\pi}{4}} (\sin 2\varphi)^3 (\cos 2\varphi + 1) d(2\varphi)$$

$$\overset{t=2\varphi}{=} \frac{\pi}{5} \int_0^{\frac{\pi}{2}} \sin^3 t \cdot (\cos t + 1) dt = \frac{11}{30}\pi$$

图 9.9

〈方法二〉用柱面坐标计算.

由 $\begin{cases} z = \sqrt{x^2 + y^2} \\ z = 1 - \sqrt{1 - x^2 - y^2} \end{cases}$，消去 z，得 Ω 在 xOy 面上的投影域 D 为 $x^2 + y^2 \leqslant 1$，而被积函

数又含有 $x^2 + y^2$，故也可使用柱面坐标计算.

$$I = \iint\limits_D \rho d\rho d\theta \int_\rho^{1+\sqrt{1-\rho^2}} \rho^2 dz = \int_0^{2\pi} d\theta \int_0^1 \rho^3 d\rho \int_\rho^{1+\sqrt{1-\rho^2}} dz$$

$$= 2\pi \int_0^1 \rho^3 (1 + \sqrt{1-\rho^2} - \rho) d\rho = \frac{11}{30}\pi$$

评注 从本题可见，利用柱面坐标要比利用球面坐标容易些. 一般情况下柱面坐标要先于球面坐标考虑.

例 9.22 计算 $I = \iiint\limits_\Omega (ax + by + cz) dv$，其中 Ω 为球体 $x^2 + y^2 + z^2 \leqslant 2z$.

分析 根据被积函数以及积分区域的特点可见，直接计算不简单，因此考虑使用对称性简化计算.

解答 积分区域如图 9.10 所示. 注意到积分域 Ω 关于 xOz 面与 yOz 面对称，而 ax 与 ay 关于 x 与 y 分别为奇函数，故由对称性定理知 $\iiint\limits_\Omega ax dv = \iiint\limits_\Omega ay dv = 0$.

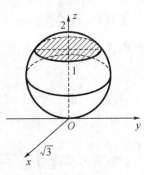

〈方法一〉用球面坐标计算.

由于积分域 Ω 为球体，故采用球面坐标计算.

令 $\begin{cases} x = \rho\cos\theta\sin\varphi \\ y = \rho\cos\theta\cos\varphi, \\ z = \rho\cos\varphi \end{cases}$ $dv = \rho^2\sin\varphi d\rho d\varphi d\theta$，于是有

图 9.10

$$I = \iiint\limits_{\Omega} cz \mathrm{d}v = c\int_0^{2\pi}\mathrm{d}\theta\int_0^{\frac{\pi}{2}}\cos\varphi\sin\varphi\mathrm{d}\varphi\int_0^{2\cos\varphi}\rho^3\mathrm{d}r$$

$$= 2\pi c\int_0^{\frac{\pi}{2}}\cos\varphi\cdot\sin\varphi\cdot\frac{1}{4}(2\cos\varphi)^4\mathrm{d}\varphi$$

$$= 8\pi c\int_0^{\frac{\pi}{2}}\cos\varphi\cdot\sin\varphi\mathrm{d}\varphi = \frac{4}{3}\pi c.$$

〈方法二〉用先二后一法.

由对称性定理知: $I = \iiint\limits_{\Omega} cz\mathrm{d}v$. 从而被积函数只是 z 的一元函数,而 Ω 为球体,故采用"截面法"计算. 在 Ω 位于 z 轴上的投影区间 $[0,2]$ 上任取一点 z(这时 z 看作是常数),过点 z 作 z 轴垂面截得截面域 $D_z:x^2+y^2\leqslant 2z-z^2$ 是一个半径 $R=\sqrt{2z-z^2}$ 的圆域,故 D_z 的面积为 $\pi(2z-z^2)$. 于是有

$$I = \iiint\limits_{\Omega} cz\mathrm{d}v = \int_0^2 cz\mathrm{d}z\iint\limits_{D_z}\mathrm{d}x\mathrm{d}y = c\int_0^2 z\cdot\pi(2z-z^2)\mathrm{d}z = \frac{4}{3}c\pi$$

评注 由此例可以看出,计算三重积分时,应注意观察积分域与被积函数的特点,恰当选用计算方法和利用积分性质,可简化计算.

使用对称性时应注意:

(1) 积分区域关于坐标面的对称性.

(2) 被积函数在积分区域上的关于三个坐标轴的奇偶性.

一般地,当积分区域 Ω 关于 xOy 平面对称,且被积函数 $f(x,y,z)$ 是关于 z 的奇函数,则三重积分为零,若被积函数 $f(x,y,z)$ 是关于 z 的偶函数,则三重积分为 Ω 在 xOy 平面上方的半个闭区域的三重积分的两倍.

例 9.23 利用对称性简化计算 $\iiint\limits_{\Omega}\dfrac{z\ln(x^2+y^2+z^2+1)}{x^2+y^2+z^2+1}\mathrm{d}x\mathrm{d}y\mathrm{d}z$,其中积分区域 $\Omega = \{(x,y,z)\mid x^2+y^2+z^2\leqslant 1\}$.

分析 由于积分域具有对称性、被积函数关于 z,为奇函数考虑利用对称性计算三重积分.

解答 积分域关于三个坐标面都对称,被积函数是 z 的奇函数,则

$$\iiint\limits_{\Omega}\frac{z\ln(x^2+y^2+z^2+1)}{x^2+y^2+z^2+1}\mathrm{d}x\mathrm{d}y\mathrm{d}z = 0$$

评注 利用对称性计算三重积分能起到事半功倍的作用.

9.2.4 重积分的应用

1. 求平面图形面积

例 9.24 求由抛物线 $y=\sqrt{4x}$ 与直线 $x+y=3$、$y=0$ 所围成平面图形的面积.

分析 本题如果选用 X 型积分区域,需要计算两部分,所以可以选择 Y 型积分区域计算.

解答 平面图形如图所示,由 $\begin{cases} y = \sqrt{4x} \\ x + y = 3 \end{cases}$ 解得 $y = 2$,故 $\sigma = \int_0^2 \mathrm{d}y \int_{\frac{y^2}{4}}^{3-y} \mathrm{d}x = \dfrac{10}{3}$.

评注 利用二重积分求平面图形面积的公式 $\sigma = \iint\limits_{D} \mathrm{d}\sigma$.

2. 求曲面面积

例 9.25 求半径为 a 的球的表面积.

分析 首先确定所求面积是球面 $x^2 + y^2 + z^2 = a^2$ 的表面积,根据对称性,可确定上半球面 $\sum : z = \sqrt{a^2 - x^2 - y^2}$;再找出 $\sum$ 在 xOy 作表面上的投影 D,最后代入公式计算即可.

解答 上半球面的方程为 $z = \sqrt{a^2 - x^2 - y^2}$,
其在 xOy 面上的投影区域为 $D : x^2 + y^2 \le a^2$,因

$$z_x = \frac{-x}{\sqrt{a^2 - x^2 - y^2}}, z_y = \frac{-y}{\sqrt{a^2 - x^2 - y^2}}, \sqrt{1 + z_x^2 + z_y^2} = \frac{a}{\sqrt{a^2 - x^2 - y^2}}$$

故球的表面积为

$$A = 2\iint\limits_{D} \sqrt{1 + z_x^2 + z_y^2} \mathrm{d}\sigma = 2a \iint\limits_{D} \frac{\mathrm{d}\sigma}{\sqrt{a^2 - x^2 - y^2}}$$

$$= 2a \int_0^{2\pi} \mathrm{d}\theta \int_0^a \frac{1}{\sqrt{a^2 - \rho^2}} \cdot \rho \mathrm{d}\rho = 2a \cdot 2\pi \cdot (- \sqrt{a^2 - \rho^2}) \Big|_0^a = 4\pi a^2$$

评注 利用二重积分求空间曲面面积的公式 $S = \iint\limits_{D} \sqrt{1 + f_x^2 + f_y^2} \mathrm{d}\sigma$,其中

(1) 设曲面方程为 $z = f(x, y)$,D_{xy} 是曲面在 xOy 上的投影区域,曲面面积公式为

$$A = \iint\limits_{D_{xy}} \sqrt{1 + \left(\frac{\partial z}{\partial x}\right)^2 + \left(\frac{\partial z}{\partial y}\right)^2} \mathrm{d}x\mathrm{d}y$$

(2) 设曲面的方程为 $x = g(y, z)$,D_{yz} 是曲面在 yOz 上的投影区域,曲面面积公式为

$$A = \iint\limits_{D_{yz}} \sqrt{1 + \left(\frac{\partial x}{\partial z}\right)^2 + \left(\frac{\partial x}{\partial y}\right)^2} \mathrm{d}y\mathrm{d}z$$

(3) 设曲面的方程为 $y = h(z, x)$,D_{xz} 是曲面在 xOz 上的投影区域,曲面面积公式为

$$A = \iint\limits_{D_{zx}} \sqrt{1 + \left(\frac{\partial y}{\partial z}\right)^2 + \left(\frac{\partial y}{\partial x}\right)^2} \mathrm{d}z\mathrm{d}x$$

例 9.26 求锥面 $z = \sqrt{x^2 + y^2}$ 被柱面 $z^2 = 2x$ 所割下部分的面积.

分析 由对称性知所求的面积其图形关于 xOy 面对称,又关于 xOz 面对称,只须求出柱面在第一象限的面积.

解答 割下的曲面在 xOy 面上的投影区域为 $D : (x - 1)^2 + y^2 \le 1$

$$z_x = \frac{x}{\sqrt{x^2 + y^2}}, z_y = \frac{y}{\sqrt{x^2 + y^2}}, \sqrt{1 + z_x^2 + z_y^2} = \sqrt{2}$$

故所求面积 $A = \iint\limits_{D} \sqrt{1 + z_x^2 + z_y^2} \mathrm{d}\sigma = \sqrt{2} \iint\limits_{D} \mathrm{d}\sigma = \sqrt{2} \cdot \pi \cdot 1^2 = \sqrt{2}\pi.$

评注 根据不同的空间曲面,计算时要把它们投影到对应的坐标平面上,原则是:①投影不能为曲线;②曲面上的点和投影点要一一对应,不能有曲面上两个以上的点投影到该表面上同一个点,例如本题中的曲面投影到 xOy 面上时是一条曲线,投影到 yOz 平面上有重复投影的点.故投影到 xOz 面上.

3. 求立体体积

例 9.27 求由平面 $x = 0, y = 0, x + y = 1$ 所围成的柱体被平面 $z = 0$ 及旋转抛物面 $x^2 + y^2 = 6 - z$ 截得的立体的体积.

分析 本题可以看成位于上方的曲面与 xOy 所围成的曲顶柱体体积减去位于下方的曲面与 xOy 所围成的曲顶柱体体积.

解答 $V = \iint\limits_{D} f(x, y) \mathrm{d}\sigma, z = f(x, y) = 6 - x^2 - y^2, D: \begin{cases} 0 \leqslant y \leqslant 1 - x \\ 0 \leqslant x \leqslant 1 \end{cases}$

$$V = \int_0^1 \mathrm{d}x \int_0^{1-x} (6 - x^2 - y^2) \mathrm{d}y = \int_0^1 \left(6y - x^2 y - \frac{1}{3} y^3 \right) \Big|_0^{1-x} \mathrm{d}x$$

$$= \int_0^1 \left(\frac{4}{3} x^3 - 2x^2 - 5x + \frac{17}{3} \right) \mathrm{d}x = \frac{17}{6}$$

评注 利用二重积分计算,公式是

$$V = \iint\limits_{D_{xy}} [f_1(x, y) - f_2(x, y)] \mathrm{d}\sigma$$

$$\left(V = \iint\limits_{D_{z}} [f_1(y, z) - f_2(y, z)] \mathrm{d}\sigma \text{ 或 } V = \iint\limits_{D_{xz}} [f_1(x, z) - f_2(x, z)] \mathrm{d}\sigma \right)$$

式中: D_{xy} 是立体在 xOy 上的投影.

例 9.28 求由 $z \leqslant \dfrac{7}{2}, z \leqslant 4 - \dfrac{1}{2}(x^2 + y^2)$ 及 $x^2 + y^2 \leqslant 2z$ 所确定的立体体积.

分析 本题可以认为是一个立体被切掉一块,所以可以先计算较大立体体积,然后减去切掉部分的立体体积.

解答 立体图形如图 9.11 所示.

由 $\begin{cases} z = 4 - \dfrac{1}{2}(x^2 + y^2) \\ 2z = x^2 + y^2 \end{cases}$ 得投影域为 $x^2 + y^2 \leqslant 4$,利用柱面坐标计算.

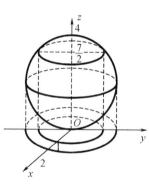

图 9.11

令 $\begin{cases} x = \rho\cos\theta \\ y = \rho\sin\theta, \ \mathrm{d}v = \rho \mathrm{d}\rho \mathrm{d}\theta \mathrm{d}z \\ z = z \end{cases}$

于是 $V = \int_0^{2\pi} \mathrm{d}\theta \int_0^2 \rho \mathrm{d}\rho \int_{\frac{\rho^2}{2}}^{4 - \frac{1}{2}\rho^2} \mathrm{d}z - \int_0^{2\pi} \mathrm{d}\theta \int_0^1 \rho \mathrm{d}\rho \int_{\frac{7}{2}}^{4 - \frac{1}{2}\rho^2} \mathrm{d}z$

$$= 2\pi \int_0^2 \rho(4 - \rho^2) \mathrm{d}\rho - 2\pi \int_0^1 \rho \left(\frac{1}{2} - \frac{1}{2}\rho^2 \right) \mathrm{d}\rho = \frac{31}{4}\pi$$

评注 解决本题的方法并不唯一.除了用上述方法以外,还可用两部分体积求和求出立体体积,但是求体积的公式都利用 $V = \iiint\limits_{\Omega} \mathrm{d}v$. 在三重积分的运算上,除了利用柱面坐标以外,还可采用先一后二法、先二后一法和球面坐标来计算.

4. 求物体质量

例 9.29 一物体占有区域 $\Omega:0 \leqslant z \leqslant \sqrt{1 - x^2 - y^2}$,且 $\rho(x,y,z) = x^2 + y^2$,求其质量.

分析 占有平面区域 D 的平面薄片质量为 $m = \iint\limits_{D} \rho(x,y)\mathrm{d}x\mathrm{d}y$,其中 $\rho(x,y)$ 是平面薄片的密度函数;占有空间区域 Ω 的空间立体的质量为 $m = \iiint\limits_{\Omega} \rho(x,y,z)\mathrm{d}x\mathrm{d}y\mathrm{d}z$,其中 $\rho(x,y,z)$ 是空间立体的密度函数.

解答 用球坐标.

$$\Omega: \begin{cases} 0 \leqslant \rho \leqslant 1 \\ 0 \leqslant \varphi \leqslant \pi/2 \\ 0 \leqslant \theta \leqslant 2\pi \end{cases}$$

$$M = \iiint\limits_{\Omega} \rho(x,y,z)\mathrm{d}v = \iiint\limits_{\Omega} (x^2 + y^2)\mathrm{d}v$$

$$= \int_0^{2\pi} \mathrm{d}\theta \int_0^{\frac{\pi}{2}} \mathrm{d}\varphi \int_0^1 \rho^2 \sin^2\varphi \cdot \rho^2 \sin\varphi \mathrm{d}\rho = 2\pi \cdot \int_0^{\frac{\pi}{2}} \sin^3\varphi \mathrm{d}\varphi \cdot \frac{1}{5} = \frac{2\pi}{5} \cdot \frac{2}{3} = \frac{4\pi}{15}$$

评注 求物体质量时,只需熟记公式,分清是平面薄片还是空间立体的质量,选择正确的积分重数,确定计算方法,求出积分结果即可.

5. 求物体重心

例 9.30 设有一等腰直角三角形薄片,腰长为 a,各点处的密度等于该点到直角顶点的距离的平方,求这薄片的重心.

分析 占有平面区域 D 的平面薄片重心为 $(\bar{x}, \bar{y})$,其中 $\bar{x} = \dfrac{\iint\limits_{D} x\rho(x,y)\mathrm{d}x\mathrm{d}y}{\iint\limits_{D} \rho(x,y)\mathrm{d}x\mathrm{d}y}$,$\bar{y} = \dfrac{\iint\limits_{D} y\rho(x,y)\mathrm{d}x\mathrm{d}y}{\iint\limits_{D} \rho(x,y)\mathrm{d}x\mathrm{d}y}$,$\rho(x,y)$ 是平面薄片的密度函数.

解答 如图 9.12 所示,建立直角坐标系并作图.则薄片上的任一点 (x,y) 处的密度为 $\rho(x,y) = x^2 + y^2$,于是

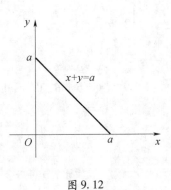

$$M_y = \iint\limits_{D} x\rho(x,y)\mathrm{d}x\mathrm{d}y = \int_0^a \mathrm{d}y \int_0^{a-y} x(x^2 + y^2)\mathrm{d}x = \frac{a^5}{15}$$

$$M_x = \iint\limits_{D} y\rho(x,y)\mathrm{d}x\mathrm{d}y = \int_0^a \mathrm{d}x \int_0^{a-x} y(x^2 + y^2)\mathrm{d}y = \frac{a^5}{15}$$

$$M = \iint\limits_{D} \rho(x,y)\mathrm{d}x\mathrm{d}y = \int_0^a \mathrm{d}x \int_0^{a-x} (x^2 + y^2)\mathrm{d}y = \frac{a^4}{6}$$

图 9.12

故有 $\bar{x} = \dfrac{M_y}{M} = \dfrac{2}{5}a$，$\bar{y} = \dfrac{M_x}{M} = \dfrac{2a}{5}$，则所求重心为 $\left(\dfrac{2a}{5}, \dfrac{2a}{5} \right)$．

评注 与计算平面薄片质量相同，求物体重心时，也需熟记公式，选择正确的积分方法，求出积分结果．

例 9.31 设平面薄板由 $\begin{cases} x = a(t - \sin t) \\ y = a(1 - \cos t) \end{cases}$ $(0 \leqslant t \leqslant 2\pi)$ 与 x 轴围成，它的面密度 $\mu = 1$，求形心坐标．

分析 均匀薄片的重心为这平面薄片的形心，其中 $\rho(x, y) = \mu = 1$．

解答 先求区域 D 的面积 A．

因 $0 \leqslant t \leqslant 2\pi$，则 $0 \leqslant x \leqslant 2\pi a$，于是有

$$A = \int_0^{2\pi a} y(x) \mathrm{d}x = \int_0^{2\pi} a(1 - \cos t) \mathrm{d}[a(t - \sin t)]$$

$$= \int_0^{2\pi} a^2 (1 - \cos t)^2 \mathrm{d}t = 3\pi a^2$$

由于区域关于直线 $x = \pi a$ 对称，所以形心在 $x = \pi a$ 上，即

$$\bar{x} = \pi a$$

$$\bar{y} = \frac{1}{A} \iint_D y \, \mathrm{d}x \mathrm{d}y = \frac{1}{A} \int_0^{2\pi a} \mathrm{d}x \int_0^{y(x)} y \, \mathrm{d}y$$

$$= \frac{1}{6\pi a^2} \int_0^{2\pi a} [y(x)]^2 \mathrm{d}x = \frac{a}{6\pi} \int_0^{2\pi} [1 - \cos t]^3 \mathrm{d}t = \frac{5\pi}{6}$$

所求形心坐标为 $\left(\pi a, \dfrac{5}{6}\pi \right)$．

评注 在考虑重心或者形心时，要考虑到物体的对称性．

例 9.32 在底半径为 R，高为 H 的圆柱体上面，拼加一个同半径的半球体，使整个立体重心位于球心处，求 R 和 H 的关系（设密度 $\rho = 1$）．

分析 占有空间区域 Ω 的空间立体的重心为 $(\bar{x}, \bar{y}, \bar{z})$．其中 $\bar{x} = \dfrac{\iiint\limits_{\Omega} x\rho(x,y,z) \mathrm{d}x\mathrm{d}y\mathrm{d}z}{\iiint\limits_{\Omega} \rho(x,y,z) \mathrm{d}x\mathrm{d}y\mathrm{d}z}$，$\bar{y} = \dfrac{\iiint\limits_{\Omega} y\rho(x,y,z) \mathrm{d}x\mathrm{d}y\mathrm{d}z}{\iiint\limits_{\Omega} \rho(x,y,z) \mathrm{d}x\mathrm{d}y\mathrm{d}z}$，$\bar{z} = \dfrac{\iiint\limits_{\Omega} z\rho(x,y,z) \mathrm{d}x\mathrm{d}y\mathrm{d}z}{\iiint\limits_{\Omega} \rho(x,y,z) \mathrm{d}x\mathrm{d}y\mathrm{d}z}$，$\rho(x,y,z)$ 是空间立体的密度函数．

解答 建立坐标系，并作图，如图 9.13 所示．

由题设知 $\bar{z} = 0$，且 $\rho = 1$，故有 $\bar{z} = \dfrac{1}{v} \iiint\limits_{\Omega} z \, \mathrm{d}v = 0$，从而

$$\iiint\limits_{\Omega} z \, \mathrm{d}v = \int_0^{2\pi} \mathrm{d}\theta \int_0^R \rho \, \mathrm{d}\rho \int_{-H}^{\sqrt{R^2 - \rho^2}} z \, \mathrm{d}z$$

$$= 2\pi \cdot \frac{1}{2} \int_0^R \rho (R^2 - \rho^2 - H^2) \mathrm{d}\rho$$

$$= \pi \left(\frac{1}{4}R^4 - \frac{1}{2}R^2 H^2 \right) = 0$$

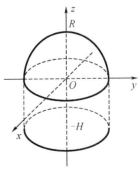

图 9.13

因此有 $R = \sqrt{2}H.$

评注 本题中实际求的是形心,当 $\rho = 1$ 时,计算较为简单. 但在计算之前还是要考虑立体图形的对称性,这样会简化计算过程.

6. 求转动惯量

例9.33 求半径为 a、高为 h 的均匀圆柱体对于过中心而平行于母线的轴的转动惯量(设密度 $\rho = 1$).

分析 转动惯量的计算公式为

$$I_x = \iiint\limits_{\Omega}(y^2 + z^2)\rho(x,y,z)\mathrm{d}v, I_y = \iiint\limits_{\Omega}(x^2 + z^2)\rho(x,y,z)\mathrm{d}v$$

$$I_z = \iiint\limits_{\Omega}(x^2 + y^2)\rho(x,y,z)\mathrm{d}v, I_0 = \iiint\limits_{\Omega}(x^2 + y^2 + z^2)\rho(x,y,z)\mathrm{d}v$$

解答 用柱坐标.

$$\Omega : \begin{cases} -h/2 \leqslant z \leqslant h/2 \\ 0 \leqslant \rho \leqslant a \\ 0 \leqslant \theta \leqslant 2\pi \end{cases}$$

$$I_z = \iiint\limits_{\Omega}(x^2 + y^2)\rho\mathrm{d}v = \int_0^{2\pi}\mathrm{d}\theta\int_0^a\rho^2 \cdot \rho\mathrm{d}\rho\int_{-h/2}^{h/2}\mathrm{d}z = 2\pi \cdot \frac{a^4}{4} \cdot h = \frac{\pi a^4 h}{2}$$

评注 本题解题的关键是建立空间直角坐标系,并将所求物体放置在坐标系中合适的位置,便于应用公式,并简化计算.

例9.34 在半径为 a 的均匀密度($\rho = 1$)的球体内部挖去两个互相外切的半径为 $\frac{a}{2}$ 的球体,试求剩余部分对于这三个球的公共直径的转动惯量.

分析 本题空间立体是球体, 建立坐标系,并作图如图9.14所示. 被积函数是 $x^2 + y^2$,故可以使用球坐标计算.

解答 建立坐标系,并作图如图9.14所示.

利用球面坐标计算,注意到对称性,则有

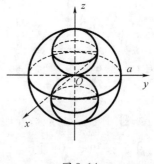

$$I_z = \iiint\limits_{\Omega}(x^2 + y^2)\mathrm{d}v$$

$$= 2\int_0^{2\pi}\mathrm{d}\theta\int_0^{\frac{\pi}{2}}\sin^3\varphi\mathrm{d}\varphi\int_{a\cos\varphi}^{a}\rho^4\mathrm{d}\rho$$

$$= \frac{4}{5}\pi a^5\int_0^{\frac{\pi}{2}}\sin^3\varphi(1 - \cos^5\varphi)\mathrm{d}\varphi$$

$$= \frac{1}{2}\pi a^5$$

图9.14

评注 计算转动惯量时立体一般是规则的立体图形,首先观察立体是否为对称的,建立坐标系时,可以使得立体关于坐标面对称,从而简化计算.

7. 求引力

例9.35 求面密度为常量、半径为 R 的均匀圆形薄片: $x^2 + y^2 \leqslant R^2, z = 0$ 对位于 z 轴上的点 $M_0(0,0,a)$ 处的单位质点的引力($a > 0$).

分析 本题可以利用均匀薄片的图形具有对称性的性质进行计算.

解答 由积分区域的对称性知 $F_x = F_y = 0$,设面密度为 K,则

$$F_z = -af\iint\limits_D \frac{\rho(x,y)}{(x^2+y^2+a^2)^{\frac{3}{2}}}\mathrm{d}\sigma = -afK\iint\limits_D \frac{1}{(x^2+y^2+a^2)^{\frac{3}{2}}}\mathrm{d}\sigma$$

$$= -afK\int_0^{2\pi}\mathrm{d}\theta\int_0^R \frac{1}{(r^2+a^2)^{\frac{3}{2}}}\rho\mathrm{d}\rho = 2\pi faK\left(\frac{1}{\sqrt{R^2+a^2}} - \frac{1}{a}\right)$$

所求引力为 $\left\{0,0,2\pi fa\rho\left(\dfrac{1}{\sqrt{R^2+a^2}} - \dfrac{1}{a}\right)\right\}$.

评注 设有一平面薄片,占有 xOy 面上的闭区域 D,在点 (x,y) 处的面密度为 $\rho(x,y)$,假定 $\rho(x,y)$ 在 D 上连续,计算该平面薄片对位于 z 轴上的点 $M_0(0,0,a)$ 处的单位质点的引力 $F = \{F_x, F_y, F_z\}$,则

$$F_x = f\iint\limits_D \frac{\rho(x,y)x}{(x^2+y^2+a^2)^{\frac{3}{2}}}\mathrm{d}\sigma, \quad F_y = f\iint\limits_D \frac{\rho(x,y)y}{(x^2+y^2+a^2)^{\frac{3}{2}}}\mathrm{d}\sigma,$$

$$F_z = -af\iint\limits_D \frac{\rho(x,y)}{(x^2+y^2+a^2)^{\frac{3}{2}}}\mathrm{d}\sigma$$

式中,f 为引力常数.

9.3 本章小结

二重积分和三重积分是定积分在平面和空间区域上的推广,同定积分一样,它们也都是某种和式的极限. 其不同之处是:定积分的被积函数是一元函数,积分域是数轴上的区间,而二重积分与三重积分的被积函数分别为二元函数与三元函数. 前者的积分域是平面区域,后者的积分域是空间区域,二重积分和三重积分的计算最后都归结为计算定积分.

本章的重点是重积分的计算和应用,难点是积分限的确定.

本章首先讲二重积分的计算,由于三重积分和一些曲线积分与曲面积分的计算都需要用到二重积分,因此熟练地掌握二重积分的计算是至关重要的. 二重积分的计算有两种方法:直角坐标和极坐标,而用哪种坐标计算二重积分取决于被积函数与积分区域的特点. 计算二重积分归结为计算两个定积分,而积分限的确定依赖于积分域的图形. 所以既要熟练地掌握积分的公式、性质和计算方法,又要熟悉平面曲线的图形.

在二重积分计算基础上,接着介绍了三重积分的计算. 由于三重积分的计算与积分区域 Ω 的图形及其 Ω 在坐标面上的投影有关,因此要注意掌握空间二次曲面的图形及空间曲线在坐标面上的投影,这是计算三重积分的基础,同时,计算三重积分的三种方法也要掌握,要注意掌握能根据被积函数和积分区域的特点,选用不同的坐标系与方法计算三重积分,这也是本章的重点,同时也是难点.

对于重积分的应用,它实质上是元素法的一种推广,利用元素法可以得到重积分应用的一些公式,除了要理解这些公式得出的缘由,掌握这些公式对重积分的应用也是十分必要的.

9.4 同步习题及解答

9.4.1 同步习题

1. 填空题

(1) 设 D 是由曲线 $|x| + |y| = 1$ 所围成的闭区域,则二重积分 $\iint\limits_{D}(1 + x + y)\mathrm{d}x\mathrm{d}y =$ _____.

(2) $\iint\limits_{x^2+y^2\leqslant 4}\mathrm{e}^{x^2+y^2}\mathrm{d}\sigma$ 的值是_____.

(3) 设 $D = \{(x,y)\,|\,x^2+y^2\leqslant 1\}$,则由估值不等式得_____ $\leqslant \iint\limits_{D}(x^2 + 4y^2 + 1)\mathrm{d}x\mathrm{d}y \leqslant$ _____.

(4) 三重积分 $\iiint\limits_{x^2+y^2+z^2\leqslant 1}(2x + 3y)^2\mathrm{d}v =$ _____.

(5) 将 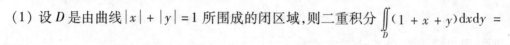 $\int_{-1}^{1}\mathrm{d}x\int_{-\sqrt{1-x^2}}^{\sqrt{1-x^2}}\mathrm{d}y\int_{\sqrt{x^2+y^2}}^{1}f(x,y,z)\mathrm{d}z$ 化成先对 x 次对 y 最后对 z 积分的三次积分式为_____.

2. 选择题

(1) 设平面区域 D 由 $x=0,y=0,x+y=\dfrac{1}{2},x+y=1$ 围成,若

$$I_1 = \iint\limits_{D}\left[\ln(x + y)\right]^7\mathrm{d}x\mathrm{d}y, I_2 = \iint\limits_{D}(x + y)^7\mathrm{d}x\mathrm{d}y, I_3 = \iint\limits_{D}\left[\sin(x + y)\right]^7\mathrm{d}x\mathrm{d}y,$$

则 I_1、I_2、I_3 之间的大小顺序为_____.

      A. $I_1 < I_2 < I_3$ B. $I_2 < I_1 < I_3$

      C. $I_3 < I_1 < I_2$ D. $I_1 < I_3 < I_2$

(2) 设 $D: 1\leqslant x^2 + y^2\leqslant 2^2$,$f$ 为在 D 上连续函数,则二重积分 $\iint\limits_{D}f(x^2 + y^2)\mathrm{d}x\mathrm{d}y$ 在极坐标下等于_____.

      A. $2\pi\int_{1}^{2}\rho f(\rho^2)\mathrm{d}\rho$ B. $2\pi\left[\int_{0}^{2}\rho f(\rho)\mathrm{d}\rho - \int_{0}^{1}\rho f(\rho)\mathrm{d}\rho\right]$

      C. $2\pi\int_{1}^{2}\rho f(\rho)\mathrm{d}\rho$ D. $2\pi\left[\int_{0}^{2}f(\rho^2)\mathrm{d}\rho - \int_{0}^{1}f(\rho^2)\mathrm{d}\rho\right]$

(3) 设空间区域 $\Omega_1: x^2 + y^2 + z^2\leqslant R^2, z\geqslant 0$;$\Omega_2: x^2 + y^2 + z^2\leqslant R^2, x\geqslant 0, y\geqslant 0, z\geqslant 0$. 则下列等式成立的是_____.

      A. $\iiint\limits_{\Omega_1}x\mathrm{d}v = 4\iiint\limits_{\Omega_2}x\mathrm{d}v$ B. $\iiint\limits_{\Omega_1}y\mathrm{d}v = 4\iiint\limits_{\Omega_2}y\mathrm{d}v$

      C. $\iiint\limits_{\Omega_1}z\mathrm{d}v = 4\iiint\limits_{\Omega_2}z\mathrm{d}v$ D. $\iiint\limits_{\Omega_1}xyz\mathrm{d}v = 4\iiint\limits_{\Omega_2}xyz\mathrm{d}v$

(4) 球心在原点,半径为 r 的球体 Ω,在其上任意一点的密度的大小与该点到球心的距离相等,则这一球体的质量为_____.

264

A. $\iiint\limits_{\Omega} dv$　　　　　　　　B. $\iiint\limits_{\Omega} x\mu dv$

C. $\iiint\limits_{\Omega} \sqrt{x^2 + y^2 + z^2}\, dv$　　　　D. $\iiint\limits_{\Omega} r dv$

(5) 设域 Ω 是由平面 $x + y + z = 1$，$x = 0, y = 0, z = 1, x + y = 1$ 所围成,则三重积分
$\iiint\limits_{\Omega} f(x,y,z)\, dv$ 化为三次积分,正确的是_____.

A. $\int_0^1 dx \int_0^{1-x} dy \int_{1-x-y}^1 f(x,y,z)\, dz$　　　B. $\int_0^1 dx \int_0^{1-x} dy \int_1^{1-x-y} f(x,y,z)\, dz$

C. $\int_0^1 dx \int_0^{1-x} dy \int_0^{1-x-y} f(x,y,z)\, dz$　　　D. $\int_0^1 dx \int_0^{1-x} dy \int_0^1 f(x,y,z)\, dz$

3. 计算题

(1) 求 $\int_0^{\frac{R}{\sqrt{2}}} e^{-y^2} dy \int_0^y e^{-x^2} dx + \int_{\frac{R}{\sqrt{2}}}^{R} e^{-y^2} dy \int_0^{\sqrt{R^2-y^2}} e^{-x^2} dx$.

(2) 计算二重积分 $\iint\limits_{D} |x^2 + y^2 - 2|\, dxdy$,其中 $D: x^2 + y^2 \leqslant 3$.

(3) 计算积分 $I = \iint\limits_{D} (x^2 + y^2 + 2x)\, dxdy$,其中 $D = \{(x,y)\mid x^2 + y^2 \leqslant 2y\}$.

(4) 计算三次积分 $I = \int_{-R}^{R} dx \int_{-\sqrt{R^2-x^2}}^{\sqrt{R^2-x^2}} dy \int_{-\sqrt{R^2-x^2-y^2}}^{0} (x^2 + y^2)\, dz$.

(5) 计算 $I = \iiint\limits_{\Omega} (x + y + z)\, dv$,其中 $\Omega: x^2 + y^2 + z^2 \leqslant R^2$，$x \geqslant 0, y \geqslant 0, z \geqslant 0$.

(6) 计算 $I = \iiint\limits_{\Omega} z dv$,其中 Ω 是由球面 $x^2 + y^2 + z^2 = 4$ 与抛物面 $x^2 + y^2 = 3z$ 所围成的.

4. 应用题

(1) 求球面 $x^2 + y^2 + z^2 = a^2$ 含在柱面 $x^2 + y^2 = ax(a > 0)$ 内部的面积.

(2) 由不等式 $x^2 + y^2 + (z-1)^2 \leqslant 1, x^2 + y^2 \leqslant z^2$ 所确定的物体,在其上任意一点的体密度 $\mu = z$,求这物体质量.

5. 设函数 $f(u)$ 具有连续导数,且 $f(0) = 0$,求

$$\lim_{t \to 0} \frac{1}{\pi t^4} \iint\limits_{x^2+y^2+z^2 \leqslant t^2} f(\sqrt{x^2 + y^2 + z^2})\, dxdydz$$

9.4.2　同步习题解答

1. 填空题

(1) 2. (2) $\pi(e^4 - 1)$. (3) $\pi, 4 + \pi$. (4) $\frac{52}{15}\pi$. (5) $I = \int_0^1 dz \int_{-z}^z dy \int_{-\sqrt{z^2-y^2}}^{\sqrt{z^2-y^2}} f dx$.

2. 选择题

(1) D.　　(2) A.　　(3) C.　　(4) C.　　(5) A.

3. 计算题

(1) **解**　原式 $= \iint\limits_{D} e^{-(x^2+y^2)}\, dxdy = \int_{\frac{\pi}{4}}^{\frac{\pi}{2}} d\theta \int_0^R e^{-\rho^2} \rho d\rho = \frac{\pi}{8}(1 - e^{-R^2})$

（2）**解** 设 $x = \rho\cos\theta, y = \rho\sin\theta$

$$原式 = \int_0^{2\pi} d\theta \int_0^{\sqrt{2}} (2 - \rho^2)\rho d\rho + \int_0^{2\pi} d\theta \int_{\sqrt{2}}^{\sqrt{3}} (\rho^2 - 2)\rho d\rho = 2\pi \times \frac{5}{4} = \frac{5}{2}\pi$$

（3）**解** $I = \iint\limits_D (x^2 + y^2) d\sigma + 0 = \int_0^\pi d\theta \int_0^{2\sin\theta} \rho^3 d\rho = 8\int_0^{\frac{\pi}{2}} \sin^4\theta d\theta = \frac{3}{2}\pi$

（4）**解** $I = \int_0^{2\pi} d\theta \int_{\frac{\pi}{2}}^\pi d\varphi \int_0^R r^4 \sin^3\varphi d\varphi = \frac{2\pi}{5}R^5 \int_{\frac{\pi}{2}}^\pi \sin^3\varphi d\varphi = \frac{4}{15}\pi R^5$

（5）**解** 虽然，x、y、z 在 Ω 上的变化是相同的，被积函数 $f(x,y,z)$ 中的变量 x、y、z 互换后被积函数不变，故由轮换对称性知

$$\iiint\limits_\Omega x dv = \iiint\limits_\Omega y dv = \iiint\limits_\Omega z dv$$

因此有

$$I = 3\iiint\limits_\Omega z dv = 3\int_0^R z dz \iint\limits_D dx dy = \frac{3}{4}\int_0^R z \cdot \pi(R^2 - z^2) dz = \frac{3}{16}\pi R^4$$

（6）**解** 由于投影域为圆域，使用柱坐标计算.

令 $\begin{cases} x = \rho\cos\theta \\ y = \rho\sin\theta \\ z = z \end{cases}$，则 $dv = \rho d\rho d\theta dz$，从而有

$$I = \int_0^{2\pi} d\theta \int_0^{\sqrt{3}} \rho d\rho \int_{\frac{\rho^2}{3}}^{\sqrt{4-\rho^2}} z dz = \frac{13}{4}\pi$$

4. 应用题

解 （1）$z = \sqrt{a^2 - x^2 - y^2}$，$\sqrt{1 + z_x^2 + z_y^2} = \dfrac{a}{\sqrt{a^2 - x^2 - y^2}}$

$$A = 4\iint\limits_D \frac{a}{\sqrt{a^2 - x^2 - y^2}} dx dy = 4\int_0^{\frac{\pi}{2}} d\theta \int_0^{a\cos\theta} \frac{a}{\sqrt{a^2 - \rho^2}}\rho d\rho = 2a^2(\pi - 2)$$

（2）〈方法一〉利用球面坐标计算.

$$m = \iiint\limits_\Omega z dv = \int_0^{2\pi} d\theta \int_0^{\frac{\pi}{4}} \sin\varphi\cos\varphi d\varphi \int_0^{2\cos\varphi} r^3 dr = \frac{7}{6}\pi$$

〈方法二〉先二后一法. 交线为 $z = 1, x^2 + y^2 \leqslant 1$，则

$$m = \iiint\limits_\Omega z dv = \int_0^1 z \cdot \pi z^2 dz + \int_1^2 z \cdot \pi(2z - z^2) dz = \frac{7}{6}\pi$$

5. **解** 利用球面坐标计算，有

$$\lim_{t \to 0} \frac{1}{\pi t^4} \iint\limits_{x^2+y^2+z^2 \leqslant t^2} f(\sqrt{x^2 + y^2 + z^2}) dx dy dz$$

$$= \lim_{t \to 0} \frac{1}{\pi t^4} \int_0^{2\pi} d\theta \int_0^\pi d\varphi \int_0^t f(r) r^2 \sin\varphi dr = \lim_{t \to 0} \frac{4\int_0^t r^2 f(r) dr}{t^4}$$

$$= \lim_{t \to 0} \frac{t^2 f(t)}{t^3} = \lim_{t \to 0} \frac{f(t)}{t} = \lim_{t \to 0} f'(t) = f'(0)$$

第10章 曲线积分与曲面积分

10.1 内容概要

10.1.1 基本概念

1. 对弧长的(第一类)曲线积分的概念

设 $f(x,y)$ 和 $f(x,y,z)$ 分别是定义在平面光滑曲线弧 L 和空间光滑曲线弧 Γ 上的有界函数,则它们在各自曲线上对弧长的曲线积分(或称为第一类曲线积分)分别定义为

$$\int_L f(x,y)\,\mathrm{d}s = \lim_{\lambda \to 0} \sum_{i=1}^{n} f(\xi_i, \eta_i)\Delta s_i$$

$$\int_\Gamma f(x,y,z)\,\mathrm{d}s = \lim_{\lambda \to 0} \sum_{i=1}^{n} f(\xi_i, \eta_i, \zeta_i)\Delta s_i$$

2. 对坐标的(第二类)曲线积分的概念

设 $\boldsymbol{F}(x,y) = P(x,y)\boldsymbol{i} + Q(x,y)\boldsymbol{j}$ 或 $\boldsymbol{F}(x,y,z) = P(x,y,z)\boldsymbol{i} + Q(x,y,z)\boldsymbol{j} + R(x,y,z)\boldsymbol{k}$ 分别是定义在光滑的平面有向曲线弧 L 和空间有向曲线弧 Γ 上的向量函数,且 P,Q,R 都是有界函数,则它们在各自曲线弧上对坐标 x、y 及 z 的曲线积分(或称为第二类曲线积分)分别定义为

$$\int_L P(x,y)\,\mathrm{d}x = \lim_{\lambda \to 0} \sum_{i=1}^{n} P(\xi_i, \eta_i)\Delta x_i, \int_\Gamma P(x,y,z)\,\mathrm{d}x = \lim_{\lambda \to 0} \sum_{i=1}^{n} P(\xi_i, \eta_i, \zeta_i)\Delta x_i$$

$$\int_L Q(x,y)\,\mathrm{d}y = \lim_{\lambda \to 0} \sum_{i=1}^{n} Q(\xi_i, \eta_i)\Delta y_i, \int_\Gamma Q(x,y,z)\,\mathrm{d}y = \lim_{\lambda \to 0} \sum_{i=1}^{n} Q(\xi_i, \eta_i, \zeta_i)\Delta y_i$$

$$\int_L R(x,y)\,\mathrm{d}z = \lim_{\lambda \to 0} \sum_{i=1}^{n} R(\xi_i, \eta_i)\Delta z_i, \int_\Gamma R(x,y,z)\,\mathrm{d}z = \lim_{\lambda \to 0} \sum_{i=1}^{n} R(\xi_i, \eta_i, \zeta_i)\Delta z_i$$

其组合形式为 $\int_L P\mathrm{d}x + Q\mathrm{d}y, \int_\Gamma P\mathrm{d}x + Q\mathrm{d}y + R\mathrm{d}z$.

3. 对面积的(第一类)曲面积分的概念

设 $f(x,y,z)$ 是定义在光滑曲面 Σ 上的有界函数,则对面积的曲面积分(或称为第一类曲面积分)定义为

$$\iint_\Sigma f(x,y,z)\,\mathrm{d}S = \lim_{\lambda \to 0} \sum_{i=1}^{n} f(\xi_i, \eta_i, \zeta_i)\Delta S_i$$

4. 对坐标的(第二类)曲面积分的概念

设 Σ 为光滑的有向曲面,$\boldsymbol{F} = P(x,y,z)\boldsymbol{i} + Q(x,y,z)\boldsymbol{j} + R(x,y,z)\boldsymbol{k}$ 是定义在曲面 Σ 上的向量函数,$P(x,y,z)$、$Q(x,y,z)$、$R(x,y,z)$ 在 Σ 上有界,则函数 $R(x,y,z)$ 在 Σ 上对坐标 x、y 的曲面积分为

$$\iint_\Sigma R(x,y,z)\,\mathrm{d}x\mathrm{d}y = \lim_{\lambda \to 0} \sum_{i=1}^{n} R(\xi_i, \eta_i, \zeta_i)(\Delta S_i)_{xy}$$

10.1.2 基本理论

1. 对弧长的(第一类)曲线积分的性质

(1) $\int_L [f(x,y) + g(x,y)]\,\mathrm{d}s = \int_L f(x,y)\,\mathrm{d}s + \int_L g(x,y)\,\mathrm{d}s.$

(2) $\int_L kf(x,y)\,\mathrm{d}s = k\int_L f(x,y)\,\mathrm{d}s\,(k\ \text{为常数}).$

(3) $\int_{L_1+L_2} f(x,y)\,\mathrm{d}s = \int_{L_1} f(x,y)\,\mathrm{d}s + \int_{L_2} f(x,y)\,\mathrm{d}s.$

(4) 对称性定理.

① 积分曲线为平面曲线. 如果 L 关于 y 轴对称,L_1 为 L 位于 y 轴右方的部分,则有

$$\int_L f(x,y)\,\mathrm{d}s = \begin{cases} 0, & f\ \text{关于}\ x\ \text{为奇函数,即}\ f(-x,y) = -f(x,y) \\ 2\displaystyle\int_{L_1} f(x,y)\,\mathrm{d}s, & f\ \text{关于}\ x\ \text{为偶函数,即}\ f(-x,y) = f(x,y) \end{cases}$$

② 积分曲线为空间曲线. 如果 Γ 关于 xOy 坐标面对称,Γ 位于 xOy 坐标面上方的部分为 Γ_1,则有

$$\int_\Gamma f(x,y,z)\,\mathrm{d}s = \begin{cases} 0, & f\ \text{关于}\ z\ \text{为奇函数,即}\ f(x,y,-z) = -f(x,y,z) \\ 2\displaystyle\int_{\Gamma_1} f(x,y,z)\,\mathrm{d}s, & f\ \text{关于}\ z\ \text{为偶函数,即}\ f(x,y,-z) = f(x,y,z) \end{cases}$$

注 积分弧段 L 关于 x 轴对称或积分路径 Γ 关于其他坐标面对称,被积函数关于其他变量的奇偶性,有类似的结论,不再重复.

2. 对坐标的(第二类)曲线积分的主要性质

(1) $\int_{L_1+L_2} P\mathrm{d}x + Q\mathrm{d}y = \int_{L_1} P\mathrm{d}x + Q\mathrm{d}y + \int_{L_2} P\mathrm{d}x + Q\mathrm{d}y$

$\quad\int_{\Gamma_1+\Gamma_2} P\mathrm{d}x + Q\mathrm{d}y + R\mathrm{d}z = \int_{\Gamma_1} P\mathrm{d}x + Q\mathrm{d}y + R\mathrm{d}z + \int_{\Gamma_2} P\mathrm{d}x + Q\mathrm{d}y + R\mathrm{d}z$

(2) $\int_{L^-} P\mathrm{d}x + Q\mathrm{d}y = -\int_L P\mathrm{d}x + Q\mathrm{d}y$

$$\int_{\Gamma^-} P\mathrm{d}x + Q\mathrm{d}y + R\mathrm{d}z = -\int_\Gamma P\mathrm{d}x + Q\mathrm{d}y + R\mathrm{d}z$$

3. 两类曲线积分之间的联系

(1) 平面曲线 L 上两类曲线积分之间的联系,即

$$\int_L P\mathrm{d}x + Q\mathrm{d}y = \int_L (P\cos\alpha + Q\cos\beta)\,\mathrm{d}s$$

式中:$\cos\alpha$、$\cos\beta$ 为有向曲线弧 L 在点 (x,y) 处的切向量的方向余弦.

(2) 空间曲线 Γ 上两类曲线积分之间的联系,即

$$\int_\Gamma P\mathrm{d}x + Q\mathrm{d}y + R\mathrm{d}z = \int_\Gamma (P\cos\alpha + Q\cos\beta + R\cos\gamma)\,\mathrm{d}s$$

式中:$\cos\alpha$、$\cos\beta$、$\cos\gamma$ 为有向曲线弧 Γ 在点 (x,y,z) 处的切向量的方向余弦.

4. 格林公式

设闭区域 D 由分段光滑的曲线 L 围成,函数 $P(x,y)$、$Q(x,y)$ 在 D 上具有一阶连续偏

导数,则有 $\oint_L P\mathrm{d}x + Q\mathrm{d}y = \oint_L (P\cos\alpha + Q\cos\beta)\mathrm{d}s = \iint_D \left(\dfrac{\partial Q}{\partial x} - \dfrac{\partial P}{\partial y} \right)\mathrm{d}x\mathrm{d}y$,其中 L 是 D 取正向的边界曲线.

注 （1）使用格林公式要注意公式的条件,函数 $P(x,y)$、$Q(x,y)$ 在 D 上具有连续的一阶偏导数;L 取 D 的正向边界.

（2）对于非闭曲线积分,也可以通过补线化成闭曲线使用格林公式计算,当然最后要减去所补曲线上的积分.

5. 四个等价命题

在单连通开区域 D 上 $P(x,y)$、$Q(x,y)$ 具有连续的一阶偏导数,则以下四个命题成立:

（1）在 D 内平面曲线积分 $\displaystyle\int_L P\mathrm{d}x + Q\mathrm{d}y$ 与路径无关.

（2）$\displaystyle\oint_C P\mathrm{d}x + Q\mathrm{d}y = 0$,闭曲线 $C \subset D$.

（3）在 D 内存在 $u(x,y)$,使 $\mathrm{d}u = P\mathrm{d}x + Q\mathrm{d}y$.

（4）在 D 内,$\dfrac{\partial Q}{\partial x} = \dfrac{\partial P}{\partial y}$.

6. 对弧长的（第一类）曲线积分的应用

1）弧长

（1）平面曲线弧段 L 的长度为

$$\int_L \mathrm{d}s = s$$

（2）空间曲线弧段 Γ 的长度为

$$\int_\Gamma \mathrm{d}s = s（数值上等于积分弧段的长度）$$

2）质量

（1）平面曲线型构件的质量为

$$m = \int_L \mu(x,y)\,\mathrm{d}s$$

式中,$\mu(x,y)$ 为曲线 L 的线密度.

（2）空间曲线型构件的质量为

$$m = \int_\Gamma \mu(x,y,z)\,\mathrm{d}s$$

式中:$\mu(x,y,z)$ 为曲线 Γ 的线密度.

3）质心

（1）平面曲线弧的质心 $(\bar{x}, \bar{y})$ 为

$$\bar{x} = \frac{\displaystyle\int_L x\mu(x,y)\,\mathrm{d}s}{\displaystyle\int_L \mu(x,y)\,\mathrm{d}s},\ \bar{y} = \frac{\displaystyle\int_L y\mu(x,y)\,\mathrm{d}s}{\displaystyle\int_L \mu(x,y)\,\mathrm{d}s}$$

(2) 空间曲线弧的质心 $(\bar{x}, \bar{y}, \bar{z})$ 为

$$\bar{x} = \frac{\int_\Gamma x\mu(x,y,z)\,\mathrm{d}s}{\int_\Gamma \mu(x,y,z)\,\mathrm{d}s}, \bar{y} = \frac{\int_\Gamma y\mu(x,y,z)\,\mathrm{d}s}{\int_\Gamma \mu(x,y,z)\,\mathrm{d}s}, \bar{z} = \frac{\int_\Gamma z\mu(x,y,z)\,\mathrm{d}s}{\int_\Gamma \mu(x,y,z)\,\mathrm{d}s}$$

4) 转动惯量

(1) 平面曲线弧对各坐标轴、原点 O 的转动惯量为

$$I_x = \int_L y^2\mu(x,y)\,\mathrm{d}s, I_y = \int_L x^2\mu(x,y)\,\mathrm{d}s, I_o = \int_L (x^2 + y^2)\mu(x,y)\,\mathrm{d}s$$

(2) 空间曲线弧对各坐标轴、原点 O 的转动惯量为

$$I_x = \int_\Gamma (y^2 + z^2)\mu(x,y,z)\,\mathrm{d}s, I_y = \int_\Gamma (x^2 + z^2)\mu(x,y,z)\,\mathrm{d}s$$

$$I_z = \int_\Gamma (x^2 + y^2)\mu(x,y,z)\,\mathrm{d}s, I_O = \int_\Gamma (x^2 + y^2 + z^2)\mu(x,y,z)\,\mathrm{d}s$$

7. 对坐标的(第二类)曲线积分的应用

1) 变力沿曲线所做的功

(1) 变力沿平面曲线 L 所做的功. 设有一力场 $\boldsymbol{F} = P(x,y)\boldsymbol{i} + Q(x,y)\boldsymbol{j}$,则

$$W = \int_L P(x,y)\,\mathrm{d}x + Q(x,y)\,\mathrm{d}y$$

(2) 变力沿空间曲线 Γ 所做的功. 设有一力场 $\boldsymbol{F} = P(x,y,z)\boldsymbol{i} + Q(x,y,z)\boldsymbol{j} + R(x,y,z)\boldsymbol{k}$,则

$$W = \int_\Gamma P(x,y,z)\,\mathrm{d}x + Q(x,y,z)\,\mathrm{d}y + R(x,y,z)\,\mathrm{d}z$$

2) 平面图形的面积

平面封闭曲线 L 围成闭区域的面积为

$$A = \frac{1}{2}\oint_L x\mathrm{d}y - y\mathrm{d}x = \oint_L x\mathrm{d}y = \oint_L - y\mathrm{d}x$$

8. 对面积的(第一类)曲面积分的性质

(1) $\iint\limits_{\Sigma_1 + \Sigma_2} f(x,y,z)\,\mathrm{d}S = \iint\limits_{\Sigma_1} f(x,y,z)\,\mathrm{d}S + \iint\limits_{\Sigma_2} f(x,y,z)\,\mathrm{d}S.$

(2) $\iint\limits_{\Sigma^-} f(x,y,z)\,\mathrm{d}S = \iint\limits_{\Sigma} f(x,y,z)\,\mathrm{d}S$,即积分值与积分曲面的侧无关.

(3) 对称性定理. 如果光滑曲面 Σ 关于 xOy 坐标面对称,Σ 位于 xOy 坐标面上方的部分为 Σ_1,且被积函数 $f(x,y,z)$ 具有关于 z 的奇偶性,则有

$$\iint\limits_{\Sigma} f(x,y,z)\,\mathrm{d}S = \begin{cases} 0, & f \text{关于} z \text{为奇函数,即} f(x,y,-z) = -f(x,y,z) \\ 2\iint\limits_{\Sigma_1} f(x,y,z)\,\mathrm{d}S, & f \text{关于} z \text{为偶函数,即} f(x,y,-z) = f(x,y,z) \end{cases}$$

注 (1) 积分曲面 Σ 关于其他坐标面对称或被积函数 $f(x,y,z)$ 关于其他变量的奇偶性,有类似的结论,不再重复.

(2) 对坐标的曲面积分化为重积分后,再利用重积分的对称性定理计算.

9. 对坐标的(第二类)曲面积分的特性

$$\iint\limits_{\Sigma^-} P\mathrm{d}y\mathrm{d}z + Q\mathrm{d}z\mathrm{d}x + R\mathrm{d}x\mathrm{d}y = -\iint\limits_{\Sigma} P\mathrm{d}y\mathrm{d}z + Q\mathrm{d}z\mathrm{d}x + R\mathrm{d}x\mathrm{d}y$$

即积分与曲面的侧有关.

10. 两类曲面积分之间的联系

$$\iint\limits_{\Sigma} P\mathrm{d}y\mathrm{d}z + Q\mathrm{d}z\mathrm{d}x + R\mathrm{d}x\mathrm{d}y = \iint\limits_{\Sigma}(P\cos\alpha + Q\cos\beta + R\cos\gamma)\mathrm{d}S$$

$$= \iint\limits_{\Sigma}\left(P\frac{\cos\alpha}{\cos\gamma} + Q\frac{\cos\beta}{\cos\gamma} + R\right)\mathrm{d}x\mathrm{d}y$$

式中:$\cos\alpha$、$\cos\beta$、$\cos\gamma$ 为曲面 Σ 上点(x,y,z)处的法向量的方向余弦.

11. 高斯公式

设空间闭区域 Ω 是由分片光滑的闭曲面 Σ 所围成,函数 $P(x,y,z)$、$Q(x,y,z)$、$R(x,y,z)$在 Ω 上具有一阶连续偏导数,则

$$\oiint\limits_{\Sigma} P\mathrm{d}y\mathrm{d}z + Q\mathrm{d}z\mathrm{d}x + R\mathrm{d}x\mathrm{d}y = \oiint\limits_{\Sigma}(P\cos\alpha + Q\cos\beta + R\cos\gamma)\mathrm{d}S$$

$$= \iiint\limits_{\Omega}\left(\frac{\partial P}{\partial x} + \frac{\partial Q}{\partial y} + \frac{\partial R}{\partial z}\right)\mathrm{d}v$$

式中:Σ 是 Ω 的整个边界曲面的外侧,$\cos\alpha$、$\cos\beta$、$\cos\gamma$ 为曲面 Σ 上点(x,y,z)处的法向量的方向余弦.

12. 斯托克斯公式

设 Γ 为分段光滑的空间有向闭曲线,Σ 是以 Γ 为边界的分片光滑的有向曲面,Γ 的正向与 Σ 的侧符合右手规则,函数 $P(x,y,z)$、$Q(x,y,z)$、$R(x,y,z)$ 在曲面 Σ(连同边界 Γ)上具有一阶连续偏导数,则有

$$\oint_{\Gamma} P\mathrm{d}x + Q\mathrm{d}y + R\mathrm{d}z = \oint_{\Gamma}(P\cos\alpha + Q\cos\beta + R\cos\gamma)\mathrm{d}s$$

$$= \iint\limits_{\Sigma}\left(\frac{\partial R}{\partial y} - \frac{\partial Q}{\partial z}\right)\mathrm{d}y\mathrm{d}z + \left(\frac{\partial P}{\partial z} - \frac{\partial R}{\partial x}\right)\mathrm{d}z\mathrm{d}x + \left(\frac{\partial Q}{\partial x} - \frac{\partial P}{\partial y}\right)\mathrm{d}x\mathrm{d}y$$

$$= \iint\limits_{\Sigma}\begin{vmatrix} \mathrm{d}y\mathrm{d}z & \mathrm{d}z\mathrm{d}x & \mathrm{d}x\mathrm{d}y \\ \dfrac{\partial}{\partial x} & \dfrac{\partial}{\partial y} & \dfrac{\partial}{\partial z} \\ P & Q & R \end{vmatrix} = \iint\limits_{\Sigma}\begin{vmatrix} \cos\alpha & \cos\beta & \cos\gamma \\ \dfrac{\partial}{\partial x} & \dfrac{\partial}{\partial y} & \dfrac{\partial}{\partial z} \\ P & Q & R \end{vmatrix}\mathrm{d}S$$

13. 对面积的(第一类)曲面积分的应用

(1) 曲面的面积为

$$S = \iint\limits_{\Sigma}\mathrm{d}S$$

(2) 曲面的质量为

$$m = \iint\limits_{\Sigma}\mu(x,y,z)\mathrm{d}S$$

式中,$\mu(x,y,z)$为曲面的面密度.

(3) 曲面的质心 $(\bar{x},\bar{y},\bar{z})$ 为

$$\bar{x}=\frac{\iint\limits_{\Sigma}x\mu(x,y,z)\mathrm{d}S}{\iint\limits_{\Sigma}\mu(x,y,z)\mathrm{d}S},\bar{y}=\frac{\iint\limits_{\Sigma}y\mu(x,y,z)\mathrm{d}S}{\iint\limits_{\Sigma}\mu(x,y,z)\mathrm{d}S},\bar{z}=\frac{\iint\limits_{\Sigma}z\mu(x,y,z)\mathrm{d}S}{\iint\limits_{\Sigma}\mu(x,y,z)\mathrm{d}S}$$

注 当密度为常数时,相应的质心又称为形心.

(4) 转动惯量. 曲面对各坐标轴及原点 O 的转动惯量分别为

$$I_x=\iint\limits_{\Sigma}(y^2+z^2)\mu(x,y,z)\mathrm{d}S,I_y=\iint\limits_{\Sigma}(x^2+z^2)\mu(x,y,z)\mathrm{d}S$$

$$I_z=\iint\limits_{\Sigma}(x^2+y^2)\mu(x,y,z)\mathrm{d}S,I_O=\iint\limits_{\Sigma}(x^2+y^2+z^2)\mu(x,y,z)\mathrm{d}S$$

10.1.3　基本方法

1. 对弧长的(第一类)曲线积分的计算

(1) 利用参数方程化曲线积分为定积分计算;

(2) 利用积分弧段的方程化简被积函数计算;

(3) 利用积分弧段的可加性计算;

(4) 利用积分弧段的可加性去掉被积函数的绝对值计算;

(5) 利用对称性去掉被积函数的绝对值计算;

(6) 利用轮换对称性计算.

2. 对坐标的(第二类)曲线积分的计算

(1) 利用参数方程化曲线积分为定积分计算;

(2) 利用格林公式计算;

(3) 利用曲线积分与路径无关的条件计算;

(4) 有关全微分的证明与计算;

(5) 利用两类曲线积分的关系解题.

3. 对面积的(第一类)曲面积分的计算

(1) 利用曲面方程化曲面积分为二重积分计算;

(2) 利用对称性计算;

(3) 利用轮换对称性计算.

4. 对坐标的(第二类)曲面积分的计算

(1) 利用曲面方程化曲面积分为二重积分计算;

(2) 利用两类曲面积分之间的联系计算;

(3) 利用高斯公式计算.

10.2　典型例题分析、解答与评注

10.2.1　对弧长的(第一类)曲线积分的计算

1. 利用参数方程化曲线积分为定积分计算

根据曲线方程的各种类型归纳如下:

1）参数方程.

（1）若 $L : x = \varphi(t), y = \psi(t), \alpha \leqslant t \leqslant \beta$, 则 $ds = \sqrt{(dx)^2 + (dy)^2} = \sqrt{\varphi'^2(t) + \psi'^2(t)}$ dt, 故

$$\int_L f(x,y) ds = \int_\alpha^\beta f[\varphi(t), \psi(t)] \sqrt{\varphi'^2(t) + \psi'^2(t)} dt, \alpha \leqslant t \leqslant \beta$$

（2）若 $\Gamma : x = \varphi(t), y = \psi(t), z = \omega(t), \alpha \leqslant t \leqslant \beta$, 则 $ds = \sqrt{(dx)^2 + (dy)^2 + (dz)^2} = \sqrt{\varphi'^2(t) + \psi'^2(t) + \omega'^2(t)} dt$, 故

$$\int_\Gamma f(x,y,z) ds = \int_\alpha^\beta f[\varphi(t), \psi(t), \omega(t)] \sqrt{\varphi'^2(t) + \psi'^2(t) + \omega'^2(t)} dt, \alpha \leqslant t \leqslant \beta$$

2）直角坐标方程

（1）若 $L : y = \varphi(x)$, 将其看成是以 x 为参数的参数方程: $x = x, y = \varphi(x), a \leqslant x \leqslant b$. 则 $ds = \sqrt{(dx)^2 + (dy)^2} = \sqrt{1 + \varphi'^2(x)} dx$, 故

$$\int_L f(x,y) ds = \int_a^b f[x, \varphi(x)] \sqrt{1 + \varphi'^2(x)} dx, a \leqslant x \leqslant b$$

（2）若 $L : x = \psi(y)$, 将其看成是以 y 为参数的参数方程: $x = \psi(y), y = y, c \leqslant y \leqslant d$, 则 $ds = \sqrt{(dx)^2 + (dy)^2} = \sqrt{1 + \psi'^2(y)} dy$, 故

$$\int_L f(x,y) ds = \int_c^d f[\psi(y), y] \sqrt{1 + \psi'^2(y)} dy, c \leqslant y \leqslant d$$

3）极坐标方程

若 $L : \rho = \rho(\theta)$, 转化为直角坐标方程为 $x = \rho(\theta)\cos\theta, y = \rho(\theta)\sin\theta, \alpha \leqslant \theta \leqslant \beta$, 则 $ds = \sqrt{(dx)^2 + (dy)^2} = \sqrt{\rho^2(\theta) + \rho'^2(\theta)} d\theta$, 故

$$\int_L f(x,y) ds = \int_\alpha^\beta f[\rho(\theta)\cos\theta, \rho(\theta)\sin\theta] \sqrt{\rho^2(\theta) + \rho'^2(\theta)} d\theta, \alpha \leqslant \theta \leqslant \beta$$

此类积分的计算, 一般来说, 先画出积分曲线的草图, 观察是否具有对称性, 再判断被积函数的奇偶性, 简化之后再写出积分曲线的方程, 转化为定积分计算.

例 10.1 计算 $I = \oint_L x ds$, 其中 L 为由直线 $y = x$ 及抛物线 $y = x^2$ 所围成的区域的整个边界.

分析 本题的积分曲线由两个弧段组成, 且方程简单, 可以看成是以 x 为参数的参数方程, 直接做参数代换就可以转化为定积分计算, 为了确定每段曲线相应参数的范围, 应首先求出两段曲线的交点.

解答 两段曲线的交点为 $(0,0)$ 与 $(1,1)$.

$$L_1 : y = x(0 \leqslant x \leqslant 1), ds = \sqrt{2} dx$$

$$L_2 : y = x^2(0 \leqslant x \leqslant 1), ds = \sqrt{1 + 4x^2} dx$$

$$\oint_L x ds = \int_{L_1} x ds + \int_{L_2} x ds = \int_0^1 x \cdot \sqrt{2} dx + \int_0^1 x \cdot \sqrt{1 + 4x^2} dx = \frac{\sqrt{2}}{2} + \frac{5\sqrt{5} - 1}{12}$$

评注 如果积分曲线方程能够易于表达为某个变量的参数方程, 则直接代换成为定积分进行计算, 注意第一类曲线积分与曲线的方向无关, 即小的参数要做下限.

2. 利用积分弧段的方程化简被积函数计算

例 10.2 设 L 为椭圆 $\dfrac{x^2}{4} + \dfrac{y^2}{3} = 1$，其周长记为 a，计算 $I = \oint_L (2xy + 3x^2 + 4y^2)\mathrm{d}s$.

分析 由于点 (x,y) 在 L 上，故 x、y 满足 L 的方程，所以需要时可以将 L 的方程代入被积函数，达到化简的目的.

解答 $I = \oint_L 2xy\mathrm{d}s + \oint_L (3x^2 + 4y^2)\mathrm{d}s$，由对称性得 $\oint_L 2xy\mathrm{d}s = 0$；由 L 的方程知 L 上的点 (x,y) 满足 $3x^2 + 4y^2 = 12$，因此 $\oint_L (3x^2 + 4y^2)\mathrm{d}s = 12\oint_L \mathrm{d}s = 12a$，于是 $I = \oint_L (2xy + 3x^2 + 4y^2)\mathrm{d}s = 12a$.

评注 计算曲线积分时，可以利用积分弧段的方程来化简被积函数，这是计算曲线积分（以及以后的曲面积分）特有的方法，这点同计算重积分不同，要引起注意.

3. 利用积分弧段的可加性计算

例 10.3 计算 $I = \oint_L \mathrm{e}^{\sqrt{x^2+y^2}}\mathrm{d}s$，其中 L 为圆周 $x^2 + y^2 = a^2$ $(a > 0)$，直线 $y = x$ 及 x 轴在第一象限内所围成的扇形的整体边界，如图 10.1 所示.

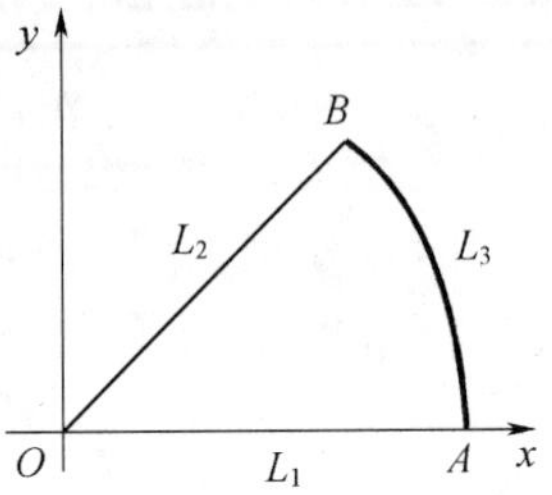

分析 因为封闭曲线 L 由 3 段不同的曲线所围成，所以需要表达出每一段曲线的参数方程，分别计算求解.

解答 曲线 L 由 3 段曲线围成，分别计算如下：$L_1 : y = 0$，$0 \leqslant x \leqslant a$，取 x 作参数 $\mathrm{d}s = \mathrm{d}x$，有

图 10.1

$$\int_{L_1} \mathrm{e}^{\sqrt{x^2+y^2}}\mathrm{d}s = \int_0^a \mathrm{e}^x \mathrm{d}x = \mathrm{e}^a - 1$$

$L_2 : y = x\left(0 \leqslant x \leqslant \dfrac{\sqrt{2}}{2}a\right)$，$\mathrm{d}s = \sqrt{1 + {y'}^2}\,\mathrm{d}x = \sqrt{2}\,\mathrm{d}x$，有

$$\int_{L_2} \mathrm{e}^{\sqrt{x^2+y^2}}\mathrm{d}s = \int_0^{\frac{\sqrt{2}}{2}a} \mathrm{e}^{\sqrt{2}x} \cdot \sqrt{2}\,\mathrm{d}x = \mathrm{e}^a - 1$$

$L_3 : \rho = a\left(0 \leqslant \theta \leqslant \dfrac{\pi}{4}\right)$，写成参数方程为

$$x = a\cos\theta, \ y = a\sin\theta\left(0 \leqslant \theta \leqslant \dfrac{\pi}{4}\right)$$

$$\mathrm{d}s = \sqrt{\rho^2 + {\rho'}^2}\,\mathrm{d}\theta = \sqrt{{x'}^2 + {y'}^2}\,\mathrm{d}\theta = a\,\mathrm{d}\theta$$

$$\int_{L_3} \mathrm{e}^{\sqrt{x^2+y^2}}\mathrm{d}s = \int_0^{\frac{\pi}{4}} \mathrm{e}^a \cdot a\,\mathrm{d}\theta = \frac{\pi}{4}a \cdot \mathrm{e}^a$$

$$\left(\text{或者} \int_{L_3} \mathrm{e}^{\sqrt{x^2+y^2}}\mathrm{d}s = \int_{L_3} \mathrm{e}^a \mathrm{d}s = \mathrm{e}^a \cdot \frac{1}{8} \cdot 2\pi a = \frac{\pi}{4}a \cdot \mathrm{e}^a\right)$$

故
$$I = \oint_L \mathrm{e}^{\sqrt{x^2+y^2}}\mathrm{d}s = \int_{L_1} + \int_{L_2} + \int_{L_3} = 2(\mathrm{e}^a - 1) + \frac{\pi}{4}a\mathrm{e}^a$$

评注 为了3段曲线积分的计算简便,选择合适的方程形式至关重要.

例10.4 计算曲线积分 $I = \int_\Gamma x \mathrm{d}s$,其中 Γ 是由原点 $O(0,0,0)$ 到点 $A(1,1,1)$ 的直线段 Γ_1 与从点 $A(1,1,1)$ 沿曲线 $\begin{cases} y = x^4 \\ z = x \end{cases}$ 到点 $B(-1,1,-1)$ 的弧段 Γ_2 组成的.

分析 积分曲线为空间两段曲线,只有先将各积分曲线的参数方程表达出来,然后再化为定积分来计算. 由于 Γ_1 为空间直线,易于求出参数方程;Γ_2 为空间两张平面的交线,易于表达为以 x 为参数的参数方程.

解答 两曲线弧段的参数方程分别如下:

$$\Gamma_1 : x = t, y = t, z = t (0 \leqslant t \leqslant 1), \mathrm{d}s = \sqrt{x'^2 + y'^2 + z'^2}\,\mathrm{d}t = \sqrt{3}\,\mathrm{d}t$$

$$\Gamma_2 : x = x, y = x^4, z = x (-1 \leqslant x \leqslant 1), \mathrm{d}s = \sqrt{x'^2 + y'^2 + z'^2}\,\mathrm{d}x = \sqrt{2 + 16x^6}\,\mathrm{d}x$$

$$I = \int_\Gamma x \mathrm{d}s = \int_{\Gamma_1} x \mathrm{d}s + \int_{\Gamma_2} x \mathrm{d}s = \int_0^1 t \cdot \sqrt{3}\,\mathrm{d}t + \int_{-1}^1 x \cdot \sqrt{2 + 16x^6}\,\mathrm{d}x = \frac{\sqrt{3}}{2} + 0 = \frac{\sqrt{3}}{2}$$

评注 将曲线积分化为定积分后再应用对称性定理可以很大程度地简化计算,如本题中的积分 $\int_{-1}^1 x \cdot \sqrt{2 + 16x^6}\,\mathrm{d}x = 0$,就用到了定积分的对称性定理.

4. 利用积分弧段的可加性去掉被积函数的绝对值计算

例10.5 计算 $I = \int_L |y|\,\mathrm{d}s$,其中 L 是从点 $A(0,1)$ 到点 $B'\left(\frac{1}{2}, -\frac{\sqrt{3}}{2}\right)$ 的单位圆弧.

分析 计算带绝对值符号的积分首先要去掉绝对值符号,由此整个积分弧段表为 $L = \overparen{AB} + \overparen{BB'}$,如图10.2所示.

解答

〈方法一〉 利用直角坐标计算. 取 y 作参数,则 L 的方程为 $x = \sqrt{1 - y^2}$ $\left(-\frac{\sqrt{3}}{2} \leqslant y \leqslant 1\right)$,$\mathrm{d}s = \sqrt{1 + x'^2}\,\mathrm{d}y = \frac{\mathrm{d}y}{\sqrt{1 - y^2}}$,则有

$$I = \int_L |y|\,\mathrm{d}s = \int_{\overparen{AB}} |y|\,\mathrm{d}s + \int_{\overparen{BB'}} |y|\,\mathrm{d}s$$

$$= \int_0^1 y \cdot \frac{\mathrm{d}y}{\sqrt{1 - y^2}} + \int_{-\frac{\sqrt{3}}{2}}^0 (-y) \cdot \frac{\mathrm{d}y}{\sqrt{1 - y^2}} = \frac{3}{2}$$

〈方法二〉利用参数方程计算.

L 的参数式方程为 $x = \cos t, y = \sin t \left(-\frac{\pi}{3} \leqslant t \leqslant \frac{\pi}{2}\right)$,则 $\mathrm{d}s = \sqrt{x'^2 + y'^2}\,\mathrm{d}t = \mathrm{d}t$,从而

$$I = \int_L |y|\,\mathrm{d}s = \int_{\overparen{AB}} |y|\,\mathrm{d}s + \int_{\overparen{BB'}} |y|\,\mathrm{d}s = \int_0^{\frac{\pi}{2}} \sin t\,\mathrm{d}t + \int_{-\frac{\pi}{3}}^0 (-\sin t)\,\mathrm{d}t = \frac{3}{2}$$

评注 两种方法比较起来,第二种方法比较简单,不涉及开方,但要注意参数的取值,小的做下限.

5. 利用对称性去掉被积函数的绝对值计算

例10.6 计算 $I = \int_L |y|\,\mathrm{d}s$,其中 L 为 $(x^2 + y^2)^2 = a^2(x^2 - y^2)$,如图10.3所示.

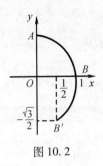

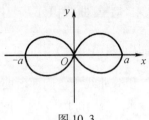

图 10.2   图 10.3

分析 被积函数若带有绝对值符号,总的原则是先去掉绝对值后计算. 由于积分路径关于两坐标轴均对称,而被积函数关于两变量均为偶函数,故由对称性定理知只需计算第一象限内的弧段上的积分的 4 倍即可,这样同时也去掉了绝对值符号.

解答 设 L_1 为曲线 L 位于第一象限的部分,显然利用极坐标计算方便.

令 $x = \rho\cos\theta, y = \rho\sin\theta$,于是 $L_1 : \rho^4 = a^2\rho^2(\cos^2\theta - \sin^2\theta)$,即 $\rho = a\sqrt{\cos 2\theta}\left(0 \leqslant \theta \leqslant \dfrac{\pi}{4}\right)$,

$ds = \sqrt{\rho^2 + \rho'^2}\,d\theta = \dfrac{a}{\sqrt{\cos 2\theta}}d\theta$,故

$$I = 4\int_{L_1} y\,ds = 4\int_0^{\frac{\pi}{4}} a\sqrt{\cos 2\theta}\sin\theta \cdot \frac{a}{\sqrt{\cos 2\theta}}d\theta = 4a^2\left(1 - \frac{\sqrt{2}}{2}\right)$$

评注 被积函数若带有绝对值,总的原则是先去掉绝对值后再计算,为了去掉第一类曲线积分的被积函数中的绝对值,对称性定理是不错的选择. 如果不能应用对称性定理,就只能通过添加辅助点分段积分后去掉被积函数的绝对值.

6. 利用轮换对称性计算

例 10.7 计算 $I = \oint_{\Gamma} x^2 ds$,其中 Γ 为球面 $x^2 + y^2 + z^2 = R^2$ 与平面 $x + y + z = 0$ 相交的圆周.

分析 此积分曲线为两张曲面的交线,但是不能如例 10.4 那样表达出曲线的参数方程,故不能直接转化为定积分计算. 考虑到轮换对称性以及积分曲线的方程可以代入到被积函数中去,利用性质即可求解.

解答 显然 Γ 关于变量 x、y、z 是对等的,由轮换对称性有

$$\oint_{\Gamma} x^2 ds = \oint_{\Gamma} y^2 ds = \oint_{\Gamma} z^2 ds$$

故

$$I = \oint_{\Gamma} x^2 ds = \frac{1}{3}\oint_{\Gamma}(x^2 + y^2 + z^2)ds = \frac{1}{3}\oint_{\Gamma} R^2 ds = \frac{1}{3}R^2 \cdot 2\pi R = \frac{2}{3}\pi R^3$$

评注 计算积分时应注意观察积分的特点,选取恰当的方法可以简化计算.

10.2.2 对坐标的(第二类)曲线积分的计算

1. 利用参数方程化曲线积分为定积分计算

与对弧长的曲线积分的计算方法相类似,根据积分曲线的参数方程代入被积函数化为定积分计算,但要注意起点的对应参数做定积分的下限,具体如下:

1）参数方程

若 $L:x=\varphi(t),y=\psi(t)$ 则

$$\int_L P(x,y)\mathrm{d}x + Q(x,y)\mathrm{d}y = \int_\alpha^\beta \{P[\varphi(t),\psi(t)]\varphi'(t) + Q[\varphi(t),\psi(t)]\psi'(t)\}\mathrm{d}t$$

式中，α 为对应于 L 的起点的参数；β 为对应于 L 的终点的参数.

若 $\Gamma:x=\varphi(t),y=\psi(t),z=\omega(t)$，则

$$\int_\Gamma P(x,y,z)\mathrm{d}x + Q(x,y,z)\mathrm{d}y + R(x,y,z)\mathrm{d}z$$

$$= \int_\alpha^\beta \{P[\varphi(t),\psi(t),\omega(t)]\varphi'(t) + Q[\varphi(t),\psi(t),\omega(t)]\psi'(t) +$$

$$R[\varphi(t),\psi(t),\omega(t)]\omega'(t)\}\mathrm{d}t$$

式中，α 为对应于 Γ 的起点的参数；β 为对应于 Γ 的终点的参数.

2）直角坐标方程

若 $L:y=\varphi(x)$，将其看成是以 x 为参数的参数方程为 $x=x,y=\varphi(x)$，则

$$\int_L P(x,y)\mathrm{d}x + Q(x,y)\mathrm{d}y = \int_a^b \{P[x,\varphi(x)] + Q[x,\varphi(x)]\varphi'(x)\}\mathrm{d}x$$

式中，a 为对应于 L 的起点的横坐标；b 为对应于 L 的终点的横坐标.

若 $L:x=\psi(y)$，将其看成是以 y 为参数的参数方程为 $x=\psi(y),y=y$，则

$$\int_L P(x,y)\mathrm{d}x + Q(x,y)\mathrm{d}y = \int_c^d \{P[\psi(y),y]\psi'(y) + Q[\psi(y),y]\}\mathrm{d}y$$

式中，c 为对应于 L 的起点的纵坐标；d 为对应于 L 的终点的纵坐标.

3）极坐标方程

若 $L:\rho=\rho(\theta)$，转化为直角坐标方程为 $x=\rho(\theta)\cos\theta,y=\rho(\theta)\sin\theta$，则

$$\int_L P(x,y)\mathrm{d}x + Q(x,y)\mathrm{d}y = \int_\alpha^\beta \{P[\rho(\theta)\cos\theta,\rho(\theta)\sin\theta][\rho'(\theta)\cos\theta - \rho(\theta)\sin\theta] +$$

$$Q[\rho(\theta)\cos\theta,\rho(\theta)\sin\theta][\rho'(\theta)\sin\theta + \rho(\theta)\cos\theta]\}\mathrm{d}\theta$$

式中，α 为对应于 L 的起点的参数；β 为对应于 L 的终点的参数.

注 曲线积分的计算要按下述法则将曲线积分化为定积分，"变量参数化，一小二起下"，此法则的含义是：

（1）先求出曲线的参数方程，将被积表达式中的变量用参数表示.

（2）第一（二）类曲线积分用参数的最小（起始）值作定积分的下限.

例 10.8 计算 $I=\int_L xy\mathrm{d}x$，其中 L 为圆周 $x^2+y^2=2ax(a>0)$ 按逆时针方向的上半圆周，如图 10.4 所示.

分析 积分曲线比较简单，为半圆周，可以通过曲线圆的极坐标方程转化为参数方程，也可以将其直角坐标方程直接转化为参数方程.

解答 〈方法一〉利用极坐标计算.

L 的极坐标方程为 $\rho=2a\cos\theta\left(0\leq\theta\leq\dfrac{\pi}{2}\right)$，则有

$$x=\rho\cos\theta=2a\cos^2\theta,y=\rho\sin\theta=2a\cos\theta\sin\theta,\mathrm{d}x=4a\cos\theta(-\sin\theta)\mathrm{d}\theta$$

$$I = \int_L xy\,dx = \int_0^{\frac{\pi}{2}} 4a^2 \sin\theta\cos^3\theta \cdot 4a\cos\theta(-\sin\theta)\,d\theta = -16a^3 \int_0^{\frac{\pi}{2}} (\cos^4\theta - \cos^6\theta)\,d\theta$$

$$= -16a^3 \left(\frac{3}{4} \cdot \frac{1}{2} \cdot \frac{\pi}{2} - \frac{5}{6} \cdot \frac{3}{4} \cdot \frac{1}{2} \cdot \frac{\pi}{2} \right) = -\frac{1}{2}\pi a^3$$

〈方法二〉利用参数方程计算.

因为 $(x-a)^2 + y^2 = a^2$,所以 L 的参数方程为 $x = a + a\cos\theta, y = a\sin\theta (0 \leqslant \theta \leqslant \pi)$,于是

$$I = \int_L xy\,dx = \int_0^{\pi} (a + a\cos\theta) \cdot a\sin\theta \cdot (-a\sin\theta)\,d\theta$$

$$= -a^3 \int_0^{\pi} (1 + \cos\theta) \cdot \sin^2\theta\,d\theta = -\frac{1}{2}\pi a^3$$

评注 计算单一的对坐标的非闭曲线积分,如果被积函数比较简单,积分路径为曲线段,直接化为定积分计算也是一种常用的方法,但是要注意化为定积分时起点的对应参数做下限,即积分值与曲线的方向有关.

例 10.9 计算 $I = \int_L (x^2 + y^2)\,dx + (x^2 - y^2)\,dy$,其中 L 是 $y = 1 - |1 - x|$ $(0 \leqslant x \leqslant 2)$,方向从原点 $O(0,0)$ 到点 $B(2,0)$,如图 10.5 所示.

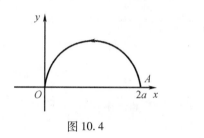

图 10.4

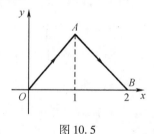

图 10.5

分析 先把曲线方程 L 中的绝对值符号去掉,写出每段直线的方程,画出草图再计算.

解答 由于 $y = 1 - |1 - x| = \begin{cases} x, & 0 \leqslant x \leqslant 1 \\ 2 - x, & 1 \leqslant x \leqslant 2 \end{cases}$,于是

$$I = \int_{\overline{OA}} (x^2 + y^2)\,dx + (x^2 - y^2)\,dy + \int_{\overline{AB}} (x^2 + y^2)\,dx + (x^2 - y^2)\,dy$$

$$= \int_0^1 2x^2\,dx + \int_1^2 2(2 - x)^2\,dx = \frac{4}{3}$$

评注 积分曲线方程带有绝对值的要先去掉绝对值,得到各段曲线弧段的方程. 如果是圆或其部分,可以通过极坐标或直接转化为参数方程;如果方程简单直接视 x 或 y 为参数,从而转化为定积分计算,但一定是起点的对应参数作下限.

例 10.10 在过点 $O(0,0)$ 和 $A(\pi,0)$ 的曲线族 $y = a\sin x (a > 0)$ 中,求一条曲线 L,使沿该曲线从 $O(0,0)$ 到 $A(\pi,0)$ 的积分 $\int_L (1 + y^3)\,dx + (2x + y)\,dy$ 的值最小.

分析 若使积分值最小,首先要求出积分曲线的值,其为 a 的函数,再求其何时取最值就可以求得 a 的值,从而求得积分曲线.

解答 视 x 为参数,则

278

$$I(a) = \int_0^\pi \left[1 + a^3 \sin^3 x + (2x + a\sin x) a\cos x \right] \mathrm{d}x = \pi + \frac{4}{3} a^3 - 4a$$

令 $I'(a) = -4 + 4a^2 = 0$，得 $a = 1(a = -1$ 舍去$)$，且为唯一驻点，又 $I''(a) = 8a$，$I''(1) = 8 > 0$，故 $I(a)$ 在 $a = 1$ 处取得最小值. 因此所求曲线是 $y = \sin x (0 \leq x \leq \pi)$.

评注 曲线积分也可以与其他知识点联合使用，来解决一些综合性问题.

如果积分曲线 Γ 的方程较容易求出，或者容易表达为参数方程，可将曲线积分化为定积分计算.

例 10.11 计算 $I = \int_\Gamma x\mathrm{d}x + y\mathrm{d}y + (x + y - 1)\mathrm{d}z$，其中 Γ 是从点 $(1,1,1)$ 到点 $(2,3,4)$ 的直线段.

分析 空间曲线积分的积分弧段若为直线，则将直线方程化为参数式转化为定积分即可计算，要注意起点的对应参数作定积分的下限.

解答 Γ 的参数方程为 $x = 1 + t, y = 1 + 2t, z = 1 + 3t (0 \leq t \leq 1)$

$$I = \int_0^1 \left[(1 + t) + 2(1 + 2t) + 3(1 + t + 1 + 2t - 1) \right] \mathrm{d}t = \int_0^1 (6 + 14t) \mathrm{d}t = 13$$

评注 空间曲线积分转化为定积分的关键是建立空间曲线的参数方程，求出起点的对应参数作下限.

例 10.12 计算曲线积分 $I = \oint_\Gamma (z - y)\mathrm{d}x + (x - z)\mathrm{d}y + (x - y)\mathrm{d}z$，其中 Γ 是曲线
$$\begin{cases} x^2 + y^2 = 1 \\ x - y + z = 2, \end{cases}$$
从 z 轴正向看去，Γ 取顺时针方向.

分析 这里 L 由一般方程给出，首先要将一般方程化为参数方程.

解答 注意到 $x^2 + y^2 = 1$，因此可令 $x = \cos t, y = \sin t$，再由 $z = 2 - x + y$ 得 $z = 2 - \cos t + \sin t, t$ 从 2π 变到 0. 于是

$$I = \int_{2\pi}^0 \left[(2 - \cos t)(-\sin t) + (2\cos t - 2 - \sin t)\cos t + (\cos t - \sin t)(\sin t + \cos t) \right] \mathrm{d}t$$

$$= \int_0^{2\pi} (2\sin t + 2\cos t - 2\cos 2t - 1) \mathrm{d}t = -2\pi$$

评注 对于空间曲线的积分，尽量将曲线方程转化为参数方程，进而可以转化为定积分计算，注意积分曲线的方向，起点的对应参数作下限.

2. 利用格林公式计算

1）积分曲线不封闭

例 10.13 （1）已知 $\Phi'(x)$ 连续，且 $\Phi(0) = \Phi(1) = 0, O(0,0), B(1,1)$，计算

$$I = \int_{\overarc{OMB}} \left[\Phi(y)\mathrm{e}^x - y \right] \mathrm{d}x + \left[\Phi'(y)\mathrm{e}^x - 1 \right] \mathrm{d}y$$

式中：$\overarc{OMB}$ 是以线段 $\overline{OB}$ 为直径的上半圆周，如图 10.6 所示.

（2）求 $I = \int_L \frac{y^2}{2\sqrt{a^2 + x^2}}\mathrm{d}x + y\left[xy + \ln(x + \sqrt{a^2 + x^2}) \right]\mathrm{d}y$，其中 L 为由 $O(0,0)$ 到 $A(2a,0)$ 沿 $x^2 + y^2 = 2ax$ 的上半圆周的一段弧，如图 10.7 所示.

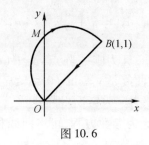

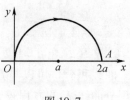

图 10.6 ·· 图 10.7

分析 第(1)题中的被积表达式中含有未知函数,不可以直接计算;第(2)题中的被积函数较复杂直接计算不方便,故考虑使用格林公式来计算. 又积分曲线 L 均不封闭,要补线成封闭后再使用,补线要尽量选择易于计算曲线积分的直线段.

解答 (1) 补线.$\overline{BO}:y=x$,所围闭区域 D 为圆心在 $\left(\frac{1}{2},\frac{1}{2}\right)$、半径为 $\frac{\sqrt{2}}{2}$ 的半圆,$P=\Phi(y)\mathrm{e}^x-y$,$Q=\Phi'(y)\mathrm{e}^x-1$,$\frac{\partial Q}{\partial x}-\frac{\partial P}{\partial y}=1$,则

$$I=-\oint_{\overline{OBMO}}-\int_{\overline{BO}}$$

$$=-\iint_D\left(\frac{\partial Q}{\partial x}-\frac{\partial P}{\partial y}\right)\mathrm{d}x\mathrm{d}y-\int_1^0\left[\Phi(x)\mathrm{e}^x-x+\Phi'(x)\mathrm{e}^x-1\right]\mathrm{d}x$$

$$=-\iint_D\mathrm{d}x\mathrm{d}y-\int_0^1(x+1)\mathrm{d}x+\int_0^1\Phi(x)\mathrm{e}^x\mathrm{d}x+\int_0^1\mathrm{e}^x\mathrm{d}\Phi(x)$$

$$=-\frac{1}{2}\cdot\pi\left(\frac{\sqrt{2}}{2}\right)^2-\frac{3}{2}+\int_0^1\Phi(x)\mathrm{d}\mathrm{e}^x+\left[\mathrm{e}^x\Phi(x)\mid_0^1-\int_0^1\Phi(x)\mathrm{d}\mathrm{e}^x\right]$$

$$=-\frac{\pi}{4}-\frac{3}{2}$$

(2) 补线.$\overline{AO}:y=0$,$\frac{\partial Q}{\partial x}-\frac{\partial P}{\partial y}=y\left[y+\frac{1}{x+\sqrt{x^2+a^2}}\left(1+\frac{x}{\sqrt{x^2+a^2}}\right)\right]-\frac{y}{\sqrt{x^2+a^2}}=y^2$,则

$$I=\oint_{L+\overline{AO}}-\int_{\overline{AO}}=-\iint_D\left(\frac{\partial Q}{\partial x}-\frac{\partial P}{\partial y}\right)\mathrm{d}x\mathrm{d}y-\int_{2a}^0 P(x,0)\mathrm{d}x=-\iint_D y^2\mathrm{d}x\mathrm{d}y-\int_{2a}^0 0\mathrm{d}x=-\frac{\pi}{8}a^4$$

评注 一方面,计算对坐标的闭曲线积分,最基本的方法是使用格林公式,当然要注意使用条件,缺一不可. 另一方面,计算对坐标的非闭曲线组合积分,如果被积函数是抽象函数或者被积函数较复杂,可以通过补线成为闭曲线利用格林公式计算,当然,最后要减去所补曲线上的积分.

2) 积分曲线负向封闭且含有奇点

例 10.14 计算 $I=\oint_L\frac{(x-y)\mathrm{d}x+(x+y)\mathrm{d}y}{x^2+y^2}$,其中 L 是星形线 $x^{\frac{2}{3}}+y^{\frac{2}{3}}=1$ 按顺时针方向的一周,如图 10.8 所示.

分析 由于 L 包含奇点 $O(0,0)$,不满足格林公式的条件,故不能直接使用格林公式计算,需要作辅助曲线挖去奇点后,在不包含奇点的范围内使用格林公式计算,再注意到所给曲线为所围区域的负向边界曲线.

解答 作任意一条以奇点为圆心、任意小的正数 ε 为半径的闭曲线 $L_1: x^2+y^2=\varepsilon^2$，取顺时针方向，故有 $P=\dfrac{x-y}{x^2+y^2},Q=\dfrac{x+y}{x^2+y^2},\dfrac{\partial P}{\partial y}=\dfrac{y^2-x^2-2xy}{x^2+y^2}=\dfrac{\partial Q}{\partial x}$，从而

$$I=-\oint_{L^-}=-\left(\oint_{L^-+L_1}-\oint_{L_1}\right)=-\iint_D\left(\dfrac{\partial Q}{\partial x}-\dfrac{\partial P}{\partial y}\right)\mathrm{d}x\mathrm{d}y+\oint_{L_1}$$

$$=0+\oint_{L_1}\dfrac{(x-y)\mathrm{d}x+(x+y)\mathrm{d}y}{x^2+y^2}=\oint_{L_1}\dfrac{(x-y)\mathrm{d}x+(x+y)\mathrm{d}y}{x^2+y^2}$$

〈方法一〉代入曲线方程，得 $I=\dfrac{1}{\varepsilon^2}\oint_{L_1}(x-y)\mathrm{d}x+(x+y)\mathrm{d}y$，从而有

$$I=\dfrac{1}{\varepsilon^2}\oint_{L_1}(x-y)\mathrm{d}x+(x+y)\mathrm{d}y=-\dfrac{1}{\varepsilon^2}\iint_D2\mathrm{d}x\mathrm{d}y=-2\cdot\dfrac{1}{\varepsilon^2}\cdot\pi\varepsilon^2=-2\pi$$

〈方法二〉利用参数方程计算. 令 $x=\varepsilon\cos\theta,y=\varepsilon\sin\theta$，则有

$$I=\dfrac{1}{\varepsilon^2}\int_{-2\pi}^0\left[(\varepsilon\cos\theta-\varepsilon\sin\theta)(-\varepsilon\sin\theta)+(\varepsilon\cos\theta+\varepsilon\sin\theta)\cdot\varepsilon\cos\theta\right]\mathrm{d}\theta=\int_{2\pi}^0\mathrm{d}\theta=-2\pi$$

评注 一般来说，挖去奇点的辅助曲线取为以奇点为圆心、任意小的正数 ε 为半径的圆周，这是因为它易于转化为参数方程求解定积分.

例 10.15 求 $I=\oint_L\dfrac{-y\mathrm{d}x+x\mathrm{d}y}{x^2+y^2}$，其中 L 为正向单位圆周 $x^2+y^2=1$.

分析 因为 P、Q 在区域 $x^2+y^2\leqslant1$ 上不满足格林公式的条件，函数 P、Q 在点 $O(0,0)$ 没有定义，从而点 $O(0,0)$ 是 P、Q 的奇点，故 $\dfrac{\partial Q}{\partial x}$、$\dfrac{\partial P}{\partial y}$ 在点 $O(0,0)$ 处不连续，从而不能直接使用格林公式计算本题，但是曲线方程可以代入到被积函数，化为没有奇点的曲线积分.

解答 〈方法一〉先代入曲线方程，得没有奇点的曲线积分，再利用格林公式，于是

$$I=\oint_L\dfrac{-y\mathrm{d}x+x\mathrm{d}y}{x^2+y^2}=\oint_L-y\mathrm{d}x+x\mathrm{d}y=\iint_D2\mathrm{d}x\mathrm{d}y=2\pi$$

〈方法二〉由于圆域 $x^2+y^2\leqslant1$ 内含有 P、Q 的奇点，直接利用曲线积分化为定积分的方法计算. 引入参数方程 $L:x=\cos t,y=\sin t(0\leqslant t\leqslant2\pi)$，从而有

$$I=\int_0^{2\pi}(\sin^2t+\cos^2t)\mathrm{d}t=\int_0^{2\pi}\mathrm{d}t=2\pi$$

评注 计算曲线积分（或曲面积分），曲线方程（或曲面方程）可以直接代入被积函数中，因为在曲线（或曲面）上计算积分，被积函数中的变量当然满足方程，这点同计算重积分不同，应引起注意.

3. 利用曲线积分与路径无关的条件计算

例 10.16 设 $f(x)$ 在 $(-\infty,+\infty)$ 内有连续的导数，计算曲线积分

$$I=\int_L\dfrac{1+y^2f(xy)}{y}\mathrm{d}x+\dfrac{x}{y^2}\left[y^2f(xy)-1\right]\mathrm{d}y$$

式中，L 为从点 $A\left(3,\dfrac{2}{3}\right)$ 到点 $B(1,2)$ 的直线段，如图 10.9 所示.

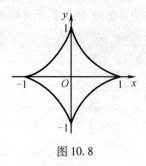

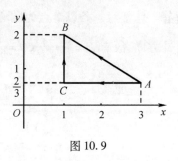

图 10.8   图 10.9

分析 被积函数含有未知函数,直接计算不容易,考虑一下其他方法,如积分是否与路径无关,选择易于计算的平行于坐标轴的折线段来积分.

解答 因为 $P = \dfrac{1 + y^2 f(xy)}{y}$, $Q = \dfrac{x}{y^2}\left[y^2 f(xy) - 1\right]$, 所以 $\dfrac{\partial Q}{\partial x} = f(xy) + xy f'(xy) - \dfrac{1}{y^2} = \dfrac{\partial P}{\partial y}(y \neq 0)$, 故在除 x 轴 $(y = 0)$ 上的点外,积分与路径无关,选折线段积分,得

$$I = \int_{\overline{AC}} + \int_{\overline{CB}} = \int_3^1 \left[\frac{3}{2} + \frac{2}{3}f\left(\frac{2}{3}x\right)\right]\mathrm{d}x + \int_{\frac{2}{3}}^2 \left[f(y) - \frac{1}{y^2}\right]\mathrm{d}y$$

$$= -4 + \int_3^1 f\left(\frac{2}{3}x\right)\mathrm{d}\left(\frac{2}{3}x\right) + \int_{\frac{2}{3}}^2 f(y)\,\mathrm{d}y$$

令 $y = \dfrac{2}{3}x$, 得

$$\int_3^1 f\left(\frac{2}{3}x\right)\mathrm{d}\left(\frac{2}{3}x\right) = \int_2^{\frac{2}{3}} f(y)\,\mathrm{d}y = -\int_{\frac{2}{3}}^2 f(y)\,\mathrm{d}y$$

故

$$I = -4 - \int_{\frac{2}{3}}^2 f(y)\,\mathrm{d}y + \int_{\frac{2}{3}}^2 f(y)\,\mathrm{d}y = -4$$

评注 计算对坐标的组合曲线积分,应先求一下 $\dfrac{\partial Q}{\partial x}$ 与 $\dfrac{\partial P}{\partial y}$ 的关系,如果相等,则可以利用曲线积分与路径无关的条件,一般来讲选取平行于坐标轴的直线段或折线段作为积分路径来简化计算;如果不等,但是做差的结果简单,则可以利用格林公式计算曲线积分.

例 10.17 设函数 $Q(x, y)$ 在 xOy 平面上具有一阶连续偏导数,曲线积分 $\displaystyle\int_L 2xy\,\mathrm{d}x + Q(x, y)\,\mathrm{d}y$ 与路径无关,并且对任意 t 恒有

$$\int_{(0,0)}^{(t,1)} 2xy\,\mathrm{d}x + Q(x, y)\,\mathrm{d}y = \int_{(0,0)}^{(1,t)} 2xy\,\mathrm{d}x + Q(x, y)\,\mathrm{d}y$$

求 $Q(x, y)$.

分析 利用积分与路径无关的条件表达未知函数 $Q(x, y)$ 后,再利用所给等式进一步求出 $Q(x, y)$.

解答 由曲线积分与路径无关的充要条件知 $\dfrac{\partial Q}{\partial x} = \dfrac{\partial (2xy)}{\partial y} = 2x$, 于是 $Q(x, y) = x^2 + C(y)$, 其中 $C(y)$ 为待定函数,又

$$\int_{(0,0)}^{(t,1)} 2xy\,\mathrm{d}x + Q(x, y)\,\mathrm{d}y = \int_0^1 \left[t^2 + C(y)\right]\mathrm{d}y = t^2 + \int_0^1 C(y)\,\mathrm{d}y$$

$$\int_{(0,0)}^{(1,t)} 2xy\mathrm{d}x + Q(x,y)\mathrm{d}y = \int_0^t \left[1^2 + C(y) \right]\mathrm{d}y = t + \int_0^t C(y)\mathrm{d}y$$

于是有

$$t^2 + \int_0^1 C(y)\mathrm{d}y = t + \int_0^t C(y)\mathrm{d}y$$

两边对 t 求导有

$$2t = 1 + C(t), C(t) = 2t - 1$$

从而 $C(y) = 2y - 1$，故有 $Q(x,y) = x^2 + 2y - 1$.

评注 这里用到了积分上限函数的导数.

4. 有关全微分的证明与计算

例 10.18 验证 $\left(\dfrac{y}{x} + \dfrac{2x}{y} \right)\mathrm{d}x + \left(\ln x - \dfrac{x^2}{y^2} \right)\mathrm{d}y$ 在右半平面 $(x > 0$ 且 $y \neq 0)$ 是某个二元函数的全微分，并求出一个这样的二元函数 $u(x,y)$，并据此计算曲线积分 $\int_{(1,1)}^{(2,3)} \left(\dfrac{y}{x} + \dfrac{2x}{y} \right)\mathrm{d}x + \left(\ln x - \dfrac{x^2}{y^2} \right)\mathrm{d}y$.

分析 本题是四个等价命题的应用，关键是分清 P、Q 及验证等式 $\dfrac{\partial Q}{\partial x} = \dfrac{\partial P}{\partial y}$ 是否成立.

解答 由题设可知 $\dfrac{\partial Q}{\partial x} = \dfrac{\partial}{\partial x}\left(\ln x - \dfrac{x^2}{y^2} \right) = \dfrac{1}{x} - \dfrac{2x}{y^2} = \dfrac{\partial}{\partial y}\left(\dfrac{y}{x} + \dfrac{2x}{y} \right) = \dfrac{\partial P}{\partial y}$，$x > 0$，$y \neq 0$，故 $\left(\dfrac{y}{x} + \dfrac{2x}{y} \right)\mathrm{d}x + \left(\ln x - \dfrac{x^2}{y^2} \right)\mathrm{d}y$ 在右半平面 $(x > 0$ 且 $y \neq 0)$ 是某个二元函数的全微分.

由于曲线积分与路径无关（取折线段积分），取点 $(1,1)$ 为起点（注意：若所取的起点不同，则结果会相差一个常数，即这样的二元函数不唯一），故

$$\begin{aligned}
u(x,y) &= \int_{(1,1)}^{(x,y)} \left(\frac{y}{x} + \frac{2x}{y} \right)\mathrm{d}x + \left(\ln x - \frac{x^2}{y^2} \right)\mathrm{d}y \\
&= \int_{(1,1)}^{(x,1)} \left(\frac{y}{x} + \frac{2x}{y} \right)\mathrm{d}x + \left(\ln x - \frac{x^2}{y^2} \right)\mathrm{d}y + \int_{(x,1)}^{(x,y)} \left(\frac{y}{x} + \frac{2x}{y} \right)\mathrm{d}x + \left(\ln x - \frac{x^2}{y^2} \right)\mathrm{d}y \\
&= \int_1^x \left(\frac{1}{x} + 2x \right)\mathrm{d}x + \int_1^y \left(\ln x - \frac{x^2}{y^2} \right)\mathrm{d}y \\
&= \ln x + x^2 - 1 + (y - 1)\ln x + x^2\left(\frac{1}{y} - 1 \right) \\
&= y\ln x + \frac{x^2}{y} - 1
\end{aligned}$$

则 $\int_{(1,1)}^{(2,3)} \left(\dfrac{y}{x} + \dfrac{2x}{y} \right)\mathrm{d}x + \left(\ln x - \dfrac{x^2}{y^2} \right)\mathrm{d}y = u(2,3) = \left(y\ln x + \dfrac{x^2}{y} - 1 \right)\Big|_{\substack{x=2 \\ y=3}} = 3\ln 2 + \dfrac{1}{3}$

评注 如果被积表达式能够比较容易观察出为某个二元函数的全微分，将其求出后，利用起点和终点的坐标就可以计算曲线积分，这也是一个不错的方法；但是，如果不易观察则较繁琐，直接利用积分与路径无关选择折线段积分就好.

5. 利用两类曲线积分的关系解题

例 10.19 把 $I = \int_\Gamma xyz\mathrm{d}x + yz\mathrm{d}y + xz\mathrm{d}z$ 化为对弧长的曲线积分，其中 Γ 为曲线 $x =$

t , $y = t^2$, $z = t^3$ 上相应于 t 从 0 变到 1 的曲线弧段.

分析 利用两类曲线积分之间的关系完成二者的转化.

解答 曲线 Γ 上任意一点的切向量 $T = (1,2t,3t^2)\,{}_{t^2=y}^{t=x} = (1,2x,3y)$,曲线方程满足 $xy = z$,方向余弦

$$\cos\alpha = \frac{1}{\sqrt{1+4x^2+9y^2}}, \cos\beta = \frac{2x}{\sqrt{1+4x^2+9y^2}}, \cos\gamma = \frac{3y}{\sqrt{1+4x^2+9y^2}}$$

$$I = \int_{\Gamma}(xyz\cos\alpha + yz\cos\beta + xz\cos\gamma)\,\mathrm{d}s = \int_{\Gamma}\frac{xyz + 2xyz + 3xyz}{\sqrt{1+4x^2+9y^2}}\,\mathrm{d}s$$

$$= 6\int_{\Gamma}\frac{xyz}{\sqrt{1+4x^2+9y^2}}\,\mathrm{d}s = 6\int_{\Gamma}\frac{z^2}{\sqrt{1+4x^2+9y^2}}\,\mathrm{d}s$$

评注 此题的关键是方向余弦表达为 x 、 y 、 z 的函数.

10.2.3 对面积的(第一类)曲面积分的计算

1. 利用曲面方程化曲面积分为二重积分计算

第一类曲面积分的计算,首先要画出积分曲面的图形,观察是否可以应用对称性定理简化,再按照口诀"一代二换三投影"的步骤来计算. 此口诀的含义如下:

"一代"是指将 Σ 的方程代替被积函数中的某一变量,如果没有不代换.

"二换"是指将 $\mathrm{d}S$ (曲面的面积元素)换成投影面上的直角坐标系中的面积元素.

"三投影"是指将积分曲面 Σ 投向使投影面积非零的坐标面,在此区域上计算二重积分.

几种情形具体如下:

(1)若 Σ : $z = z(x,y)$,在 xOy 平面上的投影区域为

$$D_{xy}: \mathrm{d}S = \sqrt{1 + z_x^2(x,y) + z_y^2(x,y)}\,\mathrm{d}x\mathrm{d}y$$

则

$$\iint_{\Sigma}f(x,y,z)\,\mathrm{d}S = \iint_{D_{xy}}f[x,y,z(x,y)]\sqrt{1+z_x^2(x,y)+z_y^2(x,y)}\,\mathrm{d}x\mathrm{d}y$$

(2)若 Σ : $y = y(x,z)$,在 zOx 平面上的投影区域为

$$D_{zx}: \mathrm{d}S = \sqrt{1 + y_x^2(x,z) + y_z^2(x,z)}\,\mathrm{d}z\mathrm{d}x$$

则

$$\iint_{\Sigma}f(x,y,z)\,\mathrm{d}S = \iint_{D_{zx}}f[x,y(x,z),z]\sqrt{1+y_x^2(x,z)+y_z^2(x,z)}\,\mathrm{d}z\mathrm{d}x$$

(3)若 Σ : $x = x(y,z)$,在 yOz 平面上投影区域为

$$D_{yz}: \mathrm{d}S = \sqrt{1 + x_y^2(y,z) + x_z^2(y,z)}\,\mathrm{d}y\mathrm{d}z$$

则

$$\iint_{\Sigma}f(x,y,z)\,\mathrm{d}S = \iint_{D_{yz}}f[x(y,z),y,z]\sqrt{1+x_y^2(y,z)+x_z^2(y,z)}\,\mathrm{d}y\mathrm{d}z$$

注 上面给出了计算第一类曲面积分的三个公式,用哪个公式计算取决于 Σ 在哪个坐标面上的投影区域规范,就用相应的两个变量做积分变量.

例 10.20 计算曲面积分 $I = \iint\limits_{\Sigma} z \mathrm{d}S$,其中 Σ 为锥面 $z = \sqrt{x^2 + y^2}$ 在柱体 $x^2 + y^2 \leqslant 2x$ 内的部分.

分析 Σ 在 xOy 面上的投影区域比较规范,故将曲面积分转化为 xOy 面上二重积分比较方便.

解答 "一代" 曲面方程 $\Sigma: z = \sqrt{x^2 + y^2}$;

"二换" 面积元素 $\mathrm{d}S = \sqrt{1 + z_x^2 + z_y^2} \, \mathrm{d}x\mathrm{d}y = \sqrt{2} \, \mathrm{d}x\mathrm{d}y$;

"三投影" Σ 在 xOy 面上的投影区域为 $D: x^2 + y^2 \leqslant 2x$.

于是,有

$$I = \iint\limits_{\Sigma} z \mathrm{d}S = \iint\limits_{D} \sqrt{x^2 + y^2} \sqrt{2} \, \mathrm{d}x\mathrm{d}y = \sqrt{2} \int_{-\frac{\pi}{2}}^{\frac{\pi}{2}} \mathrm{d}\theta \int_{0}^{2\cos\theta} \rho^2 \mathrm{d}\rho = \frac{32}{9}\sqrt{2}$$

评注 由积分曲面的形状来决定曲面向哪个坐标面(如 xOy 面)投影,然后将曲面方程改写为该坐标面上的显函数(如 $z = f(x,y)$),最后由此曲面方程表达面积元素(如 $\mathrm{d}S = \sqrt{1 + f_x^2 + f_y^2} \, \mathrm{d}x\mathrm{d}y$).

2. 利用对称性计算

例 10.21 计算曲面积分 $\iint\limits_{\Sigma} \dfrac{1}{x^2 + y^2 + z^2} \mathrm{d}S$,其中 Σ 是界于平面 $z = 0$ 及 $z = H$ 之间的圆柱面 $x^2 + y^2 = R^2$,如图 10.10 所示.

分析 因为柱面 $x^2 + y^2 = R^2$ 在 xOy 平面上的投影区域为一条曲线圆 $x^2 + y^2 = R^2$,其面积为 0,所以不能往 xOy 平面上投影,可向 yOz 平面(或向 zOx 平面)投影,但是曲面关于另两个坐标面都是对称的,可以应用对称性定理简化计算.

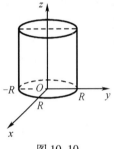

图 10.10

解答 由对称性定理知,Σ 关于 zOx 平面和 yOz 平面对称,被积函数关于 y 与 x 为偶函数,设 Σ_1 表示 Σ 的位于第一卦限的部分,则有

$$\Sigma_1: x = \sqrt{R^2 - y^2} \ (0 \leqslant y \leqslant R), D_{yz}: 0 \leqslant y \leqslant R, 0 \leqslant z \leqslant H$$

$$\mathrm{d}S = \sqrt{1 + x_y^2(y,z) + x_z^2(y,z)} \, \mathrm{d}y\mathrm{d}z = \frac{R}{\sqrt{R^2 - y^2}} \mathrm{d}y\mathrm{d}z$$

$$\iint\limits_{\Sigma} \frac{1}{x^2 + y^2 + z^2} \mathrm{d}S = 4 \iint\limits_{\Sigma_1} \frac{1}{x^2 + y^2 + z^2} \mathrm{d}S = 4 \iint\limits_{D_{yz}} \frac{1}{R^2 + z^2} \cdot \frac{R}{\sqrt{R^2 - y^2}} \mathrm{d}y\mathrm{d}z$$

$$= 4R \int_{0}^{R} \frac{1}{\sqrt{R^2 - y^2}} \mathrm{d}y \int_{0}^{H} \frac{1}{R^2 + z^2} \mathrm{d}z = 2\pi \arctan \frac{H}{R}$$

评注 若满足对称性定理转化为第一卦限的部分来计算,各积分的上下限均为非负数使得计算更方便.

3. 利用轮换对称性计算

例 10.22 计算下列曲线积分:

(1) $I = \oiint\limits_{\Sigma} 3x^2 \mathrm{d}S$,其中 Σ 是球面 $x^2 + y^2 + z^2 = a^2$.

(2) $I = \iint\limits_{\Sigma} (x + 2y + z) \mathrm{d}S$,其中 Σ 是球面 $x^2 + y^2 + z^2 = a^2$ 在第一卦限的部分.

分析 积分曲面 Σ 均为球面 $x^2 + y^2 + z^2 = a^2$,关于三个变量具有轮换对称性,被积函数的每一项的对应法则又一致,又由于积分曲面的方程可以带入到被积函数中去,从而可以应用轮换对称性简化计算.

解答 (1) 由轮换对称性有 $\oiint\limits_{\Sigma} x^2 \mathrm{d}S = \oiint\limits_{\Sigma} y^2 \mathrm{d}S = \oiint\limits_{\Sigma} z^2 \mathrm{d}S$,故

$$I = \oiint\limits_{\Sigma} 3x^2 \mathrm{d}S = \oiint\limits_{\Sigma}(x^2 + y^2 + z^2)\mathrm{d}S = \oiint\limits_{\Sigma} a^2 \mathrm{d}S = 4\pi a^4.$$

(2) 注意到 $\iint\limits_{\Sigma} x\mathrm{d}S = \iint\limits_{\Sigma} y\mathrm{d}S = \iint\limits_{\Sigma} z\mathrm{d}S, \mathrm{d}S = \dfrac{a}{\sqrt{a^2 - x^2 - y^2}}\mathrm{d}x\mathrm{d}y$,故

$$I = 4\iint\limits_{\Sigma} z\mathrm{d}S = 4\iint\limits_{D_{xy}} \sqrt{a^2 - x^2 - y^2} \cdot \dfrac{a}{\sqrt{a^2 - x^2 - y^2}}\mathrm{d}x\mathrm{d}y = 4a \cdot \dfrac{1}{4}\pi a^2 = \pi a^3$$

评注 计算曲面积分时,应注意观察其积分的特点,选取恰当的方法可简化计算.

10.2.4 对坐标的(第二类)曲面积分的计算

1. 利用曲面方程化曲面积分为二重积分计算

第二类曲面积分可以按口诀"一代二投三定号"化为二重积分计算,此口诀的含义如下:

"一代"是指将 Σ 的方程代替被积函数中的某一变量,如果没有则不代换.

"二投"是指将积分曲面投向指定的坐标面.

"三定号"是指根据积分曲面所给的侧确定二重积分的符号.

几种情形如下:

(1) 若 $\Sigma : z = z(x,y)$,记 Σ 在 xOy 平面投影区域为 D_{xy},若 Σ 取上侧,二重积分的前面加正号;若 Σ 取下侧,二重积分的前面加负号,即

$$\iint\limits_{\Sigma} R(x,y,z)\mathrm{d}x\mathrm{d}y = \pm \iint\limits_{D_{xy}} R[x,y,z(x,y)]\mathrm{d}x\mathrm{d}y$$

(2) 若 $\Sigma : y = y(x,z)$,记 Σ 在 zOx 平面投影区域为 D_{zx},若 Σ 取右侧,二重积分的前面加正号;若 Σ 取左侧,二重积分的前面加负号,即

$$\iint\limits_{\Sigma} Q(x,y,z)\mathrm{d}z\mathrm{d}x = \pm \iint\limits_{D_{zx}} Q[x,y(x,z),z]\mathrm{d}z\mathrm{d}x$$

(3) 若 $\Sigma : x = x(y,z)$,记 Σ 在 yOz 平面投影区域为 D_{yz},若 Σ 取前侧,二重积分的前面加正号;若 Σ 取后侧,二重积分的前面加负号,即

$$\iint\limits_{\Sigma} P(x,y,z)\mathrm{d}y\mathrm{d}z = \pm \iint\limits_{D_{yz}} P[x(y,z),y,z]\mathrm{d}y\mathrm{d}z$$

利用"一代二投三定号"的口诀将对坐标的曲面积分转化为二重积分,即对哪两个坐标(如 x、y)的曲面积分,就要将曲面方程表达为那两个变量的函数(如 $z = f(x,y)$),再将曲面向那个坐标面(如 xOy 平面)投影,分清曲面该取哪一侧(如取上侧还是取下侧).

例 10.23 计算 $I = \oiint\limits \dfrac{x\mathrm{d}y\mathrm{d}z + z^2\mathrm{d}x\mathrm{d}y}{x^2 + y^2 + z^2}$,其中 Σ 是由曲面 $x^2 + y^2 = R^2$ 及两平面 $z = R$, $z = -R(R > 0)$ 所围成的立体表面的外侧.

分析 本题显然是对坐标的闭曲面积分,但不满足高斯公式的条件,故不能使用高斯公式计算,则应考虑将被积函数分为两部分、积分曲面分为三片分别计算.

解答 如图 10.11 所示分片计算如下:

因为曲面 Σ_1、Σ_2 在 yOz 面上投影为 0,故 $\displaystyle\iint\limits_{\Sigma_1}\frac{x\mathrm{d}y\mathrm{d}z}{x^2+y^2+z^2}=\iint\limits_{\Sigma_2}\frac{x\mathrm{d}y\mathrm{d}z}{x^2+y^2+z^2}=0$,将 Σ_3 分

为前后两片 $\Sigma_{31}:x=\sqrt{R^2-y^2}$,取前侧;$\Sigma_{32}:x=-\sqrt{R^2-y^2}$,取后侧,则

$$\iint\limits_{\Sigma_3}\frac{x\mathrm{d}y\mathrm{d}z}{x^2+y^2+z^2}=\iint\limits_{\Sigma_{31}}\frac{x\mathrm{d}y\mathrm{d}z}{x^2+y^2+z^2}+\iint\limits_{\Sigma_{32}}\frac{x\mathrm{d}y\mathrm{d}z}{x^2+y^2+z^2}$$

$$=\iint\limits_{D_{yz}}\frac{\sqrt{R^2-y^2}}{R^2+z^2}\mathrm{d}y\mathrm{d}z-\iint\limits_{D_{yz}}\frac{-\sqrt{R^2-y^2}}{R^2+z^2}\mathrm{d}y\mathrm{d}z=2\iint\limits_{D_{yz}}\frac{\sqrt{R^2-y^2}}{R^2+z^2}\mathrm{d}y\mathrm{d}z$$

$$=2\int_{-R}^{R}\sqrt{R^2-y^2}\mathrm{d}y\int_{-R}^{R}\frac{1}{R^2+z^2}\mathrm{d}z=\frac{1}{2}\pi^2 R$$

$$\iint\limits_{\Sigma_1+\Sigma_2}\frac{z^2\mathrm{d}x\mathrm{d}y}{x^2+y^2+z^2}=\iint\limits_{D_{xy}}\frac{R^2\mathrm{d}x\mathrm{d}y}{x^2+y^2+R^2}-\iint\limits_{D_{xy}}\frac{(-R)^2\mathrm{d}x\mathrm{d}y}{x^2+y^2+(-R)^2}=0$$

$$\iint\limits_{\Sigma_3}\frac{z^2\mathrm{d}x\mathrm{d}y}{x^2+y^2+z^2}=0$$

故
$$I=\frac{1}{2}\pi^2 R$$

评注 等式右端的 $\mathrm{d}x\mathrm{d}y$ 表示的是曲面的面积元素 $\mathrm{d}S$ 在 xOy 面上的投影,可正可负,这点同二重积分 $\displaystyle\iint\limits_{D}f(x,y)\mathrm{d}x\mathrm{d}y$ 中的 $\mathrm{d}x\mathrm{d}y$ 表示直角坐标系下的面积元素不同. 此积分中的 $\mathrm{d}y\mathrm{d}z$ 及下面要出现的 $\mathrm{d}z\mathrm{d}x$ 也均表示投影,这点要引起注意.

2. 利用两类曲面积分之间的联系计算

例 10.24 计算

$$I=\iint\limits_{\Sigma}[f(x,y,z)+x]\mathrm{d}y\mathrm{d}z+[2f(x,y,z)+y]\mathrm{d}z\mathrm{d}x+[f(x,y,z)+z]\mathrm{d}x\mathrm{d}y$$

其中 $f(x,y,z)$ 为连续函数,Σ 为平面 $x-y+z=1$ 在第四卦限的上侧,如图 10.12 所示.

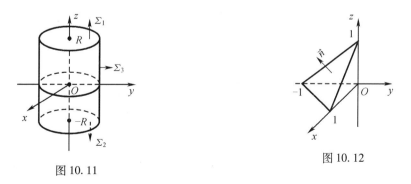

图 10.11　　　　　　　图 10.12

分析 被积函数中含有未知函数,不可能直接转化为二重积分计算,只能尝试将它转化为第一类曲面积分,或者利用对不同坐标的曲面积分的关系,转化为其中的一种类型的曲面积分.

解答 〈方法一〉转化为第一类曲面积分. 因为 $\boldsymbol{n} = (1, -1, 1)$, $\cos\alpha = \cos\gamma = \dfrac{1}{\sqrt{3}}$,

$\cos\beta = -\dfrac{1}{\sqrt{3}}$, 由两类曲面积分之间的联系, 得

$$I = \iint\limits_{\Sigma} \{[f(x,y,z) + x]\cos\alpha + [2f(x,y,z) + y]\cos\beta + [f(x,y,z) + z]\cos\gamma\} \mathrm{d}S$$

$$= \frac{1}{\sqrt{3}}\iint\limits_{\Sigma}(x - y + z)\mathrm{d}S = \frac{1}{\sqrt{3}}\iint\limits_{\Sigma}\mathrm{d}S = \frac{1}{\sqrt{3}} \cdot \frac{\sqrt{3}}{2} = \frac{1}{2}$$

〈方法二〉均转化为对坐标 x、y 的曲面积分, 设
$P = f(x,y,z) + x, Q = 2f(x,y,z) + y, R = f(x,y,z) + z, D_{xy}: 0 \leqslant x \leqslant 1, 0 \leqslant y \leqslant 1 - x$
则

$$I = \iint\limits_{\Sigma}\left\{[f(x,y,z) + x]\frac{\cos\alpha}{\cos\gamma} + [2f(x,y,z) + y]\frac{\cos\beta}{\cos\gamma} + [f(x,y,z) + z]\right\}\mathrm{d}x\mathrm{d}y$$

$$= \iint\limits_{\Sigma}(x - y + z)\mathrm{d}x\mathrm{d}y = \iint\limits_{\Sigma}\mathrm{d}x\mathrm{d}y = \iint\limits_{D_{xy}}\mathrm{d}x\mathrm{d}y = \frac{1}{2}$$

评注 第二类曲面积分化为第一类曲面积分计算也是一种计算方法, 但一般是指特殊的积分曲面, 如平面、法向量的方向余弦为常数, 方向余弦与被积函数乘积的代数和能进行化简.

3. 利用高斯公式计算

利用高斯公式将曲面积分(尤其是组合形式)转化为三重积分计算, 可以增加很多种解法, 但是要注意高斯公式的应用条件, 缺一不可.

例 10.25 (1) 计算 $I = \oiint\limits_{\Sigma} x^3\mathrm{d}y\mathrm{d}z + x^2 y\mathrm{d}z\mathrm{d}x + x^2 z\mathrm{d}x\mathrm{d}y$, 其中 Σ 为柱体 $0 \leqslant z \leqslant b$, $x^2 + y^2 \leqslant a^2$ 的边界外表面, 如图 10.13 所示.

(2) 计算 $I = \iint\limits_{\Sigma} 2(1 + x)\mathrm{d}y\mathrm{d}z$, 其中 Σ 是由曲线 $y = \sqrt{x}(0 \leqslant x \leqslant 1)$ 绕 x 轴旋转一周所得的曲面, 其法向量与 x 轴正向的夹角为钝角, 如图 10.14 所示.

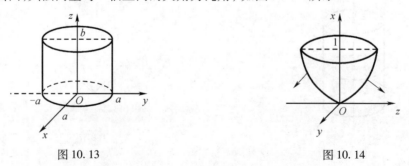

图 10.13　　　　　　　　　　　　图 10.14

分析 (1) Σ 所围立体又是比较简单的圆柱体, 满足高斯公式的所有条件可以直接使用.

(2) 只是对一种坐标的曲面积分, 可以尝试直接转化为二重积分计算, 也可以补面应用高斯公式计算.

解答 （1）由题设知 $P = x^3, Q = x^2y, R = x^2z, \dfrac{\partial P}{\partial x} + \dfrac{\partial Q}{\partial y} + \dfrac{\partial R}{\partial z} = 5x^2$，由高斯公式得

$$I = \iiint\limits_{\Omega} 5x^2 \mathrm{d}x\mathrm{d}y\mathrm{d}z = 5\int_0^{2\pi}\cos^2\theta\mathrm{d}\theta\int_0^a\rho^2\cdot\rho\mathrm{d}\rho\int_0^b\mathrm{d}z = \frac{5}{4}a^4b\pi$$

（2）〈方法一〉直接利用"一代二投三定号"计算. 旋转曲面方程为 $\Sigma : x = y^2 + z^2, 0 \le x \le 1$，取后侧；$D_{yz} : y^2 + z^2 \le 1$，则

$$I = -2\iint\limits_{D_{yz}}(1 + y^2 + z^2)\mathrm{d}y\mathrm{d}z$$

$$= -2\iint\limits_{D_{yz}}\mathrm{d}y\mathrm{d}z - 2\iint\limits_{D_{yz}}(y^2 + z^2)\mathrm{d}y\mathrm{d}z = -2\left(\pi + \int_0^{2\pi}\mathrm{d}\theta\int_0^1\rho^2\cdot\rho\mathrm{d}\rho\right) = -3\pi$$

评注 对于单一的积分，直接化为二重积分计算也是一种方法.

〈方法二〉补面利用高斯公式计算. 补面 $\Sigma_1 : x = 1, y^2 + z^2 \le 1$，取前侧，因为 $P = 2(1 + x), Q = R = 0, \dfrac{\partial P}{\partial x} + \dfrac{\partial Q}{\partial y} + \dfrac{\partial R}{\partial z} = 2$，所以

$$I = \iint\limits_{\Sigma}2(1 + x)\mathrm{d}y\mathrm{d}z = \oiint\limits_{\Sigma + \Sigma_1}2(1 + x)\mathrm{d}y\mathrm{d}z - \iint\limits_{\Sigma_1}2(1 + x)\mathrm{d}y\mathrm{d}z = \iiint\limits_{\Omega}2\mathrm{d}x\mathrm{d}y\mathrm{d}z - 2\iint\limits_{D_{yz}}2\mathrm{d}y\mathrm{d}z$$

$$= 2\int_0^1\mathrm{d}x\iint\limits_{y^2 + z^2 \le x}\mathrm{d}y\mathrm{d}z - 4\cdot\pi = 2\int_0^1\pi x\mathrm{d}x - 4\pi = \pi - 4\pi = -3\pi$$

评注 高斯公式是计算第二类曲面积分的一种方法，使用时当然要注意公式的条件，要认真掌握. 对于第二类曲面积分，最好化为定积分或重积分后再使用对称性.

例 10.26 设 Σ 取球面 $x^2 + y^2 + z^2 = a^2$ 的外侧，求 $I = \oiint\limits_{\Sigma}z\mathrm{d}x\mathrm{d}y$.

分析 虽然积分曲面 Σ 关于 xOy 平面对称，被积函数是关于 z 的奇函数，但是 $I \ne 0$，这是因为本题为第二类曲面积分，不能应用这样的对称性.

解答 〈方法一〉利用高斯公式，即

$$\oiint\limits_{\Sigma}z\mathrm{d}x\mathrm{d}y = \iiint\limits_{\Omega}(0 + 0 + 1)\mathrm{d}x\mathrm{d}y\mathrm{d}z = \frac{4}{3}\pi a^3$$

〈方法二〉化为二重积分计算. 设 Σ 在 xOy 平面上方的部分为 $\Sigma_1 : z = \sqrt{a^2 - x^2 - y^2}$，取上侧，$\Sigma_2 : z = -\sqrt{a^2 - x^2 - y^2}$，取下侧，则有

$$I = \iint\limits_{\Sigma_1}z\mathrm{d}x\mathrm{d}y + \iint\limits_{\Sigma_2}z\mathrm{d}x\mathrm{d}y = \iint\limits_{D_{xy}}\sqrt{a^2 - x^2 - y^2}\mathrm{d}x\mathrm{d}y - \iint\limits_{D_{xy}}(-\sqrt{a^2 - x^2 - y^2})\mathrm{d}x\mathrm{d}y$$

$$= 2\iint\limits_{D_{xy}}\sqrt{a^2 - x^2 - y^2}\mathrm{d}x\mathrm{d}y = 2\int_0^{2\pi}\mathrm{d}\theta\int_0^a\sqrt{a^2 - \rho^2}\cdot\rho\mathrm{d}\rho = \frac{4}{3}\pi a^3$$

评注 由此可见，利用高斯公式使得计算更加简单.

例 10.27 计算 $I = \iint\limits_{\Sigma}x\mathrm{d}y\mathrm{d}z + y\mathrm{d}z\mathrm{d}x + z\mathrm{d}x\mathrm{d}y$，其中 Σ 为旋转抛物面 $z = x^2 + y^2 (z \le 1)$ 的上侧.

分析 对于曲面积分 $\iint\limits_{\Sigma} xdydz + ydzdx + zdxdy$，虽然被积表达式轮换对称，但是积分曲面 Σ 的投影区域并非都对称.

$D_{xy}:x^2+y^2\leqslant 1$；$D_{yz}:-1\leqslant y\leqslant 1,y^2\leqslant z\leqslant 1$；$D_{zx}:-1\leqslant x\leqslant 1,x^2\leqslant z\leqslant 1$，根据对称性，仅有 $\iint\limits_{\Sigma} ydzdx = \iint\limits_{\Sigma} xdydz.$

解答 〈方法一〉补面 $\Sigma_1:z=1,x^2+y^2\leqslant 1$，取上侧，利用高斯公式

$P=x,Q=y,R=z,\dfrac{\partial P}{\partial x}+\dfrac{\partial Q}{\partial y}+\dfrac{\partial R}{\partial z}=3$，则

$$I = -\iint\limits_{\Sigma^-} xdydz + ydzdx + zdxdy$$

$$= -\Big(\oiint\limits_{\Sigma^-+\Sigma_1} xdydz + ydzdx + zdxdy - \iint\limits_{\Sigma_1} xdydz + ydzdx + zdxdy \Big)$$

$$= -\iiint\limits_{\Omega} 3dxdydz + \iint\limits_{D_{xy}} dxdy = -3\int_0^{2\pi} d\theta \int_0^1 \rho d\rho \int_{\rho^2}^1 dz + \pi = -\dfrac{3}{2}\pi + \pi = -\dfrac{1}{2}\pi$$

〈方法二〉直接化为二重积分计算，即把取上侧的曲面 Σ 分成前后两片，则 $\Sigma_1:x=\sqrt{z-y^2}$，取后侧；$\Sigma_2:x=-\sqrt{z-y^2}$，取前侧. 又由轮换对称性有

$$\iint\limits_{\Sigma} ydzdx = \iint\limits_{\Sigma} xdydz = \iint\limits_{\Sigma_1} xdydz + \iint\limits_{\Sigma_2} xdydz = -\iint\limits_{D_{yz}} \sqrt{z-y^2} dydz + \iint\limits_{D_{yz}} (-\sqrt{z-y^2}) dydz$$

$$= -2\iint\limits_{D_{yz}} \sqrt{z-y^2} dydz = -2\int_{-1}^1 dy \int_{y^2}^1 \sqrt{z-y^2} dz = -\dfrac{\pi}{2}$$

$$\iint\limits_{\Sigma} zdxdy = \iint\limits_{D_{xy}} (x^2+y^2) dxdy = \int_0^{2\pi} d\theta \int_0^1 \rho^2 \cdot \rho d\rho = \dfrac{\pi}{2}$$

综合上述，有 $I = -\dfrac{\pi}{2} - \dfrac{\pi}{2} + \dfrac{\pi}{2} = -\dfrac{\pi}{2}.$

评注 高斯公式使得计算更加简单.

例 10.28 计算对坐标的曲面积分

$$I = \iint\limits_{\Sigma} (y-z)dydz + (z-x)dzdx + (x-y)dxdy$$

其中 Σ 是 $z^2=x^2+y^2(0\leqslant z\leqslant h)$ 的下侧，如图 10.15 所示.

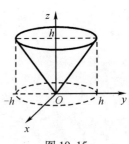

图 10.15

分析 补面利用高斯公式计算.

解答

补面 Σ_1 为 $z=h,D_{xy}:x^2+y^2\leqslant h^2$，取上侧，由对称性，得 $\iint\limits_{D_{xy}} (x-y)dxdy = 0$，则

$$I = \Big(\oiint\limits_{\Sigma+\Sigma_1} - \iint\limits_{\Sigma_1} \Big) [(y-z)dydz + (z-x)dzdx + (x-y)dxdy]$$

$$= \iiint\limits_{\Omega} 0 dxdydz - \iint\limits_{D_{xy}} (x-y)dxdy = 0$$

评注 如果在各类积分中能够恰当地使用对称性,那么在解题的过程中往往能大大地简化计算. 所以在解积分题时,首先观察积分区域是否具有对称性、被积函数是否具有奇偶性,然后根据相应积分的对称性简化计算.

例 10.29 对于半空间 $x > 0$ 内任意的光滑有向封闭曲面 Σ,都有

$$I = \oiint\limits_{\Sigma} xf(x)\,\mathrm{d}y\mathrm{d}z - xyf(x)\,\mathrm{d}z\mathrm{d}x - \mathrm{e}^{2x}z\mathrm{d}x\mathrm{d}y = 0$$

其中函数 $f(x)$ 在 $(0, +\infty)$ 内具有连续的一阶导数,且 $\lim\limits_{x \to 0^+} f(x) = 1$,求 $f(x)$.

分析 由有向封闭曲面 Σ 的任意性分析,是经高斯公式将积分转化为三重积分的被积函数为零.

解答 由题设和高斯公式得

$$0 = I = \pm \iiint\limits_{\Omega} \left[xf'(x) + f(x) - xf(x) - \mathrm{e}^{2x} \right] \mathrm{d}v$$

其中 Ω 为 Σ 所围成的闭区域,当 Σ 取外侧时,取"$+$"号,当 Σ 取内侧时,取"$-$"号,由 Σ 的任意性知

$$xf'(x) + f(x) - xf(x) - \mathrm{e}^{2x} = 0, x > 0$$

即

$$f'(x) + \left(\frac{1}{x} - 1 \right) f(x) = \frac{1}{x}\mathrm{e}^{2x}$$

从而

$$f(x) = \mathrm{e}^{\int (1 - \frac{1}{x})\mathrm{d}x} \left[\int \frac{1}{x}\mathrm{e}^{2x} \cdot \mathrm{e}^{\int (\frac{1}{x} - 1)\mathrm{d}x}\mathrm{d}x + C \right] = \frac{\mathrm{e}^x}{x} \left[\int \frac{1}{x}\mathrm{e}^{2x} \cdot x\mathrm{e}^{-x}\mathrm{d}x + C \right] = \frac{\mathrm{e}^x}{x}(\mathrm{e}^x + C)$$

由于 $\lim\limits_{x \to 0^+} f(x) = \lim\limits_{x \to 0^+} \dfrac{\mathrm{e}^{2x} + C\mathrm{e}^x}{x} = 1$,故必有 $\lim\limits_{x \to 0^+} (\mathrm{e}^{2x} + C\mathrm{e}^x) = 0$,即

$$1 + C = 0, C = -1$$

于是

$$f(x) = \frac{\mathrm{e}^x}{x}(\mathrm{e}^x - 1)$$

评注 这是高斯公式与微分方程相结合的一道综合题,要注意微分方程的建立与求解.

10.2.5 曲线积分与曲面积分的应用

1. 几何应用

计算平面图形的面积.

例 10.30 利用曲线积分求星形线 $x = a\cos^3 t, y = a\sin^3 t$ 所围成图形的面积.

分析 平面图形的面积是第二类曲线积分的一个应用.

解答 由对称性可知,只要计算第一象限部分的面积的 4 倍就可以了. 设第一象限部分的曲线段为 L_1,则

〈方法一〉

$$A = 4A_1 = 4 \cdot \frac{1}{2} \oint_{L_1} x\mathrm{d}y - y\mathrm{d}x = 2 \int_0^{\frac{\pi}{2}} \left[a\cos^3 t \cdot 3a\sin^2 t\cos t - a\sin^3 t \cdot 3a\cos^2 t(-\sin t) \right] \mathrm{d}t$$

$$= 6a^2 \int_0^{\frac{\pi}{2}} \sin^2 t \cos^2 t \, dt = 6a^2 \int_0^{\frac{\pi}{2}} (\sin^2 t - \sin^4 t) \, dt = \frac{3}{8} \pi a^2$$

〈方法二〉

$$A = 4A_1 = 4\oint_L x \, dy = 4 \int_0^{\frac{\pi}{2}} a \cos^3 t \cdot 3a \sin^2 t \cos t \, dt = \frac{3}{8} \pi a^2$$

〈方法三〉

$$A = 4A_1 = 4\oint_L -y \, dx = -4 \int_0^{\frac{\pi}{2}} [a \sin^3 t \cdot 3a \cos^2 t (-\sin t)] \, dt = \frac{3}{8} \pi a^2$$

评注 三种方法中后两种较为简单,首先使用对称性定理简化计算事半功倍.

2. 物理应用

1) 计算积分曲线的重心坐标

例 10.31 求均匀的圆锥螺线 $\Gamma : x = e^t \cos t, y = e^t \sin t, z = e^t (-\infty \le t \le 0)$ 的重心坐标及 Γ 对于 z 轴的转动惯量 $(\mu = 1)$.

分析 重心和转动惯量都是第一类曲线积分的应用,代入相应的公式求解即可.

解答 设重心坐标为 $(\bar{x}, \bar{y}, \bar{z})$,因 $ds = \sqrt{x'^2 + y'^2 + z'^2} \, dt = \sqrt{3} e^t dt$,则

$$\bar{x} = \frac{\int_\Gamma x \, ds}{\int_\Gamma ds} = \frac{\int_{-\infty}^0 e^t \cos t \cdot \sqrt{3} e^t dt}{\int_{-\infty}^0 \sqrt{3} e^t dt} = \frac{\sqrt{3} \cdot \frac{2}{5}}{\sqrt{3}} = \frac{2}{5}$$

同理可求 $\bar{y} = -\frac{1}{5}, \bar{z} = \frac{1}{2}$. 故所求重心坐标为 $\left(\frac{2}{5}, -\frac{1}{5}, \frac{1}{2} \right)$.

Γ 对于 z 轴的转动惯量为

$$I_z = \int_\Gamma (x^2 + y^2) \, ds = \int_{-\infty}^0 e^{2t} \cdot \sqrt{3} e^t dt = \frac{\sqrt{3}}{3}$$

评注 本题参数的范围为无穷区间,故转化为定积分后计算的都是反常积分.

2) 计算变力沿曲线所做的功

例 10.32 求在力 $\boldsymbol{F} = (y, -x, z)$ 的作用下,质点沿螺旋线 $L_1 : x = a \cos t, y = a \sin t, z = bt$,从点 $A(a, 0, 0)$ 到点 $B(a, 0, 2\pi b)$ 所做的功.

分析 由点的坐标及曲线的参数方程可知:点 $A(a, 0, 0)$ 对应参数 $t = 0$,点 $B(a, 0, 2\pi b)$ 对应参数 $t = 2\pi$;$P = y, Q = -x, R = z$,代入功的计算公式转化为定积分计算.

解答 所做的功为

$$W = \int_\Gamma P \, dx + Q \, dy + R \, dz = \int_\Gamma y \, dx - x \, dy + z \, dz$$

$$= \int_0^{2\pi} [a \sin t \cdot (-a \sin t) - a \cos t \cdot a \cos t + bt \cdot b] \, dt$$

$$= \int_0^{2\pi} (b^2 t - a^2) \, dt = 2\pi (\pi b^2 - a^2)$$

评注 本题为第二类曲线积分的应用,关键是找准力在三个轴上的投影分别作为三个被积函数.

292

3) 利用曲面对轴的转动惯量解题

例10.33 证明:面密度为1的圆锥体的侧面 Σ_1 绕其对称轴的转动惯量 I_1 与其底面 Σ_2 绕此轴的转动惯量 I_2 之比为一常数 $\csc\theta$,即 $I_1/I_2 = \csc\theta$(θ 是圆锥的半顶角).

分析 为了表达转动惯量,首先需要表达出每一片曲面的方程,计算出每一个转动惯量再做比值.

解答 如图 10.16 所示,由于 $z = \dfrac{h}{a}y$,从而旋转曲面 Σ_1 的方程

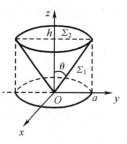

为 $z = \dfrac{h}{a}\sqrt{x^2+y^2}$,$\mathrm{d}S = \sqrt{1+z_x^2+z_y^2}\,\mathrm{d}x\mathrm{d}y = \dfrac{\sqrt{a^2+h^2}}{a}\mathrm{d}x\mathrm{d}y = \csc\theta\mathrm{d}x\mathrm{d}y$,$D_{xy}:x^2+y^2 \leq a^2$,故

$$I_1 = \iint\limits_{\Sigma_1}(x^2+y^2)\mathrm{d}S = \iint\limits_{D_{xy}}(x^2+y^2)\sqrt{1+z_x^2+z_y^2}\,\mathrm{d}x\mathrm{d}y$$
$$= \csc\theta\iint\limits_{D_{xy}}(x^2+y^2)\mathrm{d}x\mathrm{d}y$$

图 10.16

因为平面 Σ_2 的方程为 $z = h$,$\mathrm{d}S = \mathrm{d}x\mathrm{d}y$,$D_{xy}:x^2+y^2 \leq a^2$,故

$$I_2 = \iint\limits_{\Sigma_2}(x^2+y^2)\mathrm{d}S = \iint\limits_{D_{xy}}(x^2+y^2)\mathrm{d}x\mathrm{d}y$$

所以 $\dfrac{I_1}{I_2} = \csc\theta$.

评注 旋转曲面方程的建立是解本题的一个关键.

4) 沿平面向量场的环流量

例10.34 求平面向量场 $\boldsymbol{A} = (x^2-y^2)\boldsymbol{i} + 2xy\boldsymbol{j}$ 沿闭曲线 L 的环流量,其中 L 是 $x = 0$,$x = a$,$y = 0$,$y = b$ 所围成的正向回路.

分析 由题设可知 $P = (x^2-y^2)$,$Q = 2xy$,代入环流量公式利用格林公式计算.

解答 所求环流量为

$$I = \oint_L(x^2-y^2)\mathrm{d}x + 2xy\mathrm{d}y = \iint\limits_{D_{xy}}\left(\frac{\partial Q}{\partial x} - \frac{\partial P}{\partial y}\right)\mathrm{d}x\mathrm{d}y = \iint\limits_{D_{xy}}4y\mathrm{d}x\mathrm{d}y = 4\int_0^a\mathrm{d}x\int_0^b y\mathrm{d}y = 2ab^2$$

评注 只要准确列出相应应用的积分式,再求解积分式即可.

5) 计算流向曲面一侧的通量

例10.35 求向径 $\boldsymbol{r} = x\boldsymbol{i} + y\boldsymbol{j} + z\boldsymbol{k}$ 穿过锥面 $\Sigma:z = 1 - \sqrt{x^2+y^2}$ ($0 \leq z \leq 1$)流向曲面外侧的通量,如图 10.17 所示.

分析 通量为第二类曲面积分的组合形式的应用.

解答 因为 $P = x$,$Q = y$,$R = z$,所以通量

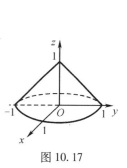

$$\varPhi = \iint\limits_{\Sigma}P\mathrm{d}y\mathrm{d}z + Q\mathrm{d}z\mathrm{d}x + R\mathrm{d}x\mathrm{d}y = \iint\limits_{\Sigma}x\mathrm{d}y\mathrm{d}z + y\mathrm{d}z\mathrm{d}x + z\mathrm{d}x\mathrm{d}y$$

图 10.17

补面 $\Sigma_1:z = 0$($x^2+y^2 \leq 1$),取下侧,则由高斯公式,得

$$\varPhi = \oiint\limits_{\Sigma+\Sigma_1} - \iint\limits_{\Sigma_1} = \iiint\limits_{\Omega}3\mathrm{d}x\mathrm{d}y\mathrm{d}z - 0 = 3 \cdot \frac{1}{3}\pi \cdot 1^2 \cdot 1 = \pi$$

评注 除了求做功、环流量与通量用第二类积分外,其他物理应用均用第一类积分,

这点请注意.

10.3　本　章　小　结

曲线积分与曲面积分分别是将积分概念推广到积分范围为一段曲线弧和一片曲面的情形,它们是积分学中较难的一部分内容. 它们的计算最终将转化为定积分或重积分来计算. 因此,熟练掌握定积分或重积分的计算方法,是学好本章的必要保证. 本章的重点是曲线积分和曲面积分的计算,难点是利用斯托克斯公式计算空间闭曲线积分.

曲线积分按积分域是无向曲线段还是有向曲线段而划分为第一类曲线积分(对弧长的曲线积分)和第二类曲线积分(对坐标的曲线积分),直接计算两类曲线积分的方法是:通过积分弧段的参数方程化为定积分,但要注意它们在具体计算时的不同之处:第一类曲线积分化为定积分后,下限一定要小于上限;第二类曲线积分化为定积分后,下限为起点参数. 这种计算曲线积分的"参数法"实际上是对曲线积分进行了一次换元. 还可以利用格林公式计算平面曲线积分,特别是在直接计算曲线积分有困难甚至无法进行的时候. 利用斯托克斯公式可以计算空间闭曲线积分. 要熟练掌握利用格林公式计算曲线积分的方法.

格林公式是本章的一个重要的公式,它建立了平面闭曲线积分与二重积分的联系,由格林公式可以得出一些重要的结论:平面曲线积分与路径无关的条件,二元函数的全微分求积,并由此可以得到平面曲线积分与路径无关的 4 个等价命题,因此格林公式无论在应用上还是在理论上都具有重要的价值,一定要掌握. 同时要注意到两类曲线积分之间是可以互相转换的,它有利于一些问题的探讨.

曲面积分按积分域是无向曲面还是有向曲面(双侧曲面的一侧)而划分为第一类曲面积分(对面积的曲面积分)和第二类曲面积分(对坐标的曲面积分),直接计算两类曲面积分的方法是:通过曲面的方程化为二重积分. 第一类曲面积分化为二重积分时要注意面积元表达式与积分区域的确定;第二类曲面积分化为二重积分时要特别注意曲面的侧及有向面积元在坐标面上的投影,由此确定在二重积分前添加正号或负号. 当直接计算曲面积分有困难时,可以利用高斯公式来计算曲面积分,其用法与利用格林公式计算曲线积分的方法类似. 高斯公式是本章的第二个重要公式,它建立了曲面积分与三重积分的联系,从而化简了曲面积分的计算. 有时利用两类曲面积分之间的关系也能化简曲面积分的计算.

要注意掌握化简计算两类曲线积分和曲面积分的方法. 斯托克斯公式是格林公式的推广,格林公式是斯托克斯公式的特例,高斯公式是格林公式推广到空间闭区域上的表达形式,它们给出了不同积分域上的积分与其边界上的积分之间的联系,这一点与牛顿—莱布尼茨公式相似. 在应用这三个公式时要注意满足公式的条件.

本章还介绍了曲线积分与曲面积分的应用,利用元素法可以得到应用的一些重要公式,除了要理解这些公式的意义,同时掌握这些公式对于这两种积分的应用也是十分必要的.

本章的定义、性质、公式较多,内容较复杂,计算方法也较灵活,掌握起来可能比较困难,因此,学习时首先要理解这些概念和公式,同时在学习上要注意不断归纳总结,以便更好地掌握本章内容.

10.4 同步习题及解答

10.4.1 同步习题

1. 填空题

（1）设 L 是 xOy 面的圆周 $x^2 + y^2 = 2$ 的顺时针方向，则 $I_1 = \oint_L x^5 \mathrm{d}s$ 与 $I_2 = \oint_L y^7 \mathrm{d}s$ 的大小关系是_____.

（2）设 L 是从点 $A(-1, -1)$ 沿 $x^2 + xy + y^2 = 3$ 经点 $E(1, -2)$ 至点 $B(1,1)$ 的曲线段，则曲线积分 $\int_L (2x + y)\mathrm{d}x + (x + 2y)\mathrm{d}y = $ _____.

（3）设 Σ 是柱面 $x^2 + y^2 = a^2$ 在 $0 \leqslant z \leqslant h$ 之间的部分，则积分 $\iint_\Sigma x^2 \mathrm{d}S = $ _____.

（4）设 Σ 是球面 $x^2 + y^2 + z^2 = a^2$ 的外侧，则积分 $\oiint_\Sigma y\mathrm{d}x\mathrm{d}y = $ _____.

2. 单项选择题

（1）L 是圆域 $D: x^2 + y^2 \leqslant -2x$ 的正向边界，则 $\oint_L (x^3 - y)\mathrm{d}x + (x - y^3)\mathrm{d}y$ 等于（   ）.

    A. -2π B. 0

    C. $\dfrac{3}{2}\pi$ D. 2π

（2）设 Σ 是球面 $x^2 + y^2 + z^2 = a^2$ 在第二卦限部分的下侧，Σ 在三个坐标面上的投影域分别为 D_{xy}、D_{yz} 及 D_{zx}，则 $\iint_\Sigma P(x^2)\mathrm{d}y\mathrm{d}z + Q(y^2)\mathrm{d}z\mathrm{d}x = $（   ）.

    A. $\iint_{D_{yz}} P(a^2 - y^2 - z^2)\mathrm{d}y\mathrm{d}z + \iint_{D_{zx}} Q(a^2 - z^2 - x^2)\mathrm{d}z\mathrm{d}x$

    B. $\iint_{D_{yz}} P(a^2 - y^2 - z^2)\mathrm{d}y\mathrm{d}z - \iint_{D_{zx}} Q(a^2 - z^2 - x^2)\mathrm{d}z\mathrm{d}x$

    C. $-\iint_{D_{yz}} P(a^2 - y^2 - z^2)\mathrm{d}y\mathrm{d}z - \iint_{D_{zx}} Q(a^2 - z^2 - x^2)\mathrm{d}z\mathrm{d}x$

    D. $-\iint_{D_{yz}} P(a^2 - y^2 - z^2)\mathrm{d}y\mathrm{d}z + \iint_{D_{zx}} Q(a^2 - z^2 - x^2)\mathrm{d}z\mathrm{d}x$

（3）$I = \oint_L \dfrac{-y}{x^2 + y^2}\mathrm{d}x + \dfrac{x}{x^2 + y^2}\mathrm{d}y$，因 $\dfrac{\partial P}{\partial y} = \dfrac{\partial Q}{\partial x} = \dfrac{y^2 - x^2}{(x^2 + y^2)^2}$，所以（   ）.

    A. 对任意闭曲线 L，$I = 0$

    B. 在 L 不含原点时，$I = 0$

    C. 因 $\dfrac{\partial P}{\partial y}$ 与 $\dfrac{\partial Q}{\partial x}$ 在原点不存在，故对任意 L，$I \neq 0$

    D. 在 L 含原点时，$I = 0$；L 不含原点时，$I \neq 0$

3. 计算下列对弧长的曲线积分

（1）$\int_\Gamma \sqrt{2y^2 + z^2}\,\mathrm{d}s$，$\Gamma$ 为球面 $x^2 + y^2 + z^2 = a^2(a > 0)$ 与平面 $x = y$ 相交的圆周.

（2）$I = \oint_{\Gamma}(z + y^2)\mathrm{d}s$，其中 Γ 为球面 $x^2 + y^2 + z^2 = R^2$ 与平面 $x + y + z = 0$ 的交线.

4. 计算下列对坐标的曲线积分

（1）计算 $I = \int_L(x^2 + 2xy)\mathrm{d}x + (x^2 + y^4)\mathrm{d}y$，其中 L 为由点 $O(0,0)$ 到点 $B(1,1)$ 的曲线 $y = \sin\dfrac{\pi}{2}x$.

（2）验证 $(x^2 - 2xy + y^2)\mathrm{d}x - (x^2 - 2xy + y^2)\mathrm{d}y$ 是某二元函数 $u = u(x,y)$ 的全微分，并求出一个这样的二元函数 $u(x,y)$.

（3）计算曲线积分 $I = \int_L[\mathrm{e}^x\sin y - b(x + y)]\mathrm{d}x + (\mathrm{e}^x\cos y - ax)\mathrm{d}y$，其中 a、b 为正的常数，L 为从点 $A(2a,0)$ 沿曲线 $y = \sqrt{2ax - x^2}$ 到点 $O(0,0)$ 的有向弧段.

（4）设区域 D 由曲线 $L_1:x = \cos^3 t, y = \sin^3 t(0 \leqslant t \leqslant \pi)$ 与 x 轴围成，利用曲线积分求 $I = \iint\limits_D y\mathrm{d}x\mathrm{d}y$.

5. 求均匀的锥面（面密度为1）$\Sigma:z = \dfrac{h}{a}\sqrt{x^2 + y^2}(0 \leqslant z \leqslant h)$ 对 Ox 轴的转动惯量.

6. 计算积分 $I = \iint\limits_{\Sigma}x^2 z\cos\gamma\mathrm{d}S$，其中曲面 Σ 是球面 $x^2 + y^2 + z^2 = a^2$ 的下半部，法线朝上，γ 是曲面的法线正向与 Oz 轴正向的夹角.

7. 计算 $I = \iint\limits_{\Sigma}z^2 x\mathrm{d}y\mathrm{d}z + x^2 y\mathrm{d}z\mathrm{d}x + (y^2 z + 3)\mathrm{d}x\mathrm{d}y$，其中 Σ 是半球面 $z = \sqrt{4 - x^2 - y^2}$ 的上侧.

8. 求曲面积分 $I = \iint\limits_{\Sigma}x\mathrm{d}y\mathrm{d}z + y^2\mathrm{d}z\mathrm{d}x$，其中 Σ 是曲面 $z = x^2 + y^2$ 满足 $z \leqslant x$ 的部分，取下侧.

10.4.2 同步习题解答

1.（1）$I_1 = I_2 = 0$. 由对称性即可得.

（2）0. 因为 $P = 2x + y, Q = x + 2y, \dfrac{\partial Q}{\partial x} = \dfrac{\partial P}{\partial y} = 1$，积分与路径无关，可选直线段：$L_{AB}$：$y = x(-1 \leqslant x \leqslant 1)$，故有 $\int_L(2x + y)\mathrm{d}x + (x + 2y)\mathrm{d}y = \int_{-1}^1 6x\mathrm{d}x = 0$.

（3）$\pi a^3 h$. 由轮换对称性，得

$$\iint\limits_{\Sigma}x^2\mathrm{d}S = \frac{1}{2}\iint\limits_{\Sigma}(x^2 + y^2)\mathrm{d}S = \frac{1}{2}\iint\limits_{\Sigma}a^2\mathrm{d}S = \frac{1}{2}a^2 \cdot 2\pi ah = \pi a^3 h$$

（4）0. 由高斯公式 $\oint\limits_{\Sigma}y\mathrm{d}x\mathrm{d}y = \iiint\limits_{\Omega}(0 + 0 + 0)\mathrm{d}x\mathrm{d}y\mathrm{d}z = 0$.

2.（1）D.

由格林公式，得

$$\oint_L(x^3 - y)\mathrm{d}x + (x - y^3)\mathrm{d}y = \iint\limits_{D_{xy}}\left(\frac{\partial Q}{\partial x} - \frac{\partial P}{\partial y}\right)\mathrm{d}x\mathrm{d}y = 2\iint\limits_{D_{xy}}\mathrm{d}x\mathrm{d}y = 2\pi$$

(2) B.

将 Σ 分别改写为 $\Sigma_1 : x = -\sqrt{a^2 - y^2 - z^2}$,取前侧,则

$$\iint_{\Sigma} P(x^2) \mathrm{d}y\mathrm{d}z = \iint_{\Sigma_1} P(x^2) \mathrm{d}y\mathrm{d}z = \iint_{D_{yz}} P(a^2 - y^2 - z^2) \mathrm{d}y\mathrm{d}z$$

$\Sigma_2 : y = \sqrt{a^2 - x^2 - z^2}$,取左侧,则

$$\iint_{\Sigma} Q(y^2) \mathrm{d}z\mathrm{d}x = \iint_{\Sigma_2} Q(y^2) \mathrm{d}z\mathrm{d}x = -\iint_{D_{zx}} Q(a^2 - x^2 - z^2) \mathrm{d}z\mathrm{d}x$$

所以

$$\iint_{\Sigma} P(x^2) \mathrm{d}y\mathrm{d}z + Q(y^2) \mathrm{d}z\mathrm{d}x = \iint_{D_{yz}} P(a^2 - y^2 - z^2) \mathrm{d}y\mathrm{d}z - \iint_{D_{zx}} Q(a^2 - z^2 - x^2) \mathrm{d}z\mathrm{d}x$$

(3) B.

这是考察 4 个等价命题中沿任意闭曲线积分为零的条件,即函数 $P(x,y)$、$Q(x,y)$ 在所围闭区域上具有连续的一阶偏导数.

3. 解 (1) Γ 为球面 $x^2 + y^2 + z^2 = a^2 (a > 0)$ 与平面 $x = y$ 相交的圆周,改写为 Γ:
$\begin{cases} 2y^2 + z^2 = a^2 \\ x = y \end{cases}$,即 Γ 是以球心为圆心,以 a 为半径的平面 $x = y$ 上的圆周,则

$$\int_{\Gamma} \sqrt{2y^2 + z^2}\, \mathrm{d}s = \int_{\Gamma} a\mathrm{d}s = a \int_{\Gamma} \mathrm{d}s = a \cdot 2\pi a = 2\pi a^2$$

(2) Γ 关于变量 x、y、z 是对等的,由轮换对称性定理,有

$$\oint_{\Gamma} x^2 \mathrm{d}s = \oint_{\Gamma} y^2 \mathrm{d}s = \oint_{\Gamma} z^2 \mathrm{d}s, \oint_{\Gamma} x\mathrm{d}s = \oint_{\Gamma} y\mathrm{d}s = \oint_{\Gamma} z\mathrm{d}s$$

于是有

$$I = \oint_{\Gamma} (z + y^2) \mathrm{d}s = \frac{1}{3} \oint_{\Gamma} (x^2 + y^2 + z^2 + x + y + z) \mathrm{d}s$$

$$= \frac{1}{3} \oint_{\Gamma} (x^2 + y^2 + z^2) \mathrm{d}s + \frac{1}{3} \oint_{\Gamma} (x + y + z) \mathrm{d}s = \frac{1}{3} \oint_{\Gamma} R^2 \mathrm{d}s + \frac{1}{3} \oint_{\Gamma} 0 \mathrm{d}s = \frac{2}{3} \pi R^3$$

4. 解 (1) 因为 $P = x^2 + 2xy, Q = x^2 + y^4$,故有 $\frac{\partial P}{\partial y} = 2x = \frac{\partial Q}{\partial x}$,所以曲线积分与路径无关,可以选择折线段进行积分,则有

$$I = \int_L (x^2 + 2xy) \mathrm{d}x + (x^2 + y^4) \mathrm{d}y = \int_0^1 x^2 \mathrm{d}x + \int_0^1 (1 + y^4) \mathrm{d}y = \frac{23}{15}$$

(2) 因为 $\frac{\partial Q}{\partial x} = \frac{\partial P}{\partial y} = 2(y - x)$,所以 $(x^2 - 2xy + y^2) \mathrm{d}x - (x^2 - 2xy + y^2) \mathrm{d}y$ 是某二元函数 $u = u(x,y)$ 的全微分.

$$u(x,y) = \int_{(0,0)}^{(x,y)} (x^2 - 2xy + y^2) \mathrm{d}x - (x^2 - 2xy + y^2) \mathrm{d}y$$

$$= \int_0^x x^2 \mathrm{d}x + \int_0^y - (x^2 - 2xy + y^2) \mathrm{d}y$$

$$= \frac{1}{3}x^3 - x^2y + xy^2 - \frac{1}{3}y^3 = \frac{1}{3}(x-y)^3$$

（3）本题若将 L 的显式方程或参数方程代入被积表达式直接计算，都难以进行，故考虑利用格林公式间接计算. 因

$$\frac{\partial Q}{\partial x} = e^x \cos y - a, \frac{\partial P}{\partial y} = e^x \cos y - b, \frac{\partial Q}{\partial x} - \frac{\partial P}{\partial y} = b - a, 故化为二重积分计算较简便. 为此添$$

加辅助线段 OA，$OA + L$ 构成闭曲线，它所围的区域记作 D，则有

$$I = \left(\oint_{OA+L} - \int_{OA} \right) \left[e^x \sin y - b(x+y) \right] dx + (e^x \cos y - ax) dy = I_1 - I_2$$

由格林公式

$$I_1 = \iint_D \left(\frac{\partial Q}{\partial x} - \frac{\partial P}{\partial y} \right) dxdy = \iint_D (b-a) dxdy = (b-a) \cdot \frac{\pi a^2}{2}$$

由于 OA 在 x 轴上，$y=0$，$dy=0$，故 $I_2 = \int_0^{2a} (-bx) dx = -2a^2 b$. 于是

$$I = I_1 - I_2 = \left(\frac{\pi}{2} + 2 \right) a^2 b - \frac{\pi}{2} a^3$$

（4）积分区域 D 的边界由参数方程给出，利用积分间的相互转化，将求二重积分转化为求 D 的边界 L 上的曲线积分，由曲线的参数方程求曲线积分是方便的. 边界 L 由 L_1 与 $L_2 : y=0$ 围成，取逆时针方向.

在格林公式中，取 $P = -\frac{1}{2}y^2$，$Q = 0$，则

$$I = \iint_D y dxdy = \oint_L -\frac{1}{2}y^2 dx = \int_{L_1} -\frac{1}{2}y^2 dx + \int_{L_2} -\frac{1}{2}y^2 dx = \int_{L_1} -\frac{1}{2}y^2 dx + 0$$

$$= -\frac{1}{2} \int_0^\pi (\sin^3 t)^2 3\cos^2 t (-\sin t) dt = \frac{3}{2} \int_0^\pi \sin^7 t (1 - \sin^2 t) dt = 3 \int_0^{\frac{\pi}{2}} (\sin^7 t - \sin^9 t) dt$$

$$= 3 \left(\frac{6}{7} \cdot \frac{4}{5} \cdot \frac{2}{3} - \frac{8}{9} \cdot \frac{6}{7} \cdot \frac{4}{5} \cdot \frac{2}{3} \right) = \frac{16}{105}$$

5. **解**　直接利用公式计算，由于

$$dS = \sqrt{1 + z_x^2(x,y) + z_y^2(x,y)} \, dxdy = \frac{\sqrt{a^2+h^2}}{a} dxdy$$

$$I_x = \iint_\Sigma (y^2 + z^2) dS = \iint_\Sigma y^2 dS + \iint_\Sigma z^2 dS$$

$$= \iint_{D_{xy}} y^2 \cdot \frac{\sqrt{a^2+h^2}}{a} dxdy + \iint_{D_{xy}} \frac{h^2}{a^2}(x^2+y^2) \cdot \frac{\sqrt{a^2+h^2}}{a} dxdy$$

$$= \frac{\pi a^3}{4} \sqrt{a^2+h^2} + \frac{1}{2}\pi h^2 a \sqrt{a^2+h^2} = \frac{1}{4}\pi a(a^2 + 2h^2) \sqrt{a^2+h^2}.$$

6. **解**　由题设知 $P = Q = 0$，$R = x^2 z$，由两类曲面积分之间的关系可得

$$I = \iint_{D_{xy}} x^2 \left(-\sqrt{a^2-x^2-y^2} \right) dxdy = -\int_0^{2\pi} \cos^2\theta d\theta \int_0^a \rho^2 \sqrt{a^2-\rho^2} \cdot \rho d\rho = -\frac{2}{15}\pi a^5$$

7. **解**　补面 $\Sigma_1 : z = 0$，$x^2 + y^2 \leqslant 4$，取下侧，即

$$P = z^2x, Q = x^2y, R = y^2z + 3 \qquad \frac{\partial P}{\partial x} + \frac{\partial Q}{\partial y} + \frac{\partial R}{\partial z} = x^2 + y^2 + z^2$$

则有

$$I = \oiint_{\Sigma+\Sigma_1} z^2x\mathrm{d}y\mathrm{d}z + x^2y\mathrm{d}z\mathrm{d}x + (y^2z + 3)\mathrm{d}x\mathrm{d}y -$$

$$\iint_{\Sigma_1} z^2x\mathrm{d}y\mathrm{d}z + x^2y\mathrm{d}z\mathrm{d}x + (y^2z + 3)\mathrm{d}x\mathrm{d}y$$

$$= \iiint_{\Omega}(x^2 + y^2 + z^2)\mathrm{d}x\mathrm{d}y\mathrm{d}z - \left(-\iint_{D_{xy}}3\mathrm{d}x\mathrm{d}y\right)$$

$$= \int_0^{2\pi}\mathrm{d}\theta\int_0^{\frac{\pi}{2}}\sin\varphi\mathrm{d}\varphi\int_0^2\rho^2 \cdot \rho^2\mathrm{d}\rho + 3 \cdot \pi \cdot 2^2$$

$$= \frac{64}{5}\pi + 12\pi = \frac{124}{5}\pi$$

8. **解** 〈方法一〉易知 Σ 关于 zOx 平面对称，y^2 关于 y 为偶函数，于是 $\iint_{\Sigma}y^2\mathrm{d}z\mathrm{d}x = 0$，故

$I = I_1 = \iint_{\Sigma}x\mathrm{d}y\mathrm{d}z$. 无论投影到哪个坐标面上计算这个曲面积分，都需要求投影区域. 现选

择投影到 xOy 坐标面上，消去 z，得 $D_{xy}:\left(x - \frac{1}{2}\right)^2 + y^2 \leqslant \left(\frac{1}{2}\right)^2$，因 Σ 方程为 $z = x^2 + y^2$，

故法向量为 $\boldsymbol{n} = (2x, 2y, -1)$，$\mathrm{d}y\mathrm{d}z = \frac{\cos\alpha}{\cos\gamma}\mathrm{d}x\mathrm{d}y = -2x\mathrm{d}x\mathrm{d}y$，于是有

$$I = I_1 = \iint_{\Sigma}x\mathrm{d}y\mathrm{d}z = -\iint_{D_{xy}}x(-2x)\mathrm{d}x\mathrm{d}y = 2\int_{-\frac{\pi}{2}}^{\frac{\pi}{2}}\mathrm{d}\theta\int_0^{\cos\theta}\rho^2\cos^2\theta \cdot \rho\mathrm{d}\rho = \frac{5}{32}\pi$$

〈方法二〉利用高斯公式. 补面 $\Sigma_1:z = x, (x, y) \in D_{xy}, D_{xy}:\left(x - \frac{1}{2}\right)^2 + y^2 \leqslant \left(\frac{1}{2}\right)^2$，

取上侧，于是有

$$\iint_{\Sigma_1}x\mathrm{d}y\mathrm{d}z = \iint_{\Sigma_1}x \cdot (-1)\mathrm{d}x\mathrm{d}y = -\iint_{D_{xy}}x\mathrm{d}x\mathrm{d}y = -\iint_{D_{xy}}\left(x - \frac{1}{2}\right)\mathrm{d}x\mathrm{d}y - \iint_{D_{xy}}\frac{1}{2}\mathrm{d}x\mathrm{d}y$$

$$= 0 - \frac{1}{2} \cdot \pi\left(\frac{1}{2}\right)^2 = -\frac{\pi}{8}$$

$$\oiint_{\Sigma+\Sigma_1}x\mathrm{d}y\mathrm{d}z = \iiint_{\Sigma+\Sigma_1}\mathrm{d}x\mathrm{d}y\mathrm{d}z = \int_{-\frac{\pi}{2}}^{\frac{\pi}{2}}\mathrm{d}\theta\int_0^{\cos\theta}\rho\mathrm{d}\rho\int_{\rho^2}^{\rho\cos\theta}\mathrm{d}z = \frac{1}{32}\pi$$

$$I = I_1 = \iint_{\Sigma}x\mathrm{d}y\mathrm{d}z = \oiint_{\Sigma+\Sigma_1}x\mathrm{d}y\mathrm{d}z - \iint_{\Sigma_1}x\mathrm{d}y\mathrm{d}z = \frac{1}{32}\pi - \left(-\frac{1}{8}\pi\right) = \frac{5}{32}\pi$$

第11章 无穷级数

11.1 内容概要

11.1.1 基本概念

1. 常数项级数

设有数列 $u_1, u_2, \cdots, u_n, \cdots$，则表达式 $u_1 + u_2 + \cdots + u_n + \cdots$ 称为（常数项）无穷级数，简称（常数项）级数，记为 $\sum\limits_{n=1}^{\infty} u_n$，其中 u_n 叫做级数的一般项. $s_n = u_1 + u_2 + \cdots + u_n$ 为级数的部分和，$\{s_n\}$ 为其部分和数列.

2. 正项级数

若常数项级数 $\sum\limits_{n=1}^{\infty} u_n$ 的一般项 $u_n \geqslant 0$，则称该级数 $\sum\limits_{n=1}^{\infty} u_n$ 为正项级数.

3. 交错级数

若级数的各项是正负交错的，则称该级数为交错级数. 可记为 $\sum\limits_{n=1}^{\infty} (-1)^n u_n$、$\sum\limits_{n=1}^{\infty} (-1)^{n+1} u_n$、$\sum\limits_{n=1}^{\infty} (-1)^{n-1} u_n$ 等，其中 $u_n > 0$.

4. 和函数

设 x 是函数项级数 $\sum\limits_{n=1}^{\infty} u_n(x)$ 的收敛域内任一点，则称函数 $s(x) = \lim\limits_{n \to \infty} \sum\limits_{i=1}^{n} u_i(x)$ 为该函数项级数的和函数.

5. 幂级数

形如 $\sum\limits_{n=0}^{\infty} a_n(x - x_0)^n$ 的级数为在 x_0 处的幂级数；形如 $\sum\limits_{n=0}^{\infty} a_n x^n$ 的级数为在 $x_0 = 0$ 处的幂级数. a_n 为幂级数的系数.

6. 傅里叶级数

设 $f(x)$ 是以 2π 为周期的函数，且在 $[-\pi, \pi]$ 或 $[0, 2\pi]$ 上可积，则三角级数 $\dfrac{a_0}{2} + \sum\limits_{n=1}^{\infty} (a_n \cos nx + b_n \sin nx)$ 称为函数 $f(x)$ 的傅里叶级数，其中

$$a_n = \frac{1}{\pi} \int_{-\pi}^{\pi} f(x) \cos nx \, \mathrm{d}x = \frac{1}{\pi} \int_0^{2\pi} f(x) \cos nx \, \mathrm{d}x, \; n = 0, 1, 2, \cdots$$

$$b_n = \frac{1}{\pi} \int_{-\pi}^{\pi} f(x) \sin nx \, \mathrm{d}x = \frac{1}{\pi} \int_0^{2\pi} f(x) \sin nx \, \mathrm{d}x, \; n = 1, 2, \cdots$$

称为函数 $f(x)$ 的傅里叶系数. 若 $f(x)$ 为偶函数，其傅里叶级数为余弦级数，$f(x)$ 表示为

$\dfrac{a_0}{2} + \sum\limits_{n=1}^{\infty} a_n \cos nx$；若 $f(x)$ 为奇函数，其傅里叶级数为正弦级数，$f(x)$ 表示为 $\sum\limits_{n=1}^{\infty} b_n \sin nx$.

设 $f(x)$ 是以 $2l$ 为周期的函数，且在 $[-l, l]$ 上可积，则以

$$a_n = \frac{1}{l}\int_{-l}^{l} f(x)\cos\frac{n\pi}{l}x\,\mathrm{d}x, \ n = 0,1,2,\cdots$$

$$b_n = \frac{1}{l}\int_{-l}^{l} f(x)\sin\frac{n\pi}{l}x\,\mathrm{d}x, \ n = 1,2,\cdots$$

为系数的三角级数 $\dfrac{a_0}{2} + \sum\limits_{n=1}^{\infty}\left(a_n\cos\dfrac{n\pi}{l}x + b_n\sin\dfrac{n\pi}{l}x\right)$ 称为函数 $f(x)$ 的傅里叶级数.

11.1.2 基本理论

1. 重要的数项级数

（1）几何级数（等比级数）：级数 $\sum\limits_{n=0}^{\infty} aq^n (a \neq 0)$ 称为等比级数. 当 $|q| < 1$ 时，级数 $\sum\limits_{n=0}^{\infty} aq^n$ 收敛于 $\dfrac{a}{1-q}$；当 $|q| \geq 1$ 时，级数 $\sum\limits_{n=0}^{\infty} aq^n$ 发散.

（2）p 级数：级数 $\sum\limits_{n=1}^{\infty} \dfrac{1}{n^p} (p > 0)$ 称为 p 级数. 当 $p \leq 1$ 时，级数 $\sum\limits_{n=1}^{\infty} \dfrac{1}{n^p}$ 发散；当 $p > 1$ 时，级数 $\sum\limits_{n=1}^{\infty} \dfrac{1}{n^p}$ 收敛.

2. 常用函数的幂级数展开式

$$\mathrm{e}^x = \sum_{n=0}^{\infty} \frac{x^n}{n!}, x \in (-\infty, +\infty)$$

$$\sin x = \sum_{n=0}^{\infty} (-1)^n \frac{x^{2n+1}}{(2n+1)!}, x \in (-\infty, +\infty)$$

$$\cos x = \sum_{n=0}^{\infty} (-1)^n \frac{x^{2n}}{(2n)!}, x \in (-\infty, +\infty)$$

$$\ln(1+x) = \sum_{n=0}^{\infty} (-1)^n \frac{x^{n+1}}{n+1}, x \in (-1, 1]$$

$$(1+x)^\alpha = 1 + \alpha x + \frac{\alpha(\alpha-1)}{2!}x^2 + \cdots + \frac{\alpha(\alpha-1)\cdots(\alpha-n+1)}{n!}x^n + \cdots, x \in (-1,$$

$1)$（端点 $x = -1, x = 1$ 是否收敛随 α 而定）

$$\frac{1}{1-x} = \sum_{n=0}^{\infty} x^n, x \in (-1, 1)$$

$$\frac{1}{1+x} = \sum_{n=0}^{\infty} (-1)^n x^n, x \in (-1, 1)$$

3. 常数项级数的性质

（1）若 $\lim\limits_{n\to\infty} s_n$ 存在，则称级数 $\sum\limits_{n=1}^{\infty} u_n$ 收敛；反之，则级数 $\sum\limits_{n=1}^{\infty} u_n$ 发散.

（2）级数 $\sum\limits_{n=1}^{\infty} u_n$ 的每一项同乘一个不为零的常数，级数的敛散性不改变.

(3) 如果级数 $\sum\limits_{n=1}^{\infty} u_n$、$\sum\limits_{n=1}^{\infty} v_n$ 分别收敛于 s、σ，则级数 $\sum\limits_{n=1}^{\infty} (u_n \pm v_n)$ 也收敛，且其和为 $s \pm \sigma$.

(4) 如果级数 $\sum\limits_{n=1}^{\infty} u_n$、$\sum\limits_{n=1}^{\infty} v_n$ 均发散，则级数 $\sum\limits_{n=1}^{\infty} (u_n \pm v_n)$ 不一定发散.

(5) 如果级数 $\sum\limits_{n=1}^{\infty} u_n$ 发散、$\sum\limits_{n=1}^{\infty} v_n$ 收敛，则级数 $\sum\limits_{n=1}^{\infty} (u_n \pm v_n)$ 发散.

(6) 在级数中增加、减少或改变有限项，不会改变级数的收敛性.

(7) 如果级数 $\sum\limits_{n=1}^{\infty} u_n$ 收敛，则对这级数的项任意加括号后所成的级数仍收敛，且其和不变.

(8) 如果级数 $\sum\limits_{n=1}^{\infty} u_n$ 收敛，则 $\lim\limits_{n \to \infty} u_n = 0$.

(9) 如果 $\lim\limits_{n \to \infty} u_n \neq 0$ 或 $\lim\limits_{n \to \infty} u_n$ 不存在，则级数 $\sum\limits_{n=1}^{\infty} u_n$ 发散.

4. 正项级数审敛法

(1) 比较审敛法：设 $\sum\limits_{n=1}^{\infty} u_n$ 和 $\sum\limits_{n=1}^{\infty} v_n$ 都是正项级数，且 $u_n \leqslant v_n (n = 1, 2, \cdots)$. 若级数 $\sum\limits_{n=1}^{\infty} v_n$ 收敛，则级数 $\sum\limits_{n=1}^{\infty} u_n$ 收敛；反之，若级数 $\sum\limits_{n=1}^{\infty} u_n$ 发散，则级数 $\sum\limits_{n=1}^{\infty} v_n$ 发散.

(2) 比较审敛法的极限形式：设 $\sum\limits_{n=1}^{\infty} u_n$ 和 $\sum\limits_{n=1}^{\infty} v_n$ 都是正项级数，且有 $\lim\limits_{n \to \infty} \dfrac{u_n}{v_n} = l$. 若 $0 < l < +\infty$，则级数 $\sum\limits_{n=1}^{\infty} u_n$ 和 $\sum\limits_{n=1}^{\infty} v_n$ 有相同的敛散性；若 $l = 0$，且级数 $\sum\limits_{n=1}^{\infty} v_n$ 收敛，则级数 $\sum\limits_{n=1}^{\infty} u_n$ 收敛；若 $l = +\infty$，且 $\sum\limits_{n=1}^{\infty} v_n$ 发散，则级数 $\sum\limits_{n=1}^{\infty} u_n$ 发散.

(3) 极限审敛法：设 $\sum\limits_{n=1}^{\infty} u_n$ 是正项级数，且 $\lim\limits_{n \to \infty} n^p u_n = l$. 若 $p \leqslant 1, l > 0$ 或 $l = +\infty$，则级数 $\sum\limits_{n=1}^{\infty} u_n$ 发散；若 $p > 1, 0 \leqslant l < +\infty$，则级数 $\sum\limits_{n=1}^{\infty} u_n$ 收敛.

(4) 比值审敛法：设 $\sum\limits_{n=1}^{\infty} u_n$ 是正项级数，如果 $\lim\limits_{n \to \infty} \dfrac{u_{n+1}}{u_n} = \rho$，则当 $\rho < 1$ 时级数收敛；$\rho > 1 \left(或 \lim\limits_{n \to \infty} \dfrac{u_{n+1}}{u_n} = \infty \right)$ 时级数发散；$\rho = 1$ 时级数可能收敛也可能发散.

(5) 根值审敛法：设 $\sum\limits_{n=1}^{\infty} u_n$ 是正项级数，如果 $\lim\limits_{n \to \infty} \sqrt[n]{u_n} = \rho$，则当 $\rho < 1$ 时级数收敛；$\rho > 1 \left(或 \lim\limits_{n \to \infty} \sqrt[n]{u_n} = +\infty \right)$ 时级数发散；$\rho = 1$ 时级数可能收敛也可能发散.

(6) 正项级数 $\sum\limits_{n=1}^{\infty} u_n$ 收敛的充分必要条件：它的部分和数列 $\{s_n\}$ 有界.

5. 交错级数审敛法（莱布尼兹定理）

如果交错级数 $\sum\limits_{n=1}^{\infty} (-1)^{n-1} u_n$ 满足条件：

$$u_n \geqslant u_{n+1}(n = 1,2,3,\cdots), \lim_{n \to \infty} u_n = 0$$

则级数收敛,且其和 $s \leqslant u_1$,其余项 r_n 的绝对值 $|r_n| \leqslant u_{n+1}$.

6. 绝对收敛与条件收敛

若级数 $\sum\limits_{n=1}^{\infty}|u_n|$ 收敛,则称级数 $\sum\limits_{n=1}^{\infty}u_n$ 绝对收敛;如果级数 $\sum\limits_{n=1}^{\infty}u_n$ 收敛,而级数 $\sum\limits_{n=1}^{\infty}|u_n|$

发散,则称级数 $\sum\limits_{n=1}^{\infty}u_n$ 条件收敛.

7. 幂级数的收敛半径、收敛区间及和函数

(1) 阿贝尔定理:如果级数 $\sum\limits_{n=0}^{\infty}a_nx^n$ 当 $x = x_0(x_0 \neq 0)$ 时收敛,则适合不等式 $|x| <$ $|x_0|$ 的一切 x 使这幂级数绝对收敛. 反之,如果级数 $\sum\limits_{n=0}^{\infty}a_nx^n$ 当 $x = x_0$ 时发散,则适合不等式 $|x| > |x_0|$ 的一切 x 使这幂级数发散.

(2) 阿贝尔定理推论:如果级数 $\sum\limits_{n=0}^{\infty}a_nx^n$ 不是仅在 $x = 0$ 一点收敛,也不是在整个数轴上都收敛,则必有一个确定的正数 R 存在,使得当 $|x| < R$ 时,幂级数绝对收敛;当 $|x| > R$ 时,幂级数发散;当 $x = R$ 与 $x = -R$ 时,幂级数可能收敛也可能发散. 其中 $(-R,R)$ 称为幂级数 $\sum\limits_{n=0}^{\infty}a_nx^n$ 的收敛区间,若求收敛域,则必讨论该级数在区间端点处的敛散性.

(3) 若幂级数为 $\sum\limits_{n=0}^{\infty}a_nx^n$,则其收敛半径为 $R = \lim\limits_{n \to \infty}\left|\dfrac{a_n}{a_{n+1}}\right|$. 其中 a_n, a_{n+1} 是幂级数 $\sum\limits_{n=0}^{\infty}a_nx^n$ 的相邻两项的系数.

若 $R > 0$ 为一常数,幂级数的收敛域为讨论端点处敛散性后的一个有限区间;

若 $R = 0$,幂级数的收敛域为一个点 $x = 0$;

若 $R = +\infty$,幂级数收敛域为 $(-\infty, +\infty)$.

(4) 幂级数和函数的性质:

① 幂级数 $\sum\limits_{n=0}^{\infty}a_nx^n$ 的和函数 $s(x)$ 在其收敛域 I 上连续.

② 幂级数 $\sum\limits_{n=0}^{\infty}a_nx^n$ 的和函数 $s(x)$ 在其收敛域 I 上可积,并由逐项积分公式

$$\int_0^x s(x)\mathrm{d}x = \int_0^x \left[\sum_{n=0}^{\infty}a_nx^n\right]\mathrm{d}x = \sum_{n=0}^{\infty}\int_0^x a_nx^n\mathrm{d}x = \sum_{n=0}^{\infty}\frac{a_n}{n+1}x^{n+1}, \; x \in I$$

逐项积分后所得到的幂级数和原级数有相同的收敛半径.

③ 幂级数 $\sum\limits_{n=0}^{\infty}a_nx^n$ 的和函数 $s(x)$ 在其收敛区间 $(-R,R)$ 内可导,且有逐项求导公式

$$s'(x) = \left(\sum_{n=0}^{\infty}a_nx^n\right)' = \sum_{n=0}^{\infty}(a_nx^n)' = \sum_{n=1}^{\infty}na_nx^{n-1}, \; |x| < R$$

逐项求导后所得到的幂级数和原级数有相同的收敛半径.

8. 幂级数的展开

(1) 函数的泰勒展开式:设 $f(x)$ 在 $U(x_0)$ 内具有任意阶导数,且 $\lim\limits_{n \to \infty}\dfrac{f^{(n+1)}(\xi)}{(n+1)!}(x -$

$x_0)^{n+1} = 0, \xi = x_0 + \theta(x - x_0), 0 < \theta < 1,$ 则 $f(x) = \sum_{n=0}^{\infty} \frac{f^{(n)}(x_0)}{n!}(x - x_0)^n, x \in U(x_0).$

（2）函数的麦克劳林展开式：设 $f(x)$ 在 $U(0)$ 内具有任意阶导数，且 $\lim_{n \to \infty} \frac{f^{(n+1)}(\xi)}{(n+1)!}x^{n+1} =$

$0, \xi = \theta x, 0 < \theta < 1,$ 则 $f(x) = \sum_{n=0}^{\infty} \frac{f^{(n)}(0)}{n!}x^n, x \in U(0).$

（3）利用常用函数的幂级数展开式间接展开.

9. 函数展开为傅里叶级数

设 $f(x)$ 是周期为 2π 的周期函数，如果它满足：

（1）在一个周期内连续或只有有限个第一类间断点.

（2）在一个周期内至多只有有限个极值点.

则 $f(x)$ 的傅里叶级数收敛，并且当 x 是 $f(x)$ 的连续点时，级数收敛于 $f(x)$；当 x 是

$f(x)$ 的间断点时，级数收敛于 $\frac{f(x^-) + (x^+)}{2}.$

以上即为收敛定理.

11.1.3 基本方法

1. 常数项级数审敛法

利用常数项级数收敛的定义；利用常数项级数的性质.

2. 正项级数审敛法

利用比较审敛法；利用比较审敛法的极限形式；利用极限审敛法；利用比值审敛法；

利用根植审敛法；正项级数 $\sum_{n=1}^{\infty} u_n$ 收敛的充分必要条件.

3. 交错级数审敛法

利用莱布尼兹定理.

4. 判断级数绝对收敛与条件收敛的方法

利用数绝对收敛与条件收敛的定义.

5. 函数项级数收敛域的求法

首先用比值法（或根值法）求出 $\rho(x)$；其次解不等式方程 $\rho(x) < 1$，求出级数

$\sum_{n=1}^{\infty} u_n(x)$ 的收敛区间 (a, b)；然后考虑收敛区间端点处两常数项级数 $\sum_{n=1}^{\infty} u_n(a)$、

$\sum_{n=1}^{\infty} u_n(b)$ 的敛散性；最后写出级数 $\sum_{n=1}^{\infty} u_n(x)$ 的收敛域.

6. 幂级数收敛半径、收敛区间的求法

利用阿贝尔定理确定级数的收敛区间，若求收敛域必讨论该区间端点处的敛散性；利用阿贝尔定理推论确定级数的收敛半径及收敛区间，若求收敛域必讨论该区间的端点处

的敛散性;利用公式 $R = \lim\limits_{n \to \infty} \left| \dfrac{a_n}{a_{n+1}} \right|$ 确定收敛半径、收敛区间,若求收敛域必讨论该区间的端点处的敛散性.

7. 幂级数的和函数的求法

首先确定幂级数的收敛域;然后利用幂级数和函数的性质,对原级数先求积分(或求导数);最后对上一步骤的结果再求导(或求积分).

8. 幂级数的展开

利用函数的泰勒展开式将函数展开为泰勒级数;利用函数的麦克劳林展开式将函数展开为麦克劳林级数;利用常用函数的幂级数展开式将函数间接展开.

9. 函数展开为傅里叶级数

(1) 若 $f(x)$ 是周期为 2π 的周期函数,利用收敛定理将函数展开为傅里叶级数.

(2) 若 $f(x)$ 只在 $[-\pi, \pi]$ 上有定义,并且满足收敛定理的条件,要在 $[-\pi, \pi)$ 或 $(-\pi, \pi]$ 外补充函数定义域,使它拓广成周期为 2π 的周期函数,再利用收敛定理将函数展开为傅里叶级数.

(3) 若 $f(x)$ 是周期为 2π 的周期函数且为奇函数,则将其展开的傅里叶级数即为正弦级数.

(4) 若 $f(x)$ 是周期为 2π 的周期函数且为偶函数,则将其展开的傅里叶级数即为余弦级数.

(5) 若 $f(x)$ 只在 $[0, \pi]$ 上有定义,并且满足收敛定理的条件,要在 $(-\pi, 0)$ 内补充函数定义,可将其奇延拓定义在 $(-\pi, \pi]$ 上,然后再将其展开为正弦函数.

(6) 若 $f(x)$ 只在 $[0, \pi]$ 上有定义,并且满足收敛定理的条件,要在 $(-\pi, 0)$ 内补充函数定义,可将其偶延拓定义在 $(-\pi, \pi]$ 上,然后再将其展开为余弦函数.

11.2 典型例题分析、解答与评注

11.2.1 级数敛散性的判别

1. 根据收敛的定义判断级数收敛与发散

例 11.1 判别级数 $\sum\limits_{n=1}^{\infty} (-1)^n \dfrac{8^n}{9^n}$ 的敛散性.

分析 利用等比数列前 n 项和公式求出 s_n.

解答 因为

$$s_n = \frac{-\dfrac{8}{9}\left[1 - \left(-\dfrac{8}{9} \right)^n \right]}{1 - \left(-\dfrac{8}{9} \right)} = -\frac{8}{17}\left[1 - \left(-\frac{8}{9} \right)^n \right]$$

$$\lim_{n \to \infty} s_n = \lim_{n \to \infty} \left(-\frac{8}{17} \right)\left[1 - \left(-\frac{8}{9} \right)^n \right] = -\frac{8}{17}$$

故级数 $\sum\limits_{n=1}^{\infty} (-1)^n \dfrac{8^n}{9^n}$ 收敛.

评注 证明的关键在于求 s_n,这种方法适用于各类级数.

例 11.2 判别级数 $\dfrac{1}{1 \times 3} + \dfrac{1}{3 \times 5} + \cdots + \dfrac{1}{(2n-1) \cdot (2n+1)} + \cdots$ 的敛散性.

分析 利用拆项求和法求出 s_n.

解答 因为

$$u_n = \frac{1}{(2n-1)(2n+1)} = \frac{1}{2}\left(\frac{1}{2n-1} - \frac{1}{2n+1}\right)$$

因此

$$s_n = \frac{1}{2}\left(1 - \frac{1}{3} + \frac{1}{3} - \frac{1}{5} + \cdots + \frac{1}{2n-1} - \frac{1}{2n+1}\right) = \frac{1}{2}\left(1 - \frac{1}{2n+1}\right)$$

从而

$$\lim_{n\to\infty} s_n = \lim_{n\to\infty} \frac{1}{2}\left(1 - \frac{1}{2n+1}\right) = \frac{1}{2}$$

故原级数收敛.

评注 求 s_n 时也可借助于等差数列求和公式先求出通项,再拆项求和.

2. 根据级数收敛的性质讨论级数收敛与发散

例 11.3 判别级数 $\displaystyle\sum_{n=1}^{\infty} \frac{3n^n}{(1+n)^n}$ 的敛散性.

分析 可利用级数收敛的必要条件进行判断.

解答 因为 $\displaystyle\lim_{n\to\infty} u_n = 3\lim_{n\to\infty} \frac{1}{\left(1+\dfrac{1}{n}\right)^n} = \frac{3}{e} \neq 0$,所以原级数发散.

评注 级数收敛的必要条件是:如果级数 $\displaystyle\sum_{n=1}^{\infty} u_n$ 收敛,则 $\displaystyle\lim_{n\to\infty} u_n = 0$;反之,不成立. 但其逆否命题可用于判断级数发散的情况.

例 11.4 若级数 $\displaystyle\sum_{n=1}^{\infty} a_n$ 收敛,则级数(   ).

    A. $\displaystyle\sum_{n=1}^{\infty} |a_n|$ 收敛   B. $\displaystyle\sum_{n=1}^{\infty} (-1)^n a_n$ 收敛

    C. $\displaystyle\sum_{n=1}^{\infty} a_n a_{n+1}$ 收敛   D. $\displaystyle\sum_{n=1}^{\infty} \frac{a_n + a_{n+1}}{2}$ 收敛

分析 可通过举反例的形式,再结合级数收敛的性质进行判断.

解答 $\displaystyle\sum_{n=1}^{\infty} a_n = \sum_{n=1}^{\infty} (-1)^n \frac{1}{\sqrt{n}}$ 收敛,但 $\displaystyle\sum_{n=1}^{\infty} |a_n| = \sum_{n=1}^{\infty} \frac{1}{\sqrt{n}}$, $\displaystyle\sum_{n=1}^{\infty} (-1)^n a_n = \sum_{n=1}^{\infty} \frac{1}{\sqrt{n}}$,

$\displaystyle\sum_{n=1}^{\infty} a_n a_{n+1} = \sum_{n=1}^{\infty} \frac{1}{\sqrt{n(n+1)}}$ 均发散,故排除(A)、(B)、(C) 三个选项. 又因为级数 $\displaystyle\sum_{n=1}^{\infty} a_n$

收敛,则级数 $\displaystyle\sum_{n=1}^{\infty} a_{n+1}$ 也收敛,故由收敛级数的性质可知选 D.

评注 这类题型比较灵活,因此要求熟练掌握常用级数的敛散性,以及收敛级数的性质,还要举一反三.

3. 利用比较审敛法判断正项级数的敛散性

例 11.5 判别级数 $\sum\limits_{n=1}^{\infty} \dfrac{1}{\sqrt{4n^2-3}}$ 的敛散性.

分析 通过一般项的形式,对其进行恰当的放缩,找到不等式的关系再判断之.

解答 因为 $\dfrac{1}{\sqrt{4n^2-3}} > \dfrac{1}{\sqrt{4n^2}} = \dfrac{1}{2n}$,又 $\sum\limits_{n=1}^{\infty} \dfrac{1}{n}$ 发散,故 $\sum\limits_{n=1}^{\infty} \dfrac{1}{2n}$ 发散. 所以由比较审敛法知 $\sum\limits_{n=1}^{\infty} \dfrac{1}{\sqrt{4n^2-3}}$ 发散.

评注 这种方法仅适用于正项级数. 与其他方法比较,优势在于对于所有的正项级数都适用,困难在于寻找不等式的关系. 比较审敛法判别敛散性常用下列不等式: $\sqrt{n} > \ln n$ 或 $n > \ln n$(n 为自然数);$a^2 + b^2 \geqslant 2ab$($a \geqslant 0, b \geqslant 0$);$x > \ln(1+x)$ $(x > -1)$.

4. 利用比较审敛法的极限形式判断正项级数的敛散性

例 11.6 判别下列级数的敛散性:

(1) $\sum\limits_{n=1}^{\infty} \dfrac{4}{2^n - n}$. (2) $\sum\limits_{n=1}^{\infty} \dfrac{1}{n\sqrt[n]{n}}$. (3) $\sum\limits_{n=1}^{\infty} \sin\dfrac{1}{n^2}$. (4) $\sum\limits_{n=1}^{\infty} \ln\left(1 + \dfrac{1}{n^{\frac{1}{2}}}\right)$.

分析 利用求极限的思想,观察待判断级数 $\sum\limits_{n=1}^{\infty} u_n$ 一般项的形式之后,选择已知敛散性的级数 $\sum\limits_{n=1}^{\infty} v_n$ 一般项,二者求 $\lim\limits_{n\to\infty} \dfrac{u_n}{v_n}$. 若极限值在 $(0, +\infty)$ 范围内,则两级数具有相同敛散性;若极限值为 0,且级数 $\sum\limits_{n=1}^{\infty} v_n$ 收敛,则级数 $\sum\limits_{n=1}^{\infty} u_n$ 收敛;若 $l = +\infty$,且 $\sum\limits_{n=1}^{\infty} v_n$ 发散,则级数 $\sum\limits_{n=1}^{\infty} u_n$ 发散.

解答 (1) 因为 $\lim\limits_{n\to\infty} \dfrac{\dfrac{4}{2^n - n}}{\dfrac{4}{2^n}} = \lim\limits_{n\to\infty} \dfrac{2^n}{2^n - n} = 1$,且 $\sum\limits_{n=1}^{\infty} \dfrac{4}{2^n}$ 为 $q = \dfrac{1}{2}$ 的几何级数,所以 $\sum\limits_{n=1}^{\infty} \dfrac{4}{2^n}$ 收敛. 由比较审敛法的极限形式知 $\sum\limits_{n=1}^{\infty} \dfrac{4}{2^n - n}$ 收敛.

(2) 因为 $\lim\limits_{n\to\infty} \dfrac{\dfrac{1}{n\sqrt[n]{n}}}{\dfrac{1}{n}} = 1$,且调和级数 $\sum\limits_{n=1}^{\infty} \dfrac{1}{n}$ 发散,所以由比较审敛法的极限形式知 $\sum\limits_{n=1}^{\infty} \dfrac{1}{n\sqrt[n]{n}}$ 发散.

(3) 因为 $\lim\limits_{n\to\infty} \dfrac{\sin\dfrac{1}{n^2}}{\dfrac{1}{n^2}} = 1$,且 p 级数 $\sum\limits_{n=1}^{\infty} \dfrac{1}{n^2}$ 收敛,所以由比较审敛法的极限形式知 $\sum\limits_{n=1}^{\infty} \sin$

$\frac{1}{n^2}$ 收敛.

（4）因为 $\lim\limits_{n\to\infty}\dfrac{\ln\left(1+\dfrac{1}{n^{\frac{1}{2}}}\right)}{\dfrac{1}{n^{\frac{1}{2}}}}=1$，且 p 级数 $\sum\limits_{n=1}^{\infty}\dfrac{1}{n^{\frac{1}{2}}}$ 发散，所以由比较判别法的极限形式知

$\sum\limits_{n=1}^{\infty}\ln\left(1+\dfrac{1}{n^{\frac{1}{2}}}\right)$ 发散.

评注 此方法仅适用于正项级数,缺点在于要利用其他级数的信息.

5. 利用极限审敛法判断正项级数的敛散性

例 11.7 判别下列级数的敛散性:

（1）$\sum\limits_{n=1}^{\infty}\dfrac{1}{2n^2-n+1}$. （2）$\sum\limits_{n=1}^{\infty}\dfrac{n+1}{\sqrt{n^3+2n+1}}$. （3）$\sum\limits_{n=1}^{\infty}\dfrac{1}{\ln(1+n)}$.

分析 观察级数一般项中 n 的幂次确定 p，p 等于分母中 n 的最高幂次减去分子中 n 的最高幂次.

解答 （1）因为 $\lim\limits_{n\to\infty}n^2\cdot\dfrac{1}{2n^2-n+1}=\dfrac{1}{2}$，且 p 级数 $\sum\limits_{n=1}^{\infty}\dfrac{1}{n^2}$ 收敛,所以由极限审敛法知原级数收敛.

（2）因为 $\lim\limits_{n\to\infty}n^{\frac{1}{2}}\cdot\dfrac{n+1}{\sqrt{n^3+2n+1}}=1$，且 p 级数 $\sum\limits_{n=1}^{\infty}\dfrac{1}{n^{\frac{1}{2}}}$ 发散,所以由极限审敛法知原级数发散.

（3）因为 $\lim\limits_{n\to\infty}n\cdot\dfrac{1}{\ln(1+n)}=+\infty$，且调和级数 $\sum\limits_{n=1}^{\infty}\dfrac{1}{n}$ 发散,所以由极限审敛法知原级数发散.

评注 这种方法的实质是将所给正项级数与 p 级数作比较,可根据级数自己本身特点进行选择,比较实用.

6. 利用比值审敛法判断正项级数的敛散性

例 11.8 判别下列级数的敛散性.

（1）$\sum\limits_{n=1}^{\infty}\dfrac{n^2}{2^n}$. （2）$\sum\limits_{n=1}^{\infty}\dfrac{3^n}{n\cdot 2^n}$. （3）$\sum\limits_{n=1}^{\infty}\dfrac{2^n\cdot n!}{n^n}$.

分析 若通项 u_n 中含有 $n!$ 或关于 n 的若干因子连乘积形式,用比值审敛法 $\left(\lim\limits_{n\to\infty}\dfrac{u_{n+1}}{u_n}=\rho\text{,则当 }\rho<1\text{ 时级数收敛;}\rho>1\left(\text{或}\lim\limits_{n\to\infty}\dfrac{u_{n+1}}{u_n}=\infty\right)\text{时级数发散}\right)$.

解答 （1）因为 $\lim\limits_{n\to\infty}\dfrac{u_{n+1}}{u_n}=\lim\limits_{n\to\infty}\dfrac{(n+1)^2}{2^{n+1}}\cdot\dfrac{2^n}{n^2}=\dfrac{1}{2}\lim\limits_{n\to\infty}\left(1+\dfrac{1}{n}\right)^2=\dfrac{1}{2}<1$，所以由比值审敛法知原级数收敛.

（2）因为 $\lim_{n \to \infty} \dfrac{u_{n+1}}{u_n} = \lim_{n \to \infty} \dfrac{3^{n+1}}{(n+1) \cdot 2^{n+1}} \cdot \dfrac{n \cdot 2^n}{3^n} = \dfrac{3}{2} \lim_{n \to \infty} \dfrac{1}{1 + \dfrac{1}{n}} = \dfrac{3}{2} > 1$，所以由比

值审敛法知原级数发散.

（3）因为 $\lim_{n \to \infty} \dfrac{u_{n+1}}{u_n} = \lim_{n \to \infty} \dfrac{2^{n+1} \cdot (n+1)!}{(n+1)^{n+1}} \cdot \dfrac{n^n}{2^n \cdot n!} = 2 \dfrac{1}{\lim\limits_{n \to \infty} \left(1 + \dfrac{1}{n}\right)^n} = \dfrac{2}{\mathrm{e}} < 1$，所以由

比值审敛法知原级数收敛.

评注　这种方法仅适用于正项级数. 其优点在于利用级数自身特点,只需要求其一般项的前后项比值的极限即可. 缺点即为 $\rho = 1$ 时失效.

例 11.9　判别级数 $\sum\limits_{n=1}^{\infty} \dfrac{1}{2n(2n-1)}$ 的敛散性.

分析　若采用比值审敛法,则会求出 $\rho = 1$. 此方法失效,需寻求其他正项级数敛散性的判别方法.

解答　若由比值审敛法则有 $\lim_{n \to \infty} \dfrac{u_{n+1}}{u_n} = \lim_{n \to \infty} \dfrac{(2n-1)2n}{2n(2n+1)} = 1$,此方法失效.

又因为 $\lim_{n \to \infty} n^2 \cdot \dfrac{1}{2n(2n-1)} = \dfrac{1}{4}$,所以由极限审敛法可知原级数收敛.

评注　比值审敛法不是万能的,当这种方法失效的时候,可以选择其他方法,如级数收敛的定义、比较审敛法、比较审敛法的极限形式、极值审敛法等.

7. 利用根值审敛法判断正项级数的敛散性

例 11.10　判别下列级数的敛散性：

（1）$\sum\limits_{n=1}^{\infty} \dfrac{1}{(\ln n)^n}$.

（2）$\sum\limits_{n=1}^{\infty} \left(\dfrac{n}{2n+1}\right)^n$.

分析　若通项 u_n 中含有以 n 为指数的因子,则用根值审敛法（$\lim_{n \to \infty} \sqrt[n]{u_n} = \rho$,则当 $\rho < 1$ 时级数收敛；$\rho > 1$（或 $\lim_{n \to \infty} \sqrt[n]{u_n} = +\infty$）时级数发散）.

解答　（1）因为 $\lim_{n \to \infty} \sqrt[n]{u_n} = \lim_{n \to \infty} \sqrt[n]{\dfrac{1}{(\ln n)^n}} = 0 < 1$,所以由根值审敛法知原级数收敛.

（2）因为 $\lim_{n \to \infty} \sqrt[n]{u_n} = \lim_{n \to \infty} \sqrt[n]{\left(\dfrac{n}{2n+1}\right)^n} = \dfrac{1}{2} < 1$,所以由根值审敛法知原级数收敛.

评注　此方法也仅适用于正项级数. 当 u_n 中既含有以 n 为指数的因子,又含有 $n!$,$2n!$,$(2n+1)!$ 时,则用比值审敛法,而不用根值审敛法. 另外,根值审敛法也不是万能的,当 $\rho = 1$ 时,此方法失效,与比值审敛法相同要选择其他判别方法.

8. 利用莱布尼兹定理判断交错级数的敛散性

例 11.11　判别下列级数的敛散性：

（1）$\sum\limits_{n=1}^{\infty} (-1)^n \dfrac{1}{n}$.

（2）$\sum\limits_{n=1}^{\infty} (-1)^{n-1} \dfrac{n}{10^n}$.

（3）$\sum\limits_{n=2}^{\infty} (-1)^n \dfrac{\sqrt{n}}{n-1}$.

分析 考虑是否满足莱布尼兹定理. 这里需要验证 $u_n \geq u_{n+1}(n = 1,2,3,\cdots)$ 和 $\lim\limits_{n \to \infty} u_n = 0$.

解答 （1）因为 $u_n = \dfrac{1}{n} > \dfrac{1}{n+1} = u_{n+1}$，又 $\lim\limits_{n \to \infty} u_n = \lim\limits_{n \to \infty} \dfrac{1}{n} = 0$，所以由莱布尼兹定理知原级数收敛.

（2）因为 $\dfrac{u_n}{u_{n+1}} = \dfrac{n}{10^n} \cdot \dfrac{10^{n+1}}{n+1} = 10 \dfrac{n}{n+1} > 1$，所以 $u_n > u_{n+1}$.

又因为 $\lim\limits_{x \to +\infty} \dfrac{x}{10^x} = \lim\limits_{x \to +\infty} \dfrac{1}{10^x \ln 10} = 0$，所以 $\lim\limits_{n \to \infty} u_n = \lim\limits_{n \to \infty} \dfrac{n}{10^n} = 0$.

所以由莱布尼兹定理知原级数收敛.

（3）令 $f(x) = \dfrac{\sqrt{x}}{x-1}(x \geq 2)$. 因为 $f'(x) = -\dfrac{1+x}{2\sqrt{x}(x-1)^2} < 0$，所以数列 $\left\{\dfrac{\sqrt{n}}{n-1}\right\}$ 单调递减. 又因为 $\lim\limits_{x \to +\infty} \dfrac{\sqrt{x}}{x-1} = \lim\limits_{x \to +\infty} \dfrac{1}{2\sqrt{x}} = 0$，所以 $\lim\limits_{n \to \infty} u_n = \lim\limits_{n \to \infty} \dfrac{\sqrt{n}}{n-1} = 0$.

所以由莱布尼兹定理知原级数收敛.

评注 在比较 u_n 与 u_{n+1} 的大小时有三种方法：① 考察 $\dfrac{u_n}{u_{n+1}}$ 是否大于等于 1；② 考察 $u_n - u_{n+1}$ 是否大于 0；③ 由 u_n 找出一个连续可导函数 $f(x)$，使 $u_n = f(n)(n = 1,2,\cdots)$，考察 $f'(x)$ 是否小于 0.

例 11.12 判别级数 $\sum\limits_{n=2}^{\infty} \dfrac{(-1)^n}{\sqrt{n}+(-1)^n}$ 的敛散性.

分析 观察级数为交错级数. 若使用莱布尼兹定理判别，必须满足定理中的两个条件才可以，其中一条不满足，则需寻求其他方式判别级数的敛散性.

解答 $\sum\limits_{n=2}^{\infty} \dfrac{(-1)^n}{\sqrt{n}+(-1)^n} = \dfrac{1}{\sqrt{2}+1} - \dfrac{1}{\sqrt{3}-1} + \dfrac{1}{\sqrt{4}+1} - \dfrac{1}{\sqrt{5}-1} + \cdots$

（1）当 n 为奇数时，$u_n = \dfrac{1}{\sqrt{n}-1}$，$u_{n+1} = \dfrac{1}{\sqrt{n+1}+1}$，所以

$$\dfrac{u_n}{u_{n+1}} = \dfrac{\sqrt{n+1}+1}{\sqrt{n}-1} > \dfrac{\sqrt{n+1}+1}{\sqrt{n}+1} > 1$$

即 $u_n > u_{n+1}$.

（2）当 n 为偶数时，$u_n = \dfrac{1}{\sqrt{n}+1}$，$u_{n+1} = \dfrac{1}{\sqrt{n+1}-1}$，所以

$$\dfrac{u_n}{u_{n+1}} = \dfrac{\sqrt{n+1}-1}{\sqrt{n}+1} = \dfrac{n}{(\sqrt{n}+1)(\sqrt{n+1}+1)} < \dfrac{n}{\sqrt{n} \cdot \sqrt{n}} = 1$$

即 $u_n < u_{n+1}$.

由（1）、（2）可知，该级数不满足莱布尼兹定理第一个条件，所以不能用该定理判别.

下面试用拆分法：

$$\sum_{n=2}^{\infty} \frac{(-1)^n}{\sqrt{n}+(-1)^n} = \sum_{n=2}^{\infty} \frac{(-1)^n(\sqrt{n}-(-1)^n)}{n-1}$$

$$= \sum_{n=1}^{\infty} \frac{(-1)^{n+1}\sqrt{n+1}-1}{n}$$

$$= \sum_{n=1}^{\infty} \frac{(-1)^{n+1}\sqrt{n+1}}{n} - \sum_{n=1}^{\infty} \frac{1}{n}$$

因为 $\sum_{n=1}^{\infty} \frac{(-1)^{n+1}\sqrt{n+1}}{n}$ 条件收敛,$\sum_{n=1}^{\infty} \frac{1}{n}$ 发散,所以级数 $\sum_{n=2}^{\infty} \frac{(-1)^n}{\sqrt{n}+(-1)^n}$ 发散.

评注 判别交错级数的敛散性还可将 u_n 拆成若干项,分别对各项构成的交错级数分析处理.

9. 利用绝对收敛与条件收敛的定义判断任意项级数的敛散性

例 11.13 判别下列级数是绝对收敛还是条件收敛.

(1) $\sum_{n=1}^{\infty}(-1)^{\frac{n(n+1)}{2}}\frac{1}{2^n}$. 　　(2) $\sum_{n=1}^{\infty}\frac{\sin\frac{n\pi}{4}}{n^2}$. 　　(3) $\sum_{n=1}^{\infty}(-1)^n\frac{\ln n}{n}$.

分析 首先用正项级数判别法,判别 $\sum_{n=1}^{\infty}|u_n|$ 的敛散性. 若 $\sum_{n=1}^{\infty}|u_n|$ 收敛,则 $\sum_{n=1}^{\infty}u_n$ 收敛,且为绝对收敛;若 $\sum_{n=1}^{\infty}|u_n|$ 发散,而 $\sum_{n=1}^{\infty}u_n$ 收敛,则 $\sum_{n=1}^{\infty}u_n$ 条件收敛.

解答 (1) 因为 $\sum_{n=1}^{\infty}\left|(-1)^{\frac{n(n+1)}{2}}\frac{1}{2^n}\right| = \sum_{n=1}^{\infty}\frac{1}{2^n}$,又 $\sum_{n=1}^{\infty}\frac{1}{2^n}$ 为几何级数,收敛,所以原级数收敛且绝对收敛.

(2) 因为 $\left|\frac{\sin\frac{n\pi}{4}}{n^2}\right| \leqslant \frac{1}{n^2}$,而 $\sum_{n=1}^{\infty}\frac{1}{n^2}$ 收敛,即 $\sum_{n=1}^{\infty}\left|\frac{\sin\frac{n\pi}{4}}{n^2}\right|$ 收敛,所以原级数绝对收敛.

(3) 因为 $\left|(-1)^n\frac{\ln n}{n}\right| = \frac{\ln n}{n}$,又因为 $\lim_{n\to\infty}n\cdot\frac{\ln n}{n} = +\infty$,所以 $\sum_{n=1}^{\infty}\frac{\ln n}{n}$ 发散.

又因为 $u_n = \frac{\ln n}{n}$,则令 $f(x) = \frac{\ln x}{x}$,且 $f'(x) = \frac{1-\ln x}{x^2}$,当 $x>e$ 时,$f'(x)<0$,即 $f(x)$ 单调递减. 所以当 $n>3$ 时,$\{u_n\} = \left\{\frac{\ln n}{n}\right\}$ 单调递减. 又因为 $\lim_{n\to\infty}\frac{\ln n}{n} = \lim_{x\to+\infty}\frac{\ln x}{x} = \lim_{x\to+\infty}\frac{1}{x} = 0$,故原级数条件收敛.

评注 对于一般的级数,如果用正项级数的审敛法判定级数 $\sum_{n=1}^{\infty}|u_n|$ 收敛,则此级数收敛,这使得一大类级数的收敛性判定问题,转化成为正项级数的收敛性判定问题. 而当级数 $\sum_{n=1}^{\infty}|u_n|$ 发散,则需判定原级数 $\sum_{n=1}^{\infty}u_n$ 的敛散性.

例 11.14 判别级数 $\sum_{n=1}^{\infty}(-1)^n\frac{1}{2^n}\left(1+\frac{1}{n}\right)^{n^2}$ 是绝对收敛还是条件收敛.

分析 若用比值审敛法或根值审敛法判定 $\sum_{n=1}^{\infty}|u_n|$ 发散,则 $\sum_{n=1}^{\infty}u_n$ 发散.

解答 因为 $|u_n| = \dfrac{1}{2^n}\left(1 + \dfrac{1}{n}\right)^{n^2}$, 又 $\lim\limits_{n\to\infty} \sqrt[n]{|u_n|} = \lim\limits_{n\to\infty} \dfrac{1}{2}\left(1 + \dfrac{1}{n}\right)^n = \dfrac{1}{2}e > 1$, 所以 $\lim\limits_{n\to\infty}|u_n| \neq 0$, 原级数发散.

评注 利用比值审敛法或根值审敛法, 根据 $\lim\limits_{n\to\infty}\left|\dfrac{u_{n+1}}{u_n}\right| = \rho > 1$ 或 $\lim\limits_{n\to\infty} \sqrt[n]{|u_n|} = \rho > 1$, 可以判定级数 $\sum\limits_{n=1}^{\infty}|u_n|$ 的一般项 $\lim\limits_{n\to\infty}|u_n| \neq 0$, 从而 $\lim\limits_{n\to\infty}u_n \neq 0$. 因此, 利用这种方法可判定原级数发散.

10. 有关数项级数敛散性的证明

例 11.15 设 $\sum\limits_{n=1}^{\infty} u_n^2$ 收敛, 试证明级数 $\sum\limits_{n=1}^{\infty}\left|\dfrac{u_n}{n}\right|$ 收敛.

分析 已知 $\sum\limits_{n=1}^{\infty} u_n^2$ 收敛, 要证明级数 $\sum\limits_{n=1}^{\infty}\left|\dfrac{u_n}{n}\right|$ 收敛, 设法将 $\left|\dfrac{u_n}{n}\right|$ 与 u_n^2 联系起来, 很容易想到不等式 $2\left|\dfrac{u_n}{n}\right| \leqslant u_n^2 + \dfrac{1}{n^2}$.

证明 因为 $\left|\dfrac{u_n}{n}\right| \leqslant \dfrac{1}{2}\left(u_n^2 + \dfrac{1}{n^2}\right) = \dfrac{u_n^2}{2} + \dfrac{1}{2n^2}$, 而 $\sum\limits_{n=1}^{\infty}\dfrac{u_n^2}{2}$ 和 $\sum\limits_{n=1}^{\infty}\dfrac{1}{2n^2}$ 都收敛, 故由比较审敛法知 $\sum\limits_{n=1}^{\infty}\left|\dfrac{u_n}{n}\right|$ 收敛.

评注 有关数项级数敛散性的证明多用比较审敛法, 慎用正项级数的比值审敛法和根值审敛法. 若欲证明的级数没有说明是什么级数, 则一般将其化为正项级数处理.

例 11.16 已知数列 $\{na_n\}$ 收敛, 级数 $\sum\limits_{n=2}^{\infty} n(a_n - a_{n-1})$ 也收敛, 证明: 级数 $\sum\limits_{n=1}^{\infty} a_n$ 收敛.

分析 因为只给出了数列 $\{na_n\}$ 收敛的条件, 没有参考或比较的数列, 因此可采用收敛的定义来证明.

证明 设 $\sum\limits_{n=2}^{\infty} n(a_n - a_{n-1})$ 的前 n 项和为 s_n, 则

$$
\begin{aligned}
s_n &= 2(a_2 - a_1) + 3(a_3 - a_2) + \cdots + n(a_n - a_{n-1}) + (n+1)(a_{n+1} - a_n) \\
&= (n+1)a_{n+1} - a_1 - (a_1 + a_2 + a_3 + \cdots + a_n) \\
&= (n+1)a_{n+1} - a_1 - \sigma_n
\end{aligned}
$$

式中, σ_n 为 $\sum\limits_{n=1}^{\infty} a_n$ 的前 n 项和, 于是 $\sigma_n = (n+1)a_{n+1} - a_1 - s_n$.

因为 $\sum\limits_{n=2}^{\infty} n(a_n - a_{n-1})$ 收敛, 可设其和为 s, 即 $\lim\limits_{n\to\infty}s_n = s$; 又数列 $\{na_n\}$ 收敛, 可设 $\lim\limits_{n\to\infty}na_n = A$, 故极限 $\lim\limits_{n\to\infty}\sigma_n = A - a_1 - s$ 存在, 即级数 $\sum\limits_{n=1}^{\infty} a_n$ 收敛.

评注 给出数列 $\{a_n\}$, 欲证明其收敛, 通常用敛散性的定义来证.

例 11.17 设 $f(x)$ 在 $x = 0$ 的某一邻域内具有二阶连续导数, 且 $\lim\limits_{x\to 0}\dfrac{f(x)}{x} = 0$, 证明级数 $\sum\limits_{n=1}^{\infty} f\left(\dfrac{1}{n}\right)$ 绝对收敛.

分析 对给出的条件进行充分挖掘,然后利用定义或正项级数的比较判别法进行分析.

证明 由题设可知,$f''(x)$ 在 $x=0$ 的邻域内连续,于是存在一正实数 $M>0$,使得在该邻域内有 $|f''(x)| \leqslant M$.

又由 $\lim\limits_{x \to 0} \dfrac{f(x)}{x} = 0$ 可得 $f(0) = \lim\limits_{x \to 0} f(x) = 0$,取导数为

$$f'(0) = \lim_{x \to 0} \frac{f(x) - f(0)}{x - 0} = \lim_{x \to 0} \frac{f(x)}{x} = 0$$

将 $f(x)$ 在 $x=0$ 处一阶泰勒展开,可得

$$f(x) = f(0) + f'(0)x + \frac{f''(\xi)}{2}x^2 = \frac{f''(\xi)}{2}x^2, \quad 0 < \xi < x$$

于是有 $|f(x)| \leqslant \dfrac{M}{2}x^2$,$\left| f\left(\dfrac{1}{n}\right) \right| \leqslant \dfrac{M}{2}\dfrac{1}{n^2}$. 因为 $\sum\limits_{n=1}^{\infty} \dfrac{1}{n^2}$ 收敛,故 $\sum\limits_{n=1}^{\infty} f\left(\dfrac{1}{n}\right)$ 绝对收敛.

评注 这里结合了泰勒展开式的知识,将函数泰勒展开后,再通过正项级数的比较审敛法得证.

11. 利用级数证明数列 $\{a_n\}$ 极限的存在或求解某些特殊极限

例 11.18 求极限 $\lim\limits_{n \to \infty} \dfrac{3^n \cdot n!}{n^n}$.

分析 构造级数 $\sum\limits_{n=1}^{\infty} a_n$,然后利用级数收敛的必要条件:$\sum\limits_{n=1}^{\infty} a_n$ 收敛 $\Rightarrow \lim\limits_{n \to \infty} a_n = 0$.

解答 构造级数 $\sum\limits_{n=1}^{\infty} \dfrac{n^n}{3^n \cdot n!}$,则由比值审敛法有

$$\lim_{n \to \infty} \frac{u_{n+1}}{u_n} = \lim_{n \to \infty} \frac{(n+1)^{n+1}}{3^{n+1} \cdot (n+1)!} \cdot \frac{3^n \cdot n!}{n^n}$$

$$= \frac{1}{3} \lim_{n \to \infty} \frac{(n+1)^n}{n^n} = \frac{1}{3} \lim_{n \to \infty} \left(1 + \frac{1}{n}\right)^n = \frac{e}{3} < 1$$

所以级数 $\sum\limits_{n=1}^{\infty} \dfrac{n^n}{3^n \cdot n!}$ 收敛,则由级数收敛的必要条件有 $\lim\limits_{n \to \infty} \dfrac{n^n}{3^n \cdot n!} = 0$.

故 $\lim\limits_{n \to \infty} \dfrac{3^n \cdot n!}{n^n} = \infty$.

评注 这种方法为解决数列极限提供了另外一种有效途径.

11.2.2 求函数项级数的收敛域

例 11.19 求下列幂级数的收敛域和收敛半径:

(1) $\sum\limits_{n=1}^{\infty} \dfrac{(-1)^n}{n}\left(\dfrac{3x-1}{2x+1}\right)^n$. (2) $\sum\limits_{n=1}^{\infty} \dfrac{n}{2^n + (-3)^n}x^{2n-1}$.

分析 利用 $\lim\limits_{n \to \infty} \sqrt[n]{|u_n|} = \rho(x) < 1$ 或 $\lim\limits_{n \to \infty} \left| \dfrac{u_{n+1}}{u_n} \right| = \rho(x) < 1$,得出收敛区间 (c,d),再分别判断 $\sum\limits_{n=1}^{\infty} u_n(c)$ 及 $\sum\limits_{n=1}^{\infty} u_n(d)$ 的敛散性,最后得出收敛域.

解答 (1) $\lim\limits_{n \to \infty} \sqrt[n]{|u_n|} = \lim\limits_{n \to \infty} \sqrt[n]{\dfrac{1}{n}\left| \dfrac{3x-1}{2x+1} \right|^n} = \left| \dfrac{3x-1}{2x+1} \right|$

令 $\left|\dfrac{3x-1}{2x+1}\right| < 1$，得 $(3x-1)^2 < (2x+1)^2$，即 $x(x-2) < 0$，解不等式得收敛区间为 $(0,2)$．

当 $x=0$ 时，原级数变为 $\displaystyle\sum_{n=1}^{\infty} \dfrac{(-1)^n}{n}(-1)^n = \sum_{n=1}^{\infty} \dfrac{1}{n}$，发散；当 $x=2$ 时，原级数变为 $\displaystyle\sum_{n=1}^{\infty} \dfrac{(-1)^n}{n}$，条件收敛．故原函数项级数的收敛域为 $(0,2]$．

(2) $\displaystyle\lim_{n\to\infty} \left|\dfrac{u_{n+1}}{u_n}\right| = \lim_{n\to\infty} \left|\dfrac{n+1}{2^{n+1}+(-3)^{n+1}} x^{2n+1} \cdot \dfrac{2^n+(-3)^n}{nx^{2n-1}}\right|$

$\qquad\qquad\qquad = \displaystyle\lim_{n\to\infty} \left|\dfrac{n+1}{n} \cdot \dfrac{2^n+(-3)^n}{2^{n+1}+(-3)^{n+1}} x^2\right| = \dfrac{x^2}{3}$

令 $\dfrac{x^2}{3} < 1$，即 $|x| < \sqrt{3}$，解不等式得收敛区间为 $(-\sqrt{3},\sqrt{3})$．

当 $x=-\sqrt{3}$ 时，原级数变为 $\displaystyle\sum_{n=1}^{\infty} \dfrac{n}{2^n+(-3)^n}(-\sqrt{3})^{2n-1}$，发散；当 $x=\sqrt{3}$ 时，原级数变为 $\displaystyle\sum_{n=1}^{\infty} \dfrac{n}{2^n+(-3)^n}(\sqrt{3})^{2n-1}$，发散．故原函数项级数的收敛域为 $(-\sqrt{3},\sqrt{3})$．

评注　幂级数只是函数项级数的特殊情况．

11.2.3　求幂级数的收敛半径及收敛域

1. 利用阿贝尔定理或阿贝尔定理推论

例 11.20　已知幂级数 $\displaystyle\sum_{n=0}^{\infty} a_n(x+2)^n$ 在 $x=0$ 处收敛，在 $x=-4$ 处发散，则幂级数 $\displaystyle\sum_{n=0}^{\infty} a_n(x-3)^n$ 的收敛域为_____．

分析　本题考查关于幂级数收敛域特征的阿贝尔定理．由题中条件可知，两个幂级数形式均为 $\displaystyle\sum_{n=0}^{\infty} a_n y^n$，于是两个幂级数的收敛半径及在边界点的收敛性相同，已知第一个幂级数收敛区间的对称点为 $x=-2$，再结合已知条件进行推导．

解答　因为幂级数 $\displaystyle\sum_{n=0}^{\infty} a_n(x+2)^n$ 收敛区间的对称点为 $x=-2$，又由题设可知该级数在 $x=0$ 处收敛，在 $x=-4$ 处发散，即级数 $\displaystyle\sum_{n=0}^{\infty} a_n 2^n$ 收敛，级数 $\displaystyle\sum_{n=0}^{\infty} a_n(-2)^n$ 发散，从而幂级数 $\displaystyle\sum_{n=0}^{\infty} a_n x^n$ 的收敛域为 $(-2,2]$，故幂级数 $\displaystyle\sum_{n=0}^{\infty} a_n(x-3)^n$ 的收敛域为 $(-2+3,2+3]$，即 $(1,5]$．

评注　本题中两个幂级数的收敛域只是在数轴上的简单平移．

2. 利用公式

例 11.21　求下列级数 $\displaystyle\sum_{n=1}^{\infty} (-1)^{n-1} \dfrac{x^n}{n}$ 的收敛半径及收敛域：

(1) $\displaystyle\sum_{n=1}^{\infty} (-1)^{n-1} \dfrac{x^n}{n}$．　(2) $\displaystyle\sum_{n=0}^{\infty} n!x^n$．　(3) $\displaystyle\sum_{n=1}^{\infty} (-1)^{n-1} \dfrac{(x-2)^n}{n^2}$．　(4) $\displaystyle\sum_{n=0}^{\infty} \dfrac{x^{2n+1}}{3^n}$．

分析 若幂级数 $\sum\limits_{n=1}^{\infty} a_n(x-x_0)^n$ 的系数满足 $\lim\limits_{n\to\infty}\left|\dfrac{a_{n+1}}{a_n}\right|=\rho$ 或 $\lim\limits_{n\to\infty}\sqrt[n]{|a_n|}=\rho$，则收

敛半径为 $R=\begin{cases}\dfrac{1}{\rho}, & 0<\rho<+\infty \\ +\infty, & \rho=0 \\ 0, & \rho=+\infty\end{cases}$，然后根据 $|x-x_0|<R$，得出收敛区间 $(x_0-R,x_0+$

$R)$，再确定端点的敛散性，从而得出收敛域.

解答 (1) 因为 $R=\lim\limits_{n\to\infty}\left|\dfrac{a_n}{a_{n+1}}\right|=\lim\limits_{n\to\infty}\left|\dfrac{\frac{(-1)^{n-1}}{n}}{\frac{(-1)^n}{n+1}}\right|=1$，所以收敛区间为 $(-1,1)$.

又当 $x=1$ 时，$\sum\limits_{n=1}^{\infty}(-1)^{n-1}\dfrac{x^n}{n}=\sum\limits_{n=1}^{\infty}(-1)^{n-1}\dfrac{1}{n}$ 收敛;

当 $x=-1$ 时，$\sum\limits_{n=1}^{\infty}(-1)^{n-1}\dfrac{x^n}{n}=\sum\limits_{n=1}^{\infty}(-1)^{2n-1}\dfrac{1}{n}=-\sum\limits_{n=1}^{\infty}\dfrac{1}{n}$ 发散.

故原级数收敛半径为 1，收敛域为 $(-1,1]$.

(2) 因为 $R=\lim\limits_{n\to\infty}\left|\dfrac{a_n}{a_{n+1}}\right|=\lim\limits_{n\to\infty}\left|\dfrac{n!}{(n+1)!}\right|=\lim\limits_{n\to\infty}\dfrac{1}{n+1}=0$，故原级数收敛半径、收敛

域均为 0.

(3) 因为 $R=\lim\limits_{n\to\infty}\left|\dfrac{a_n}{a_{n+1}}\right|=\lim\limits_{n\to\infty}\left|\dfrac{(-1)^{n-1}}{n^2}\cdot\dfrac{(n+1)^2}{(-1)^n}\right|=1$，则当 $|x-2|<1$ 时，级数

$\sum\limits_{n=1}^{\infty}(-1)^{n-1}\dfrac{t^n}{n^2}$ 收敛，故当 $|x-2|<1$，即 $1<x<3$ 时原级数收敛.

又当 $x=1$ 时，$\sum\limits_{n=1}^{\infty}(-1)^{n-1}\dfrac{(x-2)^n}{n^2}=\sum\limits_{n=1}^{\infty}(-1)^{2n-1}\dfrac{1}{n^2}=-\sum\limits_{n=1}^{\infty}\dfrac{1}{n^2}$ 收敛;

当 $x=3$ 时，$\sum\limits_{n=1}^{\infty}(-1)^{n-1}\dfrac{(x-2)^n}{n^2}=\sum\limits_{n=1}^{\infty}(-1)^{n-1}\dfrac{1}{n^2}$ 收敛.

故原级数收敛域为 $[1,3]$.

(4) 因为 $\lim\limits_{n\to\infty}\left|\dfrac{u_{n+1}(x)}{u_n(x)}\right|=\lim\limits_{n\to\infty}\left|\dfrac{x^{2n+3}}{3^{n+1}}\cdot\dfrac{3^n}{x^{2n+1}}\right|=\lim\limits_{n\to\infty}\dfrac{x^2}{3}=\dfrac{x^2}{3}$. 由比值审敛法可知：当 $\dfrac{x^2}{3}<1$，

即 $|x|<\sqrt{3}$ 时，级数 $\sum\limits_{n=0}^{\infty}\dfrac{x^{2n+1}}{3^n}$ 收敛.

又当 $x=\sqrt{3}$ 时，$\sum\limits_{n=0}^{\infty}\dfrac{x^{2n+1}}{3^n}=\sum\limits_{n=0}^{\infty}\sqrt{3}$，则原级数发散;

当 $x=-\sqrt{3}$ 时，$\sum\limits_{n=0}^{\infty}\dfrac{x^{2n+1}}{3^n}=-\sum\limits_{n=0}^{\infty}\sqrt{3}$，则原级数发散.

故原级数收敛半径为 $\sqrt{3}$，收敛域为 $(-\sqrt{3},\sqrt{3})$.

评注 若幂级数为缺项型的，这时只能用比值审敛法，由 $\lim\limits_{n\to\infty}\left|\dfrac{u_{n+1}(x)}{u_n(x)}\right|=\rho(x)<$

315

1 得出级数的收敛区间及收敛半径,再讨论幂级数在端点处的敛散性,从而得出收敛域.

11.2.4　求幂级数的和函数

例 11.22　求下列级数的和函数:

$$(1) \sum_{n=1}^{\infty} (-1)^{n-1} \frac{x^n}{n}. \qquad (2) \sum_{n=1}^{\infty} nx^{n-1}. \qquad (3) \sum_{n=1}^{\infty} \frac{x^n}{n!}.$$

分析　求和函数的主要技巧通常是设法将所给的幂级数转化成级数 $\sum_{n=0}^{\infty} x^n$,这就要设法提出或消去原幂级数中的系数. 若原幂级数中的系数有 n^{-1} 因子,则只需逐项求导消去 n^{-1};若原级数的系数中有 n,则经逐项积分消去 n,但也并不限于此.

解答　(1) 因为 $R = \lim\limits_{n\to\infty} \left| \dfrac{a_n}{a_{n+1}} \right| = \lim\limits_{n\to\infty} \dfrac{n+1}{n} = 1$. 当 $x = 1$ 时,$\sum_{n=1}^{\infty} (-1)^{n-1} \dfrac{x^n}{n} = \sum_{n=1}^{\infty} (-1)^{n-1} \dfrac{1}{n}$ 收敛;当 $x = -1$ 时,$\sum_{n=1}^{\infty} (-1)^{n-1} \dfrac{x^n}{n} = \sum_{n=1}^{\infty} (-1)^{2n-1} \dfrac{1}{n} = -\sum_{n=1}^{\infty} \dfrac{1}{n}$ 发散. 故原级数收敛半径为 1,收敛域为 $(-1,1]$.

设 $s(x) = \sum_{n=1}^{\infty} (-1)^{n-1} \dfrac{x^n}{n}$,显然 $s(0) = 0$.

又因为 $s'(x) = \sum_{n=1}^{\infty} \left[(-1)^{n-1} \dfrac{x^n}{n} \right]' = \sum_{n=1}^{\infty} (-1)^{n-1} x^{n-1} = \sum_{n=0}^{\infty} (-1)^n x^n = \dfrac{1}{1+x} (|x| < 1)$,

两边积分得 $\int_0^x s'(t)\mathrm{d}t = \int_0^x \dfrac{1}{1+t}\mathrm{d}t = \ln(1+x)$,即 $s(x) = \ln(1+x)$.

故 $s(x) = \ln(1+x) (-1 < x \leqslant 1)$.

(2) 因为 $R = \lim\limits_{n\to\infty} \left| \dfrac{a_n}{a_{n+1}} \right| = \lim\limits_{n\to\infty} \dfrac{n}{n+1} = 1$. 当 $x = 1$ 时,$\sum_{n=1}^{\infty} nx^{n-1} = \sum_{n=1}^{\infty} n$ 发散;当 $x = -1$ 时,$\sum_{n=1}^{\infty} nx^{n-1} = \sum_{n=1}^{\infty} (-1)^{n-1} n$ 发散. 故原级数的收敛域为 $|x| < 1$.

设 $s(x) = \sum_{n=1}^{\infty} nx^{n-1}$,显然 $s(0) = 0$.

因为 $\int_0^x s(t)\mathrm{d}t = \sum_{n=1}^{\infty} \int_0^x nt^{n-1}\mathrm{d}t = \sum_{n=1}^{\infty} x^n = \dfrac{x}{1-x} (|x| < 1)$,所以 $s(x) = \left(\int_0^x s(t)\mathrm{d}t \right)' = \left(\dfrac{x}{1-x} \right)' = \dfrac{1}{(1-x)^2}$. 故 $s(x) = \dfrac{1}{(1-x)^2} (|x| < 1)$.

(3) 因为 $R = \lim\limits_{n\to\infty} \left| \dfrac{a_n}{a_{n+1}} \right| = \lim\limits_{n\to\infty} \left| \dfrac{(n+1)!}{n!} \right| = \infty$,所以级数 $\sum_{n=1}^{\infty} \dfrac{x^n}{n!}$ 的收敛域为 $(-\infty, +\infty)$.

设 $s(x) = \sum_{n=1}^{\infty} \dfrac{x^n}{n!}$,显然 $s(0) = 0$.

因为 $s'(x) = \sum_{n=1}^{\infty} \left(\dfrac{x^n}{n!}\right)' = \sum_{n=1}^{\infty} \dfrac{x^{n-1}}{(n-1)!} = 1 + x + \dfrac{x^2}{2!} + \cdots = 1 + s(x)$，即 $\dfrac{\mathrm{d}s(x)}{\mathrm{d}x} = 1 + s(x)$，从而 $\dfrac{1}{1+s(x)}\mathrm{d}(1+s(x)) = \mathrm{d}x$，两边求积分有 $\ln|1+s(x)| = x + C_1$，于是 $1 + s(x) = \mathrm{e}^{x+C_1}$，所以 $s(x) = \mathrm{e}^{x+C_1} - 1$. 又因为 $s(0) = 0$，所以 $C_1 = 0$，即 $s(x) = \mathrm{e}^x - 1$，$x \in (-\infty, +\infty)$.

评注 若要去掉的因子在分子上，则通过逐项积分法；若要去掉的因子在分母上，则通过逐项微分法；若对级数的和函数 $s(x)$ 求导，观察 $s(x)$ 与 $s'(x)$ 或 $s''(x)$ 的关系，求解关于 $s(x)$ 的微分方程也可求出原幂级数的和函数.

例 11.23 求级数 $\sum_{n=1}^{\infty} \dfrac{x^{2n-1}}{2n-1}$ 的和函数，并求 $\sum_{n=1}^{\infty} \dfrac{1}{(2n-1)2^n}$.

分析 注意观察两个级数之间的关系，当 $x = \left(\dfrac{1}{2}\right)^{\frac{1}{2}}$ 时级数 $\sum_{n=1}^{\infty} \dfrac{x^{2n-1}}{2n-1}$ 即为 $\sum_{n=1}^{\infty} \dfrac{1}{(2n-1)2^n}$. 因此解题关键是求出级数 $\sum_{n=1}^{\infty} \dfrac{x^{2n-1}}{2n-1}$ 的和函数.

解答 因为 $\lim\limits_{n\to\infty} \left|\dfrac{u_{n+1}(x)}{u_n(x)}\right| = \lim\limits_{n\to\infty} \left|\dfrac{x^{2n+1}}{2n+1} \cdot \dfrac{2n-1}{x^{2n-1}}\right| = x^2$. 由比值审敛法可知：当 $x^2 < 1$，即 $|x| < 1$ 时，级数 $\sum_{n=0}^{\infty} \dfrac{x^{2n+1}}{3^n}$ 收敛.

又当 $x = 1$ 时，$\sum_{n=1}^{\infty} \dfrac{x^{2n-1}}{2n-1} = \sum_{n=1}^{\infty} \dfrac{1}{2n-1}$，则原级数发散；当 $x = -1$ 时，$\sum_{n=1}^{\infty} \dfrac{x^{2n-1}}{2n-1} = -\sum_{n=1}^{\infty} \dfrac{1}{2n-1}$，则原级数发散. 故原级数收敛半径为 1，收敛域为 $|x| < 1$.

设 $s(x) = \sum_{n=1}^{\infty} \dfrac{x^{2n-1}}{2n-1}$，显然 $s(0) = 0$.

因为 $s'(x) = \sum_{n=1}^{\infty} \left(\dfrac{x^{2n-1}}{2n-1}\right)' = \sum_{n=1}^{\infty} x^{2n-2} = \sum_{n=0}^{\infty} x^{2n} = \dfrac{1}{1-x^2}$，从而

$$s(x) = \int_0^x s'(t)\mathrm{d}t = \dfrac{1}{2}\ln\left|\dfrac{1+x}{1-x}\right|, \quad |x| < 1$$

当 $x = \left(\dfrac{1}{2}\right)^{\frac{1}{2}}$ 时，级数 $\sum_{n=1}^{\infty} \dfrac{x^{2n-1}}{2n-1} = \sqrt{2}\sum_{n=1}^{\infty} \dfrac{1}{(2n-1)2^n}$. 所以

$$\sum_{n=1}^{\infty} \dfrac{1}{(2n-1)2^n} = \dfrac{1}{2\sqrt{2}}\ln\left|\dfrac{1+\dfrac{1}{\sqrt{2}}}{1-\dfrac{1}{\sqrt{2}}}\right| = \dfrac{1}{\sqrt{2}}\ln(\sqrt{2}+1)$$

评注 数项级数是函数项级数的特殊情况. 因此求数项级数的和时，除了利用级数收敛性的定义以外，还可以借助于求幂级数的和函数来求和.

例 11.24 求级数 $\sum\limits_{n=1}^{\infty} \dfrac{n(n+1)}{2^n}$.

分析 由 $\sum\limits_{n=1}^{\infty} a_n$ 构造幂级数,求幂级数的和函数是关键.

解答 由比值审敛法可知,该级数收敛. 故考虑级数 $\sum\limits_{n=1}^{\infty} n(n+1)x^n$,求其和函数 $s(x)$,$s\left(\dfrac{1}{2}\right)$ 即为所求.

因为 $R = \lim\limits_{n\to\infty} \left| \dfrac{a_n}{a_{n+1}} \right| = \lim\limits_{n\to\infty} \dfrac{n}{n+2} = 1$,当 $x = \pm 1$ 时,级数 $\sum\limits_{n=1}^{\infty} n(n+1)x^n$ 均发散,故级数 $\sum\limits_{n=1}^{\infty} n(n+1)x^n$ 的收敛域为 $|x| < 1$.

设 $s(x) = \sum\limits_{n=1}^{\infty} n(n+1)x^n$. 因为 $s(x) = \sum\limits_{n=1}^{\infty} n(n+1)x^n = x \left(\sum\limits_{n=1}^{\infty} x^{n+1} \right)'' = x \left(\dfrac{x^2}{1-x} \right)'' = \dfrac{2x}{(1-x)^3}$ $(|x| < 1)$,当 $x = \dfrac{1}{2}$ 时,$s\left(\dfrac{1}{2}\right) = \sum\limits_{n=1}^{\infty} \dfrac{n(n+1)}{2^n}$,故 $\sum\limits_{n=1}^{\infty} \dfrac{n(n+1)}{2^n} = 8$.

评注 一般对数项级数求和,构造一个对应的幂级数求其和函数 $s(x)$,再令 x 为特殊值即可.

11.2.5 将函数展开成幂级数

例 11.25 将下列函数在指定点展开成幂级数:

(1) $f(x) = \dfrac{1}{1+x^2}$ 与 $f(x) = \arctan x$ 在 $x = 0$ 处;

(2) $f(x) = \dfrac{1}{3-x}$ 在 $x = 0$ 处;

(3) $f(x) = \dfrac{1}{3-x}$ 在 $x = 1$ 处;

(4) $f(x) = \dfrac{1}{x^2-x-2}$ 在 $x = 1$ 处;

(5) $f(x) = \ln(2+x-3x^2)$ 在 $x = 0$ 处;

(6) $f(x) = \arctan \dfrac{1+x}{1-x}$ 在 $x = 0$ 处;

(7) $f(x) = \dfrac{1}{(2+x)^2}$ 在 $x = 0$ 处.

分析 利用七个展开式,结合四则运算、复合运算、逐项微分、逐项积分等而达到求出给定函数的泰勒展开式.

解答 (1) 因为 $\dfrac{1}{1+x} = \sum\limits_{n=0}^{\infty} (-1)^n x^n$,$x \in (-1,1)$,所以 $\dfrac{1}{1+x^2} = \sum\limits_{n=0}^{\infty} (-1)^n x^{2n}$,$x \in (-1,1)$.

又 $\arctan x = \int_0^x \dfrac{1}{1+x^2} \mathrm{d}x = \sum\limits_{n=0}^{\infty} \int_0^x (-1)^n x^{2n} \mathrm{d}x = \sum\limits_{n=0}^{\infty} (-1)^n \dfrac{x^{2n+1}}{2n+1}$,当 $x = 1$ 时,$\sum\limits_{n=0}^{\infty} (-1)^n \dfrac{x^{2n+1}}{2n+1} = \sum\limits_{n=0}^{\infty} (-1)^n \dfrac{1}{2n+1}$ 收敛;当 $x = -1$ 时,$\sum\limits_{n=0}^{\infty} (-1)^n \dfrac{x^{2n+1}}{2n+1} = \sum\limits_{n=0}^{\infty} (-1)^{n+1} \dfrac{1}{2n+1}$

收敛.

所以 $\arctan x = \sum\limits_{n=0}^{\infty}(-1)^n\dfrac{x^{2n+1}}{2n+1}, x\in[-1,1]$.

(2) $\dfrac{1}{3-x} = \dfrac{1}{3}\dfrac{1}{1-\dfrac{x}{3}} = \dfrac{1}{3}\sum\limits_{n=0}^{\infty}\left(\dfrac{x}{3}\right)^n = \sum\limits_{n=0}^{\infty}\dfrac{x^n}{3^{n+1}}\left(\left|\dfrac{x}{3}\right|<1,即\ |x|<3\right)$

(3) $\dfrac{1}{3-x} = \dfrac{1}{2-(x-1)} = \dfrac{1}{2}\dfrac{1}{1-\dfrac{x-1}{2}} = \dfrac{1}{2}\sum\limits_{n=0}^{\infty}\left(\dfrac{x-1}{2}\right)^n = \sum\limits_{n=0}^{\infty}$

$\dfrac{(x-1)^n}{2^{n+1}}\left(\left|\dfrac{x-1}{2}\right|<1,即\ x\in(-1,3)\right)$

(4) $f(x) = \dfrac{1}{x^2-x-2} = \dfrac{1}{3}\left(\dfrac{1}{x-2}-\dfrac{1}{x+1}\right)$

$= \dfrac{1}{3}\left(\dfrac{1}{-1+(x-1)}-\dfrac{1}{(x-1)+2}\right) = -\dfrac{1}{3}\dfrac{1}{1-(x-1)}-\dfrac{1}{6}\dfrac{1}{1+\dfrac{x-1}{2}}$

$= -\dfrac{1}{3}\sum\limits_{n=0}^{\infty}(x-1)^n-\dfrac{1}{6}\sum\limits_{n=0}^{\infty}\left(-\dfrac{x-1}{2}\right)^n$

$= -\dfrac{1}{3}\sum\limits_{n=0}^{\infty}\left[1+\dfrac{(-1)^n}{2^{n+1}}\right](x-1)^n$

其中 $|x-1|<1$,即 $x\in(0,2)$.

(5) $f(x) = \ln(1-x)(2+3x) = \ln(1-x)+\ln(2+3x)$

$= \ln(1-x)+\ln2+\ln\left(1+\dfrac{3}{2}x\right)$

$= \ln2+\sum\limits_{n=0}^{\infty}-\dfrac{x^{n+1}}{n+1}+\sum\limits_{n=0}^{\infty}(-1)^n\dfrac{3^{n+1}x^{n+1}}{2^{n+1}(n+1)}$

其中 $-1<-x\leqslant1$ 且 $-1<\dfrac{3}{2}x\leqslant1$,即 $-\dfrac{2}{3}<x\leqslant\dfrac{2}{3}$.

(6) 因为 $f'(x) = \dfrac{1}{1+x^2} = \sum\limits_{n=0}^{\infty}(-1)^n x^{2n},\ |x|<1$. 又 $f(0)=\dfrac{\pi}{4}$,所以 $\int_0^x f'(x)\mathrm{d}x = $

$f(x)-f(0) = f(x)-\dfrac{\pi}{4}$,即

$$f(x) = \dfrac{\pi}{4}+\int_0^x\sum\limits_{n=0}^{\infty}(-1)^n x^{2n}\mathrm{d}x = \dfrac{\pi}{4}+\sum\limits_{n=0}^{\infty}(-1)^n\dfrac{x^{2n+1}}{2n+1}$$

其中,$-1\leqslant-x\leqslant1$.

(7) $f(x) = \dfrac{1}{(2+x)^2} = -\left(\dfrac{1}{2+x}\right)' = -\left[\dfrac{1}{2}\sum\limits_{n=0}^{\infty}(-1)^n\left(\dfrac{x}{2}\right)^n\right]'$

$= -\dfrac{1}{2}\sum\limits_{n=1}^{\infty}(-1)^n n\dfrac{x^{n-1}}{2^n} = \sum\limits_{n=1}^{\infty}(-1)^{n+1}\dfrac{n}{2^{n+1}}x^{n-1}$

其中 $\left|\dfrac{x}{2}\right|<1$,即 $|x|<2$.

评注 这种方法为间接法. 特别要注意只有在收敛域的范围内求展开式才成立,因此,在解题最后要标注上收敛域.

11.2.6 将函数展开成傅里叶级数

例 11.26 设 $f(x)$ 是周期为 2π 的周期函数,它在 $[-\pi,\pi)$ 上的表达式为 $f(x) = e^{2x}$. 将 $f(x)$ 展开成傅里叶级数.

分析 将函数展开成傅里叶级数时,首先要注意函数 $f(x)$ 的定义区间和周期. 定义区间不同时,其解法也不同;周期不一样时,傅里叶系数的计算公式和傅里叶级数的形式也不一样. 其次要验看函数 $f(x)$ 是否满足狄利克雷充分条件,如果满足,则要进一步明确函数 $f(x)$ 的所有连续点的集合 I. 根据收敛定理知,只有在 I 上 $f(x)$ 的傅里叶级数才收敛于 $f(x)$. 最后在写出 $f(x)$ 的傅里叶级数展开式时,必须注明其成立的范围 I(不能丢掉).

解答 $f(x)$ 满足收敛定理的条件,它在点 $x = (2k+1)\pi(k = 0, \pm 1, \pm 2, \cdots)$ 处不连续,故当 $x \neq (2k+1)\pi$ 时,$f(x)$ 的傅里叶级数收敛于 $f(x)$.

$$a_0 = \frac{1}{\pi}\int_{-\pi}^{\pi} e^{2x}dx = \frac{1}{2\pi}e^{2x}\Big|_{-\pi}^{\pi} = \frac{e^{2\pi} - e^{-2\pi}}{2\pi}$$

$$a_n = \frac{1}{\pi}\int_{-\pi}^{\pi} e^{2x}\cos nxdx = \frac{1}{2\pi}\Big(e^{2x}\cos nx\Big|_{-\pi}^{\pi} + \int_{-\pi}^{\pi} e^{2x}n\sin nxdx\Big)$$

$$= \frac{(-1)^n(e^{2\pi} - e^{-2\pi})}{2\pi} + \frac{n}{4\pi}\Big(e^{2x}\sin nx\Big|_{-\pi}^{\pi} - \int_{-\pi}^{\pi} e^{2x}n\cos nxdx\Big)$$

$$= \frac{2(-1)^n(e^{2\pi} - e^{-2\pi})}{(n^2 + 4)\pi}, \ n = 1, 2, \cdots$$

$$b_n = \frac{1}{\pi}\int_{-\pi}^{\pi} e^{2x}\sin nxdx = \frac{-n(-1)^n(e^{2\pi} - e^{-2\pi})}{(n^2 + 4)\pi}$$

因此,$f(x)$ 的傅里叶展开式为

$$f(x) = \frac{a_0}{2} + \sum_{n=1}^{\infty}(a_n\cos nx + b_n\sin nx)$$

$$= \frac{e^{2\pi} - e^{-2\pi}}{\pi}\Big[\frac{1}{4} + \sum_{n=1}^{\infty}\frac{(-1)^n}{n^2 + 4}(2\cos nx - n\sin nx)\Big],$$

$$x \neq (2n+1)\pi, n = 0, \pm 1, \pm 2, \cdots$$

评注 本题是在 $[-\pi,\pi)$ 上以 2π 为周期的函数展开为傅里叶级数. 在这里只需要把傅里叶系数求出来,再验证函数满足收敛定理的范围,最后写出展开式即可.

例 11.27 将函数

$$f(x) = \begin{cases} 0, & -\pi \leqslant x < 0 \\ 1, & 0 \leqslant x < \pi \end{cases}$$

展开成傅里叶级数.

分析 所给 $f(x)$ 不是周期函数,因此要继续求解就必须对函数进行周期延拓.

解答 对 $f(x)$ 作周期延拓,延拓后的函数满足收敛定理的条件,且在区间 $[-\pi,\pi]$ 上有间断点 $x = 0$ 及 $x = \pm \pi$,故延拓后的周期函数的傅里叶级数在 $(-\pi,0)$ 及 $(0,\pi)$ 上收敛于 $f(x)$.

根据公式计算傅里叶系数:

$$a_0 = \frac{1}{\pi}\int_{-\pi}^{\pi} f(x)dx = \frac{1}{\pi}\Big[\int_{-\pi}^{0} 0dx + \int_{0}^{\pi} dx\Big] = 1$$

$$a_n = \frac{1}{\pi} \int_{-\pi}^{\pi} f(x)\cos nx\,\mathrm{d}x = \frac{1}{\pi} \int_{0}^{\pi} \cos nx\,\mathrm{d}x = 0,\ n = 1,2,\cdots$$

$$b_n = \frac{1}{\pi} \int_{-\pi}^{\pi} f(x)\sin nx\,\mathrm{d}x = \frac{1}{\pi} \int_{0}^{\pi} \sin nx\,\mathrm{d}x$$

$$= \frac{1}{n\pi}(1 - \cos n\pi)$$

$$= \frac{1}{n\pi}\left[1 - (-1)^n\right]$$

$$= \begin{cases} \dfrac{2}{n\pi}, & n = 1,3,5,\cdots \\ 0, & n = 2,4,6,\cdots \end{cases}$$

所以

$$f(x) = \frac{1}{2} + \frac{2}{\pi}\left[\sin x + \frac{1}{3}\sin 3x + \cdots + \frac{1}{2n-1}\sin(2n-1)x + \cdots\right]$$

$$= \frac{1}{2} + \frac{2}{\pi}\sum_{n=1}^{\infty} \frac{1}{2n-1}\sin(2n-1)x,\ -\pi < x < 0, 0 < x < \pi$$

评注 本题把函数周期延拓后,其余的展开方法都与例 11.26 一致.

例 11.28 将函数 $f(x) = \dfrac{\pi - x}{2}(0 \leqslant x \leqslant \pi)$ 展开成正弦级数,并求 $\sum\limits_{n=1}^{\infty}(-1)^{n-1}\dfrac{1}{2n-1}$ 的和.

分析 首先要将函数延拓至 $[-\pi, \pi]$ 上,再作奇延拓,利用收敛定理将函数展开为正弦级数. 在这里要注意正弦级数中的系数 $a_n = 0$.

解答 将 $f(x)$ 作奇延拓,再以 2π 为周期作周期延拓,延拓后的函数满足狄利克雷充分条件,并有间断点 $x_k = 2k\pi (k = 0, \pm 1, \pm 2, \cdots)$,故限制在区间 $(0, \pi]$ 上,正弦级数收敛于 $f(x)$.

$$a_n = 0 \quad (n = 0,1,2,\cdots);$$

$$b_n = \frac{2}{\pi} \int_{0}^{\pi} \frac{\pi - x}{2}\sin nx\,\mathrm{d}x = \frac{2}{\pi} \int_{0}^{\pi} \frac{\pi - x}{2}\mathrm{d}\left(-\frac{1}{n}\cos nx\right)$$

$$= \frac{2}{\pi}\left\{\left[-\frac{\pi - x}{2n}\cos nx\right]_{0}^{\pi} - \frac{1}{2n} \int_{0}^{\pi} \cos nx\,\mathrm{d}x\right\}$$

$$= \frac{1}{n},\ n = 1,2,\cdots$$

于是

$$f(x) = \frac{\pi - x}{2} = \sum_{n=1}^{\infty} \frac{1}{n}\sin nx, x \in (0, \pi]$$

取 $x = \dfrac{\pi}{2}$,则

$$\frac{\pi}{4} = \sum_{n=1}^{\infty} \frac{1}{n}\sin \frac{n\pi}{2} = \sum_{n=1}^{\infty} \frac{(-1)^{n-1}}{2n-1}$$

即

$$\sum_{n=1}^{\infty} \frac{(-1)^{n+1}}{2n-1} = \frac{\pi}{4}$$

评注 这类题需要作奇、偶延拓. 如果要将函数展开为正弦级数,则需将函数作奇延拓;如果要将函数展开为余弦级数,则需将函数作偶延拓.

偶延拓:设 $f(x)$ 为 $[0,\pi]$ 上非周期函数,令 $F(x) = \begin{cases} f(x) & (0 \le x \le \pi) \\ -f(x) & (-\pi \le x < 0) \end{cases}$,则

$F(x)$ 除 $x = 0$ 外在 $[-\pi,\pi]$ 上为偶函数,且 $f(x) = \dfrac{a_0}{2} + \sum\limits_{n=1}^{\infty} a_n \cos nx, a_n = \dfrac{2}{\pi}$

$\int_0^\pi f(x)\cos nx\,\mathrm{d}x (n = 0,1,2,\cdots)$.

奇延拓:设 $f(x)$ 为 $[0,\pi]$ 上非周期函数,令 $F(x) = \begin{cases} f(x) & (0 \le x \le \pi) \\ -f(-x) & (-\pi \le x < 0) \end{cases}$.

若 $f(0) \neq 0$,规定 $F(0) = 0$,则 $F(x)$ 在 $[-\pi,\pi]$ 上为奇函数,且 $f(x) = \sum\limits_{n=1}^{\infty} b_n \sin nx, b_n = $

$\dfrac{2}{\pi} \int_0^\pi f(x)\sin nx\,\mathrm{d}x (n = 1,2,\cdots)$.

例 11.29 将函数

$$f(x) = \begin{cases} \dfrac{2x}{l}, 0 \le x < \dfrac{l}{2} \\ 1, \dfrac{l}{2} \le x \le l \end{cases}$$

展开成正弦级数.

分析 本题需验证函数是否满足收敛条件;再求出傅里叶系数,最后写出傅里叶级数,并标出它在何处收敛于函数.

解答 将 $f(x)$ 作奇延拓,再以 $2l$ 为周期作周期延拓,延拓后的函数满足收敛定理的条件,且除了间断点

$$x_k = (2k+1)l,\ k = 0, \pm 1, \pm 2, \cdots$$

外连续,故限制在区间 $[0,l)$ 上,正弦级数收敛于 $f(x)$.

$$a_n = 0 \quad (n = 0,1,2,\cdots)$$

$$b_n = \frac{2}{l} \int_0^l f(x)\sin\frac{n\pi x}{l}\,\mathrm{d}x = \frac{2}{l}\Big[\int_0^{\frac{l}{2}} \frac{2}{l}x\sin\frac{n\pi x}{l}\,\mathrm{d}x + \int_{\frac{l}{2}}^l \sin\frac{n\pi x}{l}\,\mathrm{d}x \Big]$$

$$= \frac{2}{l}\Big[-\frac{2x}{n\pi}\cos\frac{n\pi x}{l} + \frac{2l}{n^2\pi^2}\sin\frac{n\pi x}{l} \Big]_0^{\frac{l}{2}} + \frac{2}{l}\Big[-\frac{l}{n\pi}\cos\frac{n\pi x}{l} \Big]_{\frac{l}{2}}^l$$

$$= \frac{4}{n^2\pi^2}\sin\frac{n\pi}{2} + \frac{2}{n\pi}(-1)^{n-1}$$

$$= \begin{cases} \dfrac{4}{n^2\pi^2}(-1)^{\frac{n-1}{2}} + \dfrac{2}{n\pi}, & n = 1,3,5,\cdots \\ -\dfrac{2}{n\pi}, & n = 2,4,6,\cdots \end{cases}$$

所以

$$f(x) = \sum_{n=1}^{\infty} \left\{ \left[\frac{4(-1)^{n-1}}{(2n-1)^2 \pi^2} + \frac{2}{(2n-1)\pi} \right] \sin \frac{(2n-1)\pi x}{l} - \frac{1}{n\pi} \sin \frac{2n\pi x}{l} \right\}, x \in [0, l)$$

评注 当函数不是以 $2l$ 为周期的函数时,要求出傅里叶级数展开式也一定要作周期延拓或奇、偶延拓.

11.3 本章小结

本章根据常数项级数 $\sum_{n=1}^{\infty} u_n$ 一般项 u_n 的取值不同,主要介绍三种级数:正项级数、交错级数、任意项级数. 这里判断三种级数的敛散性是重点内容. 首先要利用级数收敛的必要条件考察 $\lim_{n \to \infty} u_n$,如果极限值不为零则该级数发散,否则根据不同级数采用不同方法判断敛散性. 若 $u_n \geq 0$,则该级数为正项级数,可以利用收敛级数的定义及性质、比较审敛法、比较审敛法的极限形式、比值审敛法、根值审敛法判断级数的敛散性;若一般项 u_n 为正负相间,则可利用交错级数审敛法,即莱布尼兹定理进行判断交错级数的敛散性;对于一般项的符号是任意的,即任意项级数,可通过先判断 $\sum_{n=1}^{\infty} |u_n|$ 是否收敛来确定级数的绝对收敛和条件收敛:若 $\sum_{n=1}^{\infty} |u_n|$ 收敛,则原级数绝对收敛,且收敛;若 $\sum_{n=1}^{\infty} |u_n|$ 发散,但原级数 $\sum_{n=1}^{\infty} u_n$ 收敛,则该级数条件收敛. 在这里还要熟记几何级数 $\sum_{n=0}^{\infty} aq^n$ 和 p 级数 $\sum_{n=1}^{\infty} \frac{1}{n^p}$ 的敛散性.

正项级数的审敛法要重点掌握,它为函数项级数的敛散性的判别提供了有力工具,是研究函数项级数的基础.

实际上,常数项级数是函数项级数的特殊形式. 当函数项级数 $\sum_{n=1}^{\infty} u_n(x)$ 中 $x = x_0$ 时,函数项级数即为常数项级数. 函数项级数根据一般项 $u_n(x)$ 的表示形式分为幂级数和三角级数. 对于幂级数 $\sum_{n=0}^{\infty} a_n(x - x_0)$ 要掌握:利用阿贝尔定理及其推论和公式的方法求收敛半径及收敛域;在收敛域内求幂级数的和函数,这个问题是难点,因此在这里要熟练掌握七个常用幂级数的和函数,而且一定要注意标明和函数的收敛域. 对于一般项 $u_n(x)$ 表示为正余弦形式的三角函数的级数为傅里叶级数,如果一般项中仅有正弦函数则称其为正弦级数,若一般项中仅含有余弦函数则称其为余弦级数,这里要熟练掌握傅里叶系数的求解公式和傅里叶级数的收敛定理.

函数项级数除了可以在收敛域内根据收敛性质确定和函数 $f(x)$ 外,反过来,还可用函数项级数的解析形式来逼近函数,即通过加法运算来决定逼近的程度,这也是无穷级数的思想出发点. 在这里要熟练掌握将函数 $f(x)$ 在收敛域内展开为幂级数和傅里叶级数:若将函数展开为幂级数,通常采用间接法,因此要熟记一些函数的幂级数展开式;若将函数展开成指定形式的傅里叶级数,则要理解狄利克雷充分条件(收敛定理),且清楚 $f(x)$ 的傅里叶级数的和函数 $s(x)$ 与 $f(x)$ 的关系.

11.4　同步习题及解答

11.4.1　同步习题

1. 是非题

（1）若 $\lim\limits_{n \to \infty} u_n = 0$，则 $\sum\limits_{n=1}^{\infty} u_n$ 收敛.

（2）若 $\lim\limits_{n \to \infty} u_n \neq 0$，则 $\sum\limits_{n=1}^{\infty} u_n$ 发散.

（3）若 $\sum\limits_{n=1}^{\infty} u_n$ 收敛，$\sum\limits_{n=1}^{\infty} v_n$ 发散，则 $\sum\limits_{n=1}^{\infty} (u_n + v_n)$ 必定发散.

（4）设 $u_n \leqslant v_n (n = 1, 2, \cdots)$，若 $\sum\limits_{n=1}^{\infty} v_n$ 收敛，则必有 $\sum\limits_{n=1}^{\infty} u_n$ 也收敛.

2. 填空题

（1）设 a 为常数，若级数 $\sum\limits_{n=1}^{\infty} (u_n - a)$ 收敛，则 $\lim\limits_{n \to \infty} u_n = $ _____.

（2）设 $\sum\limits_{n=1}^{\infty} n(u_n - u_{n-1}) = s$，并且 $\lim\limits_{n \to \infty} n u_n = A$，则 $\sum\limits_{n=1}^{\infty} u_n = $ _____.

（3）已知级数 $\sum\limits_{n=1}^{\infty} u_n$ 的前 n 项和为 $s_n = \dfrac{2n}{n+1}$，则 $u_n = $ _____.

（4）若 $\lim\limits_{n \to \infty} \left| \dfrac{a_n}{a_{n+1}} \right| = 2$，则幂级数 $\sum\limits_{n=1}^{\infty} a_n x^{2n}$ 的收敛半径为 _____.

（5）级数 $\sum\limits_{n=0}^{\infty} (-1)^n \dfrac{x^{2n}}{n!}$ 在 $(-\infty, +\infty)$ 上的和函数是 _____.

（6）设 $f(x) = \begin{cases} 0 & (0 \leqslant x < \dfrac{\pi}{2}) \\ x & (\dfrac{\pi}{2} \leqslant x \leqslant \pi) \end{cases}$，已知 $s(x)$ 是 $f(x)$ 的以 2π 为周期的余弦级数展

开式的和函数，则 $s(-3\pi) = $ _____.

3. 单项选择题

（1）设 a 为常数，则级数 $\sum\limits_{n=1}^{\infty} (-1)^n \left(1 - \cos \dfrac{a}{n}\right)$（　　）.

    A. 绝对收敛　　　　　　　　　　B. 条件收敛

    C. 发散　　　　　　　　　　　　D. 收敛性与 a 取值有关

（2）设级数 $\sum\limits_{n=1}^{\infty} a_n^2$ 收敛，则级数 $\sum\limits_{n=1}^{\infty} \dfrac{a_n}{n}$（　　）.

    A. 绝对收敛　　　　　　　　　　B. 条件收敛

    C. 发散　　　　　　　　　　　　D. 敛散性要看具体的 a_n

（3）设级数 $\sum\limits_{n=0}^{\infty} (-1)^n a_n 2^n$ 收敛，则 $\sum\limits_{n=1}^{\infty} a_n$（　　）.

    A. 条件收敛　　　　　　　　　　B. 绝对收敛

C. 发散   D. 敛散性不能确定

(4) 设 $f(x) = x + 1 (0 \leqslant x < 1)$，则它的以 2 为周期的余弦级数在 $x = -\dfrac{1}{2}$ 处收敛于(　　).

     A. $-\dfrac{1}{2}$ B. $\dfrac{1}{2}$

     C. $-\dfrac{3}{2}$ D. $\dfrac{3}{2}$

4. 判定下列级数的敛散性：

(1) $\displaystyle\sum_{n=1}^{\infty} \frac{n+3}{n(n+1)(n+2)}$;   (2) $\displaystyle\sum_{n=1}^{\infty} \frac{1}{n\sqrt[n]{n}}$;

(3) $\displaystyle\sum_{n=1}^{\infty} \frac{(n!)^2}{2^{n^2}}$;   (4) $\displaystyle\sum_{n=1}^{\infty} \frac{n\cos^2 \frac{n\pi}{3}}{2^n}$;

(5) $\displaystyle\sum_{n=1}^{\infty} (-1)^n \frac{n}{n+1}$;   (6) $\displaystyle\sum_{n=1}^{\infty} n^n \sin^n \frac{2}{n}$.

5. 讨论下列级数的绝对收敛性与条件收敛性：

(1) $\displaystyle\sum_{n=1}^{\infty} (-1)^{n-1} \frac{n}{2^n}$;   (2) $\displaystyle\sum_{n=1}^{\infty} (-1)^{n+1} \left(1 - \cos \frac{1}{n}\right)$;

(3) $\displaystyle\sum_{n=1}^{\infty} (-1)^{n+1} \ln\left(\frac{n+1}{n}\right)$;   (4) $\displaystyle\sum_{n=1}^{\infty} (-1)^n \frac{1}{n^p}$.

6. 设正项级数 $\displaystyle\sum_{n=1}^{\infty} u_n$ 和 $\displaystyle\sum_{n=1}^{\infty} v_n$ 都收敛，证明级数 $\displaystyle\sum_{n=1}^{\infty} (u_n + v_n)^2$ 也收敛.

7. 求幂级数 $\displaystyle\sum_{n=1}^{\infty} \frac{2n-1}{2^n} x^{2(n-1)}$ 的和函数，并指出收敛域.

8. 将函数 $f(x) = \ln(2x+4)$ 分别展开成 x 与 $(x+1)$ 的幂级数.

9. 把函数 $\dfrac{\mathrm{d}}{\mathrm{d}x}(x^2 \mathrm{e}^{-x})$ 展开成 x 的幂级数，并求 $\displaystyle\sum_{n=1}^{\infty} \frac{n+2}{n!}$ 的和.

10. 将函数 $f(x) = \begin{cases} 1 & (0 \leqslant x \leqslant h) \\ 0 & (h < x \leqslant \pi) \end{cases}$ 分别展开成正弦级数和余弦级数.

11. 设 $f(x) = \begin{cases} 0 & (1 < |x| \leqslant 4) \\ A & (|x| \leqslant 1) \end{cases}$，写出 $f(x)$ 以 8 为周期的傅里叶级数的和函数 $s(x)$ 在 $[-4,4]$ 上的表达式，其中 A 为不等于零的常数.

11.4.2 同步习题解答

1. 是非题

(1) 非. 例如 $\displaystyle\sum_{n=1}^{\infty} \frac{1}{n}$，虽有 $\lim\limits_{n\to\infty} \dfrac{1}{n} = 0$，但它是发散的.

(2) 是. 因为 $\lim\limits_{n\to\infty} u_n = 0$ 是 $\displaystyle\sum_{n=1}^{\infty} u_n$ 收敛的必要条件，所以当 $\lim\limits_{n\to\infty} u_n \neq 0$ 时 $\displaystyle\sum_{n=1}^{\infty} u_n$ 一定发散.

(3) 是. 假设 $\sum\limits_{n=1}^{\infty}(u_n + v_n)$ 收敛,由已知 $\sum\limits_{n=1}^{\infty}u_n$ 收敛,而 $\sum\limits_{n=1}^{\infty}[(u_n + v_n) - u_n] = \sum\limits_{n=1}^{\infty}v_n$,

则 $\sum\limits_{n=1}^{\infty}v_n$ 收敛. 这与已知条件 $\sum\limits_{n=1}^{\infty}v_n$ 发散相矛盾,故 $\sum\limits_{n=1}^{\infty}(u_n + v_n)$ 必定发散.

(4) 非. 若 $u_n \geqslant 0$,则结论是正确的,否则,结论非真,此举反例如下:

设 $v_n = \dfrac{1}{n^2}$,$u_n = -1$,则显然满足条件 $u_n \leqslant v_n$,但是 $\sum\limits_{n=1}^{\infty}\dfrac{1}{n^2}$ 收敛,而 $\sum\limits_{n=1}^{\infty}(-1)$ 却发散,

这说明结论不成立.

2. 填空题

(1) 由于 $\sum\limits_{n=1}^{\infty}(u_n - a)$ 收敛,根据级数收敛的必要条件知 $\lim\limits_{n\to\infty}(u_n - a) = 0$,从

而 $\lim\limits_{n\to\infty}u_n = a$.

(2) 设 $\sum\limits_{n=1}^{\infty}n(u_n - u_{n-1})$ 的前 n 项和为 s_n,$\sum\limits_{n=1}^{\infty}u_n$ 的前 n 项和为 T_n,则

$$s_n = \sum_{k=1}^{\infty}k(u_k - u_{k-1}) = (u_1 - u_0) + 2(u_2 - u_1) + \cdots + n(u_n - u_{n-1})$$
$$= nu_n - u_0 - u_1 - u_2 - \cdots - u_{n-1} = nu_n - T_n$$

所以 $T_n = nu_n - s_n$. 又已知 $\lim\limits_{n\to\infty}s_n = s$,$\lim\limits_{n\to\infty}nu_n = A$,故 $\sum\limits_{n=1}^{\infty}u_n = \lim\limits_{n\to\infty}T_n = \lim\limits_{n\to\infty}nu_n - \lim\limits_{n\to\infty}s_n = A - s$.

(3) $u_n = s_n - s_{n-1} = \dfrac{2n}{n+1} - \dfrac{2(n-1)}{n} = \dfrac{2}{n(n+1)}$.

(4) 由于 $R = \lim\limits_{n\to\infty}\left|\dfrac{a_n}{a_{n+1}}\right|$,所以 $\lim\limits_{n\to\infty}\left|\dfrac{a_{n+1}x^{2(n+1)}}{a_n x^{2n}}\right| = \dfrac{1}{R}x^2 = \dfrac{x^2}{2}$. 由比值审敛法知,当 $\dfrac{x^2}{2} <$

1,即 $|x| < \sqrt{2}$ 时,$\sum\limits_{n=1}^{\infty}a_n x^{2n+1}$ 收敛,故它的收敛半径为 $\sqrt{2}$.

(5) 由 $e^x = \sum\limits_{n=0}^{\infty}\dfrac{x^n}{n!}$,$(-\infty, +\infty)$,得 $\sum\limits_{n=0}^{\infty}(-1)^n\dfrac{x^{2n}}{n!} = \sum\limits_{n=0}^{\infty}\dfrac{(-x^2)^n}{n!} = e^{-x^2}$.

(6) $s(-3\pi) = s(-3\pi + 2\pi + 2\pi) = s(\pi)$,将 $f(x)$ 先作偶延拓,再作周期延拓后所得到的周期函数在 $x = \pi$ 处连续,故根据收敛定理知 $s(\pi) = f(\pi) = \pi$.

3. 单项选择题

(1) 因为 $\lim\limits_{n\to\infty}\dfrac{\left|(-1)^n\left(1 - \cos\dfrac{a}{n}\right)\right|}{\dfrac{1}{n^2}} = \lim\limits_{n\to\infty}\dfrac{1 - \cos\dfrac{a}{n}}{\dfrac{1}{n^2}} = \dfrac{a^2}{2}$,又级数 $\sum\limits_{n=1}^{\infty}\dfrac{1}{n^2}$ 收敛,从而

由比较审敛法的极限形式可知原级数绝对收敛. 故应选择 A.

(2) 因为 $\left|\dfrac{a_n}{n}\right| \leqslant \dfrac{a_n^2 + \dfrac{1}{n^2}}{2}$,而 $\sum\limits_{n=1}^{\infty}a_n^2$ 与 $\sum\limits_{n=1}^{\infty}\dfrac{1}{n^2}$ 均收敛,因此级数 $\sum\limits_{n=1}^{\infty}\left|\dfrac{a_n}{n}\right|$ 收敛,所以级

数 $\sum\limits_{n=1}^{\infty}\dfrac{a_n}{n}$ 绝对收敛,故应选择 A.

（3）将原给定级数 $\sum\limits_{n=1}^{\infty}(-1)^n a_n 2^n$ 视为幂级数 $\sum\limits_{n=1}^{\infty} a_n x^n$ 在 $x=-2$ 处的特殊情况,且该

幂级数 $\sum\limits_{n=1}^{\infty} a_n x^n$ 在 $x=-2$ 处收敛,故知此幂级数的收敛半径 $R \geqslant 2$,而级数 $\sum\limits_{n=1}^{\infty} a_n$ 相当于

$\sum\limits_{n=1}^{\infty} a_n x^n$ 在 $x=1$ 处的特殊情况,因而它是绝对收敛的,故应选择 B.

（4）$f(x)$ 在 $x=\dfrac{1}{2}$ 处连续,将 $f(x)$ 先作偶延拓,再作周期延拓后得到的周期函数在

$x=-\dfrac{1}{2}$ 处也连续,故它的余弦级数在 $x=-\dfrac{1}{2}$ 处收敛于 $f\left(-\dfrac{1}{2}\right)=f\left(\dfrac{1}{2}\right)=\dfrac{1}{2}+1=\dfrac{3}{2}$.
故应选择（D）.

4. 解 （1）因为 $\lim\limits_{n \to \infty} \dfrac{n+3}{n(n+1)(n+2)} \Big/ \dfrac{1}{n^2}=1$,而 $\sum\limits_{n=1}^{\infty} \dfrac{1}{n^2}$ 收敛,所以由比较法知原

级数收敛.

（2）因为 $\lim\limits_{n \to \infty} \dfrac{1}{n \sqrt[n]{n}} \Big/ \dfrac{1}{n}=1$,而 $\sum\limits_{n=1}^{\infty} \dfrac{1}{n}$ 发散,所以原级数发散.

（3）因为 $\lim\limits_{n \to \infty} \dfrac{u_{n+1}}{u_n} = \lim\limits_{n \to \infty} \dfrac{[(n+1)!]^2}{2(n+1)^2} \cdot \dfrac{2n^2}{(n!)^2}=\infty$,所以由比值审敛法知原级数

发散.

（4）原级数为正项级数,且 $\dfrac{n}{2^n}\cos^2\dfrac{n\pi}{3} \leqslant \dfrac{n}{2^n}$,而 $\lim\limits_{n \to \infty} \dfrac{n+1}{2^{n+1}} \Big/ \dfrac{n}{2^n}=\dfrac{1}{2}<1$,由比值审敛法

知 $\sum\limits_{n=1}^{\infty} \dfrac{n}{2^n}$ 收敛. 再由比较审敛法推得原级数收敛.

（5）因为 $\lim\limits_{n \to \infty}(-1)^n \dfrac{n}{n+1} \neq 0$,所以原级数发散.

（6）因为 $\lim\limits_{n \to \infty} \left| \dfrac{(n+1)^{n+1}\sin^{n+1}\dfrac{2}{n+1}}{n^n \sin^n \dfrac{2}{n}} \right|=2>1$,由比值审敛法知原级数发散.

5. 解 （1）因为 $\sum\limits_{n=1}^{\infty} \left|(-1)^{n-1} \dfrac{n}{2^n}\right|=\sum\limits_{n=1}^{\infty} \dfrac{n}{2^n}$ 收敛,所以原级数绝对收敛.

（2）记 $u_n=(-1)^{n+1}\left(1-\cos\dfrac{1}{n}\right)$. 因为 $\lim\limits_{n \to \infty} \dfrac{|u_n|}{\dfrac{1}{n^2}}=\dfrac{1}{2}$,而 $\sum\limits_{n=1}^{\infty} \dfrac{1}{n^2}$ 收敛,所以由比较

审敛法知 $\sum\limits_{n=1}^{\infty}|u_n|$ 收敛,即原级数绝对收敛.

（3）记 $u_n=(-1)^{n+1}\ln\left(\dfrac{n+1}{n}\right)$. 因为 $\lim\limits_{n \to \infty} \dfrac{|u_n|}{\dfrac{1}{n}}=\lim\limits_{n \to \infty} n\ln\left(\dfrac{n+1}{n}\right)=\lim\limits_{n \to \infty}\ln\left(1+\dfrac{1}{n}\right)^n=$

$\ln e=1$,而 $\sum\limits_{n=1}^{\infty} \dfrac{1}{n}$ 发散,由比较审敛法知 $\sum\limits_{n=1}^{\infty}|u_n|$ 发散.

$\sum\limits_{n=1}^{\infty}(-1)^{n+1}\ln\dfrac{n+1}{n}$ 是交错级数,令 $f(x)=\ln\dfrac{x+1}{x}(x>0)$,则 $f'(x)=\dfrac{1}{x+1}-\dfrac{1}{x}=$

$-\dfrac{1}{x(x+1)}<0$，所以 $f(x)$ 单调减少，故 $\ln\dfrac{(n+1)+1}{n+1}<\ln\dfrac{n+1}{n}$；又 $\lim\limits_{n\to\infty}\ln\dfrac{n+1}{n}=$

$\lim\limits_{n\to\infty}\ln\left(1+\dfrac{1}{n}\right)=0$，由莱布尼兹审敛法知原级数收敛，且是条件收敛.

(4) $\displaystyle\sum_{n=1}^{\infty}\left|(-1)^n\dfrac{1}{n^p}\right|=\sum_{n=1}^{\infty}\dfrac{1}{n^p}$. 当 $p>1$ 时，因为 $\displaystyle\sum_{n=1}^{\infty}\dfrac{1}{n^p}$ 收敛，所以原级数绝对收敛；当

$0<p\leqslant1$ 时，$\displaystyle\sum_{n=1}^{\infty}\dfrac{1}{n^p}$ 发散，但 $\displaystyle\sum_{n=1}^{\infty}(-1)^n\dfrac{1}{n^p}$ 收敛，所以原级数条件收敛；当 $p\leqslant0$ 时，由于

$\lim\limits_{n\to\infty}\dfrac{(-1)^n}{n^p}\neq0$，所以原级数发散.

6. 证明　由于正项级数 $\displaystyle\sum_{n=1}^{\infty}u_n$ 和 $\displaystyle\sum_{n=1}^{\infty}v_n$ 都收敛，由收敛级数的性质知，正项级数

$\displaystyle\sum_{n=1}^{\infty}(u_n+v_n)$ 收敛，且 $\lim\limits_{n\to\infty}(u_n+v_n)=0$. 根据极限的定义知，当 n 充分大时有 $u_n+v_n<1$，

此时有 $(u_n+v_n)^2<u_n+v_n$，故由比较审敛法知 $\displaystyle\sum_{n=1}^{\infty}(u_n+v_n)^2$ 收敛.

7. 解　设所求幂级数的和函数为 $s(x)$，则有

$$
\begin{aligned}
s(x)&=\sum_{n=1}^{\infty}\frac{2n-1}{2^n}x^{2(n-1)}=\frac{1}{2}\sum_{n=1}^{\infty}(2n-1)\left(\frac{x}{\sqrt{2}}\right)^{2n-2}\\
&=\frac{\sqrt{2}}{2}\sum_{n=1}^{\infty}\left[\left(\frac{x}{\sqrt{2}}\right)^{2n-1}\right]'=\frac{\sqrt{2}}{2}\left[\sum_{n=0}^{\infty}\left(\frac{x}{\sqrt{2}}\right)^{2n+1}\right]'\\
&=\frac{\sqrt{2}}{2}\left\{\frac{x}{\sqrt{2}}\cdot\sum_{n=0}^{\infty}\left[\left(\frac{x}{\sqrt{2}}\right)^2\right]^n\right\}'\\
&=\frac{\sqrt{2}}{2}\left[\frac{x}{\sqrt{2}}\cdot\frac{1}{1-\left(\frac{x}{\sqrt{2}}\right)^2}\right]'\\
&=\left(\frac{x}{2-x^2}\right)'=\frac{2+x^2}{(2-x^2)^2},\quad-\sqrt{2}<x<\sqrt{2}
\end{aligned}
$$

8. 解　利用 $\ln(1+x)=\displaystyle\sum_{n=1}^{\infty}\dfrac{(-1)^{n-1}}{n}x^n\,(-1<x\leqslant1)$ 得

$$
\ln(2x+4)=\ln4\left(1+\frac{x}{2}\right)=2\ln2+\sum_{n=1}^{\infty}\frac{(-1)^{n-1}}{n}\left(\frac{x}{2}\right)^n
$$

$$
=2\ln2+\sum_{n=1}^{\infty}\frac{(-1)^{n-1}}{n\cdot2^n}x^n,\quad-2<x\leqslant2
$$

$$
\ln(2x+4)=\ln2(x+2)=\ln2+\ln[1+(x+1)]
$$

$$
=\ln2+\sum_{n=1}^{\infty}\frac{(-1)^{n-1}}{n}(x+1)^n,\quad-2<x\leqslant0
$$

9. 解　利用 $e^x=\displaystyle\sum_{n=0}^{\infty}\dfrac{x^n}{n!}\,(-\infty<x<+\infty)$，得

$$\frac{\mathrm{d}}{\mathrm{d}x}(x^2\mathrm{e}^{-x}) = 2x\mathrm{e}^{-x} - x^2\mathrm{e}^{-x} = 2x\sum_{n=0}^{\infty}\frac{(-1)^n x^n}{n!} - x^2\sum_{n=0}^{\infty}\frac{(-1)^n x^n}{n!}$$

$$= 2\sum_{n=0}^{\infty}\frac{(-1)^n x^{n+1}}{n!} - \sum_{n=0}^{\infty}\frac{(-1)^n x^{n+2}}{n!}, \quad -\infty < x < +\infty$$

$$\sum_{n=0}^{\infty}\frac{n+2}{n!} = \sum_{n=0}^{\infty}\frac{n}{n!} + 2\sum_{n=0}^{\infty}\frac{1}{n!} = \sum_{n=1}^{\infty}\frac{1}{(n-1)!} + 2\mathrm{e} = \mathrm{e} + 2\mathrm{e} = 3\mathrm{e}$$

10. **解** 对 $f(x)$ 作奇延拓,有

$$a_n = 0, n = 0, 1, 2, \cdots$$

$$b_n = \frac{2}{\pi}\int_0^{\pi} f(x)\sin nx \, \mathrm{d}x = \frac{2}{\pi}\int_0^{h}\sin nx \, \mathrm{d}x$$

$$= \frac{2}{n\pi}(1 - \cos nh), \quad n = 1, 2, \cdots$$

$f(x)$ 的正弦级数展开式为

$$f(x) = \frac{2}{\pi}\sum_{n=1}^{\infty}\frac{1 - \cos nh}{n}\sin nx, \quad 0 < x \leqslant \pi, x \neq h$$

对 $f(x)$ 作偶延拓,有

$$b_n = 0, \quad n = 1, 2, \cdots$$

$$a_0 = \frac{2}{\pi}\int_0^{\pi} f(x)\,\mathrm{d}x = \frac{2}{\pi}\int_0^{h}\mathrm{d}x = \frac{2h}{\pi}$$

$$a_n = \frac{2}{\pi}\int_0^{\pi} f(x)\cos nx \, \mathrm{d}x = \frac{2}{\pi}\int_0^{h}\cos nx \, \mathrm{d}x$$

$$= \frac{2}{n\pi}\sin nh, \quad n = 1, 2, \cdots$$

$f(x)$ 的余弦级数展式为

$$f(x) = \frac{h}{\pi} + \frac{2}{\pi}\sum_{n=1}^{\infty}\frac{\sin nh}{n}\cos nx, \quad 0 \leqslant x \leqslant \pi, x \neq h$$

11. $f(x)$ 在 $[-4,4]$ 上有间断点 $x = \pm 1$,根据收敛定理,得

$$s(x) = \begin{cases} 0, & 1 < |x| \leqslant 4 \\ A, & |x| < 1 \\ \dfrac{A}{2}, & x = \pm 1 \end{cases}$$

第12章 自测试题及解答

12.1 自测试题及解答(上)

12.1.1 自测试题(上)

自测试题一

1. 填空题

(1) 设 $f(x)$ 的定义域是 $(1,2]$，则 $f\left(\dfrac{1}{x+1}\right)$ 的定义域是_____.

(2) 已知曲线 L 的参数方程为 $\begin{cases} x = 2(t - \sin t) \\ y = 2(1 - \cos t) \end{cases}$，则曲线 L 在 $t = \dfrac{\pi}{2}$ 处的切线方程为_____.

(3) 设 $\int f(x)\mathrm{d}x = \sin x + C$，则 $\int f^{(n)}(x)\mathrm{d}x$ _____.

(4) 由定积分的定义知，$\displaystyle\lim_{n\to\infty}\sum_{k=1}^{n}\dfrac{n}{n^2 + k^2} =$ _____.

(5) 曲线上点 (x,y) 处的切线斜率为该点纵坐标的平方，则此曲线的方程是_____.

2. 单项选择题

(1) 设 $f(x),\phi(x)$ 在点 $x = 0$ 的某邻域内连续，且当 $x \to 0$ 时，$f(x)$ 是 $\phi(x)$ 的高阶无穷小，则当 $x \to 0$ 时，$\displaystyle\int_0^x f(t)\sin t\,\mathrm{d}t$ 是 $\displaystyle\int_0^x t\phi(t)\,\mathrm{d}t$ 的(   ).

    A. 低阶无穷小   B. 高阶无穷小

    C. 同阶非等价无穷小   D. 等价无穷小

(2) 设 $f(x) = -f(-x)\ (-\infty < x < +\infty)$，且在 $(-\infty,0)$ 内 $f'(x) > 0, f''(x) < 0$，则在 $(0, +\infty)$ 内(   ).

    A. $f'(x) > 0, f''(x) < 0$ B. $f'(x) > 0, f''(x) > 0$

    C. $f'(x) < 0, f''(x) < 0$ D. $f'(x) < 0, f''(x) > 0$

(3) 设 $y = f(t), t = \phi(x)$ 都可微，则 $\mathrm{d}y = ($).

    A. $f'(t)\mathrm{d}t$;   B. $\varphi'(x)\mathrm{d}x$;   C. $f'(t)\varphi'(x)\mathrm{d}t$;   D. $f'(t)\mathrm{d}x$

(4) $\displaystyle\int_{-1}^{1}\left(x + 1 + \sqrt{1 - x^2}\right)\mathrm{d}x = ($).

    A. $\dfrac{\pi}{2} + \dfrac{1}{2}$ B. $\dfrac{\pi}{2} + \dfrac{1}{4}$ C. $\dfrac{\pi}{2} + 2$ D. $\dfrac{\pi}{4} + \dfrac{1}{4}$

(5) 心形线 $r = 4(1 + \cos\theta)$ 与直线 $\theta = 0, \theta = \dfrac{\pi}{2}$ 围成的平面图形绕极轴旋转所得的旋转体的体积 $V = ($).

A. $\displaystyle\int_0^{\frac{\pi}{2}} \pi 16(1+\cos\theta)^2 \mathrm{d}\theta$

B. $\displaystyle\int_0^{\frac{\pi}{2}} \pi 16(1+\cos\theta)^2 \sin^2\theta \mathrm{d}\theta$

C. $\displaystyle\int_{\frac{\pi}{2}}^0 \pi 16(1+\cos\theta)^2 \sin^2\theta \mathrm{d}[4(1+\cos\theta)\cos\theta]$

D. $\displaystyle\int_0^{\frac{\pi}{2}} \pi 16(1+\cos\theta)^2 \sin^2\theta \mathrm{d}[4(1+\cos\theta)\cos\theta]$

3. 求初值问题 $\begin{cases} x\mathrm{d}y = (2y + 3x^4 + x^2)\mathrm{d}x \\ \quad y\big|_{x=1} = -2 \end{cases}$ 的解.

4. 设函数 $f(x) = \begin{cases} \dfrac{\sin 2x}{|x|} & (x < 0) \\ 0 & (x = 0) \\ 2x^2 - 2 & (0 < x \leqslant 1) \\ x & (x > 1) \end{cases}$,指出 $f(x)$ 的间断点,并判定其类型.

5. 求极限 $\displaystyle\lim_{x \to 0} \frac{\mathrm{e}^x \sin x - x(1+x)}{x^3}$.

6. 试讨论 $f(x) = \begin{cases} \ln(1+x) & (x \geqslant 0) \\ \mathrm{e}^{\sin x} & (x < 0) \end{cases}$ 的可导性,并在可导处求出 $f'(x)$.

7. 设 $y = y(x)$ 由方程 $y - x + \tan y = 1$ 所确定,求 $y''(x)$.

8. 求 $\displaystyle\int \mathrm{e}^{\sqrt{x}} \, \mathrm{d}x$.

9. 求 $\displaystyle\int \frac{\cos^4 \dfrac{x}{2} + \sin^4 \dfrac{x}{2}}{\sin^2 x} \, \mathrm{d}x$.

10. 求 $\displaystyle\int_1^{\mathrm{e}} \frac{\ln x + 3}{x} \mathrm{d}x$.

11. 设 $f(x) = \displaystyle\int_x^{x+\frac{\pi}{2}} |\sin t| \, \mathrm{d}t$,证明:$f(x)$ 是以 π 为周期的周期函数.

12. 当 $0 < x < 1$ 时,证明:$\mathrm{e}^{-x} + \sin x < 1 + \dfrac{x^2}{2}$.

13. 抛物线 $y^2 = 2px(p > 0)$ 和直线 $x = a(a > 0)$ 的内接矩形(一边在 $x = a$ 上)的宽度 EF 多少时,其面积最大?

14. 求由曲线 $y = \mathrm{e}^{2x}$,x 轴及该曲线过原点的切线所围成的平面图形的面积.

15. 设 $f(x)$ 在 (a,b) 内连续,在 $[a,b]$ 上可导,且当 $x \in (a,b)$ 时,$f(x) \neq 0$. 若 $f(a) = f(b) = 0$,证明对任意实数 k 存在点 $\xi (a < \xi < b)$ 使 $\dfrac{f'(\xi)}{f(\xi)} = k$.

自测试题二

1. 填空题

(1) 设 $f(x) = \sqrt{x + 1} + \ln(2 - x)$,则 $f(x)$ 的定义域用区间表示为_____.

(2) 要使 $f(x) = (1 + x^2)^{-\frac{2}{x^2}}$ 在 $x = 0$ 处连续,应补充定义 $f(0)$ 的值为 _____.

(3) 设 $\begin{cases} x = \int_0^t \dfrac{\sin u}{u}\mathrm{d}u \\ y = \cos t(t > 0) \end{cases}$ 则 $\dfrac{\mathrm{d}y}{\mathrm{d}x} =$ _____.

(4) $\dfrac{\mathrm{d}}{\mathrm{d}x}\int_a^b \sin(x^2 + 1)\mathrm{d}x =$ _____,其中 a 和 b 都是常数.

(5) 曲线上任一点处的切线斜率恒为该点的横坐标与纵坐标之比,则此曲线的方程是 _____.

2. 选择题

(1) 下列极限中,不正确的是( ).

    A. $\lim\limits_{x \to 3^-}(x + 1) = 4$ B. $\lim\limits_{x \to 0^-} \mathrm{e}^{\frac{1}{x}} = 0$

    C. $\lim\limits_{x \to 0}\left(\dfrac{1}{2}\right)^{\frac{1}{x}} = 0$ D. $\lim\limits_{x \to 1}\dfrac{\sin(x - 1)}{x} = 0$

(2) 曲线 $y = (x - 1)^3 - 1$ 的拐点是( ).

    A. $(2, 0)$ B. $(1, -1)$ C. $(0, -2)$ D. 不存在

(3) 设 $y = \ln(\pi x^2)$,$x > 0$,则 $\mathrm{d}y = ($).

    A. $\dfrac{1}{\pi x^2}\mathrm{d}x$ B. $\dfrac{2}{x}\mathrm{d}x$ C. $\dfrac{\pi}{x}\mathrm{d}x$ D. $\left(\dfrac{1}{\pi} + \dfrac{2}{x}\right)\mathrm{d}x$

(4) 设 $\mathrm{e}^x = t$,则 $\int_0^1 \dfrac{\sqrt{\mathrm{e}^x}}{\sqrt{\mathrm{e}^x + \mathrm{e}^{-x}}}\mathrm{d}x = ($).

    A. $\int_0^{\mathrm{e}} \dfrac{\sqrt{t}}{\sqrt{t + t^{-1}}}\mathrm{d}t$ B. $\int_0^{\mathrm{e}} \dfrac{1}{\sqrt{t + 1}}\mathrm{d}t$

    C. $\int_1^{\mathrm{e}} \dfrac{1}{\sqrt{t^2 + 1}}\mathrm{d}t$ D. $\int_1^{\mathrm{e}} \dfrac{\sqrt{t}}{\sqrt{t + t^{-1}}}\mathrm{d}t$

(5) 曲线 $y = x^2$ 和 $y = \sqrt{x}$ 所围成的平面图形的面积是( ).

    A. 1 B. $\dfrac{1}{2}$ C. $\dfrac{1}{3}$ D. $\dfrac{1}{4}$

3. 求数列的极限 $\lim\limits_{n \to \infty} \dfrac{1}{n + 2}\left[(1 + 2 + 3 + \cdots + (n - 1)) - \dfrac{n^2}{2}\right]$.

4. 求极限 $\lim\limits_{x \to 0}\left[\dfrac{3}{x} - \dfrac{\ln(1 + 3x)}{x^2}\right]$.

5. 设 $y = \ln\sqrt{\dfrac{1 - \sin x}{1 + \sin x}} + \mathrm{e}^{\tan x}$,求 $y'(x)$.

6. 设 $y = y(x)$ 由方程 $x^y + 2x^2 - y = 1$ 所确定,求 $y''(1)$.

7. 求 $\int \dfrac{\sin^3 x}{\sqrt{\cos x}}\mathrm{d}x$.

8. 求 $\int \dfrac{x}{x^2 - 5x + 6}\mathrm{d}x$.

9. 计算积分 $\int_0^{\frac{\pi}{4}} \dfrac{x}{1 + \cos 2x}\mathrm{d}x$.

10. 计算积分 $\int_{-2}^{2} \min(|x|, x^2) \mathrm{d}x$.

11. 证明:当 $x \geqslant 0$ 时,$\ln(1+x) \geqslant \dfrac{\arctan x}{1+x}$.

12. 在一页书纸上排印文字占 $s(\mathrm{cm}^2)$,上下边空白处要留 $a(\mathrm{cm})$,左右要留 $b(\mathrm{cm})$,问以怎样的尺寸排印才能最节省纸张?

13. 求曲线 $r = 1 + \cos\theta$ 上相应于 $\theta \in [0, \pi]$ 的一段弧的长度.

14. 求微分方程 $y' = y + \mathrm{e}^{2x}$ 的通解.

15. 设 $x_1 = \dfrac{1}{2}, x_2 = \dfrac{1 \cdot 3}{2 \cdot 4}, \cdots, x_n = \dfrac{1 \cdot 3 \cdot 5 \cdots (2n-1)}{2 \cdot 4 \cdot 6 \cdots (2n)}$.

(1) 证明:$x_n < \dfrac{1}{\sqrt{2n+1}}$.

(2) 求极限 $\lim\limits_{n \to \infty} x_n$.

自测试题三

1. 填空题

(1) 设 $|x| < \dfrac{\pi}{2}$,则 $\mathrm{d}(\sin\sqrt{\cos x}) = \underline{\qquad\qquad} \mathrm{d}\cos x$.

(2) 设 $\begin{cases} x = \int_0^t \dfrac{\sin u}{u} \mathrm{d}u \\ y = \cos t (t > 0) \end{cases}$,则 $\dfrac{\mathrm{d}y}{\mathrm{d}x} = \underline{\qquad\qquad}$.

(3) $\int_{-\frac{1}{2}}^{\frac{1}{2}} \sin x^2 \cdot \ln\dfrac{1+x}{1-x} \mathrm{d}x = \underline{\qquad\qquad}$.

(4) 若某个二阶常系数线性齐次微分方程的通解为 $y = C_1 + C_2 x$,其中 C_1, C_2 为独立的任意常数,则该方程为 $\underline{\qquad\qquad}$.

(5) 函数 $f(x) = 1 - \sqrt[3]{x^2}$ 在 $[-1, 1]$ 上不具有罗尔定理的结论,其原因是由于 $f(x)$ 不满足罗尔定理的一个条件 $\underline{\qquad\qquad}$.

2. 选择题

(1) 设 $f(x) = \begin{cases} \dfrac{\tan kx}{x} & (x > 0) \\ x + 2 & (x \leqslant 0) \end{cases}$,若 $f(x)$ 在 $x = 0$ 处连续,则 k 的值是( ).

  A. 1   B. 2   C. -1 D. -2

(2) 设 $f(x)$ 可导,$F(x) = f(x)(1 + |\sin x|)$,若 $F(x)$ 在 $x = 0$ 处可导,则必有( ).

  A. $f(0) = 0$ B. $f'(0) = 0$

  C. $f(0) + f'(0) = 0$.   D. $f(0) - f'(0) = 0$

(3) 设 $I(x) = \int_x^{x^2} \sin t \mathrm{d}t$,则 $I'(x) = ($).

  A. $\cos x^2 - \cos x$ B. $2x\cos x^2 - \cos x$

  C. $2x\sin x^2 - \sin x$ D. $2x\sin x^2 + \sin x$

(4) 曲线 $y = \dfrac{1}{x}, y = x, x = 2$ 所围成的平面图形的面积 $A = ($).

$$\text{A. } \int_1^2 \left(\frac{1}{x} - x \right) dx \qquad\qquad \text{B. } \int_1^2 \left(x - \frac{1}{x} \right) dx$$

$$\text{C. } \int_1^2 \left(2 - \frac{1}{y} \right) dy + \int_1^2 (2 - y) dy \qquad \text{D. } \int_1^2 \left(2 - \frac{1}{x} \right) dx + \int_1^2 (2 - x) dx$$

(5) 若当 $x \to 0$ 时, $\alpha(x) = \sqrt[3]{1 + ax^2} - 1$ 与 $\beta(x) = \cos x - 1$ 是等价无穷小, 则 $a =$ (　　).

$$\text{A. } \frac{1}{2} \qquad\qquad \text{B. } \frac{3}{2} \qquad\qquad \text{C. } -\frac{1}{2} \qquad\qquad \text{D. } -\frac{3}{2}$$

3. 求数列的极限 $\lim\limits_{n \to \infty} \left(1 - \frac{1}{2^2} \right) \left(1 - \frac{1}{3^2} \right) \cdots \left(1 - \frac{1}{n^2} \right)$.

4. 求极限 $\lim\limits_{x \to 0^+} \left(\frac{1}{x} \right)^{\tan x}$.

5. 设 $y = \arcsin(f(e^x))$, $|f(u)| < 1$, $f(u)$ 为可导函数, 求 $y'(x)$.

6. 设 $y = y(x)$ 由方程 $y = e^{\frac{x+y}{x}}$ 所确定, 求 y'.

7. 求 $\int \dfrac{1 - \ln x}{x^2} dx$.

8. 求 $\int \dfrac{\ln \tan x}{\cos x \cdot \sin x} dx$.

9. 求 $\int_0^1 e^{\sqrt{2x+1}} dx$.

10. 求 $\int_0^1 \dfrac{2x + 3}{1 + x^2} dx$.

11. 要做一个容积为 V 的圆柱形罐头筒, 问怎样设计才能使所用材料最省?

12. 求微分方程 $y' + y\cos x = \sin 2x$ 的通解.

13. 求微分方程 $4y' + y'' = 4xy'$ 的通解.

14. 对于任意实数 x, 恒有 $xe^{1-x} \leqslant 1$.

15. 求曲线 $\begin{cases} x = \cos^3 t, \\ y = \sin^3 t \end{cases}$ 上相应于 $t \in \left[0, \dfrac{\pi}{2} \right]$ 的一段弧的长度.

16. 设 $a = -1, b > 1, f(x) = |x|^{-1}$.

(1) 求证: $f(x)$ 在 $[a, b]$ 上不满足拉格朗日微分中值定理的条件.

(2) 若 $b > \sqrt{2} + 1$, 求证存在 $\xi \in (a, b)$, 使 $f(b) - f(a) = f'(\xi)(b - a)$.

自测试题四

1. 填空题

(1) 设 $f(x) = x\cot 2x\ (x \neq 0)$, 要使 $f(x)$ 在 $x = 0$ 点处连续, 则 $f(0) =$ _____.

(2) 设 $\int f(x) dx = \sin x + C$, 求 $\int f^{(n)}(x) dx =$ _____.

(3) 设 $a \neq 1$, 则积分 $\int_{-\frac{\pi}{2}}^{\frac{\pi}{2}} \dfrac{\sin \theta}{(1 - 2a\cos \theta + a^2)^2} d\theta =$ _____.

(4) 若方程 $y'' + py' + qy = 0$ (p, q 均为实常数) 有特解 $y_1 = e^{-x}, y_2 = e^{3x}$, 则 p 等于

_____.

(5) 设 $y = \sin x - 2x$,则其反函数 $x = x(y)$ 的导数 $x'(y) = $ _____.

2. 选择题

(1) $f(x) = \dfrac{1 - e^{\frac{1}{x}}}{1 + e^{\frac{1}{x}}}$,点 $x = 0$ 是 $f(x)$ 的( ).

    A. 可去间断点   B. 跳跃间断点   C. 无穷间断点   D. 连续点

(2) 微分方程 $y'' - y' = x^2$ 的一个特解应具有形式( ).

    A. Ax^2 B. $Ax^2 + Bx + C$

    C. Ax^3 D. $x(Ax^2 + Bx + C)$

(3) 当 $x \to 0$ 时,$\sin x(1 - \cos x)$ 是 x^3 的( ).

    A. 同阶无穷小,但不是等价无穷小   B. 等价无穷小

    C. 高阶无穷小   D. 低阶无穷小

(4) 封闭曲线 $|x| + |y| = 1$ 所围平面图形面积为( ).

    A. $\dfrac{1}{2}$ B. 1   C. $\dfrac{3}{2}$ D. 2

(5) 设 $f(x)$ 为连续函数,且 $F(x) = \displaystyle\int_{\frac{1}{x}}^{\ln x} f(t)\,\mathrm{d}t$,则 $F'(x)$ 等于( ).

    A. $\dfrac{1}{x}f(\ln x) + \dfrac{1}{x^2}f\left(\dfrac{1}{x}\right)$ B. $\dfrac{1}{x}f(\ln x) + f\left(\dfrac{1}{x}\right)$

    C. $\dfrac{1}{x}f(\ln x) - \dfrac{1}{x^2}f\left(\dfrac{1}{x}\right)$ D. $f(\ln x) - f\left(\dfrac{1}{x}\right)$

3. 求数列的极限 $\displaystyle\lim_{n\to\infty}(\sqrt{n+1} - \sqrt{n})$.

4. 求极限 $\displaystyle\lim_{x\to 0}\dfrac{1}{x^2}\left(\arctan\dfrac{1}{x^2} - \dfrac{\pi}{2}\right)$.

5. 设 $f(u)$ 为可导函数,$y = f(\sin e^{3x}) - 3^{\cos f(x)}$,求 $y'(x)$.

6. 求参数方程 $\begin{cases} x = \displaystyle\int_1^t t\ln t\,\mathrm{d}t \\ y = \displaystyle\int_t^1 t^2\ln t\,\mathrm{d}t \end{cases}$ 所确定的函数 $y = y(x)$ 的二阶导数 $\dfrac{\mathrm{d}^2 y}{\mathrm{d}x^2}$.

7. 求 $\displaystyle\int \ln(x + \sqrt{x^2 + a^2}\,)\,\mathrm{d}x$.

8. 计算 $\displaystyle\int \dfrac{x + e^{\frac{1}{x}}}{x^2}\,\mathrm{d}x$.

9. 计算 $\displaystyle\int_0^3 \dfrac{x}{\sqrt{x+1}}\,\mathrm{d}x$.

10. 计算积分 $\displaystyle\int_0^{2\pi} \sqrt{1 - \cos 2\theta}\,\mathrm{d}\theta$.

11. 试求单位球的内接正圆锥体当其体积为最大时的高与体积.

12. 求微分方程 $y' - \dfrac{1}{x}y = x$ 的通解.

13. 求微分方程 $xy'' - y' = 0$ 的通解.

14. 证明：当 $0 < x < 1$ 时，$\sin\dfrac{\pi}{2}x > x$.

15. 求曲线 $r = a\sin\theta(a > 0)$ 的长度.

16. 设 $f(x)$，$\varphi(x)$ 在 $[a,b]$ 上连续，在 (a,b) 内可导，且 $f(x_1) = f(x_2) = 0$，$x_1,x_2 \in (a,b)$，证明：在 (x_1,x_2) 内至少存在一点 ξ 使 $f'(\xi) + f(\xi) \cdot \varphi'(\xi) = 0$.

自测试题五

1. 填空题

（1）$\lim\limits_{x \to +\infty}\left(\dfrac{x}{x-2}\right)^{3x} = $ _____.

（2）设 $f(x)$ 连续，则 $\dfrac{\mathrm{d}}{\mathrm{d}x}\displaystyle\int_a^x f(y)\,\mathrm{d}y = $ _____.

（3）定积分 $\displaystyle\int_1^{e^3} \dfrac{\mathrm{d}x}{x\sqrt{1+\ln x}} = $ _____.

（4）写出 $f(x) = \mathrm{e}^{2x}$ 的麦克劳林展开式：$\mathrm{e}^{2x} = $ _____.

2. 单项选择题

（1）极限 $\lim\limits_{x \to a}\left(\dfrac{\sin x}{\sin a}\right)^{\frac{1}{x-a}}$ 的值是（　　）.

    A. 1   B. e   C. $\mathrm{e}^{\cot a}$ D. $\mathrm{e}^{\tan a}$

（2）设曲线 $y = x^2 + x - 2$ 在 M 点处的切线的斜率为 3，则点 M 的坐标是（　　）.

    A. $(0,1)$ B. $(1,0)$ C. $(0,0)$ D. $(1,1)$

（3）设 $y = x^3$ 在闭区间 $[0,\ 1]$ 上满足拉格朗日中值定理条件，则定理中的 $\xi = $（　　）.

    A. $-\sqrt{3}$ B. $\sqrt{3}$ C. $-\dfrac{\sqrt{3}}{3}$ D. $\dfrac{\sqrt{3}}{3}$

（4）设 $f(x)$ 为不恒等于零的奇函数，且 $f'(0)$ 存在，则函数 $g(x) = \dfrac{f(x)}{x}$（　　）.

    A. 在 $x = 0$ 处左极限不存在   B. 有跳跃间断点 $x = 0$

    C. 在 $x = 0$ 处右极限不存在   D. 有可去间断点 $x = 0$

（5）由 $[a,\ b]$ 上连续曲线 $y = f(x)$，直线 $x = a$，$x = b(a < b)$ 和 x 轴围成图形的面积为（　　）.

    A. $\displaystyle\int_a^b f(x)\,\mathrm{d}x$ B. $\left|\displaystyle\int_a^b f(x)\,\mathrm{d}x\right|$

    C. $\displaystyle\int_a^b |f(x)|\,\mathrm{d}x$ D. $\dfrac{[f(b) + f(a)](b - a)}{2}$

3. 是非判断题

（1）不存在既是奇函数又是偶函数的函数.   （　　）

（2）一个函数在一点连续却不一定在该点可导.   （　　）

（3）设函数 $f(x)$ 的原函数存在，k 为常数，则有 $\displaystyle\int kf(x)\,\mathrm{d}x = k\displaystyle\int f(x)\,\mathrm{d}x$.   （　　）

（4）$\displaystyle\int_a^b kf(x)\,\mathrm{d}x = k\displaystyle\int_a^b f(x)\,\mathrm{d}x$，$k$ 为常数.   （　　）

4. 求极限 $\lim\limits_{x \to a} \dfrac{\sin x}{x - a} \displaystyle\int_a^x f(t)\,\mathrm{d}t$, 其中 $f(x)$ 连续.

5. 设 $x^y = y^x$, 求 $\dfrac{\mathrm{d}y}{\mathrm{d}x}$.

6. 一根长为 L 的铁丝, 将其分为两段, 分别拼成圆形和正方形, 若记圆形的面积为 S_1, 正方形的面积为 S_2, 证明: 当 $S_1 + S_2$ 为最小时, $\dfrac{S_1}{S_2} = \dfrac{\pi}{4}$.

7. 求参数方程 $\begin{cases} x = \displaystyle\int_1^t t \ln t\,\mathrm{d}t \\ y = \displaystyle\int_t^1 t^2 \ln t\,\mathrm{d}t \end{cases}$ 所确定的函数 $y = y(x)$ 的二阶导数 $\dfrac{\mathrm{d}^2 y}{\mathrm{d}x^2}$.

8. 求 $\displaystyle\int \dfrac{x^2}{(x-1)^{100}}\,\mathrm{d}x$.

9. 证明不等式 $\dfrac{2}{\sqrt[4]{e}} \leqslant \displaystyle\int_0^2 \mathrm{e}^{x^2 - x}\,\mathrm{d}x \leqslant 2\mathrm{e}^2$.

10. 计算星形线 $\begin{cases} x = a\cos^3 t \\ y = a\sin^3 t \end{cases}$ 的全长.

11. 已知 $x_0 = 1, x_{n+1} = 1 + \dfrac{x_n}{1 + x_n}\ (n \geqslant 0)$, 证明 $\{x_n\}$ 极限存在, 并求 $\lim\limits_{n \to \infty} x_n$.

12. 设 $f''(0) < 0, f(0) = 0$, 证明: 对任何实数 $x_1 > 0, x_2 > 0$ 有不等式 $f(x_1 + x_2) < f(x_1) + f(x_2)$ 成立.

12.1.2 自测试题解答(上)

自测试题一答案

1. (1) $\left[-\dfrac{1}{2}, 0 \right)$.　　(2) $x - y = \pi - 4$.　　(3) $\sin\left(x + \dfrac{n\pi}{2} \right) + c$.

　(4) $\dfrac{\pi}{4}$.　　　　(5) $y = -\dfrac{1}{x + C}$.

2. (1) B.　(2) B.　(3) A.　(4) C.　(5) C.

3. **解** 两边除以 x 和 $\mathrm{d}x$, 并将 $\dfrac{2y}{x}$ 移到等式左端, 得

$$\dfrac{\mathrm{d}y}{\mathrm{d}x} - \dfrac{2}{x} y = 3x^3 + x$$

通解为

$$y = x^2 \left(C + \dfrac{3}{2} x^2 + \ln x \right)$$

由初始值求得

$$C = -\dfrac{7}{2}$$

原问题的解为

$$y = \dfrac{3}{2} x^4 + \left(\ln x - \dfrac{7}{2} \right) x^2$$

4. 解 $f(0-0) = \lim\limits_{x \to 0-0} f(x) = \lim\limits_{x \to 0-0} \dfrac{\sin 2x}{|x|} = \lim\limits_{x \to 0-0} \dfrac{\sin 2x}{-x} = -2$

$f(0+0) = \lim\limits_{x \to 0+0} f(x) = \lim\limits_{x \to 0+0} (2x^2 - 2) = -2$

即 $\lim\limits_{x \to 0} f(x) = -2$,但 $f(0) = 0$,所以 $x = 0$ 是 $f(x)$ 的一个可去间断点.

$f(1-0) = \lim\limits_{x \to 1-0} f(x) = \lim\limits_{x \to 1-0} (2x^2 - 2) = 0$

$f(1+0) = \lim\limits_{x \to 1+0} f(x) = \lim\limits_{x \to 1+0} x = 1$

所以 $x = 1$ 是 $f(x)$ 的一个跳跃间断点.

5. 解 原式 $= \lim\limits_{x \to 0} \dfrac{e^x \sin x + e^x \cos x - 1 - 2x}{3x^2}$

$= \lim\limits_{x \to 0} \dfrac{e^x(\sin x + \cos x) + e^x(\cos x - \sin x) - 2}{6x}$

$= \lim\limits_{x \to 0} \dfrac{e^x \cos x - 1}{3x}$

$= \lim\limits_{x \to 0} \dfrac{-e^x \sin x + e^x \cos x}{3}$

$= \dfrac{1}{3}$

6. 解 $f(0-0) = 1 \neq f(0) = 0$,$f(x)$ 在 $x = 0$ 不连续,$f(x)$ 在 $x = 0$ 不可导,则

$$f'(x) = \begin{cases} \dfrac{1}{1+x}, & x > 0 \\ e^{\sin x} \cdot \cos x, & x < 0 \end{cases}$$

7. 解 $y' - 1 + y' \sec^2 y = 0 \quad y' = \dfrac{1}{1 + \sec^2 y}$

$y'' = -\dfrac{2\sec^2 y \tan y \cdot y'}{(1 + \sec^2 y)^2} = -\dfrac{2\sec^2 y \cdot \tan y}{(1 + \sec^2 y)^3}$

8. 解 令 $\sqrt{x} = u, x = u^2, \mathrm{d}x = 2u\mathrm{d}u$

原式 $= 2\displaystyle\int u e^u \mathrm{d}u = 2\left(u e^u - \displaystyle\int e^u \mathrm{d}u \right)$

$= 2u e^u - 2e^u + c = 2\sqrt{x} e^{\sqrt{x}} - 2e^{\sqrt{x}} + c$

9. 解 $\displaystyle\int \dfrac{\cos^4 \dfrac{x}{2} + \sin^4 \dfrac{x}{2}}{\sin^2 x} \mathrm{d}x$

$= \displaystyle\int \dfrac{\cos^4 \dfrac{x}{2} + \sin^4 \dfrac{x}{2} + 2\sin^2 \dfrac{x}{2}\cos^2 \dfrac{x}{2} - 2\sin^2 \dfrac{x}{2}\cos^2 \dfrac{x}{2}}{\sin^2 x} \mathrm{d}x$

$= \displaystyle\int \dfrac{\left(\cos^2 \dfrac{x}{2} + \sin^2 \dfrac{x}{2} \right)^2 - \dfrac{1}{2}(\sin x)^2}{\sin^2 x} \mathrm{d}x$

$= \displaystyle\int \csc^2 x \mathrm{d}x - \dfrac{1}{2} \displaystyle\int \mathrm{d}x$

$= -\cot x - \dfrac{1}{2} x + c$

10. **解** 原式 $= \int_1^e (\ln x + 3) \mathrm{d}(\ln x + 3)$

$$= \frac{1}{2}(\ln x + 3)^2 \Big|_1^e$$

$$= \frac{7}{2}$$

11. **解** 令 $t = u - \pi$

$$f(x) = \int_x^{x+\frac{\pi}{2}} |\sin t| \mathrm{d}t = \int_{x+\pi}^{x+\pi+\frac{\pi}{2}} |\sin u| \mathrm{d}u = f(x + \pi)$$

12. **解** 令 $f(x) = \mathrm{e}^{-x} + \sin x - \left(1 + \dfrac{x^2}{2}\right)$ 在 $[0,1]$ 上连续，$f(0) = 0$，则

$$f'(x) = -\mathrm{e}^{-x} + \cos x - x$$

$$f''(x) = \mathrm{e}^{-x} - \sin x - 1 = -\sin x - (1 - \mathrm{e}^{-x})$$

当 $0 < x < 1$ 时 $f''(x) < 0$，$f'(x)$ 在 $[0,1)$ 上单调减，故 $f'(x) < f'(0) = 0$.

同理 $\qquad\qquad\qquad f(x) < f(0) = 0$

即 $\qquad\qquad\qquad \mathrm{e}^{-x} + \sin x < 1 + \dfrac{x^2}{2}$

13. **解** 设矩形第一象限与抛物线交点 E 的坐标 (x,y) 矩形面积为

$$A = (a - x) \cdot 2\sqrt{2px}$$

$$A' = -2\sqrt{2px} + 2(a - x)\frac{p}{\sqrt{2px}}$$

解得唯一驻点为 $x = \dfrac{a}{3}$.

$$A''\Big|_{\frac{a}{3}} = \frac{-4p}{\sqrt{2px}} + 2(a - x)\frac{-p^2}{(2px)^{\frac{3}{2}}}\Bigg|_{\frac{a}{3}} < 0$$

故 A 有最大值，因此 $EF = a - \dfrac{a}{3} = \dfrac{2}{3}a$ 时矩形面积最大.

14. **解** $y' = 2\mathrm{e}^{2x}$. 设切点 (t_0, e^{2t_0})，所以切线 $y = 2\mathrm{e}^{2t_0} x$.

$$\begin{cases} y = \mathrm{e}^{2t_0}, \\ y = 2\mathrm{e}^{2t_0} t_0 \end{cases} \qquad t_0 = \frac{1}{2}$$

切线 $y = 2\mathrm{e}x$，切点 $\left(\dfrac{1}{2}, \mathrm{e}\right)$，所以

$$s = \int_{-\infty}^0 \mathrm{e}^{2x} \mathrm{d}x + \int_0^{\frac{1}{2}} (\mathrm{e}^{2x} - 2\mathrm{e}x) \mathrm{d}x$$

$$= \frac{1}{4}\mathrm{e}$$

15. **证明：**令 $F(x) = f(x)\mathrm{e}^{-kx}$（$k$ 为任意实数），则 $F(x)$ 在 $[a,b]$ 上连续，在 (a,b) 可导.

又因 $f(a) = f(b) = 0$，则 $F(a) = F(b) = 0$，即 $F(x)$ $[a,b]$ 上满足罗尔定理的条件，则至少存在 $\xi \in (a,b)$ 使 $F'(\xi) = 0$. 又 $F'(x) = f'(x)\mathrm{e}^{-kx} - kf(x)\mathrm{e}^{-kx}$，即 $f'(\xi)\mathrm{e}^{-k\xi} - kf(\xi)\mathrm{e}^{-k\xi} = 0$，而 $\mathrm{e}^{-k\xi} \neq 0$，且 $f(\xi) \neq 0$，则 $\dfrac{f'(\xi)}{f(\xi)} =$

k,其中 $\xi \in (a, b)$.

自测试题二答案

1. (1) $[-1, 2)$.　　(2) e^{-2}.　　(3) $-t$.　　(4) 0.　　(5) $x^2 - y^2 = C$.

2. (1) C.　　(2) B.　　(3) B.　　(4) C.　　(5) C.

3. $-\dfrac{1}{2}$.

4. $\dfrac{9}{2}$.

5. $y' = \dfrac{1}{2}\left(\dfrac{-\cos x}{1 - \sin x} - \dfrac{\cos x}{1 + \sin x}\right) + \mathrm{e}^{\tan x} \cdot \sec^2 x$.

6. $y''(1) = 18$.

7. $-2\sqrt{\cos x} + \dfrac{2}{5}\cos^{\frac{5}{2}}x + c$.

8. $3\ln|x - 3| - 2\ln|x - 2| + c$.

9. $\dfrac{\pi}{8} - \dfrac{1}{4}\ln 2$.

10. $\dfrac{11}{3}$.

11. 提示：利用函数的单调性证明.

12. **解**　当 $x = \sqrt{\dfrac{bs}{a}}, y = \sqrt{\dfrac{as}{b}}$ 时,最节省纸张.

13. 4.

14. $y = c\mathrm{e}^x + \mathrm{e}^{2x}$.

15. 提示：利用数学归纳法及夹逼准则证明.

自测试题三答案

1. (1) $\dfrac{\cos\sqrt{\cos x}}{2\sqrt{\cos x}}$.　　(1) $-t$.　　(3) 0.　　(4) $y'' = 0$.　　(5) $f(x)$ 在 $(-1, 1)$ 内可导.

2. (1) B.

(2) A.

　　解　$\displaystyle\lim_{x \to 0}\dfrac{F(x) - F(0)}{x} = \lim_{x \to 0}\dfrac{f(x)(1 + |\sin x|) - f(0)}{x}$

$\displaystyle = \lim_{x \to 0}\left\{\dfrac{f(x) - f(0)}{x} + f(x) \cdot \dfrac{|\sin x|}{x}\right\}$ 存在

因为 $\displaystyle\lim_{x \to 0}\dfrac{f(x) - f(0)}{x}$ 存在,所以 $\displaystyle\lim_{x \to 0}f(x)\dfrac{|\sin x|}{x}$ 必须存在,故 $f(0) = 0$.

(3) C.　　(4) B.　　(5) D.

3. **解**　由　　$\left(1 - \dfrac{1}{k^2}\right) = \dfrac{k - 1}{k} \cdot \dfrac{k + 1}{k}$

$$\text{原式} = \lim_{n \to \infty} \left(\frac{1}{2} \cdot \frac{3}{2} \right) \left(\frac{2}{3} \cdot \frac{4}{3} \right) \cdots \left(\frac{n-1}{n} \cdot \frac{n+1}{n} \right)$$

$$= \lim_{n \to \infty} \frac{1}{2} \frac{n+1}{n}$$

$$= \frac{1}{2}$$

4. **解** 设 $y = \left(\dfrac{1}{x} \right)^{\tan x}$，则

$$\lim_{x \to +\infty} \ln y = \lim_{n \to +0} \tan x \cdot \ln \frac{1}{x} = \lim_{x \to +0} \frac{x \cdot \dfrac{-1}{x^2}}{-\csc^2 x} = \lim_{x \to 0} \frac{\sin^2 x}{x}$$

$$= 0$$

故原式 $= \mathrm{e}^0 = 1$

5. **解** $y'(x) = \dfrac{\mathrm{e}^x f'(\mathrm{e}^x)}{\sqrt{1 - f^2(\mathrm{e}^x)}}, \ |f(\mathrm{e}^x)| < 1$

6. **解** $\ln y = \dfrac{x+y}{x} = 1 + \dfrac{y}{x}$

$$\frac{y'}{y} = \frac{xy' - y}{x^2}$$

$$y' = \frac{y^2}{x(y-x)}$$

7. **解** $\displaystyle \int \frac{1 - \ln x}{x^2} \, \mathrm{d}x = \int \frac{1}{x^2} \, \mathrm{d}x + \int \ln x \, \mathrm{d}\left(\frac{1}{x} \right)$

$$= -\frac{1}{x} + \frac{1}{x} \ln x - \int \frac{1}{x^2} \, \mathrm{d}x$$

$$= -\frac{1}{x} + \frac{1}{x} \ln x + \frac{1}{x} + c$$

$$= \frac{1}{x} \ln x + c$$

8. **解** $\displaystyle \int \frac{\ln \tan x}{\cos x \cdot \sin x} \, \mathrm{d}x$

$$= \int \frac{\ln \tan x}{\tan x} \, \mathrm{d}(\tan x)$$

$$= \int \ln \tan x \, \mathrm{d}(\ln \tan x)$$

$$= \frac{1}{2} [\ln \tan x]^2 + c$$

9. **解** 令 $\sqrt{2x+1} = t$，则 $x = \dfrac{1}{2}(t^2 - 1), \mathrm{d}x = t \mathrm{d}t$，所以

$$\text{原式} = \int_1^{\sqrt{3}} t \mathrm{e}^t \mathrm{d}t$$

$$= \mathrm{e}^t(t-1) \Big|_1^{\sqrt{3}}$$

$$= \mathrm{e}^{\sqrt{3}}(\sqrt{3} - 1)$$

10. 解 原式 $= \int_0^1 \frac{\mathrm{d}(1 + x^2)}{1 + x^2} + 3 \int_0^1 \frac{\mathrm{d}x}{1 + x^2}$

$$= \ln(1 + x^2) \Big|_0^1 + 3\arctan x \Big|_0^1$$

$$= \ln 2 + \frac{3\pi}{4}$$

11. 解 设罐头筒半径为 r,高为 h,因为 $V = \pi r^2 h$,所以 $h = \dfrac{V}{\pi r^2}$,于是,罐头筒的表面积为

$$A = 2\pi r^2 + 2\pi rh = 2\pi r^2 + \frac{2V}{r}, r \in (0, +\infty)$$

由 $A' = 4\pi r - \dfrac{2V}{r^2} = 0$,解得驻点为 $r = \sqrt[3]{\dfrac{V}{2\pi}}$.

本题显然存在用料最省的解,又仅有唯一的驻点,可以判定,这唯一的驻点就是最小值点,此时 $r = \sqrt[3]{\dfrac{V}{2\pi}}$, $h = 2r$,所以,当圆柱形罐头筒的高与直径相等时用料最省.

12. 解 $y = \mathrm{e}^{-\int \cos x \mathrm{d}x} \Big[\int \sin 2x \, \mathrm{e}^{\int \cos x \mathrm{d}x} \mathrm{d}x + C \Big]$

$$= \mathrm{e}^{-\sin x} \Big[2 \int \sin x \cdot \mathrm{e}^{\sin x} \, \mathrm{d}\sin x + C \Big]$$

$$= 2\sin x - 2 + C\mathrm{e}^{-\sin x}$$

13. 解 令 $y' = p(x)$,则

$$y'' = p', 4p = (4x - 1) \frac{\mathrm{d}p}{\mathrm{d}x}$$

$$y' = \Big(x - \frac{1}{4} \Big) \bar{C}_1$$

$$y = \bar{C}_1 \Big(x - \frac{1}{4} \Big)^2 + C_2$$

14. 解 设 $f(x) = x\mathrm{e}^{1-x} - 1$,令 $f'(x) = \mathrm{e}^{1-x}(1 - x) = 0$,得驻点 $x = 1$.

当 $x < 1$ 时,有 $f'(x) > 0$;当 $x > 1$ 时,有 $f'(x) < 0$. 故 $f(1) = 0$ 是 $f(x)$ 在 $(-\infty, +\infty)$ 上的最大值,故

$$f(x) = x\mathrm{e}^{1-x} - 1 \leqslant f(1) = 0$$

即 $x\mathrm{e}^{1-x} \leqslant 1$.

15. 解 $\dot{x} = -3\cos^2 t \sin t$

$\dot{y} = 3\sin^2 t \cos t$

$\dot{x}^2 + \dot{y}^2 = 9\sin^2 t \cos^2 t (\cos^2 t + \sin^2 t) = 9\sin^2 t \cos^2 t$

$$S = \int_0^{\frac{\pi}{2}} \sqrt{\dot{x}^2 + \dot{y}^2} \mathrm{d}t = \int_0^{\frac{\pi}{2}} 3\sin t \cos t \mathrm{d}t$$

$$= -\frac{3}{4}\cos 2t \Big|_0^{\frac{\pi}{2}}$$

$$= \frac{3}{2}$$

16. 证明：(1) 因 $f(x)$ 在 $x = 0$ 没定义,从而在 $[a,b]$ 上不满足微分中值定理条件

$$(2)\ f'(x) = \begin{cases} -\dfrac{1}{x^2}, x > 0 \\ +\dfrac{1}{x^2}, x < 0 \end{cases}$$

解方程

$$f(b) - f(a) = f'(x)(b - a)$$

又　$b > 1 + \sqrt{2}, a = -1$

即　$\dfrac{1}{b} - 1 = \pm\dfrac{1}{x^2}(b + 1)$　（只取负号）

即　　　$x = \sqrt{\dfrac{b^2 + b}{b - 1}}$

又 $b > 1 + \sqrt{2}$,则可得 $0 < x < b$.

故 $\exists \xi = \sqrt{\dfrac{b^2 + b}{b - 1}} \in (-1, b)$,使 $f(b) - f(a) = f'(\xi)(b - a)$.

自测试题四答案

1. (1) $\dfrac{1}{2}$.　(2) $\sin\left(x + \dfrac{n\pi}{2}\right) + C$.　(3) 0.　(4) $p = -2$.　(5) $\dfrac{1}{\cos x - 2}$.

2. (1) B.　(2) D.　(3) A.　(4) D.　(5) A.

3. **解**　原式 $= \lim\limits_{n\to\infty} \dfrac{(\sqrt{n+1} - \sqrt{n})(\sqrt{n+1} + \sqrt{n})}{(\sqrt{n+1} + \sqrt{n})}$

$= \lim\limits_{n\to\infty} \dfrac{1}{\sqrt{n+1} + \sqrt{n}}$

$= 0$

4. **解**　原式 $= \lim\limits_{x\to 0} \dfrac{\dfrac{1}{1 + \left(\dfrac{1}{x^2}\right)^2} \cdot \dfrac{-2}{x^3}}{2x}$

$= \lim\limits_{x\to 0} \dfrac{-2}{2(1 + x^4)}$

$= -1$

5. **解**　$y'(x) = 3e^{3x}\cos e^{3x} \cdot f'(\sin e^{3x}) + \sin f(x) \cdot f'(x) \cdot 3^{\cos f(x)} \cdot \ln 3$

6. **解**　$\dfrac{dy}{dx} = \dfrac{\dfrac{dy}{dt}}{\dfrac{dx}{dt}} = -t$

$\dfrac{d^2 y}{dx^2} = \dfrac{\dfrac{d}{dt}\left(\dfrac{dy}{dx}\right)}{\dfrac{dx}{dt}} = -\dfrac{1}{t\ln t}$

7. **解**　$\displaystyle\int \ln(x + \sqrt{x^2 + a^2})\,dx$

$$= x\ln(x + \sqrt{x^2 + a^2}) - \int \frac{x}{\sqrt{a^2 + x^2}}\,dx$$

$$= x\ln(x + \sqrt{x^2 + a^2}) - \sqrt{a^2 + x^2} + c$$

8. **解**　$\int \frac{x + e^{\frac{1}{x}}}{x^2}\,dx = \int \left(\frac{1}{x} + \frac{e^{\frac{1}{x}}}{x^2} \right)dx = \ln|x| - e^{\frac{1}{x}} + C$

9. **解**　原式 $= \int_0^3 \left(\sqrt{x + 1} - \frac{1}{\sqrt{x + 1}} \right)dx$

$$= \frac{2}{3}(x + 1)^{\frac{3}{2}} \Big|_0^3 - 2(x + 1)^{\frac{1}{2}} \Big|_0^3$$

$$= \frac{8}{3}$$

10. **解**　原式 $= \int_0^{2\pi} |\sqrt{2}\sin\theta|\,d\theta$

$$= \sqrt{2}\left(\int_0^{\pi} \sin\theta\,d\theta - \int_{\pi}^{2\pi} \sin\theta\,d\theta \right)$$

$$= \sqrt{2}\left[-\cos\theta \Big|_0^{\pi} + \cos\theta \Big|_{\pi}^{2\pi} \right] = 4\sqrt{2}$$

11. **解**　设球心到锥底面的垂线长为 x，则锥的高为 $1 + x(0 < x < 1)$，且锥底半径
为 $\sqrt{1 - x^2}$，圆锥体积为

$$V = \frac{1}{3}\pi(\sqrt{1 - x^2})^2(1 + x) = \frac{\pi}{3}(1 - x)(1 + x)^2, 0 < x < 1$$

令 $\dfrac{dV}{dx} = 0$，得可微函数唯一驻点 $x = \dfrac{1}{3}$.

因　　　　　　　　　　　$V'' = -\dfrac{2\pi}{3}(3x + 1) < 0$

故 $x = \dfrac{1}{3}$ 是 $V(x)$ 的最大值点.

$$V_{\max} = V\left(\frac{1}{3} \right) = \frac{32}{81}\pi$$

此时圆锥的高为 $\dfrac{4}{3}$.

12. **解**　$y = e^{\int \frac{1}{x}dx} \left\{ \int x e^{-\int \frac{1}{x}dx}\,dx + C \right\}$

$$= x(x + C)$$

13. **解**　$xy'' - y' = 0$

令 $y' = p(x), y'' = p'$，得

$$\frac{dp}{p} = \frac{dx}{x}$$

$$p = y' = C'_1 x$$

$$y = C_1 x^2 + C_2$$

14. **解**　$f(x) = \sin \dfrac{\pi}{2}x - x, 0 \leqslant x \leqslant 1$

显然

$$f(0) = f(1) = 0$$

$$f'(x) = \frac{\pi}{2}\cos\frac{\pi x}{2} - 1$$

$$f''(x) = -\frac{\pi^2}{4}\sin\frac{\pi x}{2} < 0, x \in (0,1)$$

因此,曲线 $y = f(x)$ 在 $[0,1]$ 上是凸的,而 $f(0) = f(1) = 0$,故在 $(0,1)$ 内有 $f(x) > 0$,即 $\sin\frac{\pi}{2}x > x$.

15. **解** $r' = a\cos\theta, r^2 + r'^2 = a^2$

$$S = \int_0^\pi \sqrt{r^2 + r'^2}\,\mathrm{d}\theta$$

$$= \int_0^\pi a\,\mathrm{d}\theta$$

$$= a\pi$$

16. **证明**:令 $F(x) = f(x)\mathrm{e}^{\varphi(x)}$,则 $F(x)$ 在 $[a,b]$ 上连续,在 (a,b) 内可导. 因 $f(x_1) = f(x_2) = 0, x_1 \cdot x_2 \in (a,b)$,则 $F(x_1) = F(x_2) = 0$,即 $F(x)$ 在 $[x_1,x_2]$ 上满足罗尔定理的条件,则至少存在 $\xi \in (x_1,x_2)$,使 $F'(\xi) = 0$.

又 $F'(x) = f'(x)\mathrm{e}^{\varphi(x)} + f(x) \cdot \varphi'(x)\mathrm{e}^{\varphi(x)}$

即 $f'(\xi)\mathrm{e}^{\varphi(\xi)} + f(\xi)\varphi'(\xi)\mathrm{e}^{\varphi(\xi)} = 0$

而 $\mathrm{e}^{\varphi(\xi)} \neq 0$

$$f'(\xi) + f(\xi)\varphi'(\xi) = 0, \xi \in (x_1,x_2)$$

自测试题五答案

1. (1) e^6.   (2) $f(x)$.   (3) 2.   (4) $1 + 2x + \frac{(2x)^2}{2!} + \cdots + \frac{(2x)^n}{n!} + \frac{(2x)^{n+1}\mathrm{e}^{2\xi}}{(n+1)!}$.

2. (1) C.   (2) B.   (3) D.   (4) D.   (5) C.

3. (1) ×.   (2) √.   (3) ×.   (4) √.

4. **解**   原式 $= \lim\limits_{x \to a}\frac{\sin x}{x - a}f(\xi) \cdot (x - a) = \lim\limits_{x \to a}\sin x \cdot f(\xi)$,因为 $f(x)$ 连续,ξ 介于 x 与 a 之间,故 $x \to a$,即 $\xi \to a$,原式 $= \sin a \cdot f(a)$.

5. **解**   两边取对数,得

$$y\ln x = x\ln y$$

两边对 x 求导,得

$$y' \cdot \ln x + \frac{y}{x} = \ln y + x \cdot \frac{1}{y} \cdot y'$$

于是 $y' = \dfrac{\ln y - \dfrac{y}{x}}{\ln x - \dfrac{x}{y}}$

6. **解**   将铁丝分为两段,长分别为 $x, L - x$,将长为 x 的部分拼成半径为 R 的圆形,则 $2\pi R = x$,即 $R = \dfrac{x}{2\pi}$,故

$$S_1 = \pi R^2 = \frac{x^2}{4\pi}, S_2 = \left(\frac{L-x}{4}\right)^2$$

$$S = S_1 + S_2 = \frac{x^2}{4\pi} + \frac{(L-x)^2}{16}$$

令
$$S' = \frac{x}{2\pi} - \frac{L-x}{8} = 0$$

所以
$$\frac{S_1}{S_2} = \left.\frac{\frac{x^2}{4\pi}}{\frac{(L-x)^2}{16}}\right|_{x=\frac{L\pi}{4+\pi}} = \frac{\pi}{4}$$

7. **解** $\dfrac{\mathrm{d}y}{\mathrm{d}x} = \dfrac{\mathrm{d}y}{\mathrm{d}t}\Big/\dfrac{\mathrm{d}x}{\mathrm{d}t} = -t, \dfrac{\mathrm{d}^2y}{\mathrm{d}x^2} = \dfrac{\mathrm{d}}{\mathrm{d}t}\left(\dfrac{\mathrm{d}y}{\mathrm{d}x}\right)\Big/\dfrac{\mathrm{d}x}{\mathrm{d}t} = -\dfrac{1}{t\ln t}$

8. **解** 令 $x - 1 = t$，则 $\mathrm{d}x = \mathrm{d}t$，故

$$原式 = \int \frac{(t+1)^2}{t^{100}}\mathrm{d}t = \int \left(\frac{1}{t^{98}} + 2\frac{1}{t^{99}} + \frac{1}{t^{100}}\right)\mathrm{d}t = \int (t^{-98} + 2t^{-99} + t^{-100})\mathrm{d}t$$

$$= -\frac{1}{97}t^{-97} - \frac{2}{98}t^{-98} - \frac{1}{99}t^{-99} + C$$

$$= -\frac{1}{97}(x-1)^{-97} - \frac{2}{98}(x-1)^{-98} - \frac{1}{99}(x-1)^{-99} + C$$

9. **证明**：设 $f(x) = \mathrm{e}^{x^2-x}$，则 $f(x)$ 在 $[0, \ 2]$ 上连续，且 $f'(x) = (2x-1)\mathrm{e}^{x^2-x}$.

令 $f'(x) = 0$，得 $x = \dfrac{1}{2}$，由于 $f(0) = 1, f(2) = \mathrm{e}^2, f\left(\dfrac{1}{2}\right) = \dfrac{1}{\sqrt[4]{\mathrm{e}}}$，故 $f(x)$ 在

$[0, \ 2]$ 上，$M = f(2) = \mathrm{e}^2, m = f\left(\dfrac{1}{2}\right) = \dfrac{1}{\sqrt[4]{\mathrm{e}}}$，从而 $\dfrac{1}{\sqrt[4]{\mathrm{e}}} \leqslant f(x) \leqslant \mathrm{e}^2$，因此有

$$\frac{2}{\sqrt[4]{\mathrm{e}}} \leqslant \int_0^2 \mathrm{e}^{x^2-x}\mathrm{d}x \leqslant 2\mathrm{e}^2$$

10. **解** $S = \displaystyle\int_\alpha^\beta \sqrt{\varphi'^2(t) + \psi'^2(t)}\,\mathrm{d}t$

$$= 4\int_0^{\frac{\pi}{2}} \sqrt{9a^2\sin^2 t\cos^2 t(\cos^2 t + \sin^2 t)}\,\mathrm{d}t$$

$$= 12a\int_0^{\frac{\pi}{2}} \sin t\cos t\,\mathrm{d}t = 12a\int_2^{\frac{\pi}{2}} \sin t\,\mathrm{d}\sin t$$

$$= 12a \cdot \frac{1}{2}\sin^2 t\,\Big|_0^{\frac{\pi}{2}} = 6a, \alpha \leqslant t \leqslant \beta$$

11. **证明**：由条件知 $x_n > 0 (n = 1,2,\cdots)$ 且 $x_2 - x_1 > 0$，即 $x_2 > x_1$.

设 $x_n > x_{n-1}$，则

$$x_{n+1} - x_n = \left(1 + \frac{x_n}{1+x_n}\right) - \left(1 + \frac{x_{n-1}}{1+x_{n-1}}\right) = \frac{x_n - x_{n-1}}{(1+x_n)(1+x_{n-1})} > 0$$

所以数列 $\{x_n\}$ 单调递增.

又
$$x_n = 1 + \frac{x_{n-1}}{1+x_{n-1}} = 2 - \frac{1}{1+x_{n-1}} < 2$$

从而数列 $\{x_n\}$ 有上界. 所以数列 $\{x_n\}$ 极限存在，设 $\lim\limits_{n\to\infty} x_n = a$，则有

$$a = 1 + \frac{a}{1+a} \Rightarrow a = \frac{1 \pm \sqrt{5}}{2}$$

所以 $\lim\limits_{n \to \infty} x_n = \dfrac{1 \pm \sqrt{5}}{2}$.

12. 证明:作辅助函数

$$\varphi(x) = f(x_1) + f(x_2) - f(x_1 + x_2), x > 0$$

易见 $\quad \varphi(0) = 0, \varphi'(x) = f'(x) - f'(x + x_2)$

由 $f''(x) < 0$,故 $f'(x)$ 单调递减,而 $x < x_1 + x_2$,故 $\varphi'(x) > 0$,所以当 $x > 0$ 时,$\varphi(x) > \varphi(0) = 0$,从而

$$f(x_1) + f(x_2) > f(x_1 + x_2)$$

所以当 $x = x_1$ 时,有

$$f(x_1) + f(x_2) > f(x_1 + x_2)$$

12.2 自测试题及解答(下)

12.2.1 自测试题(下)

自测试题六

1. 填空题

(1) 设函数 $z = z(x,y)$ 由方程 $xy^2 z = x + y + z$ 所确定,则 $\dfrac{\partial z}{\partial y} =$ _____.

(2) 设 L 是单连通域上任意简单闭曲线,a, b 为常数,则 $\oint_{L^+} a\mathrm{d}x + b\mathrm{d}y =$ _____.

(3) 若区域 D 为 $|x| \le 1, |y| \le 1$,则 $\iint x\mathrm{e}^{\cos(xy)} \sin(xy) \mathrm{d}x\mathrm{d}y =$ _____.

(4) $f(x) = \dfrac{1}{x-2}$ 展开成关于 x 的幂级数为 _____.

(5) 设 $u = 2x + 3xy + 4xyz$,则函数 u 在点 $(1, -1, 2)$ 处的梯度是 _____.

2. 选择题

(1) 极限 $\lim\limits_{\substack{x \to 0 \\ y \to 0}} \dfrac{x^2 y}{x^4 + y^2} = ($).

    A. 等于 0   B. 不存在

    C. 等于 $\dfrac{1}{2}$ D. 存在且不等于 0 或 $\dfrac{1}{2}$

(2) 曲线 $x = 2\sin t, y = 4\cos t, z = t$ 在点 $\left(2, 0, \dfrac{\pi}{2}\right)$ 处的法平面方程是( ).

    A. $2x - z = 4 - \dfrac{\pi}{2}$ B. $2x - z = \dfrac{\pi}{2} - 4$

    C. $4y - z = -\dfrac{\pi}{2}$ D. $4y - z = \dfrac{\pi}{2}$

(3) L 为 $y = x^2$ 上从点 $(0,0)$ 到 $(1,1)$ 的一段弧,则 $I = \displaystyle\int_L \sqrt{y}\mathrm{d}s = ($).

A. $\int_0^1 \sqrt{1+4x^2}\,dx$ B. $\int_0^1 \sqrt{y}\ \sqrt{1+y}\,dy$

C. $\int_0^1 x\ \sqrt{1+4x^2}\,dx$ D. $\int_0^1 \sqrt{y}\ \sqrt{1+\dfrac{1}{y}}\,dy$

(4) 函数项级数 $\displaystyle\sum_{n=1}^{\infty} nx^{n+1}$ 在 $(-1,1)$ 内的和函数是（　　）.

A. $-\left(\dfrac{x}{1-x}\right)^2$ B. $\left(\dfrac{x}{1-x}\right)^2$ C. $\dfrac{-x^2}{1-x}$ D. $\dfrac{x^2}{1-x}$

3. 设 $z = ue^v \sin u$，而 $u = xy, v = x + y$，求 $\dfrac{\partial z}{\partial x}, \dfrac{\partial z}{\partial y}$.

4. 设 $z = f(x, xy)$ 具有连续的二阶偏导数，求 $\dfrac{\partial^2 z}{\partial x^2}$.

5. 设 $f(x, y)$ 是连续函数，交换二次积分 $\displaystyle\int_0^1 dx \int_0^{x^2} f(x, y)\,dy + \int_1^2 dx \int_0^{4-x^2} f(x, y)\,dy$ 的次序.

6. 设 Ω 是由 $z = \sqrt{x^2 + y^2}$ 及 $z = 1$ 所围立体，计算 $I = \displaystyle\iiint\limits_{\Omega} \dfrac{z}{1+x^2+y^2}\,dv$.

7. 试计算曲线积分 $\displaystyle\int_L (x^2 - y)\,dx - (x - \sin^2 y)\,dy$，其中 L 是在圆周 $x^2 + y^2 = 2x$ 上由点 $(0,0)$ 到点 $(1,1)$ 的一段弧.

8. 计算 $\displaystyle\iint\limits_{\Sigma} \sqrt{2+z^2-x^2-y^2}\,dS$，其中 Σ 是半锥面 $z = \sqrt{x^2 + y^2}$ 的介于 $z = 0$ 及 $z = 1$ 之间的那部分锥面块.

9. 求过直线 $\dfrac{x-1}{2} = \dfrac{y+2}{-3} = \dfrac{z-2}{2}$，且垂直于平面 $x + 2y - z - 5 = 0$ 的平面方程.

10. 判别级数 $\displaystyle\sum_{n=1}^{\infty} \dfrac{n}{a^n}\ (a > 0)$ 的敛散性.

11. 试求幂级数 $\displaystyle\sum_{n=1}^{\infty} \dfrac{3^n x^n}{\sqrt{n^2+1}}$ 的收敛域.

12. 设函数 $u = F(x, y, z)$ 在条件 $\Phi(x, y, z) = 0$ 下有极值为 $u_0 = F(x_0, y_0, z_0)$，其中函数 F 及 Φ 具有一阶连续偏导数且不全为零. 试证明曲面 $u = F(x, y, z)$ 与曲面 $\Phi(x, y, z) = 0$ 在点 (x_0, y_0, z_0) 处有相同的切平面.

自测试题七

1. 填空题

(1) 设函数 $z = z(x, y)$ 由方程 $\sin x + 2y - z = e^z$ 所确定，则 $\dfrac{\partial z}{\partial x} = $ _____.

(2) 设 L 为正向圆周 $x^2 + y^2 = a^2$，则 $\displaystyle\int_L xy^2\,dy - x^2 y\,dx = $ _____.

(3) 设 $D: x^2 + y^2 \leqslant 4\,(y \geqslant 0)$，则二重积分 $\displaystyle\iint\limits_{D} \sin(x^3 y^3)\,dxdy = $ _____.

(4) 函数 $y = \dfrac{1}{x}$ 展开成 $x - 3$ 的幂级数是 _____，其收敛域是 _____.

2. 选择题

(1) 函数 $f(x,y) = \begin{cases} x\sin\dfrac{1}{y} + y\sin\dfrac{1}{x} & (xy \neq 0) \\ 0 & (xy = 0) \end{cases}$，则极限 $\lim\limits_{\substack{x\to 0 \\ y\to 0}} f(x,y) = ($ $)$.

     A. 不存在   B. 等于 1   C. 等于 0   D. 等于 2

(2) 曲面 $z = 2x^2 + 3y^2$ 在点 $(1,2,14)$ 处的切平面方程为$($ $)$.

     A. $4x + 12y + z = 14$ B. $4x + 12y + z = 42$

     C. $4x + 12y - z = 42$ D. $4x + 12y - z = 14$

(3) 设曲线 L 是由极坐标方程 $\rho = \rho(\theta)(\theta_1 \leqslant \theta \leqslant \theta_2)$ 给出，则 $I = \int_L f(x,y)\mathrm{d}s = ($ $)$.

     A. $\displaystyle\int_{\theta_1}^{\theta_2} f(\rho\cos x, \rho\sin x) \sqrt{\rho^2 + \rho'^2}\,\mathrm{d}\theta$ B. $\displaystyle\int_{\theta_1}^{\theta_2} f(x,y) \sqrt{1 + y'^2}\,\mathrm{d}x$

     C. $\displaystyle\int_{\theta_1}^{\theta_2} f(\rho\cos x, \rho\sin x)\,\mathrm{d}\theta$ D. $\displaystyle\int_{\theta_1}^{\theta_2} f(\rho\cos x, \rho\sin x)\rho\,\mathrm{d}\theta$

(4) 函数 $z = x^2 + y^2$ 在点 $(1,1)$ 处沿着 $l = \{-1, -1\}$ 方向的方向导数为$($ $)$.

     A. 最大   B. 最小   C. 0   D. 1

3. 设 $u = \mathrm{e}^{x^2+y^2+z^2}$，而 $z = x^2\sin y$，求 $\dfrac{\partial u}{\partial x}, \dfrac{\partial u}{\partial x}$.

4. 设 $f(u,v)$ 具有二阶连续偏导数，$z = f\left(x, \dfrac{x}{y}\right)$，求 $\dfrac{\partial^2 z}{\partial x^2}$.

5. 设 Ω 是由 $x^2 + y^2 \leqslant 1 (0 \leqslant z \leqslant 1)$ 所确定的区域，试计算 $I = \iiint\limits_{\Omega} \mathrm{e}^{x^2+y^2}\sin z\,\mathrm{d}v$.

6. 试计算曲线积分 $\displaystyle\int_L (2x^2 + 2xy + 3y)\mathrm{d}x - (x + y + 1)\mathrm{d}y$，其中 L 是从 $(0,0)$ 沿曲线 $y = x^2$ 到点 $(1,1)$ 的一段弧.

7. 已知 Σ 是 $z = x^2 + y^2$ 上 $z \leqslant 1$ 的部分曲面，计算 $\displaystyle\iint\limits_{\Sigma} \sqrt{1 + 4z}\,\mathrm{d}S$.

8. 从点 $P(2, -1, -1)$ 到一个平面引垂线，垂足为点 $M(0,2,5)$，试求此平面方程.

9. 判别级数 $\displaystyle\sum_{n=1}^{\infty} \dfrac{n^{n+1}}{(n+1)!}$ 的敛散性.

10. 判别级数 $\displaystyle\sum_{n=1}^{\infty} (-1)^{n-1} \dfrac{n}{n^2 + 1}$ 是否收敛?是否绝对收敛?为什么?

自测试题八

1. 填空题

(1) 函数 $z = \sqrt{\ln(x+y)}$ 的定义域为 _____.

(2) 设 $\boldsymbol{a} = \{1,2,1\}, \boldsymbol{b} = \{1, -1, 1\}$，则 $(\boldsymbol{a} + 2\boldsymbol{b}) \cdot (\boldsymbol{a} - \boldsymbol{b}) = $ _____.

(3) 设 $I = \iiint\limits_{|x|\leqslant 1, |y|\leqslant 1, |z|\leqslant 1} (\mathrm{e}^{y^2}\sin y^3 + z^2\tan x)\mathrm{d}v$，则 $I = $ _____.

(4) 对于 a 的不同值，级数 $\displaystyle\sum_{n=1}^{\infty} \dfrac{1}{n^a}\sin\dfrac{n\pi}{2}$ 的敛散性为，当 _____ 时，级数条件收敛.

(5) 设 $f(x) = \begin{cases} x & \left(0 \leqslant x < \dfrac{\pi}{2}\right) \\ 2x & \left(\dfrac{\pi}{2} \leqslant x < \pi\right) \end{cases}$，又设 $S(x)$ 是 $f(x)$ 的以 2π 为周期的正弦级数

展开式的和函数，则 $S\left(\dfrac{3\pi}{2}\right) = $ _____.

2. 单项选择题

(1) 设 $u = f(r)$，而 $r = \sqrt{x^2 + y^2 + z^2}$，$f(r)$ 具有二阶连续导数，则 $\dfrac{\partial^2 u}{\partial x^2} + \dfrac{\partial^2 u}{\partial y^2} + \dfrac{\partial^2 u}{\partial z^2} = $

（　　）.

  A. $f''(r) + \dfrac{1}{r} f'(r)$ 　　　　　　　 B. $f''(r) + \dfrac{2}{r} f'(r)$

  C. $\dfrac{1}{r^2} f''(r) + \dfrac{1}{r} f'(r)$ 　　　　　 D. $\dfrac{1}{r^2} f''(r) + \dfrac{2}{r} f'(r)$

(2) 点 $M(1,2,1)$ 到平面 $x + 2y + 2z - 10 = 0$ 的距离为（　　）.

  A. 1 　　　　　 B. ± 1 　　　　　 C. -1 　　　　　 D. $\dfrac{1}{3}$

(3) 设 L 为曲线 $\begin{cases} x = \sqrt{\cos x} \\ y = \sqrt{\sin x} \end{cases} \left(0 \leqslant x \leqslant \dfrac{\pi}{2}\right)$，则 $\displaystyle\int_L x^2 y \, dy - y^2 x \, dx = $（　　）.

  A. $\dfrac{1}{2} \displaystyle\int_0^{\frac{\pi}{2}} dt$

  B. $\displaystyle\int_0^{\frac{\pi}{2}} (\cos^2 t - \sin^2 t) \, dt$

  C. $\displaystyle\int_0^{\frac{\pi}{2}} (\cos^2 t \sqrt{\sin t} - \sin^2 t \cos t) \, dt$

  D. $\displaystyle\int_0^{\frac{\pi}{2}} \cos \sqrt{\sin t} \, \dfrac{dt}{2\sqrt{\sin t}} - \int_0^{\frac{\pi}{2}} \sin t \sqrt{\cos t} \, \dfrac{dt}{2\sqrt{\cos t}}$

(4) 函数 $z = 2x + y$ 在点 $(1,2)$ 处沿各方向的方向导数的最大值为（　　）.

  A. 3 　　　　　 B. 0 　　　　　 C. $\sqrt{5}$ 　　　　　 D. 2

3. 设函数 $z = z(x, y)$ 由 $z + x = \displaystyle\int_0^{xy} e^{-t^2} dt$ 所确定，试求 $\dfrac{\partial z}{\partial x}, \dfrac{\partial z}{\partial y}$.

4. 设 Ω 是一满足 $x^2 + y^2 + z^2 \leqslant 4$ 的球体，试计算 $I = \displaystyle\iiint\limits_{\Omega} \cos(x^2 + y^2 + z^2)^{\frac{3}{2}} \, dv$.

5. 设曲线 L 是由抛物线 $y = x^2$，$x = y^2$ 所围成的区域的边界，求曲线积分 $I = \displaystyle\oint_L (y + e^{\sqrt{x}}) \, dx + (2x + \cos y^2) \, dy$.

6. 计算 $\displaystyle\oiint\limits_{\Sigma} y \, dx \, dy$，其中 Σ 是球面 $x^2 + y^2 + z^2 = a^2$ 的外侧，a 为正数.

7. 设 $\boldsymbol{a} \neq 0$，证明向量 $\boldsymbol{P} = \boldsymbol{b} - \dfrac{\boldsymbol{a} \cdot \boldsymbol{b}}{|\boldsymbol{a}|^2} \boldsymbol{a}$ 与 $\boldsymbol{a}$ 垂直.

8. 求过直线 $\dfrac{x-1}{2} = \dfrac{y+2}{-3} = \dfrac{z-2}{2}$，且垂直于平面 $x + 2y - z - 5 = 0$ 的平面方程.

9. 试求幂级数 $\displaystyle\sum_{n=1}^{\infty} a^{n^2} x^n \, (a > 0)$ 的收敛域.

10. 判别级数 $\displaystyle\sum_{n=1}^{\infty} \frac{1! + 2! + \cdots + n!}{(2n)!}$ 的敛散性.

11. 用拉格朗日乘数法求解下面的问题:隧道截面的上部为半圆,下部为矩形,若隧道截面的周界长 L 固定,问矩形的边长各为多少时,隧道截面的面积最大.

自测试题九

1. 填空题

(1) 函数 $z = \sqrt{x} \ln(x - y)$ 的定义域是 _____.

(2) 设函数 $z = z(x,y)$ 由方程 $\sin x + 2y - z = e^z$ 所确定,则 $\dfrac{\partial z}{\partial x} =$ _____.

(3) 设 $D: x^2 + y^2 \leqslant 4 \, (y \geqslant 0)$,则二重积分 $\displaystyle\iint_D \sin(x^3 y^2) \mathrm{d}x \mathrm{d}y =$ _____.

(4) 函数 $y = \dfrac{1}{x}$ 展开成 $x - 3$ 的幂级数是 _____.

(5) 设 $f(x) = \begin{cases} 0 & \left(0 \leqslant x \leqslant \dfrac{\pi}{2}\right) \\ x & \left(\dfrac{\pi}{2} \leqslant x \leqslant \pi\right) \end{cases}$,已知 $S(x)$ 是 $f(x)$ 的以 2π 为周期的余弦级数展开式的核函数,则 $S(-3\pi) =$ _____.

2. 选择题

(1) 函数 $f(x,y) = \begin{cases} x\sin\dfrac{1}{y} + y\sin\dfrac{1}{x} & (xy \neq 0) \\ 0 & (xy = 0) \end{cases}$,则极限 $\displaystyle\lim_{\substack{x \to 0 \\ y \to 0}} f(x,y) = ($ $)$.

   A. 不存在   B. 等于 1   C. 等于 0   D. 等于 2

(2) 曲面 $z = 2x^2 + 3y^2$ 在点 $(1, 2, 14)$ 处的切平面方程为 $($ $)$.

   A. $4x + 12y + z = 14$ B. $4x + 12y + z = 42$

   C. $4x + 12y - z = 42$ D. $4x + 12y - z = 14$

(3) 设 L 是从 $(1, 0)$ 到点 $(-1, 2)$ 的直线段,则曲线积分 $\displaystyle\int_L (x + y) \mathrm{d}s = ($ $)$.

   A. $\sqrt{2}$ B. $2\sqrt{2}$ C. 2   D. 0

(4) 设向量 $\boldsymbol{a}, \boldsymbol{b}$ 满足 $|\boldsymbol{a} - \boldsymbol{b}| = |\boldsymbol{a} + \boldsymbol{b}|$,则必有 $($ $)$.

   A. $\boldsymbol{a} - \boldsymbol{b} = \boldsymbol{0}$ B. $\boldsymbol{a} + \boldsymbol{b} = \boldsymbol{0}$

   C. $\boldsymbol{a} \cdot \boldsymbol{b} = 0$ D. $\boldsymbol{a} \times \boldsymbol{b} = \boldsymbol{0}$

3. 设 $f(x,y) = x^2 + (y^2 - 1)\tan\sqrt{\dfrac{x}{y}}$,求 $f_x(x,1)$.

4. 设 $f(x,y)$ 是连续函数,交换二次积分 $\displaystyle\int_0^{2a} \mathrm{d}x \int_{\sqrt{2ax-x^2}}^{\sqrt{4a^2-x^2}} f(x,y) \mathrm{d}y \, (a > 0)$ 的积分次序.

5. 设 Ω 是由 $x^2 + y^2 \leqslant z$ 以及 $1 \leqslant z \leqslant 4$ 所确定的有界闭区域,试计算 $I = \displaystyle\iiint_\Omega z \mathrm{d}v$.

6. 计算曲线积分 $\oint_L (2x + 3y - x^2 y) \mathrm{d}x + (x - 2y + xy^2) \mathrm{d}y$，式中 L 是圆周 $x^2 + y^2 = 2$ 的顺时针方向.

7. 计算 $\oiint_{\Sigma} y \mathrm{d}x \mathrm{d}y$，其中 Σ 是球面 $x^2 + y^2 + z^2 = a^2$ 的外侧，a 为正数.

8. 一个平面通过两点 $(0, -1, 0)$ 和 $(0, 0, 1)$，且与 xOy 坐标面成 $\dfrac{\pi}{3}$ 角，求该平面方程.

9. 判别级数 $\sum\limits_{n=1}^{\infty} \dfrac{n}{a^n} (a > 0)$ 的敛散性.

10. 试求幂级数 $\sum\limits_{n=1}^{\infty} \dfrac{(x+1)^n}{(2n-1)3^n}$ 的收敛域.

11. 在空间找一点 $P(x, yz)$，使它到三个平面 $x + y + z = 1, x - y + z = 1, y - z = 1$ 的距离平方和为最小.

自测试题十

1. 单项选择题

(1) 曲线 $x = \cos t + \sin^2 t, y = \sin t(1 - \cos t), z = -\cos t$ 上相应于 $t = \dfrac{\pi}{2}$ 的点处的切线方程是（　　）.

    A. $\dfrac{x-1}{1} = \dfrac{y-1}{-1} = \dfrac{z}{1}$　　　　　　　B. $\dfrac{x}{1} = \dfrac{y-2}{-1} = \dfrac{z-1}{1}$

    C. $\dfrac{x-1}{1} = \dfrac{y-1}{1} = \dfrac{z}{-1}$　　　　　　　D. $\dfrac{x}{-1} = \dfrac{y-2}{1} = \dfrac{z-1}{1}$

(2) 设 a 为常数，则级数 $\sum\limits_{n=1}^{\infty} \left(\dfrac{\sin na}{n^2} - \dfrac{1}{n} \right)$（　　）.

    A. 绝对收敛　　　　　　　　　　B. 条件收敛

    C. 发散　　　　　　　　　　　　D. 收敛性与 a 取值有关

(3) 设空间直线方程为 $\dfrac{x}{0} = \dfrac{y}{1} = \dfrac{z}{2}$，则该直线过原点且（　　）.

    A. 垂直于 x 轴　　　　　　　　　B. 垂直于 y 轴，但不平行于 x 轴

    C. 垂直于 z 轴，但不平行于 x 轴　D. 平行于 x 轴

(4) 设 L 为正向圆周 $x^2 + y^2 = 9$. 则 $\oint_L (2xy - 2y) \mathrm{d}x + (x^2 - 4x) \mathrm{d}y$ 等于（　　）.

    A. -9π　　　　B. 18π　　　　C. -18π　　　　D. 9π

2. 填空题

(1) 设 $z = z(x, y)$ 是由方程 $F(x - mz, y - nz) = 0$ 确定，其中 m, n 为常数，$F(u, v)$ 可微，则 $m \dfrac{\partial z}{\partial x} + n \dfrac{\partial z}{\partial y} = $ _____.

(2) $\oiint_{\Sigma} 3x^3 \mathrm{d}s = $ _____，其中 Σ 是球面：$x^2 + y^2 + z^2 = a^2$.

(3) 幂函数 $\sum\limits_{n=1}^{\infty} nx^n (|x| < 1)$ 的和函数为 _____.

（4）设 $f(x,y)$ 连续,在直角坐标系下改变二次积分的积分次序 $\int_1^e dx \int_0^{\ln x} f(x,y)dy =$ _____.

（5）$f(x) = \dfrac{1}{x-2}$ 展开成关于 x 的幂级数为 _____.

3. 计算下列各题

（1）设有直线 $L_1 : \dfrac{x+2}{1} = \dfrac{y-3}{-1} = \dfrac{z+1}{1}$ 及 $L_2 : \dfrac{x+4}{2} = \dfrac{y}{1} = \dfrac{z-4}{3}$,试求与直线 L_1,L_2 都垂直相交的直线方程.

（2）设 $z = f(2x+3y, xy) + F\left(\dfrac{x}{y}\right)$,其中 $f(u,v)$ 具有连续二阶偏导数, $F(u)$ 二阶可导,求 $\dfrac{\partial z}{\partial x}, \dfrac{\partial^2 z}{\partial x \partial y}$.

（3）计算积分 $I = \iint\limits_{D}(x^2 + y^2 + 2x)dxdy$,其中 $D = \{(x,y) \mid x^2 + y^2 \leqslant 2y\}$.

4. 由不等式 $x^2 + y^2 + (z-1)^2 \leqslant 1, x^2 + y^2 \leqslant z^2$ 所确定的物体,在其上任意一点的体密度 $\mu = z$,求这物体质量.

5. 计算 $\int_L (x^2 - y)dx + (x + \sin^2 y)dy$,其中 L 是在圆周 $y = \sqrt{2x - x^2}$ 上由点 $A(2,0)$ 到点 $B(0,0)$ 的一段弧.

6. 在半椭球 $\dfrac{x^2}{a^2} + \dfrac{y^2}{b^2} + \dfrac{z^2}{c^2} \leqslant 1(z \geqslant 0)$ 内嵌入一个体积最大的长方体,问这长方体的长、宽、高的尺寸怎样?

7. 计算曲面积分 $\oiint\limits_{\Sigma} xy^2 dydz + yx^2 + dzdx + zdxdy$,其中 Σ 是介于 $z = 0$ 和 $z = 3$ 之间的圆柱体 $x^2 + y^2 \leqslant 1$ 的整个表面的外侧.

8. 把函数 $\dfrac{d}{dx}(x^2 e^{-x})$ 展成 x 的幂级数,并求 $\sum_{n=1}^{\infty} \dfrac{n+2}{n!}$.

12.2.2 自测试题解答（下）

自测试题六答案

1. （1）$\dfrac{2xyz - 1}{1 - xy^2}$. （2）0. （3）0. （4）$-\sum_{n=0}^{\infty} \dfrac{x^n}{2^{n+1}}(|x| < 2)$. （5）$-9\boldsymbol{i} + 11\boldsymbol{j} - 4\boldsymbol{k}$.

2. （1）B. （2）C. （3）C. （4）B.

3. **解** $z_x = e^v(y\sin u + yu\cos u + u\sin u)$

   $z_y = e^v(x\sin u + xu\cos u + u\sin u)$

4. **解** $z_x = f_1 + yf_2, z_{xx} = f_{1x} + 2yf_{12} + y^2 f_{22}$

5. **解** 原式 $= \int_0^1 dy \int_y^{\sqrt{4-y}} f(x,y)dx + \int_1^3 dy \int_1^{\sqrt{4-y}} f(x,y)dx$

6. **解** $I = \int_0^{2\pi} d\theta \int_0^1 r dr \int_r^1 \dfrac{z}{1+r^2} dz = \dfrac{\pi}{2}(2\ln 2 - 1)$

7. **解** $\dfrac{1}{4}\sin 2 - \dfrac{7}{6}$

8. **解** 2π

9. **解** $x - 4y - 7z + 5 = 0$

10. **解** $\lim\limits_{n\to\infty}\dfrac{u_{n+1}}{u_n} = \dfrac{1}{a}$，所以，当 $a > 1$ 时，级数收敛；当 $a < 1$ 时，级数发散；当 $a = 1$ 时，$u_n = n$，级数发散.

11. **解** $\lim\limits_{n\to\infty}\dfrac{a_{n+1}}{a_n} = 3$，所以 $R = \dfrac{1}{3}$，当 $x = \dfrac{1}{3}$ 时，级数发散；当 $x = -\dfrac{1}{3}$ 时，级数收敛，故收敛域为 $\left[-\dfrac{1}{3}, \dfrac{1}{3}\right)$.

12. **解** 设 $L = F(x,y,z) + \lambda\varphi(x,y,z)$，则在点 (x_0,y_0,z_0) 处有

$$\begin{cases} L_x = F_x + \lambda\varphi_x = 0 \\ L_y = F_y + \lambda\varphi_y = 0 \\ L_z = F_z + \lambda\varphi_z = 0 \end{cases}$$

所以，向量 $\{F_x,F_y,F_z\}\big|_{(x_0,y_0,z_0)}$ 与向量 $\{\varphi_x,\varphi_y,\varphi_z\}\big|_{(x_0,y_0,z_0)}$ 平行. 故两个曲面在点 (x_0,y_0,z_0) 处有相同的法线，故由相同的切平面.

自测试题七答案

1. (1) $\dfrac{\cos x}{1 + e^z}$.　(2) 0.　(3) 0.　(4) $\sum\limits_{n=0}^{\infty}(-1)^n\dfrac{(x-3)^n}{3^{n+1}}$, $(0,6)$.

2. (1) C.　(2) D.　(3) A.　(4) B.

3. **解** $u_x = 2e^{x^2+y^2+z^2}(y + zx^2\cos y)$

4. **解** $z_{xx} = f_{11} + \dfrac{2}{y}f_{12} + \dfrac{1}{y^2}f_{22}$

5. **解** $I = \int_0^{2\pi}\mathrm{d}\theta\int_0^1 r\mathrm{d}r\int_0^1 e^{r^2}\sin z\mathrm{d}z = \pi(1 - \cos 1)(e - 1)$

6. **解** $\int_0^1\left[2(2x^2 + 2x^3 + 3x^2) - (x + x^2 + 1)2x\right]\mathrm{d}x = 0$

7. **解** $\iint\limits_{\Sigma}\sqrt{1 + 4z}\,\mathrm{d}S = \iint\limits_{\Sigma}(1 + 4x^2 + 4y^2)\mathrm{d}x\mathrm{d}y = 3\pi$

8. **解** 所求平面方程为

$$2x - 3y - 6z + 36 = 0$$

9. **解** 记 $a_n = \dfrac{n^{n+1}}{(n+1)!}$，于是 $\lim\limits_{n\to\infty}\dfrac{a_{n+1}}{a_n} = e > 1$，所以，原级数发散.

10. **解** 记 $u_n = \dfrac{n}{n^2 + 1}$，因为 $u_{n+1} - u_n < 0$，所以 $\lim\limits_{n\to\infty}u_n = 0$，原级数收敛.

自测试题八答案

1. (1) $x + y > 1$.　(2) 7.　(3) 0.　(4) $(0,2)$.　(5) $(2\pi - x)\sin x$.

2. (1) B.　(2) A.　(3) B.　(4) C.

3. **解** $\dfrac{\partial z}{\partial x} = y\mathrm{e}^{-x^2 y^2} - 1, \dfrac{\partial z}{\partial y} = x\mathrm{e}^{-x^2 y^2}$

4. **解** $I = \displaystyle\int_0^1 \mathrm{d}z \int_{-z}^z \mathrm{d}y \int_{-\sqrt{z^2-y^2}}^{\sqrt{z^2-y^2}} f\mathrm{d}x$

5. **解** 原式 $= \displaystyle\iint_D \left(\dfrac{\partial Q}{\partial x} - \dfrac{\partial Q}{\partial x} \right) \mathrm{d}x\mathrm{d}y = \int_0^1 (\sqrt{x} - x^2)\,\mathrm{d}x = \left(\dfrac{2}{3}x^{\frac{3}{2}} - \dfrac{1}{3}x^3 \right) \Big|_0^1 = \dfrac{1}{3}$

6. **解** $S = \sqrt{2} \displaystyle\oiint_D \dfrac{\mathrm{d}x\mathrm{d}y}{\sqrt{2-x^2-y^2}} = 2\sqrt{2}(\sqrt{2}-1)\pi$

7. 证明：$\boldsymbol{a} \cdot \boldsymbol{p} = \boldsymbol{a} \cdot \boldsymbol{b} - \dfrac{\boldsymbol{a} \cdot \boldsymbol{b}}{|\boldsymbol{a}|^2}|\boldsymbol{a}|^2 = 0$，所以 $\boldsymbol{a} \perp \boldsymbol{p}$.

8. **解** 所求平面的法向量为 $\boldsymbol{n} = \{-1,4,7\}$，故所求平面的方程为
$$x - 4y - 7z + 5 = 0$$

9. **解** 设 $a_n a^{n^2}$，由于
$$\lim_{n\to\infty} \dfrac{a_n}{a_{n+1}} = \lim_{n\to\infty} a^{-(2n+1)} = \begin{cases} \infty, & 0 < a < 1 \\ 1, & a = 1 \\ 0, & a > 1 \end{cases}$$

所以，当 $0 < a < 1$ 时，收敛域为 R；当 $a = 1$ 时，收敛域为 $(-1,1)$；当 $a > 1$ 时，收敛域为 $\{0\}$.

10. 证明略.

11. 设隧道截面的宽为 $2x$，矩形的高为 y，则隧道的截面面积为 $A = 2xy + \dfrac{1}{2}\pi x^2$

且 $2x + 2y + \pi x = L$

令 $F = 2xy + \dfrac{1}{2}\pi x^2 + \lambda(2x + 2y + \pi x - L)$

由
$$\begin{cases} F_x = 2y + \pi x + \lambda(2 + \pi) = 0 \\ F_y = 2x + 2\lambda = 0 \\ F_z = 2x + 2y + \pi x - L = 0 \end{cases}$$

得 $x = y = \dfrac{L}{\pi + 4}$.

由于实际问题必定存在最大值，因此当隧道的截面的宽和高分别为 $\dfrac{2L}{\pi + 4}$、$\dfrac{L}{\pi + 4}$ 时，面积最大.

自测试题九答案

1. (1) $8 - x^2 - y^2 > 0$. (2) $\dfrac{1}{2}\{2,1,-1\}$. (3) 4. (4) 0. (5) π.

2. (1) C. (2) C. (3) B. (4) B.

3. **解** $f_x(x,1) = 2x$

4. **解** 原式 $= \displaystyle\int_0^a \mathrm{d}y \int_0^{a-\sqrt{a^2-y^2}} f(x,y)\,\mathrm{d}x + \int_0^a \mathrm{d}y \int_{a+\sqrt{a^2-y^2}}^{\sqrt{4a^2-y^2}} f(x,y)\,\mathrm{d}x +$
$\displaystyle\int_0^{2a} \mathrm{d}y \int_0^{\sqrt{4a^2-y^2}} f(x,y)\,\mathrm{d}x$

5. 解 $I = \int_1^4 dz \iint\limits_D z dx dy = \int_1^4 \pi z^2 dz = 21\pi$

6. 解 原式 $= -\iint\limits_D [(1 + y^3) - (3 - x^2)] dx dy = 2\pi$

7. 解 $\oiint\limits_\Sigma y dx dy = \iiint\limits_\Omega 0 dv = 0$

8. 解 所求平面方程为

$$\pm\sqrt{2} x - y + z = 1$$

9. 解 $\lim\limits_{n \to \infty} \frac{u_{n+1}}{u_n} = \frac{1}{a}$,所以,当 $a > 1$ 时,级数收敛;当 $a < 1$ 时,级数发散;当 $a = 1$ 时,$u_n = n$,级数发散.

10. 解 收敛域为 $[-4, 2)$.

11. 解 点 $(2, 0, -1)$ 为所求.

自测试题十答案

1. (1) D. (2) C. (3) A. (4) C.

2. (1) 1. (2) $4\pi a^4$. (3) $\frac{x}{(1-x)^2}$. (4) $\int_0^1 dy \int_{ey}^e f(x, y) dx$. (5) $-\sum\limits_{n=0}^{\infty} \frac{x^n}{2^{n+1}}$, $|x| < 2$.

3. 计算下列各题

(1) 解 $s = s_1 \times s_2 = \begin{vmatrix} i & j & k \\ 1 & -1 & 1 \\ 2 & 1 & 3 \end{vmatrix} = (-4, -1, 3)$

取 $n_1 = s_1 \times s = \begin{vmatrix} i & j & k \\ 1 & -1 & 1 \\ -4 & -1 & 3 \end{vmatrix} = (-2, -7, 5)$

同理 $n_2 = s_2 \times s = (3, -9, 1)$

作平面 $\pi_1 : 2(x + 2) + 7(y - 3) + 5(z + 1) = 0$,即 $2x + 7y + 5z = 12$.

作平面 $\pi_2 : 3(x + 4) - 9y + (z - 4) = 0$,即 $3x - 9y + z = -8$.

所以,所求直线方程为

$$\begin{cases} 2x + 7y + 5z = 12 \\ 3x - 9y + z = -8 \end{cases}$$

(2) 解 $\frac{\partial z}{\partial x} = 2f'_1 + yf'_2 + \frac{1}{y} F'$

$$\frac{\partial^2 z}{\partial x \partial y} = 2(2f''_{11} + xf''_{12}) + f'_2 + y(3f''_{21} + xf''_{22}) + \frac{-\frac{x}{y} F'' - F'}{y^2}$$

$$= 6f''_{11} + (2x + 3y)f''_{12} + f'_2 + xyf''_{22} - \frac{1}{y^2} F' - \frac{x}{y^3} F''$$

(3) 解 $I = \iint\limits_D (x^2 + y^2) d\sigma + 0 = \int_0^\pi d\theta \int_0^{2\sin\theta} \rho^3 d\rho = 8\int_0^{\frac{\pi}{2}} \sin^4\theta d\theta = \frac{3}{2}\pi$

4. **解**　$M = \iiint\limits_{\Omega} z\mathrm{d}v = \int_0^{2\pi}\mathrm{d}\theta\int_0^{\frac{\pi}{4}}\sin\varphi\cos\varphi\mathrm{d}\varphi\int_0^{2\cos\varphi}r^3\mathrm{d}r = 8\pi\int_0^{\frac{\pi}{4}}\cos^5\varphi\sin\varphi\mathrm{d}\varphi = \frac{7}{6}\pi$

5. **解**　补线 $\overline{BA}: y = 0, I = \oint_{ACBA} - \int_{\overline{BA}} = \iint\limits_{D}2\mathrm{d}\sigma - \int_0^2 x^2\mathrm{d}x = \pi - \frac{8}{3}$

6. **解**　设所做的长方体在第一卦限的顶点坐标为 (x, y, z),

其体积为 $V = 4xyz$. 作 $F = 4xyz + \lambda\left(\dfrac{x^2}{a^2} + \dfrac{y^2}{b^2} + \dfrac{z^2}{c^2} - 1\right)$

令
$$
\begin{cases}
F'_x = 4yz + 2\lambda\dfrac{x}{a^2} = 0 \\[2mm]
F'_x = 4xz + 2\lambda\dfrac{y}{b^2} = 0 \\[2mm]
F'_x = 4xy + 2\lambda\dfrac{z}{c^2} = 0 \\[2mm]
\dfrac{x^2}{a^2} + \dfrac{y^2}{b^2} + \dfrac{z^2}{c^2} = 1
\end{cases}
$$

解得 $x = \dfrac{a}{\sqrt{3}}, y = \dfrac{b}{\sqrt{3}}, z = \dfrac{c}{\sqrt{3}}$,由于驻点唯一,故当长,宽,高分别为 $2\dfrac{a}{\sqrt{3}}, 2\dfrac{b}{\sqrt{3}}, \dfrac{c}{\sqrt{3}}$ 时体

积最大,且 $V = \dfrac{4}{3\sqrt{3}}abc$.

7. **解**　$I = \iiint\limits_{\Omega}x^2 + y^2 + 1)\mathrm{d}v = \iiint\limits_{\Omega}(x^2 + y^2)\mathrm{d}v + 3\pi$

$\qquad = \int_0^{2\pi}\mathrm{d}\theta\int_0^1\rho^3\mathrm{d}\rho\int_0^3\mathrm{d}z + 3\pi = \dfrac{3}{2}\pi + 3\pi = \dfrac{9}{2}\pi$

8. **解**

(1) 方法一:$\dfrac{\mathrm{d}}{\mathrm{d}x}(x^2\mathrm{e}^{-x}) = 2x\mathrm{e}^{-x} - x^2\mathrm{e}^{-2} = 2x\sum_{n=0}^{\infty}\dfrac{(-1)^n x^n}{n!} - x^2\sum_{i=0}^{\infty}\dfrac{(-1)^n x^n}{n!}$

$\qquad = 2\sum_{n=0}^{\infty}\dfrac{(-1)^n x^{n+1}}{n!} - \sum_{n=0}^{\infty}\dfrac{(-1)^n x^{n+2}}{n!} - \infty < x < +\infty$,

方法二:因为 $x^2\mathrm{e}^{-x} = x^2\sum_{n=0}^{\infty}\dfrac{(-x)^n}{n!} = \sum_{n=0}^{\infty}\dfrac{(-1)^n x^{n+2}}{n!}$,故 $(x^2\mathrm{e}^{-x})' =$
$\sum_{n=0}^{\infty}\dfrac{(-1)^n(n+2)x^{n+1}}{n!}$.

(2) $\sum_{n=0}^{\infty}\dfrac{n+2}{n!} = \sum_{n=0}^{\infty}\dfrac{n}{n!} + 2\sum_{n=0}^{\infty}\dfrac{1}{n!} = \sum_{n=1}^{\infty}\dfrac{1}{(n-1)!} + 2\mathrm{e} = \mathrm{e} + 2\mathrm{e} = 3\mathrm{e}$.

所以 $\sum_{n=1}^{\infty}\dfrac{n+2}{n!} = \sum_{n=0}^{\infty}\dfrac{n+2}{n!} - 2 = 3\mathrm{e} - 2$.

参 考 文 献

[1] 西北工业大学高等数学教研室.高等数学中的典型问题与解法[M].上海:同济大学出版社,2001.

[2] 朱宝彦.高等数学学习指导[M].北京:北京大学出版社,2008.

[3] 恩波.高等数学同步精讲[M].北京:学苑出版社,2007.

[4] 黄先开,曹显斌,简怀玉,等.2009年考研数学经典讲义(理工类)[M].北京:中国人民大学出版社,2008.

[5] 邱忠文.高等数学习题解答与自我测试[M].北京:国防工业出版社,2010.

[6] 李梅.高等数学学习指导[M].沈阳:辽宁大学出版社,1998.

[7] 孙洪波.高等数学学习指导[M].沈阳:东北大学出版社,1999.

[8] 阎国辉.高等数学教与学参考[M].西安:西北工业大学出版社,2003.

[9] 彭辉.高等数学辅导[M].北京:新华出版社,2004.

[10] 王建福.高等数学同步辅导及习题全解[M].北京:中国矿业大学出版社,2007.

[11] 朱宝彦.高等数学(建筑与经济类)[M].北京:北京大学出版社,2007.

[12] 武忠祥.历届2005版数学考研试题研究(数学二)[M].西安:西安交通大学出版社,2004.

[13] 武忠祥.历届2005版数学考研试题研究(数学三)[M].西安:西安交通大学出版社,2004.

[14] 武忠祥.历届2005版数学考研试题研究(数学四)[M].西安:西安交通大学出版社,2004.

[15] 姚孟臣.高等数学附册习题分析与解答[M].北京:高等教育出版社,2004.

[16] 同济大学数学系.高等数学.[M].第6版.北京:高等教育出版社,2007.

[17] 同济大学应用数学系.高等数学附册学习辅导与习题选解[M].北京:高等教育出版社,2004.

[18] 黄先开,曹显兵.2010年考研数学经典讲义(理工类)[M].北京:中国人民大学出版社,2009.

[19] 李永乐,李正元.袁荫棠.数学最后冲刺超越135分[理工类][M].北京:国家行政学院出版社,2005.

[20] 李永乐,李正元.袁荫棠.数学全真模拟经典400题[理工类][M].北京:国家行政学院出版社,2005.

[21] 陈文灯,黄显开.数学题型集萃与练习题集[理工类][M].北京:世界图书出版公司,2002.

[22] 陈文灯,黄显开.数学复习指南[理工类][M].北京:世界图书出版公司,2002.

[23] 黄光谷,等.高等数学学习指导与习题解析[M].武汉:华中科技大学出版社,2002.

[24] 胡新启,湛少锋.高等数学习题与解析[M].北京:清华大学出版社,2004.

[25] 牟俊霖,李青吉.洞穿考研数学(理工类)[M].北京:航空工业出版社,2006.

[26] 崔荣泉,杨泮池.高等数学解题题典[M].西安:西北工业大学出版社,2002.

[27] 侯云畅.高等数学学习与考研指导(下册)[M].北京:国防工业出版社,2006.

[28] 吕林根,许子道.解析几何[M].北京:高等教育出版社,2006.

[29] 龚冬保,武忠祥,毛怀遂,等.高等数学要点与解题[M].西安:西安交通大学出版社,2006.

[30] 龚漫奇.高等数学习题课教程(下册)[M].北京:科学出版社,2001.

[31] 陈文灯,等.考研数学核心题型(理工类 数学一)[M].北京:北京航空航天大学出版社,2009.